#정종대
산업안전기사 필기 기본서로
효율적으로 학습하자!

1 최신 개정 법령 완벽 반영!

2025.07.22. 시행 최신 개정 산업안전보건법령 완벽 반영!

2 혼자 공부해도 막힘 없이!
전 과목 무료강의

빈출개념부터 2025, 2024년 주요 기출문항 설명까지!
과목별 핵심 특강 제공

youtube.com/@TV-mi2xt
유튜브(Youtube) ➡ 검색 [정종대TV]

3 2025 기출변형 모의고사 3회 제공!

합격을 위한 완벽한 마무리를 위해
2025 산업안전기사 필기 기출변형 모의고사 제공

4 궁금할 땐 바로바로!
1:1 빠른 답변 서비스

혼자 공부하며 생기는 궁금증,
실시간 빠르고 자세한 답변으로 즉시 해결

sdedu.co.kr/book
시대에듀 ➡ 고객센터 ➡ 1:1 문의

산업안전기사 자격증 A to Z

✔ 산업안전기사란?

산업안전기사는 생산관리에서 안전을 제외하고는 생산성 향상이 불가능하다는 인식 속에서 산업현장의 근로자를 보호하고 근로자들이 안심하고 생산성 향상에 주력할 수 있는 작업환경을 만들기 위하여 전문적인 지식을 가진 기술인력을 양성하고자 제정된 자격 제도입니다.

✔ 산업안전기사 수행직무

산업안전기사는 제조 및 서비스업 등 각 산업현장에 배속되어 산업재해 예방계획의 수립에 관한 사항을 수행하며, 작업환경의 점검 및 개선에 관한 사항, 유해 및 위험방지에 관한 사항, 사고사례 분석 및 개선에 관한 사항, 근로자의 안전교육 및 훈련에 관한 업무를 수행합니다.

✔ 산업안전기사 진로 및 전망

산업안전기사는 기계, 금속, 전기, 화학, 목재 등 모든 제조업체, 안전관리 대행업체, 산업안전관리 정부기관, 한국산업안전공단 등에 진출할 수 있습니다.

우리나라는 아직 산업재해율이 높은 편에 속하며, 이를 줄이기 위한 지속적인 투자의 필요성에 대한 사회적 인식이 점차 높아지고 있습니다. 프레스나 용접기 같은 기계·기구뿐만 아니라 각종 방호장치까지 안전인증 대상으로 확대됨에 따라, 산업안전보건법 시행규칙 개정으로 인한 고용 창출 효과도 기대되고 있습니다.

또한, 경제 회복 국면과 동시에 안전보건 조직이 축소되는 추세로 인해 산업재해 증가가 우려되는 상황입니다. 이에 따라 정부는 보다 적극적인 재해 예방 정책을 추진하고 있으며, 이와 함께 관련 자격증 보유자에 대한 인력 수요도 증가할 것으로 예상됩니다.

✔ 산업안전기사 취득방법

시행처	한국산업인력공단
관련학과	대학 및 전문대학의 안전공학, 산업안전공학, 보건안전학 관련학과
시험과목	• 필기: 산업재해 예방 및 안전보건교육, 인간공학 및 위험성 평가·관리, 기계·기구 및 설비 안전관리, 전기설비 안전관리, 화학설비 안전관리, 건설공사 안전관리 • 실기: 산업안전관리 실무
검정방법	• 필기: 객관식 4지 택일형, 과목당 20문항(과목당 30분) • 실기: 복합형[필답형(1시간 30분, 55점) + 작업형(약 1시간, 45점)]
합격기준	• 필기: 100점을 만점으로 하여 과목당 40점 이상, 전과목 평균 60점 이상 • 실기: 100점을 만점으로 하여 60점 이상

✔ 최근 3개년 산업안전기사 [필기] 시험일정

구분		필기원서접수 (인터넷)(휴일제외)	필기시험	필기합격 (예정자) 발표
2025년	정기 1회	2025.01.13. ~ 2025.01.16.	2025.02.07. ~ 2025.03.04.	2025.03.12.
	정기 2회	2025.04.14. ~ 2025.04.17.	2025.05.10. ~ 2025.05.30.	2025.06.11.
	정기 3회	2025.07.21. ~ 2025.07.24.	2025.08.09. ~ 2025.09.01.	2025.09.10.
2024년	정기 1회	2024.01.23. ~ 2024.01.26.	2024.02.15. ~ 2024.03.07.	2024.03.13.
	정기 2회	2024.04.16. ~ 2024.04.19.	2024.05.09. ~ 2024.05.28.	2024.06.05.
	정기 3회	2024.06.18. ~ 2024.06.21.	2024.07.05. ~ 2024.07.27.	2024.08.07.
2023년	정기 1회	2023.01.10. ~ 2023.01.19.	2023.02.13. ~ 2023.03.15.	2023.03.21.
	정기 2회	2023.04.17. ~ 2023.04.20.	2023.05.13. ~ 2023.06.04.	2023.06.14.
	정기 3회	2023.06.19. ~ 2023.06.22.	2023.07.08. ~ 2023.07.23.	2023.08.02.

※ 원서접수시간은 원서접수 첫날 10:00부터 마지막 날 18:00까지임
※ 필기시험 합격예정자 및 최종합격자 발표시간은 해당 발표일 09:00임
※ 시험일정은 종목별, 지역별로 상이할 수 있음
※ 접수 일정 전에 공지되는 해당 회별 수험자 안내(Q-net 공지사항 게시) 참조 필수

✔ 산업안전기사 [필기] 응시 절차

필기원서접수
- 원서접수는 온라인(인터넷, 모바일앱)에서만 가능
- 접수 시 사진(6개월 이내 촬영한 3.5cm×4.5cm 칼라) 첨부
- 응시료: 19,400원   • 시험장소 본인 선택(선착순)

필기시험
- 수험표, 신분증, 필기구, 공학용계산기(필요시) 지참
- CBT형(시험 종료 즉시 합격 여부 발표)

최종
- 필기 합격자 발표

산업안전기사 [필기] 개편 사항

✔ 산업안전기사 [필기] 과목개편

2024년 1월 1일부터 산업안전기사 필기시험의 과목이 아래와 같이 개편되었습니다. 본 교재는 과목별 개편 사항을 모두 적용하여 구성하였습니다.

구분	변경 전(2023.12.31.까지)	변경 후(2024.01.01.부터)
1과목	안전관리론	산업재해 예방 및 안전보건교육
2과목	인간공학 및 시스템안전공학	인간공학 및 위험성 평가 · 관리
3과목	기계위험방지기술	기계 · 기구 및 설비 안전관리
4과목	전기위험방지기술	전기설비 안전관리
5과목	화학설비위험방지기술	화학설비 안전관리
6과목	건설안전기술	건설공사 안전관리

✔ 과목면제 사항 변경

산업안전기사 자격증 취득 시, 응시가 면제되었던 건설안전기사 필기시험의 '인간공학 및 시스템안전공학', '건설안전기술' 과목면제가 2024년 1월 1일부터 종료되었습니다. 이에 따라 산업안전기사 자격증 취득 후 건설안전기사 자격증을 취득하고자 하는 수험생들은 건설안전기사 필기시험과 내용이 중복되는 산업안전기사 필기시험의 2과목 '인간공학 및 위험성 평가 · 관리'와 6과목 '건설공사 안전관리'를 더욱 집중하여 공부하는 것이 좋습니다.

기존 취득 자격	법개정에 따른 면제 종료과목(2024.01.01.부터)
산업안전기사	(종목) 건설안전기사 (과목) 인간공학 및 시스템안전공학, 건설안전기술

산업안전보건법령 주요 개정 사항 (2026년 시험 적용)

✓ 산업안전보건기준에 관한 규칙

구분	주요 개정 사항
폭염관련 기준 마련 (25년 7월 17일 시행)	1. "폭염"이란 근로자에게 열경련·열탈진 또는 열사병 및 그 밖의 건강장해를 유발할 수 있는 더운 온도의 기상현상을 말한다. 2. "폭염작업"이란 폭염으로 인한 체감온도(바닥으로부터 1.2m~1.5m에서 측정한 온도)가 31도 이상이 되는 작업장소에서의 장시간 작업을 말한다. 3. 폭염작업 시 사업주 조치사항(25년 7월 17일 시행) 　(1) 냉방 또는 통풍 등을 위한 적절한 온도·습도 조절장치의 설치·가동 　(2) 작업시간대의 조정 등 폭염 노출을 줄일 수 있는 조치 　(3) 폭염작업으로 인한 건강장해 예방을 위하여 필요한 적절한 휴식시간의 부여 4. 사업주는 근로자가 「기상법」 제13조의2제1항에 따른 폭염특보의 기준이 되는 체감온도 33도 이상인 작업장소에서 폭염작업을 하는 경우에는 매 2시간 이내에 20분 이상의 휴식을 주어야 한다. 다만, 작업의 성질상 휴식을 부여하기 매우 곤란하여 개인용 냉방 또는 통풍장치를 지급·가동하거나 개인용 보냉장구를 지급·착용하게 하는 등으로 근로자의 체온 상승을 줄일 수 있는 조치를 한 경우에는 그렇지 않다. 5. 고열·폭염장해 예방 조치 　(1) 근로자를 새로 배치할 경우에는 고열에 순응할 때까지 고열작업시간을 매일 단계적으로 증가시키는 등 필요한 조치를 할 것 　(2) 근로자가 온도·습도를 쉽게 알 수 있도록 온도계 등의 기기를 작업장소에 상시 갖추어 둘 것 　(3) 근로자에게 고열작업에 따른 건강장해의 증상 및 예방조치, 응급조치 요령 등에 관한 사항을 고열작업 전에 미리 알릴 것 6. 사업주는 폭염작업으로 인한 건강장해를 예방하기 위하여 다음 각 호의 조치를 해야 한다. 　(1) 폭염작업이 예상되는 작업장소에 온·습도계 등 온도·습도를 측정하는 기기를 상시 갖추어 둘 것 　(2) 근로자에게 폭염작업에 따른 건강장해의 증상 및 예방조치, 응급조치 요령 등에 관한 사항을 폭염작업 전에 미리 알릴 것 　(3) 폭염작업이 이루어진 작업장소에서 측정한 체감온도와 조치사항을 폭염작업이 이루어진 일자별로 기록하고, 그 내용을 폭염작업이 있었던 해당 연도 12월 31일까지 보관할 것

산업안전보건법령 주요 개정 사항 (2026년 시험 적용)

✔ 산업안전보건법 시행규칙

구분	주요 개정 사항
안전보건대장 개선 (26년 6월 26일 시행)	1. 기본안전보건대장에는 다음 각 호의 사항이 포함되어야 한다. 〈개정 2024. 6. 28.〉 　(1) 건설공사 계획단계에서 예상되는 공사내용, 공사규모 등 공사 개요 　(2) 공사현장 제반 정보 　(3) 건설공사에 설치·사용 예정인 구조물, 기계·기구 등 고용노동부장관이 정하여 고시하는 유해·위험요인과 그에 대한 안전조치 및 위험성 감소방안 　(4) 산업재해 예방을 위한 건설공사발주자의 법령상 주요 의무사항 및 이에 대한 확인 2. 설계안전보건대장에는 다음 각 호의 사항이 포함되어야 한다. 　(1) 안전한 작업을 위한 적정 공사기간 및 공사금액 산출서 　(2) 건설공사 중 발생할 수 있는 유해·위험요인 및 시공단계에서 고려해야 할 유해·위험요인 감소방안 　(3) 산업안전보건관리비의 산출내역서 3. 공사안전보건대장에 포함하여 이행여부를 확인해야 할 사항은 다음 각 호와 같다. 　(1) 설계안전보건대장의 유해·위험요인 감소방안을 반영한 건설공사 중 안전보건 조치 이행계획 　(2) 유해·위험방지계획서의 심사 및 확인결과에 대한 조치내용 　(3) 건설공사용 기계·기구의 안전성 확보를 위한 배치 및 이동계획 　(4) 건설공사의 산업재해 예방 지도를 위한 계약 여부, 지도결과 및 조치내용
안전검사대상에 혼합기, 파쇄기 또는 분쇄기 추가 (26년 6월 26일 시행)	혼합기, 파쇄기 또는 분쇄기가 안전검사 대상 기계·기구 등에 포함됨에 따라 혼합기, 파쇄기 또는 분쇄기에 대하여 사업장에 설치가 끝난 날부터 3년 이내에 최초 안전검사를 실시하되, 그 이후부터 2년마다 실시하도록 안전검사의 주기를 규정함.

2026 최신간

정종대

산업안전기사

필기

과목별 '핵심이론 + 5개년 중복소거 기출' 구성

1 권

(1과목 + 2과목 + 3과목)

이 책의 구성

STEP 1 과목별 특성 확인!

● **과목별 체크 포인트**
각 과목에서 중점적으로 유의해야 할 점을 파악할 수 있게 정리하였습니다.

>>> 정종대쌤이 짚어주는 1과목 체크 포인트

#**반드시 고득점** 달성!
#**기본내용은 암기** 필수!
#**전체내용은 이해** 필수!

1과목

산업재해 예방 및 안전보건교육

✓ 과목별 기출 수록!
✓ 5개년 기출 중복소개!
✓ 문항별 기출연도 표기!

>>> **최근 5개년 개념별 출제 비중**

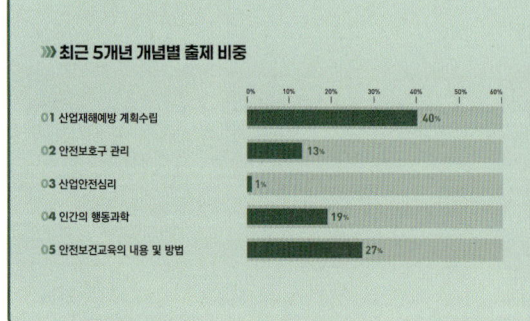

01 산업재해예방 계획수립 — 40%
02 안전보호구 관리 — 13%
03 산업안전심리 — 1%
04 인간의 행동과학 — 19%
05 안전보건교육의 내용 및 방법 — 27%

핵심이론	최신 5개년 기출 (2025~2021년)
01 산업재해예방 계획수립	01 산업재해예방 계획수립
02 안전보호구 관리	02 안전보호구 관리
03 산업안전심리	03 산업안전심리
04 인간의 행동과학	04 인간의 행동과학
05 안전보건교육의 내용 및 방법	05 안전보건교육의 내용 및 방법
	● Bonus! 틀리라고 낸 문제

● **최근 5개년 개념별 출제 비중**
2025~2021년의 개념별 출제 비중을 한눈에 알아볼 수 있도록 막대그래프 형태로 수록하였습니다.

● **과목별 '핵심이론+최신 5개년 기출' 구성**
이론 학습 후, 5개년 기출 문항 풀이를 바로 이어서 진행하여 학습의 효율을 극대화할 수 있도록 구성하였습니다.

STEP 2 시험에 꼭 나오는 핵심이론 학습!

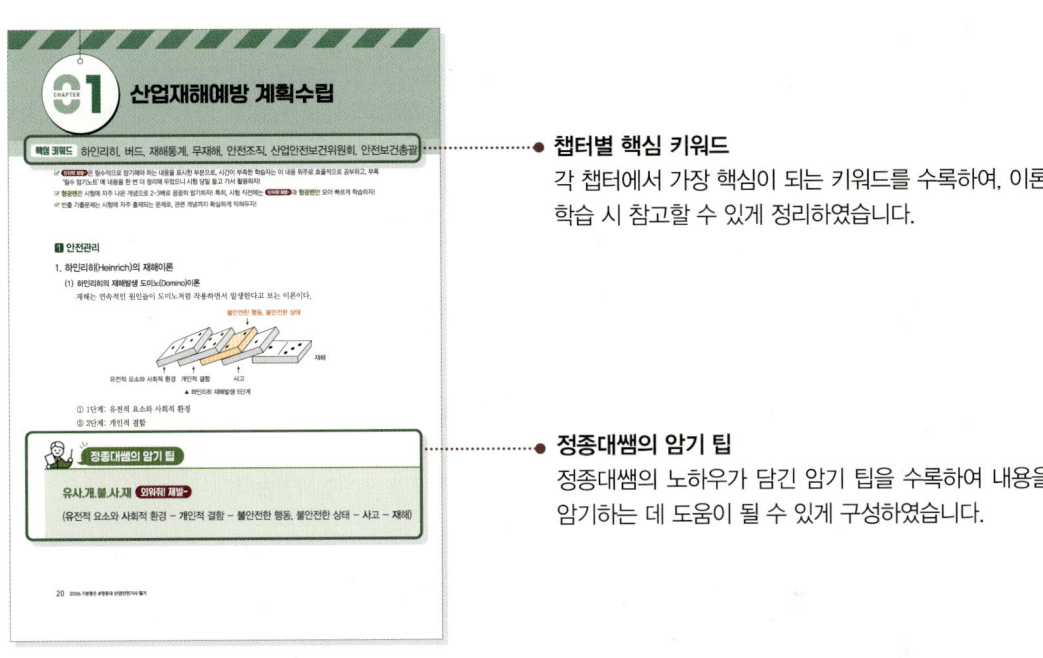

● **챕터별 핵심 키워드**
각 챕터에서 가장 핵심이 되는 키워드를 수록하여, 이론
학습 시 참고할 수 있게 정리하였습니다.

● **정종대쌤의 암기 팁**
정종대쌤의 노하우가 담긴 암기 팁을 수록하여 내용을
암기하는 데 도움이 될 수 있게 구성하였습니다.

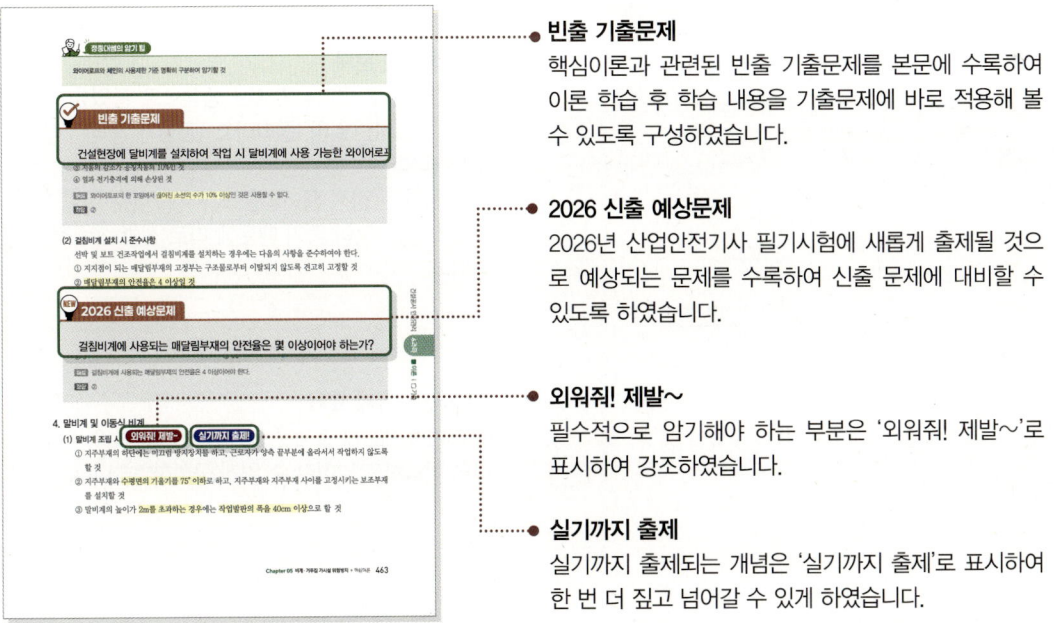

● **빈출 기출문제**
핵심이론과 관련된 빈출 기출문제를 본문에 수록하여
이론 학습 후 학습 내용을 기출문제에 바로 적용해 볼
수 있도록 구성하였습니다.

● **2026 신출 예상문제**
2026년 산업안전기사 필기시험에 새롭게 출제될 것으
로 예상되는 문제를 수록하여 신출 문제에 대비할 수
있도록 하였습니다.

● **외워줘! 제발~**
필수적으로 암기해야 하는 부분은 '외워줘! 제발~'로
표시하여 강조하였습니다.

● **실기까지 출제**
실기까지 출제되는 개념은 '실기까지 출제'로 표시하여
한 번 더 짚고 넘어갈 수 있게 하였습니다.

이 책의 구성

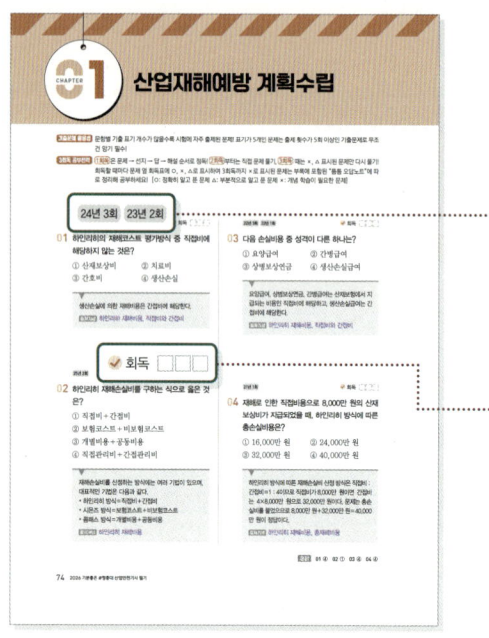

중복문항 소거 및 문항별 기출연도 표기

여러 번 출제되었던 기출문제는 한 번에 정리하여 중복 문항으로 인해 시간을 낭비하지 않도록 구성하였습니다. 각 문항에 기출연도를 표기하여 빈출도를 직관적으로 확인할 수 있게 하였습니다.

기출 3회독 체크표

3회독 공부전략을 통해 놓치는 문제 없이 꼼꼼하게 학습할 수 있도록 구성하였습니다.

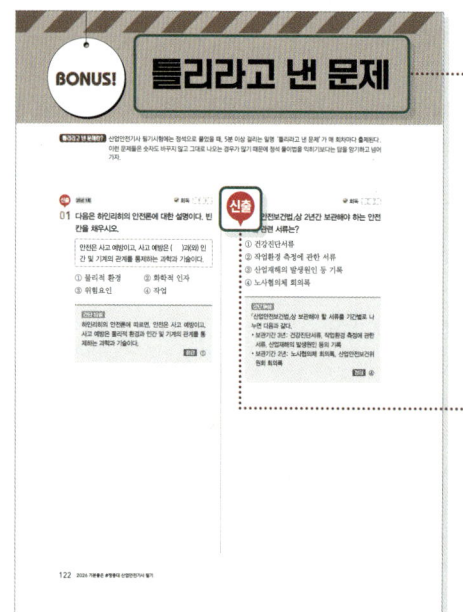

틀리라고 낸 문제

산업안전기사 필기시험에는 정석으로 풀었을 때, 5분 이상이 걸리는 일명 '틀리라고 낸 문제'가 매 회차마다 출제됩니다.

이런 문제는 정석 풀이법을 익히기보다는 답을 암기하고 넘어가는 것이 좋기 때문에 따로 선별하여 정리하였습니다.

2025 신출문제 표기

2025년에 새롭게 출제된 신출문제를 표기하여 더욱 집중하여 학습하고 넘어갈 수 있게 구성하였습니다.

STEP 4 기출을 변형하여 구성한 모의고사 3회!

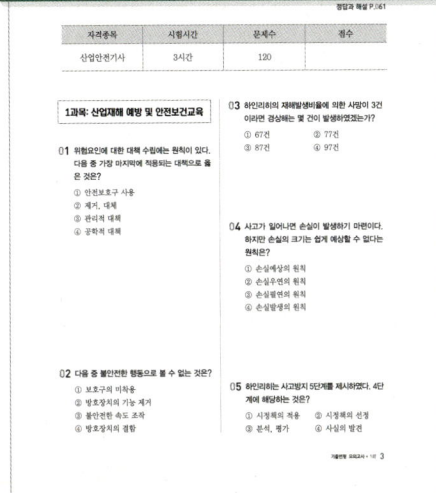

● 기출변형 모의고사 3회분
합격을 위한 완벽한 마무리를 위해 최신 기출 모의고사를 변형하여 구성한 기출변형 모의고사 3회를 수록하였습니다.

STEP 5 시험장 필수템! 초핵심 개념만 담은 필수 암기노트! & 틈틈 오답노트!

필수 암기노트 PDF 다운 받기
❶ QR코드 스캔 또는 URL 입력
❷ 로그인 → 도서업데이트
❸ 제목 검색 [정종대 산업안전기사 필기]

sdedu.co.kr/book

차례&학습 계획

- #정종대 산업안전기사 필기 기본서로 효율적으로 학습하자!
- 산업안전기사 자격증 A to Z
- 산업안전기사 필기 개편 사항
- 산업안전보건법령 주요 개정 사항
- #정종대 산업안전기사 필기 | 이 책의 구성
- #정종대 산업안전기사 필기 | 차례&학습 계획

"

하루하루 계획대로 공부하면,
어느새 합격이 가까워져 있을 거예요.
학습을 시작하기 전에, 학습할 내용의 분량을 먼저 살펴보고,
자신에게 맞는 공부 기간을 계획해 보세요.

"

차례&학습 계획

부록 기출변형 모의고사 3회

부록 필수 암기노트 + 틈틈 오답노트

 정종대쌤이 짚어주는 1과목 체크 포인트

#반드시 고득점 달성!

#기본내용은 암기 필수!

#전체내용은 이해 필수!

≫ 최근 5개년 개념별 출제 비중

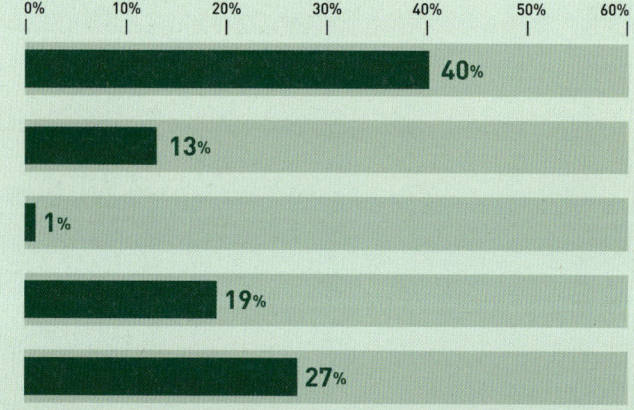

	0%	10%	20%	30%	40%	50%	60%
01 산업재해예방 계획수립					40%		
02 안전보호구 관리	13%						
03 산업안전심리	1%						
04 인간의 행동과학	19%						
05 안전보건교육의 내용 및 방법		27%					

1 과목

산업재해 예방 및 안전보건교육

✔ 과목별 기출 수록!
✔ 5개년 기출 중복소거!
✔ 문항별 기출연도 표기!

핵심이론

- 01 산업재해예방 계획수립
- 02 안전보호구 관리
- 03 산업안전심리
- 04 인간의 행동과학
- 05 안전보건교육의 내용 및 방법

최신 5개년 기출 (2025~2021년)

- 01 산업재해예방 계획수립
- 02 안전보호구 관리
- 03 산업안전심리
- 04 인간의 행동과학
- 05 안전보건교육의 내용 및 방법
- Bonus! 틀리라고 낸 문제

CHAPTER **01** 산업재해예방 계획수립

핵심 키워드 하인리히, 버드, 재해통계, 무재해, 안전조직, 산업안전보건위원회, 안전보건총괄책임자, 안전관리자

☑ **외워줘! 제발~** 은 필수적으로 암기해야 하는 내용을 표시한 부분으로, 시간이 부족한 학습자는 이 내용 위주로 효율적으로 공부하고, 부록 '필수 암기노트'에 내용을 한 번 더 정리해 두었으니 시험 당일 들고 가서 활용하자!

☑ **형광펜**은 시험에 자주 나온 개념으로 2~3배로 꼼꼼히 암기하자! 특히, 시험 직전에는 **외워줘! 제발~** 과 형광펜만 모아 빠르게 학습하자!

☑ 빈출 기출문제는 시험에 자주 출제되는 문제로, 관련 개념까지 확실하게 익혀두자!

1 안전관리

1. 하인리히(Heinrich)의 재해이론

(1) 하인리히의 재해발생 도미노(Domino)이론

재해는 연속적인 원인들이 도미노처럼 작용하면서 발생한다고 보는 이론이다.

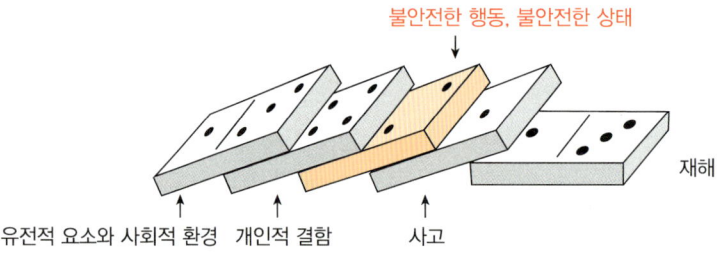

▲ 하인리히 재해발생 5단계

① 1단계: 유전적 요소와 사회적 환경
② 2단계: 개인적 결함
③ 3단계: 불안전한 행동, 불안전한 상태(핵심단계) → 제거(=재해 방지)
④ 4단계: 사고
⑤ 5단계: 재해

 정종대쌤의 암기 팁

유.사.개.불.사.재 **외워줘! 제발~**

(유전적 요소와 사회적 환경 – 개인적 결함 – 불안전한 행동, 불안전한 상태 – 사고 – 재해)

불안전한 상태와 불안전한 행동을 제거하는 안전관리의 시책에는 적극적인 대책과 소극적인 대책이 있다. 다음 중 소극적인 대책에 해당하는 것은?

① 보호구의 사용
② 위험공정의 배제
③ 위험물질의 격리 및 대체
④ 위험성 평가를 통한 작업환경 개선

해설 안전관리 대책에는 위험을 제거, 대체하는 방법이 가장 먼저 고려되어야 한다. 그다음 공학적 대책과 관리적 대책을 고려하고 마지막으로 보호구를 사용하는 것에 대한 검토가 필요하다. 다시 말해 보호구는 안전대책의 가장 마지막 수단으로써 사용되어야 한다.

정답 ①

(2) 하인리히의 재해발생비율 외워줘! 제발~

중상 또는 사망 사고 1건이 발생하기 전에는 이미 29건의 경상해와 300건의 무상해 사고가 있었음을 의미한다. 이때 중상은 3주 이상의 치료를 요하는 부상, 경상은 3주 미만의 치료를 요하는 부상을 의미한다.

▲ 하인리히의 사고 삼각형

 빈출 기출문제

하인리히의 재해구성비율에 의하면 무상해 사고가 600건일 때, 경상해는 몇 건으로 추정되겠는가?

① 58건
② 64건
③ 600건
④ 631건

해설 위와 같은 문제는 비례식을 사용하여 풀이하면 된다. 하인리히는 330건의 재해를 분석하여 경상해 : 무상해 사고 = 29 : 300의 발생비율을 제시하였으므로 문제에서는 경상해 : 무상해 사고 = 58 : 600의 발생비율이 된다. 따라서 경상해는 58건으로 추정된다.

정답 ①

(3) 하인리히의 산업재해예방 4원칙 외워줘! 제발~

하인리히는 재해를 예방하기 위해 알아야 할 4가지 원칙을 제시하였고 이 원칙은 특히 안전관리업무를 수행하는 사람이 유의해야 할 원칙이다.

① 예방가능의 원칙 : 천재지변을 제외한 모든 재해는 예방할 수 있다.

② <mark>손실우연의 원칙</mark>: 재해로 인한 손실의 크기는 사고 당시의 조건에 따라 우연히 달라질 수 있다.

③ <mark>원인연계(계기)의 원칙</mark>: 모든 재해는 우연히 발생한 것이 아니라 반드시 원인이나 계기가 존재한다.

④ <mark>대책선정의 원칙</mark>: 재해를 막기 위한 대책은 반드시 있으므로 적절한 대책을 찾아서 실행해야 한다.

 정종대쌤의 암기 팁

예.손.원.대

(예방가능의 원칙 – 손실우연의 원칙 – 원인연계(계기)의 원칙 – 대책선정의 원칙)

(4) 하인리히의 사고예방대책 5단계

사업장의 사고를 예방하려면 먼저 안전조직을 구성하고 작업을 점검·분석·평가한 후, 위험요소를 찾아내어 그에 맞는 시정책을 선정하고 적용해야 한다.

1단계	조직	조직구성, 안전보건관리계획 수립
2단계	사실의 발견	작업분석, 안전점검, 안전검사
3단계	분석, 평가	재해조사, 재해분석, 위험성 평가, 작업환경 측정
4단계	시정책의 선정	대책선정, 개선안 수립
5단계	시정책의 적용	기술적·교육적·관리적(3E) 대책 적용

 정종대쌤의 암기 팁

조.사.분.시.시 외워줘! 제발~

(조직 – 사실의 발견 – 분석, 평가 – 시정책의 선정 – 시정책의 적용)

(5) 하인리히의 재해비용(＝재해코스트)

총재해비용＝직접비＋간접비(직접비 : 간접비＝1 : 4) 외워줘! 제발~

① 직접비(산재보험에서 지급되는 비용)

ⓐ 휴업급여	ⓑ 장해보상일시금 또는 장해보상연금
ⓒ 간병급여	ⓓ 유족보상일시금 또는 유족보상연금
ⓔ 상병보상연금	ⓕ 장의비
ⓖ 직업재활급여	ⓗ 진폐보상연금, 진폐유족연금

② 간접비(산재보험에서 지급되지 않는 비용)

ⓐ 인적 손실	ⓑ 물적 손실
ⓒ 생산손실	ⓓ 기타손실

하인리히 방식의 재해코스트 산정에서 직접비에 해당되지 않는 것은?

① 휴업보상비   ② 병상위문금
③ 장해특별보상비   ④ 상병보상연금

해설 직접비는 산재보험에서 지급되는 비용이다. 산재보험에서는 위문금을 주지 않으므로 병상위문금은 간접비로 판단하여
야 한다.

정답 ②

(6) 재해발생 메커니즘

관리결함으로 인해 불안전한 행동과 불안전한 상태가 생기고, 이 상태에서 작업자와 가해물이 접촉되
면 결국 재해가 발생한다.

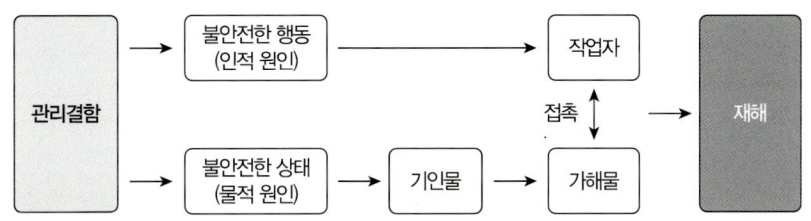

① 기인물: 재해의 원인이 되거나 영향을 미친 에너지원을 지닌 기계, 장치, 환경 등(예 미끄러운 바닥)
② 가해물: 작업자(사람)에게 직접적으로 상해를 입힌 기계, 장치, 환경 등(예 부딪친 구조물)

2. 버드(Bird)의 재해이론

(1) 버드의 재해발생 신도미노이론

① 1단계: 통제의 부족 (관리)
② 2단계: 기본 원인   (기원)
③ 3단계: 직접 원인   (징후)
④ 4단계: 사고   (접촉)
⑤ 5단계: 재해   (손실)

 정종대쌤의 암기 팁

통.기.직.사.재 외워줘! 제발~

(통제의 부족 – 기본 원인 – 직접 원인 – 사고 – 재해)

(2) 버드의 재해발생비율(하인리히 이론＋아차사고) 외워줘! 제발~

중상 또는 사망 사고 1건이 발생했다는 것은 이미 10건의 경상, 30건의 무상해 사고, 600건의 아차사고(무상해 무사고)가 있었음을 의미한다.

▲ 버드의 사고 삼각형

3. 기타 재해이론

(1) 아담스의 재해발생 5단계
   ① 1단계: 관리구조
   ② 2단계: 작전적 에러
   ③ 3단계: 전술적 에러
   ④ 4단계: 사고
   ⑤ 5단계: 재해

 정종대쌤의 암기 팁

아.관.작.전.사.재

(**아담스의 재해발생** − 관리구조 − **작전적 에러** − **전술적 에러** − **사고**−**재해**)

(2) 웨버의 재해발생 5단계(＝하인리히의 도미노이론)
   ① 1단계: 유전과 환경
   ② 2단계: 인간의 결함
   ③ 3단계: 불안전한 행동, 불안전한 상태
   ④ 4단계: 사고
   ⑤ 5단계: 재해

(3) 자베타키스의 재해발생 5단계
   ① 1단계: 개인과 환경
   ② 2단계: 불안전한 행동, 불안전한 상태
   ③ 3단계: 에너지의 예기치 못한 폭주(기준이탈)
   ④ 4단계: 사고
   ⑤ 5단계: 구호

개.불.에.사.구

(개인과 환경 – **불안전한 행동, 불안전한 상태** – **에**너지의 예기치 못한 폭주 – **사**고 – **구**호)

(4) 시몬즈의 재해비용

재해코스트 = 보험코스트 + 비보험코스트 **외워줘! 제발~**

① 보험코스트: 보험을 통해 보상되는 비용
② 비보험코스트: 보험으로 처리되지 않는 비용

비보험코스트 = A×휴업상해건수+B × 통원상해건수+C×응급조치건수+D×무상해건수

(A: 휴업상해 평균비용, B: 통원상해 평균비용, C: 응급조치 평균비용, D: 무상해 평균비용)

4. 재해발생 형태

구분	설명
떨어짐	사람이 인력에 의하여 건축물, 구조물, 가설물, 수목, 사다리 등의 높은 장소에서 떨어지는 것
넘어짐	사람이 거의 평면 또는 경사면, 층계 등에서 구르거나 넘어지는 경우
깔림·뒤집힘	기대어져 있거나 세워져 있는 물체 등이 쓰러져 깔린 경우 및 지게차 등의 건설기계 등이 운행 또는 작업 중 뒤집힌 경우
부딪힘·접촉	재해자 자신의 움직임·동작으로 인하여 기인물에 접촉 또는 부딪히거나 물체가 고정부에서 이탈하지 않은 상태로 움직임 등에 의하여 부딪히거나 접촉한 경우
맞음	구조물, 기계 등에 고정되어 있던 물체가 중력, 원심력, 관성력 등에 의하여 고정부에서 이탈하거나 설비 등으로부터 물질이 분출되어 사람을 가해하는 경우
끼임	두 물체 사이의 움직임에 의하여 일어난 것으로 직선 운동하는 물체 사이의 끼임, 회전부와 고정체 사이의 끼임, 롤러 등 회전체 사이에 물리거나 회전체·돌기부 등에 감긴 경우
무너짐	토사, 적재물, 구조물, 건축물, 가설물 등이 전체적으로 허물어져 내리거나 주요 부분이 꺾어져 무너지는 경우
이상온도 접촉	고·저온 환경 또는 물체에 노출·접촉된 경우
화학물질 누출·접촉	유해·위험물질에 노출·접촉 또는 흡입한 경우
빠짐·익사	수중에 빠지거나 익사한 경우
절단·베임·찔림	사람과 물체 간의 직접적인 접촉에 의한 것으로서 칼 등 날카로운 물체의 취급 또는 톱·절단기 등의 회전 날 부위에 접촉되어 신체가 절단되거나 베어진 경우

산소결핍	유해물질과 관련 없이 산소가 부족한 상태·환경에 노출되었거나 이물질 등에 의하여 기도가 막혀 호흡기 능이 불충분한 경우
화재	가연물에 점화원이 가해져 비의도적으로 불이 일어난 경우를 말하며, 방화는 의도적이기는 하나 관리할 수 없으므로 화재에 포함
폭발·파열	건축물, 용기 내 또는 대기 중에서 물질의 화학적·물리적 변화가 급격히 진행되어 열, 폭음, 폭발압이 동반하여 발생하는 경우
감전	전기설비의 충전부 등에 신체의 일부가 직접 접촉하거나 유도전류의 통전으로 근육의 수축, 호흡곤란, 심실세동 등이 발생한 경우 또는 특별고압 등에 접근함에 따라 발생한 섬락 접촉, 합선·혼촉 등으로 인하여 발생한 아크에 접촉된 경우

5. 상해의 종류

구분	설명
골절	뼈가 부러진 상해
동상	저온물 접촉으로 생긴 동상 상해
부종	국부의 혈액순환 이상으로 몸이 퉁퉁 부어오르는 상해
찔림(자상)	칼날 등 날카로운 물건에 찔린 상해
타박상(좌상)	타박·충돌·추락 등으로 피부 표면보다는 피하조직 또는 근육부를 다친 상해
절상	신체 부위가 절단된 상해
중독, 질식	음식·약물·가스 등에 의한 중독이나 질식된 상해
찰과상	스치거나 문질러서 벗겨진 상해
베임(창상)	창, 칼 등에 베인 상해
화상	화재 또는 고온물 접촉으로 인한 상해
뇌진탕	머리를 세게 맞았을 때 장해로 일어난 상해
청력장해	청력이 감퇴 또는 난청이 된 상해
시력장해	시력이 감퇴 또는 실명된 상해

6. 재해사례연구순서 외워줘! 제발~

(1) 정의

유사한 재해사례를 분석하여 재해를 예방하기 위한 연구순서를 말한다.

(2) 순서

① 전제조건: 재해 상황의 파악

② 1단계: 사실의 확인

③ 2단계: 문제점의 발견

④ 3단계: 근본적 문제점의 결정

⑤ 4단계: 대책수립

7. 산업재해 발생 시 조치순서

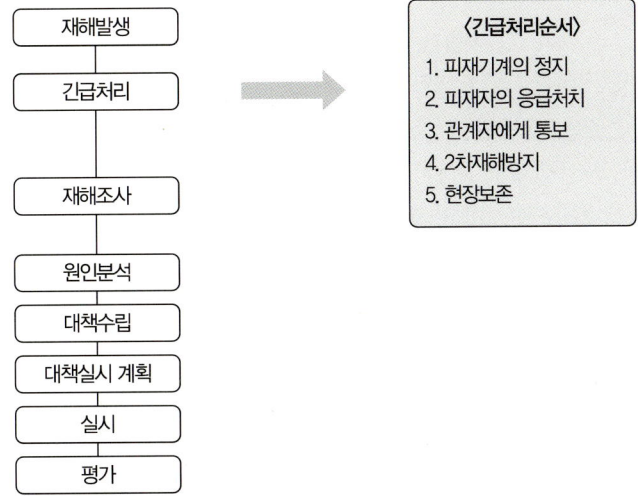

〈긴급처리순서〉

1. 피재기계의 정지
2. 피재자의 응급처치
3. 관계자에게 통보
4. 2차재해방지
5. 현장보존

 빈출 기출문제

산업현장에서 재해발생 시 조치순서로 옳은 것은?

① 긴급처리 → 재해조사 → 원인분석 → 대책수립 → 실시계획 → 실시 → 평가
② 긴급처리 → 원인분석 → 재해조사 → 대책수립 → 실시 → 평가
③ 긴급처리 → 재해조사 → 원인분석 → 실시계획 → 실시 → 대책수립 → 평가
④ 긴급처리 → 실시계획 → 재해조사 → 대책수립 → 평가 → 실시

해설 산업현장에서 재해가 발생한 경우 긴급상황이므로 당황하지 말고 단계에 맞게 긴급조치를 실시하는 게 가장 중요하다. 그다음에 재해조사를 통해 원인을 찾고 대책을 수립하여 재발방지를 위한 개선을 실시해야 한다.

정답 ①

8. 재해통계의 종류 외워줘! 제발~ 실기까지 출제!

(1) 재해율

$$재해율 = \frac{재해자\ 수}{산재보험적용\ 근로자\ 수} \times 100$$

① 재해자 수: 근로복지공단의 유족급여가 지급된 사망자 및 근로복지공단에 최초요양신청서를 제출한 재해자 중 요양승인을 받은 자를 말한다. 다만, 통상의 출퇴근으로 발생한 재해는 제외한다.
② 산재보험적용 근로자 수: 「산업재해보상보험법」이 적용되는 근로자 수를 말한다.

(2) 사망만인율

$$사망만인율 = \frac{사망자\ 수}{산재보험적용\ 근로자\ 수} \times 10,000$$

① 사망자 수: 근로복지공단의 유족급여가 지급된 사망자 수를 말하며, 산재 미보고 적발사망자를 포함한다. 다만, 사업장 밖의 교통사고, 체육행사, 폭력행위, 통상의 출퇴근에 의한 사망, 사고발생일로부터 1년을 경과하여 사망한 경우는 제외한다.

② 산재보험적용 근로자 수: 「산업재해보상보험법」이 적용되는 근로자 수를 말한다.

(3) 휴업재해율

$$휴업재해율 = \frac{휴업재해자\ 수}{임금근로자\ 수} \times 100$$

① 휴업재해자 수: 근로복지공단의 휴업급여를 지급받은 재해자 수를 말한다. 다만, 사업장 밖의 교통사고, 체육행사, 폭력행위, 통상의 출퇴근으로 발생한 재해는 제외한다.

② 임금근로자 수: 통계청의 경제활동 인구조사상 임금근로자 수를 말한다.

(4) 연천인율: 근로자 1,000명당 재해자 수를 말한다.

$$연천인율 = \frac{재해자\ 수}{연평균\ 근로자\ 수} \times 1,000$$

(5) 도수율(=빈도율): 근로시간 1,000,000시간당 재해건수를 말한다.

$$도수율 = \frac{재해건수}{연근로시간\ 수} \times 1,000,000$$

 빈출 기출문제

다음 조건을 참고하여 도수율을 구하시오.

1. 연간 재해건수: 80건
2. 근로자 수: 1,000명
3. 주당 근로시간: 48시간/1인, 52주/연
4. 결근율: 재해와 관련 없는 사유로 3% 결근

① 31.06　　　　② 32.05　　　　③ 33.04　　　　④ 34.03

해설 $도수율 = \dfrac{재해건수}{연근로시간\ 수} \times 1,000,000 = \dfrac{80}{1,000 \times 48 \times 52 \times 0.97} \times 1,000,000 = 33.04$

정답 ③

(6) **강도율**: 근로시간 1,000시간당 총 요양근로손실일수를 말한다.

$$강도율 = \frac{총\ 요양근로손실일수}{연근로시간\ 수} \times 1,000$$

● 장애등급에 따른 요양근로손실일수: 요양근로손실일수를 계산할 때 휴업일수나 의사 진단일수는 100% 인정을 하지 않는다는 것에 유의하여야 한다. 휴업일수나 의사 진단일수가 문제에서 주어졌을 경우에는 $\frac{300}{365}$을 곱하여 근로손실일수로 산정하여 식에 대입하여야 한다.

장애등급	1~3	4	5	6	7	8	9	10	11	12	13	14
근로손실일수	7,500	5,500	4,000	3,000	2,200	1,500	1,000	600	400	200	100	50

빈출 기출문제

근로손실일수 산출에 있어서 사망으로 인한 근로손실연수는 보통 몇 년을 기준으로 산정하는가?

① 30　　　　② 25　　　　③ 15　　　　④ 10

해설 우리나라 사망자의 평균 연령은 35세로 보고, 정년을 60세로 산정하였을 때 25년을 더 일할 수 있으므로 근로손실연수는 보통 25년을 기준으로 산정한다.

정답 ②

(7) **종합재해지수(FSI)**: 재해빈도 및 상해 강도를 종합하여 나타낸 것으로 강도율과 도수율을 동시에 고려한 재해지수를 말한다.

$$종합재해지수 = \sqrt{강도율 \times 도수율}$$

(8) **안전활동률**: 근로시간 1,000,000시간당 안전활동건수를 말한다.

$$안전활동률 = \frac{안전활동건수}{총\ 근로시간\ 수} \times 1,000,000$$

(9) **환산강도율**: 한 사람의 근로자가 평생근로하는 동안 재해로 인한 근로손실일수를 말한다. 이때, 한 사람의 평생근로시간은 100,000시간을 기준으로 한다.

$$환산강도율 = 강도율 \times 100$$

(10) **환산도수율**: 한 사람의 근로자가 평생근로하는 동안 당할 수 있는 재해건수를 말한다. 이때, 한 사람의 평생근로시간은 100,000시간을 기준으로 한다.

$$환산도수율 = 도수율 \div 10$$

9. 재해통계분석 외워줘! 제발~

(1) 파레토도: 재해 발생 원인을 발생빈도가 높은 항목 순서대로 도식화하여 분석하는 방법

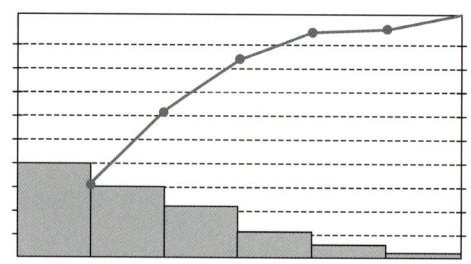

(2) 특성요인도: 문제의 원인과 결과를 어골상으로 정리하여 원인을 체계적으로 분석하는 방법

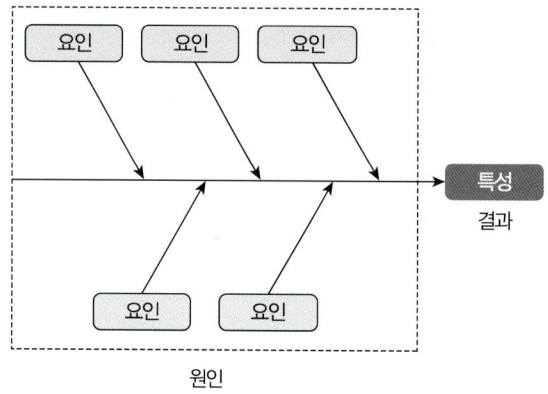

(3) 클로즈 분석도: 2개 이상의 요인을 교차시켜 관계를 파악하고 시각적으로 분석하는 방법

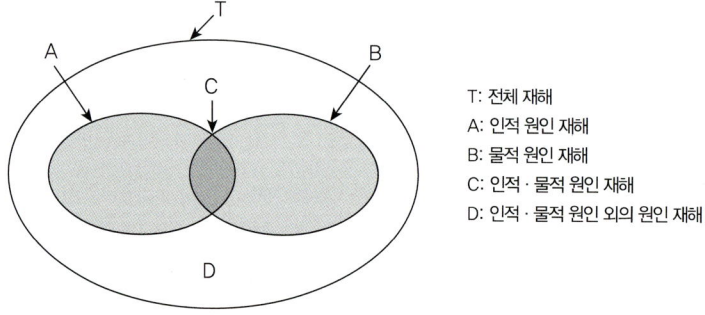

T: 전체 재해
A: 인적 원인 재해
B: 물적 원인 재해
C: 인적 · 물적 원인 재해
D: 인적 · 물적 원인 외의 원인 재해

(4) 관리도: 하한관리선과 상한관리선을 설정하여 목표 추이를 파악하고 분석하는 방법

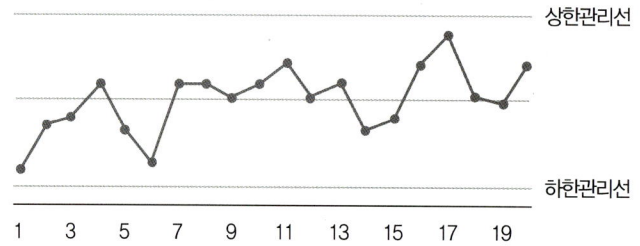

빈출 기출문제

재해통계를 작성하는 필요성에 대한 설명으로 틀린 것은?

① 설비상의 결함요인을 개선 및 시정시키는 데 활용한다.
② 재해의 구성요소를 알고 분포상태를 알아 대책을 세우기 위함이다.
③ 근로자의 행동결함을 발견하여 안전 재교육 훈련자료로 활용한다.
④ 관리책임 소재를 밝혀 관리자의 인책 자료로 삼는다.

<u>해설</u> 재해통계를 작성하는 이유는 동종업종 및 유사업종에서 빈발하는 재해 유형을 파악하여 동종재해 및 유사재해를 방지하기 위한 자료로 사용하기 위함이다.

<u>정답</u> ④

10. 안전관리활동

(1) 안전점검의 종류 외워줘! 제발~

① 일상점검: 작업 전·중·후, 수시로 실시하는 점검
② 정기점검: 일정 기간을 정하여 실시하는 점검
③ 특별점검: 설비고장 발생 시, 태풍 등 천재지변 발생 시, 안전강조 기간에 실시하는 점검
④ 임시점검: 설비이상 발생 시 실시하는 점검

빈출 기출문제

안전점검의 종류 중 태풍이나 폭우 등의 천재지변이 발생한 후에 실시하는 기계, 기구 및 설비 등에 대한 점검의 명칭은?

① 정기점검   ② 수시점검
③ 특별점검   ④ 임시점검

<u>해설</u> 태풍이나 폭우 등의 천재지변이 발생한 후에 실시하는 기계, 기구 및 설비 등에 대한 점검은 특별점검이다. 설비고장 발생 시에는 특별점검, 설비이상 발생 시에는 임시점검이라는 점에 유의해야 한다. 이때 설비이상은 고장이 나지 않았더라도 소음이나 진동이 평소와 다르게 증가한 경우 등을 의미한다.

<u>정답</u> ③

(2) 안전관리의 4사이클(P-D-C-A)

계획-실시-검토-조치 단계를 순환하여 지속적으로 안전수준을 향상시키는 과정이다.

(3) 산업재해

① 산업재해발생 보고: 산업재해로 사망자 또는 3일 이상의 휴업을 요하는 부상을 입거나 질병에 걸린 자가 발생 시 발생한 날부터 1개월 이내에 산업재해조사표를 작성하여 관할 지방고용노동관서의 장에게 제출해야 한다.

② 산업재해기록 보존 외워줘! 제발~
- ⓐ 사업장의 개요 및 근로자의 인적사항
- ⓑ 재해발생의 일시 및 장소
- ⓒ 재해발생의 원인 및 과정
- ⓓ 재해 재발방지 계획

(4) 중대재해 외워줘! 제발~

① 사망자가 1명 이상 발생한 재해

② 3개월 이상의 요양이 필요한 부상자가 동시에 2명 이상 발생한 재해

③ 부상자 또는 직업성 질병자가 동시에 10명 이상 발생한 재해

(5) 중대재해 보고사항 외워줘! 제발~

중대재해가 발생한 사실을 알게 된 때에는 지체 없이 관할 지방노동관서의 장에게 아래의 사항을 보고한다.

① 발생개요 및 피해 상황

② 조치 및 전망

③ 기타 중요한 사항

(6) 무재해운동

① 3원칙 외워줘! 제발~
- ⓐ 무의 원칙: 사고 재해를 일으키는 위험요인을 사전에 발견하여 없애야 한다.
- ⓑ 선취의 원칙: 무재해·무질병을 이루기 위해 행동하기 전에 위험요인을 발견하고, 해결해야 한다.
- ⓒ 참가의 원칙: 전원이 무재해운동에 적극 참여해야 한다.

② 3기둥(=3요소) 외워줘! 제발~
- ⓐ 최고경영자의 안전경영 자세: 경영자는 확고한 안전 리더십을 바탕으로, 안전을 기업의 최우선 가치로 삼아야 한다.
- ⓑ 라인에서의 철저한 안전보건 실천: 관리감독자는 현장의 책임자로서, 라인(지휘체계)을 중심으로 안전보건 활동을 적극적이고 철저하게 실천해야 한다.
- ⓒ 자율활동의 활성화: 근로자는 스스로 안전의식을 가지고, 자율적으로 안전활동에 참여해야 한다.

(7) 무재해운동 추진 중 사고나 재해가 발생하여도 무재해로 인정되는 경우

① 출·퇴근 도중에 발생한 재해

② 운동경기 등 각종 행사 중 발생한 재해

③ 업무시간 외에 발생한 재해

④ 업무수행 중에 천재지변으로 발생한 사고

(8) 위험성 평가

① 실시 절차

ⓐ 사전준비: 위험성 평가 실시규정 작성, 평가대상 선정, 평가에 필요한 각종 자료를 수집한다.

ⓑ 유해·위험요인 파악: 사업장 순회 점검 및 안전보건 체크리스트 등을 활용하여 사업장 내 유해·위험요인을 파악한다.

ⓒ 위험성 결정: 유해·위험요인별 위험성 추정 결과와 사업장에서 설정한 허용 가능한 위험성의 기준을 비교하여 추정된 위험성 크기가 허용 가능한지 판단한다.

ⓓ 위험성 감소대책 수립 및 실행: 위험성 평가 결과, 허용할 수 없는 수준의 위험이 있는 경우, 그 위험을 줄이기 위한 구체적인 조치(감소대책)를 세우고 실행한다.

ⓔ 기록 및 공유: 위험성 평가 결과와 그에 따른 조치 내용을 문서로 남기고, 관련자들과 적절히 공유하여 안전활동의 연속성과 실효성을 확보한다. 보존 기간은 최소 3년 이상이어야 한다.

② 위험성 평가의 종류 외워줘! 제발~

ⓐ 최초평가: 사업장의 설립일로부터 1년 이내에 실시한다.

ⓑ 정기평가: 최초평가 이후 매년 실시한다.

ⓒ 수시평가: 건설물의 설치·이전·변경, 작업방법 변경, 설비변경, 재해발생, 정비 보수작업 등을 실시한다.

ⓓ 상시평가: 매월 유해·위험요인을 파악하여 대책을 마련하고, 매주 원·하청 합동 안전점검의 개최와 이행상황을 점검하며, 매일 위험성 평가 결과를 작업 전 안전점검회의(TBM: Tool Box Meeting) 등을 통해서 근로자에게 공유하는 절차를 이행하면 정기평가와 수시평가가 면제된다.

(9) 인간에러 배후요인(재해발생 기본원인, 4M) 외워줘! 제발~

① Man: 본인 이외의 주변 사람

② Machine: 설비의 결함

③ Media: 작업정보

④ Management: 관리, 감독

빈출 기출문제

산업재해의 기본원인 중 '작업정보, 작업방법 및 작업환경' 등이 분류되는 항목은?

① Man   ② Machine   ③ Media   ④ Management

해설 산업재해의 기본원인 중 '작업정보, 작업방법 및 작업환경' 등이 분류되는 항목은 Media이다. 한편 산업재해의 기본원인에서는 Man이 본인 이외의 작업자라는 것에 특히 유의해야 한다.

정답 ③

(10) 위험예지훈련의 4라운드(문제해결 4단계) 외워줘! 제발~

작업에 대한 다양한 위험요인을 찾고 그 위험요인 중 핵심 위험요인을 결정한다. 결정된 위험요인을 개선하기 위한 여러 대책을 말하며 그중 가장 효율적인 대책을 행동목표로 결정한다.

구분	내용
1R 현상파악	모든 위험요인을 찾는다.
2R 본질추구	핵심 위험요인을 결정한다.
3R 대책수립	다양한 개선 대책을 기술한다.
4R 목표설정	가장 효율적인 대책을 행동목표로 결정한다.

 정종대쌤의 암기 팁

현.본.대.목

(현상파악 – 본질추구 – 대책수립 – 목표설정)

 빈출 기출문제

위험예지훈련의 문제해결 4라운드에 속하지 않는 것은?

① 현상파악   ② 본질추구   ③ 원인결정   ④ 대책수립

해설 위험예지훈련의 문제해결 4단계는 현상파악, 본질추구, 대책수립, 목표설정이다.

정답 ③

(11) 브레인스토밍(Brain Storming)의 4원칙(BS 4원칙)

① 비판금지: 다른 사람의 의견을 비판하지 않는다.
② 자유분방: 자유로운 분위기에서 편하게 이야기할 수 있도록 한다.
③ 대량발언: 가능한 많은 말을 하도록 한다.
④ 수정발언: 다른 사람 의견에 내용을 덧붙여 수정한 뒤에 발언하도록 한다.

 정종대쌤의 암기 팁

비.자.대.수 외워줘! 제발~

(비판금지 – 자유분방 – 대량발언 – 수정발언)

다음 중 브레인스토밍(Brain Storming)의 4원칙으로 옳은 것은?

① 자유분방, 비판금지, 대량발언, 수정발언
② 비판자유, 소량발언, 자유분방, 수정발언
③ 대량발언, 비판자유, 자유분방, 수정발언
④ 소량발언, 자유분방, 비판금지, 수정발언

해설 브레인스토밍의 4원칙은 자유분방, 비판금지, 대량발언, 수정발언이다.

정답 ①

(12) 터치앤콜(Touch and Call)

작업현장에서 동료끼리 서로의 피부를 맞대고 느낌을 교류하는 것이다. 즉, 피부를 맞대고 같이 소리치는 행동은 일종의 스킨십으로 팀의 일체감, 연대감을 조성할 수 있고 동시에 대뇌 구피질에 좋은 이미지를 불어 넣어 안전행동을 하도록 한다.

무재해운동 추진 기법의 하나로, 스킨십(Skinship)에 바탕을 두고 팀 전원의 일체감, 연대감을 느끼게 하며 안전태도 형성에 도움이 되는 기법은?

① Touch and Call
② Brain Storming
③ Error Cause Removal
④ Safety Training Observation Program

해설 스킨십을 기반으로 한 무재해운동 기법은 Touch and Call이다. 문제에서 '스킨십'이라는 단어가 제시되었을 때는 이 기법을 연상하는 것이 핵심이다.

정답 ①

(13) Tool Box Meeting(TBM) 외워줘! 제발~

① 정의: 작업 전 안전점검회의라고도 하며, 작업 시작 전, 작업현장에서 현장의 실제 상황을 반영하여 즉시 위험을 예측하고 대응하는 훈련이다. 현장 사무실에서 팀별로 5~15분 정도 실시하는 것이 효율적이다.

② 단계

ⓐ 도입 단계: 상호인사

ⓑ 점검 단계: 건강, 복장, 안전보호구, 수공구 장비

ⓒ 작업지시 단계: 작업내용과 각자의 임무 지시 및 상호 연락사항 확인

ⓓ 위험예지 단계: 당일 작업의 위험예측, 전원 돌아가면서 한가지씩 위험요인 발표

ⓔ 지적확인 단계: 가장 큰 위험요소에 대해서 지적확인

작업현장에서 그때 그 장소의 상황에 즉응하여 실시하는 위험예지훈련은?

① 자문자답 위험예지훈련 ② T.B.M 위험예지훈련
③ 시나리오 역할연기훈련 ④ 1인 위험예지훈련

해설 TBM은 즉시즉응법이라고도 불리며 현장에서 작업 전 실시하는 위험예지훈련이다. 한편, 역할연기훈련은 롤플레잉 (Role-Playing)으로, 실제로 연기를 해봄으로써 실수나 에러를 파악하고 개선하는 방법이다.

정답 ②

2 안전보건관리 체제 및 운용

1. 안전조직의 종류 외워줘! 제발~

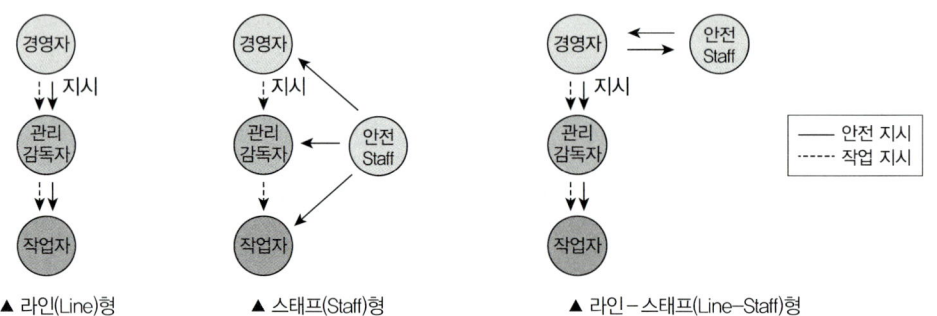

▲ 라인(Line)형   ▲ 스태프(Staff)형   ▲ 라인-스태프(Line-Staff)형

(1) **라인형(직계형) 조직**

　① 100명 이하의 소규모사업장에 주로 적용된다.

　② 안전에 관한 명령이나 지시가 신속하게 전달된다.

　③ 안전부서가 없어 안전지식이나 정보수집에 어려움이 있다.

(2) **스태프형(참모형) 조직**

　① 100~500명 이하의 중규모사업장에 적용된다.

　② 안전지식과 정보수집이 용이한 편이다.

　③ 생산부서에는 안전에 대한 책임이 없어 안전부서와 마찰이 발생할 우려가 있다.

　④ 안전부서에 재해발생 책임이 주어진다.

(3) **라인-스태프형(혼합형) 조직**

　① 500명 이상의 대규모사업장에 적용된다.

　② 생산부서와 안전부서 모두에게 책임이 부여되어 안전에 적극적인 조직이 된다.

　③ 안전부서는 총괄부서의 역할을 수행하고 현장의 안전은 현장에 배치된 안전담당자에 의해 추진 된다.

빈출 기출문제

라인(Line)형 안전관리조직에 대한 설명으로 옳은 것은?

① 명령계통과 조언이나 권고적 참여가 혼동되기 쉽다.
② 생산부서와의 마찰이 일어나기 쉽다.
③ 명령계통이 간단명료하다.
④ 생산부서에는 안전에 대한 책임과 권한이 없다.

해설 라인형 또는 직계형 안전조직은 소규모사업장에 적용하기에 적합하며 안전에 대한 명령이나 지시가 신속하게 전달된다. 소규모사업장이다 보니 안전부서를 운영하기 부담스러운 사업장에 적용되는 안전조직이다. 안전을 전담하는 부서가 없으므로 생산부서에 안전에 대한 책임과 권한이 부여된다.

정답 ③

빈출 기출문제

안전조직 중에서 라인-스태프(Line-Staff)형 조직의 특징으로 옳지 않은 것은?

① 라인형과 스태프형의 장점을 취한 절충식 조직형태이다.
② 100명 이상 500명 미만의 중규모사업장에 적합하다.
③ 라인의 관리감독자에게도 안전에 관한 책임과 권한이 부여된다.
④ 안전활동과 생산업무가 분리될 가능성이 낮기 때문에 균형을 유지할 수 있다.

해설 라인-스태프(Line-Staff)형 조직은 500명 이상의 대규모사업장에 적용되며 안전을 총괄 관리하는 부서를 두고 생산현장에도 안전담당자를 배치하는 방식의 안전조직이다.

정답 ②

2. 안전보건관리체계

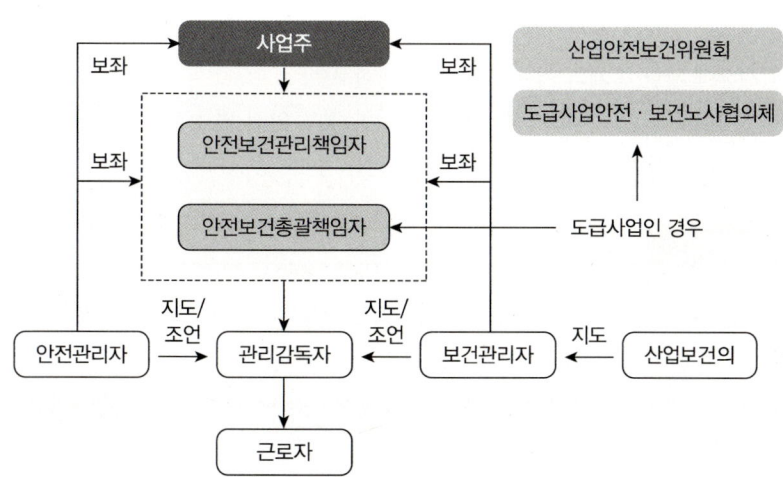

(1) 산업안전보건위원회

　① 위원회의 구성(사용자위원과 근로자위원 동수) **외워줘! 제발~**

　　ⓐ 사용자위원

　　　㉠ 사업의 대표자(안전보건관리책임자)

　　　㉡ 안전관리자(안전관리전문기관의 해당사업장 담당자)

　　　㉢ 보건관리자(보건관리전문기관의 해당사업장 담당자)

　　　㉣ 산업보건의(선임된 경우)

　　　㉤ 사업의 대표자가 지명하는 9인 이내의 부서장

　　ⓑ 근로자위원

　　　㉠ 근로자 대표

　　　㉡ 명예산업안전감독관

　　　㉢ 근로자 대표가 지명하는 9인 이내의 근로자

　② 위원회의 운영 **외워줘! 제발~**

　　ⓐ 정기회의 개최주기: 분기마다 실시

　　ⓑ 회의록 작성

　　　㉠ 개최 일시 및 장소

　　　㉡ 출석위원

　　　㉢ 심의내용 및 의결 결정사항

　　　㉣ 그 밖의 토의사항

　③ 산업안전보건위원회 심의·의결사항 **외워줘! 제발~**

　　ⓐ 산업재해예방계획의 수립에 관한 사항

　　ⓑ 안전보건관리규정의 작성 및 변경에 관한 사항

　　ⓒ 안전·보건 교육에 관한 사항

　　ⓓ 작업환경측정 등 작업환경의 점검 및 개선에 관한 사항

　　ⓔ 근로자의 건강진단 등 건강관리에 관한 사항

　　ⓕ 산업재해의 원인조사 및 재발방지대책수립에 관한 사항(중대재해만 해당)

　　ⓖ 산업재해에 관한 통계의 기록 및 유지에 관한 사항

　　ⓗ 유해하거나 위험한 기계·기구 설비를 도입한 경우 안전 및 보건 관련 조치에 관한 사항

　　ⓘ 그 밖에 해당 사업장 근로자의 안전 및 보건을 유지·증진시키기 위하여 필요한 사항

 빈출 기출문제

산업안전보건법령상 산업안전보건위원회의 구성에서 사용자위원 구성원이 아닌 것은? (단, 해당 위원이 사업장에 선임되어 있는 경우에 한한다.)

① 안전관리자　　　　② 보건관리자　　　　③ 산업보건의　　　　④ 명예산업안전감독관

해설　명예산업안전감독관은 근로자 중에서 고용노동부장관이 위촉하는 명예직으로, 근로자위원에 해당한다.

정답　④

(2) 안전보건관리책임자 심의 · 의결사항 외워줘! 제발~

① 산업재해예방계획의 수립에 관한 사항

② 안전보건관리규정의 작성 및 변경에 관한 사항

③ 안전 · 보건 교육에 관한 사항

④ 작업환경측정 등 작업환경의 점검 및 개선에 관한 사항

⑤ 근로자의 건강진단 등 건강관리에 관한 사항

⑥ 산업재해의 원인조사 및 재발방지대책수립에 관한 사항

⑦ 산업재해에 관한 통계의 기록 및 유지에 관한 사항

⑧ 안전장치 및 보호구 구입 시 적격품 여부 확인에 관한 사항

⑨ 그 밖에 근로자의 유해 · 위험 방지조치에 관한 사항(위험성 평가 실시에 관한 사항과 안전보건규칙에서 정하는 근로자의 위험 또는 건강장해의 방지에 관한 사항)

(3) 안전보건총괄책임자

① 선임대상: 관계수급인에게 고용된 근로자를 포함한 상시 근로자가 100명 이상인 사업이나 관계수급인의 공사금액을 포함한 해당 공사의 총공사금액이 20억 원 이상인 건설업(단, 선박 및 보트 건조업, 1차 금속 제조업 및 토사석 광업의 경우에는 50명)

② 안전보건총괄책임자의 직무 외워줘! 제발~

ⓐ 작업의 중지

ⓑ 도급 시 산업재해 예방조치

ⓒ 산업안전보건관리비의 관계수급인 간의 사용에 관한 협의 · 조정 및 그 집행의 감독

ⓓ 안전인증대상 기계 · 기구 등과 자율안전확인대상 기계 · 기구 등의 사용 여부 확인

ⓔ 위험성 평가의 실시에 관한 사항

(4) 노사협의체 설치대상 기업 및 정기회의 개최주기 외워줘! 제발~

① 설치대상 기업: 공사금액 120억 원(토목공사업은 150억 원) 이상의 건설업

② 정기회의 개최주기: 2개월마다

(5) 안전관리자의 업무 외워줘! 제발~

① 산업안전보건위원회 또는 안전 · 보건에 관한 노사협의체에서 심의 · 의결한 업무와 해당 사업장의 안전보건관리규정 및 취업규칙에서 정한 업무

② 안전인증대상 기계 · 기구 등과 자율안전확인대상 기계 · 기구 등 구입 시 적격품의 선정에 관한 보좌 및 조언 · 지도

③ 위험성 평가에 관한 보좌 및 조언 · 지도

④ 해당 사업장 안전교육계획의 수립 및 안전교육 실시에 관한 보좌 및 조언 · 지도

⑤ 사업장 순회점검 · 지도 및 조치의 건의

⑥ 산업재해 발생의 원인 조사 · 분석 및 재발 방지를 위한 기술적 보좌 및 조언 · 지도

⑦ 산업재해에 관한 통계의 유지 · 관리 · 분석을 위한 보좌 및 조언 · 지도

⑧ 법 또는 법에 따른 명령으로 정한 안전에 관한 사항의 이행에 관한 보좌 및 조언 · 지도

⑨ 업무수행 내용의 기록 · 유지

⑩ 그 밖에 안전에 관한 사항으로서 고용노동부장관이 정하는 사항

「산업안전보건법」상 안전관리자가 수행해야 할 업무가 아닌 것은?

① 사업장 순회점검·지도 및 조치의 건의
② 산업재해에 관한 통계의 유지·관리·분석을 위한 보좌 및 조언·지도
③ 작업장 내에서 사용되는 전체 환기장치 및 국소 배기장치 등에 관한 설비의 점검
④ 해당 사업장 안전교육계획의 수립 및 안전교육 실시에 관한 보좌 및 지도

해설 작업장 내에서 사용되는 전체 환기장치 및 국소 배기장치 등에 관한 설비의 점검은 보건관리자의 업무이다.

정답 ③

(6) 안전보건관리규정 포함사항

① 규정 작성대상: 상시근로자 100명 이상(농업, 어업, 서비스업 등은 300명 이상)

② 포함사항 외워줘! 제발~

    ⓐ 안전 및 보건에 관한 관리조직과 그 직무에 관한 사항

    ⓑ 안전보건교육에 관한 사항

    ⓒ 작업장의 안전 및 보건 관리에 관한 사항

    ⓓ 사고 조사 및 대책 수립에 관한 사항

    ⓔ 그 밖에 안전 및 보건에 관한 사항

(7) 안전관리자의 선임기준

사업의 종류		규모	수
1. 토사석 광업 2. 식료품 제조업, 음료 제조업 3. 섬유제품 제조업: 의복 제외 4. 목재 및 나무제품 제조업: 가구 제외 5. 펄프, 종이 및 종이제품 제조업 6. 코크스, 연탄 및 석유정제품 제조업 7. 화학물질 및 화학제품 제조업 8. 의료용 물질 및 의약품 제조업 9. 고무 및 플라스틱제품 제조업 10. 비금속 광물제품 제조업 11. 1차 금속 제조업 12. 금속가공제품 제조업: 기계 및 가구 제외 13. 전자부품, 컴퓨터, 영상, 음향 및 통신 장비 제조업 14. 의료, 정밀, 광학기기 및 시계 제조업 15. 전기장비 제조업	16. 기타 기계 및 장비 제조업 17. 자동차 및 트레일러 제조업 18. 기타 운송장비 제조업 19. 가구 제조업 20. 기타제품 제조업 21. 산업용 기계 및 장비수리업 22. 서적, 잡지 및 기타 인쇄물출판업	상시근로자 500명 이상	2명 이상
	23. 폐기물수집 운반처리 및 원료 재생업 24. 환경 정화 및 복원업 25. 자동차 종합 수리업, 자동차 전문 수리업 26. 발전업 27. 운수 및 창고업	상시근로자 50명 이상 500명 미만	1명 이상

28. 농업, 임업 및 어업 29. 제2호부터 제19호까지의 사업을 제외한 제조업 30. 전기, 가스, 증기 및 공기조절 공급업 31. 수도, 하수 및 폐기물 처리, 원료재생업 32. 도매 및 소매업 33. 숙박 및 음식점업 34. 영상·오디오 기록물 제작 및 배급업 35. 라디오, 텔레비전 방송업 36. 우편 및 통신업 37. 부동산업 38. 임대업 39. 연구개발업 40. 사진처리업	41. 사업시설 관리 및 조경 서비스업 42. 청소년 수련시설 운영업 43. 보건업 44. 예술, 스포츠 및 여가 관련 서비스업 45. 개인 및 소비용품수리업 46. 기타 개인 서비스업	상시근로자 1,000명 이상	2명 이상
	47. 공공행정(청소, 시설관리, 조리 등 현업업무에 종사하는 사람) 48. 교육서비스업 중 초·중·고, 특수학교, 외국인학교, 대안학교(청소, 시설관리, 조리 등 현업업무에 종사하는 사람)	상시근로자 50명 이상 1,000명 미만	1명 이상

 정종대쌤의 암기 팁

제조업은 500명 기준, 기타업종은 1,000명 기준으로 기억하세요.

산업재해 예방 및 안전보건교육

1과목 ■ 이론 | □ 기출

CHAPTER **02**

안전보호구 관리

핵심 키워드 안전모, 안전화, 안전장갑, 방진마스크, 방독마스크, 송기마스크, 전동식 호흡보호구, 안전대, 귀마개

☑ **외워줘! 제발~** 은 필수적으로 암기해야 하는 내용을 표시한 부분으로, 시간이 부족한 학습자는 이 내용 위주로 효율적으로 공부하고, 부록 '필수 암기노트'에 내용을 한 번 더 정리해 두었으니 시험 당일 들고 가서 활용하자!

☑ **형광펜**은 시험에 자주 나온 개념으로 2~3배로 꼼꼼히 암기하자! 특히, 시험 직전에는 **외워줘! 제발~** 과 **형광펜**만 모아 빠르게 학습하자!

☑ 빈출 기출문제는 시험에 자주 출제되는 문제로, 관련 개념까지 확실하게 익혀두자!

1 보호구 및 안전장구 관리

1. 추락 및 감전 위험방지용 안전모

(1) 안전모의 종류 **외워줘! 제발~**

종류(기호)	사용구분	비고
AB	물체의 낙하 또는 비래 및 추락에 의한 위험을 방지 또는 경감시키기 위한 것	
AE	물체의 낙하 또는 비래에 의한 위험을 방지 또는 경감하고, 머리 부위 감전에 의한 위험을 방지하기 위한 것	내전압성*
ABE	물체의 낙하 또는 비래 및 추락에 의한 위험을 방지 또는 경감하고, 머리 부위 감전에 의한 위험을 방지하기 위한 것	내전압성

* 내전압성이란 7,000V 이하의 전압에 견디는 것을 말한다.

(2) 안전모의 시험성능기준 **외워줘! 제발~**

항목	시험성능기준
내관통성	AE, ABE종 안전모는 관통거리가 9.5mm 이하이고, AB종 안전모는 관통거리가 11.1mm 이하여야 한다.
충격흡수성	최고전달충격력이 4,450N을 초과해서는 안 되며, 모체와 착장체의 기능이 상실되지 않아야 한다.
내전압성	AE, ABE종 안전모는 교류 20kV에서 1분간 절연파괴 없이 견뎌야 하고, 이때 누설되는 충전전류는 10mA 이하여야 한다.
내수성	AE, ABE종 안전모는 질량증가율이 1% 미만이어야 한다.
난연성	모체가 불꽃을 내며 5초 이상 연소되지 않아야 한다.
턱끈풀림	150N 이상 250N 이하에서 턱끈이 풀려야 한다.

안전모의 시험성능기준 항목으로 옳지 않은 것은?

① 내열성　　　　② 턱끈풀림　　　　③ 내관통성　　　　④ 충격흡수성

해설　안전모의 성능시험의 종류에는 내관통성 시험, 충격흡수성 시험, 내전압성 시험, 내수성 시험, 난연성 시험, 턱끈풀림 시험 등이 있다.

정답　①

2. 안전화

(1) 안전화의 종류 외워줘! 제발~

종류	성능구분
가죽제안전화	물체의 낙하, 충격 또는 날카로운 물체에 의한 찔림 위험으로부터 발을 보호하기 위한 것
고무제안전화	물체의 낙하, 충격 또는 날카로운 물체에 의한 찔림 위험으로부터 발을 보호하고 내수성을 겸한 것
정전기안전화	물체의 낙하, 충격 또는 날카로운 물체에 의한 찔림 위험으로부터 발을 보호하고 정전기의 인체 대전을 방지하기 위한 것
발등안전화	물체의 낙하, 충격 또는 날카로운 물체에 의한 찔림 위험으로부터 발 및 발등을 보호하기 위한 것
절연화	물체의 낙하, 충격 또는 날카로운 물체에 의한 찔림 위험으로부터 발을 보호하고 저압의 전기에 의한 감전을 방지하기 위한 것
절연장화	고압에 의한 감전을 방지 및 방수를 겸한 것
화학물질용 안전화	물체의 낙하, 충격 또는 날카로운 물체에 의한 찔림 위험으로부터 발을 보호하고 화학물질로부터 유해 위험을 방지하기 위한 것

(2) 가죽제안전화의 성능시험

① 내답발성 시험　　　② 내압박성 시험　　　③ 내충격성 시험
④ 박리저항 시험　　　⑤ 내유성 시험　　　⑥ 내부식성 시험
⑦ 인장강도 및 신장율 시험　⑧ 은면결렬 시험　⑨ 인열강도 시험

3. 안전장갑 외워줘! 제발~

내전압용 절연장갑 등급	최대사용전압		비고
	교류(V, 실효값)	직류(V)	
00	500	750	갈색
0	1,000	1,500	빨간색
1	7,500	11,250	흰색
2	17,000	25,500	노랑색
3	26,500	39,750	녹색
4	36,000	54,000	등색(주황색)

교류값에 1.5를 곱하면 직류값
갈빨흰 노녹등 외워줘! 제발~

(갈색 – 빨간색 – 흰색 – 노랑색 – 녹색 – 등색)

4. 방진마스크

(1) 방진마스크의 종류

① 전면형 방진마스크: 분진 등으로부터 안면부 전체(입, 코, 눈)를 덮을 수 있는 구조의 방진마스크를 말한다.

② 반면형 방진마스크: 분진 등으로부터 안면부의 입과 코를 덮을 수 있는 구조의 방진마스크를 말한다.

분리식				안면부 여과식
격리식 전면형	격리식 반면형	직결식 전면형	직결식 반면형	반면형

▲ 방진마스크의 종류

(2) 방진마스크의 등급 외워줘! 제발~

구분	특급	1급	2급
사용장소	• 베릴륨 등과 같이 독성이 강한 물질들을 함유한 분진 등 발생장소 • 석면 취급장소	• 특급마스크 착용장소를 제외한 분진 등 발생장소 • 금속흄 등과 같이 열적으로 생기는 분진 등 발생장소 • 기계적으로 생기는 분진 등 발생장소	특급 및 1급 마스크 착용장소를 제외한 분진 등 발생장소
유의사항	배기밸브가 없는 안면부 여과식 마스크는 특급 및 1급 장소에 사용해서는 안 된다.		

(3) 등급에 따른 분진포집효율 외워줘! 제발~

안면부 내부의 이산화탄소 농도가 부피분율 1% 이하여야 한다.

형태 및 등급		포집효율
분리식	특급	99.95 이상
	1급	94.0 이상
	2급	80.0 이상
안면부 여과식	특급	99.0 이상
	1급	94.0 이상
	2급	80.0 이상

 빈출 기출문제

석면 취급장소에서 사용하는 방진마스크의 등급으로 옳은 것은?

① 특급　　　　　　② 1급　　　　　　③ 2급　　　　　　④ 3급

해설 석면, 베릴륨과 같은 독성분진이 발생하는 장소에서는 특급 방진마스크를 사용한다.

정답 ①

 빈출 기출문제

다음의 방진마스크 형태로 옳은 것은?

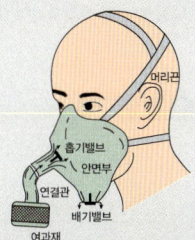

흡기밸브
머리끈
안면부
연결관
배기밸브
여과재

① 직결식 전면형　　　　　　　　　② 직결식 반면형
③ 격리식 전면형　　　　　　　　　④ 격리식 반면형

해설 연결관이 있으면 격리식이고, 그림에서 눈 부위를 덮지 않았으므로 반면형에 해당한다.

정답 ④

5. 방독마스크

(1) **파과**: 정화통 내부의 흡착제가 포화상태가 되어 흡착능력을 상실한 상태

(2) **파과시간**: 일정농도의 유해물질 등을 포함한 공기가 일정 유량으로 정화통에 통과하기 시작한 때부터 파과가 보일 때까지의 시간

(3) **파과곡선**: 파과시간과 유해물질 등에 대한 농도의 관계를 나타낸 곡선

(4) **복합용 방독마스크**: 두 종류 이상의 유해물질 등에 대한 제독능력이 있는 방독마스크

(5) **겸용 방독마스크**: 방독마스크의 성능에 방진마스크의 성능이 포함된 방독마스크

(6) **안전인증 방독마스크의 안전인증 표시 외에 추가 표시사항** 외워줘! 제발~

  ① 파과곡선도

  ② 사용시간 기록카드

  ③ 정화통 외부측면의 표시색

종류	표시색
유기화합물용 정화통*	갈색
할로겐용 정화통	회색
황화수소용 정화통	회색
시안화수소용 정화통	회색
아황산용 정화통	노랑색
암모니아용 정화통	녹색
복합용 및 겸용의 정화통	• 복합용의 경우: 해당가스 모두 표시(2층 분리) • 겸용의 경우: 백색과 해당가스 모두 표시(2층 분리)

*증기밀도가 낮은 유기화합물 정화통의 경우, 색상표시 및 화학물질명 또는 화학기호를 표기

  ④ 사용상의 주의사항

(7) **방독마스크의 종류별 시험가스 종류** 외워줘! 제발~

종류	시험가스
유기화합물용	시클로헥산(C_6H_{12})
유기화합물용	디메틸에테르(CH_3OCH_3)
유기화합물용	이소부탄(C_4H_{10})
할로겐용	염소가스 또는 증기(Cl_2)
황화수소용	황화수소가스(H_2S)
시안화수소용	시안화수소가스(HCN)
아황산용	아황산가스(SO_2)
암모니아용	암모니아가스(NH_3)

빈출 기출문제

산업안전보건법령상 유기화합물용 방독마스크의 시험가스로 옳지 않은 것은?

① 이소부탄   ② 시클로헥산

③ 디메틸에테르   ④ 염소가스 또는 증기

해설 유기화합물용 방독마스크의 시험가스는 시클로헥산, 디메틸에테르, 이소부탄으로 세 가지이다.

정답 ④

6. 송기마스크

(1) 용도

송기마스크는 산소농도가 18% 미만인 산소결핍우려가 있는 장소에서 사용한다.

(2) 종류

① 호스마스크

② 에어라인마스크

③ 복합식 에어라인마스크

빈출 기출문제

「산업안전보건법」상 방독마스크 사용이 가능한 공기 중 최소 산소농도 기준은 몇 % 이상인가?

① 14%   ② 16%   ③ 18%   ④ 20%

해설 방진마스크, 방독마스크는 산소결핍장소에서는 사용이 금지된다. 산소결핍장소는 공기 중 산소 농도가 18% 미만인 장소
이다. 이때 산소결핍장소에서는 송기마스크가 권장된다.

정답 ③

7. 전동식 호흡보호구

(1) 원리

전동식 보호구는 사용자의 몸에 전동기를 착용한 상태에서 전동기 작동에 의해 여과된 공기가 호흡호
스를 통하여 안면부에 공급되는 형태이다.

(2) 종류

① 전동식 방진마스크

② 전동식 방독마스크

③ 전동식 후드 및 전동식 보안면

8. 보호복

(1) 방열복

① 방열복은 고온 작업환경에서 극심한 열로부터 작업자의 신체를 안전하게 보호하기 위해 설계된 보호복이다.

② 방열복의 질량 외워줘! 제발~

종류	질량(단위: kg)
방열상의	3.0
방열하의	2.0
방열일체복	4.3
방열장갑	0.5
방열두건	2.0

(2) 화학물질용 보호복

① 투과: 화학물질이 보호복 재료의 외부표면에 접촉된 후 내부로 확산하여 내부표면으로부터 탈착되는 현상이다.

② 파과시간: 투과시험 시 시험화학물질이 보호복 재료 표면에 닿기 시작해서 다른 쪽 면에 규정된 파과농도로 검출될 때까지 경과된 시간이다.

9. 안전대 외워줘! 제발~

종류	사용구분
벨트식과 안전그네식 모두 적용	1개 걸이용
	U자 걸이용
안전그네식만 적용가능	추락방지대
	안전블록

10. 차광보안경 외워줘! 제발~

종류	사용구분
자외선용	자외선이 발생하는 장소
적외선용	적외선이 발생하는 장소
복합용	자외선 및 적외선이 발생하는 장소
용접용	산소용접작업 등과 같이 자외선, 적외선 및 강렬한 가시광선이 발생하는 장소

11. 용접용 보안면

용접작업 시 머리와 안면을 보호하기 위한 것으로, 통상적으로 지지대를 이용하여 고정하며 적합한 필터를 통해서 눈과 안면을 보호하는 보호구이다.

12. 방음용 귀마개 또는 귀덮개

(1) **음압수준**: 음압을 데시벨(㏈) 단위로 나타낸 값으로, 적분평균소음계 또는 소음계의 'C' 특성을 기준으로 한다. 외워줘! 제발~

(2) **백색소음**: 20㎐ 이상 20,000㎐ 이하의 가청범위 전체에 걸쳐 연속적으로 균일하게 분포된 주파수를 갖는 소음이다.

(3) **종류** 외워줘! 제발~

종류	등급	기호	성능
귀마개	1종	EP-1	저음부터 고음까지 차음하는 것
	2종	EP-2	주로 고음을 차음하고 저음(회화음영역)은 차음하지 않는 것
귀덮개	–	EM	저음부터 고음까지 차음하는 것

✓ 빈출 기출문제

방음용 보호구 중 고음을 차음하고, 저음은 차음하지 않는 방음보호구의 기호는?

① NRR　　　　② EM　　　　③ EP-1　　　　④ EP-2

[해설] 고음은 차단하고 저음은 차단하지 않는 방음용 보호구는 귀마개 2종 EP-2이다.

[정답] ④

13. 안전인증제품 표시사항 외워줘! 제발~

(1) **형식 또는 모델명**
(2) **규격 또는 등급 등**
(3) **제조자명**
(4) **제조번호 및 제조연월**
(5) **안전인증번호**

14. 안전인증대상 보호구 종류(12종) 외워줘! 제발~

(1) 추락 및 감전 위험방지용 안전모
(2) 안전화
(3) 안전장갑
(4) 방진마스크
(5) 방독마스크
(6) 송기마스크
(7) 전동식 호흡보호구
(8) 보호복
(9) 차광 및 비산물 위험방지용 보안경
(10) 안전대
(11) 방음용 귀마개 또는 귀덮개
(12) 용접용 보안면

15. 자율안전확인대상 보호구 종류(3종)

(1) 안전모
(2) 보안경
(3) 보안면

16. 보호구의 지급 외워줘! 제발~

다음의 어느 하나에 해당하는 작업을 하는 근로자에 대해서는 그 작업조건에 맞는 보호구를 작업하는 근로자 수 이상으로 지급하고 착용하도록 하여야 한다.

(1) 물체가 떨어지거나 날아올 위험 또는 근로자가 추락할 위험이 있는 작업: 안전모
(2) 높이 또는 깊이 2m 이상의 추락할 위험이 있는 장소에서 하는 작업: 안전대
(3) 물체의 낙하·충격, 물체에의 끼임, 감전 또는 정전기의 대전에 의한 위험이 있는 작업: 안전화
(4) 물체가 흩날릴 위험이 있는 작업: 보안경
(5) 용접 시 불꽃이나 물체가 흩날릴 위험이 있는 작업: 보안면
(6) 감전의 위험이 있는 작업: 절연용 보호구
(7) 고열에 의한 화상 등의 위험이 있는 작업: 방열복
(8) 선창 등에서 분진이 심하게 발생하는 하역작업: 방진마스크
(9) −18℃ 이하인 급냉동어창에서 하는 하역작업: 방한모·방한복·방한화·방한장갑
(10) 물건을 운반하거나 수거·배달하기 위하여 이륜자동차를 운행하는 작업: 승차용 안전모

17. 안전인증심사의 종류 외워줘! 제발~

(1) 예비심사: 7일
(2) 서면심사: 15일
(3) 기술능력 및 생산체계심사: 30일
(4) 제품심사
　　① 개별 제품심사: 15일
　　② 형식별 제품심사: 30일

② 안전보건표지

1. 안전보건표지의 종류 외워줘! 제발~

1. 금지표지	101 출입금지	102 보행금지	103 차량통행금지	104 사용금지	105 탑승금지	106 금연
	107 화기금지	108 물체이동금지	2. 경고표지	201 인화성물질 경고	202 산화성물질 경고	203 폭발성물질 경고
	204 급성독성물질 경고	205 부식성물질 경고	206 방사성물질 경고	207 고압전기 경고	208 매달린 물체 경고	209 낙하물 경고
	210 고온 경고	211 저온 경고	212 몸균형 상실 경고	213 레이저광선 경고	214 발암성·변이원성·생식독성·전신독성·호흡기 과민성 물질 경고	215 위험장소 경고
3. 지시표지	301 보안경 착용	302 방독마스크 착용	303 방진마스크 착용	304 보안면 착용	305 안전모 착용	306 귀마개 착용
	307 안전화 착용	308 안전장갑 착용	309 안전복 착용			
4. 안내표지	401 녹십자표지	402 응급구호표지	403 들것	404 세안장치	405 비상용기구	406 비상구
	407 좌측비상구	408 우측비상구				

5. 관계자외 출입금지	501 허가대상물질 작업장 **관계자외 출입금지** (허가물질 명칭) 제조/사용/보관 중 보호구/보호복 착용 흡연 및 음식물 섭취 금지	502 석면 취급/해체 작업장 **관계자외 출입금지** 석면 취급/해체 중 보호구/보호복 착용 흡연 및 음식물 섭취 금지	503 금지대상물질의 취급 실험실 등 **관계자외 출입금지** 발암물질 취급 중 보호구/보호복 착용 흡연 및 음식물 섭취 금지

6. 문자추가시 예시문	휘발유화기엄금	▶ 내 자신의 건강과 복지를 위하여 안전을 늘 생각한다. ▶ 내 가정의 행복과 화목을 위하여 안전을 늘 생각한다. ▶ 내 자신의 실수로써 동료를 해치지 않도록 안전을 늘 생각한다. ▶ 내 자신이 일으킨 사고로 인한 회사의 재산과 손실을 방지하기 위하여 안전을 늘 생각한다. ▶ 내 자신의 방심과 불안전한 행동이 조국의 번영에 장애가 되지 않도록 하기 위하여 안전을 늘 생각한다.

▲ 안전보건표지의 종류와 형태(출처: 산업안전보건공단)

안전보건표지의 종류 중 경고표지의 기본모형(형태)이 다른 것은?

① 폭발성물질 경고 　　　　　　② 방사성물질 경고
③ 매달린 물체 경고 　　　　　　④ 고압전기 경고

해설 폭발성물질 경고표지는 마름모형이며, 방사성물질 경고, 매달린 물체 경고, 고압전기 경고표지는 삼각형이다. 이때 마름모형 경고표지의 바탕색은 백색이 아닌 무색임을 유의해야 한다.

정답 ①

2. 안전보건표지의 색도기준과 용도 외워줘! 제발~

색채	색도기준	용도	사용례
빨강	7.5R 4/14	금지	정지신호, 소화설비 및 그 장소, 유해행위의 금지
		경고	화학물질 취급장소에서의 유해·위험 경고
노랑	5Y 8.5/12	경고	화학물질 취급장소에서의 유해·위험 경고 외의 위험 경고, 주의표지 또는 기계방호물
파랑	2.5PB 4/10	지시	특정 행위의 지시 및 사실의 고지
녹색	2.5G 4/10	안내	비상구 및 피난소, 사람 또는 차량의 통행표지
흰색	N 9.5	–	파란색 또는 녹색의 보조색
검은색	N 0.5	–	문자 및 빨간색 또는 노랑색의 보조색

빈출 기출문제

특정행위의 지시 및 사실의 고지에 사용되는 안전보건표지의 색도기준은?

① 2.5G 4/10 　　　　　　② 2.5PB 4/10
③ 5Y 8.5/12 　　　　　　④ 7.5R 4/14

해설 특정행위의 지시 및 사실의 고지에 사용되는 안전보건표지는 지시표지이며, 지시표지의 색채는 파랑, 색도기준은 2.5PB 4/10이다.

정답 ②

산업안전심리

핵심 키워드 심리검사, 안전심리

☑ **외워줘! 제발~**은 필수적으로 암기해야 하는 내용을 표시한 부분으로, 시간이 부족한 학습자는 이 내용 위주로 효율적으로 공부하고, 부록 '필수 암기노트'에 내용을 한 번 더 정리해 두었으니 시험 당일 들고 가서 활용하자!

☑ **형광펜**은 시험에 자주 나온 개념으로 2~3배로 꼼꼼히 암기하자! 특히, 시험 직전에는 **외워줘! 제발~**과 **형광펜**만 모아 빠르게 학습하자!

☑ **빈출 기출문제**는 시험에 자주 출제되는 문제로, 관련 개념까지 확실하게 익혀두자!

1 산업심리와 심리검사

1. 산업안전심리의 5요소 `외워줘! 제발~`

(1) 종류

① 동기   ② 기질

③ 감정   ④ 습성

⑤ 습관

(2) 특징

동기, 기질, 감정은 습성을 결정하고 동기, 기질, 감정, 습성은 습관을 결정한다.

2. 심리검사의 기준 `외워줘! 제발~`

(1) 타당성(적절성): 검사(측정)하고자 하는 내용을 정확하게 측정하는가?

(2) 객관성(무오염성): 검사 결과가 평가자나 채점자의 주관적인 판단에 영향을 받지 않고, 일관된 기준으로 평가되는가?

(3) 신뢰성(반복성, 재현성): 검사 결과가 일관되고 안정적으로 나오는가?

(4) 사용성: 검사가 실제 현장에서 사용하기 쉽고, 짧은 시간 안에 결과를 알 수 있는가?

 빈출 기출문제

산업안전심리의 5대 요소에 포함되지 않는 것은?

① 습관   ② 동기   ③ 감정   ④ 지능

해설 산업안전심리 5요소는 동기, 기질, 감정, 습성, 습관이다.

정답 ④

② 인간의 특성과 안전의 관계

1. 착시현상 외워줘! 제발~

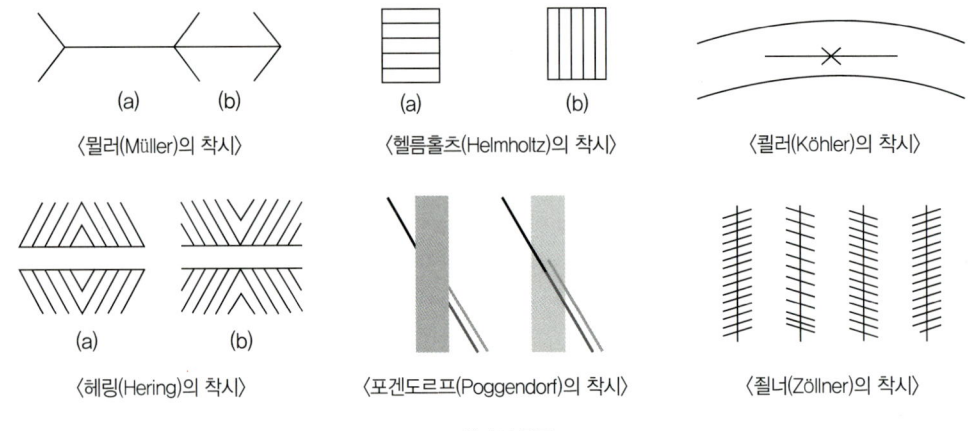

⟨뮐러(Müller)의 착시⟩   ⟨헬름홀츠(Helmholtz)의 착시⟩   ⟨쾰러(Köhler)의 착시⟩

⟨헤링(Hering)의 착시⟩   ⟨포겐도르프(Poggendorf)의 착시⟩   ⟨쵤너(Zöllner)의 착시⟩

▲ 착시의 종류

 정종대쌤의 암기 팁

그림과 함께 착시를 발견한 사람의 이름을 기억해야 합니다.

2. 착각현상

(1) **α 운동**: 뮐러의 착시현상
(2) **β 운동(가현 운동)**: 영화영상 기법으로 정지된 사진을 연속적으로 빨리 이동시키면 마치 움직이는 것처럼 보이는 현상
(3) **유도운동**: 기차를 타고있을 때 정지해 있는 배경이 움직이는 것으로 착각하는 현상
(4) **자동운동**: 암실에서 작은 점을 계속 보면 움직이고 있는 것처럼 보이는 현상(예 도깨비불)

CHAPTER 04 인간의 행동과학

핵심 키워드 적응기제, 레빈의 행동법칙, 재해누발자, 주의, 부주의, 리더십, 바이오리듬

☑ **외워줘! 제발~** 은 필수적으로 암기해야 하는 내용을 표시한 부분으로, 시간이 부족한 학습자는 이 내용 위주로 효율적으로 공부하고, 부록 '필수 암기노트'에 내용을 한 번 더 정리해 두었으니 시험 당일 들고 가서 활용하자!

☑ **형광펜**은 시험에 자주 나온 개념으로 2~3배로 꼼꼼히 암기하자! 특히, 시험 직전에는 **외워줘! 제발~** 과 **형광펜**만 모아 빠르게 학습하자!

☑ **빈출 기출문제**는 시험에 자주 출제되는 문제로, 관련 개념까지 확실하게 익혀두자!

1 조직과 인간행동

1. 적응기제 **외워줘! 제발~**

(1) **방어기제:** 조직의 비난이나 비판으로부터 자신을 보호하기 위한 심리이다.

　① 보상: 자신의 결함과 무능에 의하여 생긴 열등감이나 긴장을 해소시키기 위해 장점으로 그 결함을 보충하려는 행동이다.

　② 합리화: 자기의 실패나 약점을 그럴듯한 이유나 변명을 통해 남에게 비난받지 않도록 하거나 정당화하려는 행동이다.

　③ 투사: 자신의 불만이나 불안을 해소시키기 위해서 남에게 뒤집어씌우는 행동이다.

　④ 동일화: 다른 사람의 행동 양식이나 태도를 받아들이거나 다른 사람에게서 자신과 비슷한 것을 찾아 함께 어울리고자 하는 행동이다.

　⑤ 승화: 억압당한 욕구를 다른 가치 있는 목적으로 실현하도록 노력함으로써 욕구를 충족하는 행동이다.

(2) **도피기제:** 현 상황에 적응이 어려워 현실을 피하고 싶은 심리이다.

　① 고립: 자신이 없을 때 현실로부터 벗어남으로써 곤란한 상황과의 접촉을 피하여 자기 내부로 도피하는 행동이다.

　② 퇴행: 발달단계를 역행함으로써 욕구를 충족하려는 행동이다.

　③ 억압: 불쾌한 생각, 감정 등을 눌러서 의식 밑바닥으로 가라앉게 하고, 의식에 떠오르지 않도록 하는 행동이다.

　④ 백일몽: 현실적으로 도저히 이루어지지 않는 희망이나 공상의 세계 속에서 만족을 얻으려는 행동이다.

(3) **공격기제**

　① 직접적인 공격기제: 폭행, 싸움, 기물파괴 등

　② 간접적인 공격기제: 욕설, 비난, 조소 등

빈출 기출문제

적응기제의 종류 중 도피적 기제(행동)에 해당하지 않는 것은?

① 고립   ② 퇴행   ③ 억압   ④ 합리화

해설 도피적 기제에는 고립, 퇴행, 억압, 백일몽이 있다.

정답 ④

 빈출 기출문제

적응기제의 형태 중 방어적 기제에 해당하지 않는 것은?

① 고립   ② 보상   ③ 승화   ④ 합리화

해설 방어적 기제에는 보상, 합리화, 투사, 동일화, 승화가 있다.

정답 ①

 빈출 기출문제

인간관계의 메커니즘 중 다른 사람의 행동 양식이나 태도를 투입시키거나 다른 사람 가운데서 자기와 비슷한 것을 발견하는 것은?

① 동일화   ② 일체화   ③ 투사   ④ 공감

해설 동일화란 다른 사람의 행동 양식이나 태도를 받아들이거나 다른 사람에게서 자신과 비슷한 것을 찾아 함께 어울리고자 하는 심리이다.

정답 ①

2. 레빈의 행동법칙 외워줘! 제발~

인간의 행동은 개체와 심리적 환경에 의해 결정되고 나타난다는 이론이다.

$$B = f(P \cdot E)$$

(1) B(Behavior): 인간의 행동
(2) P(Person): 개체(지능, 경험, 연령 등)
(3) E(Environment): 환경(인간관계에 의한 심리적 환경)
(4) f(Function): 함수관계

3. 인간의 행동특성 외워줘! 제발~

(1) **간결성의 원리**: 목표에 빨리 도달하고자 생략행위를 수반하는 현상으로 사고의 원인이 된다.
(2) **주의의 일점집중현상**: 갑작스러운 사태에 접했을 때 멍해지는 현상으로 신속한 대응이 어렵다.

(3) **인간의 대피방향**: 오른손, 오른발잡이는 좌측으로 대피하기가 용이하다.

(4) **Risk Taking**: 위험을 자신이 부담하고 무리한 행동을 한다.
   (**예** 빨간신호등인데 횡단보도를 건너는 행위)

(5) **감각차단현상**: 단조로운 업무를 장시간 수행 시 의식수준이 저하되는 현상이다.
   (**예** 졸음)

② 재해빈발성 및 행동과학

1. 재해누발자의 종류 `외워줘! 제발~`

(1) **미숙성 누발자(미숙설)**: 작업이 미숙하여 재해를 빈발하는 경향의 사람이다.

(2) **상황성 누발자(기회설)**: 작업이 어려워서, 근심 걱정이 있어서, 설비의 결함 때문에 재해를 일으키는 사람이다.

(3) **습관성 누발자(암시설)**: 재해를 당한 경험으로 인해 슬럼프에 빠져 재해를 빈발하는 경향의 사람이다.

(4) **소질성 누발자(경향설)**: 다혈질, 급한 성격, 저지능, 비도덕성 등과 같은 소질이 사고를 일으킬 수 있는 성향이 강한 사람이다.

빈출 기출문제

다음 중 상황성 누발자의 재해유발원인으로 옳지 않은 것은?

① 작업의 난이성　　　　　　　② 기계설비의 결함
③ 도덕성의 결여　　　　　　　④ 심신의 근심

해설 상황성 누발자(기회설)는 작업이 어려워서, 근심 걱정이 있어서, 설비의 결함 때문에 재해를 일으키는 사람이다.

정답 ③

2. 주의와 부주의

(1) **주의의 3특성** `외워줘! 제발~`

   ① 변동성: 주의는 장시간 지속될 수 없다.

   ② 선택성: 주의는 한 곳에만 집중할 수 있다.

   ③ 방향성: 주의집중하는 곳의 주변 주의는 떨어진다.

(2) **부주의의 원인** `외워줘! 제발~`

   ① 의식의 우회: 근심 걱정거리가 있어 주의가 다른 곳으로 쏠리는 현상

   ② 의식의 과잉: 특정한 것에 주의를 과도하게 집중하여 나머지 상황을 놓치는 현상

   ③ 의식의 단절: 수면상태 또는 의식을 잃어버린 상태

   ④ 의식의 혼란: 경미한 자극에 의해 주의력이 흐트러지는 현상

   ⑤ 의식수준의 저하: 단조로운 업무를 장시간 수행 시 몽롱해지는 현상

빈출 기출문제

주의의 특성에 해당되지 않는 것은?

① 선택성 　　　　② 변동성 　　　　③ 가능성 　　　　④ 방향성

해설 주의의 3특성은 선택성, 변동성, 방향성이다.

정답 ③

 빈출 기출문제

부주의의 발생원인에 포함되지 않는 것은?

① 의식의 단절 　　　　　　　　② 의식의 우회
③ 의식수준의 저하 　　　　　　④ 의식의 지배

해설 의식의 단절, 의식의 우회, 의식수준의 저하, 의식의 혼란, 의식의 과잉 등이 부주의의 원인이다.

정답 ④

3. 의식레벨의 단계 외워줘! 제발~

(1) Phase 0단계: 무의식상태, 수면상태(의식의 단절상태)
(2) Phase Ⅰ단계: 졸음, 감각차단현상
(3) Phase Ⅱ단계: 일상작업·보통작업을 수행할 때의 상태
(4) Phase Ⅲ단계: 정밀·위험·중요한 작업을 수행할 때의 상태(신뢰도가 가장 높은 단계)
(5) Phase Ⅳ단계: 과긴장상태, 일점집중현상(의식의 과잉)

 빈출 기출문제

주의의 수준이 Phase 0인 상태에서의 의식상태는?

① 무의식상태 　　　　　　　　② 의식의 이완상태
③ 명료한 상태 　　　　　　　　④ 과긴장상태

해설 Phase 0단계는 무의식상태, 수면상태(의식의 단절상태)의 단계이다.

정답 ①

❸ 집단관리와 리더십

1. 리더십

(1) 리더십의 정의 [Leadership = f(L, S, F)]

리더십이란 주어진 상황 속에서 추종자들을 어떤 방식으로 이끌어 가는가를 말한다.

① L: Leader(리더)

② S: Situation(상황)

③ F: Follower(추종자)

(2) 리더십의 권한 외워줘! 제발~

① 보상적 권한(상부): 조직의 규율로 정해진 보상을 해줄 수 있는 권한

② 위임된 권한(하부): 부하직원들로부터 위임받은 권한

③ 전문성 권한(리더 자신이 부여): 리더 자신이 스스로 부여한 전문성을 가져야 한다는 권한

④ 강압적 권한(상부): 조직에 피해를 입힌 구성원에게 조직의 규율에 따라 불이익을 줄 수 있는 권한

⑤ 합법적 권한(상부): 리더로서 규율에 따라 권한을 행사할 수 있는 권한

(3) 리더십의 종류

① 권위주의적 리더십: 리더가 의사결정을 하고 추종자를 이끌어 가는 방식

② 민주주의적 리더십: 구성원의 의견을 수렴하여 조직을 이끌어 가는 방식

③ 자유방임적 리더십: 리더가 개입하지 않고 구성원의 결정으로 이끌어 가는 방식

2. 헤드십

(1) 헤드십의 정의

리더십과 비교되는 용어로 사용되며 리더는 선출된 사람인 반면 헤더는 임명된 사람을 말한다. 임명된 사람의 조직지배 또는 통솔하는 마인드를 헤드십이라 한다.

(2) 헤드십의 특성

① 헤드십은 권위적이며 강압적 특성을 갖는다.

② 헤드십은 부하직원과의 사회적 간격이 넓다. 즉, 인간관계에 큰 비중을 두지 않는다.

③ 인관관계보다는 성과에 치중한 관리방식을 가지고 있다.

4 생체리듬과 피로

1. 생체리듬 그래프

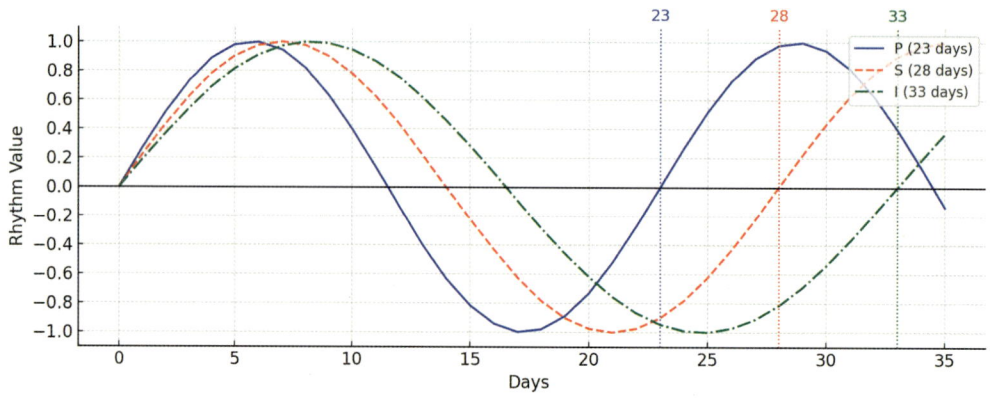

2. 생체리듬 종류와 주기 외워줘! 제발~

(1) **육체적 리듬(P)**: 23일 주기, 청색 실선으로 표시한다.

(2) **감성적 리듬(S)**: 28일 주기, 적색 점선으로 표시한다.

(3) **지성적 리듬(I)**: 33일 주기, 녹색 일점쇄선으로 표시한다.

 빈출 기출문제

생체리듬에 대한 설명으로 틀린 것은?

① 야간에는 체중이 감소한다.

② 야간에는 말초운동기능이 저하된다.

③ 체온, 혈압, 맥박수는 주간에 상승하고 야간에 감소한다.

④ 혈액의 수분과 염분량은 주간에 증가하고 야간에 감소한다.

> **해설** ① 야간에는 음식물 섭취가 적으므로 체중이 감소한다.
> ② 야간에는 말초운동기능이 저하한다.
> ③ 주간에는 활동을 하므로 체온, 혈압, 맥박수는 증가한다.
> ④ 주간에 일하므로 혈액의 수분과 염분량은 주간에 감소하고 야간에 증가한다.

> **정답** ④

빈출 기출문제

생체리듬 중 33일을 주기로 반복되며, 상상력, 사고력, 기억력 등과 깊은 관련성을 갖는 리듬은?

① 육체적 리듬　　　② 지성적 리듬　　　③ 감성적 리듬　　　④ 생활리듬

> **해설** 주기가 33일인 생체리듬은 지성적 리듬이다.

> **정답** ②

5 동기부여이론 외워줘! 제발~

매슬로우(Maslow) 5단계	알더퍼(Alderfer) ERG	맥그리거(McGregor)	허즈버그(Herzberg)
1. 생리적 욕구	생존욕구(Existence)	X이론	위생요인
2. 안전의 욕구			
3. 사회적 욕구	관계욕구(Relation)	Y이론	동기요인
4. 존경의 욕구	성장욕구(Growth)		
5. 자아실현의 욕구			

1. 매슬로우의 욕구 5단계이론

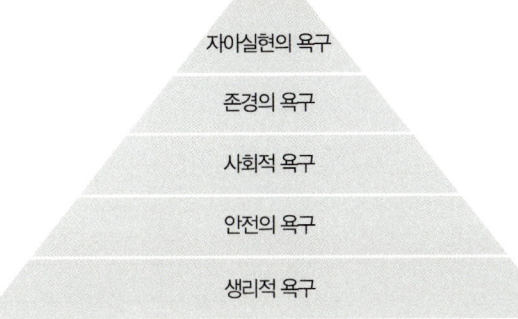

(1) **정의**: 인간의 욕구를 5단계로 나누고, 하위 단계의 욕구가 충족되어야 상위 단계의 욕구가 동기부여의 요인이 된다는 이론이다.

(2) **의미**

① 제1단계 생리적 욕구: 배고픔, 배설, 수면 등의 욕구

② 제2단계 안전의 욕구: 병들거나 다치는 등의 위험에서 벗어나고자 하는 욕구

③ 제3단계 사회적 욕구: 가족, 친구, 조직의 구성원으로 생활하고자 하는 욕구

④ 제4단계 존경의 욕구: 존경받고자 하는 욕구

⑤ 제5단계 자아실현의 욕구: 자신의 잠재력과 능력을 최대한 발휘하여 성취와 성장, 자기개발을 추구하려는 최상위 단계의 욕구

 빈출 기출문제

매슬로우의 욕구단계이론 중 자기의 잠재력을 최대한 살리고 자기가 하고 싶었던 일을 실현하려는 인간의 욕구에 해당하는 것은?

① 생리적 욕구   ② 사회적 욕구

③ 자아실현의 욕구   ④ 안전의 욕구

해설 자기의 잠재력을 최대한 발휘하고, 하고 싶었던 일을 실현하려는 욕구는 자아실현의 욕구이다.

정답 ③

2. 알더퍼의 ERG이론

(1) **정의**: 매슬로우의 욕구 단계를 E, R, G 세 가지로 축소하여 제시한 이론이다.
(2) **의미**

　① E(Exist, 존재욕구): 살아남고 싶은 욕구

　② R(Relation, 관계욕구): 가족을 구성하고 친구를 사귀며 조직생활을 하고 싶은 욕구

　③ G(Growth, 성장욕구): 존경받고 싶고 자아실현을 이루고자 하는 욕구

3. 맥그리거의 X, Y이론

(1) **정의**

　① X이론: 성악설에 근거하여 노동자를 수동적이고 일하기 싫어하는 존재로 보고, 철저한 통제 중심의 관리방식이 필요하다고 본다.

　② Y이론: 성선설에 근거하여 노동자를 자율적이고 즐기며 일하는 존재로 보고, 자율성과 책임을 중시하는 관리방식이 필요하다고 본다.

(2) **X이론과 Y이론 비교**

구분	X이론	Y이론
인간관	성악설	성선설
태도	수동적	능동적
관리방식	관리 · 감시 필요	자율관리
유형	저개발국형	선진국형

빈출 기출문제

맥그리거(McGregor)의 X이론에 대한 관리처방으로 볼 수 없는 것은?

① 직무의 확장　　　　　　　　② 권위주의적 리더십의 확립
③ 경제적 보상체제의 강화　　　④ 면밀한 감독과 엄격한 통제

[해설] 직무의 확장은 Y이론 관리방식으로 업무의 범위를 넓혀 작업자의 자율성과 동기부여를 높이는 방법이다.

[정답] ①

4. 허즈버그의 위생－동기이론

(1) **위생요인**: 임금, 지위, 안전, 관리, 감독, 환경 등과 같이 충족되지 않으면 불만족을 초래하지만 충족된다고 하더라도 직무 만족으로 이어지지는 않는 요인을 나타낸다.

(2) **동기요인**: 책임감, 도전감, 성취감과 같이 일 자체에서 만족을 느끼고 일하려는 욕구를 유발하는 만족요인을 나타낸다.

허즈버그의 일을 통한 동기부여 원칙으로 틀린 것은?

① 새롭고 어려운 업무의 부여
② 교육을 통한 간접적 정보제공
③ 자기과업을 위한 작업자의 책임감 증대
④ 작업자에게 불필요한 통제를 배제

해설 교육을 통한 간접적인 정보제공도 동기부여의 한 방법이지만, 일을 통한 동기부여가 아닌 교육을 통한 동기부여에 속한다.
① 반복되는 일의 지루함을 없애기 위해 조금은 어려운 새 업무를 부여하는 동기부여의 원칙
③ 자신의 업무에 대해 책임감을 가지게 하는 동기부여의 원칙
④ 작업에 자율권을 부여하는 동기부여의 원칙

정답 ②

5. 데이비스의 동기부여이론 외워줘! 제발~

(1) 등식

① 지식×기능＝능력
② 상황×태도＝동기유발
③ 능력×동기유발＝인간의 성과
④ 인간의 성과×물질의 성과＝경영의 성과

(2) 풀이

① 능력은 지식과 기능을 고루 갖춘 상태를 의미한다.
② 동기유발은 상황에 따른 올바른 태도에서 결정된다.
③ 인간의 성과는 능력과 동기유발 정도에 따라 달라진다.
④ 경영의 성과에는 물질적 성과뿐만 아니라 인간의 성과도 포함된다.

데이비스(Davis)의 동기부여이론 중 동기유발의 식으로 옳은 것은?

① 지식×기능
② 지식×태도
③ 상황×기능
④ 상황×태도

해설 상황×태도＝동기유발

정답 ④

CHAPTER 05 안전보건교육의 내용 및 방법

핵심 키워드 토의식 교육, 파블로프, 손다이크, 학습지도의 원리, 교육시간, 교육 내용, O.J.T, OFF.J.T, TWI

☑ **외워줘! 제발~** 은 필수적으로 암기해야 하는 내용을 표시한 부분으로, 시간이 부족한 학습자는 이 내용 위주로 효율적으로 공부하고, 부록 '필수 암기노트'에 내용을 한 번 더 정리해 두었으니 시험 당일 들고 가서 활용하자!

☑ **형광펜**은 시험에 자주 나온 개념으로 2~3배로 꼼꼼히 암기하자! 특히, 시험 직전에는 **외워줘! 제발~** 과 **형광펜**만 모아 빠르게 학습하자!

☑ 빈출 기출문제는 시험에 자주 출제되는 문제로, 관련 개념까지 확실하게 익혀두자!

1 교육방법

1. 교육의 3요소

(1) **주체**: 강사

(2) **객체**: 수강자

(3) **매개체**: 교재

2. 학습목적의 3요소 **외워줘! 제발~**

(1) 주제

(2) 정도

(3) 목표

3. 교육 3단계 **외워줘! 제발~**

(1) **1단계 지식교육**: 도입 – 제시 – 적용 – 확인

(2) **2단계 기능교육**: 작업준비 – 작업설명 – 실습 – 평가

(3) **3단계 태도교육**: 청취 – 이해납득 – 모범 – 평가

 빈출 기출문제

안전보건교육의 단계에 해당하지 않는 것은?

① 지식교육　　　② 기초교육　　　③ 태도교육　　　④ 기능교육

해설 안전보건교육의 단계는 지식 – 기능 – 태도교육 순이다.

정답 ②

4. 하버드학파의 5단계 교습법 `외워줘! 제발~`

(1) **1단계**: 준비시킨다.

(2) **2단계**: 교시한다.

(3) **3단계**: 연합한다.

(4) **4단계**: 총괄한다.

(5) **5단계**: 응용시킨다.

5. 토의식 교육방법의 종류 `외워줘! 제발~`

(1) **패널디스커션(Panel Discussion)**: 특정 주제에 대하여 서로 의견을 달리하는 3~5명의 참가자들이 사회자의 진행에 따라 청중학습자 앞에서 토의하는 방식이다.

(2) **포럼(Forum)**: 새로운 자료를 제시하고 약 25명 이상의 집단구성원과 1명 이상의 전문가나 자원인사가 사회자의 진행 하에 대체로 15~60분 동안 공개적으로 토의를 진행하는 방식이다.

(3) **심포지엄(Symposium)**: 2~5명의 전문가가 동일한 주제 혹은 상호 관련된 소주제에 대해서 각자의 전문적인 견해를 제시하는 방식이다.

(4) **버즈세션(=6-6회의, Buzz Session)**: 전체집단을 몇 개의 소집단으로 나누어 분과(6인)형태의 토의를 6분간 진행하고, 최종적으로 집단구성원 전체가 다시 모여 분과토의 결과를 종합·정리하고 결론을 도출해 내는 방식이다.

빈출 기출문제

학습지도의 형태 중 토의법에 해당되지 않는 것은?

① 패널디스커션(Panel Discussion)　　　② 포럼(Forum)

③ 구안법(Project Method)　　　④ 버즈세션(Buzz Session)

해설 구안법(Project Method)은 학습자 스스로 계획하고 학습하며 생활 속에서 학습이 이루어져야 한다고 주장한 진보주의 교육 실천가인 킬패트릭이 제시한 활동 중심 교육과정으로 토의법과 구분된다.

정답 ③

6. 학습원리

(1) **파블로프의 조건반사설 학습원리** `외워줘! 제발~`

개를 통한 학습으로 학습원리를 규정하였다.

① **시간의 원리**: 종소리는 먹이보다 먼저 또는 동시에 주어져야 한다.

② **강도의 원리**: 음식물은 종소리보다 그 강도가 강하거나 동일하여야 한다.

③ **일관성의 원리**: 종소리는 일관된 자극이어야 한다.

④ **계속성의 원리**: 자극과 반응의 결합이 많이 반복될수록 조건화가 더 확실하게 형성된다.

(2) 손다이크의 시행착오설 외워줘! 제발~

① **준비성의 법칙**: 학습할 준비가 되어있어야 효과가 좋다는 법칙이다.

② **연습의 법칙**: 학습은 연습을 통해 향상되고 장기간 유지된다는 법칙이다.

③ **효과의 법칙**: 학습의 성취와 동시에 보상을 줌으로써 효과가 강화된다는 법칙이다.

(3) 학습지도의 원리

① 자발성의 원리: 학습자 스스로가 능동적으로 학습활동에 의욕을 가지고 참여하도록 하는 원리이다.

② 개별화의 원리: 학습자를 존중하고, 학습자 개개인의 능력, 소질, 성향 등 모든 발달가능성을 신장시키려는 원리이다.

③ 목적의 원리: 학습자는 학습목표가 분명하게 인식되었을 때 자발적이고 적극적인 학습활동을 하게 된다는 원리이다.

④ 사회화의 원리: 공동학습을 통해서 협력적이고 우호적인 학습을 통해 사회화를 돕는 원리이다.

⑤ 통합화의 원리: 학습자를 전체적 인격체로 보고 내재하여 있는 모든 능력을 조화롭게 발달시키기 위한 생활 중심의 통합교육을 원칙으로 하는 원리이다.

⑥ 직접 경험의 원리: 구체적인 사물을 학습자가 직접 경험해 봄으로써 학습의 효과를 높일 수 있다는 원리이다.

2 안전보건교육

1. 산업안전보건법령상 안전보건교육시간 외워줘! 제발~

(1) 근로자 안전보건교육시간

구분	대상자	교육시간
정기교육	사무직	매 반기 6시간 이상
	판매업무	매 반기 6시간 이상
	기타근로자	매 반기 12시간 이상
채용 시 교육	일용근로자(1주일 이하 계약)	1시간 이상
	일용근로자(1주일 초과 1개월 이하 계약)	4시간 이상
	그 밖의 근로자	8시간 이상
작업내용 변경 시 교육	일용근로자(1주일 이하 계약)	1시간 이상
	그 밖의 근로자	2시간 이상
특별교육	일용근로자(1주일 이하 계약)	2시간 이상
	일용근로자(타워크레인 신호수)	8시간 이상
	그 밖의 근로자	16시간 이상 (단기간 또는 간헐적 작업인 경우 2시간 이상)
건설업 기초안전보건교육	건설일용근로자	4시간 이상

(2) 관리감독자 안전보건교육시간

구분	교육시간
정기교육	연간 16시간 이상
채용 시 교육	8시간 이상
작업내용 변경 시 교육	2시간 이상
특별교육	16시간 이상 (최초 작업 전 4시간 이상 실시하고, 12시간은 3개월 이내에 분할 실시 가능)
	단기간 또는 간헐적 작업인 경우 2시간 이상

 빈출 기출문제

산업안전보건법령상 작업내용 변경 시 교육을 할 때 일용근로자를 제외한 근로자의 교육시간으로 옳은 것은?

① 1시간 이상   ② 2시간 이상
③ 4시간 이상   ④ 8시간 이상

해설 작업내용 변경 시 근로자의 교육시간은 다음과 같다.

작업내용 변경 시	일용근로자(1주일 이하 계약)	1시간 이상
	그 밖의 근로자	2시간 이상

정답 ②

(3) 안전보건관리책임자 등의 직무교육시간 `외워줘! 제발~`

교육대상	교육시간	
	신규교육	보수교육
안전보건관리책임자	6시간 이상	6시간 이상
안전관리자, 안전관리 전문기관의 종사자	34시간 이상	24시간 이상
보건관리자, 보건관리 전문기관의 종사자	34시간 이상	24시간 이상
건설재해예방 전문지도기관의 종사자	34시간 이상	24시간 이상
석면조사기관의 종사자	34시간 이상	24시간 이상
안전보건관리담당자	–	8시간 이상
안전검사기관, 자율안전검사기관 종사자	34시간 이상	24시간 이상

2. 산업안전보건법령상 안전보건교육 내용

(1) 근로자 정기안전보건교육 내용 `외워줘! 제발~`

① 산업안전 및 산업재해 예방에 관한 사항
② 산업보건 및 건강장해 예방에 관한 사항
③ 위험성 평가에 관한 사항
④ 직무스트레스 예방 및 관리에 관한 사항

⑤ 「산업안전보건법령」 및 산업재해보상보험 제도에 관한 사항

⑥ 직장 내 괴롭힘, 고객의 폭언 등으로 인한 건강장해 예방 및 관리에 관한 사항

⑦ 유해·위험 작업환경 관리에 관한 사항

⑧ 건강증진 및 질병 예방에 관한 사항

(2) **근로자 채용 및 작업내용 변경 시 안전보건교육 내용** 외워줘! 제발~

① 산업안전 및 산업재해 예방에 관한 사항

② 산업보건 및 건강장해 예방에 관한 사항

③ 위험성 평가에 관한 사항

④ 직무스트레스 예방 및 관리에 관한 사항

⑤ 「산업안전보건법령」 및 산업재해보상보험 제도에 관한 사항

⑥ 직장 내 괴롭힘, 고객의 폭언 등으로 인한 건강장해 예방 및 관리에 관한 사항

⑦ 기계·기구의 위험성과 작업의 순서 및 동선에 관한 사항

⑧ 작업 개시 전 점검에 관한 사항

⑨ 정리정돈 및 청소에 관한 사항

⑩ 사고 발생 시 긴급조치에 관한 사항

⑪ 물질안전보건자료에 관한 사항

(3) **관리감독자 정기안전보건교육 내용** 외워줘! 제발~

① 산업안전 및 산업재해 예방에 관한 사항

② 산업보건 및 건강장해 예방에 관한 사항

③ 위험성 평가에 관한 사항

④ 직무스트레스 예방 및 관리에 관한 사항

⑤ 「산업안전보건법령」 및 산업재해보상보험 제도에 관한 사항

⑥ 직장 내 괴롭힘, 고객의 폭언 등으로 인한 건강장해 예방 및 관리에 관한 사항

⑦ 작업공정의 유해·위험과 재해 예방대책에 관한 사항

⑧ 비상시 또는 재해발생 시 긴급조치에 관한 사항

⑨ 유해·위험 작업환경 관리에 관한 사항

⑩ 표준안전 작업방법 결정 및 지도·감독 요령에 관한 사항

⑪ 사업장 내 안전보건관리체제 및 안전·보건조치 현황에 관한 사항

⑫ 현장근로자와의 의사소통능력 및 강의능력 등 안전보건교육 능력 배양에 관한 사항

⑬ 그 밖의 관리감독자의 직무에 관한 사항

(4) **관리감독자 채용 및 작업내용 변경 시 교육 내용** 외워줘! 제발~

① 산업안전 및 산업재해 예방에 관한 사항

② 산업보건 및 건강장해 예방에 관한 사항

③ 위험성 평가에 관한 사항

④ 직무스트레스 예방 및 관리에 관한 사항

⑤ 「산업안전보건법령」 및 산업재해보상보험 제도에 관한 사항

⑥ 직장 내 괴롭힘, 고객의 폭언 등으로 인한 건강장해 예방 및 관리에 관한 사항

⑦ 기계·기구의 위험성과 작업의 순서 및 동선에 관한 사항

⑧ 작업 개시 전 점검에 관한 사항

⑨ 물질안전보건자료에 관한 사항

⑩ 표준안전 작업방법 결정 및 지도·감독 요령에 관한 사항

⑪ 사업장 내 안전보건관리체제 및 안전·보건조치 현황에 관한 사항

⑫ 비상시 또는 재해발생 시 긴급조치에 관한 사항

⑬ 그 밖의 관리감독자의 직무에 관한 사항

(5) 건설업 기초안전보건교육 내용 외워줘! 제발~

① 건설공사의 종류(건축·토목) 및 시공 절차(1시간)

② 산업재해 유형별 위험요인 및 안전보건조치(2시간)

③ 안전보건관리체제 현황 및 산업안전보건 관련 근로자 권리·의무(1시간)

 빈출 기출문제

산업안전보건법령상 관리감독자 대상 정기안전보건교육의 교육 내용으로 옳은 것은?

① 작업 개시 전 점검에 관한 사항

② 정리정돈 및 청소에 관한 사항

③ 작업공정의 유해·위험과 재해 예방대책에 관한 사항

④ 기계·기구의 위험성과 작업의 순서 및 동선에 관한 사항

해설 작업공정의 유해·위험과 재해 예방대책에 관한 사항을 제외한 나머지 항목은 근로자 채용 시, 작업내용 변경 시 교육 내용에 해당한다.

정답 ③

2026 신출 예상문제

건설업 기초안전보건교육 내용으로 맞지 않는 것은?

① 건설공사의 종류 및 시공 절차

② 산업재해 유형별 위험요인 및 안전보건조치

③ 안전보건관리체제 현황 및 산업안전보건 관련 근로자 권리·의무

④ 물질안전보건자료에 관한 사항

해설 건설업 기초안전보건교육 내용에 물질안전보건자료에 관한 사항은 포함되어 있지 않다.

정답 ④

3. 현장교육

(1) O.J.T 와 OFF.J.T 외워줘! 제발~

① O.J.T(사업장 내 훈련)

ⓐ 강사는 직장상사이다.

ⓑ 개별 교육형태로 진행된다.

ⓒ 사업장의 상황에 따라 교육이 변경되기 쉽다.

ⓓ 실무에 직접 적용할 수 있다.

② OFF.J.T(사업장 외 훈련)

ⓐ 강사는 초빙강사이다.

ⓑ 집체 교육형태로 진행된다.

ⓒ 교육에 전념할 수 있다.

ⓓ 신기술, 신기계설비에 접할 수 있는 계기가 된다.

빈출 기출문제

교육훈련 방법 중 OJT(On the Job Training)의 특징으로 옳지 않은 것은?

① 동시에 다수의 근로자를 조직적으로 훈련이 가능하다.
② 개개인에게 적절한 지도 훈련이 가능하다.
③ 훈련효과에 의해 상호 신뢰 및 이해도가 높아진다.
④ 직장의 실정에 맞게 실제적 훈련이 가능하다.

해설 동시에 다수의 근로자를 조직적으로 훈련이 가능한 것은 OFF.J.T의 특징에 해당된다.

정답 ①

(2) TWI(Training Within Industry, 기업 내 초급 감독자 훈련) 교육 내용 외워줘! 제발~

① J.I.T(Job Instruction Training): 작업지도법

② J.M.T(Job Method Training): 작업개선법

③ J.R.T(Job Relations Training): 부하통솔법(=인간관계법)

④ J.S.T(Job Safety Training): 작업안전법

어제보다 나은 오늘을 만드는 것,
그게 가장 확실한 성장이다.
그리고 당신은, 지금 그걸 해내고 있다.

#나를위한위로 #나만의목적지

정종대쌤이 말하는
100% 합격
기출 공부법

▶ 과목별 기출로 학습! ◀

- 이론 학습 후, 바로 기출문제를 학습함으로써 기억에 더 오래 남을 수 있도록 과목 및 출제개념별로 기출문제를 구성했습니다.
- 과목별 기출문제를 풀고, 문항별 개념까지 한 번 더 체크해 보세요.

▶ 중복소거된 5개년 기출 학습! ◀

- 산업안전기사 필기시험의 경우, 문제은행 방식으로 출제되어 매 시험마다 이전에 출제되었던 문제들이 일부 중복되어 재출제됩니다.
- 공부시간을 단축할 수 있도록 중복 출제된 기출문제들은 소거하여 수록하였습니다.

▶ 문항별 기출연도 확인! ◀

- 문항별 기출연도를 표기하여 빈출 정도를 한눈에 확인할 수 있게 하였습니다.
- 문항별 기출연도 표기 개수가 많을수록 시험에 자주 출제된 문제이며, 표기가 5개인 문제는 출제 횟수가 5회 이상인 기출문제로 집중 학습이 필요한 문제입니다.

1과목 | 산업재해 예방 및 안전보건교육

최신 5개년 기출

2025~2021년

※ 본 기출문제는 최신 5개년(2025~2021년) 기출문제들로 구성되어 있습니다.

※ 2022년 3회~2025년 문제는 CBT 기출복원문제로, 수험생들의 복원을 토대로 문제를 구성하였습니다.

※ 기출복원문제는 실제 기출문제와 동일하지 않을 수 있습니다.

※ 법령 개정 이전의 내용을 포함하고 있는 문항은 개정사항을 반영하여 수록하였습니다.

CHAPTER 01 산업재해예방 계획수립

기출문제 활용법 문항별 기출 표기 개수가 많을수록 시험에 자주 출제된 문제! 표기가 5개인 문제는 출제 횟수가 5회 이상인 기출문제로 무조건 암기 필수!

3회독 공부전략 [1회독]은 문제 → 선지 → 답 → 해설 순서로 정독! [2회독]부터는 직접 문제 풀기, [3회독] 때는 ×, △ 표시된 문제만 다시 풀기! 회독할 때마다 문제 옆 회독표에 ○, ×, △로 표시하여 3회독까지 ×로 표시된 문제는 부록에 포함된 "틈틈 오답노트"에 따로 정리해 공부하세요! [○: 정확히 알고 푼 문제 △: 부분적으로 알고 푼 문제 ×: 개념 학습이 필요한 문제]

24년 3회 23년 2회 　　　　✔ 회독 ☐☐☐

01 하인리히의 재해코스트 평가방식 중 직접비에 해당하지 않는 것은?

① 산재보상비　　② 치료비
③ 간호비　　　　④ 생산손실

> 생산손실에 의한 재해비용은 간접비에 해당한다.
> **출제개념** 하인리히 재해비용, 직접비와 간접비

25년 2회 　　　　✔ 회독 ☐☐☐

02 하인리히 재해손실비를 구하는 식으로 옳은 것은?

① 직접비 + 간접비
② 보험코스트 + 비보험코스트
③ 개별비용 + 공동비용
④ 직접관리비 + 간접관리비

> 재해손실비를 산정하는 방식에는 여러 기법이 있으며, 대표적인 기법은 다음과 같다.
> • 하인리히 방식 = 직접비 + 간접비
> • 시몬즈 방식 = 보험코스트 + 비보험코스트
> • 콤패스 방식 = 개별비용 + 공동비용
> **출제개념** 하인리히 재해비용

22년 3회 22년 1회 　　　　✔ 회독 ☐☐☐

03 다음 손실비용 중 성격이 다른 하나는?

① 요양급여　　　② 간병급여
③ 상병보상연금　④ 생산손실급여

> 요양급여, 상병보상연금, 간병급여는 산재보험에서 지급되는 비용인 직접비에 해당하고, 생산손실급여는 간접비에 해당한다.
> **출제개념** 하인리히 재해비용, 직접비와 간접비

21년 1회 　　　　✔ 회독 ☐☐☐

04 재해로 인한 직접비용으로 8,000만 원의 산재보상비가 지급되었을 때, 하인리히 방식에 따른 총손실비용은?

① 16,000만 원　② 24,000만 원
③ 32,000만 원　④ 40,000만 원

> 하인리히 방식에 따른 재해손실비 산정 방식은 직접비 : 간접비 = 1 : 4이므로 직접비가 8,000만 원이면 간접비는 4×8,000만 원으로 32,000만 원이다. 문제는 총손실비를 물었으므로 8,000만 원 + 32,000만 원 = 40,000만 원이 정답이다.
> **출제개념** 하인리히 재해비용, 총재해비용

정답 01 ④　02 ①　03 ④　04 ④

✔ 회독 ☐☐☐

05 사고예방대책의 기본원리 5단계 중 틀린 것은?

① 1단계: 안전관리 계획
② 2단계: 현상파악
③ 3단계: 분석, 평가
④ 4단계: 대책의 선정

▼

하인리히 사고예방대책 기본원리 5단계는 다음과 같다.
- 1단계: 조직(안전조직)
- 2단계: 사실의 발견(현상파악)
- 3단계: 분석
- 4단계: 시정책의 선정
- 5단계: 시정책의 적용

출제개념 하인리히 사고예방대책(발생방지) 5단계

✔ 회독 ☐☐☐

06 하인리히의 사고방지 기본원리 5단계 중 시정 방법의 선정 단계에 있어서 필요한 조치가 아닌 것은?

① 인사조정
② 안전행정의 개선
③ 교육 및 훈련의 개선
④ 안전점검 및 사고조사

▼

안전점검 및 사고조사는 사실의 발견단계(2단계)의 내용이다. 시정책의 선정단계(4단계)에는 ① 인사조정, ② 안전행정의 개선, ③ 교육 및 훈련의 개선이 해당된다.

출제개념 하인리히 사고예방대책(발생방지) 5단계

✔ 회독 ☐☐☐

07 하인리히의 사고예방원리 5단계 중 교육 및 훈련의 개선, 인사조정, 안전관리규정 및 수칙의 개선 등을 행하는 단계는?

① 사실의 발견
② 분석 평가
③ 시정방법의 선정
④ 시정책의 적용

▼

인사조정, 교육 및 훈련의 개선, 안전행정의 개선은 시정책의 선정단계에 해당한다.

출제개념 하인리히 사고예방대책(발생방지) 5단계

✔ 회독 ☐☐☐

08 하인리히 재해구성비율에 의하면 무상해 사고 가 600건일 때 사망 또는 중상 발생 건수는?

① 1   ② 2
③ 29   ④ 58

▼

하인리히의 재해구성비율은 중상 또는 사망 : 경상 : 무상해 사고 = 1 : 29 : 300으로, 문제에서 무상해 사고가 600건이므로 중상 또는 사망도 2배로 증가해야 한다.

출제개념 하인리히의 재해발생비율

정답 05 ① 06 ④ 07 ③ 08 ②

09 하인리히의 재해구성비율 '1 : 29 : 300'에서 '29'에 해당되는 사고발생비율은?

① 8.8% ② 9.8%

③ 10.8% ④ 11.8%

▼

경상해 재해구성비율을 %로 나타내면

$$\frac{29}{330} = 0.0878 \times 100 = 8.78(\%)$$

소수점 둘째 자리에서 반올림하면 8.8%가 정답이다.

출제개념 하인리히의 재해발생비율

10 하인리히의 재해발생과 관련한 도미노이론으로 설명되는 안전관리의 핵심단계는?

① 외부환경

② 개인적 성향

③ 재해 및 상해

④ 불안전한 상태 및 행동

▼

하인리히의 도미노이론에서 핵심단계는 3단계 불안전한 상태 및 행동이다.

출제개념 하인리히의 재해발생 도미노이론

11 재해예방의 4원칙이 아닌 것은?

① 손실우연의 원칙

② 사실확인의 원칙

③ 원인계기의 원칙

④ 대책선정의 원칙

▼

재해예방의 4원칙은 다음과 같다.

• 손실우연의 원칙
• 원인계기(연계)의 원칙
• 예방가능의 원칙
• 대책선정의 원칙

출제개념 하인리히의 산업재해예방

12 재해예방의 4원칙과 관련이 가장 적은 것은?

① 모든 재해의 발생 원인은 우연적인 상황에서 발생한다.

② 재해손실은 사고가 발생할 때 사고 대상의 조건에 따라 달라진다.

③ 재해예방을 위한 안전대책은 반드시 존재한다.

④ 재해는 원칙적으로 원인만 제거되면 예방이 가능하다.

▼

재해예방의 4원칙 중 원인계기(연계)의 원칙에 따르면, 모든 재해의 발생 원인은 필연적으로 존재한다. 따라서 ①번 선택지는 이 원칙에 어긋나므로 관련이 가장 적다.

출제개념 하인리히의 산업재해예방

정답 **09** ① **10** ④ **11** ② **12** ①

13 재해예방의 4원칙에 대한 설명으로 틀린 것은?

① 재해발생은 반드시 원인이 있다.

② 손실과 사고와의 관계는 필연적이다.

③ 재해는 원인을 제거하면 예방이 가능하다.

④ 재해를 예방하기 위한 대책은 반드시 존재한다.

> 재해예방의 4원칙 중 손실우연의 원칙에 따르면, 손실과 사고와의 관계는 우연에 따라 달라진다.
>
> **출제개념** 하인리히의 산업재해예방

14 재해예방의 4원칙에 관한 설명으로 틀린 것은?

① 재해의 발생에는 반드시 원인이 존재한다.

② 재해의 발생과 손실의 발생은 우연적이다.

③ 재해를 예방할 수 있는 대책은 반드시 존재한다.

④ 재해는 원인 제거가 불가능하므로 예방만이 최선이다.

> 예방가능의 원칙에 따르면 재해는 원인을 제거함으로써 예방할 수 있으므로 ④번 선택지는 틀린 설명이다.
> ① 원인계기(연계)의 원칙에 관한 설명이다.
> ② 손실우연의 원칙에 관한 설명이다.
> ③ 대책선정의 원칙에 관한 설명이다.
>
> **출제개념** 하인리히의 산업재해예방

15 안전관리의 시책에는 적극적인 대책과 소극적인 대책이 있다. 다음 중 가장 소극적인 대책에 해당하는 것은?

① 보호구의 사용

② 위험공정의 배제

③ 위험물질의 격리 및 대체

④ 위험성 평가를 통한 작업환경 개선

> 보호구를 사용한 안전관리는 가장 소극적인 대책에 해당하며, 유해위험요인을 근본적으로 제거하려는 노력이 선행되어야 한다.
>
> **출제개념** 안전관리 시책

16 아담스의 사고연쇄반응이론 5단계에서 불안전 행동 및 불안전 상태는 어느 단계에 해당되는가?

① 제1단계: 관리구조

② 제2단계: 작전적 에러

③ 제3단계: 전술적 에러

④ 제4단계: 사고

> 아담스의 사고연쇄반응이론 5단계는 다음과 같다.
> • 1단계: 관리구조 결함
> • 2단계: 작전적 에러(관리자의 결함)
> • 3단계: 전술적 에러(작업자의 결함) → 불안전 행동, 불안전 상태에 해당함
> • 4단계: 사고
> • 5단계: 상해
>
> **출제개념** 아담스의 재해발생 5단계

정답 **13** ② **14** ④ **15** ① **16** ③

17 재해원인을 직접원인과 간접원인으로 분류할 때 직접원인에 해당하는 것은?

① 물적 원인　　　② 교육적 원인
③ 정신적 원인　　④ 관리적 원인

> 직접원인에는 인적 원인(불안전한 행동)과 물적 원인(불안전한 상태)이 해당된다.
>
> 출제개념 재해발생이론, 직접원인과 간접원인

18 재해발생의 직접원인 중 불안전한 상태가 아닌 것은?

① 불안전한 인양
② 부적절한 보호구
③ 결함 있는 기계설비
④ 불안전한 방호장치

> 불안전한 상태에는 설비 결함, 방호장치 결함, 작업환경 결함, 보호구 결함 등이 있고, 불안전한 행동에는 작업자의 실수, 부주의, 안전수칙 미준수 등이 있다. 불안전한 인양은 작업자가 인양 작업을 수행할 때 절차를 무시하거나 부주의하게 작업하는 불안정한 행위에 해당한다.
>
> 출제개념 재해발생이론, 직접원인

19 재해손실비를 다음과 같이 산정한 것은 어느 방식인가?

총재해코스트 = 보험코스트 + 비보험코스트

① 하인리히 방식
② 버드의 방식
③ 시몬즈 방식
④ 콤패스 방식

> 재해손실비 산정에는 여러 방식이 있으며, 대표적인 예는 다음과 같다.
> • 하인리히 방식: 총재해코스트 = 직접비 + 간접비
> • 시몬즈 방식: 총재해코스트 = 보험코스트 + 비보험코스트
>
> 출제개념 재해손실비

20 다음 중 버드의 재해발생이론에서 1단계에 해당하는 것은?

① 기본원인
② 관리의 부족
③ 불안전한 행동과 상태
④ 사회적 환경과 유전적 요소

> 버드의 신도미노이론은 다음과 같다.
> • 1단계 통제의 부족　(관리)
> • 2단계 기본원인　　　(기원)
> • 3단계 직접원인　　　(징후)
> • 4단계 사고　　　　　(접촉)
> • 5단계 재해　　　　　(손실)
>
> 출제개념 버드의 재해발생이론

정답　**17** ①　**18** ①　**19** ③　**20** ②

21 버드의 재해구성비율에 따를 때 경상이 20건이면 무상해 사고 건수는?

① 30건　　　　② 60건
③ 90건　　　　④ 120건

버드의 재해구성비율은 1(사망, 중상) : 10(경상) : 30(무상해 사고) : 600(무상해, 무사고)이다. 따라서 경상이 20건일 경우 무상해 사고는 60건이다.

출제개념 버드의 재해발생비율

22 버드(Bird)의 재해발생이론에 따를 경우 15건의 경상(물적 또는 인적 상해) 사고가 발생하였다면 무상해 무사고(위험 순간)는 몇 건이 발생하겠는가?

① 300　　　　② 600
③ 450　　　　④ 900

버드의 재해구성비율은 사망 또는 중상 : 경상(물적, 인적 상해) : 무상해 사고(물적 손실) : 무상해 무사고 고장(위험 순간)＝1 : 10 : 30 : 600이다. 문제에서는 경상이 15건으로 1.5배의 값이므로 무상해 무사고도 1.5배가 적용된다. 600×1.5＝900이므로 무상해 무사고는 900건에 달한다.

출제개념 버드의 재해발생비율

23 사고요인이 되는 정신적 요소 중 개성적 결함 요인에 해당하지 않는 것은?

① 안전의식 부족
② 과도한 집착력
③ 과도한 자만심
④ 다혈질 및 인내심 부족

개성적 결함 요인은 사고를 유발하는 개인의 성격적 결함을 의미하며, 안전의식 부족은 개인의 성격적 결함으로 적절하지 않다.

출제개념 안전사고 요인, 개성적 결함

24 강도율에 관한 설명 중 틀린 것은?

① 사망 및 영구 전노동 불능 신체장해등급 1~3급의 근로손실일수는 7,500일로 환산한다.
② 신체장해등급 중 14급은 근로손실일수를 50일로 환산한다.
③ 영구 일부노동 불능은 신체장해등급에 따른 근로손실일수에 300/365을 곱하여 환산한다.
④ 일시 전노동 불능은 휴업일수에 300/365을 곱하여 근로손실일수로 환산한다.

영구 일부노동 불능은 신체장해등급에 따른 근로손실일수가 그대로 적용되며 별도로 300/365을 곱하지 않는다. 반면, 휴업일수, 진단일수는 300/365을 곱하여 근로손실일수를 산정한다.

출제개념 강도율

정답　**21** ②　**22** ④　**23** ①　**24** ③

25 A사업장의 현황이 다음과 같을 때 이 사업장의 강도율은?

- 근로자 수: 500명
- 연근로시간 수: 2,400시간
- 신체장해등급
  - 2급: 3명
  - 10급: 5명
- 의사 진단에 의한 휴업일수: 1,500일

① 0.22
② 2.22
③ 22.28
④ 222.88

▼

신체장해등급별 근로손실일수는 2급이 7,500일, 10급이 600일이고, 의사 진단에 의한 휴업일수가 1,500일이므로

$$강도율 = \frac{총\ 요양근로손실일수}{연근로시간\ 수} \times 1,000$$

$$= \frac{7,500 \times 3 + 600 \times 5 + 1,500 \times \frac{300}{365}}{500 \times 2,400} \times 1,000$$

$$\fallingdotseq 22.28$$

여기서, 주의할 사항은 요양근로손실일수를 계산할 때 휴업일수나 의사 진단일수는 100% 인정을 하지 않는다는 것이다. 문제에서 휴업일수, 의사 진단일수가 주어졌을 경우에는 300/365을 곱하여 근로손실일수로 산정한 후 식에 대입해야 한다.

장애등급	1~3	10
근로손실일수	7,500	600

출제개념 **강도율**

26 상시근로자 수가 300명인 사업장의 22건의 재해가 발생하였고, 휴업일수는 121일이었다. 이 사업장의 강도율은? (단, 근로자는 하루 8시간씩 연간 300일 근무하였다.)

① 0.031
② 0.138
③ 0.168
④ 0.199

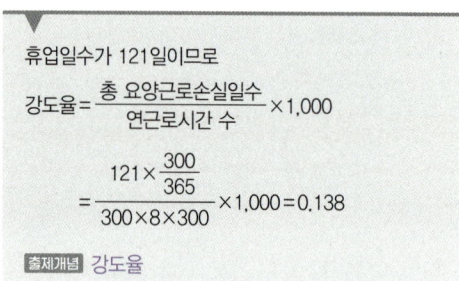

휴업일수가 121일이므로

$$강도율 = \frac{총\ 요양근로손실일수}{연근로시간\ 수} \times 1,000$$

$$= \frac{121 \times \frac{300}{365}}{300 \times 8 \times 300} \times 1,000 = 0.138$$

출제개념 **강도율**

27 연평균 근로자 수 100명, 1일 8시간, 1년에 250일 근무하는 사업장의 강도율이 10일 경우 총 요양근로손실일수는?

① 500
② 1,000
③ 2,000
④ 3,000

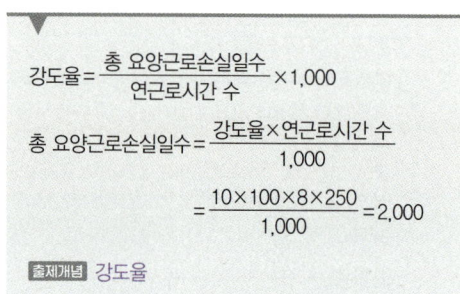

$$강도율 = \frac{총\ 요양근로손실일수}{연근로시간\ 수} \times 1,000$$

$$총\ 요양근로손실일수 = \frac{강도율 \times 연근로시간\ 수}{1,000}$$

$$= \frac{10 \times 100 \times 8 \times 250}{1,000} = 2,000$$

출제개념 **강도율**

정답 **25** ③ **26** ② **27** ③

28 A사업장의 조건이 다음과 같을 때 A사업장에서 연간재해발생으로 인한 근로손실일수는?

- 강도율: 0.4
- 근로자 수: 1,000명
- 연근로시간 수: 2,400시간

① 480 ② 720
③ 960 ④ 1,440

총 요양근로손실일수 $= \dfrac{강도율 \times 연근로시간 \ 수}{1,000}$

$= \dfrac{0.4 \times 1,000 \times 2,400}{1,000} = 960$

출제개념 **강도율**

---

29 「산업재해통계업무처리규정」상 사망만인율 계산 시 적용하는 사망자 수에 대한 설명으로 옳지 않은 것은?

① 사고발생일로부터 1년을 경과하여 사망한 경우는 제외한다.
② 통상의 출퇴근에 의한 사망자는 제외한다.
③ 체육행사에 의한 사망자는 제외한다.
④ 근로복지공단의 유족급여가 지급된 사망자(지방고용노동관서의 산재 미보고 적발 사망자 미포함)를 말한다.

지방고용노동관서의 산재 미보고 적발 사망자가 포함된다.

출제개념 **사망만인율**

---

30 재해의 빈도와 상해의 강약도를 혼합하여 집계하는 지표로 옳은 것은?

① 강도율 ② 종합재해지수
③ 안전활동율 ④ Safe-T-Score

빈도와 강도를 모두 고려한 지표는 종합재해지수이다.
종합재해지수 $= \sqrt{강도율 \times 도수율}$

출제개념 **종합재해지수(FSI)**

---

31 도수율이 24.50이고, 강도율이 1.15인 사업장에서 한 근로자가 입사하여 퇴직할 때까지의 근로손실일수는?

① 2.45일 ② 115일
③ 215일 ④ 245일

한 근로자가 입사하여 퇴직할 때까지의 근로손실일수란, 환산강도율을 의미한다. 환산강도율은 근로시간 10만 시간당 근로손실일수를 구하면 된다.

환산강도율 $= \dfrac{총 요양근로손실일수}{연근로시간 \ 수} \times 100,000$

$= 강도율 \times 100 = 1.15 \times 100 = 115$

출제개념 **환산강도율**

정답 **28** ③ **29** ④ **30** ② **31** ②

32 연간 근로자 수가 1,000명인 공장의 도수율이 10인 경우 이 공장에서 연간 발생한 재해건수는 몇 건인가? (단, 연근로시간은 2,400시간이다.)

① 2.4건   ② 24건

③ 240건   ④ 0.24건

▼

$$도수율 = \frac{재해건수}{연근로시간\ 수} \times 1{,}000{,}000$$

$$재해건수 = \frac{도수율 \times 연근로시간\ 수}{1{,}000{,}000}$$

$$= \frac{10 \times 1{,}000 \times 2{,}400}{1{,}000{,}000} = 24$$

출제개념 도수율, 재해건수

---

33 산업재해보험적용 근로자가 1,000명인 플라스틱 제조 사업장에서 작업 중 재해 5건이 발생하였고, 1명이 사망하였을 때 이 사업장의 사망만인율은?

① 2   ② 5   ③ 10   ④ 20

▼

$$사망만인율 = \frac{사망자\ 수}{산재보험적용\ 근로자\ 수} \times 10{,}000$$

$$= \frac{1}{1{,}000} \times 10{,}000 = 10$$

출제개념 사망만인율

---

34 아래와 같은 사업장의 종합재해지수는?

- 상시근로자 수: 100명
- 근무시간: 1일 8시간씩 연간 280일
- 재해발생현황: [사망사고: 1건, 재해건수: 4건 (휴업일수 180일)]

① 22.32   ② 34.14

③ 27.59   ④ 56.42

▼

사망사고 1건, 재해건수 4건, 연간 실제 근로일수 280일이므로 강도율과 도수율의 계산식은 다음과 같다.

$$강도율 = \frac{총\ 요양근로손실일수}{연근로시간\ 수} \times 1{,}000$$

$$= \frac{7{,}500 + 180 \times \dfrac{280}{365}}{100 \times 8 \times 280} \times 1{,}000 ≒ 34.1$$

$$도수율 = \frac{재해건수}{연근로시간\ 수} \times 1{,}000{,}000$$

$$= \frac{5}{100 \times 8 \times 280} \times 1{,}000{,}000 ≒ 22.32$$

$$종합재해지수 = \sqrt{강도율 \times 도수율}$$

$$= \sqrt{34.1 \times 22.32} ≒ 27.59$$

출제개념 종합재해지수(FSI)

정답 32 ② 33 ③ 34 ③

35 재해사례연구 순서로 옳은 것은?

> 재해 상황의 파악 → (㉠) → (㉡) → 근본적 문제점의 결정 → (㉢)

① ㉠ 문제점의 발견, ㉡ 대책수립, ㉢ 사실의 확인
② ㉠ 문제점의 발견, ㉡ 사실의 확인, ㉢ 대책수립
③ ㉠ 사실의 확인, ㉡ 대책수립, ㉢ 문제점의 발견
④ ㉠ 사실의 확인, ㉡ 문제점의 발견, ㉢ 대책수립

▼
재해사례연구 순서는 다음과 같다.
• 재해 상황의 파악 → 사실의 확인 → 문제점의 발견 → 근본적 문제점의 결정 → 대책수립

출제개념 **재해사례연구 순서**

36 재해통계방법 중 어골상 분석이라고 불리며 재해원인과 결과를 알 수 있도록 분석하는 기법은?

① 파레토도
② 관리도
③ 특성요인도
④ 클로즈 분석도

▼
원인과 결과를 어골상으로 분석하는 방법은 특성요인도에 해당한다.
• 파레토: 재해 분류 항목의 빈도가 큰 순서대로 도식화하여 분석하는 방법
• 관리도: 하한관리선과 상한관리선을 설정하여 목표 추이를 파악·분석하는 방법
• 클로즈 분석도: 2개 이상의 관계를 분석하는 것으로 요인별 결과를 교차시킨 그림으로 분석하는 방법

출제개념 **재해통계분석**

37 산업재해의 분석 및 평가를 위하여 재해발생 건수 등의 추이에 대해 한계선을 설정하여 목표 관리를 수행하는 재해통계 분석기법은?

① 관리도
② 안전 T점수
③ 파레토도
④ 특성요인도

▼
관리도는 하한관리선과 상한관리선을 설정하여 목표 추이를 파악·분석하는 방법이다.

출제개념 **재해통계분석**

38 재해원인 분석기법의 하나인 특성요인도의 작성방법에 대한 설명으로 틀린 것은?

① 큰뼈는 특성이 일어나는 요인이라고 생각되는 것을 크게 분류하여 기입한다.
② 등뼈는 원칙적으로 우측에서 좌측으로 향하여 가는 화살표를 기입한다.
③ 특성의 결정은 무엇에 대한 특성요인도를 작성할 것인가를 결정하고 기입한다.
④ 중뼈는 특성이 일어나는 큰뼈의 요인마다 다시 미세하게 원인을 결정하여 기입한다.

▼
등뼈는 원칙적으로 좌측에서 우측으로 향하여 가는 화살표를 기입한다.

출제개념 **재해통계분석**

정답 **35** ④ **36** ③ **37** ① **38** ②

39 산업안전보건법령상 사업장에서 산업재해 발생 시 사업주가 기록·보존하여야 하는 사항을 모두 고른 것은? (단, 산업재해조사표와 요양신청서의 사본은 보존하지 않았다.)

> ㄱ. 사업장의 개요 및 근로자의 인적사항
> ㄴ. 재해발생의 일시 및 장소
> ㄷ. 재해발생의 원인 및 과정
> ㄹ. 재해 재발방지 계획

① ㄱ, ㄹ　　　　　② ㄴ, ㄷ, ㄹ
③ ㄱ, ㄴ, ㄷ　　　 ④ ㄱ, ㄴ, ㄷ, ㄹ

> ▼
> 산업재해 발생 시 기록·보존할 내용은 다음과 같다.
> ㄱ. 사업장의 개요 및 근로자의 인적사항
> ㄴ. 재해발생의 일시 및 장소
> ㄷ. 재해발생의 원인 및 과정
> ㄹ. 재해 재발방지 계획
>
> 출제개념 산업재해기록 보존

40 재해조사 시 유의사항으로 적절하지 않은 것은?

① 조사는 신속하게 행한다.
② 긴급조치를 하여 2차 재해방지를 도모한다.
③ 조사는 2인 이상이 실시한다.
④ 책임추궁을 우선으로 한다.

> ▼
> 책임추궁을 하기보다는 재발방지를 우선으로 하는 기본 태도를 갖는 것이 적절하다.
>
> 출제개념 재해조사 유의사항

41 재해조사의 목적과 가장 거리가 먼 것은?

① 재해예방 자료수집
② 재해 관련 책임자 문책
③ 동종 및 유사재해 재발방지
④ 재해발생 원인 및 결함 규명

> ▼
> 재해조사의 목적은 재해예방 자료수집, 동종 및 유사재해 재발방지, 재해발생 원인 및 결함 규명에 있다.
>
> 출제개념 재해조사 목적

42 재해조사에 관한 설명으로 틀린 것은?

① 조사목적에 무관한 조사는 피한다.
② 조사는 현장을 정리한 후에 실시한다.
③ 목격자나 현장 책임자의 진술을 듣는다.
④ 조사자는 객관적이고 공정한 입장을 취해야 한다.

> ▼
> 재해조사는 가능한 재해발생 현장이 보존된 상태에서 신속하게 진행되어야 한다.
>
> 출제개념 재해조사

정답 **39** ④ **40** ④ **41** ② **42** ②

25년 3회 **22년 1회** ✔회독 □□□

43 산업현장에서 재해발생 시 조치 순서로 옳은 것은?

① 긴급처리 → 재해조사 → 원인분석 → 대책수립

② 긴급처리 → 원인분석 → 대책수립 → 재해조사

③ 재해조사 → 원인분석 → 대책수립 → 긴급처리

④ 재해조사 → 대책수립 → 원인분석 → 긴급처리

> 산업현장에서 재해발생 시 조치 순서는 다음과 같다.
> 재해발생 → 긴급처리 → 재해조사 → 원인분석 → 대책수립 → 대책실시 계획 → 실시 → 평가 순이다.
>
> 출제개념 **재해발생 조치 순서**

24년 2회 **21년 1회** ✔회독 □□□

44 다음 중 중대재해에 해당되지 않는 것은?

① 3개월 이상의 요양을 요하는 부상자가 동시에 2명 이상 발생한 재해

② 직업성 질병자가 동시에 5명 이상 발생한 재해

③ 부상자가 동시에 10명 이상 발생한 재해

④ 사망자가 1명 이상 발생한 재해

> 중대재해의 범위는 다음과 같다.
> • 사망자가 1명 이상 발생한 재해
> • 3개월 이상의 요양이 필요한 부상자가 동시에 2명 이상 발생한 재해
> • 부상자 또는 직업성 질병자가 동시에 10명 이상 발생한 재해
>
> 출제개념 **중대재해**

24년 3회 ✔회독 □□□

45 사업장에서 중대재해가 발생한 사실을 알게 된 경우 관할 지방고용노동관서의 장에게 보고하여야 하는 시기는?

① 지체 없이   ② 12시간 이내

③ 24시간 이내   ④ 48시간 이내

> 중대재해 발생 시 지체 없이 관할 지방고용노동관서의 장에게 전화·팩스 또는 그 밖에 적절한 방법으로 아래의 사항을 보고하여야 한다.
> • 발생 개요 및 피해 상황
> • 조치 및 전망
> • 그 밖의 중요한 사항
>
> 출제개념 **중대재해 보고사항**

25년 2회 **24년 2회** ✔회독 □□□

46 안전보건관리조직의 유형 중 스태프형(Staff) 조직의 특징이 아닌 것은?

① 생산부문은 안전에 대한 책임과 권한이 없다.

② 권한 다툼이나 조정 때문에 통제 수속이 복잡해지며 시간과 노력이 소모된다.

③ 생산부문에 협력하여 안전명령을 전달하므로 안전지시가 용이하지 않으며 안전과 생산을 별개로 취급하기 쉽다.

④ 명령계통과 조언의 권고적 참여가 혼동되기 쉽다.

> 명령계통과 조언의 권고적 참여가 혼동되기 쉬운 특징은 라인-스태프형인 혼합 조직의 특성이다.
>
> 출제개념 **안전관리조직, 스태프형**

정답 **43** ① **44** ② **45** ① **46** ④

47 라인(Line)형 안전관리조직의 특징으로 옳은 것은?

① 안전에 관한 기술의 축적이 용이하다.
② 안전에 관한 지시나 조치가 신속하다.
③ 조직원 전원을 자율적으로 안전활동에 참여시킬 수 있다.
④ 권한 다툼이나 조정 때문에 통제 수속이 복잡해지며, 시간과 노력이 소모된다.

▼
라인형은 안전부서가 별도로 조직되기 어려운 소규모 사업장에 적용되며, 안전에 대한 지시나 명령이 사업주에게서 나오므로 신속하게 전달된다는 특징을 가지고 있다.

출제개념 안전관리조직, 라인형

48 근로자 1,000명 이상의 대규모사업장에 적합한 안전관리조직은?

① 직계식 조직　　② 병렬식 조직
③ 참모식 조직　　④ 직계참모식 조직

▼
소규모사업장은 라인(직계식)형, 중규모사업장은 스태프(참모식)형, 대규모사업장은 라인-스태프(직계참모식)형이 적합하다.

출제개념 안전관리조직, 라인스태프형

49 그림과 같은 안전관리조직의 특징으로 틀린 것은?

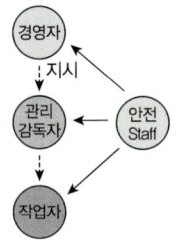

① 1,000명 이상의 대규모사업장에 적합하다.
② 생산부분은 안전에 대한 책임과 권한이 없다.
③ 사업장의 특수성에 적합한 기술연구를 전문적으로 할 수 있다.
④ 권한 다툼이나 조정 때문에 통제 수속이 복잡해지며 시간과 노력이 소모된다.

▼
그림은 별도의 안전부서가 있는 형태이고, 안전지시 명령이 안전부서에서 생산부서로 직접 전달되므로 스태프형 조직이다. 이는 중규모사업장에 적합하다.

출제개념 안전관리조직, 스태프형

50 라인-스태프(Line-Staff) 조직의 특징으로 옳지 않은 것은?

① 라인형과 스태프형의 장점을 취한 절충식 조직이다.
② 중규모사업장에 적합하다.
③ 라인의 관리감독자에게도 안전에 관한 책임과 권한이 부여된다.
④ 안전활동과 생산업무가 분리될 가능성이 낮기 때문에 균형을 유지할 수 있다.

▼
라인-스태프(Line-Staff) 조직은 대규모사업장에 적합하다.

출제개념 안전관리조직, 라인스태프형

정답 47 ② 48 ④ 49 ① 50 ②

51 안전보건관리의 조직형태 중 경영자의 지휘와 명령이 위에서 아래로 하나의 계통이 되어 신속히 전달되며 100명 미만의 소규모기업에 적합한 유형은?

① 직계식 조직 ② 병렬식 조직
③ 참모식 조직 ④ 직계참모식 조직

▼
소규모사업장은 라인(직계식)형, 중규모사업장은 스태프(참모식)형, 대규모사업장은 라인－스태프(직계참모식)형이 적합하다.

출제개념 안전관리조직, 직계형

52 다음 중 안전관리조직의 참모식(Staff) 조직의 장점이 아닌 것은?

① 경영자의 조언과 자문 역할을 한다.
② 안전정보 수집이 용이하고 빠르다.
③ 안전에 관한 명령과 지시는 생산라인을 통해 신속하게 전달한다.
④ 안전전문가가 안전계획을 세워 문제 해결 방안을 모색하고 조치한다.

▼
참모식 조직의 단점은 생산부서와 마찰이 발생할 우려가 있다는 것이다. 따라서 보기 ③항은 참모식의 장점이 될 수 없다. 라인형(직계식) 또는 라인－스태프 혼합형 조직의 장점으로 판단된다.

출제개념 안전관리조직, 스태프형

53 산업안전보건위원회 사용자위원 구성원이 아닌 것은?

① 안전관리자
② 보건관리자
③ 산업보건의
④ 명예산업안전감독관

▼
명예산업안전감독관은 근로자위원에 해당한다. 사용자위원은 사업의 대표자, 안전관리자, 보건관리자, 산업보건의, 사업의 대표자가 지명하는 9인 이내의 부서장으로 구성된다.

출제개념 산업안전보건위원회

54 산업안전보건법령상 산업안전보건위원회의 구성·운영에 관한 설명 중 틀린 것은?

① 정기회의는 분기마다 소집한다.
② 위원장은 위원 중에서 호선한다.
③ 근로자 대표가 지명하는 명예산업안전감독관은 근로자위원에 속한다.
④ 공사금액 100억 원 이상의 건설업의 경우 산업안전보건위원회를 구성·운영해야 한다.

▼
공사금액 120억 원 이상의 건설업의 경우에 산업안전보건위원회를 구성·운영해야 한다.

출제개념 산업안전보건위원회

정답 51 ① 52 ③ 53 ④ 54 ④

55 안전보건관리책임자의 직무가 아닌 것은?

① 안전보건관리규정의 작성 및 변경에 관한 사항
② 안전·보건 교육에 관한 사항
③ 산업재해의 원인조사 및 재발방지대책수립에 관한 사항
④ 환기장치 국소배기장치에 관한 사항

> ▼
> 안전보건관리책임자의 직무에 환기장치 국소배기장치에 관한 사항은 포함되지 않는다.
>
> 출제개념 안전보건관리책임자의 직무

56 도급인의 산업재해 예방조치 사항으로 옳지 않은 것은?

① 작업 장소에서 화재, 폭발, 토사, 구축물 등의 붕괴 또는 지진 등이 발생한 경우에 대비한 경보체계 운영과 대피방법 등 훈련
② 작업장 순회점검
③ 도급인과 수급인을 구성원으로 하는 안전 및 보건에 관한 협의체의 구성 및 운영
④ 다른 장소에서 이루어지는 도급인과 관계수급인 등의 작업에 있어서 관계수급인 등의 작업시기, 내용, 안전조치 및 보건조치 등의 확인

> ▼
> 같은 장소에서 이루어지는 도급인과 관계수급인 등의 작업에 있어서 관계수급인 등의 작업시기, 내용, 안전조치 및 보건조치 등을 확인해야 한다. 이외에 도급인의 산업재해 예방조치에 대한 내용은 다음과 같다.
> • 작업 장소에서 화재, 폭발, 토사, 구축물 등의 붕괴 또는 지진 등이 발생한 경우에 대비한 경보체계 운영과 대피방법 등 훈련
> • 작업장 순회점검
> • 도급인과 수급인을 구성원으로 하는 안전 및 보건에 관한 협의체의 구성 및 운영
>
> 출제개념 도급 시 산업재해 예방조치

57 산업안전보건법령상 협의체 구성 및 운영에 관한 사항으로 (　　)에 알맞은 내용은?

> 도급인은 관계수급인 근로자가 도급인의 사업장에서 작업을 하는 경우 도급인과 수급인을 구성원으로 하는 안전 및 보건에 관한 협의체를 구성 및 운영하여야 한다. 이 협의체는 (　　　　) 정기적으로 회의를 개최하고 그 결과를 기록·보존해야 한다.

① 매월 1회 이상
② 2개월마다 1회
③ 3개월마다 1회
④ 6개월마다 1회

> ▼
> 산업안전보건법령상 협의체 운영주기는 다음과 같다.
> • 도급사업 시의 안전보건협의체: 매월 1회 이상
> • 건설업의 노사협의체: 2개월에 1회 이상
> • 산업안전보건위원회: 분기마다 1회 이상
>
> 출제개념 안전보건 관련 협의체 운영주기

58 산업안전보건법령상 안전보건관리규정 작성 시 포함되어야 하는 사항을 모두 고른 것은?

> ㄱ. 안전보건교육에 관한 사항
> ㄴ. 재해사례 연구·토의결과에 관한 사항
> ㄷ. 사고 조사 및 대책 수립에 관한 사항
> ㄹ. 작업장의 안전 및 보건 관리에 관한 사항
> ㅁ. 안전 및 보건에 관한 관리조직과 그 직무에 관한 사항

① ㄱ, ㄴ, ㄷ, ㄹ
② ㄱ, ㄴ, ㄹ, ㅁ
③ ㄱ, ㄷ, ㄹ, ㅁ
④ ㄴ, ㄷ, ㄹ, ㅁ

안전보건관리규정에 포함될 내용은 다음과 같다.
• 안전보건교육에 관한 사항
• 사고 조사 및 대책 수립에 관한 사항
• 작업장의 안전 및 보건 관리에 관한 사항
• 안전 및 보건에 관한 관리조직과 그 직무에 관한 사항
• 그 밖에 안전 및 보건에 관한 사항

출제개념 안전보건관리규정 포함사항

59 안전보건관리규정 작성대상 중 상시근로자 수가 300명 이상인 사업에 해당하는 것만으로 옳은 것은?

> ㉮ 소프트웨어 개발업
> ㉯ 부동산업
> ㉰ 사회복지서비스업
> ㉱ 금융 및 보험업
> ㉲ 인쇄·출판업

① ㉮, ㉯, ㉰
② ㉮, ㉰, ㉱
③ ㉮, ㉯, ㉱, ㉲
④ ㉮, ㉰, ㉱, ㉲

안전보건관리규정을 작성 대상 중 상시근로자 수가 300명 이상인 사업에 해당하는 것은 다음과 같다.
• 농업
• 어업
• 소프트웨어 개발 및 공급업
• 컴퓨터 프로그래밍, 시스템 통합 및 관리업
• 정보서비스업
• 금융 및 보험업, 임대업(부동산 제외)
• 전문·과학 및 기술 서비스업(연구개발업은 제외)
• 사업지원서비스업
• 사회복지서비스업

출제개념 안전보건관리규정

60 산업안전보건법령상 안전관리자의 업무가 아닌 것은?

① 업무수행 내용의 기록
② 산업재해에 관한 통계의 유지·관리·분석을 위한 보좌 및 지도·조언
③ 안전교육계획의 수립 및 안전교육 실시에 관한 보좌 및 지도·조언
④ 작업장 내에서 사용되는 전체 환기장치 및 국소 배기장치 등에 관한 설비의 점검

▼
작업장 내에서 사용되는 전체 환기장치 및 국소 배기장치 등에 관한 설비의 점검은 보건관리자의 직무에 해당한다.

출제개념 안전관리자의 업무

61 무재해운동의 3원칙에 해당되지 않는 것은?

① 무의 원칙 ② 선취의 원칙
③ 참가의 원칙 ④ 대책선정의 원칙

▼
무재해운동의 3원칙은 무의 원칙, 참가의 원칙, 선취의 원칙으로 다음과 같다.
• 무의 원칙: 모든 잠재위험요인을 사전에 발견하고 해결함으로써 근원적으로 산업재해를 제거한다.
• 선취의 원칙: 행동하기 전에 위험요인을 발견하고 해결하여 재해를 예방한다.
• 참가의 원칙: 잠재적인 위험요인을 발견하고 해결하기 위한 활동에 전원이 협력하고 실천한다.

출제개념 무재해운동 3원칙

62 무재해운동의 이념 중 선취의 원칙에 대한 설명으로 옳은 것은?

① 사고의 잠재요인을 사후에 파악하는 것
② 근로자 전원이 일체감을 조성하여 참여하는 것
③ 위험요소를 사전에 발견, 파악하여 재해를 예방 또는 방지하는 것
④ 관리감독자 또는 경영층에서의 자발적 참여로 안전활동을 촉진하는 것

▼
선취의 원칙은 사업장 내에서 행동하기 전에 먼저 위험요인을 발견하고 파악·해결하여 재해를 예방한다는 내용이다.

출제개념 무재해운동, 선취의 원칙

63 무재해운동을 추진하기 위한 조직의 세 기둥으로 볼 수 없는 것은?

① 최고경영자의 경영자세
② 소집단 자주활동의 활성화
③ 전 종업원의 안전요원화
④ 라인관리자에 의한 안전보건의 추진

▼
무재해운동 추진의 3기둥(3요소)은 다음과 같다.
• 최고경영자의 경영자세
• 자주활동의 활성화
• 라인관리자에 의한 안전보건의 추진

출제개념 무재해운동

정답 **60** ④ **61** ④ **62** ③ **63** ③

64 무재해운동 추진의 3요소에 관한 설명이 아닌 것은?

① 안전보건은 최고경영자의 무재해 및 무질병에 대한 확고한 경영자세로 시작된다.

② 안전보건을 추진하는 데에는 관리감독자들의 생산 활동 속에 안전보건을 실천하는 것이 중요하다.

③ 모든 재해는 잠재요인을 사전에 발견·파악·해결함으로써 근원적으로 산업재해를 없애야 한다.

④ 안전보건은 각자 자신의 문제이며, 동시에 동료의 문제로서 직장의 팀 멤버와 협동 노력하여 자주적으로 추진하는 것이 필요하다.

▼

선택지 ③번은 무재해운동의 3요소가 아니라 3원칙 중 무의 원칙에 대한 내용이다.

출제개념 무재해운동

65 위험예지훈련 중 작업현장에서 그때 그 장소의 상황에 즉응하여 실시하는 것은?

① 자문자답 위험예지훈련

② TBM 위험예지훈련

③ 시나리오 역할연기훈련

④ 1인 위험예지훈련

▼

TBM(Tool Box Meeting)은 작업 개시 전 5~7명의 작업원이 리더를 중심으로 둘러서서 10~15분 동안 작업 중 발생할 수 있는 위험을 예측하고 대책을 수립하는 작업 전 안전점검회의이다. 이는 현장 상황을 즉각 반영해서 팀원들이 함께 위험요소를 예측하고 대응 방안을 공유한다.

출제개념 위험예지훈련, TBM

66 TBM 방법에 관한 설명으로 옳지 않은 것은?

① 통상 작업시간 전 10분 내외로 실시한다.

② 토의는 10인 이상에서 20인 단위 중규모가 모여서 한다.

③ 작업 개시 전 작업 장소에서 실시한다.

④ 근로자 모두가 말하고 스스로 생각하고 "이렇게 하자."라고 합의한 내용이 되어야 한다.

▼

토의는 10인 이내의 범위에서 팀단위로 실시한다.

출제개념 위험예지훈련, TBM

67 위험예지훈련 4단계의 진행 순서를 바르게 나열한 것은?

① 목표설정 → 현상파악 → 대책수립 → 본질추구

② 목표설정 → 현상파악 → 본질추구 → 대책수립

③ 현상파악 → 본질추구 → 대책수립 → 목표설정

④ 현상파악 → 본질추구 → 목표설정 → 대책수립

▼

위험예지훈련의 4단계는 1라운드 현상파악, 2라운드 본질추구, 3라운드 대책수립, 4라운드 목표설정 순서로 진행된다.

출제개념 위험예지훈련

정답   **64** ③   **65** ②   **66** ②   **67** ③

68 브레인스토밍의 4원칙과 가장 거리가 먼 것은?

① 자유로운 비평　　② 대량발언

③ 자유분방　　　　④ 타인의견 수정발언

▼

브레인스토밍(Brain Storming) 4원칙은 비판금지, 자유분방, 양산, 결합 및 개선으로 구성되어 있으며 대량발언은 양산에, 타인의견 수정발언은 결합 및 개선에 해당한다.

출제개념 **브레인스토밍의 4원칙**

---

69 브레인스토밍 기법에 관한 설명으로 옳은 것은?

① 타인의 의견을 수정하지 않는다.

② 지정된 표현방식에서 벗어나 자유롭게 의견을 제시한다.

③ 참여자에게는 동일한 횟수의 의견 제시 기회가 부여된다.

④ 주제와 내용이 다르거나 잘못된 의견은 지적하여 조정한다.

▼

브레인스토밍(Brain Storming) 4원칙은 비판금지, 자유분방, 양산, 결합 및 개선으로 구성되며, ②번은 자유분방 원칙에 해당한다. ①번은 결합 및 개선, ③번은 양산, ④번는 비판금지 원칙에 위배된다.

출제개념 **브레인스토밍의 4원칙**

---

70 다음 중 안전점검의 목적으로 볼 수 없는 것은?

① 사고원인을 찾아 재해를 미연에 방지하기 위해

② 작업자의 잘못된 부분을 점검하여 책임을 부여하기 위해

③ 재해의 재발을 방지하여 사전대책을 세우기 위해

④ 현장의 불안전 요인을 찾아 계획에 적절히 반영하기 위해

▼

작업자에게 책임을 부여하기 위한 목적은 안전점검의 목적에 부합하지 않으며, 책임 부여보다는 예방 중심의 관리가 핵심이다. 안전점검의 목적은 다음과 같다.

• 설비의 결함이나 불안전한 상태의 제거로 안전성을 확보하기 위해

• 설비의 안전상태 유지 및 본래의 성능을 유지하기 위해

• 재해방지 대책을 실시하기 위해

출제개념 **안전점검의 목적**

---

71 안전점검을 점검시기에 따라 구분할 때 다음에서 설명하는 안전점검은?

작업담당자 또는 해당 관리감독자가 맡고 있는 공정의 설비, 기계, 공구 등을 매일 작업 전 또는 작업 중에 일상적으로 실시하는 안전점검

① 정기점검　　　　② 수시점검

③ 특별점검　　　　④ 임시점검

▼

점검시기에 따른 안전점검의 종류는 다음과 같다.

• 일상점검(수시점검): 작업 전, 중, 후, 수시로 실시하는 점검

• 정기점검: 일정 기간을 정하여 실시하는 점검

• 특별점검: 설비고장 발생 시, 안전강조 기간, 태풍 등 천재지변 발생 시 실시하는 점검

• 임시점검: 설비이상 발생 시 실시하는 점검

출제개념 **안전점검**

정답 **68** ① **69** ② **70** ② **71** ②

72 안전점검표(체크리스트) 항목 작성 시 유의사항으로 틀린 것은?

① 정기적으로 검토하여 설비나 작업방법이 타당성 있게 개조된 내용일 것
② 사업장에 적합한 독자적 내용을 가지고 작성할 것
③ 위험성이 낮은 순서 또는 긴급을 요하는 순서대로 작성할 것
④ 점검항목을 이해하기 쉽게 구체적으로 표현할 것

> 위험성이 높은 순서 또는 긴급을 요하는 순서대로 작성해야 한다.
>
> 출제개념 안전점검표

73 산업안전보건법령상 지방고용노동관서의 장이 사업주에게 안전관리자를 정수 이상으로 증원하거나 교체하여 임명할 것을 명할 수 있는 경우에 해당되지 않는 것은?

① 해당 사업장의 연간재해율이 같은 업종의 평균재해율의 2배 이상인 경우
② 중대재해가 연간 2건 이상 발생한 경우
③ 관리자가 질병이나 그 밖의 사유로 3개월 이상 직무를 수행할 수 없게 된 경우
④ 화학적 인자로 인한 직업성 질병자가 연간 2명 이상 발생한 경우

> 사업주에게 안전관리자를 정수 이상으로 증원 또는 교체할 것을 명할 수 있는 경우는 다음과 같다.
> • 해당 사업장의 연간재해율이 같은 업종의 평균재해율의 2배 이상인 경우
> • 중대재해가 연간 2건 이상 발생한 경우. 다만, 해당 사업장의 전년도 사망만인율이 같은 업종의 평균 사망만인율 이하인 경우는 제외함.
> • 관리자가 질병이나 그 밖의 사유로 3개월 이상 직무를 수행할 수 없게 된 경우
> • 화학적 인자로 인한 직업성 질병자가 연간 3명 이상 발생한 경우
>
> 출제개념 안전관리자 수

74 재해의 기본원인 4M에 해당하지 않는 것은?

① Man
② Media
③ Machine
④ Measurement

> 재해의 기본원인 4M은 인간(Man), 기계(Machine), 작업정보(Media), 관리(Management)로 구성된다.
>
> 출제개념 재해발생 기본원인 4M

정답 72 ③ 73 ④ 74 ④

기출문제 활용법 문항별 기출 표기 개수가 많을수록 시험에 자주 출제된 문제! 표기가 5개인 문제는 출제 횟수가 5회 이상인 기출문제로 무조건 암기 필수!

3회독 공부전략 1회독은 문제 → 선지 → 답 → 해설 순서로 정독! 2회독부터는 직접 문제 풀기, 3회독 때는 ×, △ 표시된 문제만 다시 풀기! 회독할 때마다 문제 옆 회독표에 ○, ×, △로 표시하여 3회독까지 ×로 표시된 문제는 부록에 포함된 "틈틈 오답노트"에 따로 정리해 공부하세요! [○: 정확히 알고 푼 문제 △: 부분적으로 알고 푼 문제 ×: 개념 학습이 필요한 문제]

25년 1회 22년 3회   ✔ 회독 ☐☐☐

01 근로자가 물체의 낙하 또는 비래 및 추락에 의한 위험을 방지 또는 경감하고, 머리 부위 감전에 의한 위험을 방지하고자 할 때 사용하여야 하는 안전모의 종류는?

① A형   ② ABE형
③ AB형   ④ AE형

> 물체의 낙하 또는 비래 및 추락에 의한 위험을 방지 또는 경감하고, 머리 부위 감전에 의한 위험을 방지하기 위한 안전모의 종류는 ABE형이다.
>
> 출제개념 안전모

24년 1회   ✔ 회독 ☐☐☐

02 AE형 또는 ABE형 안전모에 있어 내전압성이란 얼마 이하의 전압에 견디는 것인가?

① 750   ② 1,000
③ 3,000   ④ 7,000

> 내전압성이란 7,000V 이하의 전압에 견디는 것을 뜻한다.
>
> 출제개념 안전모, 내전압성

24년 3회   ✔ 회독 ☐☐☐

03 안전인증대상 안전모의 성능기준 항목이 아닌 것은?

① 내열성   ② 턱끈풀림
③ 내관통성   ④ 충격흡수성

> 안전인증대상 안전모의 성능기준 항목에는 내관통성, 충격흡수성, 내전압성, 내수성, 난연성, 턱끈풀림이 있다.
>
> 출제개념 안전모 시험성능기준

24년 3회   ✔ 회독 ☐☐☐

04 방진마스크의 사용조건 중 산소농도의 최소기준으로 옳은 것은?

① 16%   ② 18%   ③ 21%   ④ 23.5%

> 방진마스크는 산소농도 18% 이상인 장소에서만 사용 가능하다. 산소결핍장소에서는 사용이 금지된다.
>
> 출제개념 방진마스크, 최소 산소농도

정답   01 ②   02 ④   03 ①   04 ②

05 방진마스크의 구비조건으로 적절하지 않은 것은?

① 흡기밸브는 미약한 호흡에 대하여 확실하고 예민하게 작동하도록 할 것

② 쉽게 착용되어야 하고 착용하였을 때 안면부가 안면에 밀착되어 공기가 새지 않을 것

③ 여과재는 여과 성능이 우수하고 인체에 장해를 주지 않을 것

④ 흡·배기밸브는 외부의 힘에 의하여 손상되지 않도록 흡·배기 저항이 높을 것

> 흡·배기밸브가 외부의 힘에 의하여 손상되지 않으려면 흡·배기 저항이 낮아야 한다. 또한, 흡·배기저항은 착용자의 호흡이 원활하도록 낮아야 한다. 방진마스크의 구비조건은 다음과 같다.
> • 분집포집효율(여과효율)이 좋을 것
> • 흡·배기 저항이 낮을 것
> • 사용적이 적을 것
> • 중량이 가벼울 것
> • 시야가 넓을 것
> • 안면 밀착성이 좋을 것
>
> 출제개념 방진마스크 구비조건

06 방진마스크의 구비조건으로 옳지 않은 것은?

① 배기저항이 낮을 것

② 흡기저항이 낮을 것

③ 사용적이 클 것

④ 시야가 넓을 것

> 방진마스크는 얼굴에 밀착되어 외부 공기가 새어 들어오지 않아야 하므로 사용적(안면 접촉 면적)은 적어야 한다.
>
> 출제개념 방진마스크 구비조건

07 안전인증 방독마스크의 정화통 외부측면의 표시색이 회색이 아닌 것은?

① 할로겐용 정화통

② 황화수소용 정화통

③ 시안화수소용 정화통

④ 암모니아용 정화통

> 안전인증 방독마스크의 정화통 중 할로겐용, 황화수소용, 시안화수소용이 회색 표시색이고 암모니아용 정화통의 외부측면 표시색은 녹색이다.
>
> 출제개념 방독마스크 정화통 외부측면의 표시색

08 안전인증대상 방독마스크의 유기화합물용 정화통 외부측면 표시색으로 옳은 것은?

① 갈색　　　　② 녹색

③ 회색　　　　④ 노랑색

> 안전인증 방독마스크의 유기화합물용 정화통 외부측면 표시색은 갈색이다.
>
> 출제개념 방독마스크 정화통 외부측면의 표시색

정답 05 ④ 06 ③ 07 ④ 08 ①

09 다음 방독마스크의 시험가스 중 유기화합물용 시험가스가 아닌 것은?

① 염소가스
② 시클로헥산
③ 디메틸에테르
④ 이소부탄

▼

유기화합물용 방독마스크의 시험가스는 시클로헥산, 디메틸에테르, 이소부탄으로 세 가지로, 염소가스는 할로겐용 시험가스에 해당한다.

출제개념 방독마스크 시험가스

---

11 내전압용 절연장갑의 등급에 따른 최대사용전압이 틀린 것은?

① 등급 00: 교류 500V
② 등급 1: 교류 7,500V
③ 등급 2: 직류 17,000V
④ 등급 3: 직류 39,750V

▼

17,000V는 2등급의 교류 최대사용전압이며, 직류 최대사용전압은 25,000V이다.
• 직류＝교류×1.5

출제개념 내전압용 절연장갑 등급

---

10 방독마스크 내부의 이산화탄소 농도는 얼마 이하여야 하는가?

① 0.5%　　　② 1.0%
③ 1.5%　　　④ 2.0%

▼

방독, 방진마스크 모두 안면부 내부의 이산화탄소 농도가 부피분율 1% 이하여야 한다.

출제개념 방독마스크 내부 이산화탄소 농도

---

12 안전대의 종류는 벨트식과 안전그네식으로 구분되는데 다음 중 안전그네식에만 적용하는 것은?

① 추락방지대, 안전블록
② 1개 걸이용, U자 걸이용
③ 1개 걸이용, 추락방지대
④ U자 걸이용, 안전블록

▼

추락방지대와 안전블록은 안전그네식에만 적용된다.

출제개념 안전대, 안전그네식

정답　**09** ①　**10** ②　**11** ③　**12** ①

25년 3회 ☑회독 □□□

13 다음은 안전대와 관련된 설명이다. 아래 내용에 적당한 용어로 옳은 것은?

> 로프 또는 레일 등과 같은 유연하거나 단단한 고정 줄로서 추락발생 시 추락을 저지시키는 추락방지 대를 지탱해 주는 줄모양의 부품

① 안전블록　　　② 수직구명줄
③ 죔줄　　　　　④ 보조죔줄

> ▼ 로프 또는 레일 등과 같은 고정줄로서 추락방지대를 지 탱하는 줄모양의 부품은 구명줄 또는 수직구명줄이라 고 한다.
>
> **출제개념** 안전대, 수직구명줄

21년 3회 ☑회독 □□□

14 보호구 안전인증 고시상 추락방지대가 부착된 안전대 일반구조에 관한 내용 중 틀린 것은?

① 죔줄은 합성섬유로프를 사용해서는 안 된다.
② 고정된 추락방지대의 수직구명줄은 와이 어로프 등으로 하며 최소지름이 8mm 이상 이어야 한다.
③ 수직구명줄에서 걸이설비와의 연결부위는 훅 또는 카라비너 등이 장착되어 걸이설비 와 확실히 연결되어야 한다.
④ 추락방지대를 부착하여 사용하는 안전대 는 신체지지의 방법으로 안전그네만을 사 용하여야 하며 수직구명줄이 포함되어야 한다.

> ▼ 죔줄은 합성섬유, 와이어로프 또는 합성소재로 제작해 야 한다.
>
> **출제개념** 안전대, 추락방지대

21년 1회 ☑회독 □□□

15 보호구에 관한 설명으로 옳은 것은?

① 유해물질이 발생하는 산소결핍지역에서는 필히 방독마스크를 착용하여야 한다.
② 차광용 보안경의 사용구분에 따른 종류에 는 자외선용, 적외선용, 복합용, 용접용이 있다.
③ 선반작업과 같이 손에 재해가 많이 발생하 는 작업장에서는 장갑 착용을 의무화한다.
④ 귀마개는 처음에는 저음만을 차단하는 제품 부터 사용하며, 일정 기간이 지난 후 고음까 지 모두 차단할 수 있는 제품을 사용한다.

> ▼ ① 산소결핍지역에서는 방독마스크를 착용해서는 안 되며, 공기호흡기 또는 송기마스크를 착용하는 것이 적합하다.
> ③ 선반작업과 같이 손에 재해가 많이 발생하는 작업장 에서는 장갑 착용이 위험발생 요인이 될 수 있으므 로 장갑 착용을 금지한다.
> ④ 귀마개는 저음부터 고음까지 모두 일정 수준의 소음 을 차단할 수 있는 제품을 환경 소음에 맞게 적절히 사용한다.
>
> **출제개념** 보호구

24년 3회 ☑회독 □□□

16 산소결핍이 예상되는 맨홀 내에서 작업을 실시할 때의 사고방지 대책으로 적절하지 않은 것은?

① 작업시작 전 및 작업 중 충분한 환기 실시
② 작업 장소의 입장 및 퇴장 시 인원 점검
③ 방진마스크의 보급과 착용 철저
④ 작업장과 외부와의 상시 연락을 위한 설비 설치

> ▼ 맨홀과 같은 밀폐공간에서 작업할 때는 송기마스크를 사용해야 한다.
>
> **출제개념** 맨홀작업 사고방지 대책

정답 13 ② 14 ① 15 ② 16 ③

17 보호구 자율안전확인 고시상 자율안전확인 보호구에 표시하여야 하는 사항을 모두 고른 것은?

ㄱ. 모델명	ㄴ. 제조번호
ㄷ. 사용 기한	ㄹ. 자율안전확인 번호

① ㄱ, ㄴ, ㄷ ② ㄱ, ㄴ, ㄹ
③ ㄱ, ㄷ, ㄹ ④ ㄴ, ㄷ, ㄹ

▼
자율안전확인제품 표시사항은 다음과 같다.
- 형식 또는 모델명
- 규격 또는 등급 등
- 제조자명
- 제조번호 및 제조연월
- 안전인증 번호(자율안전확인 번호)

출제개념 자율안전확인 보호구 표시사항

---

18 보호구 안전인증 고시상 전로 또는 평로 등의 작업 시 사용하는 방열두건의 차광도 번호는?

① #2~#3 ② #3~#5
③ #6~#8 ④ #9~#11

▼
방열두건의 작업별 차광도 번호는 다음과 같다.

차광도 번호	사용구분
#2~#3	고로강판가열로, 조괴 등의 작업
#3~#5	전로 또는 평로 등의 작업
#6~#8	전기로의 작업

출제개념 방열두건 차광도 번호

---

19 안전보건표지의 종류 중 관계자 외 출입금지에 해당하지 않는 것은?

① 관리대상물질 작업장
② 허가대상물질 작업장
③ 석면취급·해체 작업장
④ 금지대상물질의 취급 실험실

▼
안전보건표지의 종류 중 관계자 외 출입금지에 해당하는 것은 허가대상물질 작업장, 석면취급·해체 작업장, 금지대상물질의 취급 실험실이다.

출제개념 안전보건표지, 관계자 외 출입금지

---

20 산업안전보건법령상 안전보건표지의 종류 중 경고표지의 기본모형(형태)이 다른 것은?

① 고압전기 경고
② 방사성물질 경고
③ 폭발성물질 경고
④ 매달린 물체 경고

▼
화학물질의 경고표지는 기본모형이 마름모이고, 나머지 경고표지는 삼각형이다. 화학물질의 경고표지의 종류 5가지로는 산화성물질 경고, 인화성물질 경고, 부식성물질 경고, 급성독성물질 경고, 폭발성물질 경고가 있다.

출제개념 안전보건표지, 경고표지

정답 17 ② 18 ② 19 ① 20 ③

23년 3회 22년 2회 ✔ 회독 ☐☐☐

21 산업안전보건법령상 다음의 안전보건표지 중 기본모형이 다른 것은?

① 위험장소 경고
② 레이저 광선 경고
③ 방사성물질 경고
④ 부식성물질 경고

▼
화학물질의 경고표지는 기본모형이 마름모이고, 나머지 경고표지는 삼각형이다. 선택지 중 부식성물질 경고는 화학물질에 대한 경고이므로 마름모 형태이다.

출제개념 안전보건표지, 경고표지

21년 2회 ✔ 회독 ☐☐☐

23 산업안전보건법령상 특정행위의 지시 및 사실의 고지에 사용되는 안전보건표지의 색도기준으로 옳은 것은?

① 2.5G 4/10
② 5Y 8.5/12
③ 2.5PB 4/10
④ 7.5R 4/14

▼
특정행위의 지시 및 사실의 고지에 사용되는 색은 파란색이며, 파란색의 색도기준은 2.5PB 4/10이다.

출제개념 안전보건표지 색도기준, 지시표지

신출 25년 2회 ✔ 회독 ☐☐☐

22 안전보건표지 중 급성독성물질 경고의 바탕색은 무슨 색인가?

① 백색
② 파란색
③ 녹색
④ 무색

▼
급성독성물질 경고표지는 마름모 형태이며, 마름모 모형의 경고표지 바탕색은 무색이다. 이때, 백색이 아닌 무색임에 유의해야 한다.

출제개념 안전보건표지, 경고표지

21년 1회 ✔ 회독 ☐☐☐

24 보안경 착용을 포함하는 안전보건표지의 종류는?

① 지시표지
② 안내표지
③ 금지표지
④ 경고표지

▼
보호구 착용은 지시표지에 해당한다.

출제개념 안전보건표지, 지시표지

정답 **21** ④ **22** ④ **23** ③ **24** ①

25 안전보건표지의 색채와 용도의 연결이 틀린 것은?

① 검은색 – 금지   ② 파란색 – 지시
③ 녹색 – 안내   ④ 노랑색 – 경고

> ▼
> 금지에는 빨간색이 쓰이며, 검은색은 문자 및 빨간색 또는 노랑색의 보조색으로 쓰인다.
>
> 출제개념 안전보건표지

26 안전보건표지의 종류 중 다음 표지의 명칭은? (단, 마름모 테두리는 빨간색이며, 안의 내용은 검은색이다.)

① 폭발성물질 경고
② 부식성물질 경고
③ 산화성물질 경고
④ 급성독성물질 경고

> ▼
> 문제 속 그림은 산화성물질 경고표지이다. 인화성물질과 산화성물질 경고표지는 둘이 비슷하여 착각하기 쉬운데 중앙에 동그라미가 있는 것이 산화성물질 경고표지이고 없는 것은 인화성물질 경고표지이다.
>
> 출제개념 안전보건표지, 경고표지

27 안전보건표지의 종류 중 바탕은 파란색, 관련 그림은 흰색을 사용하는 표지는?

① 사용금지   ② 몸균형상실 경고
③ 세안장치   ④ 안전복 착용

> ▼
> 안전보건표지 중 바탕은 파란색, 관련 그림은 흰색을 사용하는 표지는 지시표지이며, 지시표지에 해당하는 것은 안전복 착용이다.
>
> 출제개념 안전보건표지, 지시표지

28 산업안전보건법령상 그림과 같은 기본모형이 나타내는 안전보건표시의 표시사항으로 옳은 것은? (단, L은 안전보건표시를 인식할 수 있거나 인식해야 할 안전거리를 말한다.)

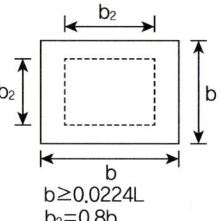

$b \geq 0.0224L$
$b_2 = 0.8b$

① 금지   ② 경고
③ 지시   ④ 안내

> ▼
> 기본모형이 사각형인 것은 안내표지다.
>
> 출제개념 안전보건표지

정답 25 ① 26 ③ 27 ④ 28 ④

CHAPTER 03 산업안전심리

기출문제 활용법 문항별 기출 표기 개수가 많을수록 시험에 자주 출제된 문제! 표기가 5개인 문제는 출제 횟수가 5회 이상인 기출문제로 무조건 암기 필수!

3회독 공부전략 **1회독**은 문제 → 선지 → 답 → 해설 순서로 정독! **2회독**부터는 직접 문제 풀기, **3회독** 때는 ×, △ 표시된 문제만 다시 풀기! 회독할 때마다 문제 옆 회독표에 ○, ×, △로 표시하여 3회독까지 ×로 표시된 문제는 부록에 포함된 "틈틈 오답노트"에 따로 정리해 공부하세요! [○: 정확히 알고 푼 문제 △: 부분적으로 알고 푼 문제 ×: 개념 학습이 필요한 문제]

21년 2회   ☑ 회독 ☐☐☐

01 헤링(Hering)의 착시현상에 해당하는 것은?

①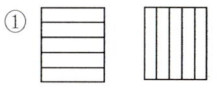

②

③

④

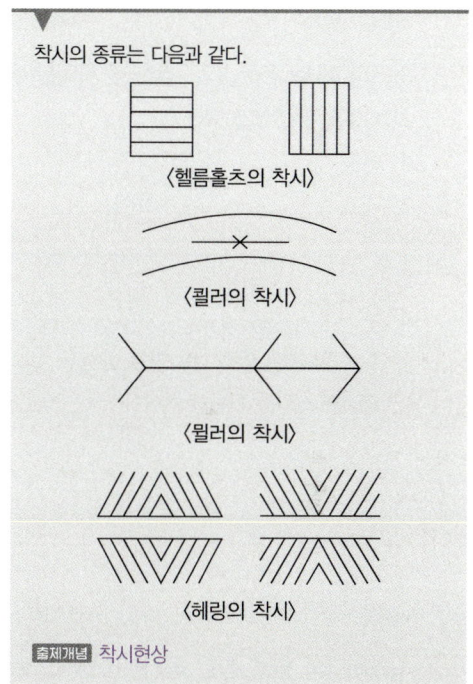

착시의 종류는 다음과 같다.

〈헬름홀츠의 착시〉

〈쾰러의 착시〉

〈뮐러의 착시〉

〈헤링의 착시〉

출제개념 착시현상

정답 **01** ④

Chapter 03 산업안전심리 ◆ 최신 5개년 기출 **99**

기출문제 활용법 문항별 기출 표기 개수가 많을수록 시험에 자주 출제된 문제! 표기가 5개인 문제는 출제 횟수가 5회 이상인 기출문제로 무조건 암기 필수!

3회독 공부전략 1회독은 문제 → 선지 → 답 → 해설 순서로 정독! 2회독부터는 직접 문제 풀기, 3회독 때는 ×, △ 표시된 문제만 다시 풀기! 회독할 때마다 문제 옆 회독표에 O, ×, △로 표시하여 3회독까지 ×로 표시된 문제는 부록에 포함된 "틈틈 오답노트"에 따로 정리해 공부하세요! [O: 정확히 알고 푼 문제 △: 부분적으로 알고 푼 문제 ×: 개념 학습이 필요한 문제]

`25년 1회` `24년 2회` ✔ 회독 ☐☐☐

01 허즈버그(Herzberg)의 위생–동기이론에서 동기요인에 해당하는 것은?

① 감독   ② 안전

③ 책임감   ④ 작업조건

> ▼
> 허즈버그의 위생–동기이론의 내용은 다음과 같다.
> • 동기요인: 책임감, 성취감, 도전감, 일 자체 등
> • 위생요인: 지위, 안전, 감독, 금전, 환경 등
> **출제개념** 허즈버그의 동기요인

`24년 3회` ✔ 회독 ☐☐☐

02 허즈버그의 일을 통한 동기부여원칙으로 잘못된 것은?

① 새롭고 어려운 업무의 부여

② 교육을 통한 간접적 정보제공

③ 자기과업을 위한 작업자의 책임감 증대

④ 작업자에게 불필요한 통제를 배제

> ▼
> 교육을 통한 간접적 정보제공은 일을 통한 동기부여가 아니라 교육을 통한 동기부여에 해당한다.
> **출제개념** 허즈버그의 동기부여원칙

`25년 3회` `24년 2회` ✔ 회독 ☐☐☐

03 다음 중 맥그리거의 X이론적 관리처방으로 가장 적합한 것은?

① 직무의 확장

② 분권화와 권한의 위임

③ 민주적 리더십의 확립

④ 경제적 보상체계의 강화

> ▼
> X이론은 성악설의 관점에서 인간은 일을 싫어하는 존재이며, 외부 통제와 압력이 필요하다고 보는 부정적 인간관을 가진다. 경제적 보상체계 강화는 작업량을 정해 목표에 도달했을 경우 정상임금을 지급하겠다는 의미로, X이론의 관점에서 관리처방으로 적합하다.
> **출제개념** 맥그리거의 X이론

정답 01 ③   02 ②   03 ④

04 맥그리거(McGregor)의 X, Y이론에서 X이론에 대한 관리처방으로 볼 수 없는 것은?

① 직무의 확장
② 권위주의적 리더십의 확립
③ 경제적 보상체제의 강화
④ 면밀한 감독과 엄격한 통제

▼

직무의 확장은 Y이론 관리방식으로 업무의 범위를 넓혀 작업자의 자율성과 동기부여를 높이는 방법이다.

출제개념 맥그리거의 X, Y이론

05 데이비스의 동기부여이론에 관한 등식에서 (　　) 안에 알맞은 내용은?

지식×기능=(　　　)

① 능력
② 상황
③ 동기유발
④ 성과

▼

데이비스(K. Davis)의 동기부여이론에 관한 등식은 다음과 같다.
• 지식×기능=능력
• 상황×태도=동기유발
• 능력×동기유발=인간의 성과
• 인간의 성과×물질적 성과=경영의 성과

출제개념 데이비스의 동기부여이론

06 데이비스의 동기부여이론 중 동기유발의 식으로 옳은 것은?

① 지식×기능
② 지식×태도
③ 상황×기능
④ 상황×태도

▼

동기유발=상황×태도가 올바른 식이다.

출제개념 데이비스의 동기부여이론

07 데이비스(K. Davis)의 동기부여이론에 관한 등식에서 그 관계가 틀린 것은?

① 지식×기능=능력
② 상황×능력=동기유발
③ 능력×동기유발=인간의 성과
④ 인간의 성과×물질의 성과=경영의 성과

▼

상황×태도=동기유발이 옳은 등식이다.

출제개념 데이비스의 동기부여이론

정답　**04** ①　**05** ①　**06** ④　**07** ②

08 매슬로우의 욕구단계이론 중 자기의 잠재력을 최대한 살리고 자기가 하고 싶었던 일을 실현하려는 인간의 욕구는?

① 생리적 욕구   ② 사회적 욕구

③ 자아실현의 욕구   ④ 안전의 욕구

> 자기가 하고 싶었던 일을 실현하려는 욕구는 자아실현의 욕구이다.
>
> **출제개념** 매슬로우의 욕구 5단계이론

09 매슬로우의 욕구 5단계이론 중 안전욕구의 단계는?

① 제1단계   ② 제2단계

③ 제3단계   ④ 제4단계

> 매슬로우의 욕구 5단계는 다음과 같다.
> - 제1단계: 생리적 욕구
> - 제2단계: 안전의 욕구
> - 제3단계: 사회적 욕구
> - 제4단계: 존경의 욕구
> - 제5단계: 자아실현의 욕구
>
> **출제개념** 매슬로우의 욕구 5단계이론

10 매슬로우의 인간의 욕구단계 중 5번째 단계에 속하는 것은?

① 안전욕구   ② 존경의 욕구

③ 사회적 욕구   ④ 자아실현의 욕구

> 매슬로우의 욕구단계 중 5단계에 속하는 것은 자아실현의 욕구이다.
>
> **출제개념** 매슬로우의 욕구 5단계이론

11 다음 중 알더퍼의 ERG이론에 해당하지 않는 것은?

① 존재욕구   ② 관계욕구

③ 성장욕구   ④ 지배욕구

> 알더퍼의 ERG이론은 욕구를 존재(Exist), 관계(Relation), 성장(Growth) 세 가지로 구분하므로 지배욕구는 이에 해당하지 않는다.
>
> **출제개념** 알더퍼의 ERG이론

정답   08 ③   09 ②   10 ④   11 ④

22년 1회 ✔회독 ☐☐☐

12 주의(Attention)의 특성에 관한 설명 중 틀린 것은?

① 고도의 주의는 장시간 지속하기 어렵다.
② 한 지점에 주의를 집중하면 다른 곳의 주의는 약해진다.
③ 최고의 주의 집중은 의식의 과잉상태에서 가능하다.
④ 여러 자극을 지각할 때 소수의 현란한 자극에 선택적 주의를 기울이는 경향이 있다.

▼
의식의 과잉상태는 최고의 주의 집중상태가 아닌 과긴장상태에 해당한다. 다음은 주의의 3특성에 대한 내용이다.
• 변동성: 고도의 주의는 장시간 지속하기 어렵다.
• 방향성: 한 지점에 주의를 집중하면 다른 곳의 주의는 약해진다.
• 선택성: 여러 자극을 지각할 때 소수의 현란한 자극에 선택적 주의를 기울이는 경향이 있다.

출제개념 주의의 3특성

22년 3회 ✔회독 ☐☐☐

13 주의의 수준이 Phase 0인 상태에서의 의식상태는?

① 무의식상태
② 의식의 이완상태
③ 명료한 상태
④ 과긴장상태

▼
주의의 수준이 Phase 0인 상태에서의 의식상태는 무의식상태, 수면상태(의식의 단절상태)이다. 다음은 의식레벨의 단계에 대한 내용이다.
• Phase 0단계: 무의식상태, 수면상태(의식의 단절상태)
• Phase Ⅰ단계: 졸음, 감각차단현상(의식수준의 저하상태)
• Phase Ⅱ단계: 일상작업·보통작업을 수행할 때의 상태
• Phase Ⅲ단계: 정밀·위험·중요한 작업을 수행할 때의 상태(신뢰도가 가장 높은 단계)
• Phase Ⅳ단계: 과긴장상태, 일점집중현상(의식의 과잉)

출제개념 의식레벨의 단계

24년 1회 ✔회독 ☐☐☐

14 부주의의 현상으로 볼 수 없는 것은?

① 의식의 단절
② 의식수준 지속
③ 의식의 과잉
④ 의식의 우회

▼
부주의 현상(원인)에는 의식의 단절, 의식의 우회, 의식수준의 저하, 의식의 과잉, 의식의 혼란이 있다. 따라서 의식수준 지속은 부주의의 현상으로 볼 수 없다.

출제개념 부주의의 원인

23년 1회 ✔회독 ☐☐☐

15 부주의의 발생 원인에 포함되지 않는 것은?

① 의식의 단절
② 의식수준의 저하
③ 의식의 우회
④ 의식의 지배

▼
부주의의 원인에는 의식의 단절, 의식의 우회, 의식수준의 저하, 의식의 과잉, 의식의 혼란이 있으며, 의식의 지배는 포함되지 않는다.

출제개념 부주의의 원인

25년 3회 24년 2회 ✔회독 ☐☐☐

16 부주의의 현상 중 하나로 혼미한 정신상태에서 심신이 피로하거나 단조로운 반복작업 등이 원인이 되는 경우는?

① 의식의 단절
② 의식수준 저하
③ 의식의 과잉
④ 의식의 우회

▼
Phase Ⅰ단계의 졸음, 감각차단현상(의식수준의 저하상태)에 해당하는 설명이다.

출제개념 부주의의 원인, 의식레벨의 단계

정답 **12** ③ **13** ① **14** ② **15** ④ **16** ②

17 인간의 의식수준을 5단계로 구분할 때 의식이 명료한 상태의 단계는?

① Phase Ⅰ   ② Phase Ⅱ
③ Phase Ⅲ   ④ Phase Ⅳ

▼

의식수준 5단계 중 Phase Ⅲ단계는 의식이 명료한 상태로, 정밀·위험·중요한 작업에 적합하며 신뢰도가 가장 높은 단계에 해당한다.

출제개념 의식레벨의 단계

18 인간의 의식수준을 5단계로 구분할 때 의식이 몽롱한 상태의 단계는?

① Phase Ⅰ   ② Phase Ⅱ
③ Phase Ⅲ   ④ Phase Ⅳ

▼

의식수준 5단계 중 Phase Ⅰ단계는 의식이 몽롱한 상태로, 졸음이나 감각차단현상이 나타나는 의식수준의 저하상태에 해당한다.

출제개념 의식레벨의 단계

19 상황성 누발자의 재해유발원인과 가장 거리가 먼 것은?

① 작업이 어렵기 때문이다.
② 심신에 근심이 있기 때문이다.
③ 기계설비의 결함이 있기 때문이다.
④ 도덕성이 결여되어 있기 때문이다.

▼

도덕성 결여는 개인적인 성향 때문에 재해를 일으키는 소질성 누발자의 재해유발원인에 해당한다.

출제개념 재해누발자, 상황성 누발자

20 레빈(Lewin.K)에 의하여 제시된 인간의 행동에 관한 식을 올바르게 표현한 것은? (단, B는 인간의 행동, P는 개체, E는 환경, f는 함수관계를 의미한다.)

① $B=f(P \cdot E)$ ② $B=f(P+1)E$
③ $P=E \cdot f(B)$ ④ $E=f(P \cdot B)$

▼

레빈의 행동법칙이란 인간의 행동은 개체와 심리적 환경에 의해 결정되고 나타난다는 이론이다. 그에 대한 식은 $B=f(P \cdot E)$로, B(Behavior)는 인간의 행동, P(Person)는 개체(지능, 경험, 연령 등), E(Environment)는 환경(인간관계에 의한 심리적 환경)을 뜻한다.

출제개념 레빈의 행동법칙

21 레빈(Lewin)의 법칙에서 환경조건 E에 포함되는 것은?

$$B=f(P \cdot E)$$

① 지능   ② 적성
③ 소질   ④ 인간관계

▼

환경조건 E(Environment)에 해당하는 것은 인간관계에 의한 심리적 환경이다.

출제개념 레빈의 행동법칙

정답 **17** ③ **18** ① **19** ④ **20** ① **21** ④

22 레빈(Lewin)의 법칙 B=f(P·E) 중 B가 의미하는 것은?

① 행동　　　　　② 경험
③ 환경　　　　　④ 인간관계

> 레빈의 법칙 B=f(P·E) 중 B(Behavior)는 인간의 행동을 의미한다.
>
> [출제개념] 레빈의 행동법칙

23 인간의 행동 특성과 관련한 레빈(Lewin)의 법칙에서 각 인자에 대한 설명으로 틀린 것은?

$$B=f(P·E)$$

① B: 행동　　　　② P: 개체
③ f: 함수관계　　④ E: 기술

> 레빈의 법칙에 따르면 B(Behavior)는 인간의 행동, P(Person)는 개체, E(Environment)는 인간관계에 의한 심리적 환경, f는 함수관계다.
>
> [출제개념] 레빈의 행동법칙

24 생체리듬의 주기가 28일인 생체리듬은?

① 육체적 리듬　　② 지성적 리듬
③ 감성적 리듬　　④ 감각적 리듬

> 감성적 리듬의 주기는 28일이다. 생체리듬의 종류와 주기는 다음과 같다.
> • 육체적 리듬(P): 23일 주기, 청색 실선으로 표시한다.
> • 감성적 리듬(S): 28일 주기, 적색 점선으로 표시한다.
> • 지성적 리듬(I): 33일 주기, 녹색 일점쇄선으로 표시한다.
>
> [출제개념] 생체리듬

25 생체리듬의 변화에 대한 설명으로 틀린 것은?

① 야간에는 체중이 감소한다.
② 야간에는 말초운동 기능이 저하된다.
③ 체온, 혈압, 맥박수는 주간에 상승하고 야간에 감소한다.
④ 혈액의 수분과 염분량은 주간에 증가하고 야간에 감소한다.

> 혈액의 수분과 염분량은 땀이나 호흡 등으로 인해 손실되므로 활동을 하는 주간에 감소하고 야간에 증가한다.
>
> [출제개념] 생체리듬의 변화

정답 **22** ① **23** ④ **24** ③ **25** ④

26 바이오리듬(생체리듬)에 관한 설명 중 틀린 것은?

① 안정기(+)와 불안정기(−)의 교차점을 위험일이라 한다.
② 감성적 리듬은 33일을 주기로 반복하며, 주의력, 예감 등과 관련되어 있다.
③ 지성적 리듬은 'I'로 표시하며 사고력과 관련이 있다.
④ 육체적 리듬은 신체적 컨디션의 율동적 발현, 즉 식욕·활동력 등과 밀접한 관계를 갖는다.

▼

감성적 리듬은 28일을 주기로 반복하며, 주의력, 예감 등과 관련되어 있다.

출제개념 생체리듬

27 일반적으로 시간의 변화에 따라 야간에 상승하는 생체리듬은?

① 혈압
② 맥박수
③ 체중
④ 혈액의 수분

▼

혈액의 수분과 염분량은 땀이나 호흡 등으로 인해 손실되므로 활동을 하는 주간에 감소하고 야간에 증가한다.

출제개념 생체리듬의 특징

28 헤드십(Headship)에 관한 설명으로 틀린 것은?

① 구성원과 사회적 간격이 좁다.
② 지휘의 형태는 권위주의적이다.
③ 권한은 조직으로부터 부여받는다.
④ 권한귀속은 공식화된 규정에 의한다.

▼

리더는 선출되고 헤더는 임명된다. 일명 '낙하산 인사'라고도 하는 헤더는 구성원과의 관계가 친밀하지 못하며, 성과 위주의 업무에 비중이 크고 인간관계에 대한 관심이 낮다. 사회적 간격이 넓다는 뜻은 친밀하지 않음을 의미한다.

출제개념 헤드십

29 헤드십(Headship)의 특성에 관한 설명으로 틀린 것은?

① 지휘형태는 권위주의적이다.
② 상사의 권한 증거는 비공식적이다.
③ 상사와 부하의 관계는 지배적이다.
④ 상사와 부하의 사회적 간격은 넓다.

▼

상사의 권한 증거는 공식적이다. 헤드십은 개인적으로 친분을 쌓는 것에 관심이 없기에 부하직원과 비공식적인 자리를 갖지 않는다. 또한, 성과와 실적에 집착하는 경향이 있다.

출제개념 헤드십

정답 26 ② 27 ④ 28 ① 29 ②

30 헤드십의 특성이 아닌 것은?

① 지휘형태는 권위주의적이다.
② 권한행사는 임명된 헤드이다.
③ 구성원과의 사회적 간격은 넓다.
④ 상관과 부하와의 관계는 개인적인 영향이다.

> 상관과 부하와의 관계는 개인적인 영향이라는 것은 리더십의 특징이다. 헤드십의 상관과 부하와의 관계는 지배적이다.
>
> 출제개념 헤드십

31 인간관계의 메커니즘 중 다른 사람의 행동양식이나 태도를 투입시키거나 다른 사람 가운데서 자기와 비슷한 것을 발견하는 것은?

① 동일화   ② 일체화
③ 투사   ④ 공감

> 동일화란 다른 사람의 행동양식이나 태도를 받아들이거나 다른 사람에게서 자신과 비슷한 것을 찾아 함께 어울리고자 하는 심리이다.
>
> 출제개념 인간관계의 메커니즘, 적응기제, 방어기제, 동일화

32 집단에서의 인간관계 메커니즘(Mechanism)과 가장 거리가 먼 것은?

① 분열, 강박
② 모방, 암시
③ 동일화, 일체화
④ 커뮤니케이션, 공감

> 분열, 강박은 집단 내 인간관계의 문제가 아닌 개인의 문제이다.
>
> 출제개념 인간관계의 메커니즘

33 적응기제 중 도피기제의 유형이 아닌 것은?

① 합리화   ② 고립
③ 퇴행   ④ 억압

> 도피기제에는 고립, 퇴행, 억압, 백일몽이 있으며 합리화는 방어기제에 해당한다.
>
> 출제개념 적응기제, 도피기제

정답 **30** ④ **31** ① **32** ① **33** ①

CHAPTER 05

안전보건교육의 내용 및 방법

기출문제 활용법 문항별 기출 표기 개수가 많을수록 시험에 자주 출제된 문제! 표기가 5개인 문제는 출제 횟수가 5회 이상인 기출문제로 무조건 암기 필수!

3회독 공부전략 1회독은 문제 → 선지 → 답 → 해설 순서로 정독! 2회독부터는 직접 문제 풀기, 3회독 때는 ×, △ 표시된 문제만 다시 풀기! 회독할 때마다 문제 옆 회독표에 ○, ×, △로 표시하여 3회독까지 ×로 표시된 문제는 부록에 포함된 "틈틈 오답노트"에 따로 정리해 공부하세요! [○: 정확히 알고 푼 문제 △: 부분적으로 알고 푼 문제 ×: 개념 학습이 필요한 문제]

24년 1회 ✔ 회독 ☐☐☐

01 다음 중 학습목적을 세분하여 구체적으로 결정한 것을 무엇이라 하는가?

① 주제 ② 학습목표
③ 학습정도 ④ 학습성과

> 학습목적의 3요소는 주제, 정도, 목표이다. 학습성과란 학습목적을 세분화하여 구체적으로 표현한 것을 말한다.
>
> **출제개념** 학습목적의 3요소, 학습성과

22년 2회 ✔ 회독 ☐☐☐

02 학습정도(Level of Learning)의 4단계를 순서대로 나열한 것은?

① 인지 → 이해 → 지각 → 적용
② 인지 → 지각 → 이해 → 적용
③ 지각 → 이해 → 인지 → 적용
④ 지각 → 인지 → 이해 → 적용

> 학습정도의 4단계는 인지 → 지각 → 이해 → 적용 순이다.
>
> **출제개념** 학습정도의 4단계

23년 1회 ✔ 회독 ☐☐☐

03 안전보건교육의 단계별 교육순서로 옳은 것은?

① 안전 태도교육 → 안전 지식교육 → 안전 기능교육
② 안전 지식교육 → 안전 기능교육 → 안전 태도교육
③ 안전 기능교육 → 안전 지식교육 → 안전 태도교육
④ 안전 자세교육 → 안전 지식교육 → 안전 기능교육

> 교육의 3단계는 지식교육 → 기능교육 → 태도교육 순이다.
>
> **출제개념** 교육의 3단계

정답 **01** ④ **02** ② **03** ②

25년 2회 24년 2회 22년 3회   ✔ 회독 □□□

04 교육훈련의 4단계를 올바르게 나열한 것은?

① 도입 → 적용 → 제시 → 확인

② 도입 → 확인 → 제시 → 적용

③ 적용 → 제시 → 도입 → 확인

④ 도입 → 제시 → 적용 → 확인

▼

교육훈련의 4단계는 도입(준비) → 제시(설명) → 적용(응용) → 확인(총괄) 순이다. 교육 3단계의 교육훈련 단계는 다음과 같다.
- 1단계 지식교육의 진행순서: 도입 → 제시 → 적용 → 확인
- 2단계 기능교육의 진행순서: 작업준비 → 작업설명 → 실습 → 평가
- 3단계 태도교육의 진행순서: 청취 → 이해 납득 → 모범 → 평가

출제개념 교육의 3단계, 교육훈련의 4단계

23년 3회   ✔ 회독 □□□

06 교육 실시에 있어서 한 번에 하나씩 나누어 확실하게 이해시켜야 하는 단계는?

① 도입   ② 적용

③ 제시   ④ 확인

▼

제시단계는 한 번에 하나씩 나누어 확실하게 이해시키는 것이 중요한 단계이다.

출제개념 교육훈련의 4단계

21년 1회   ✔ 회독 □□□

07 안전교육 중 같은 것을 반복하여 개인의 시행착오에 의해서만 점차 그 사람에게 형성되는 것은?

① 안전기술의 교육   ② 안전지식의 교육

③ 안전기능의 교육   ④ 안전태도의 교육

▼

시행착오를 겪는 단계는 2단계인 기능교육 단계로, 충분한 연습과 반복이 요구되는 단계이다.

출제개념 교육 3단계, 기능교육

23년 1회 21년 3회   ✔ 회독 □□□

05 강의식 교육을 1시간 하려고 한다. 가장 시간이 많이 소비되는 단계는?

① 도입   ② 적용

③ 제시   ④ 확인

▼

강의식 교육은 주요 내용을 제시하는 데 시간이 가장 많이 소요된다. 기본 지식이 있는 경우에 주로 사용되는 토의식 교육은 적용단계에서 가장 많은 시간이 필요하다.

출제개념 강의식 교육

21년 2회   ✔ 회독 □□□

08 다음의 교육내용과 관련 있는 교육은?

- 작업 동작 및 표준작업방법의 습관화
- 공구·보호구 등의 관리 및 취급태도의 확립
- 작업 전후의 점검, 검사요령의 정확화 및 습관화

① 지식교육   ② 기능교육

③ 태도교육   ④ 문제해결교육

▼

습관화는 몸에 익숙하게 한다는 의미로 태도교육과 관련이 있다.

출제개념 교육 3단계, 태도교육

정답 **04** ④ **05** ③ **06** ③ **07** ③ **08** ③

09 파블로프의 조건반사설 학습원리가 아닌 것은?

① 일관성의 원리 ② 계속성의 원리
③ 준비성의 원리 ④ 강도의 원리

> 파블로프(Pavlov)의 조건반사설의 학습원리에는 시간의 원리, 강도의 원리, 일관성의 원리, 계속성의 원리가 있다.
>
> 출제개념 파블로프의 조건반사설

10 손다이크의 시행착오설에 의한 학습의 원칙이 아닌 것은?

① 연습의 원칙 ② 효과의 원칙
③ 동일성의 원칙 ④ 준비성의 원칙

> 손다이크의 시행착오설의 주요 원칙에는 연습의 원칙, 효과의 원칙, 준비성의 원칙이 있다.
>
> 출제개념 손다이크의 시행착오설

11 학습을 자극(Stimulus)에 의한 반응(Response)으로 보는 이론에 해당하는 것은?

① 장설(Field Theory)
② 통찰설(Insight Theory)
③ 기호형태설(Sign-gestalt Theory)
④ 시행착오설(Trial and Error Theory)

> 자극반응이론의 대표적인 예로 파블로프의 조건반사설, 손다이크의 시행착오설이 있다.
>
> 출제개념 자극반응이론, 손다이크의 시행착오설

12 교육심리학의 기본이론 중 학습지도의 원리가 아닌 것은?

① 직관의 원리 ② 개별화의 원리
③ 계속성의 원리 ④ 사회화의 원리

> 계속성의 원리는 파블로프의 조건반사설에 해당한다. 학습지도의 원리는 다음과 같다.
> • 자발성의 원리
> • 개별화의 원리
> • 목적의 원리
> • 사회화의 원리
> • 통합화의 원리
> • 직접경험(직관)의 원리
>
> 출제개념 학습지도의 원리

13 참가자가 다수인 경우에 전원을 토의에 참가시키기 위한 방법으로 소집단을 구성하여 회의를 진행시키며 6-6회의라고도 하는 것은?

① 포럼(Forum)
② 심포지엄(Symposium)
③ 버즈세션(Buzz Session)
④ 패널디스커션(Panel Discussion)

> 버즈세션(Buzz Session)은 6-6회의라고도 하며 6명씩 소집단으로 나누어 6분간 토의하여 결론을 내는 방식이다.
>
> 출제개념 토의식 교육방법, 버즈세션

정답 09 ③ 10 ③ 11 ④ 12 ③ 13 ③

14 몇 사람의 전문가가 주제에 대한 견해를 발표하고 참가자가 질문을 하는 토의 방식은?

① 포럼(Forum)
② 심포지엄(Symposium)
③ 버즈세션(Buzz Session)
④ 자유토의법(Free Discussion Method)

> 심포지엄(Symposium)은 2~5명의 전문가가 동일한 주제 혹은 상호 관련되는 소주제에 대해서 각자의 전문적인 견해를 제시하는 방식이다.
>
> 출제개념 토의식 교육방법, 심포지엄

15 다음 토의식 교육방법 중 새로운 자료를 제시하고 전문가가 참석자에게 설명하고 질의응답을 받는 형태의 교육방법은?

① 포럼
② 심포지엄
③ 패널디스커션
④ 버즈세션(6-6회의)

> 새로운 자료를 제시하고 전문가가 참석자와 질의응답을 진행하는 교육방법은 포럼에 해당한다.
>
> 출제개념 토의식 교육방법, 포럼

16 다음 중 중간관리자를 대상으로 하는 교육으로 2시간씩 20회(총 40시간) 실시하는 교육은?

① TWI ② MTP
③ ATT ④ ATP

> MTP(Management Training Program)는 중간관리자를 대상으로 하며, 1회 2시간씩 20회에 걸쳐 총 40시간 동안 실시하는 교육 프로그램이다. 대상에 따른 교육훈련 프로그램은 다음 표와 같다.

구분	대상	시간
TWI	초급관리자	4계열(J.M.T, J.R.T, J.I.T, J.S.T), 총 42시간 실시
MTP	중간관리자	2시간/회, 20회 총 40시간 실시
ATT	모든 계층	8시간/일, 2주간 실시
ATP	최고 경영자	4시간/일, 4일/주, 8주간 총 128시간 실시

> 출제개념 교육훈련 프로그램

17 주로 관리감독자를 교육대상자로 하며 작업을 가르치는 능력, 작업방법을 개선하는 기능 등을 교육내용으로 하는 기업 내 정형교육은?

① TWI(Training Within Industry)
② ATT(American Telephone Telegram)
③ MTP(Management Training Program)
④ ATP(Administration Training Program)

> 기업 내 초급관리자를 위한 정형교육으로 작업을 가르치는 능력 등을 교육하는 기업 내 교육은 TWI(Training Within Industry)이다. 그 밖의 교육에 대한 설명은 다음과 같다.
> • ATT(American Telephone Telegram): 계층에 상관없이 전원이 대상이 되는 교육
> • MTP(Management Training Program): 중간관리자를 위한 교육
> • ATP(Administration Training Program): 최고경영자를 위한 교육
>
> 출제개념 TWI 교육

정답 14 ② 15 ① 16 ② 17 ①

18 기업 내 정형교육 중 TWI(Training Within Industry)의 교육내용이 아닌 것은?

① Job Method Training

② Job Relation Training

③ Job Instruction Training

④ Job Standardization Training

> TWI(Training Within Industry)의 교육내용은 다음과 같다.
> • 작업지도법(JIT: Job Instruction Training)
> • 작업개선법(JMT: Job Method Training)
> • 인간관계법(JRT: Job Relation Training)
> • 작업안전법(JST: Job Safety Training)
>
> 출제개념 TWI 교육내용

19 TWI의 교육내용 중 인간관계 관리방법, 즉 부하 통솔법을 주로 다루는 것은?

① JST(Job Safety Training)

② JMT(Job Method Training)

③ JRT(Job Relation Training)

④ JIT(Job Instruction Training)

> TWI 교육내용 중 JRT는 인간관계법 및 부하통솔법에 초점을 둔 교육이다.
>
> 출제개념 TWI 교육내용

20 Off JT(Off the Job Training)의 특징으로 옳은 것은?

① 훈련에만 전념할 수 있다.

② 상호신뢰 및 이해도가 높아진다.

③ 개개인에게 적절한 지도훈련이 가능하다.

④ 직장의 실정에 맞게 실제적 훈련이 가능하다.

> Off JT(Off the Job Training)는 사업장을 떠나서 외부의 교육장에서 실시하는 교육이므로 훈련에 전념할 수 있다. 나머지 보기는 OJT(On the Job of Training)에 해당되는 내용이다.
>
> 출제개념 O.J.T와 OFF.J.T

21 교육훈련기법 중 Off.J.T(Off the Job Training)의 장점이 아닌 것은?

① 업무의 계속성이 유지된다.

② 외부의 전문가를 강사로 활용할 수 있다.

③ 특별교재, 시설을 유효하게 사용할 수 있다.

④ 다수의 대상자에게 조직적 훈련이 가능하다.

> OJT(On the Job of Training)는 사업장 내에서 실시되는 교육으로 선임이 강사가 되고 업무의 계속성이 유지된다.
>
> 출제개념 O.J.T와 OFF.J.T

정답 18 ④ 19 ③ 20 ① 21 ①

22 다음 중 Off.J.T의 장점에 해당되는 것은?

① 개개인에게 적절한 지도 훈련이 가능하다.
② 효과가 곧 업무에 나타나며 훈련의 좋고 나쁨에 따라 개선이 쉽다.
③ 직장의 실정에 맞게 실제적 훈련이 가능하다.
④ 동시에 다수의 근로자에게 조직적 훈련이 가능하다.

> ▼
> Off.J.T는 집체교육에, O.J.T는 개별교육에 가깝다.
> **출제개념** O.J.T와 OFF.J.T

23 다음 중 OJT(On the Job of Training) 교육에 대한 설명과 거리가 먼 것은?

① 다수의 근로자에게 조직적 훈련이 가능하다.
② 직장의 실정에 맞게 실제적인 훈련이 가능하다.
③ 훈련에 필요한 업무의 지속성이 유지된다.
④ 직장의 직속 상사에 의한 교육이 가능하다.

> ▼
> O.J.T는 개별교육에 가깝고, 다수의 근로자에게 조직적 훈련이 가능한 교육은 OFF.J.T의 설명에 가깝다.
> **출제개념** O.J.T와 OFF.J.T

24 교육훈련 기법 중 Off.J.T.의 장점에 해당되지 않는 것은?

① 우수한 전문가를 강사로 활용할 수 있다.
② 특별 교재, 교구, 설비를 유효하게 활용할 수 있다.
③ 다수의 근로자에게 조직적 훈련이 가능하다.
④ 직장의 실정에 맞는 실제적인 교육이 가능하다.

> ▼
> 직장의 실정에 맞는 실제적인 교육이 가능한 것은 O.J.T에 해당하는 특징이다.
> **출제개념** O.J.T와 OFF.J.T

25 안전교육방법 중 학습자가 이미 설명을 듣거나 시범을 보고 알게 된 지식이나 기능을 강사의 감독 아래 직접적으로 연습하여 적용할 수 있도록 하는 교육방법은?

① 모의법   ② 토의법
③ 실연법   ④ 반복법

> ▼
> 실연법은 학습자가 습득한 내용을 실제로 행하게 하면서 강사의 감독 아래 직접 연습을 시켜 학습시키는 방법이다. 한편, 모의법은 실제 상황과 유사한 상황을 재현하여 작업을 수행하는 과정을 지켜보면서 지적과 개선을 유도하는 방법이다.
> **출제개념** 안전교육방법

정답 **22** ④ **23** ① **24** ④ **25** ③

26 참가자에게 일정한 역할을 주어 실제적으로 연기를 시켜봄으로써 자기의 역할을 보다 확실히 인식할 수 있도록 하는 교육방법은?

① Symposium
② Brain Storming
③ Role Playing
④ Fish Bowl Playing

> 롤플레잉(Role Playing)은 참가자에게 일정한 역할을 주어 실제 연기를 시켜봄으로써 자기의 역할을 보다 확실히 인식시키는 교육방법이다.
>
> **출제개념** 토의식 교육방법, 롤플레잉

27 강의법의 특징으로 틀린 것은?

① 단시간에 많은 양의 정보를 전달할 수 있다.
② 인원의 제약을 받지 않는다.
③ 수강자들의 참여가 제한된다.
④ 심도 있는 내용을 다루기에 적합하다.

> 강의법은 강사가 일방적으로 정보를 전달하는 방식으로 심도 있는 내용을 다루는 것은 어려우며, 심화된 내용을 전달하기엔 토의식이 적합하다.
>
> **출제개념** 강의법

28 교육계획 수립 시 가장 먼저 실시하여야 하는 것은?

① 교육내용의 결정
② 실행교육계획서 작성
③ 교육의 요구사항 파악
④ 교육실행을 위한 순서, 방법, 자료의 검토

> 교육계획 수립단계는 다음과 같다.
> 교육의 필요성 → 교육내용과 대상자 결정 → 실행방법 검토 → 실행계획서 작성
>
> **출제개념** 교육계획 수립단계

29 안전보건교육계획을 수립할 때 고려할 사항으로 가장 거리가 먼 것은?

① 현장의 의견을 충분히 반영한다.
② 대상자의 필요한 정보를 수집한다.
③ 안전교육 시행체계와의 연관성을 고려한다.
④ 정부 규정에 의한 교육에 한정하여 실시한다.

> 정부 규정에 의한 교육에 한정하여 실시하는 것은 고려할 사항에서 거리가 멀다. 오히려 법 규정 교육과 그 이상의 교육을 계획하는 것이 바람직하다.
>
> **출제개념** 안전보건교육계획 수립 시 고려사항

정답 26 ③ 27 ④ 28 ③ 29 ④

30 안전·보건 교육계획 수립 시 고려사항 중 틀린 것은?

① 필요한 정보를 수집한다.
② 현장의 의견을 고려하지 않는다.
③ 지도안은 교육대상을 고려하여 작성한다.
④ 법령에 의한 교육에만 그치지 않아야 한다.

> 현장의 의견을 고려하여 교육계획을 수립하는 게 가장 효율적인 교육이 될 수 있기에 반드시 고려해야 할 사항이다.
>
> 출제개념 안전보건교육계획 수립 시 고려사항

32 안전교육 중 프로그램 학습법의 장점이 아닌 것은?

① 학습자의 학습 과정을 쉽게 알 수 있다.
② 여러 가지 수업 매체를 동시에 다양하게 활용할 수 있다.
③ 지능, 학습속도 등 개인차를 충분히 고려할 수 있다.
④ 매 반응마다 피드백이 주어지기 때문에 학습자가 흥미를 가질 수 있다.

> 프로그램 학습법은 정해진 프로그램을 사용하여 단독으로 학습이 가능한 방법이다. 다양한 수업매체를 활용한다는 의미와는 다르다.
>
> 출제개념 안전교육, 프로그램 학습법

31 학습자가 자신의 학습속도에 적합하도록 프로그램 자료를 가지고 단독으로 학습하도록 하는 안전교육방법은?

① 실연법   ② 모의법
③ 토의법   ④ 프로그램 학습법

> 프로그램 학습법은 학습자 혼자 학습이 가능할 수 있도록 프로그램 자료를 활용하여 학습하는 방법으로 개인 수준을 고려하여 속도 조절이 가능하다.
>
> 출제개념 안전교육방법

33 안전교육에 있어서 동기부여 방법으로 가장 거리가 먼 것은?

① 책임감을 느끼게 한다.
② 관리감독을 철저히 한다.
③ 자기 보존본능을 자극한다.
④ 물질적 이해관계에 관심을 두도록 한다.

> 관리감독을 철저히 하는 것은 자발적으로 학습에 참여하고 행동을 변화시키도록 유도하는 동기부여와는 거리가 먼 방식이다.
>
> 출제개념 안전교육 동기부여 방법

정답 **30** ② **31** ④ **32** ② **33** ②

34 교육과정 중 타일러의 학습경험 조직의 원리에 해당하지 않는 것은?

① 기회의 원리　　② 계속성의 원리
③ 계열성의 원리　④ 통합성의 원리

▼

타일러는 교육과정을 교육목표 설정, 학습경험 선정, 학습경험 조직, 평가의 순으로 체계화하였으며, 이 중 기회의 원리는 학습경험 선정의 원리에 해당한다.
- 학습경험 선정원리: 기회, 만족감, 가능성, 동목표 다경험, 다성과의 원리 등
- 학습경험 조직원리: 계열성, 계속성, 통합성 등

출제개념 타일러의 교육과정, 학습경험 조직원리

35 타일러(Tyler)의 교육과정 중 학습경험 선정의 원리에 해당하는 것은?

① 기회의 원리　　② 계속성의 원리
③ 계열성의 원리　④ 통합성의 원리

▼

타일러의 교육과정 중 학습경험 선정의 원리는 기회, 만족감, 가능성, 동목표 다경험, 다성과의 원리 등이 있다. 계속성, 계열성, 통합성의 원리는 학습경험 조직의 원리에 속한다.

출제개념 타일러의 교육과정, 학습경험 선정원리

36 안전보건교육의 교육시간에 관한 설명으로 옳은 것은?

① 일용근로자의 작업내용 변경 시의 교육은 2시간 이상이다.
② 사무직에 종사하는 근로자의 정기교육은 매반기 6시간 이상이다.
③ 일용근로자 및 근로계약 기간이 1개월 이하인 기간제 근로자를 제외한 근로자의 채용 시 교육은 4시간 이상이다.
④ 관리감독자의 지위에 있는 사람의 정기교육은 연간 8시간 이상이다.

▼

문제에 나온 안전보건교육 시간은 다음과 같다.

정기교육	사무직	매반기 6시간 이상
	관리감독자	연 16시간 이상
채용 시 교육	일용근로자 및 1주일 이하 계약	1시간 이상
	일용근로자 및 1주일 초과 1개월 이하 계약	4시간 이상
작업내용 변경 시 교육	일용근로자 및 1주일 이하 계약	1시간 이상
	그 밖의 근로자	2시간 이상

출제개념 안전보건교육 시간

37 사무직 근로자 정기교육시간으로 옳은 것은?

① 매분기 3시간　　② 매반기 6시간
③ 매분기 6시간　　④ 매반기 12시간

▼

사무직 근로자의 정기교육시간은 매반기 6시간이다.

출제개념 안전보건교육 시간

정답　34 ①　35 ①　36 ②　37 ②

신출 25년 1회 ✔회독 □□□

38 근로자 채용 시 안전보건교육 시간으로 옳은 것은? (단, 근로기간이 1주일 초과 1개월 이하인 근로자이다.)

① 1시간 ② 2시간
③ 4시간 ④ 8시간

> 1주일 초과 1개월 이하인 근로자 채용 시 안전보건교육 시간은 4시간 이상이다.

채용 시 교육	일용근로자 및 1주일 이하 계약	1시간 이상
	일용근로자 및 1주일 초과 1개월 이하 계약	4시간 이상
	그 밖의 근로자	8시간 이상

출제개념 안전보건교육 시간

23년 1회 ✔회독 □□□

39 안전보건교육 시간에 관한 설명으로 옳지 않은 것은?

① 사무직 종사 근로자 정기교육: 매반기 6시간 이상
② 일용근로자 및 근로계약 기간이 1개월 이하인 기간제 근로자를 제외한 근로자 채용 시 교육: 8시간 이상
③ 일용근로자 작업내용 변경 시 교육: 2시간 이상
④ 건설 일용근로자 건설업 기초안전 · 보건교육: 4시간 이상

> 일용근로자는 작업내용 변경 시 안전보건교육을 1시간 이상 받아야 한다.

출제개념 안전보건교육 시간

22년 1회 ✔회독 □□□

40 산업안전보건법령상 근로자 안전보건교육 대상에 따른 교육시간 기준 중 틀린 것은? (단, 상시작업이며, 일용근로자는 제외한다.)

① 특별교육 − 16시간 이상
② 채용 시 교육 − 8시간 이상
③ 작업내용 변경 시 교육 − 2시간 이상
④ 사무직 종사 근로자 정기교육 − 매분기 1시간 이상

> 사무직 종사 근로자의 정기교육 시간은 매반기 6시간 이상이다.

출제개념 안전보건교육 시간

22년 3회 ✔회독 □□□

41 안전보건교육 중 판매업무에 직접 종사하는 근로자 외의 근로자를 대상으로 실시하여야 할 정기교육의 교육시간은?

① 매반기 6시간 이상
② 1시간 이상
③ 매반기 12시간 이상
④ 2시간 이상

> 아래 표를 보면 근로자를 사무직과 비사무직으로 구분하고, 비사무직은 판매업무와 판매업무 외의 근로자로 나누어서 교육시간을 정했다. 따라서 판매업무 외의 근로자는 기타근로자로 보고, 매 반기 12시간으로 답을 골라야 한다.

정기교육	사무직	매반기 6시간
	판매업무	매반기 6시간
	기타근로자	매반기 12시간
	관리감독자	연 16시간

출제개념 안전보건교육 시간

정답 **38** ③ **39** ③ **40** ④ **41** ③

42 근로자 정기교육 내용에 해당하지 않는 것은?

① 산업안전 및 사고 예방에 관한 사항
② 안전보건교육 능력 배양에 관한 사항
③ 유해·위험작업환경관리에 관한 사항
④ 직무스트레스 예방 및 관리에 관한 사항

▼
안전보건교육 능력 배양에 관한 사항은 사업장에서 안전교육을 진행하는 관리감독자 교육내용에 해당한다. 근로자 정기교육 내용은 다음과 같다.
• 산업안전 및 산업재해 예방에 관한 사항
• 산업보건 및 건강장해 예방에 관한 사항
• 위험성 평가에 관한 사항
• 직무스트레스 예방 및 관리에 관한 사항
•「산업안전보건법령」및 산업재해보상보험 제도에 관한 사항
• 직장 내 괴롭힘, 고객의 폭언 등으로 인한 건강장해 예방 및 관리에 관한 사항
• 유해·위험 작업환경 관리에 관한 사항
• 건강증진 및 질병 예방에 관한 사항

출제개념 근로자 정기교육 내용

43 관리감독자 정기교육의 내용으로 틀린 것은?

① 정리정돈 및 청소에 관한 사항
② 유해·위험작업환경관리에 관한 사항
③ 표준안전 작업방법 결정 및 지도·감독 요령에 관한 사항
④ 작업공정의 유해·위험과 재해 예방대책에 관한 사항

▼
정리정돈 및 청소에 관한 사항은 근로자 채용 시 교육 내용이다. 관리감독자 정기교육의 내용은 다음과 같다 (㉠~㉯까지는 모든 교육의 공통항목이다).
㉠ 산업안전 및 산업재해 예방에 관한 사항
㉡ 산업보건 및 건강장해 예방에 관한 사항
㉢ 위험성 평가에 관한 사항
㉣ 직무스트레스 예방 및 관리에 관한 사항
㉤「산업안전보건법령」및 산업재해보상보험 제도에 관한 사항
㉥ 직장 내 괴롭힘, 고객의 폭언 등으로 인한 건강장해 예방 및 관리에 관한 사항
㉦ 작업공정의 유해·위험과 재해 예방대책에 관한 사항
㉧ 유해·위험 작업환경 관리에 관한 사항
㉨ 표준안전 작업방법 결정 및 지도·감독 요령에 관한 사항
㉩ 사업장 내 안전보건관리체제 및 안전·보건조치 현황에 관한 사항
㉪ 현장 근로자와의 의사 소통능력 및 강의능력 등 안전보건교육 능력 배양에 관한 사항
㉫ 비상시 또는 재해발생 시 긴급조치에 관한 사항
㉬ 그 밖의 관리감독자의 직무에 관한 사항

출제개념 관리감독자 정기교육 내용

정답 42 ② 43 ①

44 산업안전보건법령상 관리감독자 채용 시 교육 내용이 아닌 것은?

① 작업 개시 전 점검에 관한 사항
② 물질안전보건자료에 관한 사항
③ 유해·위험 작업환경 관리에 관한 사항
④ 기계·기구의 위험성과 작업의 순서 및 동선에 관한 사항

> 관리감독자와 근로자의 채용 시 교육내용이 혼동되기 쉽다. 일부 항목은 동일하지만 다른 항목도 있으니 대상에 따라 명확히 구분하여야 한다. 다음은 관리감독자 채용 시 교육 및 작업내용 변경 시 교육내용이다.
> • 산업안전 및 산업재해 예방에 관한 사항
> • 산업보건 및 건강장해 예방에 관한 사항
> • 위험성 평가에 관한 사항
> • 직무스트레스 예방 및 관리에 관한 사항
> • 「산업안전보건법령」 및 산업재해보상보험 제도에 관한 사항
> • 직장 내 괴롭힘, 고객의 폭언 등으로 인한 건강장해 예방 및 관리에 관한 사항
> • 기계·기구의 위험성과 작업의 순서 및 동선에 관한 사항
> • 작업 개시 전 점검에 관한 사항
> • 물질안전보건자료에 관한 사항
> • 표준안전 작업방법 결정 및 지도·감독 요령에 관한 사항
> • 사업장 내 안전보건관리체제 및 안전·보건조치 현황에 관한 사항
> • 비상시 또는 재해발생 시 긴급조치에 관한 사항
> • 그 밖의 관리감독자 직무에 관한 사항
>
> **출제개념** 관리감독자 정기교육 내용

BONUS! 틀리라고 낸 문제

신출 25년 1회 　　　　　　　　✔회독 ☐☐☐

01 다음은 하인리히의 안전론에 대한 설명이다. 빈칸을 채우시오.

> 안전은 사고 예방이고, 사고 예방은 (　　)과(와) 인간 및 기계의 관계를 통제하는 과학과 기술이다.

① 물리적 환경　　　　② 화학적 인자
③ 위험요인　　　　　④ 작업

간단 해설
하인리히의 안전론에 따르면, 안전은 사고 예방이고, 사고 예방은 물리적 환경과 인간 및 기계의 관계를 통제하는 과학과 기술이다.

정답 ①

신출 25년 2회 　　　　　　　　✔회독 ☐☐☐

02 「산업안전보건법」상 2년간 보관해야 하는 안전보건 관련 서류는?

① 건강진단서류
② 작업환경 측정에 관한 서류
③ 산업재해의 발생원인 등 기록
④ 노사협의체 회의록

간단 해설
「산업안전보건법」상 보관해야 할 서류를 기간별로 나누면 다음과 같다.
• 보관기간 3년: 건강진단서류, 작업환경 측정에 관한 서류, 산업재해의 발생원인 등의 기록
• 보관기간 2년: 노사협의체 회의록, 산업안전보건위원회 회의록

정답 ④

03 안전보건기술지침(KOSHA GUIDE)에 대한 설명으로 옳지 않은 것은?

① 가이드표시, 분야별 또는 업종별 분류기호, 공표순서, 제·개정 연도의 순으로 번호를 부여한다.
② 법적 기준이 아닌 사업장의 이해를 돕기 위해 작성된 권고 지침으로써 법적 구속력은 없다.
③ 안전보건 향상을 위해 참고할 수 있는 기술적 내용을 기술한 강제적 안전보건가이드이다.
④ 한국산업안전보건공단에 의해 제·개정되고 있다.

> **간단 해설**
> 안전보건기술지침(KOSHA GUIDE)은 안전보건 향상을 위해 참고할 수 있는 기술적 내용을 기술한 자율적 안전보건가이드로 강제성이 없는 권고 지침이다.
> **정답** ③

04 근로자에 대한 일반건강진단의 실시 시기기준으로 옳은 것은?

① 사무직에 종사하는 근로자: 1년에 1회 이상
② 사무직에 종사하는 근로자: 2년에 1회 이상
③ 사무직 외의 업무에 종사하는 근로자: 6월에 1회 이상
④ 사무직 외의 업무에 종사하는 근로자: 2년에 1회 이상

> **간단 해설**
> 사무직에 종사하는 근로자는 2년에 1회 이상, 사무직 외의 업무에 종사하는 근로자는 1년에 1회 이상 실시해야 한다.
> **정답** ②

05 적성배치에 있어서 고려되어야 할 기본사항에 해당하지 않는 것은?

① 적성검사를 실시하여 개인의 능력을 파악한다.
② 직무평가를 통하여 자격수준을 정한다.
③ 주관적인 감정 요소에 따른다.
④ 인사관리의 기준원칙을 고수한다.

> **간단 해설**
> 적성배치는 주관적인 감정 요소에 따르기보다는 객관적인 평가와 기준에 따라야 한다.
> **정답** ③

06 'Near Accident'에 관한 내용으로 가장 적절한 것은?

① 사고가 일어난 인접지역
② 사망사고가 발생한 중대 재해
③ 사고가 일어난 지점에 계속 사고가 발생하는 지역
④ 사고가 일어나더라도 손실을 전혀 수반하지 않는 재해

> **간단 해설**
> 'Near Accident'란 사고로 이어질 뻔했으나 실제 사고나 손실로 이어지지 않은 사건을 말한다.
> **정답** ④

07 산업안전보건법령상 잠함 또는 잠수 작업 등 높은 기압에서 작업하는 근로자의 근로시간 기준은?

① 1일 6시간, 1주 32시간 초과 금지

② 1일 6시간, 1주 34시간 초과 금지

③ 1일 8시간, 1주 32시간 초과 금지

④ 1일 8시간, 1주 34시간 초과 금지

간단 해설
잠함 또는 잠수 작업 등 높은 기압에서 작업하는 근로자의 근로시간은 1일 6시간, 1주 34시간 초과 금지로 명시되어 있다.

정답 ②

08 사회행동의 기본 형태가 아닌 것은?

① 모방   ② 대립

③ 도피   ④ 협력

간단 해설
사회행동의 기본 형태에는 대립, 협력, 도피, 융합이 해당되며 모방은 인간의 행동성향이다.

정답 ①

09 운동의 시지각(착각현상) 중 자동운동이 발생하기 쉬운 조건에 해당하지 않는 것은?

① 광점이 작은 것

② 대상이 단순한 것

③ 광의 강도가 큰 것

④ 시야의 다른 부분이 어두운 것

간단 해설
자동운동이란 암실에서 작은 소광점을 응시할 경우 소광점이 움직이는 것처럼 보이는 현상이다. 자동운동이 생기기 쉬운 조건에는 암실이어야 할 것, 소광점일 것, 광의 강도가 약할 것, 단순한 형태일 것이라는 조건이 있으며 대표적인 예시로는 도깨비불이 있다.

정답 ③

10 억측판단이 발생하는 배경으로 볼 수 없는 것은?

① 정보가 불확실할 때

② 타인의 의견에 동조할 때

③ 희망적인 관측이 있을 때

④ 과거에 성공한 경험이 있을 때

간단 해설
억측판단이란 객관적인 위험을 주관적으로 판단하여 행하는 행동으로 타인의 의견에 동조할 때는 해당하지 않는다.

정답 ②

11 스트레스의 요인 중 외부적 자극요인에 해당하지 않는 것은?

① 자존심의 손상
② 가족의 죽음, 질병
③ 대인관계 갈등
④ 경제적 어려움

간단 해설
자존심의 손상은 내적 자극요인에 해당한다.
정답 ①

12 작업자 적성의 요인이 아닌 것은?

① 지능　　　　② 인간성
③ 흥미　　　　④ 연령

간단 해설
적성의 요인에는 지능, 흥미, 인간성이 있다.
정답 ④

13 산업안전보건법령상 안전보건진단을 받아 안전보건개선계획의 수립 및 명령을 할 수 있는 대상이 아닌 것은?

① 유해인자의 노출 기준을 초과한 사업장
② 산업재해율이 같은 업종 평균 산업재해율의 2배 이상인 사업장
③ 사업주가 필요한 안전조치 또는 보건조치를 이행하지 아니하여 중대재해가 발생한 사업장
④ 상시근로자 1천 명 이상인 사업장에서 직업성 질병자가 연간 2명 이상 발생한 사업장

간단 해설
안전보건진단을 받아 안전보건개선계획을 수립할 대상은 다음과 같다.
• 산업재해율이 같은 업종 평균 산업재해율의 2배 이상인 사업장
• 사업주가 필요한 안전조치 또는 보건조치를 이행하지 아니하여 중대재해가 발생한 사업장
• 직업성 질병자가 연간 2명 이상(상시근로자 1천 명 이상 사업장의 경우 3명 이상) 발생한 사업장
• 유해인자의 노출기준을 초과한 사업장
• 그 밖에 작업환경 불량, 화재·폭발 또는 누출 사고 등으로 사업장 주변까지 피해가 확산된 사업장으로서 고용노동부령으로 정하는 사업장
정답 ④

14 직원과의 원만한 관계를 유지하며 그들의 의견을 존중하여 의사결정에 반영하는 리더십은?

① 변혁적 리더십 　② 지시적 리더십
③ 참여적 리더십 　④ 설득적 리더십

간단 해설
참여적 리더십은 의사결정과정에 성원들을 참여시키는 민주적 리더십 유형이다. 이 외에도 리더십에 대한 설명은 다음과 같다.
• 변혁적 리더십: 리더의 특질이 매우 매력 있고 탁월한 능력이 있어 존경받는 유형이다.
• 지시적 리더십: 독선적으로 관리하며 명령과 복종을 강조하는 유형이다.
• 설득적 리더십: 리더가 구성원에게 지시를 내리면서도 그 이유와 근거를 명확하게 설명하고, 구성원의 의견과 감정을 존중하며, 자신감과 동기를 부여하는 유형이다.

정답 ③

15 산업안전보건법령상 명시된 타워크레인을 사용하는 작업에서 신호업무를 하는 작업 시 특별교육 대상 작업별 교육내용이 아닌 것은? (단, 그 밖에 안전 · 보건관리에 필요한 사항은 제외한다.)

① 신호방법 및 요령에 관한 사항
② 걸고리 · 와이어로프 점검에 관한 사항
③ 화물의 취급 및 안전작업방법에 관한 사항
④ 인양물이 적재될 지반의 조건, 인양하중, 풍압 등이 인양물과 타워크레인에 미치는 영향

간단 해설
신호수는 화물이 인양되었을 때 이동, 상승, 하강, 선회, 주행 등의 신호를 담당하므로 화물의 인양에 사용되는 걸고리 · 와이어로프의 점검은 해당되지 않는다.

정답 ②

16 산업안전보건법령상 거푸집 및 동바리의 조립 또는 해체작업 시 특별교육 내용이 아닌 것은? (단, 그 밖에 안전 · 보건관리에 필요한 사항은 제외한다.)

① 비계의 조립순서 및 방법에 관한 사항
② 조립 · 해체 시의 사고 예방에 관한 사항
③ 동바리의 조립방법 및 작업 절차에 관한 사항
④ 조립재료의 취급방법 및 설치기준에 관한 사항

간단 해설
비계의 조립순서 및 방법에 관한 사항은 거푸집 및 동바리의 조립 또는 해체 작업 시 특별교육 내용에 해당하지 않는다. 거푸집 및 동바리의 조립 또는 해체작업 시 특별교육 내용은 다음과 같다.
• 조립 · 해체 시의 사고 예방에 관한 사항
• 동바리의 조립방법 및 작업 절차에 관한 사항
• 조립재료의 취급방법 및 설치기준에 관한 사항
• 보호구 착용 및 점검에 관한 사항
• 그 밖에 안전 · 보건관리에 필요한 사항

정답 ①

17 다음 설명에 해당하는 인간 오류 유형으로 옳은 것은?

> 진의를 오해하지는 않았으나 잘못된 결과를 초래하는 것

① Slip
② Lapse
③ Mistake
④ Violation

 간단 해설

인간 오류의 유형은 다음과 같다.
- 과실(Slip): 의도한 행동과 다른 행동을 수행하는 경우
- 망각(Lapse): 약속을 잊거나, 해야 할 작업을 잊어버리는 경우
- 착오(Mistake): 진의를 오해 또는 잘못 판단하여 결정을 내리는 경우
- 규칙위반(Violation): 고의로 규칙이나 절차를 어기는 경우

정답 ①

18 스웨인의 인간 에러의 심리적 분류에서 필요한 작업의 불확실한 수행으로 발생한 에러를 무엇이라 하는가?

① 수행적 에러
② 생략에러
③ 과잉작업에러
④ 시간에러

간단 해설

이 문제는 2과목에서 매우 중요하게 출제되는 내용이므로 반드시 확인하고 정리해 두어야한다. 스웨인의 인간 에러는 다음과 같다.
- 수행적 에러: 필요한 작업의 불확실한 수행으로 발생한 에러
- 생략에러: 필요한 작업을 수행하지 않아 발생한 에러
- 과잉작업에러: 불필요한 작업을 수행하여 발생한 에러
- 시간에러: 필요한 작업의 시간지연으로 발생한 에러

정답 ①

19 피로 검사방법에 있어 심리적인 방법의 검사항목에 해당하는 것은?

① 호흡순환기능
② 연속반응시간
③ 대뇌피질활동
④ 혈색소농도

 간단 해설

피로를 측정하는 3가지 방법은 다음과 같다.
- 심리적 방법: 연속반응시간, 전신 자각 증상
- 생리학적 방법: 호흡순환기능, 대뇌피질활동, 근력, 근활동
- 생화학적 방법: 혈액성분분석, 혈색소농도

정답 ②

20 피로의 측정방법 중 생리적 방법의 검사항목에 포함되지 않는 것은?

① 근력, 근활동
② 대뇌피질활동
③ 전신 자각 증상
④ 호흡순환기능

간단 해설

전신 자각 증상은 심리학적 방법에 해당하며 생리학적 방법에는 호흡순환기능, 대뇌피질활동, 근력, 근활동 등이 있다.

 정답 ③

산업재해 예방 및 안전보건교육 1과목 ☐ 이론 ■ 기출

21 Y-G 성격검사에서 정서 불안정, 활동적, 외향적 성향에 해당하는 형의 종류는?

① A형   ② B형

③ C형   ④ D형

간단 해설

Y-G 성격검사의 유형은 다음과 같다.

- A형(평균형): 조화적, 적응적
- B형(우편형): 정서 불안정, 활동적, 외향적(불안전, 적극형, 부적응)
- C형(좌편형): 안정 소극형(온순, 소극적, 안정, 내향적, 비활동)
- D형(우하형): 안정, 적응, 적극형(정서 안정, 활동적, 사회 적응, 대인관계 양호)
- E형(좌하형): 불안정, 부적응 수동형(D형과 반대)

정답 ②

---

22 Y-K 성격검사에 관한 사항으로 옳은 것은?

① C, C'형은 적응이 빠르다.

② M, M'형은 내구성, 집념이 부족하다.

③ S, S'형은 담력, 자신감이 강하다.

④ P, P'형은 운동, 결단이 빠르다.

간단 해설

Y-K 성격검사의 유형은 다음과 같다.

① C, C'형: 담즙질	1. 운동, 결단, 기민 빠름 2. 적응 빠름 3. 세심하지 않음 4. 내구성, 집념 부족 5. 자신감 강함
② M, M'형: 흑담즙질 (신경질형)	1. 운동성 느리고 지속성 풍부 2. 적응 느림 3. 세심함 4. 내구성, 집념, 지속성 5. 담력, 자신감 강함
③ S, S'형: 다형질 (운동성형)	1. 운동, 결단, 기민 빠름 2. 적응 빠름 3. 세심하지 않음 4. 내구성, 집념 부족 5. 담력, 자신감 약함
④ P, P'형: 점액질 (평범수동성형)	1. 운동성 느리고 지속성 풍부 2. 적응 느림 3. 세심함 4. 내구성, 집념, 지속성 5. 담력, 자신감 약함
⑤ AM형: (이상질)	1. 극도로 나쁨 2. 극도로 느림 3. 극도로 세심하지 않음 4. 극도로 결핍됨 5. 극도로 강하거나 약함

정답 ①

---

23 산업안전보건법령상 안전인증대상 기계 등에 포함되는 기계, 설비, 방호장치에 해당하지 않는 것은?

① 롤러기
② 크레인
③ 동력식 수동대패용 칼날 접촉 방지장치
④ 방폭구조 전기기계·기구 및 부품

> **간단 해설**
> 안전인증대상 기계·기구(9종)는 크레인, 리프트, 곤돌라, 프레스, 전단기, 사출성형기, 고소작업대, 압력용기, 롤러기가 있고, 안전인증대상 방호장치는 방폭구조 전기기계·기구 및 부품, 파열판, 안전밸브가 있다.
> **정답** ③

24 안전인증대상 기계·기구 및 설비가 아닌 것은?

① 롤러기
② 고소작업대
③ 연삭기
④ 압력용기

> **간단 해설**
> 안전인증대상 기계·기구(9종)는 크레인, 리프트, 곤돌라, 프레스, 전단기, 사출성형기, 고소작업대, 압력용기, 롤러기다. 연삭기는 안전인증대상 기계·기구가 아니다.
> **정답** ③

25 다음 빈칸에 알맞은 것을 고르시오.

> 크레인, 리프트 및 곤돌라는 사업장에 설치가 끝난 날부터 ( ) 이내에 최초의 안전검사를 실시하고 그 이후부터 ( )마다 실시 해야 한다.

① 2년, 3년
② 3년, 2년
③ 2년, 2년
④ 3년, 3년

> **간단 해설**
> 안전검사는 최초 3년 이내, 2년마다 실시한다. 건설현장에 설치된 크레인, 리프트, 곤돌라는 최초로 설치한 날부터 6개월마다 실시한다.
> **정답** ②

26 산업안전보건법령상 프레스를 사용하여 작업을 할 때 작업시작 전 점검사항으로 틀린 것은?

① 방호장치의 기능
② 언로드밸브의 기능
③ 금형 및 고정볼트 상태
④ 클러치 및 브레이크의 기능

> **간단 해설**
> 프레스를 사용하여 작업할 때 작업시작 전 점검사항은 다음과 같다.
> • 방호장치의 기능
> • 금형 및 고정볼트 상태
> • 클러치 및 브레이크의 기능
> • 크랭크축, 플라이휠, 슬라이드, 연결봉 및 연결 나사의 풀림 여부
> • 1행정 1정지장치, 급정지장치 및 비상정지장치의 기능
> • 슬라이드 또는 칼날에 의한 위험방지 기구의 기능
> • 전단기의 칼날 및 테이블의 상태
> **정답** ②

#위험성 평가 종류와 용도 암기 필수

#과락주의 과목

#신뢰도 등 계산문제 이해 중요

》》 최근 5개년 개념별 출제 비중

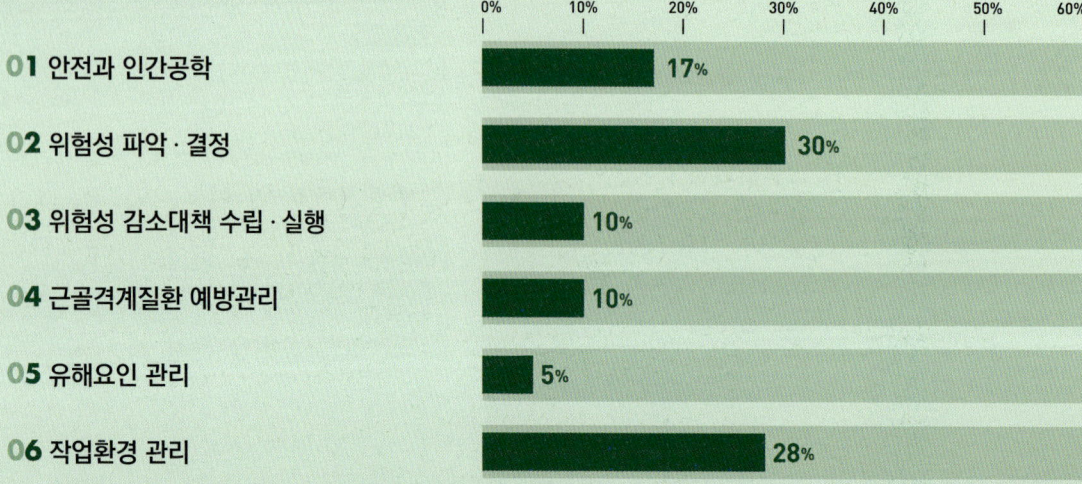

	0%	10%	20%	30%	40%	50%	60%
01 안전과 인간공학			17%				
02 위험성 파악·결정				30%			
03 위험성 감소대책 수립·실행		10%					
04 근골격계질환 예방관리		10%					
05 유해요인 관리	5%						
06 작업환경 관리				28%			

2과목

인간공학 및 위험성 평가 · 관리

✓ 과목별 기출 수록!
✓ 5개년 기출 중복소거!
✓ 문항별 기출연도 표기!

핵심이론

최신 5개년 기출 (2025~2021년)

CHAPTER **01**

안전과 인간공학

핵심 키워드 인간공학의 정의, 인간-기계체계, 기계설비고장, 인간의 오류모형, 심리적 분류

☑ **외워줘! 제발~** 은 필수적으로 암기해야 하는 내용을 표시한 부분으로, 시간이 부족한 학습자는 이 내용 위주로 효율적으로 공부하고, 부록 '필수 암기노트'에 내용을 한 번 더 정리해 두었으니 시험 당일 들고 가서 활용하자!

☑ **형광펜**은 시험에 자주 나온 개념으로 2~3배로 꼼꼼히 암기하자! 특히, 시험 직전에는 **외워줘! 제발~** 과 **형광펜**만 모아 빠르게 학습하자!

☑ 빈출 기출문제는 시험에 자주 출제되는 문제로, 관련 개념까지 확실하게 익혀두자!

1 인간공학

1. 인간공학의 정의

인간의 특성을 고려하여 작업과 환경을 설계함으로써 편리함, 효율성, 안전성 등을 향상시키기 위한 학문이다. 일반적으로 Ergonomics, Human Engineering 또는 Human Factors로 표현하기도 한다.

2. 인간공학의 궁극적 목적 **외워줘! 제발~**

(1) 작업자의 안전성 향상

(2) 작업능률 향상

(3) 직무만족도 향상

(4) 노사 간의 신뢰 회복

(5) 쾌적한 작업환경 조성

 빈출 기출문제

인간공학에 대한 설명으로 틀린 것은?

① 인간이 사용하는 물건·설비·환경의 설계에 적용된다.

② 인간을 작업과 기계에 맞추는 설계 철학이 바탕이 된다.

③ 인간-기계 시스템의 안전성과 편리성, 효율성을 높인다.

④ 인간의 생리적·심리적인 면에서의 특성이나 한계점을 고려한다.

해설 기계에 인간을 맞추는 것이 아니라, 인간에게 작업과 기계를 맞추는 설계 철학이 바탕이 된다.

정답 ②

인간공학의 궁극적인 목적과 가장 관계가 깊은 것은?

① 경제성 향상　　　　　　　　　　② 인간 능력의 극대화

③ 설비의 가동률 향상　　　　　　　④ 안전성 및 효율성 향상

해설 인간공학은 안전성 및 효율성 향상, 쾌적한 작업환경을 위해 필요하다.

정답 ④

2 인간 – 기계체계

1. 인간 – 기계 통합시스템의 기본기능 4가지

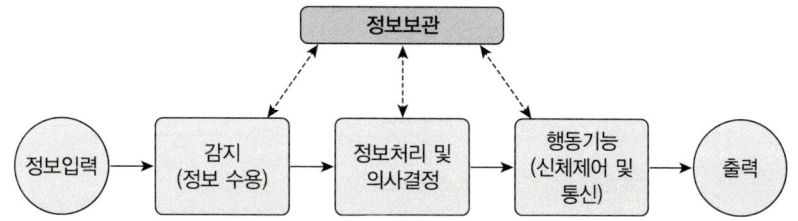

2. 인간과 기계의 특징

(1) 인간의 특징

① 인간은 일반적으로 귀납적 추리를 한다.

② 인간은 많은 양의 정보를 장기간 기억할 수 있다.

③ 인간은 경험을 통해 스스로 향상 및 보완된다.

(2) 기계의 특징

① 기계는 일반적으로 연역적 추리를 한다.

② 인간보다 큰 힘을 발휘할 수 있다.

③ 기계는 암호화된 정보를 짧은 시간에 대량 저장할 수 있다.

④ 반복 작업을 장시간 수행할 수 있다.

3. 인간과 기계체계의 종류 외워줘! 제발~

(1) **수동체계**: 인간이 동력원 역할을 하며 도구나 기구를 사용하여 작업한다.

(2) **반자동체계(=기계화체계)**: 기계가 동력원 역할을 하며 인간은 운전, 정비 등을 수행한다.

(3) **자동체계**: 기계가 동력원 및 운전을 자동으로 실시하며 인간은 감시, 정비, 프로그램 입력 등의 역할을 한다.

4. 체계설계 시 인간기준

(1) **인간성능 척도**: 감각활동, 정신활동, 근육활동 등에 의해서 판단한다.

(2) **생리학적 지표**: 혈압, 맥박수, 뇌파, 혈액성분, 전기피부반응(GSR) 등으로 판단한다.

(3) **주관적 반응**: 개인적으로 느끼는 감정, 만족도, 편안함, 스트레스 등의 심리적·정서적 평가를 중심으로 판단한다.

(4) **사고빈도**: 사고발생 빈도를 기준으로 판단한다.

5. 기계설비고장

(1) **고장률곡선(욕조곡선)**

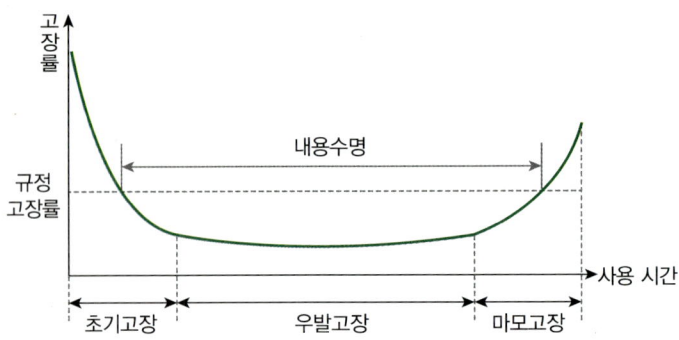

(2) **고장의 종류** 외워줘! 제발~

① **초기고장**: 시운전 등을 통해 고장을 수리하고 고장률을 낮추는 구간으로 감소형 고장이다.
   ⓐ **디버깅(Debugging) 기간**: 설비의 결함을 발견하여 고장률을 낮추는 기간
   ⓑ **번인(Burn-in) 기간**: 설비를 가동하여 발생한 고장을 수리하는 기간

② **우발고장**: 설비의 고장을 예측하기 어렵고, 대책을 마련하기 곤란한 일정형 고장이다.

③ **마모고장**: 설비 부품의 수명이 다해 발생하는 증가형 고장으로 고장률이 증가하는 구간이다.
이 구간에서는 설비진단, 예방보전을 통해 고장을 예방할 수 있다.

✔ **빈출 기출문제**

초기고장과 마모고장 각각의 고장형태와 그 예방대책에 관한 연결로 틀린 것은?

① 초기고장 – 감소형 – 번인(Burn-in)
② 마모고장 – 증가형 – 예방보전(PM)
③ 초기고장 – 감소형 – 디버깅(Debugging)
④ 마모고장 – 증가형 – 스크리닝(Screening)

[해설] 마모고장 – 증가형 – 예방보전이 올바른 연결이다.

[정답] ②

빈출 기출문제

기계설비고장 유형 중 기계의 초기결함을 찾아내 고장률을 안정시키는 기간은?

① 마모고장 기간　　　　　　　　　② 우발고장 기간
③ 에이징(Aging) 기간　　　　　　　④ 디버깅(Debugging) 기간

해설　디버깅(Debugging) 기간은 설비의 결함을 발견하여 고장률을 낮추는 기간이고, 번인(Burn-in) 기간은 설비를 가동하여
발생한 고장을 수리하는 기간이다. 이 두 가지를 확실하게 구분해야 한다.

정답　④

❸ 체계설계와 인간요소

1. 인간 – 기계 시스템 설계과정 6단계 　외워줘! 제발~

(1) **시스템 목표 및 성능명세 결정**: 시스템의 개발 목표를 결정한다.
(2) **시스템의 정의**: 목표 달성을 위한 시스템의 기능 등을 정의한다.
(3) **기본설계**: 작업설계, 직무분석, 기능할당 등 목표 달성을 위한 설계를 한다.
(4) **인터페이스 설계**: 화면 설계, 버튼 설계 등 계면 설계를 한다.
(5) **촉진물 설계**: 기능이나 사용을 촉진하기 위한 보조 기능 및 장치를 설계한다.
(6) **시험 및 평가**: 수정, 보완, 평가를 실시한다.

❹ 인간요소와 휴먼에러

1. 인간의 오류모형 　외워줘! 제발~

(1) **실수(Slip)**: 진의를 오해하지 않았지만, 본의 아니게 발생한 오류
(2) **착오(Mistake)**: 진의를 오해하여 일어난 오류
(3) **건망증(Lapse)**: 기억해야 할 정보를 잊어버리는 오류
(4) **위반(Violation)**: 정해진 규칙이나 기준에서 의도적으로 벗어나서 생긴 오류

빈출 기출문제

인간의 오류모형에서 '알고 있음에도 의도적으로 따르지 않거나 무시한 경우'를 무엇이라 하는가?

① 실수(Slip)　　　　　　　　　　② 착오(Mistake)
③ 건망증(Lapse)　　　　　　　　　④ 위반(Violation)

해설　위반(Violation)은 정해진 규칙이나 기준에서 의도적으로 벗어나서 생긴 오류를 의미한다.

정답　④

2. 스웨인의 심리적 분류(=독립행동에 따른 분류)

(1) **수행적 과오(Commission Error)**: 필요한 작업을 불확실하게 수행하여 발생한 과오
(2) **생략적 과오(Omission Error)**: 필요한 작업을 수행하지 않아 발생한 과오
(3) 순서적 과오(Sequence Error): 필요한 작업의 순서가 잘못되어 발생한 과오
(4) 시간적 과오(Timing Error): 필요한 작업의 시간 지연으로 발생한 과오
(5) **과잉작업 과오(Extraneous Error)**: 불필요한 작업의 수행으로 인해 발생한 과오

✓ 빈출 기출문제

인간의 실수 중 수행해야 할 작업 및 단계를 생략하여 발생하는 오류는?

① Omission Error   ② Commission Error
③ Sequence Error   ④ Timing Error

해설 생략적 과오(Omission Error)는 필요한 작업을 수행하지 않아 발생한 오류이다.

정답 ①

---

3. 인간에러의 레벨적 분류

(1) 1차 에러(Primary Error): 작업자의 실수로 인해 발생한 에러
(2) 2차 에러(Secondary Error): 작업조건, 작업환경에 의해 발생한 에러
(3) 지시 에러(Command Error): 실행하고자 하여도 필요한 물질 에너지의 공급이 없어 작업자가 행동할 수 없는 상태에서 발생한 에러

CHAPTER 02 위험성 파악 · 결정

핵심 키워드 결함수분석, 안전성 평가, HAZOP, 예비위험분석, MORT, 사상수분석, THERP

☑ **외워줘! 제발~** 은 필수적으로 암기해야 하는 내용을 표시한 부분으로, 시간이 부족한 학습자는 이 내용 위주로 효율적으로 공부하고, 부록 '필수 암기노트'에 내용을 한 번 더 정리해 두었으니 시험 당일 들고 가서 활용하자!

☑ **형광펜**은 시험에 자주 나온 개념으로 2~3배로 꼼꼼히 암기하자! 특히, 시험 직전에는 **외워줘! 제발~** 과 **형광펜**만 모아 빠르게 학습하자!

☑ 빈출 기출문제는 시험에 자주 출제되는 문제로, 관련 개념까지 확실하게 익혀두자!

❶ 위험성 평가

1. FTA(결함수분석법) **외워줘! 제발~**

(1) 개요

① FTA(Fault Tree Analysis)는 재해 및 시스템 고장의 원인을 연역적인 방법으로 분석하는 안전성 평가 방법이다.

② 1962년 미국 벨 전화 연구소에 의해서 고안됐다.

③ 논리기호를 사용하여 Top-Down 방식으로 정량적 · 연역적 분석을 행하는 기법이다.

④ 기본사상(Basic Event)이 발생할 확률이 정확할수록 정상사상(Top Event)이 발생할 가능성이 정확하게 평가될 수 있다.

 빈출 기출문제

결함수분석(FTA)에 관한 설명으로 틀린 것은?

① 연역적 방법이다.

② 버텀-업(Bottom-up) 방식이다.

③ 기능적 결함의 원인을 분석하는 데 용이하다.

④ 정량적 분석이 가능하다.

해설 버텀-업(Bottom-up) 방식이 아닌 탑-다운(Top-Down) 방식이다.

정답 ②

---

(2) FTA의 장점 **외워줘! 제발~**

① 사고원인 규명의 간편화

② 사고원인 분석의 일반화

③ 사고원인 분석의 정량화

(3) FTA 작성 절차 외워줘! 제발~

① 정상사상(Top Event) 설정

② 재해원인 목록 작성

③ FT도 작성

④ 개선계획 수립

(4) FTA 사상기호 및 논리게이트 외워줘! 제발~

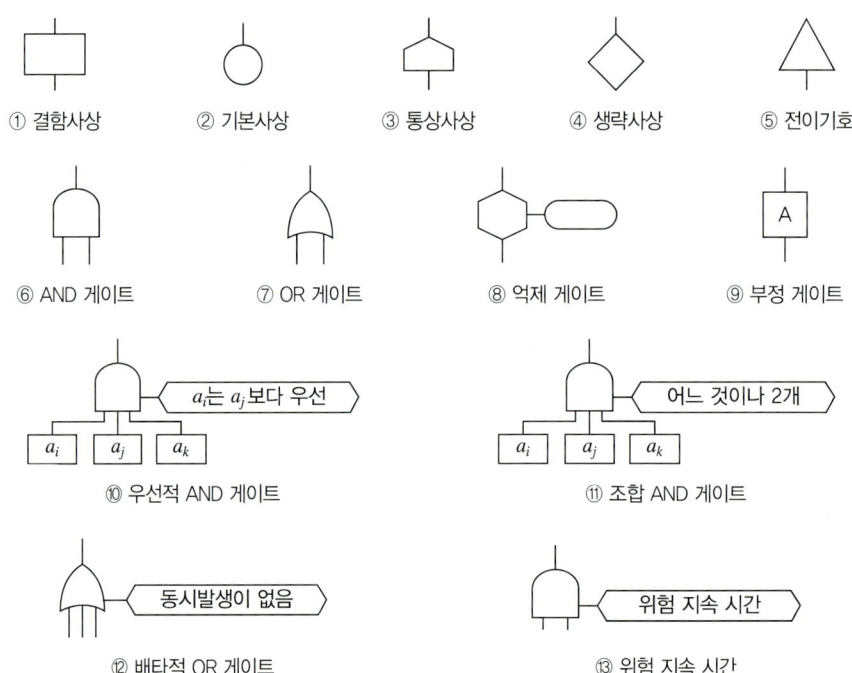

① 결함사상　　② 기본사상　　③ 통상사상　　④ 생략사상　　⑤ 전이기호

⑥ AND 게이트　　⑦ OR 게이트　　⑧ 억제 게이트　　⑨ 부정 게이트

a_i는 a_j보다 우선 / a_i a_j a_k / ⑩ 우선적 AND 게이트

어느 것이나 2개 / a_i a_j a_k / ⑪ 조합 AND 게이트

동시발생이 없음 / ⑫ 배타적 OR 게이트

위험 지속 시간 / ⑬ 위험 지속 시간

빈출 기출문제

FT도에 사용하는 기호에서 3개의 입력현상 중 임의의 시간에 2개가 발생하면 출력이 생기는 기호의 명칭은?

① 억제 게이트 ② 조합 AND 게이트
③ 배타적 OR 게이트 ④ 우선적 AND 게이트

해설 3개의 입력현상 중 임의의 시간에 2개가 발생하면 출력이 생기는 기호는 조합 AND 게이트이다.
• 배타적 OR 게이트: 입력사상 중 1개의 입력이 있을 경우에만 출력한다.
• 우선적 AND 게이트: 입력사상이 정해진 순서대로 입력되었을 때 출력한다.

정답 ②

2. 정성적, 정량적 분석

(1) 확률사상의 계산 `외워줘! 제발~`

① AND 게이트: 직렬시스템으로 계산한다.

$$R = R_1 \times R_2 \cdots$$

② OR 게이트: 병렬시스템으로 계산한다.

$$R = 1 - (1 - R_1)(1 - R_2) \cdots$$

③ 불 대수의 정리
 ⓐ 연산 기호의 의미: +는 합집합(논리합), ·는 교집합(논리곱)을 의미한다.
 ⓑ 기본 항등법칙: $A + 0 = A$, $A \cdot 1 = A$
 ⓒ 지배법칙: $A + 1 = 1$, $A \cdot 0 = 0$
 ⓓ 멱등법칙(동일법칙): $A + A = A \cup A = A$, $A \cdot A = A \cap A = A$
 ⓔ 보완법칙: $A + \overline{A} = 1$, $A \cdot \overline{A} = 0$
 ⓕ 분배법칙: $A \cdot (B + C) = A \cdot B + A \cdot C$, $A + (B \cdot C) = (A + B) \cdot (A + C)$, $A + \overline{A}B = A + B$
 ⓖ 흡수법칙: $A + AB = A \cup (A \cap B) = A$, $A(A + B) = A \cap (A \cup B) = A$

④ 드 모르간의 법칙

$$\overline{A + B} = \overline{A} \cdot \overline{B}$$
$$\overline{A \cdot B} = \overline{A} + \overline{B}$$

(2) 컷셋과 패스셋 외워줘! 제발~

① 컷셋(Cut Set): 정상사상(Top Event)을 일으키는 기본사상(Basic Event)들의 집합
② 최소 컷셋(Minimal Cut Set)
   ⓐ 정상사상을 일으키기 위한 기본사상들의 최소 집합
   ⓑ 컷셋 중 타 컷셋을 포함하고 있는 것을 배제하고 남은 컷셋들
   ⓒ 시스템의 위험성을 의미
③ 패스셋(Path Set): 정상사상을 일으키지 않는 기본사상들의 집합
④ 최소 패스셋(Minimal Path Set)
   ⓐ 시스템의 고장을 일으키지 않는 기본사상들의 최소 집합
   ⓑ 포함된 기본사상이 일어나지 않을 때 정상사상이 일어나지 않는 기본사상들의 집합
   ⓒ 시스템의 신뢰도를 의미

 빈출 기출문제

다음 FT도에서 최소 컷셋(Minimal Cut Set)으로만 올바르게 나열한 것은?

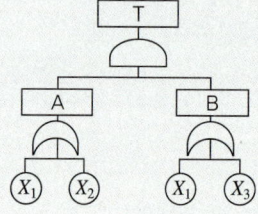

① $[X_1]$
② $[X_1]$, $[X_2]$
③ $[X_1, X_2, X_3]$
④ $[X_1, X_2]$, $[X_1, X_3]$

해설 AND 게이트는 논리곱이므로 곱하기로 표기하고, OR 게이트는 논리합이므로 더하기로 표기하여 전개하면 다음과 같다.
$T = A \times B = [X_1 + X_2] \times [X_1 + X_3] = [X_1 X_1] + [X_1 X_3] + [X_2 X_1] + [X_2 X_3]$
$= [X_1] + [X_1 X_3] + [X_2 X_1] + [X_2 X_3]$
여기서 +를 지우면 남는 괄호가 컷셋이다.
컷셋 = $[X_1]$, $[X_1 X_3]$, $[X_2 X_1]$, $[X_2 X_3]$
문제는 최소 컷셋을 구하라고 하였으므로 제일 작은 집합인 $[X_1]$을 포함하고 있는 $[X_1 X_3]$, $[X_2 X_1]$을 삭제하고 남은 집합을 최소 컷셋으로 결정한다.
최소 컷셋 = $[X_1]$, $[X_2 X_3]$
보기에서는 정확하게 최소 컷셋을 제시한 게 없으므로 하나라도 맞은 ①을 답으로 한다.

정답 ①

3. 안전성 평가 6단계 외워줘! 제발~

(1) **1단계**: 관계 자료의 정비검토

(2) **2단계**: 정성적 평가 → 입지조건, 소방설비, 공장 내 배치, 건조물 등

(3) **3단계**: 정량적 평가 → 온도, 용량, 조작, 취급물질, 압력

(4) **4단계**: 안전대책 수립

(5) **5단계**: 재해 정보에 의한 평가

(6) **6단계**: FTA에 의한 재평가

 정종대쌤의 암기 팁

자, 정성량.대.평가

자료−정성−정량−대책−재평가

 빈출 기출문제

화학설비의 안전성 평가단계 중 4단계에 해당하는 것은?

① 안전대책 수립 ② 정성적 평가 ③ 정량적 평가 ④ 재평가

해설 안전성 평가단계 중 4단계는 안전대책 수립이다.

정답 ①

빈출 기출문제

화학설비에 대한 안정성 평가(Safety Assessment)에서 정량적 평가 항목이 아닌 것은?

① 습도 ② 온도 ③ 압력 ④ 용량

해설 3단계인 정량적 평가에는 온도, 용량, 조작, 취급물질, 압력이 포함된다. 한편, 2단계인 정성적 평가에는 입지조건, 소방설비, 공장 내 배치, 건조물 등이 포함된다.

정답 ①

4. 기타 시스템분석기법

(1) 위험성 및 운전성분석(HAZOP)기법

① 정의: 공정 전문가 집단을 중심으로 팀을 구성하여 <mark>화학공장</mark> 설비공정의 위험성과 운전성을 파악하고 개선하는 기법이다.

② 가이드워드(＝유인어) 외워줘! 제발~

가이드워드	의미
AS WELL AS	성질상의 증가
PART OF	성질상의 감소
OTHER THAN	완전한 대체의 사용
REVERSE	설계의도의 논리적인 역
LESS	양의 감소
MORE	양의 증가
NO, NOT	설계의도의 완전한 부정

(2) 예비위험분석(PHA) 외워줘! 제발~

① 정의: 시스템 안전 프로그램의 <mark>최초단계인 구상단계</mark>에서 실시되는 위험분석기법으로 정성적 분석을 한다.

② 미국방성 위험성 평가의 위험도 분류

ⓐ Ⅰ단계: 파국(생명 또는 가옥의 손실)

ⓑ Ⅱ단계: 중대(작업 수행의 실패)

ⓒ Ⅲ단계: 한계(활동의 지연)

ⓓ Ⅳ단계: 무시가능(영향 없음)

정종대쌤의 암기 팁

밑에서부터 무.한.중.국

(무시 – 한계 – 중대 – 파국)

(3) 결함위험분석(FHA): 여럿이 <mark>분담 설계한 서브시스템 간 인터페이스의 안전성</mark>을 평가하는 방법이다. 외워줘! 제발~

(4) 관찰자 실수위험분석(MORT): <mark>원자력 산업 등에서 고도의 안전 달성을 목표</mark>로 만들어진 기법으로, FTA와 같은 논리기호를 사용하며 관리, 생산, 설계, 보전 등 광범위에 사용된다. 외워줘! 제발~

원자력 산업과 같이 상당한 안전이 확보되어 있는 장소에서 추가적인 고도의 안전 달성을 목적으로 하고 있으며, 관리, 설계, 생산, 보전 등 광범위한 안전을 도모하기 위하여 개발된 분석기법은?

① DT   ② FTA   ③ THERP   ④ MORT

해설 관찰자 실수위험분석(MORT)은 원자력 산업 등에서 고도의 안전 달성을 목표로 만들어진 기법이다.

정답 ④

(5) **사상수분석(ETA)**: 요소의 신뢰도를 파악하여 이분논리 방식을 이용하고, 성공과 실패로 전개하여 시스템의 신뢰도를 귀납적·정량적으로 평가하는 기법이다. 외워줘! 제발~

(6) **고장형태와 영향분석(FMEA)**: 고장형태에 따른 시스템의 영향을 분석하는 기법으로 정성적이며 귀납적인 방법이다. 외워줘! 제발~

   ① 치명도해석(CA): FMEA에 고위험 고장에 대한 정량적 성질을 부여하기 위해 실시하는 분석기법이다.

$$FMEA + CA = FMECA$$

   ② 평가요소
      ⓐ C_1: 기능적 고장 영향의 중요도
      ⓑ C_2: 영향을 미치는 시스템의 범위
      ⓒ C_3: 고장발생의 빈도
      ⓓ C_4: 고장방지의 가능성
      ⓔ C_5: 신규설계의 정도

   ③ β값의 영향 외워줘! 제발~
      ⓐ 치명결함(Actual Loss): $\beta = 1$
      ⓑ 중결함(Probable Loss): $0.1 < \beta < 1$
      ⓒ 경결함(Possible Loss): $0.0 < \beta < 0.1$
      ⓓ 비결함(No Loss): $\beta = 0$

(7) **인간과오율 예측기법(THERP)**: 인간의 실수확률을 예측하는 기법으로 인간의 실수를 1,000,000시간당 실수확률로 나타낸다. 외워줘! 제발~

(8) **리스크 처리기술** 외워줘! 제발~
   ① 위험회피(Avoidance)
   ② 위험경감(Reduction)
   ③ 위험보유(Retention)
   ④ 위험분담(Transfer)

CHAPTER 03 위험성 감소대책 수립 · 실행

핵심 키워드 설비보전, 고장률, 신뢰도, 계의 수명

☑ **외워줘! 제발~** 은 필수적으로 암기해야 하는 내용을 표시한 부분으로, 시간이 부족한 학습자는 이 내용 위주로 효율적으로 공부하고, 부록 '필수 암기노트'에 내용을 한 번 더 정리해 두었으니 시험 당일 들고 가서 활용하자!

☑ **형광펜**은 시험에 자주 나온 개념으로 2~3배로 꼼꼼히 암기하자! 특히, 시험 직전에는 **외워줘! 제발~** 과 **형광펜**만 모아 빠르게 학습하자!

☑ 빈출 기출문제는 시험에 자주 출제되는 문제로, 관련 개념까지 확실하게 익혀두자!

1 위험성 감소대책 수립 및 실행

1. 설비보전의 유형 외워줘! 제발~

(1) **예방보전**: 설비의 고장을 방지하기 위해 설비의 사용시간, 마모상태 등을 점검하여 고장 발생 전에 정비, 수리 등을 실시하는 보전활동을 말한다.
  ① 시간기준 예방보전
  ② 상태기준 예방보전
  ③ 분해점검보전

(2) **사후보전**: 설비의 고장이 발생한 후 정비, 수리 등을 실시하는 보전활동을 말한다.

(3) **개량보전**: 부품 고장 시 정비, 수리과정에서 부품의 수명연장과 품질향상을 수반하는 보전활동을 말한다.

(4) **보전예방**: 설비의 신뢰성, 보전성, 경제성, 안전성 등을 고려하여 보전활동을 최소화하기 위한 것으로, 궁극적으로는 보전이 필요 없는 설비를 지향하는 보전활동을 말한다.

 빈출 기출문제

다음 설명에 해당하는 설비보전 방식의 유형은?

> 설비보전 정보와 신기술을 기초로 신뢰성, 조작성, 보전성, 안전성, 경제성 등이 우수한 설비의 선정, 조달 또는 설계를 통하여 궁극적으로 설비의 설계, 제작 단계에서 보전활동이 불필요한 체제를 목표로 한 설비보전 방법을 말한다.

① 개량보전   ② 보전예방   ③ 사후보전   ④ 일상보전

해설 보전예방이란 보전활동이 불필요한 체제를 목표로 한 설비보전 방법이다.

정답 ②

2. 설비보전의 신뢰성 지표 외워줘! 제발~

(1) MTBF(Mean Time Between Failure)

설비가 고장난 시점부터 다음 고장까지 운전된 평균시간을 의미하며, 평균고장간격이라 한다.

$$MTBF = \frac{가동시간}{고장건수}$$

(2) MTTR(Mean Time To Repair)

설비가 고장난 후 이를 수리하여 정상상태로 복구하기까지 걸리는 평균시간을 의미하며, 평균수리시간이라 한다.

$$MTTR = \frac{전체고장시간}{고장건수}$$

(3) MTTF(Mean Time To Failure)

운전을 시작한 시점부터 처음 고장이 발생할 때까지의 평균시간을 의미하며, 평균고장수명이라 한다.

빈출 기출문제

설비보전에서 평균수리시간의 의미로 맞는 것은?

① MTTR　　　　② MTBF　　　　③ MTTF　　　　④ MTBP

해설　설비보전에서 평균수리시간은 MTTR(Mean Time To Repair)로, 설비의 고장 발생 후 수리하는 데 걸리는 평균시간을 뜻한다.

정답　①

3. 기계의 신뢰도 외워줘! 제발~

(1) 고장률(λ) $= \frac{고장건수}{총가동시간}$

(2) 평균고장간격(MTBF) $= \frac{1}{고장률}$

(3) 기계설비의 신뢰도: $R = e^{-\lambda t}$

빈출 기출문제

프레스에 설치된 안전장치의 수명은 지수분포를 따르면 평균수명이 100시간이다. 새로 구입한 안전장치가 50시간 동안 고장 없이 작동할 확률(A)과 이미 100시간을 사용한 안전장치가 앞으로 100시간 이상 견딜 확률(B)은 약 얼마인가?

① A: 0.368, B: 0.368　　　　② A: 0.607, B: 0.368
③ A: 0.368, B: 0.607　　　　④ A: 0.607, B: 0.607

해설 A: $R=e^{-\lambda t}=e^{-\frac{1}{100}\times 50}=0.607$, B: $R=e^{-\lambda t}=e^{-\frac{1}{100}\times 100}=0.368$

정답 ②

4. 직렬·병렬 시스템의 신뢰도 외워줘! 제발~

(1) **직렬 시스템**: 각 요소의 신뢰도를 곱해서 계산한다.

$R=R_1\times R_2 \cdots$

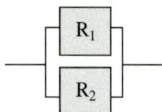

(2) **병렬 시스템**: 각 요소의 신뢰도를 다음과 같이 계산한다.

$R=1-(1-R_1)(1-R_2) \cdots$

✓ **빈출 기출문제**

인간의 신뢰도가 0.6, 기계의 신뢰도가 0.9이다. 인간과 기계가 직렬체제로 작업할 때의 신뢰도는?

① 0.32　　　　　② 0.54　　　　　③ 0.75　　　　　④ 0.96

해설 $R=R_1\times R_2=0.6\times 0.9=0.54$

정답 ②

✓ **빈출 기출문제**

그림과 같이 7개의 부품으로 구성된 시스템의 신뢰도는 약 얼마인가? (단, 네모 안의 숫자는 각 부품의 신뢰도이다.)

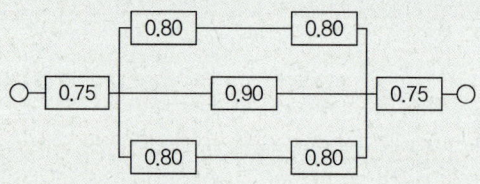

① 0.5552　　　　　② 0.5427　　　　　③ 0.6234　　　　　④ 0.9740

해설 $R=0.75\times\{1-(1-0.8\times 0.8)(1-0.9)(1-0.8\times 0.8)\}\times 0.75=0.5552$

정답 ①

병렬 시스템에 대한 특성이 아닌 것은?

① 요소의 수가 많을수록 고장의 기회는 줄어든다.

② 요소의 중복도가 늘어날수록 시스템의 수명은 길어진다.

③ 요소의 어느 하나라도 정상이면 시스템은 정상이다.

④ 시스템의 수명은 요소 중에서 수명이 가장 짧은 것으로 정해진다.

해설 시스템의 수명은 요소 중에서 수명이 가장 긴 것으로 정해진다.

정답 ④

5. 계의 수명 외워줘! 제발~

(1) 직렬 시스템: 부품의 수명을 부품의 개수로 나누어서 계산한다.

$$\text{MTTF} \times \frac{1}{n}$$

(2) 병렬 시스템: 부품의 수명을 다음과 같이 계산한다.

$$\text{MTTF} \times \left[1 + \frac{1}{2} + \frac{1}{3} + \frac{1}{4} + \cdots\cdots + \frac{1}{n}\right]$$

n개의 요소를 가진 병렬 시스템에 있어 요소의 수명(MTTF)이 지수분포를 따를 경우 이 시스템의 수명을 구하는 식으로 맞는 것은?

① $\text{MTTF} \times n$

② $\text{MTTF} \times \dfrac{1}{n}$

③ $\text{MTTF}\left(1 + \dfrac{1}{2} + \cdots + \dfrac{1}{n}\right)$

④ $\text{MTTF}\left(1 \times \dfrac{1}{2} \times \cdots \times \dfrac{1}{n}\right)$

해설 • 직렬 시스템: $\text{MTTF} \times \dfrac{1}{n}$

• 병렬 시스템: $\text{MTTF} \times \left[1 + \dfrac{1}{2} + \dfrac{1}{3} + \dfrac{1}{4} + \cdots + \dfrac{1}{n}\right]$

정답 ③

CHAPTER 04 근골격계질환 예방관리

핵심 키워드 근골격계질환의 원인, 휴식시간, 인간공학적 유해요인 평가방법

☑ **외워줘! 제발~**은 필수적으로 암기해야 하는 내용을 표시한 부분으로, 시간이 부족한 학습자는 이 내용 위주로 효율적으로 공부하고, 부록 '필수 암기노트'에 내용을 한 번 더 정리해 두었으니 시험 당일 들고 가서 활용하자!

☑ **형광펜**은 시험에 자주 나온 개념으로 2~3배로 꼼꼼히 암기하자! 특히, 시험 직전에는 **외워줘! 제발~**과 **형광펜**만 모아 빠르게 학습하자!

☑ 빈출 기출문제는 시험에 자주 출제되는 문제로, 관련 개념까지 확실하게 익혀두자!

1 근골격계 유해요인

1. 근골격계질환의 원인 `외워줘! 제발~`

(1) 반복적인 작업
(2) 부적절한 작업 자세
(3) 과도한 힘 사용
(4) 날카로운 면과의 신체접촉
(5) 진동 및 온도

정종대쌤의 암기 팁

복.부적.과.접.진

반복 – 부적절 – 과도 – 접촉 – 진동

2. 레이노드 병(Raynaud's Phenomenon)

추위나 스트레스에 의해 손가락이나 발가락, 코, 귀 등의 말초혈관이 일시적으로 수축하면서 혈류가 감소하는 질환을 말한다.

빈출 기출문제

국소진동에 지속적으로 노출된 근로자에게 발생할 수 있으며, 말초혈관 장해로 손가락이 창백해지고 동통을 느끼는 질환의 명칭은?

① 레이노드 병(Raynaud's Phenomenon)
② 파킨슨병(Parkinson's Disease)
③ 규폐증(Silicosis)
④ C5-dip 현상

해설 말초혈관이 수축을 일으키거나 혈액순환 장애를 일으키는 것은 레이노드 병이다.

정답 ①

3. 에너지 대사율(RMR) `외워줘! 제발~`

$$RMR = \frac{노동대사량}{기초대사량} = \frac{작업\ 시\ 소비에너지 - 안정\ 시\ 소비에너지}{기초대사량}$$

(1) **0~1RMR**: 경작업

(2) **2~4RMR**: 중간작업

(3) **4~7RMR**: 무거운 작업

(4) **7RMR 이상**: 기계화해야 하는 작업

 빈출 기출문제

작업의 강도는 에너지 대사율(RMR)에 따라 분류된다. 분류 기준 중, 중(中)작업(보통작업)의 에너지 대사율은?

① 0~1RMR   ② 2~4RMR

③ 4~7RMR   ④ 7~9RMR

해설 중간작업의 에너지 대사율은 2~4RMR에 해당한다.

정답 ②

4. 휴식시간 산출 `외워줘! 제발~`

$$휴식시간(min) = \frac{60(E-4)}{E-1.5} \quad or \quad \frac{60(E-5)}{E-1.5}$$

(1) **60**: 1시간인 60분

(2) **E**: 실작업 시 소모에너지(Kcal/min)

(3) **4 또는 5**: 작업에 대한 평균 소모에너지(Kcal/min) (단, Murrell 방법 적용 시, 5로 계산한다.)

(4) **1.5**: 휴식 시의 소모에너지(Kcal/min)

 빈출 기출문제

전신육체적 작업에 대한 개략적 휴식시간의 산출공식으로 맞는 것은? (단, R은 휴식시간(분), E는 작업의 에너지 소비율(kcal/분)이다.)

① $R = E \times \dfrac{60-4}{E-2}$ ② $R = 60 \times \dfrac{E-4}{E-1.5}$

③ $R = 60 \times (E-4) \times (E-2)$ ④ $R = 60 \times (60-4) \times (E-1.5)$

해설 $휴식시간(min) = \dfrac{60(E-4)}{E-1.5}$

정답 ②

8시간 근무를 기준으로 남성작업자 A의 대사량을 측정한 결과, 산소소비량이 1.3L/min으로 측정되었다. Murrell 방법으로 계산 시, 8시간의 총 근로시간에 포함되어야 할 휴식시간은?

① 124분   ② 134분   ③ 144분   ④ 154분

해설 위 문제는 Murrell 방법으로 계산하라는 조건에 따라 작업에 대한 평균 소모에너지(Kcal/min)는 5로 적용한다. 또한, 산소소비량이 주어졌을 경우에는 E=산소소비량(L/min)×5kcal/L로 계산하여야 한다. 즉, 산소 1L 소모 시 에너지가 5kcal/L라는 것을 기억하고 있어야 한다. 문제에서 산소소비량이 주어지지 않을 경우에는 간단히 식에 E값과 4를 적용하여 계산하면 된다.

$$휴식시간(min) = \frac{60(E-5)}{E-1.5} = \frac{60(1.3 \times 5 - 5)}{(1.3 \times 5) - 1.5} = 18min$$

따라서 18분은 1시간 작업 시 휴식시간이므로 8시간 전체의 휴식시간은 18min/시간×8시간=144분이다.

정답 ③

2 인간공학적 유해요인 평가방법 외워줘! 제발~

1. OWAS 평가

팔, 다리, 허리 자세 및 무게 등을 고려하여 작업의 위험 수준을 평가한다.

2. RULA 평가

어깨, 손목, 목 등 어깨부터 팔 부분인 상지에 초점을 맞추어서 작업 자세로 인한 작업부하를 쉽고 빠르게 평가한다.

3. REBA 평가

전체적인 신체에 대한 부담 정도로 평가하며, 작업요소로는 반복성, 정적 작업, 힘, 작업 자세, 연속작업시간 등을 종합적으로 고려한다.

CHAPTER 05 유해요인 관리

핵심 키워드 소음

☑ **외워줘! 제발~** 은 필수적으로 암기해야 하는 내용을 표시한 부분으로, 시간이 부족한 학습자는 이 내용 위주로 효율적으로 공부하고, 부록 '필수 암기노트'에 내용을 한 번 더 정리해 두었으니 시험 당일 들고 가서 활용하자!

☑ **형광펜**은 시험에 자주 나온 개념으로 2~3배로 꼼꼼히 암기하자! 특히, 시험 직전에는 **외워줘! 제발~** 과 **형광펜**만 모아 빠르게 학습하자!

☑ 빈출 기출문제는 시험에 자주 출제되는 문제로, 관련 개념까지 확실하게 익혀두자!

1 소음

1. 소음작업 **외워줘! 제발~**

(1) **정의**: 1일 8시간 작업을 기준으로 85dB(데시벨) 이상의 소음이 발생하는 작업이다.

(2) **강렬한 소음작업**

① 90dB 이상의 소음이 1일 8시간 이상 발생하는 작업

② 95dB 이상의 소음이 1일 4시간 이상 발생하는 작업

③ 100dB 이상의 소음이 1일 2시간 이상 발생하는 작업

④ 105dB 이상의 소음이 1일 1시간 이상 발생하는 작업

⑤ 110dB 이상의 소음이 1일 30분 이상 발생하는 작업

⑥ 115dB 이상의 소음이 1일 15분 이상 발생하는 작업

 정종대쌤의 암기 팁

5데시벨의 법칙

5데시벨이 증가할 때마다 노출시간이 절반씩 줄어든다.

(3) **충격소음작업**: 소음이 1초 이상의 간격으로 발생하는 작업으로서 다음에 해당하는 작업이다.

① 120dB을 초과하는 소음이 1일 10,000회 이상 발생하는 작업

② 130dB을 초과하는 소음이 1일 1,000회 이상 발생하는 작업

③ 140dB을 초과하는 소음이 1일 100회 이상 발생하는 작업

2. 청력보존 프로그램

(1) **정의**: 소음노출 평가, 소음노출에 대한 공학적 대책, 청력보호구의 지급과 착용, 소음의 유해성 및 예방 관련 교육, 정기적 청력검사, 청력보존 프로그램 수립 및 시행 관련 기록·관리체계, 그 밖에 소음성

난청 예방·관리에 필요한 사항이 포함된 소음성 난청을 예방·관리하기 위한 종합적인 계획이다.

(2) **프로그램의 수립 및 시행**: 다음 중 어느 하나에 해당하는 경우 청력보존 프로그램을 수립하여 시행해야 한다.

① 근로자가 소음작업, 강렬한 소음작업 또는 충격소음작업에 종사하는 경우

② 소음으로 인하여 근로자에게 건강장해가 발생한 사업장인 경우

3. 주파수에 따른 구분

(1) **초음파**: 20,000Hz 초과

(2) **가청주파수**: 20~20,000Hz 이하

(3) **청력손실이 가장 큰 주파수**: 4,000Hz

(4) **장거리용 신호로 사용되는 주파수**: 1,000Hz 이하

(5) **칸막이가 설치된 장소의 장거리용 주파수**: 500Hz 이하

✓ **빈출 기출문제**

경계 및 경보신호의 설계지침으로 틀린 것은?

① 주의를 환기시키기 위하여 변조된 신호를 사용한다.
② 배경소음의 진동수와 다른 진동수의 신호를 사용한다.
③ 귀는 중음역에 민감하므로 500~3,000Hz의 진동수를 사용한다.
④ 300m 이상의 장거리용으로는 1,000Hz를 초과하는 진동수를 사용한다.

해설 장거리용 신호로 사용되는 주파수는 1,000Hz 이하이다.

정답 ④

---

4. 소음 대책

(1) **음원 대책**: 방음 커버 설치, 건물에 부속하는 외부 음원 대책, 자동차 소음의 저감 대책, 기타 건물에 있는 외부 음원에 대한 대책을 들 수 있다.

(2) **경로 대책**: 음원에서의 거리 및 장애물에 의한 음의 감쇠의 성질을 이용하여 건물의 배치 계획, 평면이나 단면 계획, 지형의 이용, 방음벽이나 건물 등 인공 장애물을 설치하는 방법이 있다.

(3) **수음자 대책**: 음원이나 경로 대책으로 불충분할 경우 차음이나 흡음에 의한 방지계획을 말한다. 방음용 보호구를 착용하는 것도 하나의 방법이다.

✓ **빈출 기출문제**

소음방지 대책에 있어 가장 효과적인 방법은?

① 음원에 대한 대책   ② 수음자에 대한 대책
③ 전파경로에 대한 대책   ④ 거리감쇠와 지향성에 대한 대책

해설 가장 근본적인 대책을 먼저 고려한다면 음원-경로-수음자 순으로 대책을 마련할 수 있다.

정답 ①

CHAPTER 06 작업환경 관리

핵심 키워드 인체계측, 양립성, 암호체계, 청각적 표시장치와 시각적 표시장치, 통제표시비, 동작경제의 3원칙, 부품배치의 원칙

☑ **외워줘! 제발~**은 필수적으로 암기해야 하는 내용을 표시한 부분으로, 시간이 부족한 학습자는 이 내용 위주로 효율적으로 공부하고, 부록 '필수 암기노트'에 내용을 한 번 더 정리해 두었으니 시험 당일 들고 가서 활용하자!

☑ **형광펜**은 시험에 자주 나온 개념으로 2~3배로 꼼꼼히 암기하자! 특히, 시험 직전에는 **외워줘! 제발~**과 **형광펜**만 모아 빠르게 학습하자!

☑ 빈출 기출문제는 시험에 자주 출제되는 문제로, 관련 개념까지 확실하게 익혀두자!

1 인체계측 및 체계제어

1. 인체계측 자료의 응용 3원칙 `외워줘! 제발~`

(1) **조절범위에 의한 설계**: 여러 사용자에게 맞추기 위해 조절 가능하도록 한 설계(5~95%가 사용)

(2) **최대치수와 최소치수 기준 설계(＝극한치에 대한 설계)**: 최댓값 또는 최솟값(상위 5%, 하위 5%)을 기준으로 설계

(3) **평균치 기준 설계**: 평균적인 신체지수를 기준으로 설계

2. 양립성 `외워줘! 제발~`

(1) **정의**: 체계에 주어지는 자극이나 반응들이 인간의 기대와 모순되지 않는 것을 말한다.

(2) **종류**

① 개념적 양립성: 온수 손잡이는 빨간색, 냉수 손잡이는 파란색이 연상되는 것

② 공간적 양립성: 오른쪽 버튼을 누르면, 오른쪽 기계가 작동하는 것

③ 운동적 양립성: 자동차 핸들 조작 방향으로 바퀴가 회전하는 것

④ 양식 양립성: 기계가 특정 음성에 대해 정해진 반응을 하는 것

 빈출 기출문제

양립성의 종류에 포함되지 않는 것은?

① 공간 양립성　　　　　　② 형태 양립성
③ 개념 양립성　　　　　　④ 운동 양립성

해설 형태 양립성이 아니라 **형식 또는 양식 양립성**이다.

정답 ②

3. 암호체계

(1) **암호의 검출성**: 암호가 오류나 변조를 쉽게 검토할 수 있어야 한다.

(2) **암호의 변별성**: 서로 다른 암호들이 명확하게 구분 가능해야 한다.

(3) **암호의 표준화**: 암호체계가 국제적 또는 산업적 기준에 따라 통일되어 있어야 한다.

(4) **다차원 암호의 사용**: 암호가 2차원 이상의 구조로 구성되어 있어야 한다.

(5) **부호의 양립성**: 서로 다른 암호체계 간 상호 운용 가능성이 있어야 한다.

빈출 기출문제

암호체계의 사용상에 있어서, 일반적인 지침에 포함되지 않는 것은?

① 암호의 검출성   ② 부호의 양립성

③ 암호의 표준화   ④ 암호의 단일 차원화

해설 암호체계 사용 시 일반적으로 고려되는 지침에는 2가지 이상의 신호를 사용하여야 전달확률이 높아지기 때문에 다차원 암호의 사용이 포함된다. 따라서 암호의 단일 차원화는 포함되지 않는다.

정답 ④

---

4. 정량적 표시장치

(1) **정침동목형**: 바늘은 정지, 눈금이 움직이는 형태

(2) **동침정목형**: 눈금이 고정, 바늘이 움직이는 형태

(3) **계수형**: 숫자로 나타내는 형태

5. 정성적 표시장치

제공되는 정보의 대략적인 값이나 변화의 추세, 변화율 등을 알고자 할 때 사용된다.

빈출 기출문제

정성적 표시장치의 설명으로 틀린 것은?

① 정성적 표시장치의 근본 자료 자체는 정량적인 것이다.

② 전력계에서와 같이 기계적 혹은 전자적으로 숫자가 표시된다.

③ 색채 부호가 부적합한 경우에는 계기판 표시 구간을 형상 부호화하여 나타낸다.

④ 연속적으로 변하는 변수의 대략적인 값이나 변화추세, 변화율 등을 알고자 할 때 사용된다.

해설 기계적 혹은 전자적으로 숫자가 표시되는 것은 정량적 표시장치 중 계수형이다.

정답 ②

6. 청각적 표시장치와 시각적 표시장치의 비교 외워줘! 제발~

(1) **청각적 표시장치가 유리할 때**: 휴대전화를 사용하는 것이 유리한 경우

　① 긴급한 내용을 전달하는 경우

　② 시각계통이 과부하인 경우

　③ 어두운 곳에 있는 경우

(2) **시각적 표시장치가 유리할 때**: 팩스를 보내는 것이 유리한 경우

　① 청각적 표시장치가 과부하인 경우

　② 공간적인 사상을 다루는 경우

　③ 전언이 긴 경우

✔ 빈출 기출문제

시각적 표시장치보다 청각적 표시장치의 사용이 바람직한 경우는?

① 전언이 복잡한 경우　　　　　　② 전언이 재참조되는 경우

③ 전언이 즉각적인 행동을 요구하는 경우　④ 직무상 수신자가 한곳에 머무는 경우

　해설　전언이 즉각적인 행동을 요구하는 경우는 전화와 같은 청각적 표시장치가 유리하다.

　정답　③

---

7. 부호의 유형 3가지

(1) **묘사적 부호**: 해골, 뼈 등으로 위험을 나타낸 부호

(2) **추상적 부호**: 약간의 유사성으로 나타낸 부호

(3) **임의적 부호**: 이미 고안된 것으로 배워야 알 수 있는 부호

8. 통제표시비

(1) **설계 시 고려사항** 외워줘! 제발~

　① 계기의 크기

　② 공차

　③ 목측거리

　④ 조작시간

　⑤ 방향성

(2) 통제표시비 계산 외워줘! 제발~

$$\frac{C}{D} = \frac{조종장치의\ 이동거리}{표시장치의\ 이동거리}$$

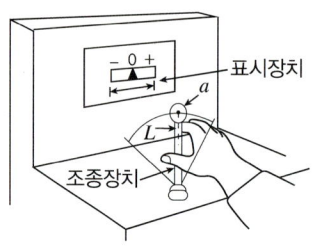

9. 동작경제의 3원칙 외워줘! 제발~

(1) 작업자 신체사용에 관한 원칙: 작업자의 신체를 효율적으로 활용하는 방법에 관한 원칙

(2) 작업장 배치에 관한 원칙: 도구, 부품, 자료 등을 합리적으로 배치하는 방법에 관한 원칙

(3) 기구, 공구 등의 설계에 관한 원칙: 작업 도구와 장비를 신체와 동작에 맞게 설계

 정종대쌤의 암기 팁

신체, 배치, 설계

10. 부품배치의 원칙 외워줘! 제발~

(1) 중요성의 원칙: 중요도가 높은 부품이나 도구는 가장 사용하기 쉬운 위치에 배치해야 함

(2) 사용빈도의 원칙: 자주 사용하는 부품이나 도구는 가까이에 배치해야 함

(3) 기능별 배치의 원칙: 같은 기능이나 목적을 가진 부품끼리 그룹화하여 배치해야 함

(4) 사용순서의 원칙: 작업이나 조립의 진행 순서에 따라 부품을 배치해야 함

 정종대쌤의 암기 팁

중.사.기.사

(중요성의 원칙 – 사용빈도의 원칙 – 기능별 배치의 원칙 – 사용순서의 원칙)

11. 작업개선의 4원칙(ECRS) 외워줘! 제발~

(1) 배제(Eliminate): 불필요한 작업이나 절차를 과감히 제거하여 낭비를 없앰

(2) 결합(Combine): 유사하거나 관련된 작업은 통합하여 간소화

(3) 재배치(Rearrange): 작업의 순서나 위치를 변경하여 효율성 향상

(4) 간소화(Simplify): 작업을 쉽고 간단하게 변경하여 시간과 비용 절감

작업개선을 위하여 도입되는 원리인 ECRS에 포함되지 않는 것은?

① Combine   ② Standard   ③ Eliminate   ④ Rearrange

해설   작업개선의 4원칙 ECRS의 S는 Simplify다.

정답   ②

12. 의자의 설계원칙

(1) **몸통의 안정**: 사용자가 등을 기대었을 때 몸통이 안정적으로 지지되어야 함

(2) **의자 좌판의 높이**: 좌판 높이는 사용자의 다리 길이에 맞춰 조절 가능해야 함

(3) **의자 좌판의 깊이와 폭**: 깊이는 앉았을 때 허리를 등받이에 붙이고 무릎 뒤에 2~3cm 여유공간이 있도록, 폭은 엉덩이보다 너무 좁지 않게, 좌우로 약간의 여유가 있도록 해야 함

(4) **체중분포**: 좌판은 체중이 고르게 분산되도록 설계되어야 함

13. 작업공간

(1) **정상작업역**: 상지가 자연스러운 자세에서 팔뚝과 손만으로 도달할 수 있는 범위

(2) **최대작업역**: 상지 전체를 뻗어 도달할 수 있는 범위

2 작업환경

1. 온도 외워줘! 제발~

(1) 실효온도(=감각온도)의 결정요소

　① 온도

　② 습도

　③ 기류

(2) 옥스퍼드지수(=습건지수)

$$WD = 0.85W + 0.15D$$

(* W=습구온도, D=건구온도)

(3) 습구흑구온도지수(WBGT) 외워줘! 제발~

　① 옥외(태양광선이 내리쬐는 장소)

$$WBGT(℃) = 0.7 × 자연습구온도 + 0.2 × 흑구온도 + 0.1 × 건구온도$$

② 옥내 또는 옥외(태양광선이 내리쬐지 않는 장소)

$$WBGT(℃)=0.7×자연습구온도+0.3×흑구온도$$

 빈출 기출문제

온도와 습도 및 공기 유동이 인체에 미치는 열효과를 하나의 수치로 통합한 경험적 감각지수로, 상대습도 100%일 때의 건구온도에서 느끼는 것과 동일한 온감을 의미하는 온열조건의 용어는?

① Oxford 지수　　　② 발한율　　　③ 실효온도　　　④ 열압박지수

해설　온도와 습도 및 공기 유동이 인체에 미치는 열효과를 하나의 수치로 통합한 경험적 감각지수는 실효온도이다.

정답　③

 빈출 기출문제

쾌적 환경에서 추운 환경으로 변화 시 신체의 조절작용이 아닌 것은?

① 피부온도가 내려간다.　　　　　　② 직장온도가 약간 내려간다.
③ 몸이 떨리고 소름이 돋는다.　　　 ④ 피부를 경유하는 혈액 순환량이 감소한다.

해설　추운 환경에서는 신체 내부의 온도인 직장온도를 올리기 위해 혈액이 몸의 중심으로 이동한다. 따라서 피부온도는 낮아지고 피부를 경유하는 혈액량은 감소하게 된다.

정답　②

2. 조도

(1) 작업면의 조도기준 외워줘! 제발~
　① 초정밀작업: 750lux(럭스) 이상
　② 정밀작업: 300lux 이상
　③ 보통작업: 150lux 이상
　④ 그 밖의 작업: 75lux 이상

 빈출 기출문제

「산업안전보건기준에 관한 규칙」상 작업장의 작업면에 따른 적정 조명수준은 초정밀작업에서 (㉠)lux 이상이고, 보통작업에서는 (㉡)lux 이상이다. ( ) 안에 들어갈 내용은?

① ㉠: 650, ㉡: 150　　　　　　　② ㉠: 650, ㉡: 250
③ ㉠: 750, ㉡: 150　　　　　　　④ ㉠: 750, ㉡: 250

해설　초정밀작업은 750lux 이상, 보통작업은 150lux 이상이다.

정답　③

(2) 조도 공식 외워줘! 제발~

$$조도 = \frac{광도}{거리^2}$$

✓ 빈출 기출문제

점광원으로부터 0.3m 떨어진 구면에 비추는 광량이 5Lumen일 때, 조도는 약 몇 럭스인가?

① 0.06　　　　　② 16.7　　　　　③ 55.6　　　　　④ 83.4

해설 $조도 = \dfrac{광도}{거리^2} = \dfrac{5}{0.3^2} = 55.6$

정답 ③

(3) 옥내 최적 반사율 외워줘! 제발~

① 천정: 80~90%
② 벽: 40~60%
③ 가구: 25~45%
④ 바닥: 20~40%

✓ 빈출 기출문제

다음과 같은 실내 표면에서 일반적으로 추천 반사율의 크기를 맞게 나열한 것은?

㉠ 바닥	㉡ 천정	㉢ 가구	㉣ 벽

① ㉠<㉣<㉢<㉡　　　　　② ㉣<㉠<㉡<㉢
③ ㉠<㉢<㉣<㉡　　　　　④ ㉣<㉡<㉠<㉢

해설 부등호에 유의해야 한다. 반사율이 낮은 것부터 큰 순으로 나열된 것을 찾는다.

정답 ③

(4) 반사율(%) 외워줘! 제발~

$$반사율 = \frac{광속발산도}{소요조명} \times 100$$

반사율이 60%인 작업 대상물에 대하여 근로자가 검사작업을 수행할 때 휘도(Luminance)가 90fL라면 이 작업에서의 소요조명(fc)은 얼마인가?

① 75　　　　　　　② 150　　　　　　　③ 200　　　　　　　④ 300

해설　반사율 = $\dfrac{광속발산도}{소요조명} \times 100$

소요조명 = $\dfrac{광속발산도}{반사율} \times 100 = \dfrac{90}{60} \times 100 = 150$

정답　②

(5) 대비 공식 외워줘! 제발~

$$대비 = \dfrac{배경의\ 반사율 - 타겟의\ 반사율}{배경의\ 반사율}$$

뿌리 튼튼한 날개를 가지세요.
어떤 힘듦과 절망이 나를 통과해도
단단하게, 자유롭게.

#나를위한위로 #나만의목적지

정종대쌤이 말하는 100% 합격 기출 공부법

▶ 과목별 기출로 학습! ◀

- 이론 학습 후, 바로 기출문제를 학습함으로써 기억에 더 오래 남을 수 있도록 과목 및 출제개념별로 기출문제를 구성했습니다.
- 과목별 기출문제를 풀고, 문항별 개념까지 한 번 더 체크해 보세요.

▶ 중복소거된 5개년 기출 학습! ◀

- 산업안전기사 필기시험의 경우, 문제은행 방식으로 출제되어 매 시험마다 이전에 출제되었던 문제들이 일부 중복되어 재출제됩니다.
- 공부시간을 단축할 수 있도록 중복 출제된 기출문제들은 소거하여 수록하였습니다.

▶ 문항별 기출연도 확인! ◀

- 문항별 기출연도를 표기하여 빈출 정도를 한눈에 확인할 수 있게 하였습니다.
- 문항별 기출연도 표기 개수가 많을수록 시험에 자주 출제된 문제이며, 표기가 5개인 문제는 출제 횟수가 5회 이상인 기출문제로 집중 학습이 필요한 문제입니다.

최신 5개년 기출

2025~2021년

※ 본 기출문제는 최신 5개년(2025~2021년) 기출문제들로 구성되어 있습니다.

※ 2022년 3회~2025년 문제는 CBT 기출복원문제로, 수험생들의 복원을 토대로 문제를 구성하였습니다.

※ 기출복원문제는 실제 기출문제와 동일하지 않을 수 있습니다.

※ 법령 개정 이전의 내용을 포함하고 있는 문항은 개정사항을 반영하여 수록하였습니다.

안전과 인간공학

25년 2회 22년 2회 21년 3회 　　　　　✔ 회독 ☐☐☐

01 인간공학에 대한 설명으로 틀린 것은?

① 인간 – 기계 시스템의 안전성, 편리성, 효율성을 높인다.

② 인간을 작업과 기계에 맞추는 설계 철학이 바탕이 된다.

③ 인간이 사용하는 물건·설비·환경의 설계에 적용된다.

④ 인간의 생리적·심리적인 면에서의 특성이나 한계점을 고려한다.

> 인간을 작업과 기계에 맞추는 것이 아니라, 작업과 기계를 인간에게 맞추는 설계 철학이 바탕이 된다.
> **출제개념** 인간공학

22년 3회 22년 1회 　　　　　✔ 회독 ☐☐☐

02 인간공학의 목표와 거리가 가장 먼 것은?

① 사고 감소　　　② 생산성 증대

③ 안전성 향상　　④ 근골격계질환 증가

> 인간공학은 근골격계질환을 감소시키는 것을 목표로 한다.
> **출제개념** 인간공학

25년 3회 24년 3회 21년 2회 　　　　　✔ 회독 ☐☐☐

03 인간공학의 궁극적인 목적과 가장 관계가 깊은 것은?

① 경제성 향상

② 인간 능력의 극대화

③ 설비의 가동률 향상

④ 안전성 및 효율성 향상

> 인간공학의 궁극적인 목적은 안전하고 능률적이며 쾌적한 작업환경을 조성하는 것이다.
> **출제개념** 인간공학의 궁극적 목적

23년 2회 　　　　　✔ 회독 ☐☐☐

04 인간공학을 기업에 적용할 때의 기대효과로 볼 수 없는 것은?

① 노사 간의 신뢰 저하

② 작업손실시간의 감소

③ 제품과 작업의 질 향상

④ 작업자의 건강 및 안전 향상

> 인간공학을 적용하면 노사 간의 신뢰가 향상된다.
> **출제개념** 인간공학

정답 01 ② 02 ④ 03 ④ 04 ①

05 인간공학적 연구에 사용되는 기준 척도의 요건 중 다음 설명에 해당하는 것은?

> 기준 척도는 측정하고자 하는 변수 외의 다른 변수들의 영향을 받아서는 안 된다.

① 신뢰성　　　　　② 적절성
③ 검출성　　　　　④ 무오염성

▼

무오염성은 측정하려는 변수 외에 다른 변수의 영향을 받지 않는 것을 의미한다. 이를 포함하여 인간공학적 연구의 기준 척도에 대한 내용은 다음과 같다.
• 신뢰성(반복재현성): 반복측정하였을 때 측정 결과가 크게 다르지 않아야 하는 것을 의미한다.
• 적절성(타당성): 측정하고자 의도하는 내용이 어느 정도 반영되고 있는가를 판단하는 것을 의미한다.
• 무오염성(객관성): 측정 시 측정변수 외의 외부 개입이 없어야 하는 것을 의미한다.

출제개념 인간공학적 연구의 기준 척도

---

06 상황해석을 잘못하거나 목표를 잘못 설정하여 발생하는 인간의 오류 유형은?

① 실수(Slip)
② 착오(Mistake)
③ 위반(Violation)
④ 건망증(Lapse)

▼

착오(Mistake)는 진의를 오해하여 발생한 오류를 뜻하고, 실수(Slip)는 진의를 오해하지 않았으나 과정 중 발생한 오류를 뜻한다.

출제개념 인간의 오류모형

---

07 의도는 올바른 것이었지만, 행동이 의도한 것과는 다르게 나타나는 오류는?

① Slip　　　　　② Mistake
③ Lapse　　　　④ Violation

▼

실수(Slip)는 진의를 오해하지 않았으나 과정 중 발생한 오류이고, 착오(Mistake)는 진의를 오해하여 발생한 오류이다.

출제개념 인간의 오류모형

---

08 인간의 오류모형에서 '알고 있음에도 의도적으로 따르지 않거나 무시한 경우'를 무엇이라 하는가?

① 실수(Slip)
② 건망증(Lapse)
③ 착오(Mistake)
④ 위반(Violation)

▼

위반(Violation)은 규정을 알면서도 고의로 따르지 않는 오류이다.

출제개념 인간의 오류모형

정답　05 ④　06 ②　07 ①　08 ④

09 인적오류(Human Error)에 관한 설명으로 틀린 것은?

① Omission Error: 필요한 작업 또는 절차를 수행하지 않는 데 기인한 에러

② Commission Error: 필요한 작업 또는 절차의 수행 지연으로 인한 에러

③ Extraneous Error: 불필요한 작업 또는 절차를 수행함으로써 기인한 에러

④ Sequential Error: 필요한 작업 또는 절차의 순서 착오로 인한 에러

▼
Commission Error는 필요한 작업 또는 절차의 불확실한 수행으로 인한 에러이다.

출제개념 인간의 실수, 스웨인의 심리적 분류(독립행동에 따른 분류)

10 다음 상황은 인간실수의 분류 중 어느 것에 해당하는가?

전자기기 수리공이 어떤 제품의 분해·조립 과정을 거쳐서 수리를 마친 후 부품 하나가 남았다.

① Time Error

② Omission Error

③ Command Error

④ Extraneous Error

▼
부품이 남았으므로 필요한 작업 또는 절차를 수행하지 않는 데 기인한 에러인 생략적 과오(Omission Error)에 해당한다.

출제개념 인간의 실수, 스웨인의 심리적 분류(독립행동에 따른 분류)

11 직원이 전극을 반대로 끼우려고 시도했으나, 플러그의 모양이 반대로 끼울 수 없게 설계되어 사고를 예방할 수 있었다. 작업자가 범한 오류는?

① Omission Error

② Sequential Error

③ Commission Error

④ Timing Error

▼
필요한 작업 또는 절차의 불확실한 수행으로 인한 에러인 Commission Error에 해당한다.

출제개념 인간의 실수, 스웨인의 심리적 분류(독립행동에 따른 분류)

12 휴먼에러의 원인에 따른 레벨을 분류할 때 작업조건이나 작업형태가 원인이 되어 발생하는 에러를 무엇이라 하는가?

① Command Error

② Primary Error

③ Secondary Error

④ Third Error

▼
작업조건, 작업환경에 의해 발생한 에러는 2차 에러(Secondary Error)이다.

출제개념 인간의 실수, 휴먼에러

정답 **09** ② **10** ② **11** ③ **12** ③

13 인간의 동작 특성 중 판단과정의 착오요인이 아닌 것은?

① 합리화
② 정서불안정
③ 작업조건불량
④ 정보부족

불판단과정의 착오요인과 인지과정의 착오요인은 다음과 같다.
- 판단과정의 착오요인: 합리화, 능력부족, 정보부족, 자기과신, 작업조건불량
- 인지과정의 착오요인: 정서불안정, 감각차단현상, 능력의 한계

출제개념 판단과정의 착오요인, 인지과정의 착오요인

14 불필요한 작업을 수행함으로써 발생하는 오류로 옳은 것은?

① Command Error
② Extraneous Error
③ Secondary Error
④ Commission Error

불필요한 작업 또는 절차를 수행함으로써 기인한 에러인 Extraneous Error이다.

출제개념 인간의 실수, 스웨인의 심리적 분류(독립행동에 따른 분류)

15 인간–기계 통합시스템의 유형이 아닌 것은?

① 수동체계
② 반수동체계
③ 기계화체계
④ 자동체계

반수동체계가 아닌 반자동체계 또는 기계화체계가 올바른 명칭이다.

출제개념 인간–기계 시스템

16 인간이 기계보다 우수한 기능으로 옳지 않은 것은? (단, 인공지능은 제외한다.)

① 암호화된 정보를 신속하게 대량으로 보관할 수 있다.
② 관찰을 통해서 일반화하여 귀납적으로 추리한다.
③ 항공사진의 피사체나 말소리처럼 상황에 따라 변화하는 복잡한 자극의 형태를 식별할 수 있다.
④ 수신 상태가 나쁜 음극선관에 나타나는 영상과 같이 배경 잡음이 심한 경우에도 신호를 인지할 수 있다.

암호화된 정보를 신속하게 대량으로 보관하는 것은 기계의 장점이다. 반면, 인간은 귀납적 추리, 복잡한 자극 식별, 잡음 속 신호 인지에 뛰어나다.

출제개념 인간과 기계 기능 비교

---

17 인간이 기계보다 우수한 기능이라 할 수 있는 것은? (단, 인공지능은 제외한다.)

① 일반화 및 귀납적 추리
② 신뢰성 있는 반복 작업
③ 신속하고 일관성 있는 반응
④ 대량의 암호화된 정보의 신속한 보관

> 일반화, 귀납적 추리, 복잡한 정보 해석은 인간이 강점을 가지는 영역이다. 반면, 신뢰성 있는 반복 작업과 신속하고 일관성 있는 반응, 대량의 암호화된 정보의 신속한 보관은 기계의 특징이다.
>
> 출제개념 인간과 기계 기능 비교

18 인간−기계 시스템에 관한 설명으로 틀린 것은?

① 자동 시스템에서는 인간요소를 고려하여야 한다.
② 자동차 운전이나 전기 드릴 작업은 반자동 시스템의 예시이다.
③ 자동 시스템에서 인간은 감시, 정비 유지, 프로그램 등의 작업을 담당한다.
④ 수동 시스템에서 기계는 동력원을 제공하고 인간의 통제하에서 제품을 생산한다.

> 기계는 동력원을 제공하고 인간의 통제하에서 제품을 생산한다는 것은 반자동(기계화) 시스템에 해당하는 설명이다. 한편, 수동 시스템은 동력 없이 인간이 모든 기능을 수행한다.
>
> 출제개념 인간−기계 시스템

19 인간−기계 시스템 설계과정 중 직무분석을 하는 단계는?

① 제1단계 시스템의 목표와 성능명세 결정
② 제2단계 시스템의 정의
③ 제3단계 기본설계
④ 제4단계 인터페이스 설계

> 직무분석, 작업설계, 기능할당은 3단계 기본설계에서 이루어진다.
>
> 출제개념 인간−기계 시스템 설계과정

20 인간−기계 시스템의 설계과정 중 인간, 기계의 기능을 할당하는 단계는?

* 1단계: 시스템의 목표와 성능명세 결정
* 2단계: 시스템의 정의
* 3단계: 기본설계
* 4단계: 인터페이스 설계
* 5단계: 보조물 설계 혹은 편의수단 설계
* 6단계: 평가

① 기본설계
② 인터페이스 설계
③ 시스템의 목표와 성능명세 결정
④ 보조물 설계 혹은 편의수단 설계

> 기능할당은 시스템 설계과정 중 3단계인 기본설계에서 수행된다.
>
> 출제개념 인간−기계 시스템 설계과정, 기능할당 단계

정답 **17** ① **18** ④ **19** ③ **20** ①

21 시스템의 설계단계에서 제3단계인 기본설계에 해당되지 않는 것은?

① 화면설계　　　　② 직무분석
③ 작업설계　　　　④ 기능할당

▼
화면설계와 버튼설계는 4단계인 인터페이스 설계에 포함된다.
[출제개념] 시스템 설계단계, 기본설계

22 욕조곡선에서의 고장형태에서 일정한 형태의 고장률이 나타나는 구간은?

① 초기고장 구간　　② 마모고장 구간
③ 피로고장 구간　　④ 우발고장 구간

▼
우발고장 구간은 고장률이 일정하며, 일상보전이 중요한 구간이다. 이를 포함한 고장 구간에 대한 특징은 다음과 같다.
• 초기고장 구간: 감소형 고장, 디버깅, 번인, 시운전
• 우발고장 구간: 일정형 고장, 일상보전
• 마모고장 구간: 증가형 고장, 예방보전, 안전진단
[출제개념] 욕조곡선(고장률곡선), 고장의 종류

23 일반적인 시스템의 수명곡선(욕조곡선)에서 고장형태 중 증가형 고장률을 나타내는 기간으로 옳은 것은?

① 우발고장 기간　　② 마모고장 기간
③ 초기고장 기간　　④ Burn-in고장 기간

▼
마모고장 기간은 시간이 지날수록 고장률이 증가하는 구간으로 예방보전이 필요하다.
[출제개념] 욕조곡선(고장률곡선), 고장의 종류

24 시스템의 수명곡선(욕조곡선)에 있어서 디버깅(Debugging)에 관한 설명으로 옳은 것은?

① 초기고장의 결함을 찾아 고장률을 안정시키는 과정이다.
② 우발고장의 결함을 찾아 고장률을 안정시키는 과정이다.
③ 마모고장의 결함을 찾아 고장률을 안정시키는 과정이다.
④ 기계 결함을 발견하기 위해 동작시험을 하는 기간이다.

▼
디버깅 기간은 초기고장 구간에서의 고장률을 감소시키는 과정이다. 그 외에 번인 기간은 초기고장 구간에 고장을 수리하는 기간이다.
[출제개념] 욕조곡선(고장률곡선), 디버깅 기간

정답 **21** ① **22** ④ **23** ② **24** ①

위험성 파악·결정

22년 2회 ✔ 회독 ☐☐☐

01 다음에서 설명하는 용어는?

> 유해·위험요인을 파악하고 해당 유해·위험요인 에 의한 부상 또는 질병의 발생 가능성(빈도)과 중 대성(강도)을 추정·결정하고 감소대책을 수립하 여 실행하는 일련의 과정을 말한다.

① 위험성 결정
② 위험성 평가
③ 위험빈도 추정
④ 유해·위험요인 파악

> ▼
> 지문에 제시된 과정은 위험성 평가의 절차와 일치한다. 위험성 평가는 평가준비 → 유해·위험요인 파악 → 위 험성 결정 → 허용 가능 여부 확인 → 감소대책 실시 → 기록 및 공유 순으로 이루어진다.
>
> **출제개념** 위험성 평가 절차

25년 2회 24년 1회 21년 3회 ✔ 회독 ☐☐☐

02 산업안전보건법령상 위험성 평가의 실시내용 및 결과의 기록·보존에 관한 설명으로 옳지 않 은 것은?

① 유해·위험요인이 포함되어야 한다.
② 위험성 결정 및 결정에 따른 조치가 포함되 어야 한다.
③ 위험성 평가 내용에는 고용노동부장관이 정 하여 고시하는 사항이 포함되어야 한다.
④ 사업주는 위험성 평가 실시 내용 및 결과의 기록·보존에 따른 자료를 5년간 보존하여 야 한다.

> ▼
> 사업주는 위험성 평가 자료를 3년간 보존하여야 한다.
>
> **출제개념** 위험성 평가 자료 보존

정답 **01** ② **02** ④

03 FTA에 의한 재해사례 연구 순서에서 가장 먼저 실시하는 사항은?

① FT도의 작성 　② 톱사상의 선정

③ 개선계획의 작성 　④ 재해원인 규명

> FTA에 의한 재해사례 연구는 정상(Top)사상의 선정 → 재해원인 규명 → FT도의 작성 → 개선계획의 작성 순으로 이루어진다.
>
> 출제개념 결함수분석법(FTA)

04 결함수분석법(FTA)에 의한 재해사례 연구 순서가 맞는 것은?

```
a. 정상사상의 선정
b. FT도 작성 및 분석
c. 개선계획의 작성
d. 각 사상의 재해원인 규명
```

① a−b−c−d 　② a−b−d−c

③ a−c−b−d 　④ a−d−b−c

> FTA에 의한 재해사례 연구는 정상(Top)사상의 선정 → 재해원인 규명 → FT도의 작성 → 개선계획의 작성 순으로 이루어진다.
>
> 출제개념 결함수분석법(FTA)

05 FTA(Fault Tree Analysis)에서 사용되는 사상기호 중 통상의 작업이나 기계의 상태에서 재해의 발생원인이 되는 요소가 있는 것은?

① 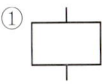　②

③ 　④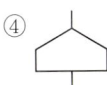

> ④는 통상사상으로, 통상의 작업상태에서 재해의 발생원인이 되는 요소를 나타낸다.
> ①: 결함사상
> ②: 기본사상
> ③: 생략사상
> ④: 통상사상
>
> 출제개념 FTA 사상기호, 결함수분석법(FTA)

06 FTA에서 사용하는 다음 사상기호에 대한 설명으로 맞는 것은?

① 시스템 분석에서 좀 더 발전시켜야 하는 사상

② 시스템의 정상적인 가동상태에서 일어날 것이 기대되는 사상

③ 불충분한 자료로 결론을 내릴 수 없어 더 이상 전개할 수 없는 사상

④ 주어진 시스템의 기본사상으로 고장원인이 분석되었기 때문에 더 이상 분석할 필요가 없는 사상

> 생략사상은 자료가 불충분하여 더 이상 전개할 수 없는 사상을 말한다.
>
> 출제개념 FTA 사상기호, 결함수분석법(FTA)

인간공학 및 위험성 평가·관리 · 2과목 · □이론 / ■기출

07 FT도에 사용하는 기호에서 3개의 입력현상 중 임의의 시간에 2개가 발생하면 출력이 생기는 기호의 명칭은?

① 억제 게이트

② 배타적 OR 게이트

③ 조합 AND 게이트

④ 우선적 AND 게이트

> 조합 AND 게이트는 3개의 입력현상 중 임의의 시간에 2개가 발생하면 출력한다.
>
> 출제개념 FTA 논리게이트

08 FTA 논리게이트 중 입력과 반대되는 현상으로 출력되는 것은?

① 부정 게이트

② 억제 게이트

③ 배타적 OR 게이트

④ 우선적 AND 게이트

> 부정 게이트는 입력과 반대되는 현상으로 출력이 발생한다.
>
> 출제개념 FTA 논리게이트

09 FTA에서 사용되는 사상기호 중 결함사상을 나타낸 기호로 옳은 것은?

① 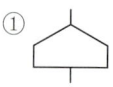   ②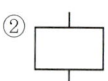

③   ④

> ②는 결함사상 기호로, 시스템에 고장이나 이상이 발생한 상태를 나타낸다.
> ①: 통상사상
> ②: 결함사상
> ③: 기본사상
> ④: 생략사상
>
> 출제개념 FTA 사상기호, 결함사상

10 두 가지 상태 중 하나가 고장 또는 결함으로 나타나는 비정상적인 사건은?

① 톱사상   ② 결함사상

③ 정상적인 사상   ④ 기본적인 사상

> 결함사상은 두 가지 중 하나가 고장 또는 결함으로 나타나는 비정상적인 사건을 나타낸다.
>
> 출제개념 FTA 사상기호

정답 07 ③ 08 ① 09 ② 10 ②

11 FTA에 사용되는 논리게이트 중 여러 개의 입력 사항이 정해진 순서에 따라 순차적으로 발생해야만 결과가 출력되는 것은?

① 억제 게이트
② 조합 AND 게이트
③ 배타적 OR 게이트
④ 우선적 AND 게이트

> 우선적 AND 게이트는 여러 개의 입력사항이 순차적으로 발생해야만 결과가 출력된다.
>
> 출제개념 FTA 논리게이트

12 다음 중 FTA에 관한 설명으로 가장 적절한 것은?

① 복잡하고 대형화된 시스템의 신뢰성 분석에는 적절하지 않다.
② 시스템 각 구성요소의 기능을 정상인가 또는 고장인가로 점진적으로 구분 짓는다.
③ '그것이 발생하기 위해서는 무엇이 필요한가?'라는 것은 연역적이다.
④ 사건들을 일련의 이분(Binary) 의사 결정 분기들로 모형화한다.

> FTA는 연역적 기법으로 무엇이 필요한가를 분석하는 방법이며, 복잡하고 대형화된 시스템의 신뢰성 분석에도 적용할 수 있다. 그 외에 ②, ④는 ETA에 대한 설명이다.
>
> 출제개념 결함수분석법(FTA)

13 FTA에 대한 설명으로 가장 거리가 먼 것은?

① 정성적 분석만 가능하다.
② 하향식(Top—down) 방법이다.
③ 복잡하고 대형화된 시스템에 활용될 수 있다.
④ 논리게이트를 이용하여 도해적으로 표현하여 분석하는 방법이다.

> FTA는 정성적 분석뿐만 아니라 정량적 분석도 가능하다.
>
> 출제개념 결함수분석법(FTA)

14 결함수분석법(FTA)에서의 미니멀 컷셋과 미니멀 패스셋에 관한 설명으로 맞는 것은?

① 미니멀 컷셋은 시스템의 신뢰성을 표시하는 것이다.
② 미니멀 패스셋은 시스템의 위험성을 표시하는 것이다.
③ 미니멀 패스셋은 시스템의 고장을 발생시키는 최소의 패스셋이다.
④ 미니멀 컷셋은 정상사상을 일으키기 위한 최소한의 컷셋이다.

> 미니멀 컷셋은 정상사상을 일으키기 위한 최소한의 컷셋이다. 미니멀 컷셋의 특징은 다음과 같다.
> • 미니멀 컷셋은 시스템의 위험성을 표시한다.
> • 미니멀 패스셋은 시스템의 신뢰성을 표시한다.
> • 미니멀 패스셋은 시스템의 고장을 발생시키지 않는 최소의 패스셋이다.
>
> 출제개념 결함수분석법(FTA), 최소 컷셋, 최소 패스셋

정답　11 ④　12 ③　13 ①　14 ④

15 결함수분석법에서 Path Set에 관한 설명으로 맞는 것은?

① 시스템의 약점을 표현한 것이다.

② TOP사상을 발생시키는 조합이다.

③ 시스템이 고장나지 않도록 하는 사상의 조합이다.

④ 시스템 고장을 유발시키는 필요불가결한 기본사상들의 집합이다.

> 결함수분석법(FTA)에서 Path Set(패스셋)은 시스템이 고장 나지 않도록 하는 사상의 조합이다. 이 외에도 결함수분석법에서 사용되는 주요 용어의 의미는 다음과 같다.
> • 최소 컷셋(Minimal Cut Set)은 시스템의 약점(위험성)을 표현한 것이며, 시스템 고장을 유발시키는 필요불가결한 기본사상들의 집합이다.
> • 컷셋(Cut Set)은 TOP사상을 발생시키는 기본사상들의 조합이다.
>
> **출제개념** 결함수분석법(FTA), 패스셋

16 컷셋(Cut Sets)과 최소 패스셋(Minimal Path Sets)의 정의로 옳은 것은?

① 컷셋은 시스템 고장을 유발시키는 필요최소한의 고장들의 집합이며, 최소 패스셋은 시스템의 신뢰성을 표시한다.

② 컷셋은 시스템 고장을 유발시키는 기본고장들의 집합이며, 최소 패스셋은 시스템의 불신뢰도를 표시한다.

③ 컷셋은 그 속에 포함되어 있는 모든 기본사상이 일어났을 때 정상사상을 일으키는 기본사상의 집합이며, 최소 패스셋은 시스템의 신뢰성을 표시한다.

④ 컷셋은 그 속에 포함되어 있는 모든 기본사상이 일어났을 때 정상사상을 일으키는 기본사상의 집합이며, 최소 패스셋은 시스템의 성공을 유발하는 기본사상의 집합이다.

> 컷셋은 모든 기본사상이 일어났을 때 정상사상(시스템 고장)을 일으키는 기본사상의 집합이며, 최소 패스셋은 시스템의 신뢰성을 표시하며, 시스템의 성공을 유발하는 필요최소한의 집합이다.
>
> **출제개념** 컷셋, 최소 패스셋

17 FTA 결과 아래와 같은 패스셋을 구하였다. X_4가 중복사상인 경우, 최소 패스셋(Minimal Path Sets)으로 맞는 것은?

> $\{X_3, X_4\}$ $\{X_1, X_3, X_4\}$
> $\{X_2, X_3, X_4\}$ $\{X_1, X_2, X_3, X_4\}$

① $\{X_3, X_4\}$

② $\{X_1, X_3, X_4\}$

③ $\{X_2, X_3, X_4\}$

④ $\{X_2, X_3, X_4\}$와 $\{X_3, X_4\}$

> ▼
> 최소 패스셋은 패스셋 중 필요최소한의 집합을 말하며, $\{X_3, X_4\}$가 이에 해당한다.
>
> [출제개념] 결함수분석법(FTA), 최소 패스셋

---

18 그림과 같은 FT도에 대한 최소 컷셋(Minimal Cut Sets)으로 옳은 것은? (단, Fussell의 알고리즘을 따른다.)

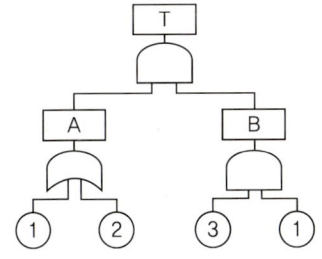

① $\{1, 2\}$

② $\{1, 3\}$

③ $\{2, 3\}$

④ $\{1, 2, 3\}$

> ▼
> $T = A \times B = (1+2) \times (1 \times 3)$
> $\quad = (1\ 1\ 3) + (2\ 1\ 3) = (1\ 3) + (2\ 1\ 3)$이다.
> 여기서 $+$를 지우고 남는 괄호가 컷셋이며, 최소 컷셋은 최소한의 집합이므로 $\{1, 3\}$이다.
>
> [출제개념] FT도, 최소 컷셋, Fussell 알고리즘

---

19 FT도에서 최소 컷셋을 올바르게 구한 것은?

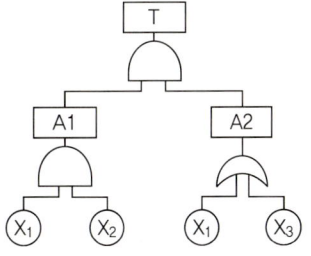

① (X_1, X_2)

② (X_1, X_3)

③ (X_2, X_3)

④ (X_1, X_2, X_3)

> ▼
> $T = A1 \times A2$
> $\quad = (X_1 \times X_2) \times (X_1 + X_3)$
> $\quad = (X_1 X_1 X_2) + (X_1 X_2 X_3) = (X_1 X_2) + (X_1 X_2 X_3)$
> 여기서 최소 컷셋은 최소한의 집합이므로 (X_1, X_2)이다.
>
> [출제개념] FT도, 최소 컷셋

---

20 FT도에서 시스템의 신뢰도는 얼마인가? (단, 모든 부품의 발생확률은 0.1이다.)

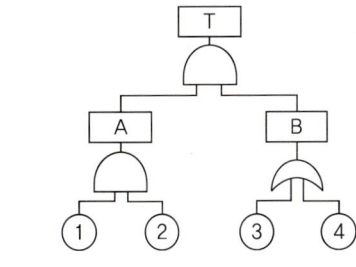

① 0.0033

② 0.0062

③ 0.9981

④ 0.9936

> ▼
> AND 게이트는 직렬시스템으로 계산해야 하고, OR 게이트는 병렬시스템으로 계산해야 하므로
> $T = A \times B = (① \times ②) \times \{1-(1-③)(1-④)\}$
> $\quad = (0.1 \times 0.1) \times \{1-(1-0.1)(1-0.1)\}$
> $\quad = 0.01 \times 0.19 = 0.0019$
> 여기서 T는 정상사상의 발생확률로 결함이 발생할 확률인 불신뢰도를 의미한다. 따라서 신뢰도는 $1-T = 1 - 0.0019 = 0.9981$이다.
>
> [출제개념] FT도, 시스템의 신뢰도 계산

[정답] **17** ① **18** ② **19** ① **20** ③

21 그림과 같은 FT도에서 정상사상 T의 발생확률은? (단, X_1, X_2, X_3의 발생확률은 각각 0.1, 0.15, 0.1이다.)

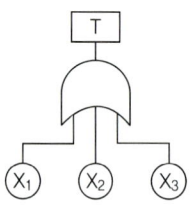

① 0.3115   ② 0.35

③ 0.496   ④ 0.9985

> OR 게이트는 병렬시스템으로 계산해야 하므로
> $T = 1 - (1 - X_1)(1 - X_2)(1 - X_3)$
> $= 1 - (1 - 0.1)(1 - 0.15)(1 - 0.1) = 0.3115$
>
> **출제개념** FT도, 정상사상 발생확률 계산

22 FTA(Fault Tree Analysis)에 관한 설명으로 옳은 것은?

① 정성적 분석만 가능하다.

② 복잡하고 대형화된 시스템의 신뢰성 분석 및 안정성 분석에 이용되는 기법이다.

③ FT에 동일한 사건이 중복되어 나타나는 경우 상향식(Bottom-up)으로 정상사건 T의 발생확률을 계산할 수 있다.

④ 기초사건과 생략사건의 확률값이 주어지게 되더라도 정상사건의 최종적인 발생확률을 계산할 수 없다.

> FTA는 복잡하고 대형화된 시스템의 신뢰성 분석 및 안정성 분석에 이용되는 기법이다.
> ① FTA는 정략적으로 기기의 결함이나 오류 등을 평가하는 분석법이나, FT도를 활용하여 정성적으로 분석하는 것 또한 가능하다.
> ③ FT에 동일한 사건이 중복되어 나타나는 경우 하향식(TOP DOWN)으로 정상사건 T의 발생확률을 계산할 수 있다.
> ④ 기초사건과 생략사건의 확률값이 주어지게 되면 정상사건의 최종적인 발생 확률을 계산할 수 있다.
>
> **출제개념** 결함수분석법(FTA)

23 불(Boole) 대수의 정리를 나타낸 관계식으로 틀린 것은?

① $A \cdot A = A$ ② $A + \overline{A} = 0$

③ $A + AB = A$ ④ $A + A = A$

> +는 합집합, · 는 교집합을 의미한다. 이를 통해 관계식을 나타내면 다음과 같다.
> ① $A \cdot A = A \cap A = A$
> ② $A + \overline{A} = A \cup \overline{A} = 1$
> ③ $A + AB = A \cup (A \cap B) = A$
> ④ $A + A = A \cup A = A$
>
> **출제개념** 불 대수의 정리

정답   21 ①   22 ②   23 ②

✓ 회독 ☐☐☐

24 불(Boole) 대수의 정리를 나타낸 관계식 중 틀린 것은?

① $A \cdot 0 = 0$ ② $A + 1 = 1$

③ $A \cdot \overline{A} = 1$ ④ $A(A + B) = A$

▼

+는 합집합, ·는 교집합을 의미한다. 이를 통해 관계식을 나타내면 다음과 같다.
$A \cdot \overline{A} = A \cap \overline{A} = 0$

출제개념 불 대수의 정리

✓ 회독 ☐☐☐

25 불(Boole) 대수의 관계식으로 틀린 것은?

① $A + \overline{A} = 1$

② $A + AB = A$

③ $A(A + B) = A + B$

④ $A + \overline{A}B = A + B$

▼

+는 합집합을 의미하므로 이를 통해 관계식을 나타내면 다음과 같다.
$A(A + B) = A \cap (A \cup B) = A$가 옳은 관계식이다.

출제개념 불 대수의 정리

✓ 회독 ☐☐☐

26 대수의 정리를 나타낸 관계식으로 틀린 것은?

① $A + 0 = A$ ② $A + AB = A$

③ $A + \overline{A} = 1$ ④ $A + A = 0$

▼

+는 합집합을 의미하므로 이를 통해 관계식을 나타내면 다음과 같다.
$A + A = A$

출제개념 불 대수의 정리

✓ 회독 ☐☐☐

27 HAZOP분석기법의 장점이 아닌 것은?

① 학습 및 적용이 쉽다.

② 기법 적용에 큰 전문성을 요구하지 않는다.

③ 짧은 시간에 저렴한 비용으로 분석이 가능하다.

④ 다양한 관점을 가진 팀 단위 수행이 가능하다.

▼

HAZOP은 공정 전문가들을 중심으로 HAZOP팀을 구성하여 공정상의 운전성과 위험성을 파악하고 개선하는 기법으로 시간·인력의 소요가 크다.

출제개념 HAZOP

✓ 회독 ☐☐☐

28 HAZOP기법에서 사용하는 가이드워드와 그 의미가 잘못 연결된 것은?

① Part of: 성질상의 감소

② As well as: 성질상의 증가

③ Other than: 기타 환경적인 요인

④ More/Less: 정량적인 증가 또는 감소

▼

Other than은 '완전한 대체'를 의미한다.

출제개념 HAZOP, 가이드워드

정답   24 ③   25 ③   26 ④   27 ③   28 ③

인간공학 및 위험성 평가·관리   2과목   ☐ 이론 ■ 기출

29 위험 및 운전성검토(HAZOP)에서 '성질상의 감소'를 나타내는 가이드워드는?

① Part of
② No/Not
③ More or Less
④ Other than

> Part of는 '성질상의 감소'를 뜻한다. 나머지 가이드워드의 의미는 다음과 같다.
> • No 또는 Not: 완전한 부정
> • More 또는 Less: 양적의 증가 또는 감소
> • Other than: 완전한 대체
> • As well as: 성질상의 증가
> • Reverse: 설계 의도의 논리적인 역
>
> 출제개념 HAZOP, 가이드워드

30 위험분석기법 중 시스템 수명주기 관점에서 적용 시점이 가장 빠른 것은?

① PHA
② FHA
③ OHA
④ SHA

> 예비위험분석(PHA, Preliminary Hazard Analysis)은 시스템 내의 위험요소가 얼마나 위험상태에 있는가를 평가하고 최초단계, 구상단계에서 실시하는 정성적인 분석법으로 적용 시점이 가장 빠르다.
>
> 출제개념 위험분석기법

31 시스템 수명주기에 있어서 예비위험분석(PHA)이 이루어지는 단계에 해당하는 것은?

① 구상단계
② 운전단계
③ 점검단계
④ 생산단계

> 예비위험분석(PHA)은 시스템 초기단계인 최초단계, 구상단계에서 이루어진다.
>
> 출제개념 예비위험분석(PHA)

32 모든 시스템안전분석에서 제일 첫 번째 단계의 분석으로, 실행되고 있는 시스템을 포함한 모든 것의 상태를 인식하고 시스템의 개발단계에서 시스템 고유의 위험상태를 식별하여 예상되는 재해의 위험 수준을 결정하는 것을 목적으로 하는 위험분석기법은?

① 결함위험분석(FHA, Fault Hazard Analysis)
② 시스템위험분석(SHA, System Hazard Analysis)
③ 예비위험분석(PHA, Preliminary Hazard Analysis)
④ 운용위험분석(OHA, Operating Hazard Analysis)

> 예비위험분석(PHA)은 시스템안전분석 초기단계에서 위험을 식별하는 가장 선행되는 분석기법이다.
>
> 출제개념 위험분석기법

정답 **29** ① **30** ① **31** ① **32** ③

33 예비위험분석(PHA)에서 식별된 사고의 범주가 아닌 것은?

① 중대(Critical)

② 한계적(Marginal)

③ 파국적(Catastrophic)

④ 수용가능(Acceptable)

수용가능은 위험 수준의 분류에 포함되지 않는다. 미국 방성 위험성 분류는 다음과 같다.
- I단계: 파국(생명 또는 가옥의 손실)
- II단계: 중대(작업 수행의 실패)
- III단계: 한계(활동의 지연)
- IV단계: 무시(영향 없음)

출제개념 예비위험분석(PHA)

---

34 THERP(Technique Human Error Rate Prediction)의 특징으로 옳은 것을 모두 고른 것은?

a. 인간 – 기계체계에서 여러 가지 인간의 에러와 이에 의해 발생할 수 있는 위험성의 예측과 개선을 위한 기법

b. 인간의 과오를 정성적으로 평가하기 위하여 개발된 기법

c. 가지처럼 갈라지는 형태의 논리구조와 나무형태의 그래프를 이용

① a, b   ② b, c

③ a, c   ④ a, b, c

THERP(인간과오율 예측법)는 100만 시간당 인간의 과오율을 정량적으로 평가하는 기법으로, 가지처럼 갈라지는 논리구조와 나무형태의 그래프를 활용한다.

출제개념 인간과오율 예측기법(THERP)

---

35 고장형태에 따른 시스템 위험분석기법으로 옳은 것은?

① ETA   ② HEA

③ PHA   ④ FMEA

FMEA(Failure Mode and Effect Analysis)는 고장의 형태와 영향을 분석하는 기법이다.

출제개념 고장형태, 위험분석기법

---

36 FMEA 분석 시 고장평점법의 5가지 평가요소에 해당하지 않는 것은?

① 고장발생의 빈도

② 신규설계의 가능성

③ 기능적 고장 영향의 중요도

④ 영향을 미치는 시스템의 범위

신규설계의 가능성은 평가요소에 해당하지 않는다. 올바른 FMEA의 5가지 평가요소는 다음과 같다.
- C_1: 기능적 고장 영향의 중요도
- C_2: 영향을 미치는 시스템의 범위
- C_3: 고장발생의 빈도
- C_4: 고장방지의 가능성
- C_5: 신규 설계의 정도

출제개념 FMEA 고장평점법의 평가요소

정답 33 ④ 34 ③ 35 ④ 36 ②

37 FMEA에서 고장평점을 결정하는 5가지 평가요소에 해당하지 않는 것은?

① 생산능력의 범위
② 고장발생의 빈도
③ 고장방지의 가능성
④ 영향을 미치는 시스템의 범위

▼
생산능력의 범위는 FMEA 평가요소에 포함되지 않는다.

출제개념 FMEA 고장평점법의 평가요소

38 고장이 인명 및 시스템 손실과 연결되는 높은 위험도를 가진 요소에 대한 분석기법은?

① CA
② ETA
③ FHA
④ FTA

▼
CA(Criticality Analysis)는 고위험 고장에 대해 정량적으로 분석하는 분석기법이다. 주로 FMEA와 함께 수행되며 이를 결합한 분석을 FMECA라고 한다.

출제개념 위험분석기법

39 서브시스템 분석에 사용되는 분석방법으로 시스템 수명주기에서 ㉠에 들어갈 위험분석기법은?

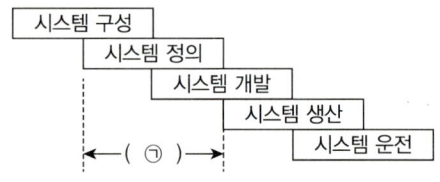

```
시스템 구성
    시스템 정의
        시스템 개발
            시스템 생산
                시스템 운전
|←—  ( ㉠ )  —→|
```

① PHA
② FHA
③ FTA
④ ETA

▼
시스템 정의 및 개발단계에서는 FHA(Fault Hazard Analysis)를 적용한다. 그 외에도 시스템 구성단계에서는 PHA, 시스템 개발단계에서는 FMEA를 적용한다.

출제개념 시스템 수명주기, 위험분석기법

40 '화재 발생'이라는 시작(초기)사상에 대하여, 화재감지기, 화재 경보, 스프링클러 등의 성공 또는 실패 작동 여부와 그 확률에 따른 피해 결과를 분석하는 데 가장 적합한 위험분석기법은?

① FTA
② ETA
③ FHA
④ THERP

▼
ETA(Event Tree Analysis)는 사상수분석법으로, 요소의 신뢰도를 파악하여 이분논리방식을 이용하고 성공 또는 실패 흐름을 따라 시스템의 신뢰도를 귀납적·정량적으로 평가하는 기법이다.

출제개념 위험분석기법, 사상수분석(ETA)

정답 **37** ① **38** ① **39** ② **40** ②

41 화학설비의 안전성 평가단계 중 4단계에 해당하는 것은?

① 안전대책 수립　② 정성적 평가
③ 정량적 평가　④ 재평가

> 안정성 평가의 제4단계는 안전대책 수립단계이다. 안전성 평가 6단계는 다음과 같다.
> - 제1단계: 관계자료의 정비 검토
> - 제2단계: 정성적 평가(입지조건, 소방설비, 공장 내 배치, 건조물 등)
> - 제3단계: 정량적 평가(온도, 용량, 조작, 취급물질, 압력 등)
> - 제4단계: 안전대책 수립
> - 제5단계: 재해 정보에 의한 평가
> - 제6단계: FT도에 의한 재평가
>
> 출제개념 화학설비 안전성 평가단계

42 화학설비에 대한 안전성 평가 중 정성적 평가방법의 주요 진단항목으로 볼 수 없는 것은?

① 건조물　② 취급물질
③ 입지조건　④ 공장 내 배치

> 취급물질은 정량적 평가 항목에 해당한다. 안전성 평가 중 2단계인 정성적 평가의 진단항목은 입지조건, 소방설비, 공장 내 배치, 건조물 등이 있고, 3단계인 정량적 평가의 진단항목은 온도, 용량, 조작, 취급물질, 압력 등이 있다.
>
> 출제개념 화학설비 안전성 평가

43 일반적인 화학설비에 대한 안전성 평가절차에 있어 안전대책단계에 해당되지 않는 것은?

① 보전　② 위험도 평가
③ 설비적 대책　④ 관리적 대책

> 위험도 평가는 분석단계에 해당한다. 안전대책단계에는 설비적 대책, 관리적 대책, 보전작업이 포함된다.
>
> 출제개념 안전성 평가, 안전대책

44 A사의 안전관리자는 자사 화학설비의 안전성 평가를 실시하고 있다. 그중 제2단계인 정성적 평가를 진행하기 위하여 평가 항목을 설계단계 대상과 운전관계 대상으로 분류하였을 때 설계관계 항목이 아닌 것은?

① 건조물　② 공장 내 배치
③ 입지조건　④ 원재료, 중간제품

> 원재료, 중간제품은 운전관계 항목에 해당한다. 2단계 정성적 평가에서 설계단계 대상에는 입지조건, 소방설비, 공장 내 배치, 건조물 등이 해당되고, 운전관계 대상에는 원재료, 중간제품 등이 해당된다.
>
> 출제개념 안전성 평가, 정성적 평가

정답　**41** ①　**42** ②　**43** ②　**44** ④

기출문제 활용법 문항별 기출 표기 개수가 많을수록 시험에 자주 출제된 문제! 표기가 5개인 문제는 출제 횟수가 5회 이상인 기출문제로 무조건 암기 필수!

3회독 공부전략 1회독은 문제 → 선지 → 답 → 해설 순서로 정독! 2회독부터는 직접 문제 풀기, 3회독 때는 ×, △ 표시된 문제만 다시 풀기! 회독할 때마다 문제 옆 회독표에 ○, ×, △로 표시하여 3회독까지 ×로 표시된 문제는 부록에 포함된 "틈틈 오답노트"에 따로 정리해 공부하세요! [○: 정확히 알고 푼 문제 △: 부분적으로 알고 푼 문제 ×: 개념 학습이 필요한 문제]

24년 3회 21년 2회 　　　　　　　　　✔회독 ☐☐☐

01 설비보전 방법 중 설비의 열화를 방지하고 그 진행을 지연시켜 수명을 연장하기 위한 점검, 청소, 주유 및 교체 등의 활동은?

① 사후보전　　　　② 개량보전
③ 일상보전　　　　④ 보전예방

> 일상보전은 설비의 열화를 방지하고 그 진행을 지연시켜 수명을 연장하기 위한 점검, 청소, 주유 및 교체 등의 활동을 뜻한다.
>
> **출제개념** 설비보전

24년 2회 　　　　　　　　　　　　　✔회독 ☐☐☐

02 생산설비의 보전작업의 종류와 그 설명이 옳지 않은 것은?

① 예방보전: 고장이 생기기 전에 주기적으로 실시하는 보전활동으로, 적정주기를 정하고 그 주기에 따라 수리 · 교환한다.

② 예비보전: 설계에서 폐기에 이르기까지 기계설비의 전과정에서 소요되는 설비의 열화손실과 보전 비용을 최소화하여 생산성을 향상시키는 보전방법을 말한다.

③ 일상보전: 설비의 열화를 방지하고 그 진행을 지연시켜 수명을 연장하기 위한 보전을 말한다.

④ 사후보전: 생산설비, 장치 또는 기기의 기능저하나 기능정지가 발생된 후에 보수나 교환을 하는 보전활동을 말한다.

> 설계에서 폐기에 이르기까지 기계설비의 전과정에서 소요되는 설비의 열화손실과 보전 비용을 최소화하여 생산성을 향상시키는 보전방법은 생산보전이다.
>
> **출제개념** 설비보전

정답　**01** ③　**02** ②

03 설비보전에서 평균수리시간을 나타내는 것은?

① MTBF   ② MTTR

③ MTTF   ④ MTBP

> MTTR(Mean Time To Repair)은 고장 후 수리 완료까지 소요되는 평균수리시간을 말한다.
>
> **출제개념** 설비보전 신뢰성 지표

04 예방보전의 종류에 해당하지 않는 것은?

① 시간기준 예방보전

② 상태기준 예방보전

③ 분해점검보전

④ 개량보전

> 예방보전은 설비의 고장을 방지하기 위해 설비의 사용시간, 마모상태 등을 점검하여 고장 발생 전에 정비, 수리 등을 실시하는 보전활동으로 시간기준, 상태기준, 분해점검보전이 포함된다.
>
> **출제개념** 예방보전

05 발생확률이 동일한 64가지의 대안이 있을 때 얻을 수 있는 총 정보량은?

① 6bit   ② 16bit

③ 32bit   ④ 64bit

> 정보량 = $\log_2 N$ (N: 대안 수)
>
> $= \dfrac{\log N}{\log 2} = \dfrac{\log 64}{\log 2} = 6\text{bit}$
>
> **출제개념** 정보량 계산 공식

06 자동차를 타이어가 4개인 하나의 시스템으로 볼 때, 타이어 1개가 파열될 확률이 0.01이라면, 이 자동차의 신뢰도는 약 얼마인가?

① 0.91   ② 0.93

③ 0.96   ④ 0.99

> 바퀴 하나만 고장이 나도 정비소를 찾기에 자동차 타이어 4개는 직렬로 판단한다.
>
> 신뢰도(R) = 1 − 불신뢰도 = 1 − 0.01 = 0.99
>
> = 0.99 × 0.99 × 0.99 × 0.99 ≒ 0.96
>
> **출제개념** 직렬 시스템 신뢰도 계산

07 다음 시스템의 신뢰도 값은?

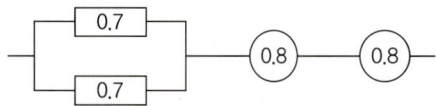

① 0.5824   ② 0.6682

③ 0.7855   ④ 0.8642

> 병렬로 연결된 부분을 먼저 계산하면
>
> 1 − (1 − 0.7)(1 − 0.7) = 0.91이므로
>
> 신뢰도(R) = 0.91 × 0.8 × 0.8 = 0.5824
>
> **출제개념** 병렬·직렬 시스템의 신뢰도 계산

정답 03 ② 04 ④ 05 ① 06 ③ 07 ①

24년 3회 | 23년 1회 | 22년 1회 ✔ 회독 ☐☐☐

08 그림과 같은 시스템에서 부품 A, B, C, D의 신뢰도가 모두 r로 동일할 때 이 시스템의 신뢰도는?

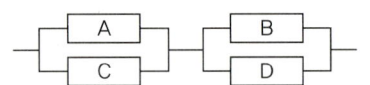

① $r(2-r^2)$ ② $r^2(2-r)^2$
③ $r^2(2-r^2)$ ④ $r^2(2-r)$

> 병렬–직렬 복합형으로
> 신뢰도(R) $=\{1-(1-A)(1-C)\}\times\{1-(1-B)(1-D)\}$
> $=\{1-(1-r)(1-r)\}\times\{1-(1-r)(1-r)\}$
> $=\{1-(1-2r+r^2)\}\times\{1-(1-2r+r^2)\}$
> $=(2r-r^2)\times(2r-r^2)=\{r(2-r)\}^2$
> $=r^2(2-r)^2$
>
> **출제개념** 병렬·직렬 시스템의 신뢰도 계산

23년 3회 | 23년 2회 ✔ 회독 ☐☐☐

09 그림과 같이 7개의 기기로 구성된 시스템이 있다. 각 신뢰도가 보기와 같은 경우 이 시스템의 신뢰도는?

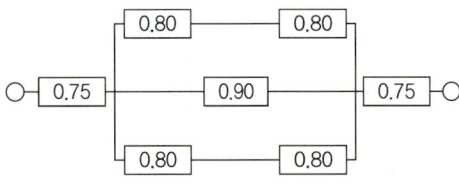

① 0.5552 ② 0.5427
③ 0.6234 ④ 0.9740

> 신뢰도(R)
> $=0.75\times\{1-(1-0.8\times0.8)(1-0.9)(1-0.8\times0.8)\}$
> $\quad\times0.75=0.5552$
>
> **출제개념** 병렬·직렬 시스템의 신뢰도 계산

23년 3회 | 22년 2회 ✔ 회독 ☐☐☐

10 n개의 요소를 가진 병렬 시스템에 있어 요소의 수명(MTTF)이 지수분포를 따를 경우, 이 시스템의 수명으로 옳은 것은?

① $MTTF\times n$

② $MTTF\times\dfrac{1}{n}$

③ $MTTF\times\left(1+\dfrac{1}{2}+\cdots+\dfrac{1}{n}\right)$

④ $MTTF\times\left(1+\dfrac{1}{2}\times\cdots\times\dfrac{1}{n}\right)$

> • 직렬 시스템: $MTTF\times\dfrac{1}{n}$
>
> • 병렬 시스템: $MTTF\times\left(1+\dfrac{1}{2}+\cdots+\dfrac{1}{n}\right)$
>
> **출제개념** 병렬 시스템의 평균고장수명(MTTF)

25년 1회 | 24년 1회 | 23년 2회 ✔ 회독 ☐☐☐

11 일정한 고장률을 가진 어떤 기계의 고장률이 0.004/시간일 때 10시간 이내에 고장을 일으킬 확률은?

① $1+e^{-0.04}$ ② $1-e^{-0.04}$
③ $1+e^{0.04}$ ④ $1-e^{0.04}$

> $R=e^{-\lambda t}=e^{-0.004\times10}=e^{-0.04}$ 이다. 하지만 신뢰도(R)가 아니라 고장이 일어날 확률을 묻고 있으므로 불신뢰도(F)를 구하여야 한다.
> 불신뢰도(F) $=1-R=1-e^{-0.04}$
>
> **출제개념** 고장률 계산

정답 08 ② 09 ① 10 ③ 11 ②

12 프레스에 설치된 안전장치의 수명은 지수분포를 따르며 평균수명은 100시간이다. 새로 구입한 안전장치가 50시간 동안 고장 없이 작동할 확률(A)과 이미 100시간을 사용한 안전장치가 앞으로 100시간 이상 견딜 확률(B)은 얼마인가?

① A: 0.607, B: 0.368
② A: 0.607, B: 0.607
③ A: 0.368, B: 0.607
④ A: 0.368, B: 0.368

A: $R = e^{-\lambda t} = e^{-\frac{1}{100} \times 50} = 0.607$

B: $R = e^{-\lambda t} = e^{-\frac{1}{100} \times 100} = 0.368$

출제개념 기계의 신뢰도 계산

13 Chapanis가 정의한 위험의 확률수준과 그에 따른 위험발생률로 옳은 것은?

① 전혀 발생하지 않는(Impossible) 발생빈도: 10^{-8}/day
② 극히 발생할 것 같지 않은(Extremely Unlikely) 발생빈도: 10^{-7}/day
③ 거의 발생하지 않는(Remote) 발생빈도: 10^{-6}/day
④ 가끔 발생하는(Occasional) 발생빈도: 10^{-5}/day

전혀 발생하지 않는(Impossible) 발생빈도는 10^{-8}/day 이고, 그 외에 위험발생률은 다음과 같다.
- 극히 발생할 것 같지 않은(Extremely Unlikely) 발생빈도: 10^{-6}/day
- 거의 발생하지 않는(Remote) 발생빈도: 10^{-5}/day
- 가끔 발생하는(Occasional) 발생빈도: 10^{-4}/day

출제개념 위험확률수준, 위험발생률

14 시스템의 수명 및 신뢰성에 관한 설명으로 틀린 것은?

① 병렬설계 및 디레이팅 기술로 시스템의 신뢰성을 증가시킬 수 있다.
② 직렬 시스템에서는 부품들 중 최소 수명을 갖는 부품에 의해 시스템 수명이 정해진다.
③ 수리가 가능한 시스템의 평균수명(MTBF)은 평균고장률(λ)과 정비례 관계가 성립한다.
④ 수리가 불가능한 구성요소로 병렬구조를 갖는 설비는 중복도가 늘어날수록 시스템 수명이 길어진다.

수리가 가능한 시스템의 평균수명(MTBF)은 평균고장률(λ)과 반비례 관계이다.

출제개념 시스템의 수명, 시스템의 신뢰성

정답 12 ① 13 ① 14 ③

CHAPTER 04 근골격계질환 예방관리

기출문제 활용법 문항별 기출 표기 개수가 많을수록 시험에 자주 출제된 문제! 표기가 5개인 문제는 출제 횟수가 5회 이상인 기출문제로 무조건 암기 필수!

3회독 공부전략 **1회독** 은 문제 → 선지 → 답 → 해설 순서로 정독! **2회독** 부터는 직접 문제 풀기, **3회독** 때는 ×, △ 표시된 문제만 다시 풀기! 회독할 때마다 문제 옆 회독표에 O, ×, △로 표시하여 3회독까지 ×로 표시된 문제는 부록에 포함된 "틈틈 오답노트"에 따로 정리해 공부하세요! [O: 정확히 알고 푼 문제 △: 부분적으로 알고 푼 문제 ×: 개념 학습이 필요한 문제]

22년 3회 22년 2회   ✔ 회독 ☐☐☐

01 A작업의 평균 에너지소비량이 다음과 같을 때, 60분간의 총 작업시간 내에 포함되어야 하는 휴식시간(분)은?

- 휴식 중 에너지소비량: 1.5kcal/min
- A작업 시 평균 에너지소비량: 6kcal/min
- 기초대사를 포함한 작업에 대한 평균 에너지소비량 상한: 5kcal/min

① 10.3 ② 11.3
③ 12.3 ④ 13.3

휴식시간(min) $= \dfrac{60(E-5)}{E-1.5}$

$= \dfrac{60(6-5)}{6-1.5} ≒ 13.33min$

출제개념 휴식시간 산출

25년 1회 23년 3회   ✔ 회독 ☐☐☐

02 어떤 작업의 평균 에너지소비량이 10kcal/min일 때 60분 작업 시 포함되어야 하는 휴식시간은 약 몇 분인가? (단, 휴식 중 에너지소비량은 1.5kcal/min이고, 기초대사를 포함한 작업에 대한 평균 에너지소비량 상한은 5kcal/min이다.)

① 23.5분 ② 35.3분
③ 29.4분 ④ 47.1분

휴식시간(min) $= \dfrac{60(E-5)}{E-1.5}$

$= \dfrac{60(10-5)}{10-1.5} ≒ 35.29min$

출제개념 휴식시간 산출

정답 **01** ④ **02** ②

03 중량물 들기 작업 시 5분간의 산소소비량을 측정한 결과 90L의 배기량 중에 산소가 16%, 이산화탄소가 4%로 분석되었다. 해당 작업에 대한 산소소비량(L/min)은 약 얼마인가? (단, 공기 중 질소는 79vol%, 산소는 21vol%이다.)

① 0.948   ② 1.948
③ 4.74   ④ 5.74

분당 배기량 = 90L/5분 = 18L/min
분당 산소소비량 = 분당 흡입산소량 − 분당 배기산소량
= 18L/min × 0.21 − 18L/min × 0.16
= 0.9L/min

출제개념 산소소비량 계산

---

04 누적손상장애(CTDs)의 발생 인자와 거리가 먼 것은?

① 무리한 힘
② 다습한 환경
③ 장시간의 진동
④ 반복도가 높은 작업

누적손상장애는 과도한 힘의 요구, 부적절한 작업 자세, 반복적인 동작, 장시간의 진동 등에 의해 발생하며, 다습한 환경은 주요 요인으로 보지 않는다.

출제개념 누적손상장애(CTDs)의 발생원인

---

05 근골격계 부담작업에 해당하지 않는 것은?

① 하루에 10회 이상 25kg 이상의 물체를 드는 작업
② 하루에 총 2시간 이상 쪼그리고 앉거나 무릎을 굽힌 자세에서 이루어지는 작업
③ 하루에 총 2시간 이상 시간당 5회 이상 손 또는 무릎을 사용하여 반복적으로 충격을 가하는 작업
④ 하루에 4시간 이상 집중적으로 자료입력 등을 위해 키보드 또는 마우스를 조작하는 작업

하루에 총 2시간 이상 시간당 10회 이상 손 또는 무릎을 사용하여 반복적으로 충격을 가하는 작업이 근골격계 부담작업에 해당한다.

출제개념 근골격계 부담작업

---

06 근골격계 부담작업에 해당하지 않는 것은?

① 하루에 4시간 이상 집중적으로 자료입력 등을 위해 키보드 또는 마우스를 조작하는 작업
② 하루에 총 2시간 이상 머리 위에 손이 있는 상태에서 이루어지는 작업
③ 하루에 총 2시간 이상 지지되지 않은 상태에서 1kg 이상에 상응하는 힘을 가하여 한 손의 손가락으로 물건을 쥐는 작업
④ 하루에 10회 이상 25kg 이상의 물체를 드는 작업

하루에 총 2시간 이상 지지되지 않은 상태에서 2kg 이상에 상응하는 힘을 가하여 한 손의 손가락으로 물건을 쥐는 작업이 근골격계 부담작업에 해당한다.

출제개념 근골격계 부담작업

정답 03 ① 04 ② 05 ③ 06 ③

07 근골격계질환 작업분석 및 평가방법인 OWAS의 평가요소를 모두 고른 것은?

ㄱ. 상지	ㄴ. 무게(하중)
ㄷ. 하지	ㄹ. 허리

① ㄱ, ㄴ
② ㄱ, ㄷ, ㄹ
③ ㄴ, ㄷ, ㄹ
④ ㄱ, ㄴ, ㄷ, ㄹ

▼

OWAS 평가는 상지(팔), 하지(다리), 허리, 무게(하중) 등을 고려해 작업의 위험 수준을 평가한다.

출제개념 OWAS 평가

08 몸의 중심선으로부터 밖으로 이동하는 신체 부위의 동작을 무엇이라 하는가?

① 외전
② 내전
③ 굴곡
④ 신전

▼

외전은 중심선으로부터 밖으로 이동하는 신체 부위의 동작이다. 이 밖에도 신체 부위의 운동에 대한 설명은 다음과 같다.
• 내전: 몸의 밖으로부터 중심으로 이동하는 신체 부위의 동작
• 굴곡: 신체의 각도가 작아지는 움직임
• 신전: 신체의 각도가 커지는 움직임

출제개념 신체 부위의 운동

09 다음 현상을 설명한 이론은?

인간이 감지할 수 있는 외부의 물리적 자극 변화의 최소 범위는 표준 자극의 크기에 비례한다.

① 피츠 법칙
② 웨버 법칙
③ 신호검출이론
④ 힉 – 하이만 법칙

▼

웨버의 법칙에서 인간의 변화감지역은 표준 자극의 크기에 비례한다고 설명한다.

출제개념 웨버의 법칙

10 인간의 손이나 발을 이동시켜 조작장치를 조작하는 데 걸리는 시간을 표적까지의 거리와 표적 크기의 함수로 나타내는 모형은?

① 힉의 법칙
② 핏츠의 법칙
③ 웨버의 법칙
④ 신호검출이론

▼

핏츠의 법칙은 인간의 손이나 발을 이동시켜 조작장치를 조작하는 데 걸리는 시간을 표적까지의 거리와 표적 크기의 함수로 나타낸 모형이다.

출제개념 핏츠의 법칙

정답 **07** ④ **08** ① **09** ② **10** ②

11 인체에서 뼈의 주요기능이 아닌 것은?

① 인체의 지주　② 골수의 조혈
③ 장기의 보호　④ 근육의 대사

> 뼈는 인체의 지주, 장기의 보호, 골수의 조혈 기능이 있지만 근육의 대사 기능은 수행하지 않는다.
>
> 출제개념 뼈의 기능

12 국소진동에 지속적으로 노출된 근로자에게 발생할 수 있으며, 말초혈관 장해로 손가락이 창백해지고 동통을 느끼는 질환의 명칭은?

① 레이노드 병(Raynaud's Phenomenon)
② 파킨슨 병(Parkinson's Disease)
③ 규폐증
④ C5-dip 현상

> 레이노드 병은 추위나 스트레스에 의해 손가락이나 발가락, 코, 귀 등의 말초혈관이 수축을 일으키거나 혈액순환 장애를 일으키는 질환을 말한다.
>
> 출제개념 레이노드 병

13 정신적 작업 부하에 관한 생리적 척도에 해당하지 않는 것은?

① 근전도　② 뇌파도
③ 부정맥 지수　④ 점멸융합주파수

> 근전도(EMG)는 육체적 작업 부하에 관한 생리적 척도이다.
>
> 출제개념 정신적 작업 부하, 생리적 척도

14 스트레스의 영향으로 발생된 신체 반응의 결과인 스트레인(Strain)을 측정하는 척도가 잘못 연결된 것은?

① 인지적 활동－EEG
② 육체적 동적 활동－GSR
③ 정신 운동적 활동－EOG
④ 국부적 근육 활동－EMG

> GSR은 피부 전기반사로 주로 신경적 작업 측정에 사용되며, 육체적 동적 활동은 산소소비량을 지표로 삼는다.
>
> 출제개념 스트레인

정답 **11** ④ **12** ① **13** ① **14** ②

인간공학 및 위험성 평가·관리 2과목 ☐이론 ■기출

15 작업의 강도는 에너지대사율(RMR)에 따라 분류된다. 중(重)작업의 에너지 대사율은?

① 0~1RMR
② 2~4RMR
③ 4~7RMR
④ 7~9RMR

> 4~7RMR은 중간 이상의 에너지를 요구하는 무거운 작업에 해당한다. 이는 작업강도에 따라 구분되는 에너지대사율 기준에 따른 것으로, 구체적인 내용은 다음과 같다.
> • 0~1RMR: 경작업
> • 2~4RMR: 중간작업
> • 4~7RMR: 무거운 작업
> • 7RMR 이상: 기계화해야 하는 작업
>
> 출제개념 에너지대사율(RMR)

16 다음 중 좌식작업이 가장 적합한 작업은?

① 정밀 조립작업
② 4.5kg 이상의 중량물을 다루는 작업
③ 작업장이 서로 떨어져 있으며 작업장 간 이동이 잦은 작업
④ 작업자의 정면에서 매우 높거나 낮은 곳으로 손을 자주 뻗어야 하는 작업

> 정밀성을 요구하는 작업은 좌식작업이 적합하다.
>
> 출제개념 좌식작업

17 손목을 반복적으로 사용하면 수근관증후군에 걸릴 수 있다. 이 증후군은 어떤 신경에 가장 큰 손상이 일어나는 것인가?

① 감각신경
② 정중신경
③ 중추신경
④ 자율신경

> 수근관증후군은 손목을 지나는 힘줄과 신경을 둘러싸는 수근관(손목 터널)이 좁아지거나 내부 압력이 상승하는 것에 의해 손목을 지나는 정중신경이 눌려 압박을 받아 손 저림, 감각 저하 등의 증상이 나타나는 질환이다.
>
> 출제개념 수근관증후군

정답 **15** ③ **16** ① **17** ②

유해요인 관리

기출문제 활용법 문항별 기출 표기 개수가 많을수록 시험에 자주 출제된 문제! 표기가 5개인 문제는 출제 횟수가 5회 이상인 기출문제로 무조건 암기 필수!

3회독 공부전략 1회독은 문제 → 선지 → 답 → 해설 순서로 정독! 2회독부터는 직접 문제 풀기, 3회독 때는 ×, △ 표시된 문제만 다시 풀기! 회독할 때마다 문제 옆 회독표에 O, ×, △로 표시하여 3회독까지 ×로 표시된 문제는 부록에 포함된 "틈틈 오답노트"에 따로 정리해 공부하세요! [O: 정확히 알고 푼 문제 △: 부분적으로 알고 푼 문제 ×: 개념 학습이 필요한 문제]

22년 3회 21년 2회 　　　　　　　　　✔ 회독 ☐☐☐

01 소음으로부터 30m 떨어진 곳의 음압수준이 140dB이면, 3,000m 떨어진 곳의 음의 강도는 얼마인가?

① 100dB　　　　　② 120dB
③ 110dB　　　　　④ 130dB

$$dB2 = dB1 - 20\log\left(\frac{L2}{L1}\right)$$
$$= 140 - 20\log\left(\frac{3,000}{30}\right) = 100dB$$

출제개념 음압수준 계산

21년 2회 　　　　　　　　　　　　✔ 회독 ☐☐☐

02 작업장의 설비 3대에서 각각 80dB, 86dB, 78dB의 소음이 발생하고 있을 때 작업장의 음압 수준은?

① 약 81.3dB　　　② 약 85.5dB
③ 약 87.5dB　　　④ 약 90.3dB

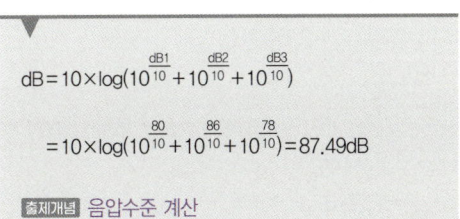

$$dB = 10 \times \log(10^{\frac{dB1}{10}} + 10^{\frac{dB2}{10}} + 10^{\frac{dB3}{10}})$$
$$= 10 \times \log(10^{\frac{80}{10}} + 10^{\frac{86}{10}} + 10^{\frac{78}{10}}) = 87.49dB$$

출제개념 음압수준 계산

23년 2회 22년 2회 　　　　　　　　　✔ 회독 ☐☐☐

03 경계 및 경보신호의 설계지침으로 틀린 것은?

① 주의를 환기시키기 위하여 변조된 신호를 사용한다.
② 배경소음의 진동수와 다른 진동수의 신호를 사용한다.
③ 귀는 중음역에 민감하므로 500~3,000Hz의 진동수를 사용한다.
④ 300m 이상의 장거리용으로는 1,000Hz를 초과하는 진동수를 사용한다.

300m 이상 장거리용 신호에는 1,000Hz 이하의 진동수를 사용한다.

출제개념 경계 및 경보신호 설계지침

정답　**01** ①　**02** ③　**03** ④

인간공학 및 위험성 평가 · 관리

2과목 □이론 ▮기출

04 신호검출이론의 판정결과 중 신호가 없었는데도 있었다고 말하는 경우는?

① 긍정(Hit)
② 누락(Miss)
③ 허위(False Alarm)
④ 부정(Correct Rejection)

허위(FA)는 신호가 없었지만 있다고 오판하는 경우이다. 이러한 허위 판정을 포함하여 신호검출이론에는 다음과 같이 네 가지 판정결과로 설명된다.
• 긍정(Hit): 신호가 있어서 있었다고 말하는 경우
• 누락(Miss): 신호가 있었는데 신호가 없었다고 말하는 경우
• 허위(False Alarm): 신호가 없었는데도 있었다고 말하는 경우
• 부정(Correct Rejection): 신호가 없어서 없었다고 말하는 경우

출제개념 **신호검출이론의 판정결과**

05 음량수준이 50phon일 때 sone값은 얼마인가?

① 2   ② 10
③ 5   ④ 100

$$sone = 2^{\frac{phon-40}{10}} = 2^{\frac{50-40}{10}} = 2^1 = 2$$

출제개념 **음량수준, sone 계산**

06 1sone에 관한 설명으로 ( )에 알맞은 수치는?

1sone: (ㄱ)Hz, (ㄴ)dB의 음압수준을 가진 순음의 크기

① ㄱ: 1,000, ㄴ: 1
② ㄱ: 4,000, ㄴ: 1
③ ㄱ: 1,000, ㄴ: 40
④ ㄱ: 4,000, ㄴ: 40

1sone은 1,000Hz, 40dB의 음압수준을 가진 순음의 크기이다.

출제개념 **sone**

07 가청주파수 내에서 사람의 귀가 가장 민감하게 반응하는 주파수대역은?

① 20~20,000Hz
② 100~10,000Hz
③ 50~15,000Hz
④ 500~3,000Hz

귀가 가장 민감하게 반응하는 주파수대역은 500~3,000Hz이다.

출제개념 **주파수대역**

정답 **04** ③ **05** ① **06** ③ **07** ④

21년 2회

✔ 회독 ☐☐☐

08 음량수준을 평가하는 척도와 관계없는 것은?

① dB   ② HSI

③ phon   ④ sone

▼

HSI는 열압박지수로 음량과는 무관하다. 음량수준을 평가하는 척도에는 dB, phon, sone이 있다.

출제개념 음량수준 평가척도

22년 1회

✔ 회독 ☐☐☐

09 통화이해도 척도로서 통화이해도에 영향을 주는 잡음의 영향을 추정하는 지수는?

① 명료도 지수

② 통화 간섭 수준

③ 이해도 점수

④ 통화 공진 수준

▼

통화 간섭 수준은 통화이해도에 영향을 주는 잡음의 영향을 추정하는 지수이다.

출제개념 통화이해도 평가척도

정답 08 ② 09 ②

23년 3회   ✔ 회독 ☐☐☐

01 의자설계 시 고려해야 할 일반적인 원리와 가장 거리가 먼 것은?

① 자세고정을 줄인다.
② 조정이 용이해야 한다.
③ 디스크가 받는 압력을 줄인다.
④ 요추 부위의 후만곡선을 유지한다.

요추의 전만곡선을 유지하는 것이 의자설계 시 고려해야 할 일반적인 원리이다.

출제개념 의자의 설계원칙

25년 3회 24년 2회   ✔ 회독 ☐☐☐

02 의자설계의 인간공학적 원리로 틀린 것은?

① 쉽게 조절할 수 있도록 한다.
② 추간판의 압력을 줄일 수 있도록 한다.
③ 등 근육의 정적 부하를 줄일 수 있도록 한다.
④ 고정된 자세로 장시간 유지할 수 있도록 한다.

고정된 자세는 피하고 자주 자세를 바꿀 수 있어야 한다.

출제개념 의자의 설계원칙

24년 2회   ✔ 회독 ☐☐☐

03 자극-반응 조합의 관계에서 인간의 기대와 모순되지 않는 성질을 무엇이라 하는가?

① 양립성   ② 변별성
③ 적응성   ④ 신뢰성

양립성은 자극과 인간의 기대가 서로 모순되지 않는 성질이다.

출제개념 양립성

25년 1회 22년 1회   ✔ 회독 ☐☐☐

04 양립성의 종류가 아닌 것은?

① 개념적 양립성
② 감성적 양립성
③ 운동적 양립성
④ 공간적 양립성

양립성의 종류는 다음과 같다.
• 양식 양립성
• 공간적 양립성
• 운동 양립성
• 개념적 양립성

출제개념 양립성의 종류

정답   01 ④   02 ④   03 ①   04 ②

05 양식 양립성의 예시로 가장 적절한 것은?

① 자동차 설계 시 고도계 높낮이 표시
② 방사능 사업장에 방사능 폐기물 표시
③ 청각적 자극 제시와 이에 대한 음성 응답
④ 자동차 설계 시 제어장치와 표시장치의 배열

▼

양식 양립성은 청각-음성, 시각-손동작 등과 같이 감각과 반응의 양식 일치를 의미한다. 이외 다른 선지들에 해당하는 양립성은 다음과 같다.
① 자동차 설계 시 고도계 높낮이 표시: 운동적 양립성
② 방사능 사업장에 방사능 폐기물 표시: 개념적 양립성
④ 자동차 설계 시 제어장치와 표시장치의 배열: 공간적 양립성

출제개념 **양식 양립성**

06 A 회사에서는 새로운 기계를 설계하면서 레버를 위로 올리면 압력이 올라가고, 오른쪽 스위치를 누르면 오른쪽 전등이 켜지도록 하였다면, 이것은 각각 어떤 유형의 양립성을 고려한 것인가?

① 레버-공간 양립성, 스위치-개념 양립성
② 레버-운동 양립성, 스위치-개념 양립성
③ 레버-개념 양립성, 스위치-운동 양립성
④ 레버-운동 양립성, 스위치-공간 양립성

▼

레버를 올리면 압력이 올라가는 것은 운동적 양립성에, 오른쪽 스위치를 누르면 오른쪽 전등이 켜지는 것은 공간적 양립성에 해당한다.

출제개념 **운동적 양립성, 공간적 양립성**

07 동작경제 원칙에 해당되지 않는 것은?

① 신체 사용에 관한 원칙
② 작업장 배치에 관한 원칙
③ 사용자 요구 조건에 관한 원칙
④ 공구 및 설비 설계에 관한 원칙

▼

동작경제의 3원칙은 신체 사용, 작업장 배치, 공구 및 설비 설계(디자인)에 관한 원칙이다.

출제개념 **동작경제의 3원칙**

08 동작경제의 원칙과 가장 거리가 먼 것은?

① 급작스러운 방향의 전환은 피하도록 할 것
② 가능한 관성을 이용하여 작업하도록 할 것
③ 두 손의 동작은 같이 시작하고 같이 끝나도록 할 것
④ 두 팔의 동작은 동시에 같은 방향으로 움직일 것

▼

동작경제의 원칙에서 두 팔의 동작은 동시에 반대 방향으로 움직이는 것이 원칙이다.

출제개념 **동작경제의 원칙**

정답 **05** ③ **06** ④ **07** ③ **08** ④

09 동작경제의 원칙에 해당하지 않는 것은?

① 공구의 기능을 각각 분리하여 사용하도록 한다.

② 두 팔의 동작은 동시에 서로 반대 방향으로 대칭적으로 움직이도록 한다.

③ 공구나 재료는 작업 동작이 원활하게 수행 되도록 그 위치를 정해준다.

④ 가능하다면 쉽고도 자연스러운 리듬이 작업 동작에 생기도록 작업을 배치한다.

> 동작경제의 원칙 중 공구 및 설비의 설계에 관한 원칙에서는 공구를 결합하여 사용하도록 한다.
>
> **출제개념** 동작경제의 원칙

10 동작경제의 원칙과 가장 거리가 먼 것은?

① 두 팔은 동시에 서로 반대 방향으로 대칭적으로 움직인다.

② 두 손의 동작은 같이 시작하고 같이 끝나도록 한다.

③ 가능한 관성을 이용하여 작업하되, 관성을 거스르는 경우에는 관성이 크게 발생하도록 움직인다.

④ 휴식시간을 제외하고는 양손이 동시에 쉬지 않도록 한다.

> 관성을 거스르는 경우에는 관성을 최소한도로 줄이는 것이 동작경제의 원칙이다.
>
> **출제개념** 동작경제의 원칙

11 작업공간의 배치에 있어 구성요소 배치의 원칙에 해당하지 않는 것은?

① 기능성의 원칙

② 사용 빈도의 원칙

③ 사용 순서의 원칙

④ 사용방법의 원칙

> 작업공간의 배치에 있어서 부품배치의 원칙은 다음과 같다.
> • 중요성의 원칙
> • 사용 빈도의 원칙
> • 기능성의 원칙
> • 사용 순서의 원칙
>
> **출제개념** 작업공간 배치 시 구성요소 배치의 원칙

12 부품 배치의 원칙 중 기능적으로 관련된 부품들을 모아서 배치한다는 원칙은?

① 중요성의 원칙

② 사용 빈도의 원칙

③ 사용 순서의 원칙

④ 기능별 배치의 원칙

> 기능별 배치는 연관된 기능을 가진 부품들을 묶어서 배치하는 원칙이다.
>
> **출제개념** 부품 배치의 원칙

정답 **09** ① **10** ③ **11** ④ **12** ④

13 시각적 표시장치보다 청각적 표시장치를 사용하는 것이 더 유리한 경우는?

① 정보의 내용이 복잡하고 긴 경우
② 정보가 공간적인 위치를 다룬 경우
③ 직무상 수신자가 한곳에 머무르는 경우
④ 수신 장소가 너무 밝거나 암순응이 요구될 경우

> 수신 장소가 너무 밝거나 암순응이 요구될 경우에 시각적 표시장치보다 청각적 표시장치를 사용하는 것이 더 유리하다. 반면 정보의 내용이 복잡하고 긴 경우, 정보가 공간적인 위치를 다룬 경우, 직무상 수신자가 한곳에 머무르는 경우에는 시각적 표시장치가 더 유리하다.
>
> 출제개념 시각적 표시장치와 청각적 표시장치 비교

14 정보를 전송하기 위해 청각적 표시장치보다 시각적 표시장치를 사용하는 것이 더 효과적인 경우는?

① 정보의 내용이 간단한 경우
② 정보가 후에 재참조되는 경우
③ 정보가 즉각적인 행동을 요구하는 경우
④ 정보의 내용이 시간적인 사건을 다루는 경우

> 시각적 표시장치는 정보가 후에 재참조되는 경우에 적합하다. 반면 정보의 내용이 간단하거나 시간적인 사건을 다루거나 정보가 즉각적인 행동을 요구하는 경우에는 시각적 표시장치보다 청각적 표시장치를 사용하는 것이 더 효과적이다.
>
> 출제개념 시각적 표시장치와 청각적 표시장치 비교

15 암호체계의 사용상에 있어서, 일반적인 지침에 포함되지 않는 것은?

① 암호의 검출성
② 암호의 표준화
③ 부호의 양립성
④ 암호의 단일차원화

> 암호는 다차원적으로 구성하는 것이 일반적인 지침이다.
>
> 출제개념 암호체계

16 청각적 표시장치의 설계 시 적용하는 일반 원리에 대한 설명으로 틀린 것은?

① 양립성이란 긴급용 신호일 때는 낮은 주파수를 사용하는 것을 의미한다.
② 검약성이란 조작자에 대한 입력신호는 꼭 필요한 정보만을 제공하는 것이다.
③ 근사성이란 복잡한 정보를 나타내고자 할 때 2단계의 신호를 고려하는 것이다.
④ 분리성이란 두 가지 이상의 채널을 듣고 있다면 각 채널의 주파수가 분리되어 있어야 한다는 의미이다.

> 양립성이란 긴급용 신호일 때 높은 주파수를 사용하는 것이 일반적이다.
>
> 출제개념 청각적 표시장치의 설계 원칙

정답 **13** ④ **14** ② **15** ④ **16** ①

인간공학 및 위험성 평가 · 관리 2과목 ☐ 이론 ■ 기출

17 정량적 표시장치에 관한 설명으로 맞는 것은?

① 정확한 값을 읽어야 하는 경우 일반적으로 디지털보다 아날로그 표시장치가 유리하다.

② 동목형 아날로그 표시장치는 표시장치의 면적을 최소화할 수 있는 장점이 있다.

③ 연속적으로 변화하는 양을 나타내는 데에 는 일반적으로 아날로그보다 디지털 표시 장치가 유리하다.

④ 동침형 아날로그 표시장치는 바늘의 진행 방향과 증감 속도에 대한 인식적인 암시 신호를 얻는 것이 불가능한 단점이 있다.

> 동목형 아날로그 표시장치는 공간 절약에 유리하다. 그 외에 정량적 표시장치에 관한 올바른 설명은 다음 과 같다.
> • 정확한 값을 읽어야 하는 경우 일반적으로 디지털 표 시장치가 유리하다.
> • 연속적으로 변화하는 양을 나타내는 데에는 일반적 으로 아날로그 표시장치가 유리하다.
> • 동침형 아날로그 표시장치는 바늘의 진행 방향과 증 감 속도에 대한 인식적인 암시 신호를 얻는 것이 가능 하다.
>
> 출제개념 **정량적 표시장치**

18 길이가 15cm인 조정구의 회전각도를 50도 움직일 때 커서가 2cm 이동한다. C/R비는 약 얼마인가?

① 5.23   ② 6.54

③ 7.34   ④ 8.42

> $$C/R = \frac{\text{조종장치의 이동거리}}{\text{표시장치의 이동거리}}$$
> $$= \frac{2\pi L \times \dfrac{\theta}{360}}{2} = \frac{2 \times 3.14 \times 15 \times \dfrac{50}{360}}{2} = 6.54$$
>
> 출제개념 **통제표시비 계산, C/R비, C/D비**

19 인체측정에 대한 설명으로 옳은 것은?

① 인체측정은 동적 측정과 정적 측정이 있다.

② 인체측정학은 인체의 생화학적 특징을 다룬다.

③ 자세에 따른 인체지수의 변화는 없다고 가정한다.

④ 측정항목에 무게, 둘레, 두께, 길이는 포함 되지 않는다.

> 인체측정은 움직임 여부에 따라 정적 측정과 동적 측정 으로 구분한다. 인체측정에 대한 올바른 설명은 다음과 같다.
> • 인체측정학은 인체의 구조적 특징을 다룬다.
> • 자세에 따라 인체지수가 변화한다고 가정한다.
> • 측정항목에 무게, 둘레, 두께, 길이도 포함된다.
>
> 출제개념 **인체측정**

정답 **17** ② **18** ② **19** ①

20 인체측정과 작업공간의 설계에 관한 설명으로 옳은 것은?

① 구조적 인체 치수는 움직이는 몸의 자세로부터 측정한 것이다.

② 선반의 높이를 정할 때에는 인체 측정치의 최대 집단치를 적용한다.

③ 수평작업대에서의 정상작업영역은 상완을 자연스럽게 늘어뜨린 상태에서 전완을 뻗어 파악할 수 있는 영역을 말한다.

④ 수평작업대에서의 최대작업영역은 다리를 고정시킨 후 최대한으로 파악할 수 있는 영역을 말한다.

▼

③은 수평작업대에서의 정상작업영역 정의에 부합한다. 반면 나머지 선지들은 다음과 같이 수정되어야 한다.
① 구조적 인체 치수는 움직이지 않는 몸의 자세로부터 측정한 것이다.
② 선반의 높이를 정할 때는 인체 측정치의 최소 집단치를 적용한다.
④ 수평작업대에서의 최대작업영역은 상완과 전완을 쭉 펴서 최대한으로 파악할 수 있는 영역을 말한다.

출제개념 작업공간 설계, 인체측정

21 인체측정 자료를 장비, 설비 등의 설계에 적용하기 위한 응용원칙에 해당하지 않는 것은?

① 조절식 설계

② 극단치를 이용한 설계

③ 구조적 치수 기준의 설계

④ 평균치를 기준으로 한 설계

▼

구조적 치수 기준의 설계는 응용원칙이 아닌 측정 방식에 해당한다.

출제개념 인체측정 응용원칙

22 일반적으로 인체측정치의 최대 집단치를 기준으로 설계하는 것은?

① 선반의 높이

② 공구의 크기

③ 출입문의 크기

④ 안내데스크의 높이

▼

출입문은 체격이 큰 사람도 통과해야 하므로 최대치 기준이 적절하다. 이외 일반적인 인체측정치의 기준은 다음과 같다.
① 선반의 높이: 최소치 설계
② 공구의 크기: 최소치 설계
④ 안내데스크의 높이: 평균치 설계

출제개념 인체측정 응용원칙, 최대 집단치

23 일반적으로 은행의 접수대 높이나 공원의 벤치를 설계할 때 가장 적합한 인체측정 자료의 응용원칙은?

① 조절식 설계

② 평균치를 이용한 설계

③ 최대치수를 이용한 설계

④ 최소치수를 이용한 설계

▼

최대치수, 최소치수, 조절식 설계가 어려운 불특정 다수가 이용하는 시설의 경우 평균치를 기준으로 설계한다.

출제개념 인체측정 응용원칙

정답　**20** ③　**21** ③　**22** ③　**23** ②

인간공학 및 위험성 평가 · 관리　2과목　☐ 이론 ❘ ■ 기출

24 비상구 출입문 설계 시, 가장 적합한 인체측정자료의 응용원칙은?

① 조절식 설계
② 평균치를 이용한 설계
③ 최대치수를 이용한 설계
④ 최소치수를 이용한 설계

▼

비상구 출입문은 체격이 큰 사람도 통과해야 하므로 최대치 설계가 적절하다.

출제개념 인체측정 응용원칙

25 여러 사람이 사용하는 의자의 좌판 높이 설계 기준으로 옳은 것은?

① 5% 오금 높이
② 50% 오금 높이
③ 75% 오금 높이
④ 95% 오금 높이

▼

최소치 설계가 적절하므로 오금 높이가 작은 5%를 기준으로 설계한다. 만일 최대치 설계를 한다면 95% 오금 높이가 적용된다.

출제개념 인체측정, 의자의 설계원칙

26 조절 범위에서 수용하는 통상의 범위는?

① 0~5%
② 5~95%
③ 95~100%
④ 10~90%

▼

조절 범위는 일반적으로 인체측정 값의 5~95% 구간이다. 최소치는 5%, 최대치는 95%(또는 상위 5%)이다.

출제개념 인체측정, 조절 범위

27 열전달과정으로 옳지 않은 것은?

① 대류
② 전도
③ 반사
④ 복사

▼

열전달의 3요소는 전도, 대류, 복사이다.

출제개념 열전달과정

28 실효온도(Effective Temperature)에 영향을 주는 요인이 아닌 것은?

① 온도
② 습도
③ 복사열
④ 공기 유동

▼

실효온도는 온도, 습도, 기류(공기 유동)에 의해 결정된다.

출제개념 실효온도의 영향요소

29 건구온도 30℃, 습구온도 35℃일 때의 옥스퍼드(Oxford)지수는?

① 20.75
② 24.58
③ 30.75
④ 34.25

▼

$WD = 0.85W + 0.15D$
$= 0.85 \times 35 + 0.15 \times 30 = 34.25$

출제개념 옥스퍼드지수 계산

정답 24 ③ 25 ① 26 ② 27 ③ 28 ③ 29 ④

25년 2회 22년 1회 21년 3회 ✔ 회독 □□□

30 태양광이 내리쬐지 않는 옥내의 습구흑구온도지수(WBGT) 산출식은?

① 0.6×자연습구온도+0.3×흑구온도
② 0.7×자연습구온도+0.3×흑구온도
③ 0.6×자연습구온도+0.4×흑구온도
④ 0.7×자연습구온도+0.4×흑구온도

▼

태양광 없는 옥내의 WBGT=0.7×(자연습구온도)+0.3×(흑구온도)

출제개념 습구흑구온도지수(WBGT) 산출식

24년 2회 23년 3회 23년 1회 22년 2회 ✔ 회독 □□□

31 태양광선이 내리쬐는 옥외장소의 자연습구온도 20℃, 흑구온도 18℃, 건구온도 30℃일 때 습구흑구온도지수(WBGT)는?

① 20.6℃   ② 22.5℃
③ 25.0℃   ④ 28.5℃

▼

옥외의 WBGT
=0.7×(자연습구온도)+0.2×(흑구온도)+0.1×(건구온도)
=0.7×20+0.2×18+0.1×30=20.6℃

출제개념 옥외 습구흑구온도지수(WBGT) 계산

23년 1회 ✔ 회독 □□□

32 보통작업을 하고자 할 때 작업면의 최소 조도(lux)로 맞는 것은?

① 75   ② 300
③ 150   ④ 750

▼

보통작업의 조도 기준은 최소 150lux 이상이다. 작업의 종류에 따라 요구되는 조도 기준은 다음과 같다.
• 초정밀작업: 750lux 이상
• 정밀작업: 300lux 이상
• 보통작업: 150lux 이상
• 그 밖의 작업: 75lux 이상

출제개념 작업면의 조도 기준

22년 1회 ✔ 회독 □□□

33 반사경 없이 모든 방향으로 빛을 발하는 점광원에서 3m 떨어진 곳의 조도가 300lux라면 2m 떨어진 곳에서의 조도(lux)는?

① 375   ② 675
③ 875   ④ 975

▼

광도=조도×(거리)²=300lux×(3m)²=2,700cd

조도=$\dfrac{광도}{(거리)^2}$=$\dfrac{2,700}{2^2}$=675lux

출제개념 조도 계산

정답 **30** ② **31** ① **32** ③ **33** ②

34 광원으로부터 직사휘광을 처리하기 위한 방법으로 틀린 것은?

① 광원의 휘도를 줄인다.
② 가리개나 차양을 사용한다.
③ 광원을 시선에서 멀리한다.
④ 광원의 주위를 어둡게 한다.

▼
직사휘광을 줄이기 위해서는 휘광원의 주위를 밝게 해야 시야 대비를 줄일 수 있다.

출제개념 직사휘광 처리방법

35 밝은 곳에서 어두운 곳으로 갈 때 망막에 시홍이 형성되는 생리적 과정인 암조응이 발생하는데 완전 암조응(Dark Adaptation)이 발생하는 데 소요되는 시간은?

① 약 3~5분   ② 약 10~15분
③ 약 30~40분   ④ 약 60~90분

▼
눈이 어둠에 적응하는 완전한 암순응(Dark Adaptation)은 30~40분이 소요된다. 반대로 눈이 밝음에 적응하는 명순응(명조응)은 1~2분 정도 소요된다.

출제개념 암순응(암조응)

36 시각적 식별에 영향을 주는 각 요소에 대한 설명 중 틀린 것은?

① 조도는 광원의 세기를 말한다.
② 휘도는 단위 면적당 표면에 반사 또는 방출되는 광량을 말한다.
③ 반사율은 물체의 표면에 도달하는 조도와 광도의 비를 말한다.
④ 광도 대비란 표적의 광도와 배경의 광도의 차이를 배경 광도로 나눈 값을 말한다.

▼
조도는 광원의 세기가 아닌 작업면의 밝기를 말한다.

출제개념 시각적 식별 영향 요소

37 작업면상의 필요한 장소만 높은 조도를 취하는 조명은?

① 완화조명   ② 전반조명
③ 투명조명   ④ 국소조명

▼
국소조명은 작업면상의 필요한 장소만 높은 조도를 취하는 조명이다.

출제개념 조명 방식 분류

정답 **34** ④ **35** ③ **36** ① **37** ④

38 작업개선을 위하여 도입되는 원리인 ECRS에 포함되지 않는 것은?

① Combine ② Eliminate
③ Standard ④ Rearrange

▼

ECRS 4원칙에는 Eliminate(배제), Combine(결합), Rearrange(재배치), Simplify(간소화)가 있다.

출제개념 **작업개선의 4원칙(ECRS)**

39 중(重)작업의 경우 작업대의 높이로 가장 적절한 것은?

① 허리 높이보다 0~10cm 정도 낮게
② 팔꿈치 높이보다 10~20cm 정도 높게
③ 팔꿈치 높이보다 10~20cm 정도 낮게
④ 어깨 높이보다 30~40cm 정도 높게

▼

중작업은 큰 힘이 필요하므로 팔꿈치보다 낮은 작업대가 적절하다. 작업대의 높이는 팔꿈치를 기준으로 결정되며, 팔꿈치를 기준으로 작업의 종류에 따라 적절한 작업대의 높이는 다음과 같다.
• 정밀작업: 팔꿈치 높이보다 5~10cm 높게
• 일반작업: 팔꿈치 높이보다 5~10cm 낮게
• 중(重)작업: 팔꿈치 높이보다 10~20cm 낮게

출제개념 **작업대 높이 기준**

40 NIOSH Lifting Guideline에서 권장무게한계(RWL) 산출에 사용되는 계수가 아닌 것은?

① 휴식계수 ② 수직계수
③ 수평계수 ④ 비대칭계수

▼

RWL 산출에 사용되는 계수는 다음과 같다.
• LC: 최적의 환경에서 들기 작업을 할 때의 최대 허용무게(23kg)
• HM: 수평계수
• VM: 수직계수
• DM: 거리계수
• AM: 비대칭계수
• FM: 빈도계수
• CM: 커플링계수

출제개념 **권장무게한계(RWL) 산출**

정답 **38** ③ **39** ③ **40** ①

틀리라고 낸 문제

23년 1회 · 21년 2회 · ✔ 회독 ☐☐☐

01 인간공학 연구방법 중 실제의 제품이나 시스템이 추구하는 특성 및 수준이 달성되는지를 비교하고 분석하는 연구는?

① 조사연구 ② 분석연구
③ 실험연구 ④ 평가연구

간단 해설
평가연구는 실제 제품이나 시스템이 추구하는 특성 및 수준이 달성되는지를 비교하고 분석하는 연구이다.

정답 ④

25년 3회 · 24년 3회 · 21년 1회 · ✔ 회독 ☐☐☐

02 인간의 위치 동작에 있어 눈으로 보지 않고 손을 수평면상에서 움직이는 경우 짧은 거리는 지나치고, 긴 거리는 못 미치는 경향이 있는데 이를 무엇이라고 하는가?

① 사정효과(Range Effect)
② 반응효과(Reaction Effect)
③ 간격효과(Distance Effect)
④ 손동작효과(Hand Action Effect)

간단 해설
사정효과는 눈으로 보지 않고 손을 수평면상에서 움직이는 경우 짧은 거리는 지나치고 긴 거리는 못 미치는 경향을 의미한다.

정답 ①

21년 1회 · ✔ 회독 ☐☐☐

03 정신작업 부하를 측정하는 척도를 크게 4가지로 분류할 때 심박수의 변동, 뇌 전위, 동공 반응 등 정보처리에 중추신경계 활동이 관여하고 그 활동이나 징후를 측정하는 것은?

① 주관적 척도 ② 생리적 척도
③ 주 임무 척도 ④ 부 임무 척도

간단 해설
생리적 척도는 심박수의 변동, 뇌 전위, 동공 반응 등 정보처리에 중추신경계 활동이 관여하고 그 활동이나 징후를 측정하는 것이다.

정답 ②

21년 2회 · ✔ 회독 ☐☐☐

04 어떤 설비의 시간당 고장률이 일정하다고 할 때 이 설비의 고장간격은 다음 중 어떤 확률분포를 따르는가?

① t분포 ② 와이블분포
③ 지수분포 ④ 아이링(Eyring)분포

간단 해설
시간당 고장률이 일정한 경우 고장간격은 지수분포를 따른다.

정답 ③

05 감각저장으로부터 정보를 작업기억으로 전달하기 위한 코드화 분류에 해당되지 않는 것은?

① 시각코드　　　　② 촉각코드
③ 음성코드　　　　④ 의미코드

간단 해설
작업기억의 주요 코드화는 시각, 음성, 의미 코드이다.

정답 ②

06 기술개발과정에서 효율성과 위험성을 종합적으로 분석·판단할 수 있는 평가방법으로 가장 적절한 것은?

① RA(Risk Assessment)
② RM(Risk Management)
③ SA(Safety Assessment)
④ TA(Technology Assessment)

간단 해설
TA(Technology Assessment)는 기술개발과정에서 효율성과 위험성을 종합적으로 분석·판단할 수 있는 평가이다.

정답 ④

07 정보수용을 위한 작업자의 시각 영역에 대한 설명으로 옳은 것은?

① 판별시야: 안구운동만으로 정보를 주시하고 순간적으로 특정 정보를 수용할 수 있는 범위
② 유효시야: 시력, 색 판별 등의 시각 기능이 뛰어나며 정밀도가 높은 정보를 수용할 수 있는 범위
③ 보조시야: 머리 부분의 운동이 안구운동을 돕는 형태로 발생하며 무리 없이 주시가 가능한 범위
④ 유도시야: 제시된 정보의 존재를 판별할 수 있는 정도의 식별능력밖에 없지만 인간의 공간좌표 감각에 영향을 미치는 범위

간단 해설
① 판별시야는 시력, 색 판별 등의 시각 기능이 뛰어나며 정밀도가 높은 정보를 수용할 수 있는 범위이다.
② 유효시야는 안구운동만으로 정보를 주시하고 순간적으로 특정 정보를 수용할 수 있는 범위이다.
③ 보조시야는 고개를 움직여야 식별 가능한 범위 안에 들어오는 거의 식별이 불가능한 범위를 말한다.

정답 ④

인간공학 및 위험성 평가·관리

2과목 ☐ 이론 ▮ 기출

08 다음 내용의 (   ) 안에 들어갈 내용을 순서대로 정리한 것은?

> 근섬유의 수축단위는 (A)(이)라 하는데 이것은 두 가지 기본형의 단백질 필라멘트로 구성되어 있으며, (B)이/가 (C) 사이로 미끄러져 들어가는 현상으로 근육의 수축을 설명하기도 한다.

① A: 근막, B: 마이오신, C: 액틴
② A: 근막, B: 액틴, C: 마이오신
③ A: 근원섬유, B: 근막, C: 근섬유
④ A: 근원섬유, B: 액틴, C: 마이오신

간단 해설
근섬유 수축단위는 근원섬유이며, 근육 수축 시 액틴이 마이오신 사이로 들어가는 현상이다.

정답 ④

09 어떤 결함수를 분석하여 Minimal Cut Set을 구한 결과 다음과 같았다. 각 기본사상의 발생확률을 q_i = 1, 2, 3이라 할 때, 정상사상의 발생확률 함수로 맞는 것은?

> $k_1 = [1, 2]$ $k_2 = [1, 3]$ $k_3 = [2, 3]$

① $q_1 q_2 + q_1 q_3 - q_2 q_3$
② $q_2 q_3 + q_1 q_3 - q_1 q_2$
③ $q_1 q_2 + q_1 q_3 + q_2 q_3 - q_1 q_2 q_3$
④ $q_1 q_2 + q_1 q_3 + q_2 q_3 - 2 q_1 q_2 q_3$

간단 해설
$T = 1 - (1 - q_1 q_2) \times (1 - q_1 q_3) \times (1 - q_2 q_3)$
$= 1 - (1 - q_1 q_2 - q_1 q_3 + q_1 q_2 q_3) \times (1 - q_2 q_3)$
$= 1 - (1 - q_1 q_2 - q_1 q_3 + q_1 q_2 q_3 - q_2 q_3 + q_1 q_2 q_3$
$\quad + q_1 q_2 q_3 - q_1 q_2 q_3)$
$= q_1 q_2 + q_1 q_3 + q_2 q_3 - 2 q_1 q_2 q_3$

정답 ④

10 기계설비가 설계 사양대로 성능을 발휘하기 위한 적정 윤활의 원칙이 아닌 것은?

① 적량의 규정
② 주유방법의 통일화
③ 올바른 윤활법의 채용
④ 윤활 기간의 올바른 준수

간단 해설
윤활의 4원칙은 적유, 적법, 적기, 적량이다.

정답 ②

11 James Reason의 원인적 휴먼에러 종류 중 다음 설명의 휴먼에러 종류는?

> 자동차가 우측 운행하는 한국의 도로에 익숙해진 운전자가 좌측 운행을 해야 하는 일본에서 우측 운행을 하다가 교통사고를 냈다.

① 고의 사고   ② 숙련 기반 에러
③ 규칙 기반 착오   ④ 지식 기반 착오

간단 해설
규칙 기반 착오는 익숙한 규칙을 잘못 적용하여 발생하는 오류로, 주로 친숙한 상황에서 나타난다. 문제에 제시된 바와 같이 우리나라 규칙에 친숙한 운전자가 착오를 일으킨 것이 이에 해당한다. 그 외에, 숙련 기반 에러는 무의식에 의한 실수이고, 지식 기반 착오는 생소하고 특수한 상황에서 일어나는 착오를 말한다.

정답 ③

✔회독 ☐☐☐

12 설비보전을 평가하기 위한 식으로 틀린 것은?

① 성능가동률 = 속도가동률 × 정미가동률

② 시간가동률 = $\dfrac{(부하시간 - 정지시간)}{부하시간}$

③ 설비 종합효율 = 시간가동률 × 성능가동률 × 양품률

④ 정미가동률 = $\dfrac{(생산량 × 기준주기시간)}{가동시간}$

간단 해설

정미가동률 = $\dfrac{(생산량 × 실제주기시간)}{가동시간}$

정답 ④

✔회독 ☐☐☐

13 빨강, 노랑, 파랑의 3가지 색으로 구성된 교통 신호등이 있다. 신호등은 항상 3가지 색 중 하나가 켜지도록 되어 있다. 1시간 동안 조사한 결과, 파란등은 총 30분 동안, 빨간등과 노란등은 각각 총 15분 동안 켜진 것으로 나타났다. 이 신호등의 총 정보량은 몇 bit인가?

① 0.5   ② 1.0

③ 0.75   ④ 1.5

간단 해설

파란등 = $\dfrac{\log\left(\dfrac{1}{0.5}\right)}{\log 2}$ = 1bit

빨간등, 노란등 = $\dfrac{\log\left(\dfrac{1}{0.25}\right)}{\log 2}$ = 2bit

총 정보량(H) = 각 대안 정보량 × 발생확률
= (1 × 0.5) + (2 × 0.25) + (2 × 0.25)
= 1.5bit

정답 ④

✔회독 ☐☐☐

14 자동차를 생산하는 공장의 어떤 근로자가 95dB(A)의 소음수준에서 하루 8시간 작업하며 매시간 조용한 휴게실에서 20분씩 휴식을 취한다고 가정하였을 때, 8시간 시간가중평균(TWA)은? (단, 소음은 누적소음노출량 측정기로 측정하였으며, OSHA에서 정한 95dB(A)의 허용시간은 4시간이라 가정한다.)

① 약 91dB(A)   ② 약 92dB(A)

③ 약 93dB(A)   ④ 약 94dB(A)

간단 해설

시간가중평균(TWA) = $90 + 16.61 × \log\left(\dfrac{D}{100}\right)$

여기서 D는 누적소음노출량(%)이고 T는 측정시간(시간)이다.

노출시간 = (60 - 20) × 8 = 320분 ≒ 5.33시간

허용시간은 4시간이므로

$D = \left(\dfrac{5.33}{4}\right) × 100 ≒ 133\%$

따라서 TWA = $90 + 16.61 × \log\left(\dfrac{133}{100}\right) ≒ 92dB(A)$

정답 ②

---

15 다음 그림에서 명료도 지수는?

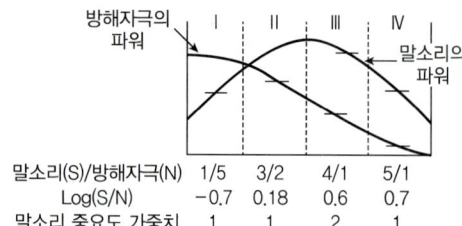

말소리(S)/방해자극(N)	1/5	3/2	4/1	5/1
Log(S/N)	−0.7	0.18	0.6	0.7
말소리 중요도 가중치	1	1	2	1

① 0.38 ② 0.68
③ 1.38 ④ 5.68

간단 해설

$$명료도지수 = \sum \left\{ \log\left(\frac{S}{N}\right) \times 가중치 \right\}$$
$$= -0.7 \times 1 + 0.18 \times 1 + 0.6 \times 2 + 0.7 \times 1$$
$$= 1.38$$

정답 ③

16 게슈탈트 심리학에서의 4가지 원리에 해당하지 않는 것은?

① 근접성 ② 유사성
③ 연속성 ④ 독립성

간단 해설

게슈탈트의 4가지 원리는 다음과 같다.
• 유사성의 법칙: 비슷한 형태, 색깔, 질감 등을 가진 요소들은 함께 묶어서 인식되는 경향
• 근접성의 법칙: 가까이 있는 요소들은 함께 묶어서 인식되는 경향
• 폐쇄성의 법칙: 불완전한 형태라도, 이미 알고 있는 형태를 바탕으로 완전한 형태로 인식하려는 경향
• 연속성의 법칙: 선이나 곡선과 같이 연속적인 요소들은 함께 묶어서 인식되는 경향

정답 ④

17 정보의 촉각적 암호화 방법으로 옳지 않은 것은?

① 크기 ② 형상
③ 촉감 ④ 무게

간단 해설

정보의 촉각적 암호화 방법이란 시각적 표시 대신 촉감을 통해 정보를 전달하는 방법으로, 촉각적 암호화 요소에는 크기, 형상, 촉감이 있다.

정답 ④

공부는 세상을 바꾸기 전에
먼저 당신 안의 세상을 바꾼다.
당신은 오늘도 작은 세계를 뒤집고 있는 중이다.

#나를위한위로 #나만의목적지

≫ 정종대쌤이 짚어주는 3과목 체크 포인트

#고득점 필수

#기계별 방호장치 암기 필수

#안전율 이해 중요

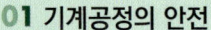

≫ 최근 5개년 개념별 출제 비중

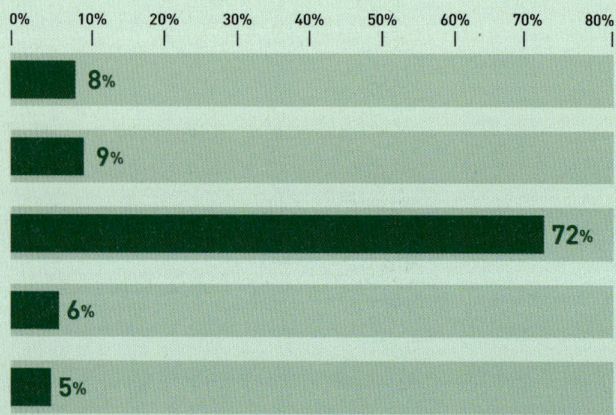

01 기계공정의 안전	8%
02 기계분야 산업재해 조사 및 관리	9%
03 기계설비 위험요인 분석	72%
04 기계안전시설 관리	6%
05 설비진단 및 검사	5%

3 과목

기계·기구 및 설비 안전관리

✔ 과목별 기출 수록!
✔ 5개년 기출 중복소거!
✔ 문항별 기출연도 표기!

핵심이론

- 01 기계공정의 안전
- 02 기계분야 산업재해 조사 및 관리
- 03 기계설비 위험요인 분석
- 04 기계안전시설 관리
- 05 설비진단 및 검사

최신 5개년 기출 (2025~2021년)

- 01 기계공정의 안전
- 02 기계분야 산업재해 조사 및 관리
- 03 기계설비 위험요인 분석
- 04 기계안전시설 관리
- 05 설비진단 및 검사
- Bonus! 틀리라고 낸 문제

CHAPTER **01**

기계공정의 안전

1 위험점

1. 위험점의 종류 **외워줘! 제발~**

▲ 협착점   ▲ 끼임점   ▲ 절단점

▲ 물림점   ▲ 접선물림점   ▲ 회전말림점

(출처: 안전보건공단)

(1) **협착점**: 왕복부분과 고정부분 사이에 생긴 위험점이다.

(2) **끼임점**: 고정부분과 회전부분 사이에서 신체가 끼이는 위험점이다.

(3) **절단점**: 회전운동하는 날 또는 예리한 부분에서 신체가 절단되는 위험점이다.

(4) **물림점**: 두 개의 회전체가 맞물릴 때 형성된 물려 들어가는 위험점이다.

(5) **접선물림점**: 회전체의 접선방향으로 물려 들어가는 위험점이다.

(6) **회전말림점**: 회전부분에 옷이나 머리카락이 말려드는 위험점이다.

2. 위험점의 5요소

(1) **함정**: 기계요소의 운동으로 트랩점이 발생한다.

(2) **충격**: 움직이는 속도에 의해서 사람에게 상해가 발생한다.

(3) **접촉**: 위험요소와 사람이 접촉하여 상해 위험이 발생한다.

(4) **말림, 얽힘**: 기계요소나 가공물에 말려드는 위험을 말한다.

(5) **튀어나옴**: 기계요소와 가공재가 튀어나오는 위험을 말한다.

 빈출 기출문제

〈보기〉와 같은 기계요소가 단독으로 발생시키는 위험점은?

─〈 보기 〉─
밀링커터, 둥근톱날

① 협착점   ② 끼임점   ③ 절단점   ④ 물림점

해설 밀링커터와 둥근톱날처럼 회전하며 절삭하는 도구는 절단의 위험이 있으며, 회전운동 부분 자체에서 발생하는 위험점인 절단점이 형성된다.

정답 ③

CHAPTER 02 기계분야 산업재해 조사 및 관리

핵심 키워드 안전인증대상, 자율안전확인대상, 작업시작 전 점검사항

☑ **외워줘! 제발~**은 필수적으로 암기해야 하는 내용을 표시한 부분으로, 시간이 부족한 학습자는 이 내용 위주로 효율적으로 공부하고, 부록 '필수 암기노트'에 내용을 한 번 더 정리해 두었으니 시험 당일 들고 가서 활용하자!

☑ **형광펜**은 시험에 자주 나온 개념으로 2~3배로 꼼꼼히 암기하자! 특히, 시험 직전에는 **외워줘! 제발~**과 **형광펜**만 모아 빠르게 학습하자!

☑ 빈출 기출문제는 시험에 자주 출제되는 문제로, 관련 개념까지 확실하게 익혀두자!

1 안전인증대상 기계·기구 등 **외워줘! 제발~**

1. 안전인증대상 기계·기구 및 설비

(1) 프레스
(2) 전단기 및 절곡기
(3) 크레인
(4) 리프트
(5) 압력용기
(6) 롤러기
(7) 사출성형기
(8) 고소작업대
(9) 곤돌라

 정종대쌤의 암기 팁

양중기에 프레스 싣고 고기잡으러 가자!

양중기(크레인, 리프트, 곤돌라)
프레스(전단기 및 절곡기, 사출성형기)
고(고소작업대)
잡(압력용기)

2. 안전인증대상 방호장치

(1) 프레스 및 전단기 방호장치
(2) 양중기용 과부하방지장치
(3) 보일러 압력방출용 안전밸브
(4) 압력용기 압력방출용 안전밸브
(5) 압력용기 압력방출용 파열판
(6) 절연용 방호구 및 활선작업용 기구
(7) 방폭구조 전기기계·기구 및 부품

(8) 추락 · 낙하 및 붕괴 등의 위험방지 및 보호에 필요한 가설기자재

(9) 충돌 · 협착 등의 위험방지에 필요한 산업용 로봇 방호장치

3. 안전인증대상 보호구

(1) 추락 및 감전 위험방지용 안전모   (2) 안전화

(3) 안전장갑   (4) 방진마스크

(5) 방독마스크   (6) 송기마스크

(7) 전동식 호흡보호구   (8) 보호복

(9) 안전대   (10) 차광 및 비산물 위험방지용 보안경

(11) 용접용 보안면   (12) 방음용 귀마개 또는 귀덮개

 빈출 기출문제

산업안전보건법령상 안전인증대상 기계 · 기구 및 설비가 아닌 것은?

① 연삭기   ② 롤러기   ③ 압력용기   ④ 고소작업대

해설   안전인증대상 기계 · 기구에는 롤러기, 압력용기, 고소작업대가 포함되어 있으며, 연삭기는 포함되지 않는다.

정답   ①

4. 안전인증대상 기계 · 기구 등의 안전인증 표시

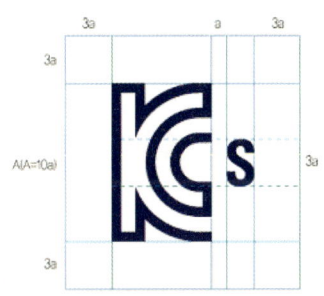

 빈출 기출문제

다음 중 「산업안전보건법」상 안전인증대상 기계 · 기구 등의 안전인증 표시로 옳은 것은?

①    ②    ③    ④

해설   안전인증대상 기계 · 기구 등의 안전인증 표시는 KCS 마크이다.

정답   ①

② 자율안전확인대상 기계 · 기구 등 외워줘! 제발~

1. 자율안전확인대상 기계 · 기구 및 설비

    (1) 연삭기 또는 연마기(휴대형 제외)

    (2) 산업용 로봇

    (3) 혼합기

    (4) 파쇄기 또는 분쇄기

    (5) 식품가공용 기계(파쇄 · 절단 · 혼합 · 제면기만 해당)

    (6) 컨베이어

    (7) 자동차정비용 리프트

    (8) 공작기계(선반, 드릴기, 평삭 · 형삭기, 밀링만 해당)

    (9) 고정형 목재가공용 기계(둥근톱, 대패, 루타기, 띠톱, 모떼기 기계만 해당)

    (10) 인쇄기

2. 자율안전확인대상 방호장치

    (1) 아세틸렌 용접장치용 또는 가스집합 용접장치용 안전기

    (2) 교류아크용접기용 자동전격방지기

    (3) 롤러기 급정지장치

    (4) 연삭기 덮개

    (5) 목재 가공용 둥근톱 반발예방장치와 날접촉 예방장치

    (6) 동력식 수동대패용 칼날접촉 방지장치

    (7) 추락 · 낙하 및 붕괴 등의 위험방지 및 보호에 필요한 가설기자재

3. 자율안전확인대상 보호구

    (1) 안전모

    (2) 보안경

    (3) 보안면

③ 안전검사대상 기계 · 기구 및 설비

    (1) 프레스

    (2) 전단기

    (3) 크레인(정격하중 2톤 미만인 것 제외)

    (4) 리프트

    (5) 압력용기

    (6) 곤돌라

    (7) 국소배기장치(이동식 제외)

(8) 원심기(산업용만 해당)

(9) 롤러기(밀폐형 구조 제외)

(10) 사출성형기(형 체결력 294KN 미만 제외)

(11) 고소작업대(화물자동차 또는 특수자동차에 탑재한 고소작업대 한정)

(12) 컨베이어

(13) 산업용 로봇

(14) 혼합기

(15) 파쇄기 또는 분쇄기

 정종대쌤의 암기 팁

안전인증대상 기계+(국소배기장치, 원심기, 컨베이어, 산업용 로봇, 혼합기, 파쇄기 또는 분쇄기)

4 작업시작 전 점검사항

작업의 종류	점검내용
1. 프레스 등을 사용하여 작업을 할 때	가. 클러치 및 브레이크의 기능 나. 크랭크축·플라이휠·슬라이드·연결봉 및 연결 나사의 풀림 여부 다. 1행정 1정지기구·급정지장치 및 비상정지장치의 기능 라. 슬라이드 또는 칼날에 의한 위험방지기구의 기능 마. 프레스의 금형 및 고정볼트 상태 바. 방호장치의 기능 사. 전단기의 칼날 및 테이블의 상태
2. 로봇의 작동범위에서 그 로봇에 관하여 교시 등의 작업을 할 때	가. 외부 전선의 피복 또는 외장의 손상 유무 나. 매니퓰레이터 작동의 이상 유무 다. 제동장치 및 비상정지장치의 기능
3. 공기압축기를 가동할 때	가. 공기저장 압력용기의 외관 상태 나. 드레인밸브(Drain Valve)의 조작 및 배수 다. 압력방출장치의 기능 라. 언로드밸브(Unloading Valve)의 기능 마. 윤활유의 상태 바. 회전부의 덮개 또는 울 사. 그 밖의 연결 부위의 이상 유무
4. 크레인을 사용하여 작업을 할 때	가. 권과방지장치·브레이크·클러치 및 운전장치의 기능 나. 주행로의 상측 및 트롤리(Trolley)가 횡행하는 레일의 상태 다. 와이어로프가 통하고 있는 곳의 상태
5. 이동식 크레인을 사용하여 작업을 할 때	가. 권과방지장치나 그 밖의 경보장치의 기능 나. 브레이크·클러치 및 조정장치의 기능 다. 와이어로프가 통하고 있는 곳 및 작업장소의 지반상태

6. 리프트를 사용하여 작업을 할 때	가. 방호장치·브레이크 및 클러치의 기능 나. 와이어로프가 통하고 있는 곳의 상태
7. 곤돌라를 사용하여 작업을 할 때	가. 방호장치·브레이크의 기능 나. 와이어로프·슬링와이어(Sling Wire) 등의 상태
8. 양중기의 와이어로프·달기체인·섬유로프·섬유벨트 또는 훅·샤클·링 등의 철구를 사용하여 고리걸이 작업을 할 때	와이어로프 등의 이상 유무
9. 지게차를 사용하여 작업을 할 때	가. 제동장치 및 조종장치 기능의 이상 유무 나. 하역장치 및 유압장치 기능의 이상 유무 다. 바퀴의 이상 유무 라. 전조등·후미등·방향지시기 및 경보장치 기능의 이상 유무
10. 구내운반차를 사용하여 작업을 할 때	가. 제동장치 및 조종장치 기능의 이상 유무 나. 하역장치 및 유압장치 기능의 이상 유무 다. 바퀴의 이상 유무 라. 전조등·후미등·방향지시기 및 경음기 기능의 이상 유무 마. 충전장치를 포함한 홀더 등의 결합상태의 이상 유무
11. 고소작업대를 사용하여 작업을 할 때	가. 비상정지장치 및 비상하강 방지장치 기능의 이상 유무 나. 과부하방지장치의 작동 유무(와이어로프 또는 체인구동방식의 경우) 다. 아웃트리거 또는 바퀴의 이상 유무 라. 작업면의 기울기 또는 요철 유무 마. 활선작업용 장치의 경우 홈·균열·파손 등 그 밖의 손상 유무
12. 화물자동차를 사용하는 작업을 할 때	가. 제동장치 및 조종장치의 기능 나. 하역장치 및 유압장치의 기능 다. 바퀴의 이상 유무
13. 컨베이어 등을 사용하여 작업을 할 때	가. 원동기 및 풀리(Pulley) 기능의 이상 유무 나. 이탈 등의 방지장치 기능의 이상 유무 다. 비상정지장치 기능의 이상 유무 라. 원동기·회전축·기어 및 풀리 등의 덮개 또는 울 등의 이상 유무
14. 차량계 건설기계를 사용하여 작업을 할 때	브레이크 및 클러치 등의 기능
14의2. 용접·용단 작업 등의 화재위험작업을 할 때	가. 작업 준비 및 작업 절차 수립 여부 나. 화기작업에 따른 인근 가연성 물질에 대한 방호조치 및 소화기구 비치 여부 다. 용접불티 비산방지덮개 또는 용접방화포 등 불꽃·불티 등의 비산을 방지하기 위한 조치 여부 라. 인화성 액체의 증기 또는 인화성 가스가 남아 있지 않도록 하는 환기조치 여부 마. 작업근로자에 대한 화재예방 및 피난교육 등 비상조치 여부
15. 이동식 방폭구조 전기기계·기구를 사용할 때	전선 및 접속부 상태

16. 근로자가 반복하여 계속적으로 중량물을 취급하는 작업을 할 때	가. 중량물 취급의 올바른 자세 및 복장 나. 위험물이 날아 흩어짐에 따른 보호구의 착용 다. 카바이드·생석회(산화칼슘) 등과 같이 온도상승이나 습기에 의하여 위험성이 존재하는 중량물의 취급방법 라. 그 밖에 하역운반기계 등의 적절한 사용방법
17. 양화장치를 사용하여 화물을 싣고 내리는 작업을 할 때	가. 양화장치의 작동상태 나. 양화장치에 제한하중을 초과하는 하중을 실었는지 여부
18. 슬링 등을 사용하여 작업을 할 때	가. 훅이 붙어 있는 슬링·와이어슬링 등이 매달린 상태 나. 슬링·와이어슬링 등의 상태

 빈출 기출문제

공기압축기의 방호장치가 아닌 것은?

① 언로드밸브 ② 압력방출장치
③ 수봉식 안전기 ④ 회전부의 덮개

해설 수봉식 안전기는 아세틸렌 용접장치 또는 가스집합 용접장치의 방호장치이다.

정답 ③

CHAPTER **03**

기계설비 위험요인 분석

핵심 키워드 칩 브레이커, 연삭숫돌 덮개 노출각도, 플랜지, 프레스 방호장치, 안전거리, 급정지장치, 원주속도, 개구부의 간격, 안전기, 압력방출장치, 분할날, 안정도, 와이어로프

☑ **외워줘! 제발~**은 필수적으로 암기해야 하는 내용을 표시한 부분으로, 시간이 부족한 학습자는 이 내용 위주로 효율적으로 공부하고, 부록 '필수 암기노트'에 내용을 한 번 더 정리해 두었으니 시험 당일 들고 가서 활용하자!

☑ **형광펜**은 시험에 자주 나온 개념으로 2~3배로 꼼꼼히 암기하자! 특히, 시험 직전에는 **외워줘! 제발~**과 **형광펜**만 모아 빠르게 학습하자!

☑ 빈출 기출문제는 시험에 자주 출제되는 문제로, 관련 개념까지 확실하게 익혀두자!

1 선반

1. 안전조치 **외워줘! 제발~**

(1) 바이트에 칩 브레이커를 사용한다.

(2) 작업 시 장갑 사용을 금지한다.

(3) 스핀들은 가능한 한 짧게 나오도록 한다.

(4) 돌출부가 있을 경우 덮개(Shield)를 사용한다.

(5) 가공물의 길이가 지름의 12배 이상일 때는 방진구를 사용한다.

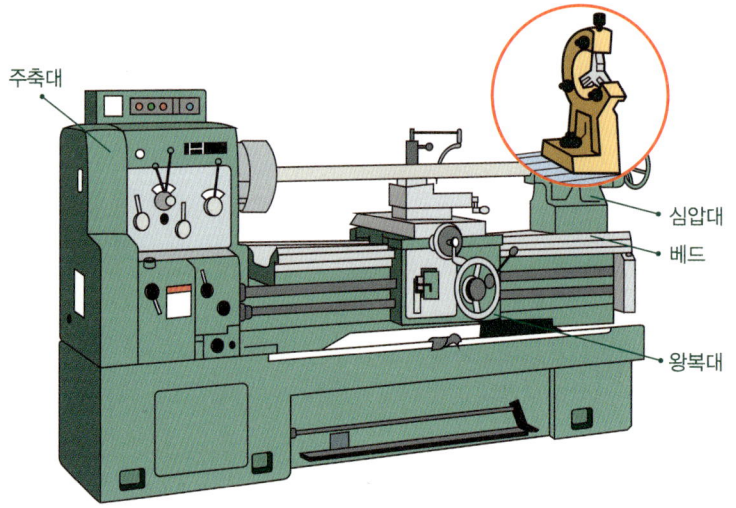

▲ 선반 및 방진구

❷ 연삭기

1. 안전수칙 `외워줘! 제발~`

(1) 직경이 5cm 이상인 숫돌에 덮개를 설치해야 한다.

(2) 작업시작 전 1분, 숫돌 교체 후 3분 이상 시운전해야 한다.

(3) 작업시작 전에 결함 유무를 확인해야 한다.

(4) 최고 사용회전속도를 초과하지 않아야 한다.

(5) 측면사용 연삭숫돌 외의 연삭숫돌은 측면사용하지 않아야 한다.

(6) 연삭분 비산을 막기 위한 투명비산방지판을 사용해야 한다.

(7) 작업대와 숫돌과의 간격을 3mm 이하로 유지해야 한다.

(8) 덮개와 숫돌과의 간격을 3~10mm 정도로 유지해야 한다.

2. 숫돌의 덮개 노출각도 `외워줘! 제발~`

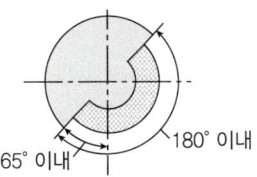

(1) 원통연삭기, 센터리스연삭기, 공구연삭기, 만능연삭기, 기타 이와 비슷한 연삭기

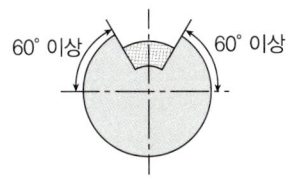

(2) 연삭숫돌의 상부를 사용하는 것을 목적으로 하는 탁상용 연삭기

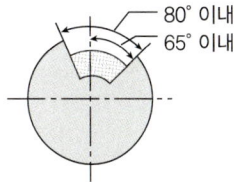

(3) (2) 및 (6) 이외의 탁상용 연삭기, 기타 이와 유사한 연삭기

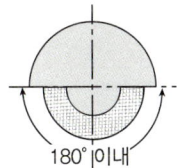

(4) 휴대용 연삭기, 스윙연삭기, 슬라브 연삭기, 기타 이와 비슷한 연삭기

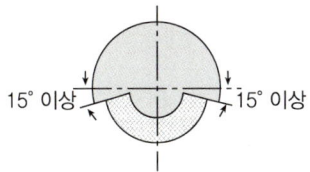

(5) 평면연삭기, 절단연삭기, 기타 이와 비슷한 연삭기

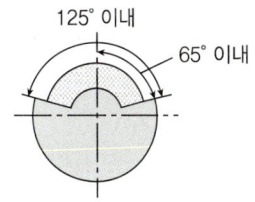

(6) 일반 연삭 작업 등에 사용하는 것을 목적으로 하는 탁상용 연삭기

3. 숫돌의 파괴원인 `외워줘! 제발~`

(1) 플랜지가 너무 작은 경우 → 최소 **숫돌 지름의 1/3 이상**이어야 한다.

(2) 균열이 있는 숫돌을 사용한 경우

(3) 최고사용속도를 초과한 경우

(4) 측면을 사용한 경우

연삭기에서 숫돌의 바깥지름이 180mm일 경우 숫돌 고정용 평형 플랜지의 지름으로 적합한 것은?

① 30mm 이상   ② 40mm 이상   ③ 50mm 이상   ④ 60mm 이상

해설 플랜지의 지름은 숫돌 지름의 $\frac{1}{3}$ 이상인 것이 적당하므로 $\frac{180mm}{3}$ =60mm 이상이 적합하다.

정답 ④

③ 프레스

1. 방호장치

종류 외워줘! 제발~	분류 외워줘! 제발~	기능
광전자식	A-1	프레스 또는 전단기에서 일반적으로 많이 활용하고 있는 형태로, 투광부, 수광부, 컨트롤 부분으로 구성되어 신체 일부가 광선을 차단하면 기계를 급정지시키는 방호장치
	A-2	급정지기능이 없는 프레스의 클러치 개조를 통해 광선 차단 시 급정지시킬 수 있도록 한 방호장치
양수조작식	B-1 (유·공압 밸브식)	1행정 1정지식 프레스에 사용되는 것으로, 양손으로 동시에 조작하지 않으면 기계가 동작하지 않으며, 한 손이라도 떼어내면 기계를 정지시키는 방호장치
	B-2 (전기버튼식)	
가드식	C	가드가 열려 있는 상태에서는 기계의 위험 부분이 동작하지 않고 기계가 위험한 상태일 때에는 가드를 열 수 없도록 한 방호장치
손쳐내기식	D	슬라이드의 작동에 연동시켜 위험 상태가 되기 전에 위험영역에서 손을 밀어내거나 쳐내는 방호장치로서 프레스용으로 확동식 클러치형 프레스에 한해서 사용되는 방호장치 (다만, 광전자식 또는 양수조작식과 이중으로 설치 시에는 급정지 가능 프레스에 사용 가능)
수인식	E	슬라이드와 작업자 손을 끈으로 연결하여 슬라이드 하강 시 작업자 손을 당겨 위험영역에서 빼낼 수 있도록 한 방호장치로서 프레스용으로 확동식 클러치형 프레스에 한해서 사용되는 방호장치 (다만, 광전자식 또는 양수조작식과 이중으로 설치 시에는 급정지 가능 프레스에 사용 가능)

(1) 광전자식 방호장치 외워줘! 제발~

① 정상동작표시램프는 녹색, 위험표시램프는 붉은색으로 하며, 근로자가 쉽게 볼 수 있는 곳에 설치해야 한다.

② 슬라이드 하강 중 정전 또는 방호장치의 이상 시에 정지할 수 있는 구조여야 한다.

③ 방호장치는 릴레이, 리미트 스위치 등의 전기부품의 고장, 전원전압의 변동 및 정전에 의해 슬라이드가 불시에 동작하지 않아야 하며, 사용전원전압의 ±20%의 변동에 대하여 정상으로 작동되어야 한다.

(2) 양수조작식 방호장치 외워줘! 제발~

① 정상동작표시등은 녹색, 위험표시등은 붉은색으로 하며, 근로자가 쉽게 볼 수 있는 곳에 설치해야 한다.

② 슬라이드 하강 중 정전 또는 방호장치의 이상 시에 정지할 수 있는 구조여야 한다.

③ 방호장치는 릴레이, 리미트 스위치 등의 전기부품의 고장, 전원전압의 변동 및 정전에 의해 슬라이드가 불시에 동작하지 않아야 하며, 사용전원전압의 ±20%의 변동에 대하여 정상으로 작동되어야 한다.

④ 1행정 1정지 기구에 사용할 수 있어야 한다.

⑤ 누름버튼을 양손으로 동시에 조작하지 않으면 작동시킬 수 없는 구조이어야 하며, 양쪽버튼의 작동시간 차이는 최대 0.5초 이내일 때 프레스가 동작하도록 해야 한다.

⑥ 1행정마다 누름버튼에서 양손을 떼지 않으면 다음 작업의 동작을 할 수 없는 구조이어야 한다.

⑦ 램의 하행정중 버튼(레버)에서 손을 뗄 시 정지하는 구조이어야 한다.

⑧ 누름버튼의 상호 간 내측거리는 300mm 이상이어야 한다.

⑨ 누름버튼(레버 포함)은 매립형의 구조이어야 한다.

(3) 게이트 가드식 방호장치 외워줘! 제발~

① 가드는 금형의 착탈이 용이하도록 설치해야 한다.

② 가드의 용접 부위는 완전 용착되고 면이 깨끗해야 한다.

③ 가드에 인체가 접촉하여 손상될 우려가 있는 곳은 부드러운 고무 등을 부착해야 한다.

④ 게이트 가드 방호장치는 가드가 열린 상태에서 슬라이드를 동작시킬 수 없고, 또한 슬라이드 작동 중에는 게이트 가드를 열 수 없어야 한다.

⑤ 게이트 가드 방호장치에 설치된 슬라이드 동작용 리미트 스위치는 신체의 일부나 재료 등의 접촉을 방지할 수 있는 구조이어야 한다.

⑥ 가드의 닫힘으로 슬라이드의 기동신호를 알리는 구조의 것은 닫힘을 표시하는 표시램프를 설치해야 한다.

⑦ 수동으로 가드를 닫는 구조의 것은 가드의 닫힘 상태를 유지하는 기계적 잠금장치를 작동한 후가 아니면 슬라이드 기동이 불가능한 구조이어야 한다.

(4) 손쳐내기식 방호장치 **외워줘! 제발~**

① 슬라이드 하행정거리의 3/4 위치에서 손을 완전히 밀어내야 한다.

② 손쳐내기봉의 행정(Stroke) 길이를 금형의 높이에 따라 조정할 수 있고 진동폭은 금형 폭 이상이어야 한다.

③ 방호판과 손쳐내기봉은 경량이면서 충분한 강도를 가져야 한다.

④ 방호판의 폭은 금형 폭의 1/2 이상이어야 하고, 행정길이가 300mm 이상의 프레스 기계에는 방호판 폭을 300mm로 해야 한다.

⑤ 손쳐내기봉은 손 접촉 시 충격을 완화할 수 있는 완충재를 부착해야 한다.

⑥ 부착볼트 등의 고정금속 부분은 예리하게 돌출되지 않아야 한다.

(5) 수인식 방호장치

① 손목밴드(Wrist Band)의 재료는 유연한 내유성 피혁 또는 이와 동등한 재료를 사용해야 한다.

② 손목밴드는 착용감이 좋으며 쉽게 착용할 수 있는 구조이어야 한다.

③ 수인끈의 재료는 합성섬유로 직경이 4mm 이상이어야 한다.

④ 수인끈은 작업자와 작업공정에 따라 그 길이를 조정할 수 있어야 한다.

⑤ 수인끈의 안내통은 끈의 마모와 손상을 방지할 수 있는 조치를 해야 한다.

⑥ 각종 레버는 경량이면서 충분한 강도를 가져야 한다.

⑦ 수인량의 시험은 수인량이 링크에 의해 조정될 수 있도록 해야 하며 금형으로부터 위험한계 밖으로 당길 수 있는 구조이어야 한다.

빈출 기출문제

프레스 방호장치 중 수인식 방호장치의 일반구조에 대한 사항으로 틀린 것은?

① 수인끈의 재료는 합성섬유로 지름이 4mm 이상이어야 한다.
② 수인끈의 길이는 작업자에 따라 임의로 조정할 수 없도록 해야 한다.
③ 수인끈의 안내통은 끈의 마모와 손상을 방지할 수 있는 조치를 해야 한다.
④ 손목밴드(Wrist Band)의 재료는 유연한 내유성 피혁 또는 이와 동등한 재료를 사용해야 한다.

해설 수인끈의 길이는 작업자에 따라 임의로 조정할 수 있도록 해야 한다.

정답 ②

2. 프레스 작업 시 안전수칙

(1) 금형의 부착, 해체, 조정 작업 시 안전블록을 사용할 것

(2) 페달에 U자형 덮개를 설치할 것

3. NO HAND IN DIE 방식

(1) 안전울 부착프레스

(2) 안전금형 부착프레스

(3) 전용프레스

(4) 자동프레스

4. 안전거리 외워줘! 제발~

(1) 광전자식 및 양수조작식

$$안전거리(D) = 1.6T$$

(＊ D: 안전거리(mm), T: 시간(ms))

(2) 양수기동식

$$안전거리(D) = 1.6T = 1.6 \times \left(\frac{1}{2} + \frac{1}{n}\right) \times \frac{60,000}{spm}$$

(＊ n: 클러치 맞물림 개수, spm: 매분 행정수)

빈출 기출문제

광전자식 방호장치의 광선에 신체의 일부가 감지된 후로부터 급정지기구가 작동개시하기까지의 시간이 40ms이고, 광축의 최소설치거리(안전거리)가 200mm일 때 급정지기구가 작동개시한 때로부터 프레스기의 슬라이드가 정지될 때까지의 시간은 약 몇 ms인가?

① 60ms   ② 85ms   ③ 105ms   ④ 130ms

해설   광전자식 및 양수조작식 안전거리(D) = 1.6T = 1.6 × (T1 + T2)

      D = 200mm, T1 = 40ms, T2 = ?

      200mm = 1.6 × (40ms + T2)

$$(40ms + T2) = \frac{200}{1.6} = 125$$

      T2 = 125 − 40 = 85ms

정답   ②

4 롤러기

1. 방호장치

(1) 급정지장치의 설치 외워줘! 제발~

① 손조작식: 밑면에서 1.8m 이내에 설치해야 한다.

② 복부조작식: 밑면에서 0.8m 이상 1.1m 이내에 설치해야 한다.

③ 무릎조작식: 밑면에서 0.6m 이내에 설치해야 한다.

(2) 원주속도와 급정지거리 외워줘! 제발~

① 30m/min 미만: 급정지거리는 롤러 원주의 1/3 이내이어야 한다.

② 30m/min 이상: 급정지거리는 롤러 원주의 1/2.5 이내이어야 한다.

2. 롤러기의 가드 설치 시 개구부의 간격 외워줘! 제발~

(1) 비전동체

$$Y = 6 + 0.15X$$

(* Y(mm): 개구간격, X(mm): 가드와 위험구역과의 이격거리)

(2) 전동체

$$Y = 6 + 0.1X$$

⑤ 원심기 및 분쇄기 등

1. 정비 등의 작업 시 운전 정지

원심기 또는 분쇄기 등으로부터 내용물을 꺼내거나 원심기 또는 분쇄기 등의 정비·청소·검사·수리 또는 그 밖에 이와 유사한 작업을 하는 경우에 그 기계의 운전을 정지하여야 한다.

2. 최고사용회전수의 초과 사용금지

원심기의 최고사용회전수를 초과하여 사용해서는 아니 된다.

⑥ 아세틸렌 용접장치

1. 압력의 제한 외워줘! 제발~

아세틸렌 용접장치를 사용하여 금속의 용접·용단 또는 가열 작업을 하는 경우에는 게이지 압력이 127kPa을 초과하는 압력의 아세틸렌을 발생시켜 사용해서는 아니 된다.

2. 발생기실의 설치조건

(1) 아세틸렌 용접장치의 아세틸렌 발생기를 설치하는 경우에는 전용의 발생기실에 설치하여야 한다.
(2) 발생기실은 건물의 최상층에 위치하여야 하며, 화기를 사용하는 설비로부터 3m를 초과하는 장소에 설치하여야 한다.
(3) 발생기실을 옥외에 설치한 경우에는 그 개구부를 다른 건축물로부터 1.5m 이상 떨어지도록 하여야 한다.

3. 발생기실 설치 시 준수사항 외워줘! 제발~

(1) 벽은 불연성 재료로 하고 철근 콘크리트 또는 그 밖에 이와 같은 수준이거나 그 이상의 강도를 가진 구조로 하여야 한다.
(2) 지붕과 천장에는 얇은 철판이나 가벼운 불연성 재료를 사용하여야 한다.
(3) 바닥면적의 1/16 이상의 단면적을 가진 배기통을 옥상으로 돌출시키고 그 개구부를 창이나 출입구로부터 1.5m 이상 떨어지도록 하여야 한다.

(4) 출입구의 문은 불연성 재료로 하고 두께 1.5mm 이상의 철판이나 그 밖에 그 이상의 강도를 가진 구조로 하여야 한다.

(5) 벽과 발생기 사이에는 발생기의 조정 또는 카바이드 공급 등의 작업을 방해하지 않도록 간격을 확보하여야 한다.

4. 안전기 설치조건 `외워줘! 제발~`

(1) 아세틸렌 용접장치의 취관마다 안전기를 설치하여야 한다.
(다만, 주관 및 취관에 가장 가까운 분기관마다 안전기를 부착한 경우에는 그러하지 아니하다.)

(2) 가스용기가 발생기와 분리되어 있는 아세틸렌 용접장치에 대하여 발생기와 가스용기 사이에 안전기를 설치하여야 한다.

5. 아세틸렌 용접장치 사용 시 준수사항 `외워줘! 제발~`

(1) 발생기의 종류, 형식, 제작업체명, 매 시 평균 가스발생량 및 1회 카바이드 공급량을 발생기실 내의 보기 쉬운 장소에 게시하여야 한다(이동식 아세틸렌 용접장치의 발생기 제외).

(2) 발생기실에는 관계 근로자가 아닌 사람이 출입하는 것을 금지하여야 한다.

(3) 발생기에서 5m 이내 또는 발생기실에서 3m 이내의 장소에서는 흡연, 화기의 사용 또는 불꽃이 발생할 위험한 행위를 금지시켜야 한다.

(4) 도관에는 산소용과 아세틸렌용의 혼동을 방지하기 위한 조치를 하여야 한다.

(5) 아세틸렌 용접장치의 설치장소에는 소화설비를 갖춰야 한다.

(6) 이동식 아세틸렌 용접장치의 발생기는 고온의 장소, 통풍이나 환기가 불충분한 장소 또는 진동이 많은 장소 등에 설치하지 않도록 하여야 한다.

7 가스집합 용접장치 `외워줘! 제발~`

1. 가스집합장치의 위험방지

화기를 사용하는 설비로부터 5m 이상 떨어진 장소에 설치하여야 한다.

2. 가스집합 용접장치의 배관 시 준수사항

(1) 플랜지·밸브·콕 등의 접합부에는 개스킷을 사용하여야 한다.

(2) 주관 및 분기관에는 안전기를 설치하여야 한다(하나의 취관에 2개 이상의 안전기를 설치하여야 함).

3. 구리의 사용 제한

용해아세틸렌의 가스집합 용접장치의 배관 및 부속기구는 구리 또는 구리 함유량이 70% 이상인 합금을 사용하여서는 아니 된다.

8 보일러

1. 압력방출장치 `외워줘! 제발~`

(1) 보일러의 안전한 가동을 위하여 보일러 규격에 맞는 압력방출장치를 1개 또는 2개 이상 설치하고 최고사용압력 이하에서 작동되도록 하여야 한다.

(다만, 압력방출장치가 2개 이상 설치된 경우에는 최고사용압력 이하에서 1개가 작동되고, 다른 압력방출장치는 최고사용압력 1.05배 이하에서 작동되도록 부착하여야 한다.)

(2) 압력방출장치는 매년 1회 이상 산업통상자원부장관의 지정을 받은 국가교정업무 전담기관에서 교정을 받은 압력계를 이용하여 설정압력에서 압력방출장치가 적정하게 작동하는지를 검사한 후 납으로 봉인하여 사용하여야 한다.

(다만, 공정안전보고서 제출 대상으로서 고용노동부장관이 실시하는 공정안전보고서 이행상태 평가 결과가 우수한 사업장은 압력방출장치에 대하여 4년마다 1회 이상 설정압력에서 압력방출장치가 적정하게 작동하는지를 검사할 수 있다.)

2. 압력제한 스위치 `외워줘! 제발~`

보일러의 과열을 방지하기 위하여 최고사용압력과 상용압력 사이에서 보일러의 버너 연소를 차단할 수 있도록 압력제한 스위치를 부착하여 사용하여야 한다.

3. 고저수위 조절장치

고저수위 조절장치의 동작상태를 작업자가 쉽게 감시하도록 하기 위하여 고저수위지점을 알리는 경보등·경보음장치 등을 설치하여야 하며, 자동으로 급수되거나 단수되도록 설치하여야 한다.

4. 폭발위험의 방지 `외워줘! 제발~`

보일러의 폭발 사고를 예방하기 위하여 압력방출장치, 압력제한 스위치, 고저수위 조절장치, 화염 검출기 등의 기능이 정상적으로 작동될 수 있도록 유지·관리하여야 한다.

5. 최고사용압력의 표시 등

압력용기 등을 식별할 수 있도록 하기 위하여 그 압력용기 등의 최고사용압력, 제조연월일, 제조회사명 등이 지워지지 않도록 각인 표시된 것을 사용하여야 한다.

6. 보일러의 이상현상

(1) 포밍(=물거품솟음): 보일러수 중에 유지류, 용해 고형물, 부유물 등에 의해 보일러 수면에 거품이 생겨 올바른 수위를 판단하지 못하는 현상이다.

(2) 프라이밍(=비수 현상): 보일러 부하의 급변, 수위 상승 등에 의해 수분이 증기와 분리되지 않아 보일러 수면이 심하게 솟아올라 올바른 수위를 판단하지 못하는 현상이다.

(3) 캐리오버(=기수 공발): 프라이밍이나 포밍 현상 등으로 인해 고형분이나 수분 등이 증기와 함께 보일러 밖으로 운반되는 현상으로, 워터 해머의 원인이 된다.

(4) 워터 해머(=수격작용): 급격히 밸브를 개폐하는 경우에 고여 있던 응축수가 고온·고압의 증기에 이끌려 배관을 강하게 치는 현상으로 배관 파열을 초래한다.

🔟 산업용 로봇

1. 작업 지침의 수립 및 이행 `외워줘! 제발~`

산업용 로봇의 작동범위에서 해당 로봇에 대하여 교시 등의 작업을 하는 경우에는 해당 로봇의 예기치 못한 작동 또는 오조작에 의한 위험을 방지하기 위하여 다음의 조치를 수립하고 이행하여야 한다.

(1) 로봇의 조작방법 및 순서

(2) 작업 중의 매니퓰레이터의 속도

(3) 2명 이상의 근로자에게 작업을 시킬 경우의 신호방법

(4) 이상을 발견한 경우의 조치

(5) 이상을 발견하여 로봇의 운전을 정지시킨 후 이를 재가동시킬 경우의 조치

(6) 그 밖에 로봇의 예기치 못한 작동 또는 오조작에 의한 위험을 방지하기 위하여 필요한 조치

2. 상황별 조치

(1) **이상 시 조치:** 작업에 종사하고 있는 근로자 또는 그 근로자를 감시하는 사람은 이상을 발견하면 즉시 로봇의 운전을 정지시키기 위한 조치를 하여야 한다.

(2) **작업 중 조치:** 작업하는 동안 로봇의 기동스위치 등에 작업 중이라는 표시를 하는 등 작업에 종사하고 있는 근로자가 아닌 사람이 그 스위치 등을 조작할 수 없도록 필요한 조치를 하여야 한다.

(3) **운전 중 위험방지 조치:** 로봇의 운전으로 인하여 근로자에게 발생할 수 있는 부상 등의 위험을 방지하기 위하여 높이 1.8m 이상의 울타리를 설치하여야 하며, 컨베이어 시스템의 설치 등으로 울타리를 설치할 수 없는 일부 구간에 대해서는 안전매트 또는 광전자식 방호장치 등 감응형 방호장치를 설치하여야 한다. `외워줘! 제발~`

(4) **수리 등 작업 시 조치:** 로봇의 작동범위에서 해당 로봇의 수리·검사·조정·청소·급유 또는 결과에 대한 확인 작업을 하는 경우에는 해당 로봇의 운전을 정지함과 동시에 그 작업을 하는 동안 로봇의 기동스위치를 열쇠로 잠근 후 열쇠를 별도 관리하거나 해당 로봇의 기동스위치에 작업 중이란 내용의 표지판을 부착하는 등 해당 작업에 종사하고 있는 근로자가 아닌 사람이 해당 기동스위치를 조작할 수 없도록 필요한 조치를 하여야 한다.

🔟 목재 가공용 기계 `외워줘! 제발~`

1. 방호장치

(1) **톱날접촉 예방장치**(=덮개)

(2) **분할날 등 반발예방장치**: 분할날, 반발방지롤러, 반발방지조, 보조안내판이 있다.

2. 분할날의 설치기준

(1) 두께는 **톱날 두께의 1.1배 이상, 치진폭 이하**여야 한다.

(2) 설치 위치는 **톱날로부터 12mm 이내에 설치**하여야 한다.

(3) 길이는 **톱날 후면날의 2/3 이상**을 덮어야 한다.

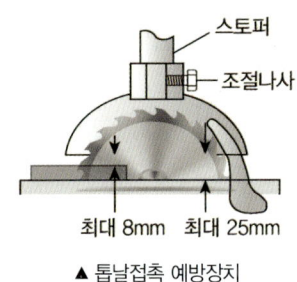

▲ 톱날접촉 예방장치

1️⃣1️⃣ 고속회전체

1. 회전시험 중의 위험방지

고속회전체의 회전시험을 하는 경우에 고속회전체의 파괴로 인한 위험을 방지하기 위하여 전용의 견고한 시설물의 내부 또는 견고한 장벽 등으로 격리된 장소에서 하여야 한다.

다만, 고속회전체의 회전시험으로서 시험설비에 견고한 덮개를 설치하는 등 그 고속회전체의 파괴에 의한 위험을 방지하기 위하여 필요한 조치를 한 경우에는 그러하지 아니하다(단, 터빈로터·원심분리기의 버킷 등의 회전체로서 원주속도가 초당 25m를 초과하는 것으로 한정함).

2. 비파괴검사의 실시 `외워줘! 제발~`

고속회전체의 회전시험을 하는 경우 미리 회전축의 재질 및 형상 등에 상응하는 종류의 비파괴검사를 해서 결함 유무를 확인하여야 한다(단, **회전축의 중량이 1톤을 초과하고 원주속도가 초당 120m 이상인 것으로 한정함**).

⑫ 지게차

전조등　조향핸들　헤드가드
마스트
틸트실린더
백레스트
포크
안전밸트
브레이크
후미등
방향지시기
후진경보장치
카운터웨이트
전륜　후륜

▲ 지게차 구조

1. 전조등 및 후미등

전조등과 후미등을 갖추지 아니한 지게차를 사용해서는 아니 된다.

(다만, 작업을 안전하게 수행하기 위하여 필요한 조명이 확보된 장소에서 사용하는 경우에는 그러하지 아니하다.)

2. 헤드가드 　외워줘! 제발~

다음에 따른 적합한 헤드가드(Head Guard)를 갖추지 아니한 지게차를 사용해서는 아니 된다.

(다만, 화물의 낙하에 의하여 지게차의 운전자에게 위험을 미칠 우려가 없는 경우에는 그러하지 아니하다.)

(1) 강도는 지게차의 최대하중의 2배 값의 등분포정하중에 견딜 수 있어야 한다(4톤을 넘는 값에 대해서는 4톤으로 한다).

(2) 상부틀의 각 개구의 폭 또는 길이가 16cm 미만이어야 한다.

(3) 운전자가 앉아서 조작하거나 서서 조작하는 지게차의 헤드가드는 한국산업표준에서 정하는 높이 기준 이상이어야 한다(입식: 1.88m 이상, 좌식: 0.903m 이상).

3. 백레스트

백레스트(Backrest)를 갖추지 아니한 지게차를 사용해서는 아니 된다.

(다만, 마스트의 후방에서 화물이 낙하함으로써 근로자가 위험해질 우려가 없는 경우에는 그러하지 아니하다.)

4. 팔레트 등

지게차에 의한 하역운반 작업에 사용하는 팔레트(Pallet) 또는 스키드(Skid)는 다음에 해당하는 것을 사용하여야 한다.

(1) 적재하는 화물의 중량에 따른 충분한 강도를 가져야 한다.

(2) 심한 손상·변형 또는 부식이 없어야 한다.

5. 좌석 안전띠의 착용 등

(1) 앉아서 조작하는 방식의 지게차를 운전하는 근로자에게 좌석 안전띠를 착용하도록 하여야 한다.

(2) 지게차를 운전하는 근로자는 좌석 안전띠를 착용하여야 한다.

6. 지게차의 안정도

하역 작업 시	전후안정도	4%
	좌우안정도	6%
주행 시	전후안정도	18%
	좌우안정도	(15+1.1V)% * V: 최고속도(km/h)

정종대쌤의 암기 팁

전후 4, 좌우 6, 전후 18, 좌우 15+1.1v

7. 지게차의 안정조건 외워줘! 제발~

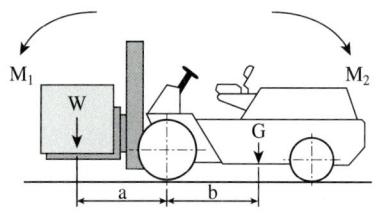

M₁: 화물의 모멘트, M₂: 지게차의 모멘트

(1) 단위

① W: 화물의 중량(kgf)

② G: 지게차 중량(kgf)

③ a: 앞바퀴에서 화물 중심까지의 최단거리(cm)

④ b: 앞바퀴에서 지게차 중심까지의 최단거리(cm)

(2) 공식

$$W \times a \leq G \times b$$

8. 차량계 하역운반기계 운전자의 운전위치 이탈 시 준수사항 외워줘! 제발~ 실기까지 출제!

(1) 포크, 버킷, 디퍼 등의 장치를 가장 낮은 위치 또는 지면에 내려 두어야 한다.

(2) 운전석을 이탈하는 경우에는 시동키를 운전대에서 분리시켜야 한다.

(3) 원동기를 정지시키고 브레이크를 확실히 거는 등 갑작스러운 이동을 방지하기 위한 조치를 하여야 한다.

13 컨베이어

1. 이탈 등의 방지

컨베이어, 이송용 롤러 등을 사용하는 경우에는 정전·전압강하 등에 따른 화물 또는 운반구의 이탈 및 역주행을 방지하는 장치를 갖추어야 한다.

(다만, 무동력상태 또는 수평상태로만 사용하여 근로자가 위험해질 우려가 없는 경우에는 그러하지 아니하다.)

2. 비상정지장치 설치

컨베이어 등에 해당 근로자 신체의 일부가 말려드는 등 근로자가 위험해질 우려가 있는 경우 및 비상시에는 즉시 컨베이어 등의 운전을 정지시킬 수 있는 장치를 설치하여야 한다.

(다만, 무동력상태로만 사용하여 근로자가 위험해질 우려가 없는 경우에는 그러하지 아니하다.)

3. 낙하물에 의한 위험방지

컨베이어 등으로부터 화물이 떨어져 근로자가 위험해질 우려가 있는 경우에는 해당 컨베이어 등에 덮개 또는 울을 설치하는 등 낙하방지를 위한 조치를 하여야 한다.

4. 트롤리 컨베이어

트롤리 컨베이어(Trolley Conveyor)를 사용하는 경우에는 트롤리와 체인·행거(Hanger)가 쉽게 벗겨지지 않도록 서로 확실하게 연결하여 사용하도록 하여야 한다.

5. 통행제한 조치

(1) 운전 중인 컨베이어 등의 위로 근로자를 넘어가도록 하는 경우에는 위험을 방지하기 위하여 건널다리를 설치하는 등 필요한 조치를 하여야 한다.

(2) 동일 선상에 구간별 설치된 컨베이어에 중량물을 운반하는 경우에는 중량물 충돌에 대비한 스토퍼를 설치하거나 작업자 출입을 금지하여야 한다.

14 양중기의 종류 외워줘! 제발~

1. 크레인(호이스트 포함)

2. 이동식 크레인

3. 리프트(이삿짐운반용 리프트는 적재하중이 0.1톤 이상인 것)

4. 곤돌라

5. 승강기

⑮ 크레인

1. 방호장치 [외워줘! 제발~]

(1) **과부하방지장치**: 정격하중을 초과하여 화물을 매달면 기계의 동작을 정지시키는 장치이다.

(2) **권과방지장치**: 와이어로프가 한계를 넘어 감기는 것을 방지하는 장치이다.

(3) **비상정지장치**: 긴급상황 시 기계의 동작을 정지시키는 장치이다.

(4) **훅해지장치**: 훅걸이용 와이어로프, 슬링벨트 등이 훅으로부터 빠지는 것을 방지하는 장치이다. 이때 훅의 입구(Hook Mouth) 간격이 제조자가 제공하는 제품사양서 기준으로 10% 이상 벌어진 것은 폐기하여야 한다.

2. 크레인 성능 지표

(1) **권상하중**: 와이어로프 등이 중량물을 매달고 상승할 수 있는 최대하중을 말한다.

(2) **정격하중**: 권상하중에서 달기구(훅, 그물포대) 등의 중량을 공제한 하중을 말한다.

(3) **정격속도**: 정격하중을 매달고 상승·회전·선회할 수 있는 최고속도를 말한다.

3. 와이어로프 [외워줘! 제발~]

(1) 안전율(=안전계수)을 구하는 식

$$\text{안전율} = \frac{\text{파단하중(절단하중)}}{\text{허용하중(최대하중)}}$$

(2) 본로프에 걸리는 하중

$$\text{정하중} + \text{동하중} = \text{정하중} + \left(\text{정하중} \times \frac{\text{상승가속도}}{\text{중력가속도}}\right)$$

(3) 슬링와이어로프에 걸리는 하중

$$\frac{\text{정하중}}{2} \div \cos\left(\frac{\theta}{2}\right)$$

(* θ = 와이어로프가 걸린 각도)

CHAPTER 04

기계안전시설 관리

핵심 키워드 기계설비의 안전화, 격리형 방호장치, 포집형 방호장치, 풀 프루프, 페일세이프

☑ **외워줘! 제발~**은 필수적으로 암기해야 하는 내용을 표시한 부분으로, 시간이 부족한 학습자는 이 내용 위주로 효율적으로 공부하고, 부록 '필수 암기노트'에 내용을 한 번 더 정리해 두었으니 시험 당일 들고 가서 활용하자!

☑ **형광펜**은 시험에 자주 나온 개념으로 2~3배로 꼼꼼히 암기하자! 특히, 시험 직전에는 **외워줘! 제발~**과 **형광펜**만 모아 빠르게 학습하자!

☑ **빈출 기출문제**는 시험에 자주 출제되는 문제로, 관련 개념까지 확실하게 익혀두자!

1 기계 방호장치

1. 원동기 · 회전축 등의 위험방지장치

(1) 기계의 원동기 · 회전축 · 기어 · 풀리 · 플라이휠 · 벨트 및 체인 등 근로자에게 위험을 미칠 우려가 있는 부위에는 덮개 · 울 · 슬리브 및 건널다리 등을 설치하여야 한다.

(2) 회전축 · 기어 · 풀리 및 플라이휠 등에 부속하는 키 · 핀 등의 기계요소는 묻힘형으로 하거나 해당 부위에 덮개를 설치하여야 한다.

> **빈출 기출문제**
>
> 원동기, 풀리, 기어 등 근로자에게 위험을 미칠 우려가 있는 부위에 설치하는 위험방지장치가 아닌 것은?
>
> ① 덮개　　　　② 슬리브　　　　③ 건널다리　　　　④ 램
>
> **해설** 위험방지장치에는 덮개 · 울 · 슬리브 및 건널다리 등이 있다.
>
> **정답** ④

2. 기계의 동력 차단장치

(1) 스위치

(2) 클러치

(3) 벨트 이동장치

3. 기계설비의 안전화 **외워줘! 제발~**

(1) 외관의 안전화

(2) 구조의 안전화

(3) 기능의 안전화

(4) 작업의 안전화

(5) 작업점의 안전화

(6) 보전의 안전화

2 방호장치의 분류 외워줘! 제발~

1. 위험 장소에 따른 분류

(1) **격리형 방호장치**

　① 완전차단형 방호장치

　② 덮개형 방호장치

　③ 안전방책

(2) **위치제한형 방호장치**

　① 양수조작식 방호장치

(3) **접근거부형 방호장치**

　① 수인식 방호장치

　② 손쳐내기식 방호장치

(4) **접근반응형 방호장치**

　① 감응식 방호장치

 빈출 기출문제

프레스기의 방호장치 중 위치제한형 방호장치에 해당되는 것은?

① 수인식 방호장치　　　　　　② 광전자식 방호장치

③ 손쳐내기식 방호장치　　　　④ 양수조작식 방호장치

해설 위치제한형 방호장치는 작업 중 손이 위험구역에 들어가지 못하도록 위치를 제한하는 방식이다. 양수조작식은 동시에 버튼을 눌러야 작동되므로 작업자의 손 위치를 강제로 제한하는 방식에 해당한다.

정답 ④

2. 위험원에 따른 분류

(1) **포집형 방호장치**

　① 반발예방장치

　② 덮개

(2) **감지형 방호장치**

3 풀 프루프(Fool Proof) `외워줘! 제발~`

1. 정의

인간의 실수가 사고로 이어지지 않도록 통제하는 것이다.

2. 풀 프루프의 종류

(1) 가드
(2) 록기구
(3) 트립기구
(4) 오버런기구
(5) 밀어내기기구
(6) 기동방지기구

4 페일세이프(Fail Safe)

1. 정의

인간 또는 기계의 실수나 오류가 사고로 이어지지 않도록 이중·삼중으로 통제하는 것이다.

2. 페일세이프 기능 3단계 `외워줘! 제발~`

(1) Fail-Passive: 부품고장 시 정지
(2) Fail-Active: 부품고장 시 잠시 운전
(3) Fail-Operational: 부품고장 시 계속 운전

3. 페일세이프의 구조

(1) **다경로하중구조**: 일부 부재가 파괴될 경우 그 부재가 맡고 있던 하중을 다른 부재가 분담할 수 있어 구조 전체가 무너지지 않도록 설계된 구조이다.
(2) **이중구조**: 하나의 큰 부재 대신 2개의 작은 부재를 결합하여 동일한 강도를 내도록 설계하여 치명적인 파괴로부터 안전을 유지할 수 있는 구조이다.
(3) **대치구조**: 하나의 부재가 전체의 하중을 지탱하고 있을 경우 이 부재가 파손될 것을 대비하여 예비 부재(대치 부재)를 가지고 있는 구조이다.
(4) **하중경감구조**: 부재가 파손되기 시작하면 눈에 띄는 변형이 일어나고, 주변의 다른 부재로 하중을 분산시켜 원래 부재의 추가적인 파괴를 막는 구조이다.

5 가드

종류	내용
고정가드	개구부로부터 가공물과 공구 등을 넣어도 손은 위험영역에 머무르지 않는다.
조절가드	가공물과 공구에 맞도록 형상과 크기를 조절한다.
경고가드	손이 위험영역에 들어가기 전에 경고한다.
인터록가드	기계의 작동 중에 개폐되는 경우 기계가 정지한다.

6 방호조치 미이행 기계 · 기구 금지사항 외워줘! 제발~

유해 · 위험방지를 위한 방호조치를 하지 않은 기계 · 기구는 양도, 대여, 설치 또는 사용하거나 양도 · 대여를 목적으로 진열해서는 안 되며, 다음과 같은 방호장치를 설치해야 한다.

구분	방호장치
예초기	날접촉 예방장치
원심기	회전체접촉 예방장치
공기압축기	압력방출장치
금속절단기	날접촉 예방장치
지게차	헤드가드, 백레스트(Backrest), 전조등, 후미등, 안전벨트
포장기계	구동부 방호연동장치

 정종대쌤의 암기 팁

공.원.예.포장.금.지

(공기압축기 – 원심기 – 예초기 – 포장기계 – 금속절단기 – 지게차)

CHAPTER 05 설비진단 및 검사

핵심 키워드 비파괴검사, 방사선투과검사, 초음파탐상검사, 자분탐상검사, 액체침투탐상검사

☑ **외워줘! 제발~** 은 필수적으로 암기해야 하는 내용을 표시한 부분으로, 시간이 부족한 학습자는 이 내용 위주로 효율적으로 공부하고, 부록 '필수 암기노트'에 내용을 한 번 더 정리해 두었으니 시험 당일 들고 가서 활용하자!

☑ **형광펜**은 시험에 자주 나온 개념으로 2~3배로 꼼꼼히 암기하자! 특히, 시험 직전에는 **외워줘! 제발~** 과 **형광펜**만 모아 빠르게 학습하자!

☑ 빈출 기출문제는 시험에 자주 출제되는 문제로, 관련 개념까지 확실하게 익혀두자!

1 비파괴검사의 종류 및 특징 **외워줘! 제발~**

1. 방사선투과검사(RT)

병원에서 X-ray 검사로 몸속의 이상을 검사하듯이 강이나 기타 재질에 대하여 방사선 및 필름을 이용하여 시험체의 내부에 존재하는 불연속(결함)을 검출하는 데 적용하는 비파괴검사이다. 거의 모든 재질을 검사할 수 있으며 검사 결과는 필름을 통해 영구적인 기록으로 남길 수 있다.

2. 초음파탐상검사(UT)

시험체에 초음파를 전달하여 내부에 존재하는 불연속으로부터 반사한 초음파의 에너지양, 초음파의 진행 시간 등을 분석하여 불연속의 위치 및 크기를 정확히 알아내는 방법이다. 시험체 내의 불연속 시험체의 크기 및 두께, 시험체의 균일도 및 부식 상태 등을 검사하는 데 적용하며 이외에도 유속측정 및 콘크리트검사 등 그 적용 범위가 매우 넓어지고 있다.

3. 자분탐상검사(MT)

강자성체로 된 시험체의 표면 및 표면 바로 밑의 불연속을 검출하기 위하여 시험체에 자장을 걸어 자화시킨 후 자분을 적용하고, 누설자장으로 인해 형성된 자분지시를 관찰하여 불연속의 크기, 위치 및 형상 등을 검사하는 방법이다.

4. 액체침투탐상검사(PT)

시험체 표면에 열린 균열과 같은 불연속부에 침투액이 스며들게 한 뒤, 표면에 남은 침투제를 제거하고 그 위에 현상제를 뿌려 불연속부에 들어 있는 침투제를 끌어올리는 현상을 이용해서 불연속의 위치, 크기 및 지시 모양을 검출하는 방법이다.

5. 와전류탐상검사(ECT)

교류가 흐르는 코일을 전도성 시험체에 가까이하면, 시험체 내부에 와전류가 유도되며, 이때 결함이 존재할 시 와전류의 흐름에 변화가 생긴다. 이러한 와전류의 변화를 검출하여 시험체에 존재하는 결함의 유무, 재질 등을 시험하는 방법이다.

내가 아무 말 없이 견딘 날들,
그 조용한 시간들이
당신을 누구보다 단단하게 만들고 있다.

#나를위한위로 #나만의목적지

정종대쌤이 말하는 100% 합격 기출 공부법

▶ 과목별 기출로 학습! ◀

- 이론 학습 후, 바로 기출문제를 학습함으로써 기억에 더 오래 남을 수 있도록 과목 및 출제개념별로 기출문제를 구성했습니다.
- 과목별 기출문제를 풀고, 문항별 개념까지 한 번 더 체크해 보세요.

▶ 중복소거된 5개년 기출 학습! ◀

- 산업안전기사 필기시험의 경우, 문제은행 방식으로 출제되어 매 시험마다 이전에 출제되었던 문제들이 일부 중복되어 재출제됩니다.
- 공부시간을 단축할 수 있도록 중복 출제된 기출문제들은 소거하여 수록하였습니다.

▶ 문항별 기출연도 확인! ◀

- 문항별 기출연도를 표기하여 빈출 정도를 한눈에 확인할 수 있게 하였습니다.
- 문항별 기출연도 표기 개수가 많을수록 시험에 자주 출제된 문제이며, 표기가 5개인 문제는 출제 횟수가 5회 이상인 기출문제로 집중 학습이 필요한 문제입니다.

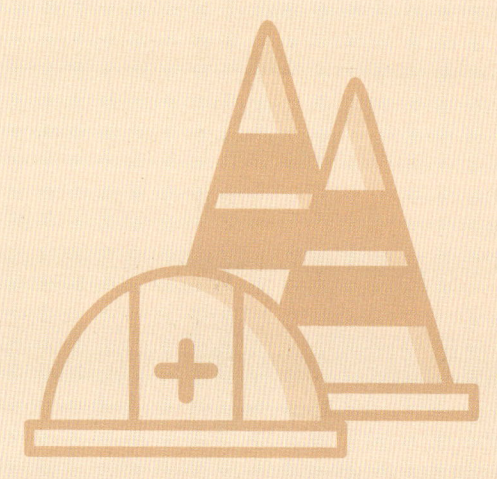

3과목 | 기계·기구 및 설비 안전관리

최신 5개년 기출
2025~2021년

※ 본 기출문제는 최신 5개년(2025~2021년) 기출문제들로 구성되어 있습니다.

※ 2022년 3회~2025년 문제는 CBT 기출복원문제로, 수험생들의 복원을 토대로 문제를 구성하였습니다.

※ 기출복원문제는 실제 기출문제와 동일하지 않을 수 있습니다.

※ 법령 개정 이전의 내용을 포함하고 있는 문항은 개정사항을 반영하여 수록하였습니다.

기출문제 활용법 문항별 기출 표기 개수가 많을수록 시험에 자주 출제된 문제! 표기가 5개인 문제는 출제 횟수가 5회 이상인 기출문제로 무조건 암기 필수!

3회독 공부전략 1회독은 문제 → 선지 → 답 → 해설 순서로 정독! 2회독부터는 직접 문제 풀기, 3회독 때는 ×, △ 표시된 문제만 다시 풀기! 회독할 때마다 문제 옆 회독표에 O, ×, △로 표시하여 3회독까지 ×로 표시된 문제는 부록에 포함된 "틈틈 오답노트"에 따로 정리해 공부하세요! [O: 정확히 알고 푼 문제 △: 부분적으로 알고 푼 문제 ×: 개념 학습이 필요한 문제]

23년 3회   ✔ 회독 ☐☐☐

01 기계설비의 작업능률과 안전을 위한 배치(Layout) 의 3단계를 올바른 순서대로 나열한 것은?

① 지역배치 → 건물배치 → 기계배치
② 건물배치 → 지역배치 → 기계배치
③ 기계배치 → 건물배치 → 지역배치
④ 지역배치 → 기계배치 → 건물배치

> 기계설비의 배치는 큰 단위에서 작은 단위로 순차적으로 이루어지는 것이 원칙이다.
>
> **출제개념** 기계설비의 배치 3단계

25년 2회 23년 2회 22년 3회 21년 2회 21년 1회   ✔ 회독 ☐☐☐

02 산업안전보건법령상 유해위험방지계획서의 제출 대상 제조업은 전기 계약용량이 얼마 이상인 경우에 해당되는가?

① 50kW   ② 200kW
③ 100kW   ④ 300kW

> 전기 계약용량이 300kW 이상인 사업의 사업주는 유해위험방지계획서를 제출해야 한다.
>
> **출제개념** 유해위험방지계획서 제출 대상

24년 3회 21년 1회   ✔ 회독 ☐☐☐

03 산업안전보건법령상 해당 사업주가 유해위험방지계획서를 작성하여 제출해야 하는 대상은?

① 시 · 도지사
② 관할 구청장
③ 고용노동부장관
④ 행정안전부장관

> 유해위험방지계획서는 고용노동부장관에게 제출해야 하며, 안전보건공단이 기술적인 자문을 지원한다.
>
> **출제개념** 유해위험방지계획서 제출 대상

정답 01 ① 02 ④ 03 ③

04 제조업 등 유해위험방지계획서를 작성하고자 할 때 관련 규정에 따라 1명 이상 포함시켜야 하는 사람의 자격으로 적합하지 않은 것은?

① 한국산업안전보건공단이 실시하는 관련 교육을 8시간 이수한 사람
② 기계, 재료, 화학, 전기, 전자, 안전관리 또는 환경 분야 기술사 자격을 취득한 사람
③ 관련 분야 기사 자격을 취득한 사람으로서 해당 분야에서 3년 이상 근무한 경력이 있는 사람
④ 기계안전 · 전기안전 · 화공안전 분야의 산업안전지도사 또는 산업보건지도사 자격을 취득한 사람

제조업 등 유해위험방지계획서 작성 시 아래의 자격을 갖춘 사람 또는 공단이 실시하는 관련 교육을 20시간 이상 이수한 사람 중 1명 이상을 포함시켜야 한다.
• 기계, 재료, 화학, 전기, 전자, 안전관리 또는 환경 분야 기술사 자격을 취득한 사람
• 관련 분야 기사 · 산업기사 자격을 취득한 사람으로서 해당 분야에서 3년(산업기사는 5년) 이상 근무한 경력이 있는 사람
• 기계안전 · 전기안전 · 화공안전 분야의 산업안전지도사 또는 산업보건지도사 자격을 취득한 사람

출제개념 유해위험방지계획서 작성자 자격요건

05 회전축, 커플링 등 회전하는 물체에 작업복 등이 말려드는 위험을 초래하는 위험점은?

① 협착점   ② 절단점
③ 접선물림점   ④ 회전말림점

회전말림점은 회전하는 물체에 의복, 머리카락 등이 말려들어 갈 위험이 있는 지점이다.

출제개념 위험점

06 기계설비에서 반대로 회전하는 두 개의 회전체가 맞닿는 사이에 발생하는 위험점으로 가장 적절한 것은?

① 물림점   ② 끼임점
③ 협착점   ④ 절단점

물림점은 두 회전체가 맞닿아 회전할 때, 그 사이에 물려 들어갈 위험이 있는 지점이다.

출제개념 위험점

07 〈보기〉와 같은 기계요소가 단독으로 발생시키는 위험점은?

―――― 〈 보기 〉 ――――
밀링커터, 둥근톱날

① 협착점   ② 끼임점
③ 절단점   ④ 물림점

밀링커터와 둥근톱날처럼 회전하며 절삭하는 도구는 절단의 위험이 있으며, 회전운동 부분 자체에서 발생하는 위험점인 절단점이 형성된다.

출제개념 위험점

정답   **04** ①   **05** ④   **06** ①   **07** ③

08 기계설비의 위험점 중 연삭숫돌과 작업받침대, 교반기의 날개와 하우징 등 고정부분과 회전하는 동작부분 사이에서 형성되는 위험점은?

① 끼임점   ② 물림점

③ 협착점   ④ 절단점

> 끼임점은 고정된 부분과 회전하는 동작부분 사이에서 끼일 위험이 있는 지점이다.
>
> **출제개념** 회전체와 고정물 사이의 위험점

09 회전하는 부분의 접선 방향으로 물려 들어갈 위험이 존재하는 점으로 주로 체인, 풀리, 벨트, 기어와 랙 등에서 형성되는 위험점은?

① 끼임점   ② 협착점

③ 절단점   ④ 접선물림점

> 접선물림점은 회전하는 부분의 접선 방향으로 물려 들어가는 위험이 있는 지점이다.
>
> **출제개념** 위험점

정답 08 ①   09 ④

CHAPTER 02 기계분야 산업재해 조사 및 관리

25년 2회 24년 1회 22년 3회 21년 3회 21년 2회　✔ 회독 ☐☐☐

01 안전인증대상 기계·기구 및 설비가 아닌 것은?

① 연삭기　　　② 압력용기
③ 롤러기　　　④ 고소작업대

> 연삭기는 자율안전확인대상 기계·기구에 해당한다.
>
> **출제개념** 안전인증대상 기계·기구

25년 3회 24년 2회 23년 2회 22년 2회　✔ 회독 ☐☐☐

02 다음 중 산업안전보건법령상 안전인증대상 방호장치에 해당하지 않는 것은?

① 연삭기 덮개
② 압력용기 압력방출용 파열판
③ 압력용기 압력방출용 안전밸브
④ 방폭구조 전기기계·기구 및 부품

> 연삭기 덮개는 자율안전확인대상 방호장치에 해당한다.
>
> **출제개념** 안전인증대상 방호장치

25년 2회 24년 1회 22년 3회 21년 2회　✔ 회독 ☐☐☐

03 프레스 작업시작 전 점검해야 할 사항에 해당하는 것은?

① 언로드밸브의 기능
② 하역장치 및 유압장치 기능
③ 권과방지장치 및 그 밖의 경보장치의 기능
④ 1행정 1정지기구·급정지장치 및 비상정지장치의 기능

> 프레스 작업시작 전에 1행정 1정지기구·급정지장치 및 비상정지장치의 기능을 점검해야 한다. ①~③은 각각 공기압축기, 지게차, 이동식 크레인의 점검사항이다.
>
> **출제개념** 프레스 작업시작 전 점검사항

정답　**01** ①　**02** ①　**03** ④

04 산업안전보건법령상 프레스의 작업시작 전 점검사항이 아닌 것은?

① 슬라이드 또는 칼날에 의한 위험방지기구의 기능
② 프레스의 금형 및 고정볼트의 상태
③ 전단기의 칼날 및 테이블의 상태
④ 권과방지장치 및 그 밖의 경보장치의 기능

▼
권과방지장치 및 그 밖의 경보장치의 기능은 이동식 크레인의 점검사항이다.

출제개념 프레스 작업시작 전 점검사항

05 프레스 작업시작 전 점검해야 할 사항으로 거리가 먼 것은?

① 매니퓰레이터 작동의 이상 유무
② 클러치 및 브레이크의 기능
③ 슬라이드, 연결봉 및 연결나사의 풀림 여부
④ 프레스 금형 및 고정볼트의 상태

▼
매니퓰레이터 작동의 이상 유무 점검은 로봇 점검사항에 해당한다.

출제개념 프레스 작업시작 전 점검사항

06 산업안전보건법령상 프레스 작업시작 전 점검해야 할 사항에 해당하는 것은?

① 와이어로프가 통하고 있는 곳 및 작업장소의 지반상태
② 하역장치 및 유압장치의 기능
③ 권과방지장치 및 그 밖의 경보장치의 기능
④ 1행정 1정지기구·급정지장치 및 비상정지장치의 기능

▼
1행정 1정지기구·급정지장치 및 비상정지장치의 기능은 프레스 작업시작 전에 점검해야 한다. ①, ③은 이동식 크레인, ②는 지게차의 점검사항에 해당한다.

출제개념 프레스 작업시작 전 점검사항

07 산업안전보건법령상 프레스기를 사용하여 작업을 할 때 작업시작 전 점검사항으로 틀린 것은?

① 클러치 및 브레이크의 기능
② 압력방출장치의 기능
③ 크랭크축·플라이휠·슬라이드·연결봉 및 연결나사의 풀림 유무
④ 프레스의 금형 및 고정볼트의 상태

▼
압력방출장치의 기능을 점검하는 것은 공기압축기의 점검사항이다.

출제개념 프레스 작업시작 전 점검사항

정답 **04** ④ **05** ① **06** ④ **07** ②

08 산업안전보건법령상 로봇의 작동범위 내에서 그 로봇에 관하여 교시 등 작업을 행하는 때 작업시작 전 점검사항으로 옳은 것은? (단, 로봇의 동력원을 차단하고 행하는 것은 제외)

① 과부하방지장치의 이상 유무
② 압력제한스위치의 이상 유무
③ 외부 전선의 피복 또는 외장의 손상 유무
④ 권과방지장치의 이상 유무

> 로봇 작업 전 외부 전선의 피복 또는 외장의 손상 유무를 점검해야 한다. ①, ④는 크레인, ②는 보일러의 점검사항이다.
>
> 출제개념 로봇 작업시작 전 점검사항

09 산업용 로봇의 작업시작 전 점검사항으로 가장 거리가 먼 것은?

① 외부 전선의 피복 또는 외장의 손상 유무
② 압력방출장치의 이상 유무
③ 매니퓰레이터 작동의 이상 유무
④ 제동장치 및 비상정지장치의 기능

> 압력방출장치의 이상 유무 점검은 공기압축기의 점검사항에 해당한다.
>
> 출제개념 로봇 작업시작 전 점검사항

10 산업안전보건법령상 지게차 작업시작 전 점검사항으로 거리가 가장 먼 것은?

① 제동장치 및 조종장치 기능의 이상 유무
② 압력방출장치의 작동 이상 유무
③ 바퀴의 이상 유무
④ 전조등·후미등·방향지시기 및 경보장치 기능의 이상 유무

> 압력방출장치의 작동 이상 유무 점검은 공기압축기의 점검사항에 해당한다.
>
> 출제개념 지게차 작업시작 전 점검사항

정답 08 ③ 09 ② 10 ②

CHAPTER 03

기계설비 위험요인 분석

기출문제 활용법 문항별 기출 표기 개수가 많을수록 시험에 자주 출제된 문제! 표기가 5개인 문제는 출제 횟수가 5회 이상인 기출문제로 무조건 암기 필수!

3회독 공부전략 **1회독**은 문제 → 선지 → 답 → 해설 순서로 정독! **2회독**부터는 직접 문제 풀기, **3회독** 때는 ×, △ 표시된 문제만 다시 풀기! 회독할 때마다 문제 옆 회독표에 ○, ×, △로 표시하여 3회독까지 ×로 표시된 문제는 부록에 포함된 "틈틈 오답노트"에 따로 정리해 공부하세요! [○: 정확히 알고 푼 문제 △: 부분적으로 알고 푼 문제 ×: 개념 학습이 필요한 문제]

25년 1회 24년 3회 24년 1회 21년 3회 ✔ 회독 ☐☐☐

01 선반에서 일감의 길이가 지름에 비하여 상당히 길 때 사용하는 부속품으로 절삭 시 절삭 저항에 의한 일감의 진동을 방지하는 장치는?

① 칩 브레이커 ② 척 커버
③ 방진구 ④ 실드

> 방진구는 일감의 길이가 지름에 비해 12배 이상일 경우 진동을 방지하기 위해 사용하는 장치이다.
>
> **출제개념** 선반, 방진구

25년 2회 24년 3회 22년 3회 22년 2회 ✔ 회독 ☐☐☐

02 선반에서 절삭 가공 시 발생하는 칩을 짧게 끊어지도록 공구에 설치되어 있는 방호장치의 일종인 칩 제거 기구를 무엇이라 하는가?

① 칩 브레이커 ② 칩 받침
③ 칩 쉴드 ④ 칩 커터

> 칩 브레이커는 칩이 짧게 끊어지도록 공구에 부착되어 있는 방호장치이다.
>
> **출제개념** 선반의 방호장치

21년 2회 ✔ 회독 ☐☐☐

03 다음 중 가공재료의 칩이나 절삭유 등이 비산되어 나오는 위험으로부터 보호하기 위한 선반의 방호장치는?

① 바이트
② 권과방지장치
③ 압력제한스위치
④ 쉴드(Shield)

> 쉴드(Shield)는 칩이나 절삭유 등이 비산되어 나오는 위험으로부터 작업자를 보호하는 방호장치이다.
>
> **출제개념** 선반의 방호장치

정답 01 ③ 02 ① 03 ④

04 선반 작업에 대한 안전수칙으로 가장 적절하지 않은 것은?

① 선반의 바이트는 끝을 짧게 설치한다.
② 작업 중에는 면장갑을 착용하지 않도록 한다.
③ 작업이 끝난 후 절삭 칩의 제거는 반드시 브러시 등의 도구를 사용한다.
④ 작업 중 일감의 치수 측정 시 기계 운전상태를 저속으로 하고 측정한다.

> 선반 작업 중에는 기계를 정지시킨 후 치수를 측정해야 한다.
>
> 출제개념 선반 작업 안전수칙

05 선반 등으로부터 돌출하여 회전하고 있는 가공물을 작업할 때 설치하여야 할 방호조치로 가장 적합한 것은?

① 안전난간   ② 방진장치
③ 울 또는 덮개   ④ 건널다리

> 돌출 회전물에 대한 가공물의 위험을 방지하기 위해 울 또는 덮개를 설치한다.
>
> 출제개념 돌출회전물, 방호조치

06 선반 작업 시 지켜야 할 안전수칙으로 거리가 먼 것은?

① 작업 중 절삭 칩이 눈에 들어가지 않도록 보안경을 착용한다.
② 공작물 세팅에 필요한 공구는 세팅이 끝난 후 바로 제거한다.
③ 상의의 옷자락은 안으로 넣고, 끈을 이용하여 소맷자락을 묶어 작업을 준비한다.
④ 공작물은 전원스위치를 끄고 바이트를 충분히 멀리 위치시킨 후 고정한다.

> 상의의 옷자락은 안으로 넣고, 소맷자락을 묶을 때는 끈을 사용해서는 안 된다.
>
> 출제개념 선반 작업 안전수칙

07 선반의 안전장치 및 작업 시 주의사항으로 잘못된 것은?

① 선반의 바이트는 되도록 짧게 물린다.
② 방진구는 공작물의 길이가 지름의 5배 이상일 때 사용한다.
③ 선반의 베드 위에는 공구를 올려놓지 않는다.
④ 칩 브레이커는 바이트에 직접 설치한다.

> 방진구는 공작물 길이가 지름의 12배 이상일 때 사용한다.
>
> 출제개념 선반 작업 안전수칙

정답 **04** ④ **05** ③ **06** ③ **07** ②

08 범용 수동선반의 방호조치에 관한 설명으로 옳지 않은 것은?

① 척 가드의 폭은 공작물의 가공작업에 방해가 되지 않는 범위 내에서 척 전체길이를 방호할 수 있을 것
② 척 가드의 개방 시 스핀들의 작동이 정지되도록 연동회로를 구성할 것
③ 전면 칩 가드의 폭은 새들 폭 이하로 설치할 것
④ 전면 칩 가드는 심압대가 베드 끝단부에 위치하고 있고 공작물 고정장치에서 심압대까지 가드를 연장시킬 수 없는 경우에는 부착 위치를 조정할 수 있을 것

▼
전면 칩 가드는 새들 폭 이상으로 설치해야 한다.
출제개념 선반의 방호장치

09 다음의 설명에 해당하는 기계는?

- 칩이 가늘고 예리하다.
- 주로 평면공작물을 절삭 가공하나 나사 가공 등의 복잡한 가공도 가능하다.
- 장갑은 착용을 금하고, 보안경을 착용해야 한다.

① 선반　　② 플레이너
③ 연삭기　　④ 밀링

▼
밀링은 가늘고 예리한 칩이 발생하며, 평면 및 나사 등 복잡한 가공이 가능하다.
출제개념 밀링

10 밀링 작업의 안전조치에 대한 설명으로 적절하지 않은 것은?

① 절삭 중에 칩 제거는 칩 브레이커로 한다.
② 공작물을 고정할 때에는 기계를 정지시킨 후 작업한다.
③ 강력절삭을 할 경우에는 공작물을 바이스에 깊게 물려 작업한다.
④ 가공 중 공작물의 치수를 측정할 때에는 기계를 정지시킨 후 측정한다.

▼
밀링에서의 칩 제거는 브러시를 이용한다.
출제개념 밀링 작업 안전수칙

11 밀링 작업 시 안전수칙으로 옳지 않은 것은?

① 테이블 위에 공구나 기타 물건 등을 올려놓지 않는다.
② 제품 치수를 측정할 때는 절삭 공구의 회전을 정지한다.
③ 강력절삭을 할 때는 일감을 바이스에 짧게 물린다.
④ 상하, 좌우 이송장치의 핸들은 사용 후 풀어 둔다.

▼
강력절삭 시에는 일감을 바이스에 깊게 물려야 한다.
출제개념 밀링 작업 안전수칙

정답 08 ③ 09 ④ 10 ① 11 ③

12 밀링 작업 시 안전수칙에 관한 설명으로 틀린 것은?

① 칩은 기계를 정지시킨 다음에 브러시 등으로 제거한다.
② 일감 또는 부속장치 등을 설치하거나 제거할 때는 반드시 기계를 정지시키고 작업한다.
③ 면장갑을 반드시 끼고 작업한다.
④ 강력 절삭을 할 때는 일감을 바이스에 깊게 물린다.

> 장갑은 절대 착용을 금지한다.
> 출제개념 밀링 작업 안전수칙

13 플레이너 작업 시의 안전대책이 아닌 것은?

① 베드 위에 다른 물건을 올려놓지 않는다.
② 바이트는 되도록 짧게 나오도록 설치한다.
③ 프레임 내의 피트(Pit)에는 뚜껑을 설치한다.
④ 칩 브레이커를 사용하여 칩이 길게 되도록 한다.

> 칩 브레이커는 주로 선반에서 사용하며, 칩이 짧게 끊어지도록 하기 위한 장치이다.
> 출제개념 플레이너 작업 안전수칙

14 다음 중 절삭가공으로 틀린 것은?

① 선반　　　　② 밀링
③ 프레스　　　④ 보링

> 프레스는 성형가공기계이다.
> 출제개념 절삭가공

15 다음 중 드릴 작업의 안전사항으로 틀린 것은?

① 옷소매가 길거나 찢어진 옷은 입지 않는다.
② 작고 길이가 긴 물건은 손으로 잡고 뚫는다.
③ 회전하는 드릴에 걸레 등을 가까이하지 않는다.
④ 스핀들에서 드릴을 뽑아낼 때에는 드릴 아래에 손을 내밀지 않는다.

> 작고 긴 물건은 바이스 등으로 고정해야 하며 손으로 잡고 작업해서는 안 된다.
> 출제개념 드릴 작업 안전수칙

정답 **12** ③ **13** ④ **14** ③ **15** ②

기계 · 기구 및 설비 안전관리 3과목 □이론 ■기출

16 다음 중 드릴 작업의 안전수칙으로 가장 적합한 것은?

① 손을 보호하기 위하여 장갑을 착용한다.
② 작은 일감은 양손으로 견고히 잡고 작업한다.
③ 정확한 작업을 위하여 구멍에 손을 넣어 확인한다.
④ 작업시작 전 척 렌치(Chuck Wrench)를 반드시 제거하고 작업한다.

> 작업시작 전 척 렌치를 제거하는 것은 드릴 작업의 기본적인 안전수칙이다. 드릴 작업 시 장갑 착용은 금지되어 있고, 작은 일감은 바이스로 고정하여 작업해야 하며, 구멍에 손을 넣어서는 안 된다.
>
> 출제개념 드릴 작업 안전수칙

17 산업안전보건법령상 연삭기 작업 시 작업자가 안심하고 작업을 할 수 있는 상태는?

① 탁상용 연삭기에서 숫돌과 작업받침대의 간격이 5mm이다.
② 덮개 재료의 인장강도는 224MPa이다.
③ 숫돌 교체 후 2분 정도 시험운전을 실시하여 해당 기계의 이상 여부를 확인하였다.
④ 작업시작 전 1분 정도 시험운전을 실시하여 해당 기계의 이상 여부를 확인하였다.

> 연삭기 작업시작 전 1분 동안 시험운전을 실시하여 기계의 이상 여부를 확인해야 한다. 그 외에 올바른 작업기준은 다음과 같다.
> • 숫돌과 작업받침대의 간격은 3mm 이내이어야 한다.
> • 덮개 재료의 인장강도는 274.5MPa 이상이어야 한다.
> • 숫돌 교체 후 3분 정도 시험운전을 실시해야 한다.
>
> 출제개념 연삭기 작업 안전수칙

18 탁상용 연삭기는 작업받침대와 연삭숫돌과의 간격을 몇 mm 이하로 조정할 수 있어야 하는가?

① 3　　　　　　② 5
③ 4　　　　　　④ 10

> 탁상용 연삭기에서 숫돌과 작업받침대 간격은 3mm 이내로 조정해야 한다.
>
> 출제개념 연삭기, 연삭숫돌

19 지름이 Dmm인 연삭기 숫돌의 회전수가 Nrpm일 때 숫돌의 원주속도를 옳게 표시한 것은?

① πDN m/min
② $\dfrac{\pi DN}{100}$ m/min
③ $\dfrac{\pi DN}{1,000}$ m/min
④ $\dfrac{\pi DN}{60}$ m/min

> 지름 D의 단위가 mm이므로,
>
> 회전속도(원주속도) $= \dfrac{\pi \times D \times N}{1,000}$ (m/min)
>
> $= \dfrac{\pi DN}{1,000}$ (m/min)
>
> 출제개념 숫돌의 원주속도 공식

정답　**16** ④　**17** ④　**18** ①　**19** ③

25년 3회 25년 2회 24년 3회 23년 1회 22년 3회 ✔ 회독 ☐☐☐

20 연삭 작업에서 숫돌의 파괴원인으로 가장 적절하지 않은 것은?

① 숫돌의 회전속도가 너무 빠를 때
② 연삭 작업 시 숫돌의 정면을 사용할 때
③ 숫돌에 큰 충격을 줬을 때
④ 숫돌의 회전중심이 제대로 잡히지 않았을 때

▼
숫돌의 측면을 사용할 경우 연삭기 숫돌 파괴의 원인이 된다.

출제개념 연삭기, 숫돌의 파괴원인

23년 3회 23년 1회 ✔ 회독 ☐☐☐

21 연삭기의 연삭숫돌을 교체했을 경우 시운전은 최소 몇 분 이상 실시해야 하는가?

① 1분　　　　　② 5분
③ 3분　　　　　④ 7분

▼
연삭숫돌은 교체 후 최소 3분 이상 시운전을 실시해야 한다.

출제개념 연삭기, 연삭숫돌

25년 2회 24년 3회 23년 2회 22년 3회 ✔ 회독 ☐☐☐

22 연삭숫돌의 상부를 사용하는 것을 목적으로 하는 탁상용 연삭기에서 덮개의 노출각도는?

① 90° 이내　　　② 60° 이내
③ 75° 이내　　　④ 105° 이내

▼
연삭숫돌의 상부를 사용하는 것이 목적인 탁상용 연삭기의 덮개 노출각도는 60° 이내이어야 한다. 연삭 작업 시 숫돌의 덮개 노출각도는 다음과 같다.
• 일반 연삭작업 탁상용 연삭기: 125° 이내
• 상부 사용 탁상용 연삭기: 60° 이내
• 휴대용 연삭기, 원통 연삭기, 만능 연삭기: 180° 이내
• 평면 연삭기: 150° 이내

출제개념 연삭기, 숫돌의 덮개 노출각도

22년 3회 22년 1회 21년 1회 ✔ 회독 ☐☐☐

23 연삭기에서 숫돌의 바깥지름이 150mm일 경우 평형 플랜지 지름은 몇 mm 이상이어야 하는가?

① 30　　　　　② 60
③ 50　　　　　④ 90

▼
$$플랜지의\ 지름(D) = \frac{숫돌지름}{3}\ mm\ 이상$$
$$= \frac{150}{3} = 50mm$$

출제개념 플랜지의 지름

정답 20 ② 21 ③ 22 ② 23 ③

24 회전수가 300rpm, 연삭숫돌의 지름이 200mm 일 때 숫돌의 원주속도는 몇 m/min인가?

① 60.0 ② 150.0
③ 94.2 ④ 188.5

지름의 단위가 mm이므로,

$$원주속도 = \frac{\pi DN}{1,000}(m/min)$$

$$= \frac{\pi \times 200mm \times 300rpm}{1,000}(m/min)$$

$$= 188.49m/min$$

출제개념 숫돌의 원주속도 계산

25 휴대형 연삭기 사용 시 안전사항에 대한 설명으로 가장 적절하지 않은 것은?

① 잘 맞지 않는 장갑이나 옷은 착용하지 말 것
② 긴 머리는 묶고 모자를 착용하고 작업할 것
③ 연삭숫돌을 설치하거나 교체하기 전에 전선과 압축공기 호스를 설치할 것
④ 연삭 작업 시 클램핑 장치를 사용하여 공작물을 확실히 고정할 것

연삭숫돌을 설치하거나 교체한 후에 전선 및 압축공기 호스를 연결해야 한다.

출제개념 휴대형 연삭기 안전수칙

26 연삭숫돌의 파괴원인으로 거리가 가장 먼 것은?

① 숫돌이 외부의 큰 충격을 받았을 때
② 숫돌의 회전속도가 너무 빠를 때
③ 숫돌 자체에 이미 균열이 있을 때
④ 플랜지 직경이 숫돌 직경의 1/2 이상일 때

플랜지 직경이 숫돌 직경의 1/3 이상일 때 파괴원인에 해당한다.

출제개념 연삭기, 숫돌 파괴원인

27 다음 중 연삭숫돌의 3요소가 아닌 것은?

① 결합제 ② 입자
③ 저항 ④ 기공

연삭숫돌의 3요소는 결합제, 입자, 기공이다.

출제개념 연삭숫돌의 3요소

정답 **24** ④ **25** ③ **26** ④ **27** ③

28 25년 1회 21년 3회 21년 2회 ✔ 회독 ☐☐☐

연삭숫돌의 파괴원인으로 거리가 먼 것은?

① 플랜지가 현저히 클 때
② 숫돌에 균열이 있을 때
③ 숫돌의 측면을 사용할 때
④ 숫돌의 치수, 특히 내경의 크기가 적당하지 않을 때

> 플랜지가 현저히 작을 경우에 파괴원인이 된다.
>
> 출제개념 연삭기, 숫돌 파괴원인

---

29 25년 3회 21년 1회 ✔ 회독 ☐☐☐

다음 중 금형을 설치 및 조정할 때 안전수칙으로 가장 적절하지 않은 것은?

① 금형을 체결할 때에는 적합한 공구를 사용한다.
② 금형의 설치 및 조정은 전원을 끄고 실시한다.
③ 금형을 부착하기 전에 하사점을 확인하고 설치한다.
④ 금형을 체결할 때에는 안전블록을 잠시 제거하고 실시한다.

> 금형을 체결할 때에는 작업자의 안전을 위해 반드시 안전블록을 설치한 상태에서 실시해야 한다.
>
> 출제개념 프레스 작업 안전수칙

---

30 21년 2회 ✔ 회독 ☐☐☐

프레스 작업에서 제품 및 스크랩을 자동적으로 위험한계 밖으로 배출하기 위한 장치로 틀린 것은?

① 피더   ② 키커
③ 이젝터   ④ 공기분사장치

> 피더는 소재를 공급하는 장치이다.
>
> 출제개념 프레스 작업의 배출장치

---

31 25년 2회 25년 1회 24년 3회 22년 1회 21년 3회 ✔ 회독 ☐☐☐

프레스기의 안전대책 중 손을 금형 사이에 집어넣을 수 없도록 하는 본질적 안전화를 위한 방식(NO-HAND IN DIE)에 해당하는 것은?

① 수인식   ② 광전자식
③ 방호울식   ④ 손쳐내기식

> 방호울식은 작업자의 손이 금형 안으로 들어가지 못하게 구조적으로 차단하는 본질적 안전화 방식인 NO HAND IN DIE 해당한다. 이외에도 NO HAND IN DIE 방식에는 안전울 부착프레스, 안전금형 부착프레스, 전용프레스, 자동프레스가 있다.
>
> 출제개념 프레스 작업 안전수칙, NO HAND IN DIE 방식

정답 **28** ① **29** ④ **30** ① **31** ③

32 산업안전보건법령상 프레스 등 금형을 부착·해체 또는 조정하는 작업을 할 때, 슬라이드가 갑자기 작동함으로써 근로자에게 발생할 우려가 있는 위험을 방지하기 위해 사용해야 하는 것은? (단, 해당 작업에 종사하는 근로자의 신체가 위험한계 내에 있는 경우)

① 방진구
② 안전블록
③ 시건장치
④ 날접촉 예방장치

> 안전블록은 금형의 부착·해체 또는 조정하는 작업 중 슬라이드가 갑작스럽게 작동하여 발생할 수 있는 사고를 방지한다.
>
> 출제개념 프레스 작업 안전수칙

33 프레스 작업 중 부주의로 프레스의 페달을 밟는 것에 대비하여 페달에 설치하는 것을 무엇이라 하는가?

① 클램프
② 커버
③ 로크너트
④ 스프링와셔

> 커버(덮개)는 페달을 부주의로 밟는 것을 대비하기 위해 설치된다.
>
> 출제개념 프레스 작업 안전수칙

34 프레스 및 전단기에서 안전블록을 사용해야 하는 작업으로 가장 거리가 먼 것은?

① 금형 해체 작업
② 금형 조정 작업
③ 금형 설치
④ 금형 부착 작업

> 안전블록은 금형을 부착·해체 또는 조정하는 작업에 사용된다. 금형 설치 작업 시 슬라이드 작동과 직접적인 관련이 없으므로 안전블록을 반드시 사용하지 않아도 된다.
>
> 출제개념 프레스 안전블록 대상 작업

35 프레스에 사용되는 광전자식 방호장치의 일반 구조에 관한 설명으로 틀린 것은?

① 방호장치의 감지기능은 규정한 검출영역 전체에 걸쳐 유효하여야 한다.
② 슬라이드 하강 중 정전 또는 방호장치의 이상 시에는 1회 동작 후 정지할 수 있는 구조이어야 한다.
③ 정상동작표시램프는 녹색, 위험표시램프는 붉은색으로 하며, 근로자가 쉽게 볼 수 있는 곳에 설치해야 한다.
④ 방호장치의 정상작동 중에 감지가 이루어지거나 전원공급이 중단되는 경우 적어도 두 개 이상의 독립된 출력신호 개폐장치가 꺼진 상태로 되어야 한다.

> 슬라이드 하강 중 정전 또는 방호장치의 이상 발생 시 즉시 정지할 수 있어야 한다.
>
> 출제개념 프레스의 광전자식 방호장치

정답 32 ② 33 ② 34 ③ 35 ②

36 방호장치 안전인증 고시에 따라 프레스 및 전단기에 사용되는 광전자식 방호장치의 일반구조에 대한 설명으로 가장 적절하지 않은 것은?

① 정상동작표시램프는 녹색, 위험표시램프는 붉은색으로 하며, 근로자가 쉽게 볼 수 있는 곳에 설치해야 한다.

② 슬라이드 하강 중 정전 또는 방호장치의 이상 시에 정지할 수 있는 구조이어야 한다.

③ 방호장치는 릴레이, 리미트 스위치 등의 전기부품의 고장, 전원전압의 변동 및 정전에 의해 슬라이드가 불시에 동작하지 않아야 하며, 사용전원전압의 ±(10/100)의 변동에 대하여 정상으로 작동되어야 한다.

④ 방호장치의 감지기능은 규정한 검출영역 전체에 걸쳐 유효하여야 한다.

> 방호장치는 슬라이드가 불시에 동작하지 않아야 하며, 사용전원전압의 ±(20/100)의 변동에 대해 정상적으로 작동되어야 한다.
>
> 출제개념 광전자식 방호장치

37 광전자식 방호장치를 설치한 프레스에서 광선을 차단한 후 0.5초 후에 슬라이드가 정지하였다. 이때 방호장치의 안전거리는 최소 몇 mm 이상이어야 하는가?

① 500   ② 600
③ 700   ④ 800

> 안전거리의 단위가 mm이므로,
> 광전자식 안전거리(D) = 1.6 × 시간(T) × 1,000
>   = 1.6 × 0.5s × 1,000 = 800mm
>
> 출제개념 프레스, 광전자식 방호장치의 안전거리 계산

38 프레스 양수조작식 방호장치 누름버튼의 상호 간 내측거리는 몇 mm 이상인가?

① 50   ② 100
③ 200   ④ 300

> 누름버튼의 상호 간 내측거리는 작업자가 양손을 동시에 사용하도록 유도하기 위해 300mm 이상으로 규정되어 있다.
>
> 출제개념 프레스, 양수조작식 방호장치

39 프레스기에 사용되는 방호장치에 있어 원칙적으로 급정지기구가 부착되어야만 사용할 수 있는 방식은?

① 양수조작식   ② 가드식
③ 손쳐내기식   ④ 수인식

> 급정지기구가 부착되어야만 사용할 수 있는 방식은 양수조작식과 광전자식이다.
>
> 출제개념 프레스의 방호장치

정답   36 ③   37 ④   38 ④   39 ①

40 급정지기구가 부착되어 있지 않아도 유효한 프레스의 방호장치로 옳지 않은 것은?

① 양수기동식 ② 손쳐내기식
③ 가드식 ④ 양수조작식

> 급정지기구가 부착되어야만 사용할 수 있는 방식은 양수조작식과 광전자식이다.
>
> 출제개념 프레스의 방호장치

41 프레스기의 방호장치 중 위치제한형 방호장치에 해당되는 것은?

① 수인식 방호장치
② 광전자식 방호장치
③ 손쳐내기식 방호장치
④ 양수조작식 방호장치

> 위치제한형 방호장치에는 양수조작식 방호장치가 해당된다.
>
> 출제개념 프레스의 방호장치

42 프레스기의 SPM이 200이고, 클러치의 맞물림 개소수가 6인 경우 양수기동식 방호장치의 안전거리는?

① 120mm ② 320mm
③ 200mm ④ 400mm

> $$\text{안전거리}(D) = 1.6 \times \left(\frac{1}{2} + \frac{1}{N}\right) \times \frac{60{,}000}{SPM}$$
> $$= 1.6 \times \left(\frac{1}{2} + \frac{1}{6}\right) \times \frac{60{,}000}{200}$$
> $$= 320mm$$
> (*N: 클러치 맞물림 개수)
>
> 출제개념 양수기동식 방호장치의 안전거리 계산

43 프레스기의 비상정지스위치 작동 후 슬라이드가 하사점까지 도달시간이 0.15초 걸렸다면 양수기동식 방호장치의 안전거리는 최소 몇 cm 이상이어야 하는가?

① 24 ② 240
③ 15 ④ 150

> $$\text{안전거리}(D) = 1.6T = 1.6 \times 0.15(\text{초})$$
> $$= 1.6 \times 150(ms) = 240(mm)$$
> $$= 24(cm)$$
>
> 출제개념 프레스, 양수기동식 방호장치의 안전거리 계산

정답 **40** ④ **41** ④ **42** ② **43** ①

44 프레스 작동 후 작업점까지의 도달시간이 0.3초인 경우 위험한계로부터 양수조작식 방호장치의 최단 설치거리는?

① 48cm 이상   ② 58cm 이상
③ 68cm 이상   ④ 78cm 이상

> 안전거리 단위가 cm이므로,
> 안전거리(D) = 160×(TL+Ts) = 160×0.3 = 48cm
>
> 출제개념 **프레스, 양수조작식 방호장치의 안전거리 계산**

45 슬라이드가 내려옴에 따라 손을 쳐내는 막대가 좌우로 왕복하면서 위험점으로부터 손을 보호하여 주는 프레스의 안전장치는?

① 수인식 방호장치
② 양손조작식 방호장치
③ 손쳐내기식 방호장치
④ 게이트 가드식 방호장치

> 손을 쳐내는 막대가 좌우로 왕복하면서 손을 보호하는 안전장치는 손쳐내기식 방호장치이다.
>
> 출제개념 **프레스의 방호장치**

46 프레스의 손쳐내기식 방호장치 설치기준으로 틀린 것은?

① 방호판의 폭이 금형 폭의 1/2 이상이어야 한다.
② 슬라이드 행정수가 300SPM 이상의 것에 사용한다.
③ 손쳐내기봉의 행정길이는 금형의 높이에 따라 조정할 수 있고 진동폭은 금형 폭 이상이어야 한다.
④ 슬라이드 하행정거리의 3/4 위치에서 손을 완전히 밀어내야 한다.

> 손쳐내기식은 슬라이드 행정수가 120SPM 이하의 것을 사용한다.
>
> 출제개념 **프레스, 손쳐내기식 방호장치**

47 프레스 및 전단기에 사용되는 손쳐내기식 방호장치의 성능기준에 대한 설명 중 옳지 않은 것은?

① 진동각도 진폭시험: 행정길이가 최소일 때 진동각도는 60~90°이다.
② 진동각도 진폭시험: 행정길이가 최대일 때 진동각도는 0~30°이다.
③ 완충시험: 손쳐내기봉에 의한 과도한 충격이 없어야 한다.
④ 무부하 동작시험: 1회의 오동작도 없어야 한다.

> 행정길이가 최대일 때 진동각도는 45~90°가 되어야 한다.
>
> 출제개념 **손쳐내기식 방호장치**

정답 **44** ① **45** ③ **46** ② **47** ②

48 프레스를 제외한 사출성형기 · 주형조형기 및 형단조기 등에 관한 안전조치 사항으로 틀린 것은?

① 근로자의 신체 일부가 말려들어 갈 우려가 있는 경우에는 양수조작식 방호장치를 설치하여 사용한다.

② 게이트 가드식 방호장치를 설치할 경우에는 연동구조를 적용하여 문을 닫지 않아도 동작할 수 있도록 한다.

③ 사출성형기의 전면에 작업용 발판을 설치할 경우 근로자가 쉽게 미끄러지지 않는 구조여야 한다.

④ 기계의 히터 등의 가열 부위, 감전 우려가 있는 부위에는 방호덮개를 설치하여 사용한다.

▼
게이트 가드식 방호장치는 문을 닫지 않으면 작동하지 않도록 연동구조를 적용하여 설치해야 한다.

출제개념 사출성형기 · 주형조형기 및 형단조기 작업 안전수칙

49 금형의 안전화에 관한 설명으로 옳지 않은 것은?

① 금형을 설치하는 프레스의 T홈 안길이는 설치볼트 직경의 2배 이상으로 한다.

② 맞춤핀을 사용할 때에는 헐거운 끼워맞춤으로 하고, 이를 하형에 사용할 때에는 낙하방지 대책을 세워 둔다.

③ 금형의 사이에 신체 일부가 들어가지 않도록 이동 스트리퍼와 다이의 간격은 8mm 이하로 한다.

④ 대형 금형에서 생크가 헐거워짐이 예상될 경우 생크만으로 상형을 슬라이드에 설치하는 것을 피하고 볼트를 사용하여 조인다.

▼
맞춤핀은 헐거운 끼워맞춤이 아닌 억지 끼워맞춤으로 해야 한다.

출제개념 금형 작업 안전수칙

50 다음 중 금형 설치 · 해체작업의 일반적인 안전사항으로 틀린 것은?

① 고정볼트는 고정 후 가능하면 나사산이 3~4개 정도 짧게 남겨 슬라이드 면과의 사이에 협착이 발생하지 않도록 해야 한다.

② 금형 고정용 브래킷(물림판)을 고정시킬 때 고정용 브래킷은 수평이 되게 하고, 고정볼트는 수직이 되게 고정하여야 한다.

③ 금형을 설치하는 프레스의 T홈 안길이는 설치볼트 직경 이하로 한다.

④ 금형의 설치용구는 프레스의 구조에 적합한 형태로 한다.

▼
금형을 설치하는 프레스의 T홈 안길이는 설치볼트 직경의 2배 이상이어야 한다.

출제개념 금형 작업 안전수칙

정답 48 ② 49 ② 50 ③

22년 2회 ✔ 회독 □□□

51 금형의 설치·해체·운반 시 안전사항에 관한 설명으로 틀린 것은?

① 운반을 통하여 관통 아이볼트가 사용될 때는 구멍 틈새가 최소화되도록 한다.

② 금형을 설치하는 프레스의 T홈 안길이는 설치볼트 지름의 1/2 이하로 한다.

③ 고정볼트는 고정 후 가능하면 나사산을 3~4개 정도 짧게 남겨 설치 또는 해체 시 슬라이드 면과의 사이에 협착이 발생하지 않도록 해야 한다.

④ 운반 시 상부금형과 하부금형이 닿을 위험이 있을 때는 고정 패드를 이용한 스트랩, 금속 재질이나 우레탄 고무의 블록 등을 사용한다.

> 금형을 설치하는 프레스의 T홈 안길이는 설치볼트 직경의 2배 이상이어야 한다.
>
> 출제개념 금형 작업 안전수칙

25년 2회 24년 3회 22년 3회 22년 1회 ✔ 회독 □□□

52 다음 중 롤러기 급정지장치의 종류가 아닌 것은?

① 어깨조작식   ② 손조작식

③ 복부조작식   ④ 무릎조작식

> 롤러기의 급정지장치에는 손조작식, 복부조작식, 무릎조작식이 해당한다.
>
> 출제개념 롤러기의 방호장치, 급정지장치

25년 3회 25년 1회 24년 3회 23년 2회 21년 3회 ✔ 회독 □□□

53 다음 중 ( ) 안에 알맞은 내용은?

> 롤러기의 급정지장치는 무부하로 회전시킨 상태에서 앞면 롤러의 표면속도가 30m/min 미만일 때에는 급정지거리가 앞면 롤러 원주의 ( ) 이내에서 정지시킬 수 있는 성능을 보유하여야 한다.

① 1/4   ② 1/2.5

③ 1/3   ④ 1/2

> 표면속도가 30m/min 미만일 때는 앞면 롤러 원주의 1/3 이내에서 급정지 가능해야 한다. 만약, 표면속도가 30m/min 이상이라면 앞면 롤러 원주의 1/2.5 이내에서 급정지 가능해야 한다.
>
> 출제개념 롤러기의 방호장치, 급정지장치, 급정지거리

24년 2회 ✔ 회독 □□□

54 롤러기의 급정지장치 설치방법으로 틀린 것은?

① 손조작식 급정지장치 조작부는 밑면에서 1.8m 이내로 설치한다.

② 복부조작식 급정지장치 조작부는 밑면에서 0.8m 이상 1.1m 이내로 설치한다.

③ 무릎조작식 급정지장치 조작부는 밑면에서 0.8m 이내에 설치한다.

④ 급정지장치의 위치는 급정지장치의 조작부 중심점을 기준으로 한다.

> 무릎조작식 급정지장치 조작부는 밑면에서 0.6m 이내에 설치해야 한다.
>
> 출제개념 롤러기의 방호장치, 급정지장치

정답 51 ② 52 ① 53 ③ 54 ③

✔ 회독 ☐☐☐

55 롤러기의 방호장치 중 롤러의 앞면 표면속도가 30m/min 이상일 때 무부하 동작에서 급정지거리는?

① 앞면 롤러 원주의 1/2.5 이내
② 앞면 롤러 원주의 1/3 이내
③ 앞면 롤러 원주의 1/3.5 이내
④ 앞면 롤러 원주의 1/5.5 이내

▽
롤러의 표면속도가 30m/min 이상이면 급정지거리는 앞면 롤러 원주의 1/2.5 이내여야 한다.

출제개념 롤러기의 방호장치, 급정지장치, 급정지거리

✔ 회독 ☐☐☐

56 롤러기의 방호장치 설치 시 유의해야 할 사항으로 가장 적절하지 않은 것은?

① 손으로 조작하는 급정지장치의 조작부는 롤러기의 전면 및 후면에 각각 1개씩 수평으로 설치하여야 한다.
② 앞면 롤러의 표면속도가 30m/min 미만인 경우 급정지거리는 앞면 롤러 원주의 1/2.5 이하로 한다.
③ 급정지장치의 조작부에 사용하는 줄은 사용 중 늘어져서는 안 된다.
④ 급정지장치의 조작부에 사용하는 줄은 충분한 인장강도를 가져야 한다.

▽
앞면 롤러의 표면속도가 30m/min 미만인 경우에 급정지거리는 앞면 롤러 원주의 1/3 이내로 해야 한다.

출제개념 롤러기의 방호장치, 급정지장치, 급정지거리

✔ 회독 ☐☐☐

57 롤러에 설치하는 급정지장치 조작부의 종류와 그 위치로 옳은 것은?

① 발조작식은 밑면으로부터 0.2m 이내
② 손조작식은 밑면으로부터 1.8m 이내
③ 복부조작식은 밑면으로부터 0.6m 이상 1m 이내
④ 무릎조작식은 밑면으로부터 0.2m 이상 0.4m 이내

▽
손조작식은 밑면으로부터 1.8m 이내, 복부조작식은 0.8m 이상 1.1m 이내, 무릎조작식은 0.6m 이내 또는 밑면으로부터 0.4m 이상 0.6m 이내 범위에 설치해야 한다.

출제개념 롤러기의 방호장치, 급정지장치

✔ 회독 ☐☐☐

58 롤러의 급정지를 위한 방호장치를 설치하고자 한다. 앞면 롤러 직경이 36cm이고, 분당 회전속도가 50rpm이라면 급정지거리는 약 얼마 이내이어야 하는가? (단, 무부하동작에 해당한다.)

① 45cm
② 50cm
③ 55cm
④ 60cm

▽
롤러 직경의 단위가 cm이므로

롤러의 표면속도 $= \dfrac{\pi DN}{100} = \dfrac{3.14 \times 36cm \times 50rpm}{100}$

$= 56.52$m/min

롤러의 표면속도가 30m/min 이상이므로 급정지거리는 롤러 원주의 1/2.5 이내여야 한다.

급정지거리 $= \dfrac{\pi D}{2.5} = \dfrac{3.14 \times 36cm}{2.5} = 45.216$cm

출제개념 롤러기의 방호장치, 급정지장치, 급정지거리 계산

정답 55 ① 56 ② 57 ② 58 ①

59 다음 중 롤러의 급정지 성능으로 적합하지 않은 것은?

① 앞면 롤러 표면 원주속도가 25m/min, 앞면 롤러의 원주가 5m일 때 급정지거리 1.6m 이내

② 앞면 롤러 표면 원주속도가 35m/min, 앞면 롤러의 원주가 7m일 때 급정지거리 2.8m 이내

③ 앞면 롤러 표면 원주속도가 30m/min, 앞면 롤러의 원주가 6m일 때 급정지거리 2.6m 이내

④ 앞면 롤러 표면 원주속도가 20m/min, 앞면 롤러의 원주가 8m일 때 급정지거리 2.6m 이내

> 앞면 롤러의 표면속도가 30m/min 이상이므로,
> 급정지거리 $= \dfrac{\pi D}{2.5}$ (πD는 앞면 롤러의 원주)
> $= \dfrac{6m}{2.5} = 2.4m$
>
> 출제개념 롤러기의 방호장치, 급정지장치, 급정지거리

60 개구면에서 위험점까지의 거리가 50mm인 위치에 풀리(Pully)가 회전하고 있다. 가드의 개구부 간격으로 설정할 수 있는 최대값은 얼마인가?

① 9.0mm ② 13.5mm
③ 12.0mm ④ 25mm

> 비전동체인 경우 개구부의 간격을 구하는 식은 다음과 같다.
> 가드의 최대 개구 간격(Y)=6+0.15X(X는 안전거리)
> =6+7.5=13.5mm
>
> 출제개념 롤러기의 가드 개구부 간격 결정공식

61 동력전달부분의 전방 35cm 위치에 일반 평형보호망을 설치하고자 한다. 보호망의 최대 구멍 크기는 몇 mm인가?

① 41 ② 45
③ 51 ④ 55

> 전동체인 경우 개구부 간격을 구하는 식은 다음과 같다.
> 가드의 최대 개구 간격(Y)=6+0.1X(X는 안전거리)
> =6+35=41mm
>
> 출제개념 롤러기의 가드 개구부 간격 결정공식

62 산업안전보건법령상 고속회전체의 회전시험을 하는 경우 미리 회전축의 재질 및 형상 등에 상응하는 종류의 비파괴검사를 해서 결함 유무를 확인해야 한다. 이때 검사 대상이 되는 고속회전체의 기준은?

① 회전축의 중량이 0.5톤을 초과하고, 원주속도가 100m/s 이내인 것

② 회전축의 중량이 0.5톤을 초과하고, 원주속도가 120m/s 이상인 것

③ 회전축의 중량이 1톤을 초과하고, 원주속도가 100m/s 이내인 것

④ 회전축의 중량이 1톤을 초과하고, 원주속도가 120m/s 이상인 것

> 고속회전체의 회전축 중량이 1톤을 초과하고, 원주속도가 120m/s 이상인 것은 비파괴검사를 통해 결함 유무를 확인해야 한다.
>
> 출제개념 고속회전체, 비파괴검사

정답 59 ③ 60 ② 61 ① 62 ④

63 아세틸렌 용접장치에 관한 설명이다. (   ) 안에 공통으로 들어갈 내용으로 옳은 것은?

- 사업주는 아세틸렌 용접장치의 취관마다 (   )를 설치하여야 한다.
- 사업주는 가스용기가 발생기와 분리되어 있는 아세틸렌 용접장치에 대하여 발생기와 가스용기 사이에 (   )를 설치하여야 한다.

① 분기장치
② 자동발생 확인장치
③ 유수 분리장치
④ 안전기

▼

아세틸렌 용접장치의 취관마다 안전기를 설치하여야 하며, 가스용기와 발생기가 분리되어 있는 아세틸렌 용접장치의 경우 그 사이에도 안전기를 설치해야 한다.

출제개념 아세틸렌 용접장치의 방호장치, 안전기

64 산업안전보건법령상 아세틸렌 용접장치의 아세틸렌 발생기실을 설치하는 경우 준수하여야 하는 사항으로 옳은 것은?

① 벽은 가연성 재료로 하고 철근 콘크리트 또는 그 밖에 이와 동등하거나 그 이상의 강도를 가진 구조로 할 것
② 바닥면적의 1/16 이상의 단면적을 가진 배기통을 옥상으로 돌출시키고 그 개구부를 창이나 출입구로부터 1.5m 이상 떨어지도록 할 것
③ 출입구의 문은 불연성 재료로 하고 두께 1.0mm 이하의 철판이나 그 밖에 그 이상의 강도를 가진 구조로 할 것
④ 발생기실을 옥외에 설치한 경우에는 그 개구부를 다른 건축물로부터 1.0m 이내 떨어지도록 할 것

▼

벽은 불연성 재료로 해야 하며, 출입구 문의 두께는 1.5mm 이상의 철판이어야 하고, 옥외에 설치한 발생기의 개구부는 다른 건축물로부터 1.5m 이상 떨어져야 한다.

출제개념 아세틸렌 용접장치, 아세틸렌 발생기실

정답 63 ④ 64 ②

65 아세틸렌 용접장치 발생기실의 구조에 관한 설명으로 옳지 않은 것은?

① 벽은 불연성 재료로 할 것
② 지붕과 천장에는 얇은 철판과 같은 가벼운 불연성 재료를 사용할 것
③ 벽과 발생기 사이에는 작업에 필요한 공간을 확보할 것
④ 배기통을 옥상으로 돌출시키고 그 개구부를 출입구로부터 1.5m 거리 이내에 설치할 것

> 배기통의 개구부는 창이나 출입구로부터 1.5m 이상 떨어지도록 설치해야 한다.
>
> 출제개념 아세틸렌 용접장치, 아세틸렌 발생기실

66 아세틸렌 용접장치에서 역화의 원인으로 가장 거리가 먼 것은?

① 아세틸렌의 공급과다
② 토치 성능의 부실
③ 압력조정기의 고장
④ 토치 팁에 이물질이 묻은 경우

> 역화는 일반적으로 산소 과다공급, 토치 고장, 토치 팁 막힘 등이 원인이며, 아세틸렌 가스 압력과 유량이 적당하지 않았을 때 발생한다.
>
> 출제개념 역화 발생원인

67 아세틸렌 용접 시 역류를 방지하기 위하여 설치하여야 하는 것은?

① 안전기   ② 발생기
③ 청정기   ④ 유량기

> 아세틸렌 용접장치의 역류 및 역화를 방지하기 위해 안전기(역화방지기)를 설치해야 한다.
>
> 출제개념 아세틸렌 용접장치의 방호장치

68 용해아세틸렌의 가스집합 용접장치의 배관 및 부속기구에는 구리나 구리 함유량이 몇 퍼센트 이상인 합금을 사용할 수 없는가?

① 40%   ② 60%
③ 50%   ④ 70%

> 구리나 구리 함유량이 70% 이상인 합금은 용해아세틸렌의 가스집합 용접장치의 배관 및 부속기구에 사용할 수 없다.
>
> 출제개념 가스집합 용접장치

정답 65 ④ 66 ① 67 ① 68 ④

69 아세틸렌 용접장치의 아세틸렌 발생기를 설치하는 경우, 발생기실의 설치장소에 대한 설명 중 A, B에 들어갈 내용으로 옳은 것은?

> • 발생기실은 화기를 사용하는 설비로부터 (A)를 초과하는 장소에 설치하여야 한다.
> • 발생기실을 옥외에 설치한 경우에는 그 개구부를 다른 건축물로부터 (B) 이상 떨어져야 한다.

① A: 1.5m, B: 3m
② A: 2m, B: 4m
③ A: 3m, B: 1.5m
④ A: 4m, B: 2m

> 화기를 사용하는 설비로부터 3m를 초과하는 장소에 설치해야 하며, 발생기실을 옥외에 설치한 경우 다른 건축물과 개구부가 1.5m 이상 떨어지도록 해야 한다.
>
> 출제개념 아세틸렌 용접장치, 아세틸렌 발생기실

70 가스집합 용접장치의 안전에 관한 설명으로 옳지 않은 것은?

① 가스집합장치는 화기를 사용하는 설비로부터 5m 이상 떨어진 장소에 설치해야 한다.
② 가스집합 용접장치의 배관에서 플랜지, 밸브 등의 접합부에는 개스킷을 사용하고 접합면을 상호 밀착시킨다.
③ 주관 및 분기관에 안전기를 설치해야 하며 이 경우 하나의 취관에 2개 이상의 안전기를 설치해야 한다.
④ 용해아세틸렌을 사용하는 가스집합 용접장치의 배관 및 부속기구는 구리나 구리 함유량이 60% 이상인 합금을 사용해서는 아니 된다.

> 용해아세틸렌을 사용하는 가스집합 용접장치의 배관 및 부속기구는 구리나 구리 함유량이 70% 이상인 합금을 사용하여서는 안 된다.
>
> 출제개념 가스집합 용접장치

71 산업안전보건법령상 금속의 용접, 용단에 사용하는 가스용기를 취급할 때 유의사항으로 틀린 것은?

① 밸브의 개폐는 서서히 할 것
② 운반하는 경우에는 캡을 벗길 것
③ 용기의 온도는 40℃ 이하로 유지할 것
④ 통풍이나 환기가 불충분한 장소에는 설치하지 말 것

> 운반 시에는 충격방지와 안전을 위해 반드시 캡을 씌워야 한다.
>
> 출제개념 용접, 용단 작업 시 가스용기 안전수칙

정답 **69** ③ **70** ④ **71** ②

72 산업용 로봇의 작동범위에서 교시 등의 작업을 하는 경우에 로봇에 의한 위험을 방지하기 위한 조치사항으로 틀린 것은?

① 2명 이상의 근로자에게 작업을 시킬 경우에 신호방법을 정한다.

② 작업 중의 매니퓰레이터 속도에 관한 지침을 정하고 그 지침에 따라 작업한다.

③ 작업을 하는 동안 다른 작업자가 작동시킬 수 없도록 기동스위치에 작업 중 표시를 한다.

④ 작업에 종사하고 있는 근로자가 이상을 발견하면 즉시 안전담당자에게 보고하고 계속해서 로봇을 운전한다.

> 근로자는 작업 중 이상을 발견하는 즉시 작업을 중지하고 관계자에게 보고해야 한다.
>
> **출제개념** 산업용 로봇 작업 안전수칙

73 로봇을 운전하는 경우 근로자가 로봇에 부딪힐 위험이 있을 때 높이는 최소 얼마 이상의 울타리를 설치하여야 하는가?

① 0.9m   ② 1.5m

③ 1.2m   ④ 1.8m

> 로봇에 의한 충돌 위험이 있는 경우 1.8m 이상의 울타리를 필수적으로 설치해야 한다.
>
> **출제개념** 산업용 로봇 작업 안전수칙

74 산업용 로봇에 의한 작업 시 안전조치 사항으로 적절하지 않은 것은?

① 로봇의 운전으로 인해 근로자가 로봇에 부딪힐 위험이 있을 때에는 높이 1.8m 이상의 울타리를 설치하여야 한다.

② 작업을 하고 있는 동안 로봇의 기동스위치 등은 작업에 종사하고 있는 근로자가 아닌 사람이 그 스위치 등을 조작할 수 없도록 필요한 조치를 한다.

③ 로봇의 조작방법 및 순서, 작업 중의 매니퓰레이터의 속도 등에 관한 지침에 따라 작업을 하여야 한다.

④ 작업에 종사하는 근로자가 이상을 발견하면, 관리 감독자에게 우선 보고하고, 지시가 나올 때까지 작업을 진행한다.

> 근로자는 작업 중 이상을 발견하는 즉시 작업을 중지하고 관계자에게 보고해야 한다.
>
> **출제개념** 산업용 로봇 작업 안전수칙

75 목재 가공용 기계에 사용되는 방호장치의 연결이 옳지 않은 것은?

① 둥근톱기계: 톱날접촉 예방장치

② 띠톱기계: 날접촉 예방장치

③ 모떼기기계: 날접촉 예방장치

④ 동력식 수동대패기계: 반발예방장치

> 동력식 수동대패기계에는 날접촉 예방장치를 설치해야 한다.
>
> **출제개념** 목재 가공용 기계의 방호장치

정답 72 ④ 73 ④ 74 ④ 75 ④

76 목재 가공용 둥근톱 작업에서 분할날과 톱날 원주면과의 간격은 최대 얼마 이내가 되도록 조정해야 하는가?

① 10mm 　　　② 14mm
③ 12mm 　　　④ 16mm

▼

분할날과 톱날 원주면과의 간격은 12mm 이내로 조정해야 한다.

출제개념 목재 가공용 둥근톱기계

77 지게차에서 통상적으로 갖추고 있어야 하나, 마스트의 후방에서 화물이 낙하함으로써 근로자에게 위험을 미칠 우려가 없는 때에는 반드시 갖추지 않아도 되는 것은?

① 전조등 　　　② 헤드가드
③ 백레스트 　　　④ 포크

▼

백레스트는 일반적으로 반드시 갖춰야 하지만, 마스트의 후방에서 화물 낙하로 인한 위험이 없을 경우에는 예외적으로 설치하지 않아도 된다.

출제개념 지게차의 방호장치

78 지게차를 이용한 작업을 안전하게 수행하기 위한 장치와 거리가 먼 것은?

① 헤드가드
② 훅 및 샤클
③ 전조등 및 후미등
④ 백레스트

▼

훅 및 샤클은 지게차가 아닌 크레인 등에서 사용하는 인양용 기구이다.

출제개념 지게차의 방호장치

79 지게차의 안정도에 관한 설명으로 틀린 것은?

① 지게차의 등판능력을 표시한다.
② 좌우안정도와 전후안정도가 있다.
③ 주행과 하역 작업의 안정도가 다르다.
④ 작업 또는 주행 시 안정도 이하로 유지해야 한다.

▼

지게차의 안정도는 등판능력이 아닌 지면의 안전경사각을 표시한다.

출제개념 지게차의 안정도

정답　76 ③　77 ③　78 ②　79 ①

80 지게차의 중량이 8kN, 화물 중량이 2kN, 앞바퀴에서 화물의 무게중심까지의 최단거리가 0.5m이면 지게차가 안정되기 위한 앞바퀴에서 지게차의 무게중심까지의 거리는 최소 몇 m 이상이어야 하는가?

① 0.45m   ② 0.325m

③ 0.225m   ④ 0.125m

> 지게차의 안정조건 공식에 대입하면 다음과 같다.
> $W \times a \leq G \times b$
> 앞바퀴에서 지게차 중심까지의 거리(b)
>
> $= \dfrac{W \times a}{G}$
>
> $= \dfrac{2kN \times 0.5m}{8kN} = 0.125m$
>
> [출제개념] 지게차의 안정조건

81 화물 중량이 200kgf, 지게차 중량이 400kgf, 앞바퀴에서 화물의 무게중심까지의 최단거리가 1m일 때 지게차가 안정되기 위하여 앞바퀴에서 지게차의 무게중심까지 최단거리는 최소 몇 m를 초과해야 하는가?

① 0.2m   ② 0.5m

③ 1m   ④ 2m

> 지게차의 안정조건 공식에 대입하면 다음과 같다.
> $W \times a \leq G \times b$
> 앞바퀴에서 지게차 중심까지의 거리(b)
>
> $= \dfrac{W \times a}{G}$
>
> $= \dfrac{200kg \times 1m}{400kg} = 0.5m$
>
> [출제개념] 지게차의 안정조건

82 지게차 헤드가드의 안전기준으로 옳은 것은?

① 상부틀의 각 개구의 폭 또는 길이가 15cm 미만일 것

② 상부틀의 각 개구의 폭 또는 길이가 20cm 미만일 것

③ 강도는 지게차의 최대하중의 2배 값(4톤을 넘는 값에 대해서는 4톤으로 함)의 등분포정하중에 견딜 수 있을 것

④ 강도는 지게차의 최대하중의 4배 값(4톤을 넘는 값에 대해서는 8톤으로 함)의 등분포정하중에 견딜 수 있을 것

> 강도는 지게차의 최대하중의 2배 값(4톤을 넘는 값에 대해서는 4톤으로 함)의 등분포정하중에 견딜 수 있어야 한다. 그 외에 상부틀의 각 개구의 폭 또는 길이가 16cm 미만이어야 한다.
>
> [출제개념] 지게차의 헤드가드

83 다음 중 지게차의 작업 상태별 안정도에 대한 설명으로 틀린 것은? (단, V는 최고속도(km/h)이다.)

① 기준 부하상태의 하역 작업 시의 전후안정도는 20% 이내이다.

② 기준 부하상태의 하역 작업 시의 좌우안정도는 6% 이내이다.

③ 기준 무부하상태에서의 주행 시의 전후안정도는 18% 이내이다.

④ 기준 무부하상태에서의 주행 시의 좌우안정도는 (15 + 1.1V)% 이내이다.

> 기준 부하상태의 하역 작업 시의 전후안정도는 4% 이내여야 한다.
>
> [출제개념] 지게차의 안정도

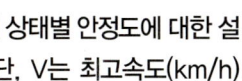

정답 80 ④ 81 ② 82 ③ 83 ①

84 산업안전보건법령상 지게차 최대하중의 2배 값이 6톤일 경우, 헤드가드의 강도는 몇 톤의 등분포정하중에 견딜 수 있어야 하는가?

① 4   ② 6
③ 8   ④ 10

> 강도는 지게차의 최대하중의 2배 값의 등분포정하중에 견딜 수 있어야 하나, 최대하중의 2배 값이 4톤을 넘는 경우에 4톤으로 한다.
>
> 출제개념 헤드가드의 강도

85 지게차의 방호장치에 해당하는 것은?

① 버킷   ② 포크
③ 마스트   ④ 헤드가드

> 지게차 방호장치에는 백레스트, 전조등·후미등, 헤드가드 등이 포함된다.
>
> 출제개념 지게차의 방호장치

86 컨베이어 이송용 롤러 등을 사용하는 경우 정전·전압강하 등에 의한 위험을 방지하기 위하여 설치하는 안전장치는?

① 권과방지장치
② 동력전달장치
③ 과부하방지장치
④ 화물의 이탈 및 역주행방지장치

> 정전이나 전압강하 시 컨베이어가 역행하는 것을 방지하기 위해 화물의 이탈 및 역주행방지장치를 설치해야 한다.
>
> 출제개념 컨베이어의 방호장치

87 유해위험기계·기구 중에서 진동과 소음을 동시에 수반하는 기계설비로 가장 거리가 먼 것은?

① 컨베이어   ② 가스용접기
③ 사출성형기   ④ 공기압축기

> 가스용접기는 소음은 발생하지만 진동은 거의 수반하지 않는다.
>
> 출제개념 유해위험기계·기구

정답 84 ① 85 ④ 86 ④ 87 ②

22년 1회 ✔ 회독 □□□

88 컨베이어 역전방지장치의 형식을 기계식과 전기식으로 구분할 때, 기계식에 해당하지 않는 것은?

① 라쳇식 ② 밴드식
③ 슬러스트식 ④ 롤러식

▼
라쳇식, 밴드식, 롤러식은 기계식 장치이며, 슬러스트식, 전기브레이크식은 전기식 장치에 해당한다.

출제개념 **컨베이어 역전방지장치**

21년 1회 ✔ 회독 □□□

89 산업안전보건법령상 컨베이어에 설치하는 방호장치로 거리가 가장 먼 것은?

① 건널다리 ② 반발예방장치
③ 비상정지장치 ④ 역주행방지장치

▼
반발예방장치는 목재 가공용 기계톱에 설치하는 방호장치이다.

출제개념 **컨베이어의 방호장치**

25년 1회 22년 1회 21년 3회 ✔ 회독 □□□

90 산업안전보건법령상 양중기에 해당하지 않는 것은?

① 곤돌라
② 이동식 크레인
③ 적재하중 0.05톤의 이삿짐운반용 리프트
④ 화물용 엘리베이터

▼
이삿짐운반용 리프트의 경우 적재하중이 0.1톤 이상인 것이 양중기에 해당한다.

출제개념 **양중기**

25년 1회 24년 2회 23년 3회 23년 1회 ✔ 회독 □□□

91 승강기 종류에 해당하지 않는 것은?

① 리프트
② 에스컬레이터
③ 화물용 엘리베이터
④ 승객용 엘리베이터

▼
리프트와 승강기는 모두 양중기에 포함되지만 리프트가 승강기의 종류에 해당하는 것은 아니다. 승강기에는 승객용, 화물용, 승객화물용, 소형화물용 엘리베이터와 에스컬레이터가 포함된다.

출제개념 **양중기, 승강기**

정답 **88** ③ **89** ② **90** ③ **91** ①

92 양중기를 사용하여 작업하는 운전자 또는 작업자가 보기 쉬운 곳에 해당 양중기에 대해 표시하여야 할 내용이 아닌 것은?

① 정격하중　　　② 경고표시
③ 운전속도　　　④ 최대 인양높이

양중기의 표시사항에는 정격하중, 경고표시, 운전속도 등이 해당한다.

출제개념 양중기 표시사항

---

93 다음 중 크레인의 방호장치로 가장 거리가 먼 것은?

① 권과방지장치
② 과부하방지장치
③ 비상정지장치
④ 자동보수장치

크레인의 방호장치에는 권과방지장치, 과부하방지장치, 비상정지장치, 훅해지장치가 있다.

출제개념 크레인의 방호장치

---

94 산업안전보건법령상 정상적으로 작동될 수 있도록 미리 조정해 두어야 할 이동식 크레인의 방호장치로 가장 적절하지 않은 것은?

① 제동장치
② 권과방지장치
③ 과부하방지장치
④ 파이널 리미트 스위치

파이널 리미트 스위치는 승강기의 방호장치에 해당한다.

출제개념 이동식 크레인의 방호장치

---

95 화물을 직접 지지하는 달기와이어로프의 안전계수는?

① 2 이상　　　② 5 이상
③ 3 이상　　　④ 10 이상

화물을 직접 지지하는 달기와이어로프의 안전계수는 5 이상이다. 이 외에 달기와이어로프의 안전계수는 다음과 같다.
• 사람을 지지하는 와이어로프: 10 이상
• 화물을 지지하는 와이어로프: 5 이상
• 훅, 샤클: 3 이상
• 기타의 경우: 4 이상

출제개념 달기와이어로프의 안전계수

정답 92 ④ 93 ④ 94 ④ 95 ②

96 안전계수가 5인 체인의 최대설계하중이 1,000N이라면 이 체인의 극한하중은 약 몇 N인가?

① 200　　　　　　　② 5,000

③ 2,000　　　　　　④ 12,000

▼

안전계수 $= \dfrac{극한하중}{최대설계하중}$ 이므로,

극한하중 = 안전계수 × 최대설계하중

$= 5 \times 1,000 = 5,000N$

출제개념 안전계수와 극한하중 계산

---

98 인장강도가 250N/mm²인 강판에서 안전율이 4라면 이 강판의 허용응력(N/mm²)은 얼마인가?

① 42.5　　　　　　② 62.5

③ 82.5　　　　　　④ 102.5

▼

안전율 $= \dfrac{파단하중(인장강도)}{허용하중(허용응력)}$

허용하중(허용응력) $= \dfrac{파단하중(인장강도)}{안전율}$

$= \dfrac{250}{4} = 62.5$

출제개념 인장강도, 안전율, 허용응력

---

97 안전율을 설명한 것으로 옳은 것은?

① 최대응력을 비례한도로 나눈 것

② 최대응력을 탄성한도로 나눈 것

③ 최대응력을 파괴하중으로 나눈 것

④ 최대응력을 허용응력으로 나눈 것

▼

안전율 $= \dfrac{최대응력(파단하중)}{허용능력(허용하중)}$

출제개념 안전율

---

99 연강의 인장강도가 420MPa이고, 허용응력이 140MPa이라면 안전율은?

① 1　　　　　　　② 2

③ 3　　　　　　　④ 4

▼

안전율 $= \dfrac{파단하중(인장강도)}{허용하중(허용응력)} = \dfrac{420MPa}{140MPa} = 3$

출제개념 안전율 계산

정답　**96** ②　**97** ④　**98** ②　**99** ③

100 어떤 로프의 파단하중이 600kgf이고, 정격하중은 150kgf이다. 이때 안전계수는 얼마인가?

① 2   ② 4
③ 3   ④ 5

$$안전계수 = \frac{파단하중}{허용하중(정격하중)} = \frac{600}{150} = 4$$

출제개념 안전계수 계산

---

101 중량 3kN의 화물을 2줄로 매달았을 때 매달기용 와이어에 걸리는 장력은 몇 kN인가? (단, 매달기용 와이어 2줄 사이의 각도는 55°이다.)

① 1.3   ② 1.7
③ 2.0   ④ 2.3

$$슬링와이어로프에 걸리는 하중 = \left(\frac{정하중}{2}\right) \div \cos\left(\frac{\theta}{2}\right)$$

$$= \left(\frac{3kN}{2}\right) \div \cos\left(\frac{55}{2}\right) = 1.69kN$$

출제개념 슬링와이어로프의 하중 계산

---

102 50kN의 중량물을 2줄걸이 와이어로프를 사용하여 상부 60° 각도로 들어 올릴 때 로프 하나에 걸리는 하중은 약 몇 kN인가?

① 16.8   ② 28.9
③ 24.5   ④ 37.9

$$슬링와이어로프에 걸리는 하중 = \left(\frac{정하중}{2}\right) \div \cos\left(\frac{\theta}{2}\right)$$

$$= \left(\frac{50kN}{2}\right) \div \cos\left(\frac{60}{2}\right) = 28.86kN$$

출제개념 슬링와이어로프의 하중 계산

---

103 크레인의 로프에 질량 100kg인 물체를 5m/s²의 가속도로 감아올릴 때, 로프에 걸리는 하중은 약 몇 N인가?

① 500   ② 2,540
③ 1,480   ④ 4,900

$$본로프에 걸리는 하중 = 정하중 + 동하중$$

$$= 정하중 + \left(정하중 \times \frac{상승가속도}{중력가속도}\right)$$

$$= 100kg + \left(100kg \times \frac{5}{9.8}\right) = 151.02kg$$

이때 하중의 단위가 N이므로
151.02×9.8=1,480N

출제개념 본로프에 걸리는 하중 계산

정답   **100** ②   **101** ②   **102** ②   **103** ③

104 크레인 로프에 질량 2,000kg의 물건을 10m/s² 의 가속도로 감아올릴 때, 로프에 걸리는 총 하중은 몇 kN인가? (단, 중력가속도는 9.8m/s²)

① 9.6   ② 29.6
③ 19.6   ④ 39.6

> 본로프에 걸리는 하중 = 정하중 + 동하중
>
> $$= 정하중 + \left(정하중 \times \dfrac{상승가속도}{중력가속도}\right)$$
>
> $$= 2,000kg + \left(2,000kg \times \dfrac{10}{9.8}\right)$$
>
> $$= 4,040.82kg = 39,600N = 39.6kN$$
>
> 출제개념 본로프에 걸리는 하중 계산

105 산업안전보건법령상 크레인에 전용탑승설비를 설치하고 근로자를 달아 올린 상태에서 작업에 종사시킬 경우 근로자의 추락 위험을 방지하기 위하여 실시해야 할 조치사항으로 적합하지 않은 것은?

① 승차석 외의 탑승 제한
② 안전대나 구명줄의 설치
③ 탑승설비의 하강 시 동력하강방법을 사용
④ 탑승설비가 뒤집히거나 떨어지지 않도록 필요한 조치

> 승차석 외의 탑승 제한은 지게차와 관련 있는 사항이다.
>
> 출제개념 크레인의 안전수칙

106 산업안전보건법령상 크레인에서 정격하중에 대한 정의는? (단, 지브가 있는 크레인은 제외)

① 부하할 수 있는 최대하중
② 부하할 수 있는 최대하중에서 달기기구의 중량에 상당하는 하중을 뺀 하중
③ 짐을 싣고 상승할 수 있는 최대하중
④ 가장 위험한 상태에서 부하할 수 있는 최대하중

> 정격하중은 부하할 수 있는 최대하중에서 달기기구의 중량에 상당하는 하중을 뺀 하중을 의미한다. 그 외에 부하할 수 있는 최대하중은 권상하중이고, 짐을 싣고 상승할 수 있는 최대하중은 적재하중을 의미한다.
>
> 출제개념 크레인의 정격하중

107 산업안전보건법령에 따라 레버풀러(Lever Puller) 또는 체인블록(Chain Block)을 사용하는 경우 훅의 입구(Hook Mouth) 간격이 제조자가 제공하는 제품사양서 기준으로 몇 % 이상 벌어진 것은 폐기하여야 하는가?

① 3   ② 5
③ 7   ④ 10

> 제조자가 제공하는 제품사양서 기준으로 훅의 입구 간격이 10% 이상으로 벌어진 것은 폐기 대상이다.
>
> 출제개념 훅의 입구 간격

정답   **104** ④   **105** ①   **106** ②   **107** ④

108 다음 중 와이어로프의 구성요소가 아닌 것은?

① 클립　　　　　② 소선
③ 스트랜드　　　④ 심강

> 와이어로프의 구성요소에는 소선, 스트랜드, 심강, 심선이 있다.
>
> **출제개념** 와이어로프 구성요소

109 타워크레인을 와이어로프로 지지하는 경우 와이어로프의 설치각도는 수평면에서 몇 도 이내로 해야 하는가?

① 30°　　　　　② 60°
③ 45°　　　　　④ 75°

> 타워크레인의 지지용 와이어로프는 수평면에서 60° 이내의 각도로 설치해야 한다.
>
> **출제개념** 와이어로프 설치각도

110 양중기 과부하방지장치의 일반적인 공통사항에 대한 설명 중 부적합한 것은?

① 과부하방지장치와 타방호장치는 기능에 서로 장애를 주지 않도록 부착할 수 있는 구조이어야 한다.

② 방호장치의 기능을 변형 또는 보수할 때 양중기의 기능도 동시에 정지할 수 있는 구조이어야 한다.

③ 과부하방지장치에는 정상동작상태의 녹색 램프와 과부하 시 경고 표시를 할 수 있는 붉은색 램프와 경보음을 발하는 장치 등을 갖추어야 하며, 양중기 운전자가 확인할 수 있는 위치에 설치해야 한다.

④ 과부하방지장치 작동 시 경보음과 경보 램프가 작동되어야 하며 양중기는 작동이 되지 않아야 한다. 다만, 크레인은 과부하상태 해지를 위하여 권상된 만큼 권하시킬 수 있다.

> 방호장치의 기능을 정지 또는 제거할 때 양중기 기능도 함께 정지해야 한다.
>
> **출제개념** 양중기의 방호장치, 과부하방지장치

111 유해 · 위험방지를 위한 방호장치를 하지 아니하고는 양도, 대여, 설치 또는 사용에 제공하거나, 양도 · 대여를 목적으로 진열해서는 아니 되는 기계 · 기구가 아닌 것은?

① 예초기   ② 원심기
③ 진공포장기   ④ 롤러기

> 유해 · 위험방지를 위하여 방호장치가 필요한 기계 · 기구에는 예초기, 원심기, 포장기계, 금속절단기, 공기압축기, 지게차, 진공포장기 등이 해당한다.
>
> 출제개념 **방호조치 대상 기계 · 기구**

112 공기압축기의 작업 안전수칙으로 가장 적절하지 않은 것은?

① 공기압축기의 점검 및 청소는 반드시 전원을 차단한 후에 실시한다.
② 운전 중에 어떠한 부품도 건드려서는 안 된다.
③ 공기압축기 분해 시 내부의 압축공기를 이용하여 분해한다.
④ 최대공기압력을 초과한 공기압력으로는 절대로 운전하여서는 안 된다.

> 공기압축기 분해 시에는 공기압축기, 공기탱크 및 관로 안의 압축공기를 완전히 배출한 뒤에 실시해야 하며, 공기압축기 내부의 압축공기를 이용한 분해는 금지되어 있다.
>
> 출제개념 **공기압축기 작업 안전수칙**

113 다음 중 보일러의 폭발 사고 예방을 위한 장치로 가장 거리가 먼 것은?

① 압력제한 스위치
② 압력방출장치
③ 고저수위 고정장치
④ 화염 검출기

> 보일러의 폭발 사고를 예방하기 위해서는 압력제한 스위치, 압력방출장치, 고저수위 조절장치, 화염 검출기 등의 기능이 정상적으로 작동될 수 있도록 유지 및 관리하여야 한다.
>
> 출제개념 **보일러의 방호장치**

기계안전시설 관리

기출문제 활용법 문항별 기출 표기 개수가 많을수록 시험에 자주 출제된 문제! 표기가 5개인 문제는 출제 횟수가 5회 이상인 기출문제로 무조건 암기 필수!

3회독 공부전략 **1회독**은 문제 → 선지 → 답 → 해설 순서로 정독! **2회독**부터는 직접 문제 풀기, **3회독** 때는 ×, △ 표시된 문제만 다시 풀기! 회독할 때마다 문제 옆 회독표에 O, ×, △로 표시하여 3회독까지 ×로 표시된 문제는 부록에 포함된 "틈틈 오답노트"에 따로 정리해 공부하세요! [O: 정확히 알고 푼 문제 △: 부분적으로 알고 푼 문제 ×: 개념 학습이 필요한 문제]

24년 1회   23년 3회   ✔ 회독 ☐☐☐

01 이상온도, 이상기압, 과부하 등 기계의 부하가 안전한계치를 초과하는 경우에 이를 감지하고 자동으로 안전상태가 되도록 조정하거나 기계의 작동을 중지시키는 방호장치는?

① 감지형 방호장치
② 접근거부형 방호장치
③ 위치제한형 방호장치
④ 접근반응형 방호장치

> 감지형 방호장치는 기계의 과부하나 이상상태를 감지해 작동을 중지하거나 조정하는 역할을 한다.
> **출제개념** 기계의 방호장치

25년 3회   24년 2회   ✔ 회독 ☐☐☐

02 방호장치의 설치목적과 가장 관계가 먼 것은?

① 가공물 등의 낙하에 의한 위험방지
② 위험 부위와 신체의 접촉방지
③ 방음이나 집진
④ 주유나 검사의 편리성

> 방호장치의 기본 목적에는 ①~③과 작업자의 보호, 인적·물적 손실의 방지가 해당한다.
> **출제개념** 기계의 방호장치 목적

22년 1회   ✔ 회독 ☐☐☐

03 방호장치를 분류할 때는 크게 위험장소에 대한 방호장치와 위험원에 대한 방호장치로 구분할 수 있는데, 다음 중 위험장소에 대한 방호장치가 아닌 것은?

① 격리형 방호장치
② 접근거부형 방호장치
③ 접근반응형 방호장치
④ 포집형 방호장치

> 포집형 방호장치와 감지형 방호장치는 위험원에 대한 방호장치에 해당한다.
> **출제개념** 기계의 방호장치

정답   **01** ①   **02** ④   **03** ④

04 조작자의 신체 부위가 위험한계 밖에 위치하도록 기계의 조작장치를 위험구역에서 일정거리 이상 떨어지게 하는 방호장치는?

① 덮개형 방호장치
② 차단형 방호장치
③ 위치제한형 방호장치
④ 접근반응형 방호장치

> 위치제한형 방호장치는 양수조작식 방호장치로, 조작자의 신체가 위험구역에 접근하지 않도록 조작 위치를 조절한다.
>
> [출제개념] 기계의 방호장치

05 접근거부형 방호장치에 해당하는 방호장치는?

① 양수조작식 방호장치
② 게이트 가드식 방호장치
③ 광전자식 방호장치
④ 손쳐내기식 방호장치

> 접근거부형 방호장치는 작업자가 위험구역에 접근하지 못하도록 막는 장치로 손쳐내기식, 수인식 등이 해당한다.
>
> [출제개념] 접근거부형 방호장치

06 기계설비 구조의 안전화 중 가공결함 방지를 위해 고려할 사항이 아닌 것은?

① 안전율
② 열처리
③ 가공경화
④ 응력집중

> 안전율은 기계 설계 시 고려해야 할 사항이며, 가공 시 결함 발생을 방지하기 위해서는 열처리, 가공경화, 응력집중 등을 고려해야 한다.
>
> [출제개념] 기계설비의 안전화, 가공결함 방지

07 기계설비의 안전조건인 구조의 안전화와 거리가 가장 먼 것은?

① 전압강하에 따른 오동작 방지
② 재료의 결함 방지
③ 설계상의 결함 방지
④ 가공결함 방지

> 전압강하에 따른 오동작 방지는 기능의 안전화에 해당한다.
>
> [출제개념] 기계설비의 안전화, 구조의 안전화

정답 **04** ③ **05** ④ **06** ① **07** ①

08 기계설비가 이상이 있을 때 기계를 급정지시키거나 방호장치가 작동되도록 하는 것과 전기회로를 개선하여 오동작을 방지하거나 별도의 안전한 회로에 의해 정상기능을 찾을 수 있도록 하는 것은?

① 외형의 안전화
② 작업의 안전화
③ 기능상의 안전화
④ 작업점의 안전화

> 기계를 급정지시키거나 전기회로를 개선하여 오동작을 방지하는 조치는 기능상의 안전화에 해당한다.
>
> 출제개념 기능의 안전화

09 자동화 설비를 사용하고자 할 때 기능의 안전화를 위하여 검토할 사항으로 거리가 가장 먼 것은?

① 재료 및 가공결함에 의한 오동작
② 사용압력 변동 시의 오동작
③ 전압강하 및 정전에 따른 오동작
④ 단락 또는 스위치 고장 시의 오동작

> 재료 및 가공결함에 의한 오동작은 구조의 안전화와 관련된 요소이다.
>
> 출제개념 기능의 안전화

10 페일세이프(Fail Safe)를 기능적인 면에서 분류할 때 거리가 가장 먼 것은?

① Fool Proof
② Fail Passive
③ Fail Active
④ Fail Operational

> 페일세이프는 인간 또는 기계의 실수나 오류가 사고로 이어지지 않도록 이중·삼중으로 통제하여 위험을 방지하는 개념으로, 그 기능적 분류에는 부품 고장 시 정지하는 Fail-Passive, 부품 고장 시 잠시 운전하는 Fail-Active, 부품 고장 시 계속 운전하는 Fail-Operational이 있다.
>
> 출제개념 페일세이프(Fail Safe)

11 부품 고장이 발생하여도 기계가 추후 보수될 때까지 안전한 기능을 유지할 수 있도록 하는 기능은?

① Fail-Soft
② Fail-Active
③ Fail-Operational
④ Fail-Passive

> Fail-Operational은 고장 발생 시에도 일정 기간 안전하게 운전 가능하도록 하는 기능을 의미한다.
>
> 출제개념 페일세이프(Fail Safe)

정답 08 ③ 09 ① 10 ① 11 ③

12 인간이 기계 등의 취급을 잘못해도 그것이 바로 사고나 재해와 연결되는 일이 없는 기능을 의미하는 것은?

① Fail Safe
② Fail Operational
③ Fail Active
④ Fool Proof

> ▼
> 풀 프루프(Fool Proof)는 사용자의 실수가 사고로 이어지지 않도록 통제하는 것이다.
>
> 출제개념 **풀 프루프(Fool Proof)**

13 기계설비에 대한 본질적인 안전화 방안의 하나인 풀 프루프(Fool Proof)에 관한 설명으로 거리가 먼 것은?

① 계기나 표시를 보기 쉽게 하거나 이른바 인체공학적 설계도 넓은 의미의 풀 프루프에 해당된다.
② 설비 및 기계장치의 일부가 고장이 난 경우 기능의 저하는 가져오나 전체 기능은 정지하지 않는다.
③ 인간이 에러를 일으키기 어려운 구조나 기능을 가진다.
④ 조작순서가 잘못되어도 올바르게 작동한다.

> ▼
> 설비 및 기계장치 일부가 고장이 난 경우 기능의 저하는 가져오나 전체 기능은 정지하지 않는 것은 페일세이프에 해당하는 내용이다.
>
> 출제개념 **풀 프루프(Fool Proof)**

14 페일세이프(Fail Safe)의 기계 설계상 본질적 안전화에 대한 설명으로 틀린 것은?

① 구조적 Fail Safe: 인간이 기계 등의 취급을 잘못해도 그것이 바로 사고나 재해와 연결되는 일이 없도록 하는 기능을 말한다.
② Fail-Passive: 부품이 고장나면 통상적으로 기계는 정지하는 방향으로 이동한다.
③ Fail-Active: 부품이 고장나면 기계는 경보를 울리는 가운데 짧은 시간 동안의 운전이 가능하다.
④ Fail-Operational: 부품의 고장이 있어도 기계는 추후의 보수가 될 때까지 안전한 기능을 유지하며, 이것은 병렬 계통 또는 대기여분 계통으로 한 것이다.

> ▼
> 인간이 기계 등의 취급을 잘못해도 그것이 바로 사고나 재해와 연결되는 일이 없도록 하는 기능은 풀 프루프(Fool Proof)에 대한 설명이다.
>
> 출제개념 **페일세이프(Fail Safe)**

정답 **12** ④ **13** ② **14** ①

CHAPTER 05

설비진단 및 검사

기출문제 활용법 문항별 기출 표기 개수가 많을수록 시험에 자주 출제된 문제! 표기가 5개인 문제는 출제 횟수가 5회 이상인 기출문제로 무조건 암기 필수!

3회독 공부전략 1회독 은 문제 → 선지 → 답 → 해설 순서로 정독! 2회독 부터는 직접 문제 풀기, 3회독 때는 ×, △ 표시된 문제만 다시 풀기! 회독할 때마다 문제 옆 회독표에 ○, ×, △로 표시하여 3회독까지 ×로 표시된 문제는 부록에 포함된 "틈틈 오답노트"에 따로 정리해 공부하세요! [○: 정확히 알고 푼 문제 △: 부분적으로 알고 푼 문제 ×: 개념 학습이 필요한 문제]

25년 3회 24년 2회   ✔ 회독 ☐☐☐

01 용접 결함의 종류에 해당하지 않는 것은?

① 비드(Bead)
② 기공(Blow Hole)
③ 언더컷(Under Cut)
④ 용입불량(Incomplete Penetration)

> 비드(Bead)는 용접으로 모재와 용접봉이 녹아서 형성된 가늘고 긴 띠 모양의 용착 자국으로 용접부의 형상 요소이다.
>
> 출제개념 용접 결함

21년 2회   ✔ 회독 ☐☐☐

02 용접부 결함에서 전류가 과대하고, 용접속도가 너무 빨라 용접부의 일부가 홈 또는 오목하게 생기는 결함은?

① 언더컷
② 기공
③ 균열
④ 융합불량

> 언더컷은 과도한 전류 및 빠른 용접속도로 인해 용접부에 홈 또는 오목하게 생기는 결함이다.
>
> 출제개념 용접 결함

23년 3회   ✔ 회독 ☐☐☐

03 설비의 진단방법에 있어 비파괴시험이나 검사에 해당하지 않는 것은?

① 피로시험
② 방사선투과시험
③ 음향탐상검사
④ 초음파탐상검사

> 피로시험은 반복하중을 받는 재료의 강도를 측정하고자 하는 시험으로 비파괴검사에 포함되지 않는다.
>
> 출제개념 비파괴검사

25년 3회 25년 1회 21년 1회   ✔ 회독 ☐☐☐

04 비파괴검사 방법으로 틀린 것은?

① 인장시험
② 음향탐상시험
③ 와류탐상시험
④ 초음파탐상시험

> 인장시험은 재료의 인장강도를 측정하는 파괴검사이다.
>
> 출제개념 비파괴검사

정답   01 ①   02 ①   03 ①   04 ①

05 물체의 표면에 침투력이 강한 적색 또는 형광성의 침투액을 표면 개구 결함에 침투시켜 직접 또는 자외선 등으로 관찰하여 결함장소와 크기를 판별하는 비파괴시험은?

① 피로시험
② 음향탐상시험
③ 와류탐상시험
④ 침투탐상시험

> 침투탐상시험은 물체의 표면에 침투력이 강한 적색 또는 형광성의 침투액을 표면 개구 결함에 침투시켜 직접 또는 자외선 등으로 관찰하여 결함장소와 크기를 판별하는 비파괴시험이다.
>
> 출제개념 비파괴검사

06 강자성체를 자화하여 표면의 누설자속을 검출하는 비파괴검사 방법은?

① 방사선투과시험
② 인장시험
③ 초음파탐상시험
④ 자분탐상시험

> 자분탐상시험은 강자성체를 자화시킨 후 누설자속에 의해 결함을 식별하는 검사법이다.
>
> 출제개념 비파괴검사

07 다음 중 금속 등의 도체에 교류를 통한 코일을 접근시켰을 때, 결함이 존재하면 코일에 유기되는 전압이나 전류가 변하는 것을 이용한 검사방법은?

① 자분탐상검사
② 초음파탐상검사
③ 와류탐상검사
④ 침투형광탐상검사

> 와류탐상검사는 금속 등의 도체에 교류를 통한 코일을 접근시켰을 때 결함이 존재하면 코일에 유기되는 전압이나 전류가 변하는 것을 이용하는 검사이다.
>
> 출제개념 비파괴검사

08 초음파탐상법의 종류에 해당하지 않는 것은?

① 반사식
② 투과식
③ 공진식
④ 침투식

> 초음파탐상법에는 반사식, 투과식, 공진식이 있다.
>
> 출제개념 비파괴검사, 초음파탐상법

정답 05 ④ 06 ④ 07 ③ 08 ④

틀리라고 낸 문제

틀리라고 낸 문제란? 산업안전기사 필기시험에는 정석으로 풀었을 때, 5분 이상 걸리는 일명 '틀리라고 낸 문제'가 매 회차마다 출제된다. 이런 문제들은 숫자도 바꾸지 않고 그대로 나오는 경우가 많기 때문에 정석 풀이법을 익히기보다는 답을 암기하고 넘어가자.

21년 3회 ✔ 회독 ☐☐☐

01 산업안전보건법령상 압력용기에서 안전인증된 파열판에 안전인증 표시 외에 추가로 나타내어야 하는 사항이 아닌 것은?

① 분출차(%)
② 호칭지름
③ 용도(요구성능)
④ 유체의 흐름방향 지시

> **간단 해설**
> 파열판에는 안전인증 표시 외에도 호칭지름, 용도, 유체의 흐름방향, 분출용량을 나타내야 한다.
>
> **정답** ①

22년 1회 ✔ 회독 ☐☐☐

02 산업안전보건법령에 따라 사업주는 근로자가 안전하게 통행할 수 있도록 통로에 얼마 이상의 채광 또는 조명시설을 하여야 하는가?

① 50럭스
② 75럭스
③ 90럭스
④ 100럭스

> **간단 해설**
> 근로자가 안전하게 통행할 수 있도록 하는 통로의 조도는 75럭스 이상이어야 한다.
>
> **정답** ②

23년 3회 ✔ 회독 ☐☐☐

03 소음방지 대책으로 가장 적절하지 않은 것은?

① 소음의 통제
② 흡음재 사용
③ 소음의 적응
④ 보호구 착용

> **간단 해설**
> 소음방지 대책에는 소음의 통제, 흡음재나 차음재 사용, 소음원인 제거, 보호구 착용 등이 있다.
>
> **정답** ③

04 산업안전보건법령상 강렬한 소음작업에서 데시벨에 따른 노출시간으로 적합하지 않은 것은?

① 100dB 이상의 소음이 1일 2시간 이상 발생하는 작업

② 110dB 이상의 소음이 1일 30분 이상 발생하는 작업

③ 115dB 이상의 소음이 1일 15분 이상 발생하는 작업

④ 120dB 이상의 소음이 1일 7분 이상 발생하는 작업

> **간단 해설**
> 120dB 이상의 소음은 강렬한 소음작업의 범위를 넘어선 충격소음작업에 속한다.
>
> 정답 ④

05 설비보전은 예방보전과 사후보전으로 대별된다. 다음 중 예방보전의 종류가 아닌 것은?

① 시간계획보전　　② 개량보전

③ 상태기준보전　　④ 적응보전

> **간단 해설**
> 예방보전에는 시간계획보전, 상태기준보전, 적응보전 등이 있다.
>
> 정답 ②

06 철강업 등에서 10일 간격으로 10시간 정도의 정기 수리일을 마련하여 대대적인 수리·수선을 하게 되는데, 이와 같이 일정 기간마다 설비보전 활동을 하는 것을 무엇이라 하는가?

① 사후보전　　　　② 시간기준보전

③ 개량보전　　　　④ 상태기준보전

> **간단 해설**
> 일정 기간마다 설비를 보전하는 방식은 시간기준보전이다.
>
> 정답 ②

07 어떤 장치에 이상을 알려주는 경보기가 있어 그것이 울리면 일정시간 이내에 장치의 운전을 정지하고, 상태를 점검하여 필요한 조치를 하여야 한다. 장치에 고장이 발생한 상황을 조사하는 한 작업자가 두 개의 장치에 대해서 같은 일을 담당하고 있고, 그 두 대는 장소적으로 떨어져 있기 때문에 한쪽에 가까이 있을 때 다른 쪽의 경보가 울리면 시간 내에 조절할 수 없다. 이때의 Error를 무엇이라 하는가?

① Primary Error

② Command Error

③ Secondary Error

④ Omission Error

> **간단 해설**
> 문제의 상황은 2인 1조로 근무하면 해결할 수 있는 내용으로 이와 같이 작업조건, 작업환경 개선을 통해 해결할 수 있는 에러는 Secondary Error에 해당한다. 이 외에도 Primary Error는 작업자의 실수로 발생한 에러를, Command Error는 에너지, 장비 등의 지원이 없어 어쩔 수 없이 발생한 에러를, Omission Error는 필요한 작업 또는 절차를 수행하지 않아서 발생하는 에러를 뜻한다.
>
> 정답 ③

08 기계설비에서 기계 고장률의 기본모형으로 옳지 않은 것은?

① 조립고장　　　② 초기고장
③ 우발고장　　　④ 마모고장

> **간단 해설**
> 기계고장의 기본모형에는 초기고장, 우발고장, 마모고장이 해당된다.
>
> **정답** ①

09 강렬한 소음작업에서 데시벨에 따른 노출시간으로 적합하지 않은 것은?

① 100dB 이상의 소음이 1일 2시간 이상 발생하는 작업
② 115dB 이상의 소음이 1일 15분 이상 발생하는 작업
③ 120dB 이상의 소음이 1일 7분 이상 발생하는 작업
④ 90dB 이상의 소음이 1일 8시간 이상 발생하는 작업

> **간단 해설**
> 강렬한 소음작업은 115dB까지의 소음만 규정하고 120dB부터는 충격소음작업으로 구분한다.
>
> **정답** ③

10 공장소음의 소음원에 대한 대책으로 해당하지 않는 것은?

① 해당 설비의 밀폐
② 해당 설비에 차음벽 시공
③ 작업자의 보호구 착용
④ 소음기 및 흡음장치 설치

> **간단 해설**
> 작업자의 보호구 착용은 수음자 중심의 대책이다.
>
> **정답** ③

11 산업안전보건법령상 사업주가 진동작업을 하는 근로자에게 충분히 알려야 할 사항과 거리가 가장 먼 것은?

① 인체에 미치는 영향과 증상
② 진동기계·기구 관리방법
③ 보호구 선정과 착용방법
④ 진동재해 시 비상연락체계

> **간단 해설**
> 진동작업에서 사업주는 진동의 유해성 및 건강에 미치는 영향, 진동기계·기구 관리법, 보호구의 선정과 착용법, 진동 장해 예방방법 등을 교육해야 하며, 비상연락체계는 고지사항이 아니다.
>
> **정답** ④

12 양중기에 3,000kg의 질량을 가진 물체를 한쪽이 45도인 각도로 2개의 와이어로프로 들어 올릴 때, 안전율이 고려된 가장 적절한 와이어로프 지름을 표에서 구하시오.

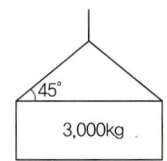

와이어로프 지름(mm)	절단강도(kN)
10	56kN
12	88kN
14	110kN
16	144kN

① 10mm ② 14mm
③ 12mm ④ 16mm

간단 해설

슬링와이어로프에 걸리는 하중 $=\left(\dfrac{정하중}{2}\right)\div\cos\left(\dfrac{\theta}{2}\right)$

$=\left(\dfrac{3,000kg}{2}\right)\div\cos\left(\dfrac{90}{2}\right)=2,121.32kg$

단위가 N이므로,
$2,121.32\times9.8=20,788N=20.78kN$
화물을 직접 지지하는 와이어로프의 안전율은 5 이상이고, (절단강도=최대하중×안전율)이므로,
$20.78\times5=103.9kN$
103.9kN 이상의 절단강도를 가진 와이어로프 지름은 14mm이다.

정답 ②

13 다음 재해사례에서 기인물과 가해물로 옳은 것은?

> 기계작업에 배치된 작업자가 반장의 지시를 받기 전에 정지된 선반을 운전시키면서 변속치차의 덮개를 벗겨내고 치차를 저속으로 운전하면서 급유하려고 할 때 오른손이 변속치차에 맞물려 손가락이 절단되었다.

① 기인물: 선반, 가해물: 치차
② 기인물: 덮개, 가해물: 선반
③ 기인물: 선반, 가해물: 덮개
④ 기인물: 덮개, 가해물: 치차

간단 해설

기인물은 재해를 일으키게 되는 기계, 설비, 장치 등을 의미하며, 가해물은 작업자에 직접 가해를 가한 물건, 물체, 설비 등을 의미하므로 해당 재해사례에서의 기인물은 선반, 가해물은 치차이다.

정답 ①

14 다음 재해사례에서 기인물과 가해물로 옳은 것은?

> 작업자가 작업장을 걸어가던 중 작업장 바닥에 쌓여있던 자재에 걸려 넘어지면서 바닥에 머리를 부딪쳐 사망하였다.

① 기인물: 자재, 가해물: 바닥
② 기인물: 자재, 가해물: 자재
③ 기인물: 바닥, 가해물: 바닥
④ 기인물: 바닥, 가해물: 자재

간단 해설

기인물은 재해를 일으키게 되는 기계, 설비, 장치 등을 의미하며, 가해물은 작업자에 직접 가해를 가한 물건, 물체, 설비 등을 의미하므로 해당 재해사례에서의 기인물은 자재, 가해물은 바닥이다.

정답 ①

기계·기구 및 설비 안전관리

3과목 □이론 Ⅰ ■기출

고맙다.
끝까지 애써 온 너의 최선이
너에게 다정한 결실이 되어 올 것이다.

#나를위한위로 #나만의목적지

2026 최신간

정종대

산업안전기사

과목별 '핵심이론 + 5개년 중복소거 기출' 구성

2 권

(4과목 + 5과목 + 6과목)

시대에듀

합격력 끌어올림!

》 정종대쌤이 짚어주는 4과목 체크 포인트

#과락주의 과목

#감전대책, 방폭구조, 정전기 학습 필수

#접지 종류 구분 필수

》 최근 5개년 개념별 출제 비중

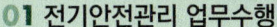

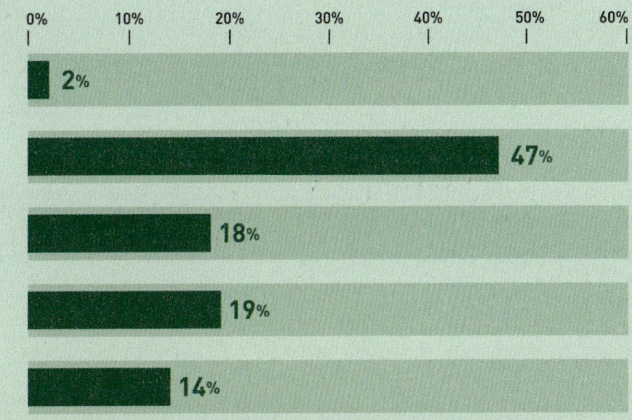

	0%	10%	20%	30%	40%	50%	60%
01 전기안전관리 업무수행	2%						
02 감전재해 및 방지대책					47%		
03 정전기 장·재해 관리			18%				
04 전기방폭 관리			19%				
05 전기설비 위험요인 관리		14%					

4 과목

전기설비 안전관리

> ✔ 과목별 기출 수록!
> ✔ 5개년 기출 중복소거!
> ✔ 문항별 기출연도 표기!

핵심이론

- 01 전기안전관리 업무수행
- 02 감전재해 및 방지대책
- 03 정전기 장·재해 관리
- 04 전기방폭 관리
- 05 전기설비 위험요인 관리

최신 5개년 기출 (2025~2021년)

- 01 전기안전관리 업무수행
- 02 감전재해 및 방지대책
- 03 정전기 장·재해 관리
- 04 전기방폭 관리
- 05 전기설비 위험요인 관리
- Bonus! 틀리라고 낸 문제

전기안전관리 업무수행

핵심 키워드 전기안전관리 업무

☑ **외워줘! 제발~**은 필수적으로 암기해야 하는 내용을 표시한 부분으로, 시간이 부족한 학습자는 이 내용 위주로 효율적으로 공부하고, 부록
　'필수 암기노트'에 내용을 한 번 더 정리해 두었으니 시험 당일 들고 가서 활용하자!

☑ **형광펜**은 시험에 자주 나온 개념으로 2~3배로 꼼꼼히 암기하자! 특히, 시험 직전에는 **외워줘! 제발~**과 **형광펜**만 모아 빠르게 학습하자!

☑ 빈출 기출문제는 시험에 자주 출제되는 문제로, 관련 개념까지 확실하게 익혀두자!

1 전기안전관리 업무

전기설비의 안전한 유지 및 운용을 위해 전기안전관리자는 전기설비의 정기점검 및 유지보수, 안전점검 및
위험요소 제거, 전기설비의 정상작동상태 확인 및 기록 관리, 전기사고 예방 및 대응 계획 등을 수립하여야
한다.

2 전기안전관리 업무의 주요 내용

1. 정기점검 및 유지보수

전기설비의 상태를 정기적으로 점검하고, 필요한 경우 유지보수를 수행하여 전기설비가 안전하게 작동하
도록 한다.

2. 안전점검 및 위험요소 제거

전기설비의 안전상태를 확인하고, 위험요소를 발견했을 경우 제거하여 안전한 환경을 조성한다.

3. 전기설비의 정상작동상태 확인 및 기록 관리

전기설비의 작동상태를 확인하고, 필요한 경우 기록을 관리하여 추후 문제 발생 시 원인을 파악하고 대응
할 수 있도록 한다.

4. 전기사고 예방 및 대응 계획 수립

전기사고를 예방하기 위한 계획을 수립하고, 사고가 발생했을 경우에 대비한 대응 계획을 준비한다.

5. 전기설비의 법정 검사 및 인증절차 지원

전기설비의 법정 검사 및 인증절차를 지원하여 전기설비가 법규를 준수하도록 한다.

6. 전기안전 교육 및 훈련 실시

전기안전 관련 지식과 기술을 습득할 수 있도록 전기안전 교육 및 훈련을 실시한다.

7. 전기설비 공사 및 유지보수 감독

전기설비 공사 및 유지보수 과정에서 안전기준을 준수하도록 감독한다.

8. 비상연락망 구축

비상재해 발생 시를 대비하여 비상연락망을 구축하고 유지한다.

감전재해 및 방지대책

핵심 키워드 감전위험의 요인, 위험한계에너지, 절연저항, 허용접촉전압, 접지의 분류, 누전차단기, 피뢰기, 보호여유도

☑ **외워줘! 제발~**은 필수적으로 암기해야 하는 내용을 표시한 부분으로, 시간이 부족한 학습자는 이 내용 위주로 효율적으로 공부하고, 부록 '필수 암기노트'에 내용을 한 번 더 정리해 두었으니 시험 당일 들고 가서 활용하자!

☑ **형광펜**은 시험에 자주 나온 개념으로 2~3배로 꼼꼼히 암기하자! 특히, 시험 직전에는 **외워줘! 제발~**과 **형광펜**만 모아 빠르게 학습하자!

☑ 빈출 기출문제는 시험에 자주 출제되는 문제로, 관련 개념까지 확실하게 익혀두자!

1 감전재해의 요인

1. 감전위험의 직접적인 요인(＝1차적 요인) 외워줘! 제발~

(1) 통전**전류**의 크기

(2) 통전**시간**

(3) 통전**경로**

(4) **전원**의 종류

빈출 기출문제

감전재해의 직접적인 요인으로 가장 거리가 먼 것은?

① 통전전압의 크기　　　　　　② 통전전류의 크기
③ 통전시간　　　　　　　　　　④ 통전경로

해설 통전전압의 크기는 직접적인 요인(1차적 요인)이 아닌 2차적 요인에 해당한다.

정답 ①

2. 감지전류 구분 외워줘! 제발~

(1) **최소감지전류**: 1~2mA

(2) **고통한계전류**: 7~8mA

(3) **마비한계전류(＝불수전류)**: 10~15mA

(4) **심실세동전류**: 50mA 이상

$$심실세동전류(\,I\,) = \frac{165}{\sqrt{T}}(mA)$$

$$(* \; T: 시간(초))$$

3. 통전경로에 따른 위험도 [외워줘! 제발~]

통전경로	위험도	통전경로	위험도
왼손–가슴	1.5	왼손–등	0.7
오른손–가슴	1.3	손–앉아 있는 자리	0.7
왼손–발	1.0	왼손–오른손	0.4
양손–양발	1.0	오른손–등	0.3
오른손–발	0.8		

4. 줄의 법칙을 이용한 위험한계에너지 계산 [외워줘! 제발~] [실기까지 출제!]

$$W = I^2RT$$

(1) W: 위험한계에너지(J)

(2) I: 통전전류(A)

(3) R: 인체저항(Ω)

(4) T: 통전시간(sec)

 빈출 기출문제

인체의 피부저항은 피부에 땀이 나 있는 경우, 건조 시보다 약 어느 정도 저하되는가?

① $\frac{1}{2} \sim \frac{1}{4}$ 　　② $\frac{1}{6} \sim \frac{1}{10}$ 　　③ $\frac{1}{12} \sim \frac{1}{20}$ 　　④ $\frac{1}{25} \sim \frac{1}{35}$

[해설] 인체의 피부저항은 피부에 땀이 나 있는 경우 $\frac{1}{12} \sim \frac{1}{20}$, 물에 젖어있는 경우는 $\frac{1}{25}$ 저하된다.

[정답] ③

2 감전재해 예방 및 조치

1. 전압의 종류 외워줘! 제발~

구분	교류	직류
저압	1,000V 이하	1,500V 이하
고압	1,000V 초과 7,000V 이하	1,500V 초과 7,000V 이하
특별고압	7,000V 초과	7,000V 초과

2. 단로기(DS) 개폐 외워줘! 제발~

부하전류를 차단할 수 없는 고압 또는 특별고압의 단로기를 개·폐로하는 때에는 오조작을 방지하기 위하여 근로자에게 당해 전로가 무부하임을 확인한 후에 조작하도록 주의 표지판 등을 설치해야 한다.

3. 직접접촉에 의한 감전방지법 외워줘! 제발~

(1) 절연덮개, 절연물질로 충전부를 감쌀 것
(2) 폐쇄형 외함을 설치할 것
(3) 안전전압 이하의 기기를 사용할 것

4. 간접접촉에 의한 감전방지법

(1) 누전차단기를 설치할 것
(2) 보호접지를 실시할 것
(3) 보호구를 착용할 것
(4) 안전전압 이하의 기기를 사용할 것

5. 사용전압에 따른 절연저항 외워줘! 제발~

전로의 사용전압 구분	DC시험전압	절연저항
SELV* 및 PELV*	250V	0.5MΩ 이상
FELV* 및 500V 이하 전로	500V	1.0MΩ 이상
500V 초과 전로	1,000V	

*SELV: 안전초저압, PELV: 보호초저압, FELV: 기능초저압

 빈출 기출문제

사용전압이 380V인 전동기 전로에서 절연저항은 몇 MΩ 이상이어야 하는가?

① 0.1   ② 0.2   ③ 0.5   ④ 1.0

해설 사용전압이 500V 이하이므로 절연저항의 기준은 1.0MΩ 이상이어야 한다.

정답 ④

6. 인체접촉상태에 따른 허용접촉전압 _{외워줘! 제발~}

구분	접촉상태	허용접촉전압
제1종	수중에 있는 경우	2.5V 이하
제2종	젖은 경우, 금속 상시 접촉	25V 이하
제3종	통상의 상태	50V 이하
제4종	접촉 우려가 없는 경우	무제한

7. 감전자의 중요 관찰사항

(1) 의식의 유무

(2) 호흡의 유무

(3) 골절의 유무

(4) 맥박의 유무

(5) 출혈의 유무

3 접지 _{외워줘! 제발~}

1. 접지의 분류

목적에 따른 분류	계통접지, 보호접지, 피뢰시스템접지
구성방법에 따른 분류	단독접지, 공통접지, 통합접지
계통접지의 분류	TN · TT · IT 계통
TN계통의 분류	TN-C, TN-S, TN-C-S

2. 접지 목적에 따른 분류 _{외워줘! 제발~}

구분	목적
계통접지	고압전로와 저압전로 혼촉 시 감전이나 화재방지
기기접지	누전되고 있는 기기에 접촉되었을 때의 감전방지
피뢰기접지	낙뢰로부터 전기기기의 손상방지
정전기방지접지	정전기의 축적에 의한 폭발 재해방지
등전위접지	병원에서 의료기기에 적용

빈출 기출문제

가로등의 접지전극을 지면으로부터 75cm 이상 깊은 곳에 매설하는 주된 이유는?

① 전극의 부식을 방지하기 위하여   ② 접촉전압을 감소시키기 위하여
③ 접지저항을 증가시키기 위하여   ④ 접지선의 단선을 방지하기 위하여

해설 접지를 75cm 이상 깊게 매설해야 하는 이유는 접지저항을 감소시키고 작업자가 누전 부위에 접촉되더라도 인체에 흐르는 접촉전류를 감소시키고, 접촉전압을 낮추기 위함이다. 여기서, 접지는 전기기기와 땅을 도선으로 연결하는 것, 접촉은 인체에 닿는 것을 의미하므로 용어 이해에 유의하여야 한다.

정답 ②

 빈출 기출문제

접지의 목적과 효과로 볼 수 없는 것은?

① 낙뢰에 의한 피해방지
② 송배전선에서 지락사고의 발생 시 보호계전기를 신속하게 작동시킴
③ 설비의 절연물이 손상되었을 때 흐르는 누설전류에 의한 감전방지
④ 송배전선로의 지락사고 시 대지전위의 상승을 억제하고 절연강도를 상승시킴

해설 접지의 목적은 낙뢰 피해방지, 보호계전기 작동, 누설전류에 의한 감전방지, 정전기 재해방지이다.

정답 ④

④ 전기기계·기구 등으로 인한 위험방지

1. 전기기계·기구의 접지

누전에 의한 감전의 위험을 방지하기 위하여 다음의 내용에 해당하는 부분에 접지를 하여야 한다.

(1) 전기기계·기구의 금속제 외함, 금속제 외피 및 철대

(2) 고정 설치되거나 고정배선에 접속된 전기기계·기구의 노출된 비충전 금속체 중 충전될 우려가 있는 다음의 어느 하나에 해당하는 비충전 금속체
   ① 지면이나 접지된 금속체로부터 수직거리 2.4m, 수평거리 1.5m 이내인 것
   ② 물기 또는 습기가 있는 장소에 설치된 것
   ③ 금속으로 되어 있는 기기접지용 전선의 피복·외장 또는 배선관 등
   ④ 사용전압이 대지전압 150V를 넘는 것

(3) 전기를 사용하지 아니하는 설비 중 다음의 어느 하나에 해당하는 금속체
   ① 전동식 양중기의 프레임과 궤도
   ② 전선이 붙어 있는 비전동식 양중기의 프레임
   ③ 고압 이상의 전기를 사용하는 전기기계·기구 주변의 금속제 칸막이·망 및 이와 유사한 장치

(4) 코드와 플러그를 접속하여 사용하는 전기기계·기구 중 다음의 어느 하나에 해당하는 노출된 비충전 금속체

① 사용전압이 대지전압 150V를 넘는 것

② 냉장고·세탁기·컴퓨터 및 주변기기 등과 같은 고정형 전기기계·기구

③ 고정형·이동형 또는 휴대형 전동기계·기구

④ 물 또는 도전성이 높은 곳에서 사용하는 전기기계·기구, 비접지형 콘센트

⑤ 휴대형 손전등

(5) 수중펌프를 금속제 물탱크 등의 내부에 설치하여 사용하는 경우 그 탱크 (이 경우 탱크를 수중펌프의 접지선과 접속하여야 함)

5 누전차단기

1. 누전차단기 설치장소 `외워줘! 제발~`

(1) 대지전압이 150V를 초과하는 이동형 또는 휴대형 전기기계·기구

(2) **물** 등 도전성이 높은 액체가 있는 습윤장소에서 사용하는 저압용 전기기계·기구

(3) **철판·철골** 위 등 도전성이 높은 장소에서 사용하는 이동형 또는 휴대형 전기기계·기구

(4) **임시배선**의 전로가 설치되는 장소에서 사용하는 이동형 또는 휴대형 전기기계·기구

2. 누전차단기 설치 제외장소 및 접지를 시행하지 않아도 되는 경우 `외워줘! 제발~`

(1) **이중절연** 또는 이와 같은 수준 이상으로 보호되는 구조로 된 전기기계·기구

(2) **절연대** 위 등과 같이 감전위험이 없는 장소에서 사용하는 전기기계·기구

(3) **비접지방식**의 전로

빈출 기출문제

누전차단기의 설치가 필요한 것은?

① 이중절연 구조의 전기기계·기구   ② 비접지식 전로의 전기기계·기구

③ 절연대 위에서 사용하는 전기기계·기구   ④ 도전성이 높은 장소의 전기기계·기구

해설 도전성이 높은 장소에서 사용하는 전기기계·기구는 누전차단기를 설치해야 한다.

정답 ④

3. 누전차단기의 종류

(1) **고속형 누전차단기**: 작동시간이 100ms(＝0.1초) 이내이어야 한다.

(2) **보통형 누전차단기**: 작동시간이 200ms(＝0.2초) 이내이어야 한다.

(3) **인체감전방지용 고감도 고속형 누전차단기** `외워줘! 제발~`

정격감도전류가 30mA 이하이고 작동시간은 0.03초 이내이어야 한다.

(다만, 정격전부하전류가 50A 이상인 경우 정격감도전류는 200mA 이하로, 작동시간은 0.1초 이내로 할 수 있다.)

(4) 허용누설전류: 최대 공급전류의 1/2,000 이하

빈출 기출문제

누전사고가 발생될 수 있는 취약 개소가 아닌 것은?

① 나선으로 접속된 분기회로의 접속점　② 전선의 열화가 발생한 곳
③ 부도체를 사용하여 이중절연이 되어 있는 곳　④ 리드선과 단자와의 접속이 불량한 곳

해설　이중절연이 되어 있는 것은 누전되기 어려운 구조이다.

정답　③

빈출 기출문제

6,600/100V, 15kVA의 변압기에서 공급하는 저압 전선로의 허용누설전류는 몇 A를 넘지 않아야 하는가?

① 0.025　　　② 0.045　　　③ 0.075　　　④ 0.085

해설　허용누설전류＝정격공급전류의 $\dfrac{1}{2,000}$ 이하

정격공급전류＝$\dfrac{전력}{전압}＝\dfrac{15,000VA}{100V}＝150A$

허용누설전류＝$\dfrac{정격공급전류}{2,000}＝\dfrac{150A}{2,000}＝0.075A$

정답　③

6 전기화재 예방

1. 개폐기

설치 시 고압용은 목재벽이나 천장으로부터 1m 이상, 특고압용은 2m 이상 떨어져야 한다.

빈출 기출문제

전기화재 발생 원인으로 틀린 것은?

① 발화원　　　② 내화물　　　③ 착화물　　　④ 출화의 경과

해설　내화물은 불에 견디는 물체를 말하므로 화재의 발생 원인이 될 수 없다.

정답　②

7 피뢰기

1. 피뢰기의 구성요소: 직렬갭+특성요소

2 피뢰기의 구비조건 외워줘! 제발~

(1) 충격방전 개시전압이 낮을 것
(2) 제한전압이 낮을 것
(3) 반복동작이 가능할 것
(4) 특성이 변하지 않을 것
(5) 점검보수가 용이할 것
(6) 뇌전류의 방전능력이 클 것
(7) 속류를 확실하게 차단할 것

✓ **빈출 기출문제**

피뢰기가 갖추어야 할 특성으로 알맞은 것은?

① 충격방전 개시전압이 높을 것
② 제한전압이 높을 것
③ 뇌전류의 방전능력이 클 것
④ 속류를 차단하지 않을 것

해설 피뢰기는 낙뢰 시 발생하는 대전류를 빠르게 방전하고, 설비를 안전하게 보호할 수 있어야 하므로 뇌전류 방전능력이 커야 한다.

정답 ③

3. 보호여유도 외워줘! 제발~

$$보호여유도(\%) = \frac{충격절연강도 - 제한전압}{제한전압} \times 100$$

✓ **빈출 기출문제**

피뢰기의 여유도가 33%이고, 충격절연강도가 1,000kV라고 할 때 피뢰기의 제한전압은 약 몇 kV인가?

① 852   ② 752   ③ 652   ④ 552

해설 $보호여유도(\%) = \dfrac{충격절연강도 - 제한전압}{제한전압} \times 100$

$33 = \dfrac{1,000 - 제한전압}{제한전압} \times 100$

$\dfrac{33}{100} \times 제한전압 = 1,000 - 제한전압$

$\dfrac{133}{100} \times 제한전압 = 1,000$

$제한전압 = 1,000 \times \dfrac{100}{133} \fallingdotseq 751.8$

정답 ②

CHAPTER 03 정전기 장·재해 관리

핵심 키워드 정전기 발생의 영향요인, 정전기의 종류, 정전에너지, 정전기 방지대책, 방전의 종류

☑ **외워줘! 제발~**은 필수적으로 암기해야 하는 내용을 표시한 부분으로, 시간이 부족한 학습자는 이 내용 위주로 효율적으로 공부하고, 부록 '필수 암기노트'에 내용을 한 번 더 정리해 두었으니 시험 당일 들고 가서 활용하자!

☑ **형광펜**은 시험에 자주 나온 개념으로 2~3배로 꼼꼼히 암기하자! 특히, 시험 직전에는 **외워줘! 제발~**과 **형광펜**만 모아 빠르게 학습하자!

☑ 빈출 기출문제는 시험에 자주 출제되는 문제로, 관련 개념까지 확실하게 익혀두자!

1 정전기의 발생

1. 정전기 발생의 영향요인 **외워줘! 제발~**

(1) **물질의 이력**: 최초의 정전기가 가장 크고, 반복될수록 발생량이 적다.

(2) **물질의 표면상태**: 표면이 매끄러울 때보다 오염되었을 때 정전기가 더 크다.

(3) **물질의 특성**: 대전서열의 차이가 클수록 발생하는 정전기가 크다.

(4) **분리속도**: 분리속도가 빠를수록 정전기 발생량이 많다.

(5) **접촉면적 및 접촉압력**: 접촉면적 및 접촉압력이 클수록 정전기가 크다.

 빈출 기출문제

정전기 발생 원인에 대한 설명으로 옳은 것은?

① 분리속도가 느리면 정전기 발생이 커진다.
② 정전기 발생은 처음 접촉, 분리 시 최소가 된다.
③ 물질 표면이 오염된 표면일 경우 정전기 발생이 커진다.
④ 접촉면적이 작고 압력이 감소할수록 정전기 발생량이 크다.

해설 정전기 발생은 표면이 오염된 경우가 표면이 매끄러울 때보다 더 크다.

정답 ③

2. 정전기의 종류 **외워줘! 제발~**

(1) 유동대전
(2) 마찰대전
(3) 박리대전
(4) 분출대전
(5) 파괴대전
(6) 교반대전
(7) 충돌대전
(8) 침강대전

정전기 발생현상의 분류에 해당되지 않는 것은?

① 유체대전   ② 마찰대전   ③ 박리대전   ④ 교반대전

해설 정확한 용어는 유동대전이며, 정전기 발생 분류에 관한 문제에서는 정확한 용어 사용이 요구되므로 대전의 명칭을 정확히 외워야 한다.

정답 ①

정전기의 유동대전에 가장 크게 영향을 미치는 요인은?

① 액체의 밀도   ② 액체의 유동속도
③ 액체의 접촉면적   ④ 액체의 분출온도

해설 유동대전은 배관 등을 통해 유체가 흐를 때 발생하는 대전으로, 액체의 유동속도가 가장 큰 영향을 준다.

정답 ②

3. 정전에너지(= 최소점화/착화/발화에너지) 공식 외워줘! 제발~

$$정전하\ Q = CV$$

(* C: 정전용량(F), V: 전위(V), Q: 정전하(C))

$$정전에너지(E) = \frac{1}{2}CV^2 = \frac{1}{2}QV = \frac{1}{2}Q\frac{Q}{C} = \frac{Q^2}{2C}$$

(* E: 정전에너지(J))

정전에너지를 나타내는 식으로 알맞은 것은? (단, Q는 대전 전하량, C는 정전용량이다.)

① $\dfrac{Q}{2C}$ ② $\dfrac{Q}{2C^2}$ ③ $\dfrac{Q^2}{2C}$ ④ $\dfrac{Q^2}{2C^2}$

해설 정전에너지를 구하는 공식은 $\dfrac{Q^2}{2C}$ 이다.

정답 ③

✓ **빈출 기출문제**

최소착화에너지가 0.26mJ인 프로판 가스가 있다. 이때 정전용량이 100pF인 대전물체로부터 정전기 방전에 의하여 착화할 수 있는 전압은 약 몇 V인가?

① 2,240 　　　　　 ② 2,260 　　　　　 ③ 2,280 　　　　　 ④ 2,300

해설 먼저, 다음과 같은 단위를 알아야 한다.

$mJ = 10^{-3}J$, $\mu F = 10^{-6}F$, $nF = 10^{-9}F$, $pF = 10^{-12}F$

이때 $E = \frac{1}{2}CV^2$이므로 $V = \sqrt{\frac{2E}{C}} = \sqrt{\frac{2 \times 0.26 \times 10^{-3}}{100 \times 10^{-12}}} \fallingdotseq 2,280V$이다.

정답 ③

4. 방전의 종류 외워줘! 제발~

(1) **코로나 방전**: 제전기에서 사용한다.

(2) **스트리머 방전**: 도체와 부도체 사이의 공간에 발생한다.

(3) **연면 방전**: 도체의 표면을 따라 발생한다.

(4) **불꽃 방전**: 불꽃과 발광음을 수반한다.

(5) **뇌상 방전**: 천둥과 번개가 발생한다.

 빈출 기출문제

방전의 분류에 속하지 않는 것은?

① 연면 방전 　　　　　　　　　 ② 불꽃 방전
③ 코로나 방전 　　　　　　　　 ④ 스프레이 방전

해설 스프레이 방전이라는 명칭은 없다.

정답 ④

✓ **빈출 기출문제**

정전기로 인하여 화재로 진전되는 조건 중 관계가 없는 것은?

① 방전하기에 충분한 전위 차가 있을 때
② 가연성 가스 및 증기가 폭발한계 내에 있을 때
③ 대전하기 쉬운 금속 부분에 접지한 상태일 때
④ 정전기의 스파크 에너지가 가연성 가스 및 증기의 최소점화에너지 이상일 때

해설 대전하기 쉬운 금속 부분에 접지한 상태일 때는 접지가 되었기에 화재로 진전되기 어렵다.

정답 ③

② 정전기 재해 방지대책

1. 정전기 발생 방지대책 외워줘! 제발~

(1) 도체에 접지 실시

(2) 대전방지제 사용: 음이온성 방지제 → 섬유의 원사에 사용

(3) 도전성 재료 사용

(4) 유속제한

   ① 비도전성 위험물: 1m/s 이하

   ② 도전성 위험물: 7m/s 이하

   ③ 그 밖의 위험물: 10m/s 이하

(5) 가습 **70% 이상** 유지

(6) 정전화, 정전복 착용

(7) 제전기 사용

빈출 기출문제

정전기 발생에 대한 방지대책의 설명으로 틀린 것은?

① 가스용기, 탱크 등의 도체부는 전부 접지한다.   ② 배관 내 액체의 유속을 제한한다.

③ 화학섬유의 작업복을 착용한다.   ④ 대전방지제 또는 제전기를 사용한다.

해설 정전기 발생 방지대책을 위해선 제전복 또는 정전기 대전방지용 작업복을 착용해야 한다.

정답 ③

빈출 기출문제

정전기 재해방지를 위하여 불활성화할 수 없는 탱크, 탱크로리 등에 위험물을 주입하는 배관 내 액체의 유속 제한에 대한 설명으로 틀린 것은?

① 물이나 기체를 혼합하는 비수용성 위험물의 배관 내 유속은 1m/s 이하로 할 것

② 저항률이 $10^{10}\Omega \cdot cm$ 미만인 도전성 위험물의 배관 유속은 7m/s 이하로 할 것

③ 저항률이 $10^{10}\Omega \cdot cm$ 이상인 위험물의 배관 유속은 관 내경이 0.05m이면 3.5m/s 이하로 할 것

④ 이황화탄소 등과 같이 유동대전이 심하고 폭발위험성이 높은 것은 배관 내 유속을 5m/s 이하로 할 것

해설 이황화탄소 등과 같이 유동대전이 심하고 폭발위험성이 높은 것은 배관 내 유속을 1m/s 이하로 해야 한다.

정답 ④

2. 제전기 외워줘! 제발~

제전기는 모두 코로나 방전을 이용하며, 방전 시 오존(O_3)이 발생한다.

(1) **전압인가식 제전기**: 효율이 가장 좋고 단시간 제전이 가능하다.

(2) **자기방전식 제전기**: 잔류대전이 남는다는 단점이 있으며, 섬유, 고무 등에 적합하다.

(3) **이온화식(=방사선식) 제전기**: 이동하는 물체의 제전에는 효과가 적다.

✓ 빈출 기출문제

방전전극에 약 7,000V의 전압을 인가하면 공기가 전리되어 코로나 방전을 일으킴으로써 발생한 이온으로 대전체의 전하를 중화시키는 방법을 이용한 제전기는?

① 전압인가식 제전기   ② 자기방전식 제전기

③ 이온스프레이식 제전기   ④ 이온식 제전기

해설 전압인가식 제전기는 고전압을 인가하여 코로나 방전을 유도하고, 이온을 발생시켜 정전기를 중화시키는 방식이다. 또한, 효율이 가장 좋은 방식이므로 문제에 제시된 내용에 단점이 언급되어 있지 않으면 전압인가식을 지칭하는 것으로 볼 수 있다.

정답 ①

---

3. 정전기로 인한 화재·폭발 등 방지

(1) 다음의 설비를 사용할 때에 정전기에 의한 화재 또는 폭발 등의 위험이 발생할 우려가 있는 경우에는 해당 설비에 대하여 확실한 방법으로 접지를 하거나, 도전성 재료를 사용하거나 가습 및 점화원이 될 우려가 없는 제전(除電)장치를 사용하는 등 정전기의 발생을 억제하거나 제거하기 위하여 필요한 조치를 하여야 한다.

① 위험물을 탱크로리·탱크차 및 드럼 등에 주입하는 설비

② 탱크로리·탱크차 및 드럼 등 위험물저장설비

③ 인화성 액체를 함유하는 도료 및 접착제 등을 제조·저장·취급 또는 도포하는 설비

④ 위험물건조설비 또는 그 부속설비

⑤ 인화성 고체를 저장하거나 취급하는 설비

⑥ 드라이클리닝설비, 염색가공설비 또는 모피류 등을 씻는 설비 등 인화성 유기용제를 사용하는 설비

⑦ 유압, 압축공기 또는 고전위 정전기 등을 이용하여 인화성 액체나 인화성 고체를 분무하거나 이송하는 설비

⑧ 고압가스를 이송하거나 저장·취급하는 설비

⑨ 화약류 제조설비

⑩ 발파공에 장전된 화약류를 점화시키는 경우에 사용하는 발파기

(2) 인체에 대전된 정전기에 의한 화재 또는 폭발 위험이 있는 경우에는 정전기 대전방지용 안전화 착용, 제전복 착용, 정전기 제전용구 사용 등의 조치를 하거나 작업장 바닥 등에 도전성을 갖추도록 하는 등 필요한 조치를 하여야 한다.

CHAPTER 04 전기방폭 관리

핵심 키워드 방폭구조의 종류, 위험장소, 최대안전틈새, 최고표면온도 등급

☑ **외워줘! 제발~**은 필수적으로 암기해야 하는 내용을 표시한 부분으로, 시간이 부족한 학습자는 이 내용 위주로 효율적으로 공부하고, 부록 '필수 암기노트'에 내용을 한 번 더 정리해 두었으니 시험 당일 들고 가서 활용하자!

☑ **형광펜**은 시험에 자주 나온 개념으로 2~3배로 꼼꼼히 암기하자! 특히, 시험 직전에는 **외워줘! 제발~**과 **형광펜**만 모아 빠르게 학습하자!

☑ 빈출 기출문제는 시험에 자주 출제되는 문제로, 관련 개념까지 확실하게 익혀두자!

1 전기방폭설비

1. 방폭화

(1) 방폭화의 정의

전기설비의 방폭화는 전기설비로 인한 화재와 폭발을 방지하기 위해 위험이 생성될 확률과 전기설비가 점화원이 될 확률의 곱이 0에 가깝게 되도록 하는 것을 말한다.

(2) 방폭화의 기본원리 **외워줘! 제발~**

① 점화원의 방폭적 격리
② 전기설비의 안전도 증강
③ 점화능력의 본질적 억제

2. 방폭구조의 종류 **외워줘! 제발~**

(1) 내압 방폭구조(d): 방폭함 내부 폭발이 외부의 가연성 물질을 점화시키지 않도록 안전간극을 사용한 구조이다.

(2) 압력 방폭구조(p): 불활성 가스(질소)를 사용하여 방폭함 내부 압력을 유지함으로써 가연성 가스가 방폭함 내부로 들어오지 않도록 차단한 구조이다.

(3) 유입 방폭구조(o): 점화원이 될 우려가 있는 부분을 기름 속에 묻어 차단한 구조이다. 유입변압기에 적용된다.

(4) 안전증 방폭구조(e): 정상 운전 상태에서 전기적·열적·기계적 위험이 발생하지 않도록 안전도를 증가시켜 점화원의 발생확률을 감소시킨 구조이다.

(5) 몰드 방폭구조(m): 전기 부품을 몰드로 완전히 감싸 폭발성 분위기와 점화원 간의 접촉을 차단한 구조이다.

(6) 본질안전 방폭구조(ia, ib): 정상 운전 상태에서도 폭발을 일으킬 수 없을 정도의 낮은 전기·열에너지를 사용한 구조이다.

(7) 비점화 방폭구조(n): 정상 운전 상태에서 점화 위험이 없도록 설계된 구조이다.

(8) **충전 방폭구조(q)** : 방폭함 내부에 충전물을 채워 가연성 가스를 차단한 구조이다.

빈출 기출문제

방폭전기설비의 용기 내부에 보호가스를 압입하여 내부압력을 외부 대기 이상의 압력으로 유지함으로써 용기 내부에 폭발성 가스 분위기가 형성되는 것을 방지하는 방폭구조는?

① 내압 방폭구조   ② 압력 방폭구조
③ 안전증 방폭구조   ④ 유입 방폭구조

해설 불활성 가스(질소)를 사용하여 가연성 가스가 방폭함 내부로 들어오지 않도록 한 구조는 압력 방폭구조이다.

정답 ②

빈출 기출문제

내부에서 폭발하더라도 틈의 냉각 효과로 인하여 외부의 폭발성 가스에 착화될 우려가 없는 방폭구조는?

① 내압 방폭구조   ② 유입 방폭구조
③ 안전증 방폭구조   ④ 본질안전 방폭구조

해설 내압 방폭구조(d)는 내부 폭발 시 외부 가연성 물질을 점화하지 않도록 안전간극을 사용한 구조이다.

정답 ①

빈출 기출문제

정상 작동 상태에서 폭발 가능성이 없으며, 이상 상태에서도 짧은 시간 동안 폭발성 가스 또는 증기가 존재하는 지역에서 사용 가능한 방폭용기를 나타내는 기호는?

① ib   ② p   ③ e   ④ n

해설 비점화 방폭구조(n)는 정상 작동 상태에서 점화 위험이 없도록 설계된 구조이다.

정답 ④

빈출 기출문제

금속관의 방폭형 부속품에 대한 설명으로 틀린 것은?

① 재료는 아연도금을 하거나 녹이 스는 것을 방지하도록 한 강 또는 가단주철일 것
② 안쪽면 및 끝부분은 전선의 피복을 손상하지 않도록 매끈한 것일 것
③ 전선관과의 접속 부분의 나사는 5턱 이상 완전히 나사결합이 될 수 있는 길이일 것
④ 완성품은 유입 방폭구조의 폭발압력시험에 적합할 것

해설 완성품은 내압 방폭구조의 폭발압력시험에 적합해야 한다.

정답 ④

3. 가스폭발 위험장소 외워줘! 제발~

구분	대상	장소
0종 장소	인화성 증기·가스가 지속적으로 존재하는 장소	용기 및 장치 내부
1종 장소	인화성 증기·가스 등이 존재하기 쉬운 장소	맨홀 및 벤트 등의 주위
2종 장소	인화성 가스 등이 드물게 존재하는 장소	개스킷 주위

 빈출 기출문제

1종 위험장소로 분류되지 않는 것은?

① 탱크류의 벤트(Vent) 개구부 부근
② 인화성 액체 탱크 내의 액면 상부의 공간부
③ 점검수리 작업에서 가연성 가스 또는 증기를 방출하는 경우의 밸브 부근
④ 탱크로리, 드럼관 등이 인화성 액체를 충전하고 있는 경우의 개구부 부근

해설 인화성 액체 탱크 내의 액면 상부의 공간부는 0종 장소이다.

정답 ②

4. 위험장소별 방폭구조 외워줘! 제발~

구분	방폭구조의 종류
0종 장소	본질안전 방폭구조(ia)
1종 장소	내압(d), 압력(p), 유입(o), 안전증(e), 몰드(m), 충전(q), 본질안전 방폭구조(ib)
2종 장소	비점화 방폭구조(n)

 빈출 기출문제

폭발위험장소에서의 본질안전 방폭구조에 대한 설명으로 틀린 것은?

① 본질안전 방폭구조의 기본적 개념은 점화능력의 본질적 억제이다.
② 본질안전 방폭구조의 Ex ib는 fault에 대한 2중 안전보장으로 0종~2종 장소에 사용할 수 있다.
③ 이론적으로는 모든 전기기기에 본질안전 방폭구조를 적용할 수 있으나, 동력을 직접 사용하는 기기에는 실제적으로 적용이 곤란하다.
④ 온도, 압력, 액면 유량 등의 검출용 측정기는 대표적인 본질안전 방폭구조의 예이다.

해설 본질안전 방폭구조의 Ex ib는 fault에 대한 2중 안전보장으로 1종~2종 장소에 사용할 수 있다.

정답 ②

5. 분진폭발 위험장소

구분	대상	장소
20종 장소	가연성 분진 등이 지속적으로 존재하는 장소	호퍼, 집진장치 내부
21종 장소	가연성 분진 등이 존재하기 쉬운 장소	호퍼, 집진장치 주위
22종 장소	가연성 분진 등이 드물게 존재하는 장소	21종 주위

6. 가연성 가스의 최대안전틈새 외워줘! 제발~

폭발 그룹	최대안전틈새
가스 및 증기그룹 ⅡA	0.9mm 이상
가스 및 증기그룹 ⅡB	0.5mm 초과 0.9mm 미만
가스 및 증기그룹 ⅡC	0.5mm 이하

7. 전기설비의 최고표면온도 등급 외워줘! 제발~

온도 등급	T1	T2	T3	T4	T5	T6
최고표면온도 범위	300℃ 초과 450℃ 이하	200℃ 초과 300℃ 이하	135℃ 초과 200℃ 이하	100℃ 초과 135℃ 이하	85℃ 초과 100℃ 이하	85℃ 이하

✅ **빈출 기출문제**

방폭 전기기기의 온도 등급의 기호는?

① E   ② S   ③ T   ④ N

해설 방폭 전기기기의 온도 등급은 T1~T6의 기호로 표시된다.

정답 ③

✅ **빈출 기출문제**

방폭 전기기기의 온도등급에서 기호 T2의 의미로 올바른 것은?

① 최고표면온도의 허용치가 135℃ 이하인 것
② 최고표면온도의 허용치가 200℃ 이하인 것
③ 최고표면온도의 허용치가 300℃ 이하인 것
④ 최고표면온도의 허용치가 450℃ 이하인 것

해설 온도 등급 T2의 최고표면온도 범위는 200℃ 초과 300℃ 이하이다.

정답 ③

방폭 전기기기의 성능을 나타내는 기호표시로 EX P ⅡA T5를 나타내었을 때 관계가 없는 표시 내용은?

① 온도등급　　　　　　　　　　② 폭발성능

③ 방폭구조　　　　　　　　　　④ 폭발등급

해설 EX P는 압력 방폭구조, Ⅱ는 공업용 가스, A는 폭발등급(설비등급), T5는 온도등급을 나타낸다.

정답 ②

CHAPTER 05 전기설비 위험요인 관리

☑ **외워줘! 제발~** 은 필수적으로 암기해야 하는 내용을 표시한 부분으로, 시간이 부족한 학습자는 이 내용 위주로 효율적으로 공부하고, 부록 '필수 암기노트'에 내용을 한 번 더 정리해 두었으니 시험 당일 들고 가서 활용하자!

☑ **형광펜**은 시험에 자주 나온 개념으로 2~3배로 꼼꼼히 암기하자! 특히, 시험 직전에는 **외워줘! 제발~** 과 **형광펜**만 모아 빠르게 학습하자!

☑ 빈출 기출문제는 시험에 자주 출제되는 문제로, 관련 개념까지 확실하게 익혀두자!

1 정전전로에서의 전기작업 외워줘! 제발~

1. 작업 전 전로차단 절차

(1) 전기기기 등에 공급되는 모든 전원을 관련 도면, 배선도 등으로 확인할 것

(2) 전원을 차단한 후 각 단로기 등을 개방하고 확인할 것

(3) 차단장치나 단로기 등에 잠금장치 및 꼬리표를 부착할 것

(4) 개로된 전로에서 유도전압 또는 전기에너지가 축적되어 근로자에게 전기위험을 끼칠 수 있는 전기기기 등은 접촉하기 전에 잔류전하를 완전히 방전시킬 것

(5) 검전기를 이용하여 작업 대상 기기가 충전되었는지를 확인할 것

(6) 전기기기 등이 다른 노출 충전부와의 접촉, 유도 또는 예비동력원의 역송전 등으로 전압이 발생할 우려가 있는 경우에는 충분한 용량을 가진 단락접지기구를 이용하여 접지할 것

2. 작업 중 또는 작업을 마친 후 전원을 공급하는 경우 준수사항 외워줘! 제발~

(1) 작업기구, 단락접지기구 등을 제거하고 전기기기 등이 안전하게 통전될 수 있는지를 확인할 것

(2) 모든 작업자가 작업이 완료된 전기기기 등에서 떨어져 있는지를 확인할 것

(3) 잠금장치와 꼬리표는 설치한 근로자가 직접 철거할 것

(4) 모든 이상 유무를 확인한 후 전기기기 등의 전원을 투입할 것

3. 전로차단을 하지 않아도 되는 경우

(1) 생명유지장치, 비상경보설비, 폭발위험장소의 환기설비, 비상조명설비 등의 장치·설비의 가동이 중지되어 사고의 위험이 증가하는 경우

(2) 기기의 설계상 또는 작동상 제한으로 전로차단이 불가능한 경우

(3) 감전, 아크 등으로 인한 화상, 화재·폭발의 위험이 없는 것으로 확인된 경우

정전작업을 하기 위한 작업 전 조치사항이 아닌 것은?

① 단락접지상태를 수시로 확인
② 전로의 충전 여부를 검전기로 확인
③ 전력용 커패시터, 전력케이블 등 잔류전하 방전
④ 개로 개폐기의 잠금장치 및 통전금지 표지판 설치

해설 단락접지상태를 수시로 확인하는 것은 작업 중 또는 작업 후의 점검사항에 해당한다. 한편, 작업 전 조치사항에는 단락
접지기구를 설치하는 것이 포함된다.

정답 ①

2 충전전로에서의 전기작업

1. 충전전로 취급 시 조치사항

(1) 충전전로를 정전시키는 경우에는 전로차단 절차에 따른 조치를 할 것
(2) 충전전로를 방호, 차폐하거나 절연 등의 조치를 하는 경우에는 근로자의 신체가 전로와 직접접촉하거나 도
전재료, 공구 또는 기기를 통하여 간접접촉되지 않도록 할 것
(3) 충전전로를 취급하는 근로자에게 그 작업에 적합한 절연용 보호구를 착용시킬 것
(4) 충전전로에 근접한 장소에서 전기작업을 하는 경우에는 해당 전압에 적합한 절연용 방호구를 설치할 것
(5) 고압 및 특별고압의 전로에서 전기작업을 하는 근로자에게 활선작업용 기구 및 장치를 사용하도록 할 것
(6) 근로자가 절연용 방호구의 설치 · 해체작업을 하는 경우에는 절연용 보호구를 착용하거나 활선작업용 기구
및 장치를 사용하도록 할 것
(7) 유자격자가 아닌 근로자가 충전전로 인근의 높은 곳에서 작업할 때 근로자의 몸 또는 긴 도전성 물체가 방
호되지 않은 충전전로에서 대지전압이 50kV 이하인 경우에는 300cm 이내로, 50kV를 넘는 경우에는
10kV당 10cm씩 더한 거리 이내로 각각 접근할 수 없도록 할 것
(8) 유자격자가 충전전로 인근에서 작업하는 경우에는 다음의 경우를 제외하고는 노출 충전부에 다음 표에 제
시된 접근한계거리 이내로 접근하거나 절연 손잡이가 없는 도전체에 접근할 수 없도록 할 것
　① 근로자가 노출 충전부로부터 절연된 경우 또는 해당 전압에 적합한 절연장갑을 착용한 경우
　② 노출 충전부가 다른 전위를 갖는 도전체 또는 근로자와 절연된 경우
　③ 근로자가 다른 전위를 갖는 모든 도전체로부터 절연된 경우

(9) 접근한계거리 `외워줘! 제발~`

충전전로 전압	접근한계거리	충전전로 전압	접근한계거리
0.3kV 이하	접촉금지	121kV 초과 145kV 이하	150cm 이상
0.3kV 초과 0.75kV 이하	30cm 이상	145kV 초과 169kV 이하	170cm 이상
0.75kV 초과 2kV 이하	45cm 이상	169kV 초과 242kV 이하	230cm 이상
2kV 초과 15kV 이하	60cm 이상	242kV 초과 362kV 이하	380cm 이상
15kV 초과 37kV 이하	90cm 이상	362kV 초과 550kV 이하	550cm 이상
37kV 초과 88kV 이하	110cm 이상	550kV 초과 800kV 이하	790cm 이상
88kV 초과 121kV 이하	130cm 이상		

2. 충전부 접근제한 조치

(1) 울타리 설치

절연이 되지 않은 충전부나 그 인근에 근로자가 접근하는 것을 막거나 제한할 필요가 있는 경우에는 울타리를 설치하고 근로자가 쉽게 알아볼 수 있도록 하여야 한다.

다만, 전기와 접촉할 위험이 있는 경우에는 도전성이 있는 금속제 울타리를 사용하거나 접근한계거리 이내에 설치해서는 아니 된다.

(2) 감시인 배치

울타리 설치 및 표식 조치가 곤란한 경우에는 근로자를 감전위험에서 보호하기 위하여 사전에 위험을 경고하는 감시인을 배치하여야 한다.

3 충전전로 인근에서의 차량·기계장치 작업 시 안전조치

1. 충전부와 차량 등의 이격거리 준수

충전전로 인근에서 차량·기계장치 등의 작업이 있는 경우에는 차량 등을 충전전로의 충전부로부터 300cm 이상 이격시켜 유지하되, 대지전압이 50kV를 넘는 경우 이격시켜 유지하여야 하는 거리는 10kV 증가할 때마다 10cm씩 증가시켜야 한다.

다만, 차량 등의 높이를 낮춘 상태에서 이동하는 경우에는 이격거리를 120cm 이상으로 할 수 있다(대지전압이 50kV를 넘는 경우에는 10kV 증가할 때마다 이격거리 10cm씩 증가).

2. 절연용 방호구 설치 시 이격거리 준수

충전전로의 전압에 적합한 절연용 방호구 등을 설치한 경우에는 이격거리를 절연용 방호구 앞면까지로 할 수 있으며, 차량 등의 가공 붐대의 버킷이나 끝부분 등이 충전전로의 전압에 적합하게 절연되어 있고 유자격자가 작업을 수행하는 경우에는 붐대의 절연되지 않은 부분과 충전전로 간의 이격거리는 접근한계거리까지로 할 수 있다.

3. 차량 등과의 접촉금지 조치 및 예외사항

다음의 경우를 제외하고는 근로자가 차량 등의 그 어느 부분과도 접촉하지 않도록 울타리를 설치하거나 감시인 배치 등의 조치를 하여야 한다.

(1) 근로자가 해당 전압에 적합한 절연용 보호구 등을 착용하거나 사용하는 경우
(2) 차량 등의 절연되지 않은 부분이 접근한계거리 이내로 접근하지 않도록 하는 경우

4. 접촉방지 조치

충전전로 인근에서 접지된 차량 등이 충전전로와 접촉할 우려가 있을 경우에는 지상의 근로자가 접지점에 접촉하지 않도록 조치하여야 한다.

4 전기기계·기구 등으로 인한 위험방지

1. 전기기계·기구 등의 충전부 방호조치

근로자가 작업이나 통행 등으로 인하여 전기기계·기구 또는 전로 등의 충전 부분에 접촉하거나 접근함으로써 감전 위험이 있는 충전 부분에 대하여 감전을 방지하기 위하여 다음 중 하나 이상의 방법으로 방호하여야 한다.

(1) 충전부가 노출되지 않도록 폐쇄형 외함이 있는 구조로 할 것
(2) 충전부에 충분한 절연효과가 있는 방호망이나 절연덮개를 설치할 것
(3) 충전부는 내구성이 있는 절연물로 완전히 덮어 감쌀 것
(4) 발전소·변전소 및 개폐소 등 구획된 장소로서 관계 근로자가 아닌 사람의 출입이 금지되는 장소에 충전부를 설치하고, 위험표시 등의 방법으로 방호를 강화할 것
(5) 전주 위 및 철탑 위 등 격리된 장소로서 관계 근로자가 아닌 사람이 접근할 우려가 없는 장소에 충전부를 설치할 것

 빈출 기출문제

충전선로의 활선작업 또는 활선근접작업을 하는 작업자의 감전위험을 방지하기 위해 착용하는 보호구로서 가장 거리가 먼 것은?

① 절연장화　　　② 절연장갑　　　③ 절연안전모　　　④ 대전방지용 구두

해설 대전방지용 구두는 정전기 대책에 해당한다.

정답 ④

2. 교류아크용접기 방호장치 외워줘! 제발~ 실기까지 출제!

다음의 어느 하나에 해당하는 장소에서 교류아크용접기를 사용하는 경우에는 교류아크용접기에 자동전격방지기를 설치하여야 한다.

(1) 선박의 이중선체 내부, 밸러스트 탱크(평형수 탱크), 보일러 내부 등 도전체에 둘러싸인 장소

(2) 추락할 위험이 있는 높이 2m 이상의 장소로 철골 등 도전성이 높은 물체에 근로자가 접촉할 우려가 있는 장소

(3) 근로자가 물·땀 등으로 인하여 도전성이 높은 습윤상태에서 작업하는 장소

3. 교류아크용접기용 방호장치 관련 용어 정의

(1) **교류아크용접기용 자동전격방지기**: 대상으로 하는 용접기의 주회로를 제어하는 장치를 가지고 있어, 용접봉의 조작에 따라 용접할 때에만 용접기의 주회로를 형성하고, 그 외에는 용접기의 출력측의 무부하 전압을 25V 이하로 저하시키도록 동작하는 장치이다.

(2) **정격사용률**: 정격주파수, 정격전원전압에 있어서 전격방지기의 주접점에 정격전류를 단속하였을 때 전체시간에 대한 부하시간의 비를 백분율로 나타낸 값이다.

(3) **무부하 전압**: 전격방지기가 동작하고 있는 경우에 출력측에 발생하는 정상상태의 전압이다.

(4) **시동시간**: 용접봉을 피용접물에 접촉시켜서 전격방지기의 주접점이 폐로될 때까지의 시간이다.

(5) **지동시간**: 용접봉 홀더에 용접기 출력측의 무부하 전압이 발생한 후 주접점이 개방될 때까지의 시간이다.

(6) **표준시동감도**: 정격전원전압에 있어서 전격방지기를 시동시킬 수 있는 출력회로의 시동감도로서 명판에 표시된 것이다.

(7) **전격방지기 제어방식**: 전자접촉기에 의한 접점방식과 주회로용 반도체 소자에 의한 무접점방식이다.

5 과전류에 의한 전선전류밀도의 구분 외워줘! 제발~

구분	인화단계	착화단계	발화단계	용단단계
전선전류밀도(A/mm²)	40~43	43~60	60~120	120 이상

 빈출 기출문제

과전류에 의해 전선의 허용전류보다 큰 전류가 흐르는 경우 절연물이 화구가 없더라도 자연히 발화하고 심선이 용단되는 발화단계의 전선전류밀도(A/mm²)는?

① 10~20 　　　　 ② 30~50 　　　　 ③ 60~120 　　　　 ④ 130~200

해설 발화단계의 전선전류밀도는 60~120A/mm²이다.

정답 ③

넘어졌다는 건
당신이 계속 앞으로 가고 있었다는 뜻이다.
그 자리에 머물지 않았다는 증거니까.

#나를위한위로 #나만의목적지

정종대쌤이 말하는
100% 합격
기출 공부법

▶ 과목별 기출로 학습! ◀

- 이론 학습 후, 바로 기출문제를 학습함으로써 기억에 더 오래 남을 수 있도록 과목 및 출제개념별로 기출문제를 구성했습니다.
- 과목별 기출문제를 풀고, 문항별 개념까지 한 번 더 체크해 보세요.

▶ 중복소거된 5개년 기출 학습! ◀

- 산업안전기사 필기시험의 경우, 문제은행 방식으로 출제되어 매 시험마다 이전에 출제되었던 문제들이 일부 중복되어 재출제됩니다.
- 공부시간을 단축할 수 있도록 중복 출제된 기출문제들은 소거하여 수록하였습니다.

▶ 문항별 기출연도 확인! ◀

- 문항별 기출연도를 표기하여 빈출 정도를 한눈에 확인할 수 있게 하였습니다.
- 문항별 기출연도 표기 개수가 많을수록 시험에 자주 출제된 문제이며, 표기가 5개인 문제는 출제 횟수가 5회 이상인 기출문제로 집중 학습이 필요한 문제입니다.

4과목 | 전기설비 안전관리

최신 5개년 기출

2025~2021년

※ 본 기출문제는 최신 5개년(2025~2021년) 기출문제들로 구성되어 있습니다.

※ 2022년 3회~2025년 문제는 CBT 기출복원문제로, 수험생들의 복원을 토대로 문제를 구성하였습니다.

※ 기출복원문제는 실제 기출문제와 동일하지 않을 수 있습니다.

※ 법령 개정 이전의 내용을 포함하고 있는 문항은 개정사항을 반영하여 수록하였습니다.

기출문제 활용법 문항별 기출 표기 개수가 많을수록 시험에 자주 출제된 문제! 표기가 5개인 문제는 출제 횟수가 5회 이상인 기출문제로 무조건 암기 필수!

3회독 공부전략 1회독은 문제 → 선지 → 답 → 해설 순서로 정독! 2회독부터는 직접 문제 풀기, 3회독 때는 ×, △ 표시된 문제만 다시 풀기! 회독할 때마다 문제 옆 회독표에 ○, ×, △로 표시하여 3회독까지 ×로 표시된 문제는 부록에 포함된 "틈틈 오답노트"에 따로 정리해 공부하세요! [○: 정확히 알고 푼 문제 △: 부분적으로 알고 푼 문제 ×: 개념 학습이 필요한 문제]

25년 2회　24년 3회　22년 1회　　　　　✔ 회독 ☐☐☐

01 다음 중 전기설비기술기준에 따른 전압의 구분으로 틀린 것은?

① 저압: 직류 1kV 이하

② 고압: 교류 1kV 초과 7kV 이하

③ 특고압: 직류 7kV 초과

④ 특고압: 교류 7kV 초과

> 저압 직류의 기준은 1.5kV 이하이며, 1kV 이하가 아니다.
>
> 출제개념 전압의 구분

23년 3회　　　　　　　　　　　　　✔ 회독 ☐☐☐

02 전압의 구분으로 옳은 것은?

① 고압: 직류 1kV 초과 7kV 이하

② 고압: 교류 1.5kV 초과 7kV 이하

③ 저압: 직류 1kV 이하

④ 특고압: 7kV 초과

> 특고압 교류·직류 기준은 7,000V 초과일 때 적용된다.
>
> 출제개념 전압의 구분

정답　**01** ①　**02** ④

03 다음 중 전동기를 운전하고자 할 때 개폐기의 조작순서로 옳은 것은?

① 메인 스위치 → 분전반 스위치 → 전동기용 개폐기

② 분전반 스위치 → 메인 스위치 → 전동기용 개폐기

③ 전동기용 개폐기 → 분전반 스위치 → 메인 스위치

④ 분전반 스위치 → 전동기용 스위치 → 메인 스위치

▼

전원 공급 시 메인 스위치 → 분전반 스위치 → 전동기용 개폐기 순으로 조작하고, 전원 차단 시 전동기용 개폐기 → 분전반 스위치 → 메인 스위치 순으로 조작한다.

출제개념 전동기의 개폐기 조작순서

04 전기기계·기구 설치 시 고려할 사항으로 거리가 먼 것은?

① 전기기계·기구의 충분한 전기적 용량 및 기계적 강도

② 전기기계·기구의 안전효율을 높이기 위한 시간 가동률

③ 습기·분진 등 사용장소의 주위 환경

④ 전기적·기계적 방호수단의 적정성

▼

시간 가동률은 전기기계·기구 설치 시 고려사항이 아니다.

출제개념 전기기계·기구 설치 시 고려사항

05 온도 $t°C$에서 동선의 저항을 R_t, 온도계수를 α_t라 할 때 $T°C$에서의 저항 R_T는 어떻게 구하는가?

① $R_t\{1 + \alpha_t(T - t)\}$

② $R_t\{\alpha_t + 234.5(t - T)\}$

③ $R_t\{1 + \alpha_t(T + t)\}$

④ $\alpha_t\{1 + R_t(T - t)\}$

▼

동선은 온도에 따라 저항이 변화하므로 관계식은 다음과 같다.

$R_T = R_t\{1 + \alpha_t(T - t)\}$

출제개념 온도에 따른 저항변화 공식

전기설비 안전관리 4과목 ☐ 이론 ■ 기출

감전재해 및 방지대책

25년 1회 24년 2회 22년 1회 ✔ 회독 ☐☐☐

01 전격의 위험을 결정하는 주된 인자로 가장 거리가 먼 것은?

① 통전전류 ② 통전시간
③ 통전경로 ④ 접촉전압

> 1차적 감전위험요소는 통전전류의 크기, 통전경로, 통전시간, 전원의 종류가 있으며, 2차적 감전위험요소로 전압의 크기와 인체저항이 있다.
>
> **출제개념** 감전위험의 요인

21년 3회 ✔ 회독 ☐☐☐

02 감전사고로 인한 전격사의 메커니즘으로 거리가 먼 것은?

① 흉부수축에 의한 질식
② 심실세동에 의한 혈액순환기능의 상실
③ 내장파열에 의한 소화기계통의 기능상실
④ 호흡중추신경 마비에 따른 호흡기능 상실

> 내장파열에 의한 소화기계통의 기능상실은 전격사의 메커니즘과 거리가 멀다.
>
> **출제개념** 전격사의 메커니즘

25년 2회 25년 1회 24년 1회 ✔ 회독 ☐☐☐

03 심실세동에 대한 설명으로 옳은 것은?

① 심근의 미세한 진동으로 혈액을 송출하는 펌프의 기능이 장애를 받는 현상이다.
② 심실이 분에 200회가량 수축하게 되며 시간이 지나면서 정상적인 리듬을 찾게 된다.
③ 심실세동상태가 된 후 전류를 제거하면 자연적으로 건강을 회복한다.
④ 상용주파수 60Hz에서 7~8mA의 통전전류의 세기인 상태이다.

> 심실세동은 혈액 펌프의 기능이 장애를 받는 현상이며, 생명이 위급한 상태이므로 즉시 조치가 필요하다.
> ② 심실이 미세하게 동작하므로 혈액의 공급이 원활하지 않아 위험하다.
> ③ 심실세동상태가 된 후 전류를 제거하더라도 심폐소생술을 쓰지 않으면 사망할 수 있다.
> ④ 상용주파수 60Hz에서 7~8mA는 고통한계전류이다.
>
> **출제개념** 심실세동의 특징

정답 **01** ④ **02** ③ **03** ①

04 그림은 심장맥동주기를 나타낸 것이다. T파는 어떤 경우인가?

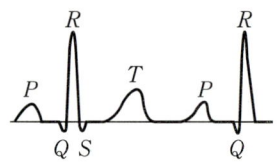

① 심방의 수축에 따른 파형
② 심실의 수축에 따른 파형
③ 심실의 휴식 시 발생하는 파형
④ 심방의 휴식 시 발생하는 파형

> T파는 심실의 수축 종료(S파) 후에 휴식 시 발생하는 파형(T파)으로 심실세동을 일으키는 확률이 가장 높다.
>
> 출제개념 심장맥동주기의 T파

05 인체의 저항을 1,000Ω으로 볼 때 심실세동을 일으키는 전류에서의 전기에너지는 약 몇 J인가? (단, 심실세동전류(I) = $\frac{165}{\sqrt{T}}$ mA이며, 통전시간 T는 1초, 전원은 정현파 교류이다.)

① 13.6   ② 136.6
③ 27.2   ④ 272.2

> $W = I^2RT = \left(\frac{165 \times 10^{-3}}{\sqrt{T}}A\right)^2 \times 1,000\Omega \times 1s$
>
> $= 27.225J$
>
> 출제개념 전기에너지 계산

06 인체의 전기저항을 0.5kΩ이라고 하면 심실세동을 일으키는 위험한계에너지는 몇 J인가? (단, 심실세동전류값(I) = $\frac{165}{\sqrt{T}}$ mA의 Dalziel의 식을 이용하며, 통전시간은 1초로 한다.)

① 13.6   ② 12.6
③ 11.6   ④ 10.6

> $W = I^2RT = \left(\frac{165 \times 10^{-3}}{\sqrt{T}}A\right)^2 \times 500\Omega \times 1s$
>
> $= 13.6125J$
>
> 출제개념 위험한계에너지 계산

07 심실세동전류 I = $\frac{165}{\sqrt{T}}$ mA라면 심실세동 시 인체에 직접 받는 전기에너지(cal)는 약 얼마인가? (단, T는 통전시간으로 1초이며, 인체의 저항은 500Ω으로 한다.)

① 0.52   ② 1.35
③ 2.14   ④ 3.27

> $W = I^2RT = \left(\frac{165 \times 10^{-3}}{\sqrt{T}}A\right)^2 \times 500\Omega \times 1s$
>
> $= 13.6125J$
>
> 문제에서는 단위를 cal로 묻고 있으므로 변환하면 다음과 같다.
>
> $13.6125J \times 0.24cal/J = 3.267cal$
>
> 출제개념 전기에너지 계산

정답 **04** ③ **05** ③ **06** ① **07** ④

08 어느 변전소에서 고장전류가 유입되었을 때 도전성 구조물과 그 부근 지표상의 점과의 사이(약 1m)의 허용접촉전압은 약 몇 V인가? (단, 심실세동전류: $I_k = \dfrac{0.165}{\sqrt{t}}$A, 인체의 저항: 1,000Ω, 지표면의 저항률: 150Ω·m, 통전시간을 1초로 한다.)

① 164 ② 186
③ 202 ④ 228

허용접촉전압 =
$$\left\{ \text{인체저항} + \left(\frac{3}{2} \times \text{지표면저항률} \right) \right\} \times \text{심실세동전류}$$
$$= \left\{ 1{,}000 + \left(\frac{3}{2} \times 150\,\Omega \cdot m \right) \right\} \times \frac{165}{\sqrt{t}} mA$$
$$= \left\{ 1{,}000 + \left(\frac{3}{2} \times 150 \right) \right\} \times \frac{0.165}{\sqrt{1s}} A = 202.125V$$

출제개념 허용접촉전압 계산

09 50kW, 60Hz 3상 유도전동기가 380V 전원에 접속된 경우 흐르는 전류(A)는 약 얼마인가? (단, 역률은 80%이다.)

① 82.24 ② 94.96
③ 116.30 ④ 164.47

$$P = \sqrt{3} \cdot V \cdot I \cdot \cos\theta$$
$$= \sqrt{3} \times 380 \times I \times 0.8 = 50kW$$
$$I = \frac{50{,}000W}{\sqrt{3} \times 380 \times 0.8} ≒ 94.958A$$

출제개념 유도전동기 전류 계산

10 220V 전압에 접촉된 사람의 인체저항이 약 1,000Ω일 경우 인체에 흐른 전류와 위험성 여부로 알맞은 것은?

① 22mA, 안전
② 220mA, 안전
③ 22mA, 위험
④ 220mA, 위험

$$I = \frac{V}{R} = \frac{220}{1{,}000} = 0.22A = 220mA$$

심실세동을 일으키는 전류 50mA 이상에 해당하는 값으로 심실세동의 위험이 있다.

출제개념 감지전류 계산

11 지락이 생긴 경우 접촉상태에 따라 접촉전압을 제한할 필요가 있다. 인체의 접촉상태에 따른 허용접촉전압을 나타낸 것으로 다음 중 옳지 않은 것은?

① 제1종: 2.5V 이하
② 제2종: 25V 이하
③ 제3종: 35V 이하
④ 제4종: 제한 없음

제3종은 통상의 상태로, 허용접촉전압이 50V 이하에 해당된다.

출제개념 인체접촉상태에 따른 허용접촉전압

정답 08 ③ 09 ② 10 ④ 11 ③

12 금속성 전기기계·기구에 인체 일부가 상시 접촉되는 상태의 허용접촉전압은?

① 2.5V 이하　　② 50V 이하
③ 25V 이하　　④ 제한 없음

> 금속 상시 접촉된 상태는 제2종으로, 허용접촉전압이 25V 이하이다.
>
> 출제개념 인체접촉상태에 따른 허용접촉전압

13 전기시설의 직접접촉에 의한 감전방지방법으로 적절하지 않은 것은?

① 충전부는 내구성이 있는 절연물로 완전히 덮어 감쌀 것
② 충전부가 노출되지 않도록 폐쇄형 외함이 있는 구조로 할 것
③ 충전부에 충분한 절연효과가 있는 방호망 또는 절연덮개를 설치할 것
④ 충전부는 출입이 용이한 전개된 장소에 설치하고, 위험표시 등의 방법으로 방호를 강화할 것

> 충전부는 출입이 통제된 장소에 설치해야 한다.
>
> 출제개념 직접접촉에 의한 감지방지방법

14 다음 중 감전방지대책으로 옳지 않은 것은?

① 전기기기 및 설비의 위험부에 위험표지
② 전기설비에 대한 누전차단기 설치
③ 전기기기에 대한 정격표시
④ 무자격자는 전기기계 및 기구에 전기적인 접촉금지

> 정격표시는 감전을 방지하는 대책으로 옳지 않다. 감전을 방지하기 위한 대책은 다음과 같다.
> • 감전위험을 알리는 경고표지
> • 누전차단기 설치
> • 접지 실시
> • 절연용 방호구, 보호구 사용
> • 무자격자 취급 및 접근금지 조치
>
> 출제개념 감전방지대책

15 고압 활선작업 시 감전의 위험이 발생할 우려가 있을 때의 조치사항으로 옳지 않은 것은?

① 접근한계거리 유지
② 절연용 보호구 착용
③ 활선작업용 기구 사용
④ 절연용 방호용구 설치

> 감전 위험이 발생할 우려가 있을 때, 접근한계거리를 유지하는 것은 적극적인 조치사항으로 옳지 않다.
>
> 출제개념 고압작업 시 감전방지조치

정답　**12** ③　**13** ④　**14** ③　**15** ①

정기설비 안전관리 4과목 ☐이론 | 기출

25년 2회 24년 2회 22년 3회 ✔ 회독 ☐☐☐

16 감전예방 보호구에 해당하지 않는 것은?

① 안전모   ② 안전장갑

③ 절연시트   ④ 안전화

절연시트는 보호구가 아닌 절연용 방호구에 해당한다.

출제개념 감전예방 보호구

24년 1회 ✔ 회독 ☐☐☐

17 절연용 보호구에 해당하지 않는 것은?

① 절연장갑   ② 절연장화

③ 절연모   ④ 절연시트

절연시트는 절연용 방호구에 해당하며, 보호구는 인체에 착용하는 것이다.

출제개념 절연용 보호구

25년 3회 23년 1회 ✔ 회독 ☐☐☐

18 상용주파수 60Hz 교류에서 성인 남자의 경우 고통한계전류로 가장 알맞은 것은?

① 15~20mA   ② 10~15mA

③ 7~8mA   ④ 1mA

고통한계전류는 약 7~8mA 범위에 해당한다.

출제개념 고통한계전류

24년 3회 ✔ 회독 ☐☐☐

19 우리나라의 안전전압으로 볼 수 있는 것은 약 몇 V 이하인가?

① 30V   ② 60V

③ 50V   ④ 70V

우리나라의 안전전압 기준은 30V 이하로 규정되어 있다.

출제개념 안전전압 기준

24년 3회 ✔ 회독 ☐☐☐

20 인체의 최소감지전류에 대한 설명으로 알맞은 것은?

① 인체가 고통을 느끼는 전류이다.

② 성인 남자의 경우 상용주파수 60Hz 교류에서 약 1mA이다.

③ 직류를 기준으로 한 값이며, 성인 남자의 경우 약 1mA에서 느낄 수 있는 전류이다.

④ 직류를 기준으로 여자의 경우 성인 남자의 70%인 0.7mA에서 느낄 수 있는 전류의 크기를 말한다.

최소감지전류는 성인 남자의 경우 상용주파수 60Hz 교류에서 약 1mA이다.

출제개념 최소감지전류

정답 16 ③   17 ④   18 ③   19 ①   20 ②

21 감전쇼크에 의해 호흡이 정지되었을 경우 일반적으로 약 몇 분 이내에 응급처치를 개시하면 95% 정도를 소생시킬 수 있는가?

① 1분 이내   ② 3분 이내
③ 5분 이내   ④ 7분 이내

> 감전자의 호흡이 정지되었을 경우 1분 이내 심폐소생술 및 인공호흡과 같은 응급처치 시 95% 이상을 소생시킬 수 있다.
>
> 출제개념 응급처치 생존확률

22 다음 (   ) 안에 들어갈 내용으로 옳은 것은?

> 가. 감전 시 인체에 흐르는 전류는 인가전압에 (ⓐ)하고 인체저항에 (ⓑ)한다.
> 나. 인체 전류의 열작용은 (ⓒ)의 제곱의 값에 비례한다.

① ⓐ 비례,   ⓑ 반비례, ⓒ 전압
② ⓐ 반비례, ⓑ 비례,   ⓒ 전압
③ ⓐ 비례,   ⓑ 반비례, ⓒ 전류
④ ⓐ 반비례, ⓑ 비례,   ⓒ 전류

> 감전 시 인체에 흐르는 전류는 인가전압에 비례하고 인체저항에 반비례한다. 인체 전류의 열작용은 전류의 제곱의 값에 비례한다.
>
> 출제개념 인체 전류의 특징

23 전압이 동일한 경우 교류가 직류보다 위험한 이유를 가장 잘 설명한 것은?

① 교류의 경우 전압의 극성변화가 있기 때문이다.
② 교류는 감전 시 화상을 입히기 때문이다.
③ 교류는 감전 시 수축을 일으킨다.
④ 직류는 교류보다 사용빈도가 낮기 때문이다.

> 교류의 파장이 (+)와 (−)를 오가는 특성으로 직류보다 인체에 더 민감하게 작용한다.
>
> 출제개념 교류와 직류의 감전 위험 비교

24 인체의 피부저항은 피부에 땀이 나 있는 경우 건조 시보다 약 어느 정도 저하되는가?

① $\frac{1}{2} \sim \frac{1}{4}$ ② $\frac{1}{6} \sim \frac{1}{10}$

③ $\frac{1}{12} \sim \frac{1}{20}$ ④ $\frac{1}{25} \sim \frac{1}{35}$

> 땀이 나 있는 경우 피부저항은 $\frac{1}{12} \sim \frac{1}{20}$로 저하된다.
>
> 출제개념 피부저항의 상황별 변화

정답   21 ①   22 ③   23 ①   24 ③

25년 1회 24년 3회 23년 2회 21년 3회 ✓ 회독 □□□

25 전류가 흐르는 상태에서 단로기를 끊었을 때 여러 가지 파괴작용을 일으킨다. 다음 그림에서 유입차단기의 차단순위와 투입순위가 안전수칙에 가장 적합한 것은?

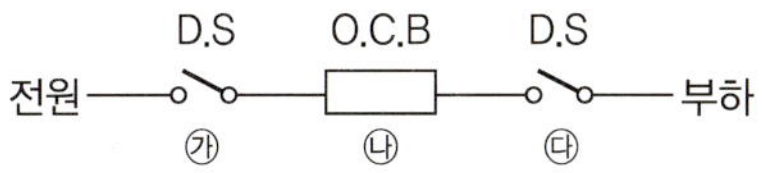

① 차단: ㉮－㉯－㉰, 투입: ㉰－㉮－㉯
② 차단: ㉯－㉰－㉮, 투입: ㉮－㉰－㉯
③ 차단: ㉮－㉰－㉯, 투입: ㉰－㉯－㉮
④ 차단: ㉯－㉰－㉮, 투입: ㉰－㉮－㉯

단로기는 무부하 시에만 조작이 가능하므로 투입할 경우에는 먼저 조작하고, 차단할 경우에는 가장 나중에 조작해야 한다. 즉 주차단기인 유입차단기(OCB)는 투입 시에 가장 나중에, 차단할 시에는 가장 먼저 조작해야 한다.

출제개념 단로기, 유입차단기의 안전수칙

25년 3회 25년 1회 ✓ 회독 □□□

26 누전화재를 입증할 3요소가 아닌 것은?

① 누전점 ② 접지점
③ 출화점 ④ 연소점

누전의 화재 3요소는 누설되기 시작한 지점인 누전점, 전기가 흘러들어오는 접지점, 과열개소인 출화점으로, 연소점은 포함되지 않는다.

출제개념 누전화재의 3요소

24년 1회 ✓ 회독 □□□

27 누전화재가 발생하기 전에 나타나는 현상으로 거리가 먼 것은?

① 인체 감전현상
② 전등 밝기의 변화현상
③ 빈번한 퓨즈 용단현상
④ 전기사용 기계장치의 오동작 감소

누전화재가 발생하기 전에 전기사용 기계장치의 오동작이 증가하는 현상이 나타난다.

출제개념 누전화재 전조현상

25년 3회 24년 1회 ✓ 회독 □□□

28 누전차단기를 설치하지 않아도 되는 장소는?

① 기계·기구를 습한 곳에 시설하는 경우
② 임시 배선의 전로가 설치되는 장소에서 사용하는 이동형 또는 휴대형 전기기계·기구
③ 대지전압이 150V 이하인 휴대형 전동기계·기구를 시설하는 경우
④ 철판·철골 위 등 도전성이 높은 장소에서 사용하는 이동형 또는 휴대형 전기기계·기구

대지전압이 150V를 초과하는 이동형 또는 휴대형 전기기계·기구에 누전차단기를 설치해야 한다.

출제개념 누전차단기 설치기준

정답 25 ② 26 ④ 27 ④ 28 ③

29 누전차단기의 구성요소가 아닌 것은?

① 누전검출부　② 차단장치
③ 전력퓨즈　④ 영상변류기

> 누전차단기의 구성요소는 누전검출부, 영상변류기, 차단장치, 시험 버튼이며, 전력퓨즈는 누전차단기의 구성요소가 아니다.
>
> **출제개념** 누전차단기의 구성요소

30 고속형 누전차단기의 동작시간으로 옳은 것은?

① 정격감도전류에서 0.1초 이내
② 정격감도전류에서 0.3초 이내
③ 정격감도전류에서 0.01초 이내
④ 정격감도전류에서 0.03초 이내

> 고속형 누전차단기는 정격감도전류에서 0.1초 이내에 동작해야 하며, 이는 감전으로 인한 인체 피해를 줄이기 위한 기준이다. 그 외에 감전방지용 누전차단기는 정격감도전류가 30mA 이하이며, 0.03초 이내에 동작해야 한다.
>
> **출제개념** 고속형 누전차단기 동작시간

31 인체의 저항을 500Ω이라 할 때 단상 440V 회로에서 누전으로 인한 감전재해를 방지할 목적으로 설치하는 누전차단기의 규격은?

① 30mA, 0.1초
② 30mA, 0.03초
③ 50mA, 0.1초
④ 50mA, 0.3초

> 감전방지용 누전차단기는 정격감도전류가 30mA 이하이고, 0.03초 이내에 작동해야 한다.
>
> **출제개념** 감전보호용 누전차단기

32 전기기계·기구에 설치되어 있는 감전방지용 누전차단기의 정격감도전류 및 동작시간으로 옳은 것은? (단, 정격전부하 전류가 50A 미만이다.)

① 15mA 이하, 0.1초 이내
② 30mA 이하, 0.03초 이내
③ 50mA 이하, 0.5초 이내
④ 100mA 이하, 0.05초 이내

> 감전방지용 누전차단기는 정격감도전류가 30mA 이하이고 0.03초 이내의 동작시간이어야 한다.
>
> **출제개념** 감전방지용 누전차단기

정답 29 ③　30 ①　31 ②　32 ②

33 전기기기 · 기구의 열화 · 손상 등에 의해 절연이 파괴되어 장시간 누설전류가 흐를 때 발열에 필요한 최소 전류값은?

① 100mA   ② 300mA

③ 600mA   ④ 700mA

> 발열이 발생하는 최소 전류값은 300~500mA 범위이다.
>
> 출제개념 전류 누설 시 발열을 유발하는 최소 전류값

34 한국전기설비규정에 따라 전로에 지락이 생겼을 때에 자동적으로 전로를 차단하는 장치를 설치해야 하는 전기기계의 사용전압의 기준은? (단, 금속제 외함을 가지는 저압의 기계 · 기구로서 사람이 쉽게 접촉할 우려가 있는 곳에 시설되어 있다.)

① 30V 초과   ② 90V 초과

③ 50V 초과   ④ 150V 초과

> 사용전압이 50V를 초과하고 금속제 외함을 가진 저압의 기계 · 기구로서 사람이 쉽게 접촉할 우려가 있는 곳에 시설된 경우에 전기를 공급하는 전로에는 누전차단기를 시설하여야 한다.
>
> 출제개념 누전차단기 설치 시 전압의 기준

35 한국전기설비규정에 따라 사람이 쉽게 접촉할 우려가 있는 곳에 금속제 외함을 가지는 저압의 기계 · 기구가 시설되어 있다. 이 기계 · 기구의 사용전압이 몇 V를 초과할 때 전기를 공급하는 전로에 누전차단기를 시설해야 하는가? (단, 누전차단기를 시설하지 않아도 되는 조건은 제외한다.)

① 30V   ② 40V

③ 50V   ④ 60V

> 사람이 쉽게 접촉할 수 있는 장소에 금속제 외함을 가진 저압의 기계 · 기구를 설치할 경우, 사용전압이 50V를 초과하면 누전차단기를 반드시 설치해야 한다.
>
> 출제개념 누전차단기 설치 시 전압의 기준

36 다음 중 「산업안전보건기준에 관한 규칙」에 따라 누전차단기를 설치하지 않아도 되는 곳은?

① 철판 · 철골 위 등 도전성이 높은 장소에서 사용하는 이동형 전기기계 · 기구

② 대지전압이 220V인 휴대형 전기기계 · 기구

③ 임시배선의 전로가 설치되는 장소에서 사용하는 이동형 전기기계 · 기구

④ 절연대 위에서 사용하는 전기기계 · 기구

> 절연대 위에는 감전위험이 없으므로 누전차단기를 설치하지 않아도 된다. 누전차단기를 설치하지 않아도 되는 경우는 다음과 같다.
> - 이중절연 또는 이와 같은 수준 이상으로 보호되는 구조로 된 전기기계 · 기구
> - 절연대 위 등과 같이 감전위험이 없는 장소에서 사용하는 전기기계 · 기구
> - 비접지방식의 전로
>
> 출제개념 누전차단기 설치 제외 대상

정답   33 ②   34 ③   35 ③   36 ④

37 한국전기설비규정에 따라 욕조나 샤워시설이 있는 욕실 등 인체가 물에 젖어있는 상태에서 전기를 사용하는 장소에 인체감전보호용 누전차단기가 부착된 콘센트를 시설하는 경우 누전차단기의 정격감도전류 및 동작시간은?

① 15mA 이하, 0.01초 이하
② 15mA 이하, 0.03초 이하
③ 30mA 이하, 0.01초 이하
④ 30mA 이하, 0.03초 이하

▼
물에 젖은 상태에서는 감전위험이 높기 때문에 정격감도전류가 15mA 이하, 0.03초 이내로 작동하는 욕실의 인체감전보호용 누전차단기를 설치해야 한다.

출제개념 **욕실용 감전보호용 누전차단기**

38 다음 중 누전차단기를 시설하지 않아도 되는 전로가 아닌 것은? (단, 전로는 금속제 외함을 가지는 사용전압이 50V를 초과하는 저압의 기계·기구에 전기를 공급하는 전로이며, 기계·기구에는 사람이 쉽게 접촉할 우려가 있다.)

① 기계·기구를 건조한 장소에 시설하는 경우
② 기계·기구가 고무, 합성수지, 기타 절연물로 피복된 경우
③ 대지전압 200V 이하인 기계·기구를 물기가 있는 곳 이외의 곳에 시설하는 경우
④ 「전기용품 및 생활용품 안전관리법」의 적용을 받는 이중절연구조의 기계·기구를 시설하는 경우

▼
대지전압이 150V를 초과하는 경우에는 누전차단기를 설치해야 하므로 대지전압 200V 이하인 기계·기구는 누전차단기의 설치가 필요하다.

출제개념 **누전차단기 설치 제외 대상**

39 누전차단기의 시설방법 중 옳지 않은 것은?

① 시설장소는 배전반 또는 분전반 내에 설치한다.
② 정격전류용량은 해당 전로의 부하전류 값 이상이어야 한다.
③ 정격감도전류는 정상의 사용상태에서 불필요하게 동작하지 않도록 한다.
④ 인체감전보호형은 0.05초 이내에 동작하는 고감도 고속형이어야 한다.

▼
인체감전보호형 누전차단기는 고감도 고속형으로 0.03초 이내에 작동해야 하며, 0.05초는 기준을 초과하므로 옳지 않다.

출제개념 **누전차단기의 시설방법**

40 설비의 이상현상에 나타나는 아크(Arc)의 종류로 볼 수 없는 것은?

① 단락에 의한 아크
② 지락에 의한 아크
③ 차단기에서의 아크
④ 전선저항에 의한 아크

▼
전선저항은 아크의 발생 요인이 아니라 발열의 원인이다. 반면 단락, 지락, 차단기 작동 시에는 아크가 발생할 수 있다.

출제개념 **아크의 종류**

정답 **37** ② **38** ③ **39** ④ **40** ④

25년 2회 25년 1회 24년 2회 22년 3회   ✔ 회독 ☐☐☐

41 가공전선로의 1선 허용 가능 누설전류의 크기는?

① 최대 공급전류의 1/500
② 최대 공급전류의 1/1,000
③ 최대 공급전류의 1/2,000
④ 최대 공급전류의 1/3,000

가공전선로에서 1선 허용 가능 누설전류는 최대 공급전류의 1/2,000이다.

출제개념 허용 가능한 누설전류의 크기

21년 3회   ✔ 회독 ☐☐☐

43 고장전류를 차단할 수 있는 것은?

① 차단기(CB)   ② 유입 개폐기(OS)
③ 단로기(DS)   ④ 선로 개폐기(LS)

차단기는 고장전류를 차단할 수 있는 보호장치이며, 나머지는 개폐용 장치이다.

출제개념 고장전류 차단장치

22년 1회   ✔ 회독 ☐☐☐

44 다음 차단기는 개폐기구가 절연물의 용기 내에 일체로 조립한 것으로 과부하 및 단락사고 시에 자동적으로 전로를 차단하는 장치는?

① OS   ② VCB
③ MCCB   ④ ACB

MCCB(배선용 차단기)는 개폐기구가 절연물의 용기 내에 일체로 조립한 것으로 과부하 및 단락사고 시에 자동적으로 전로를 차단한다.

출제개념 차단기의 종류

24년 1회   ✔ 회독 ☐☐☐

42 절연열화가 진행되어 누설전류가 증가하면서 발생되는 결과와 거리가 먼 것은?

① 감전사고
② 누전화재
③ 정전기 증가
④ 아크지락에 의한 기기의 손상

누설전류가 증가하면 감전사고, 누전화재, 아크지락에 의한 기기 손상과 같은 현상이 발생하며, 정전기 증가는 거리가 멀다.

출제개념 누전 발생 결과

25년 1회   ✔ 회독 ☐☐☐

45 누전차단기 설치기준으로 옳지 않은 것은?

① 주위온도는 −10~40° 범위 내일 것
② 표고 1,000m 이하인 장소에서 사용할 것
③ 상대습도 40~60%일 것
④ 정격전압의 85~110%에서 정상 작동할 것

상대습도는 45~80% 사이여야 한다.

출제개념 누전차단기 설치기준

정답 41 ③ 42 ③ 43 ① 44 ③ 45 ③

46 유입차단기의 약어는?

① OCB
② VCB
③ ELB
④ MCCB

> OCB는 Oil Circuit Breaker, 즉 유입차단기를 뜻한다. 그 외에 VCB는 진공차단기(Vacuum Circuit Breaker), ELB는 누전차단기(Earth Leakage Breaker), MCCB는 배선용 차단기(Molded Case Circuit Breaker)이다.
>
> 출제개념 유입차단기 약어

47 개폐기, 차단기, 유도 전압조정기의 최대사용전압이 7kV 이하인 전로의 경우 절연내력 시험은 최대사용전압의 1.5배의 전압을 몇 분간 가하는가?

① 10
② 15
③ 20
④ 25

> 최대사용전압이 7kV 이하인 전로의 경우 절연내력 시험은 최대사용전압의 1.5배의 전압을 10분간 가하였을 때 견디어야 한다.
>
> 출제개념 절연내력 시험

48 주택용 배선차단기 B타입의 경우 순시동작범위는? (단, I_n는 차단기 정격전류이다.)

① $3I_n$ 초과 ~ $5I_n$ 이하
② $5I_n$ 초과 ~ $10I_n$ 이하
③ $10I_n$ 초과 ~ $15I_n$ 이하
④ $10I_n$ 초과 ~ $20I_n$ 이하

> B타입 차단기는 $3I_n$ 초과 ~ $5I_n$ 이하에서 동작한다. 그 외에 C타입은 $5I_n$ 초과 ~ $10I_n$ 이하, D타입은 $10I_n$ 초과 ~ $20I_n$ 이하에서 동작한다.
>
> 출제개념 배선차단기의 순시동작범위

49 한국전기설비규정에 따라 과전류차단기로 저압 전로에 사용하는 범용 퓨즈의 용단전류는 정격 전류의 몇 배인가? (단, 정격전류가 4A 이하인 경우이다.)

① 1.5배
② 1.6배
③ 1.9배
④ 2.1배

> 정격전류가 4A 이하인 경우 범용 퓨즈의 용단전류는 정격전류의 2.1배이다. 다음은 정격전류에 따라 퓨즈 또는 배선용 차단기의 동작조건을 나타낸 표이다.

정격전류	동작시간 (분)	정격전류의 배수	
		불용단 전류	용단전류
4A 이하	60	1.5배	2.1배
4A 초과 16A 미만	60	1.5배	1.9배
16A 이상 63A 이하	60	1.25배	1.6배
63A 초과 160A 이하	120	1.25배	1.6배
160 초과 400A 이하	180	1.25배	1.6배
400A 초과	240	1.25배	1.6배

> 출제개념 퓨즈의 정격전류에 따른 용단전류

정답 46 ① 47 ① 48 ① 49 ④

50 개폐기로 인한 발화는 스파크에 의한 가연물의 착화화재가 많이 발생한다. 이를 방지하기 위한 대책으로 틀린 것은?

① 가연성 증기, 분진 등이 있는 곳은 방폭형을 사용한다.
② 개폐기를 불연성 상자 안에 수납한다.
③ 비포장 퓨즈를 사용한다.
④ 접속 부분의 나사풀림이 없도록 한다.

> ▼
> 가연물의 착화화재를 방지하기 위해서는 비포장 퓨즈가 아니라 포장 퓨즈를 사용해야 한다.
>
> **출제개념** 개폐기 화재 방지대책

51 고압전로의 전동기용 고압전류 제한퓨즈의 불용단전류 조건은?

① 정격전류 1.3배의 전류로 1시간 이내에 용단되지 않을 것
② 정격전류 1.3배의 전류로 2시간 이내에 용단되지 않을 것
③ 정격전류 2배의 전류로 1시간 이내에 용단되지 않을 것
④ 정격전류 2배의 전류로 2시간 이내에 용단되지 않을 것

> ▼
> 고압전로에 설치된 전동기용 고압전류 제한퓨즈의 불용단전류의 조건은 정격전류 1.3배의 전류에 견디고, 2배의 전류로 2시간 이내에 용단되어야 한다.
>
> **출제개념** 고압전류 제한퓨즈의 불용단전류 조건

52 접지 목적에 따른 종류에서 사용 목적이 다른 것은?

① 피뢰용접지: 낙뢰로부터 전기기기의 손상방지
② 등전위접지: 정전기의 축적에 의한 폭발방지
③ 계통접지: 고·저압전로 혼촉 시 감전 및 화재방지
④ 기기접지: 누전이 되고 있는 기기 접촉 시 감전방지

> ▼
> 등전위접지는 정전기에 의한 폭발방지가 목적이 아닌 병원 의료기기에 적용되어 안전을 확보하기 위한 목적으로 사용된다.
>
> **출제개념** 접지의 목적에 따른 분류

53 저압전로의 보호도체 및 중성선의 접속방식에 따른 접지계통의 분류가 아닌 것은?

① IT 계통
② TN 계통
③ TT 계통
④ TC 계통

> ▼
> 계통접지의 종류는 IT·TN·TT 계통이 있으며, TN은 TN-C, TN-S, TN-C-S로 세분된다. TC 계통은 존재하지 않는 명칭이다.
>
> **출제개념** 계통접지의 분류

정답 **50** ③ **51** ② **52** ② **53** ④

54 접지저항 저감방법으로 틀린 것은?

① 접지극의 병렬 접지를 실시한다.
② 접지극의 매설 깊이를 증가시킨다.
③ 접지극의 크기를 최대한 작게 한다.
④ 접지극 주변의 토양을 개량하여 대지 저항률을 떨어뜨린다.

> 접지저항을 낮추기 위해서는 접지극의 크기를 최대한 크게 해야 한다.
>
> **출제개념** 접지저항 저감방법

55 접지저항값을 저하시키는 방법 중 거리가 먼 것은?

① 접지봉에 도전성이 좋은 금속을 도금한다.
② 접지봉을 병렬로 연결한다.
③ 도전성 물질을 접지극 주변의 토양에 주입한다.
④ 접지봉을 땅속 깊이 매설한다.

> 접지봉에 도전성이 좋은 금속을 도금하는 것은 부식을 방지하기 위한 것이며, 접지저항값을 저하하는 방법과는 거리가 멀다.
>
> **출제개념** 접지저항 저감방법

56 전로에 시설하는 기계·기구의 금속제 외함에 접지공사를 하지 않아도 되는 경우로 틀린 것은?

① 저압용 기계·기구를 건조한 목재의 마루 위에 취급하도록 시설한 경우
② 외함 주위에 적당한 절연대를 설치한 경우
③ 교류 대지전압이 300V 이하인 기계·기구를 건조한 곳에 시설한 경우
④ 「전기용품 및 생활용품 안전관리법」의 적용을 받는 이중절연 구조로 된 기계·기구를 시설하는 경우

> 접지 공사를 하지 않아도 되는 경우는 교류 대지전압 150V 이하인 기계·기구를 건조한 곳에 시설하는 경우에 해당한다.
>
> **출제개념** 접지공사 예외기준

57 전로에 시설하는 기계·기구의 철대 및 금속제 외함에 접지공사를 생략할 수 없는 경우는?

① 30V 이하의 기계·기구를 건조한 곳에 시설하는 경우
② 물기 없는 장소에 설치하는 저압용 기계·기구를 위한 전로에 정격감도전류 40mA 이하, 동작시간 2초 이하의 전류동작형 누전차단기를 시설하는 경우
③ 철대 또는 외함의 주위에 적당한 절연대를 설치하는 경우
④ 「전기용품 및 생활용품 안전관리법」의 적용을 받는 이중절연 구조로 되어 있는 기계·기구를 시설하는 경우

> 물기 없는 장소에 설치하는 저압용 기계·기구를 위한 전로에 정격감도전류 30mA 이하, 동작시간 0.03초 이내 조건을 충족하는 누전차단기를 시설하는 경우에 접지공사를 생략할 수 있다.
>
> **출제개념** 접지공사 생략 조건

정답 54 ③ 55 ① 56 ③ 57 ②

58 전기설비에 접지를 하는 목적으로 틀린 것은?

① 누설전류에 의한 감전방지

② 낙뢰에 의한 피해방지

③ 지락사고 시 대지전위 상승 유도 및 절연강
　도 증가

④ 지락사고 시 보호계전기 신속동작

> ▼
> 접지는 누전, 낙뢰를 대비하고 보호계전기를 신속하게
> 동작시키기 위한 목적으로, 절연강도를 증가시키는 것
> 이 목적은 아니다.
>
> 출제개념 **접지의 목적**

59 접지 목적에 따른 분류에서 병원설비의 의료용
전기기기와 모든 금속 부분 또는 도전 바닥에도
접지하여 전위를 동일하게 하기 위한 접지를 무
엇이라 하는가?

① 계통접지

② 등전위접지

③ 노이즈방지용 접지

④ 정전기 장해방지용 이용 접지

> ▼
> 등전위접지는 의료기기의 안전성을 위해 병원설비에서
> 사용된다.
>
> 출제개념 **접지의 종류**

60 3,300/220V, 20kVA인 3상 변압기로부터 공급
받고 있는 저압 전선로의 절연 부분의 전선과 대
지 간의 절연저항의 최소값은 약 몇 Ω인가? (단,
변압기의 저압측 중성점에 접지가 되어 있다.)

① 1,240　　　　　② 2,794

③ 4,840　　　　　④ 8,383

> ▼
> 허용누설전류 $I = $ 정격공급전류 $\times \dfrac{1}{2,000}$
>
> $\qquad = \left(\dfrac{20,000\text{VA}}{\sqrt{3}\times 220}\right)\times\dfrac{1}{2,000} \fallingdotseq 0.026243\text{A}$
>
> 절연저항 $R = \dfrac{V}{I(\text{누설전류})} = \dfrac{220\text{V}}{0.026243\text{A}} \fallingdotseq 8,383\,\Omega$
>
> 출제개념 **절연저항 계산**

61 한국전기설비규정에 따라 보호등전위본딩 도체
로서 주접지단자에 접속하기 위한 등전위본딩
도체(구리도체)의 단면적은 몇 mm² 이상이어
야 하는가? (단, 등전위본딩 도체는 설비 내에
있는 가장 큰 보호접지 도체 단면적의 1/2 이상
의 단면적을 가지고 있다.)

① 2.5　　　　　② 6

③ 16　　　　　④ 50

> ▼
> 보호등전위본딩 도체는 주접지단자에 접속하기 위한
> 등전위본딩 도체(구리도체)의 단면적은 최소 6mm² 이
> 상이어야 하며, 25mm²를 초과할 필요는 없다.
>
> 출제개념 **등전위본딩 도체의 기준**

정답 **58** ③　**59** ②　**60** ④　**61** ②

62 피뢰기로서 갖추어야 할 성능 중 틀린 것은?

① 충격방전 개시전압이 낮을 것

② 뇌전류 방전능력이 클 것

③ 제한전압이 높을 것

④ 속류 차단을 확실하게 할 수 있을 것

> 피뢰기의 제한전압이 낮아야 보호 대상 기기보다 먼저 동작하여 이상전압을 흘려보낼 수 있다. 제한전압이 높을 경우 기기 보호 효과가 떨어지므로 바람직하지 않다.
>
> [출제개념] 피뢰기의 성능

63 피뢰기가 갖추어야 할 이상적인 성능 중 잘못된 것은?

① 제한전압이 낮아야 한다.

② 반복동작이 가능하여야 한다.

③ 충격방전 개시전압이 높아야 한다.

④ 뇌전류의 방전능력이 크고 속류의 차단이 확실하여야 한다.

> 피뢰기는 이상전압이 인가될 때 빠르게 방전하여 보호해야 하므로 충격방전 개시전압은 낮아야 한다. 만약, 개시전압이 높을 경우 방전이 지연되어 보호기능이 떨어진다.
>
> [출제개념] 피뢰기의 성능

64 피뢰기의 제한전압이 752kV이고 변압기의 기준 충격절연강도가 1,050kV라면, 보호여유도(%)는 약 얼마인가?

① 18   ② 28

③ 40   ④ 43

> $$보호여유도(\%) = \frac{충격절연강도 - 제한전압}{제한전압} \times 100$$
> $$= \frac{1,050 - 752}{752} \times 100 ≒ 39.6\%$$
>
> [출제개념] 피뢰기 보호여유도 계산

65 피뢰침의 제한전압이 800kV, 충격절연강도가 1,000kV일 때, 보호여유도는 몇 %인가?

① 25   ② 33

③ 47   ④ 63

> $$보호여유도(\%) = \frac{충격절연강도 - 제한전압}{제한전압} \times 100$$
> $$= \frac{1,000 - 800}{800} \times 100 = 25\%$$
>
> [출제개념] 피뢰기의 보호여유도 계산

[정답] **62** ③   **63** ③   **64** ③   **65** ①

66 피뢰기의 여유도가 33%이고, 충격절연강도가 1,000kV라고 할 때 피뢰기의 제한전압은 약 몇 kV인가?

① 852 ② 752
③ 652 ④ 552

보호여유도(%) = $\dfrac{충격절연강도 - 제한전압}{제한전압} \times 100$

$33\% = \dfrac{1,000 - 제한전압}{제한전압} \times 100$

$0.33 = \dfrac{1,000 - x}{x}$

$0.33x = 1,000 - x$

$1.33x = 1,000$

$x = \dfrac{1,000}{1.33} ≒ 751.87$

따라서 약 752kV이다.

출제개념 보호여유도 식을 통한 제한전압 역산

67 속류를 차단할 수 있는 최고의 교류전압을 피뢰기의 정격전압이라 하는데 이 값은 통상적으로 어떤 값으로 나타내고 있는가?

① 최대값 ② 평균값
③ 실효값 ④ 파고값

피뢰기의 정격전압은 실효값으로 나타낸다.

출제개념 피뢰기 정격전압의 정의

68 고압 및 특고압의 전로에 시설하는 피뢰기의 접지저항은 몇 Ω 이하로 하여야 하는가?

① 10Ω 이하 ② 100Ω 이하
③ 1,000Ω 이하 ④ 30Ω 이하

고압 및 특고압의 전로에 시설되는 피뢰기는 낙뢰 시 방전 전류를 신속하게 대지로 방류하기 위해 접지저항을 작게 유지해야 한다. 따라서 10Ω 이하로 유지하여야 한다.

출제개념 피뢰기의 접지저항

69 피뢰기의 설치장소가 아닌 것은?

① 저압을 공급받는 수용장소의 인입구
② 지중전선로와 가공전선로가 접속되는 곳
③ 가공전선로에 접속하는 배전용 변압기의 고압측
④ 발전소 또는 변전소의 가공전선 인입구 및 인출구

저압 수용장소에는 피뢰기를 설치할 의무가 없다. 피뢰기는 고압·특고압 전로의 보호를 위해 설치된다.

출제개념 피뢰기의 설치기준

정답 **66** ② **67** ③ **68** ① **69** ①

70 고압 및 특고압 전로에 시설하는 피뢰기의 설치장소로 잘못된 곳은?

① 가공전선로와 지중전선로가 접속되는 곳

② 발전소, 변전소의 가공전선 인입구 및 인출구

③ 고압 가공전선로에 접속하는 배전용 변압기의 저압측

④ 고압 가공전선로로부터 공급을 받는 수용장소의 인입구

> 피뢰기는 고압측 보호를 위한 장비이므로 변압기의 저압측은 설치 대상이 아니다.
>
> 출제개념 피뢰기의 설치장소

71 밸브 저항형 피뢰기의 구성요소로 옳은 것은?

① 직렬갭, 특성요소

② 병렬갭, 특성요소

③ 직렬갭, 충격요소

④ 병렬갭, 충격요소

> 피뢰기는 직렬갭과 특성요소로 구성된다.
>
> 출제개념 피뢰기의 구성요소

72 피뢰시스템의 등급에 따른 회전구체의 반지름으로 틀린 것은?

① Ⅰ등급: 20m

② Ⅱ등급: 30m

③ Ⅲ등급: 40m

④ Ⅳ등급: 60m

> 회전구체법은 건축물이나 시설물을 낙뢰로부터 보호하기 위해 가상의 회전하는 구체를 이용하여 피뢰침의 설치 위치를 결정하는 방식이다. 등급에 따라 정해진 크기로 가상 구체를 설정하는데, Ⅲ등급의 반지름은 45m이어야 한다.
>
> 출제개념 피뢰시스템 등급에 따른 회전구체의 반지름

73 한국전기설비규정에 따라 피뢰설비에서 외부피뢰시스템의 수뢰부시스템으로 적합하지 않은 것은?

① 돌침 ② 수평도체

③ 메시도체 ④ 환상도체

> 수뢰부시스템은 낙뢰를 직접 받아들이는 구성요소로 돌침, 수평도체, 메시도체의 요소 중 하나 또는 이를 조합한 형식으로 시설해야 한다.
>
> 출제개념 수뢰부시스템

정답 **70** ③ **71** ① **72** ③ **73** ④

74 외부피뢰시스템에서 접지극은 지표면에서 몇 m 이상 깊이로 매설하여야 하는가? (단, 동결심도는 고려하지 않는 경우이다.)

① 0.5 　　　　　 ② 0.75

③ 1 　　　　　 ④ 1.25

▼

외부피뢰시스템의 접지극은 지하 0.75m 이상 깊이로 매설해야 하며, 동결방지층 이하가 바람직하다. 또한, 접지선은 지하 75cm부터 지표면 2m까지 합성수지관 등으로 보호해야 한다.

출제개념 피뢰시스템의 접지극 매설기준

76 다음 중 전기화재의 주요 원인이라고 할 수 없는 것은?

① 절연전선의 열화

② 정전기 발생

③ 과전류 발생

④ 절연저항값의 증가

▼

절연저항값이 감소하면 절연성능이 저하하여 절연 불량으로 화재 위험이 커지지만, 절연저항값이 증가하면 오히려 절연성능이 양호하다는 뜻이므로 전기화재의 원인이 아니다.

출제개념 전기화재의 원인

75 전기화재의 원인이 아닌 것은?

① 단락 및 과부하

② 절연불량

③ 기구의 구조 불량

④ 누전

▼

전기화재는 단락, 누전, 과전류, 절연불량 등이 주요 원인이다. 반면, 기구의 구조 불량은 전기화재의 직접적인 원인으로 보기 어렵다.

출제개념 전기화재의 원인

77 동작 시 아크가 발생하는 고압 및 특고압용 개폐기·차단기의 이격거리(목재의 벽 또는 천장, 기타 가연성 물체로부터의 거리)로 옳은 것은?

① 고압용: 0.8m 이상, 특고압용: 1.0m 이상

② 고압용: 1.0m 이상, 특고압용: 2.0m 이상

③ 고압용: 2.0m 이상, 특고압용: 3.0m 이상

④ 고압용: 3.5m 이상, 특고압용: 4.0m 이상

▼

고압 및 특고압 개폐기·차단기는 동작 시 발생할 수 있는 아크로 인한 화재를 예방하기 위해 고압용은 1.0m 이상, 특고압용은 2.0m 이상 최소 이격거리를 유지해야 한다.

출제개념 개폐기 및 차단기의 이격거리

정답 **74** ② **75** ③ **76** ④ **77** ②

78 저압전로의 절연성능 시험에서 전로의 사용전압이 380V인 경우 전선 상호 간 및 전로와 대지 사이의 절연저항은 최소 몇 MΩ 이상이어야 하는가?

① 0.1 ② 0.3

③ 0.5 ④ 1

> 사용전압이 380V인 경우 500V 이하이므로 DC시험전압은 500V이며, 절연저항은 1.0MΩ 이상이어야 한다.
>
> **출제개념** 사용전압에 따른 절연저항

79 저압전로의 절연성능에 관한 설명으로 적합하지 않은 것은?

① 전로의 사용전압이 SELV 및 PELV일 때 절연저항은 0.5MΩ 이상이어야 한다.

② 전로의 사용전압이 FELV일 때 절연저항은 1MΩ 이상이어야 한다.

③ 전로의 사용전압이 FELV일 때 DC시험전압은 500V이다.

④ 전로의 사용전압이 600V일 때 절연저항은 1.5MΩ 이상이어야 한다.

> 사용전압이 500V를 초과하는 경우 절연저항은 1.0MΩ 이상이어야 한다.
>
> **출제개념** 사용전압에 따른 절연저항

80 다음 중 한국전기설비기준에 의한 전선색으로 옳지 않은 것은?

① L1 – 적색

② L2 – 흑색

③ L3 – 회색

④ N – 청색

> 한국전기설비기준에 따른 전선색은 다음과 같다.
>
> | 구분 | 색상 |
> | --- | --- |
> | L1 | 갈색 |
> | L2 | 흑색 |
> | L3 | 회색 |
> | N | 청색 |
> | PE(접지) | 녹색, 노란색 교차 |
>
> **출제개념** 전선의 색상

정전기 장·재해 관리

24년 3회 　　　　　　　　✔ 회독 ☐☐☐

01 두 물질 사이의 접촉과 분리 과정이 계속될 때 이에 따른 기계적 에너지에 의해 자유전자가 방출, 흡입되어 정전기가 발생하는 현상은?

① 박리대전　　　② 파괴대전
③ 마찰대전　　　④ 유동대전

> 마찰대전은 두 물체가 접촉과 분리를 반복할 때 자유전자의 이동으로 인해 정전기가 발생하는 현상이다.
>
> 출제개념 정전기의 발생현상

25년 3회 23년 3회 　　　　　✔ 회독 ☐☐☐

03 정전기 발생에 영향을 주는 요인으로 가장 적절하지 않은 것은?

① 분리속도
② 물체의 질량
③ 접촉면적 및 압력
④ 물체의 표면상태

> 물체의 질량은 정전기 발생에 직접적인 영향을 주지 않는다.
>
> 출제개념 정전기의 발생 영향요인

21년 2회 　　　　　　　　✔ 회독 ☐☐☐

02 정전기 발생에 영향을 주는 요인이 아닌 것은?

① 물체의 분리속도
② 물체의 특성
③ 물체의 접촉시간
④ 물체의 표면상태

> 정전기 발생에는 물체의 분리속도, 표면상태, 특성, 접촉면적 등이 영향을 미치며, 접촉시간은 주요 영향 요인이 아니다.
>
> 출제개념 정전기의 발생 영향요인

정답　01 ③　02 ③　03 ②

04 정전기 발생에 영향을 주는 요인에 대한 설명으로 틀린 것은?

① 물체의 분리속도가 빠를수록 발생량은 적어진다.

② 접촉면적이 크고 접촉압력이 높을수록 발생량이 많아진다.

③ 물체 표면이 수분이나 기름으로 오염되면 산화 및 부식에 의해 발생량이 많아진다.

④ 정전기의 발생은 처음 접촉·분리할 때가 최대로 되고 접촉·분리가 반복됨에 따라 발생량은 감소한다.

> 물체의 분리속도가 빠를수록 정전기 발생량은 증가한다.
>
> 출제개념 정전기의 발생 영향 요인

05 정전기의 방전형태의 종류가 아닌 것은?

① 코로나 방전

② 스트리머 방전

③ 스파크 방전

④ 스프레이 방전

> 스프레이 방전은 정전기 방전의 종류가 아니며, 코로나, 스트리머, 스파크(불꽃), 연면 방전 등이 대표적인 방전형태이다.
>
> 출제개념 정전기 방전형태

06 정전기 방전에 의한 폭발로 추정되는 사고를 조사함에 있어서 필요한 조치로서 가장 거리가 먼 것은?

① 가연성 분위기 규명

② 사고현장의 방전 흔적 조사

③ 방전에 따른 점화 가능성 평가

④ 전하발생 부위 및 축적기구 규명

> 방전 흔적 조사는 일반 화재의 조사항목이며, 정전기 폭발사고 조사에 있어서 필요한 조치와는 거리가 멀다.
>
> 출제개념 정전기 폭발사고 조사

07 다음은 무슨 현상을 설명한 것인가?

> 전위차가 있는 2개의 대전체가 특정거리에 접근하게 되면 등전위가 되기 위하여 전하가 절연공간을 깨고 순간적으로 빛과 열을 발생하며 이동하는 현상

① 대전   ② 충전

③ 방전   ④ 열전

> 대전된 두 물체가 등전위를 이루기 위해 절연공간을 파괴한 후, 빛과 열을 발생하며 이동하는 현상이 방전이다.
>
> 출제개념 방전현상

정답 **04** ① **05** ④ **06** ② **07** ③

☑ 회독 ☐☐☐

08 다른 두 물체가 접촉할 때 접촉 전위차가 발생하는 원인으로 옳은 것은?

① 두 물체의 온도 차
② 두 물체의 습도 차
③ 두 물체의 밀도 차
④ 두 물체의 일함수 차

▼

접촉 전위차는 두 물질의 일함수(전자를 잃기 쉬운 성질) 차이에 의해 발생한다.

출제개념 접촉 전위차의 원인

☑ 회독 ☐☐☐

09 대전서열을 올바르게 나열한 것은? (단, 왼쪽일수록 (+), 오른쪽일수록 (−)를 나타낸다.)

① 폴리에틸렌 − 셀룰로이드 − 염화비닐 − 테프론
② 셀룰로이드 − 폴리에틸렌 − 염화비닐 − 테프론
③ 염화비닐 − 폴리에틸렌 − 셀룰로이드 − 테프론
④ 테프론 − 셀룰로이드 − 염화비닐 − 폴리에틸렌

▼

대전서열은 일반적으로 폴리에틸렌−셀룰로이드−염화비닐−테프론 순으로 (+)에서 (−)로 이동한다.

출제개념 대전서열

☑ 회독 ☐☐☐

10 정전에너지를 구하는 식은? (단, E는 정전에너지, C는 정전용량, V는 전압을 의미한다.)

① $E = \dfrac{1}{2}CV^2$

② $E = \dfrac{1}{2}VC^2$

③ $E = VC^2$

④ $E = \dfrac{1}{4}VC$

▼

정전에너지를 구하는 식은 $E = \dfrac{1}{2}CV^2$이다.

출제개념 정전에너지 공식

☑ 회독 ☐☐☐

11 인체저항이 5,000Ω이고, 전류가 3mA 흘렀다. 인체의 정전용량이 0.1μF이라면 인체에 대전된 정전하는 몇 μC인가?

① 0.5 ② 1.5
③ 1.0 ④ 2.0

▼

정전하량(Q)=CV와 옴의 법칙 V=IR로 전개한 결과는 다음과 같다.
V=IR=0.003A×5,000Ω=15V
Q=0.1μF×15V=1.5μC

출제개념 정전하 계산

정답 08 ④ 09 ① 10 ① 11 ②

12 정전용량 C=20μF, 방전 시 전압 V=2kV일 때 정전에너지[J]는 얼마인가?

① 40 ② 400
③ 80 ④ 800

정전에너지 $E = \frac{1}{2}CV^2 = \frac{20μF \times (2kV)^2}{2}$

$= \frac{20 \times 10^{-6}F \times (2,000V)^2}{2} = 40J$

(* $1μF = 10^{-6}F$)

출제개념 정전에너지 계산

14 어떤 부도체에서 정전용량이 10pF이고, 전압이 5kV일 때 전하량(C)은?

① 9×10^{-12} ② 6×10^{-10}
③ 5×10^{-8} ④ 2×10^{-6}

정전하 $Q = CV$
$= 10pF \times 5kV$
$= (10 \times 10^{-12})F \times (5 \times 10^3)V$
$= 5 \times 10^{-8}C$

(* $pF = 10^{-12}F$)

출제개념 정전하 계산

13 극간 정전용량이 1,000pF이고, 착화에너지가 0.019mJ인 가스에서 폭발한계전압(V)은 약 얼마인가?

① 3,900 ② 1,950
③ 390 ④ 195

정전에너지 $E = \frac{1}{2}CV^2$식을 전압에 대한 식으로 정리하면 다음과 같다.

$V = \sqrt{\frac{2E}{C}} = \sqrt{\frac{2 \times 0.019mJ}{1,000pF}}$

$= \sqrt{\frac{2 \times 0.019 \times 10^{-3}J}{1,000 \times 10^{-12}}} ≒ 194.9V$

(* $mJ = 10^{-3}J$, $pF = 10^{-12}F$)

출제개념 폭발한계전압 계산

15 폭발한계에 도달한 메탄가스가 공기에 혼합되었을 경우 착화한계전압(V)은 약 얼마인가? (단, 메탄의 착화최소에너지는 0.2mJ, 극간용량은 10pF으로 한다.)

① 6,325 ② 5,225
③ 4,135 ④ 3,035

정전에너지 $E = \frac{1}{2}CV^2$식을 전압에 대한 식으로 정리하면 다음과 같다.

$V = \sqrt{\frac{2E}{C}} = \sqrt{\frac{2 \times 0.2mJ}{10pF}} = \sqrt{\frac{2 \times 0.2 \times 10^{-3}J}{10 \times 10^{-12}F}}$

$≒ 6,324.5V$

출제개념 착화한계전압 계산

정답 **12** ① **13** ④ **14** ③ **15** ①

16 정전기로 인한 화재폭발의 위험이 가장 높은 것은?

① 드라이클리닝설비
② 농작물 건조기
③ 가습기
④ 전동기

> 드라이클리닝설비나 인화성 물질, 폭발성 물질, 위험물 취급설비 등은 정전기로 인한 화재폭발의 위험이 크다.
>
> 출제개념 정전기로 인한 화재폭발

17 정전기 방지대책 중 적합하지 않은 것은?

① 대전서열이 가급적 먼 것으로 구성한다.
② 카본 블랙을 도포하여 도전성을 부여한다.
③ 유속을 저감시킨다.
④ 도전성 재료를 도포하여 대전을 감소시킨다.

> 대전서열의 차이가 클수록 정전기 발생량은 커지므로 정전기 방지대책으로 적합하지 않다.
>
> 출제개념 정전기 방지대책

18 정전기 제거방법으로 가장 거리가 먼 것은?

① 작업장 바닥을 도전 처리한다.
② 설비의 도체 부분은 접지시킨다.
③ 작업자는 대전방지화를 신는다.
④ 작업장을 항온으로 유지한다.

> 정전기 제거에는 온도와 큰 관련이 없으며, 습도나 도전 처리가 중요하다.
>
> 출제개념 정전기 제거방법

19 정전기재해의 방지대책에 대한 설명으로 적합하지 않는 것은?

① 접지의 접속은 납땜, 용접 또는 멈춤나사로 실시한다.
② 회전부품의 유막저항이 높으면 도전성의 윤활제를 사용한다.
③ 이동식의 용기는 절연성 고무제 바퀴를 달아서 폭발위험을 제거한다.
④ 폭발의 위험이 있는 구역은 도전성 고무류로 바닥 처리를 한다.

> 정전기를 방지하기 위해 이동식 용기는 도전성 고무 바퀴를 달아서 사용해야 한다.
>
> 출제개념 정전기 재해방지

정답　**16** ①　**17** ①　**18** ④　**19** ③

20 정전기 화재폭발 원인으로 인체대전에 대한 예방대책으로 옳지 않은 것은?

① Wrist Strap을 사용하여 접지선과 연결한다.
② 대전방지제를 넣은 제전복을 착용한다.
③ 대전방지 성능이 있는 안전화를 착용한다.
④ 바닥 재료는 고유저항이 큰 물질로 사용한다.

> 인체대전을 예방하기 위해서 바닥 재료는 고유저항이 작은, 즉 도전성이 큰 물질을 사용해야 한다.
>
> 출제개념 인체대전의 방지대책

21 정전기 재해방지에 관한 설명 중 틀린 것은?

① 이황화탄소의 수송 과정에서 배관 내의 유속을 2.5m/s 이상으로 한다.
② 포장 과정에서 용기를 도전성 재료에 접지한다.
③ 인쇄 과정에서 도포량을 소량으로 하고 접지한다.
④ 작업장의 습도를 높여 전하가 제거되기 쉽게 한다.

> 이황화탄소 수송 과정에서 배관 내의 유속은 1m/s 이하로 해야 정전기 재해를 방지할 수 있다.
>
> 출제개념 정전기 재해방지

22 정전기의 재해 방지대책이 아닌 것은?

① 부도체에는 도전성을 향상 또는 제전기를 설치·운영한다.
② 접촉 및 분리를 일으키는 기계적 작용으로 인한 정전기 발생을 적게 하기 위해서는 가능한 접촉면적을 크게 하여야 한다.
③ 저항률이 $10^{10}\Omega \cdot cm$ 미만의 도전성 위험물의 배관유속은 7m/s 이하로 한다.
④ 생산공정에 별다른 문제가 없다면, 습도를 70% 정도 유지하는 것도 무방하다.

> 접촉면적이 클수록 정전기 발생량이 크므로 접촉면적을 작게 유지해야 정전기 재해를 방지할 수 있다.
>
> 출제개념 정전기 재해방지

23 불활성화할 수 없는 탱크, 탱크롤리 등에 위험물을 주입하는 배관은 정전기 재해방지를 위하여 배관 내 액체의 유속제한을 한다. 배관 내 유속제한에 대한 설명으로 틀린 것은?

① 물이나 기체를 혼합하는 비수용성 위험물의 배관 내 유속은 1m/s 이하로 할 것
② 저항률이 $10^{10}\Omega \cdot cm$ 미만의 도전성 위험물의 배관 내 유속은 7m/s 이하로 할 것
③ 저항률이 $10^{10}\Omega \cdot cm$ 이상인 위험물의 배관 내 유속은 관 내경이 0.05m이면 3.5m/s 이하로 할 것
④ 이황화탄소 등과 같이 유동대전이 심하고 폭발 위험성이 높은 것은 배관 내 유속을 3m/s 이하로 할 것

> 이황화탄소는 폭발위험이 매우 높으므로, 수송 과정에서 배관 내 유속을 1m/s 이하로 제한해야 한다.
>
> 출제개념 정전기 재해방지, 배관 내 유속제한

정답　20 ④　21 ①　22 ②　23 ④

24 정전기 재해의 방지를 위하여 배관 내 액체의 유속제한이 필요하다. 배관의 내경과 유속제한값으로 적절하지 않은 것은?

① 관 내경(mm): 25, 제한유속(m/s): 6.5
② 관 내경(mm): 50, 제한유속(m/s): 3.5
③ 관 내경(mm): 100, 제한유속(m/s): 2.5
④ 관 내경(mm): 200, 제한유속(m/s): 1.8

▼

관 내경 25mm에 제한유속은 4.9m/s이므로 이를 초과한 ①은 적절하지 않다. 관 내경에 따른 제한유속은 다음과 같다.

관 내경(mm)	제한유속(m/s)
10	8
25	4.9
50	3.5
100	2.5
200	1.8
400	1.3
600	1.0

출제개념 배관의 내경과 제한유속

25 제전기의 종류가 아닌 것은?

① 전압인가식 제전기
② 정전식 제전기
③ 방사선식 제전기
④ 자기방전식 제전기

▼

정전식 제전기는 존재하지 않으며, 제전기 종류에는 전압인가식, 방사선식(이온화식), 자기방전식 등이 있다.

출제개념 제전기의 종류

26 정전기 재해를 예방하기 위해 설치하는 제전기의 제전효율은 설치 시에 얼마 이상이 되어야 하는가?

① 40% 이상   ② 50% 이상
③ 70% 이상   ④ 90% 이상

▼

제전기의 제전효율은 일반적으로 90% 이상이어야 한다.

출제개념 제전기의 제전효율

27 정전기가 대전된 물체를 제전시키려고 한다. 다음 중 대전된 물체의 절연저항이 증가되어 제전의 효과를 감소시키는 것은?

① 접지한다.
② 건조시킨다.
③ 도전성 재료를 첨가한다.
④ 주위를 가습한다.

▼

건조하면 절연저항이 증가해 제전의 효과가 떨어지므로 상대습도 70% 이상으로 가습해야 한다.

출제개념 제전효과의 영향요인

정답 **24** ① **25** ② **26** ④ **27** ②

28 제전기의 제전효과에 영향을 미치는 요인으로 볼 수 없는 것은?

① 제전기의 이온생성 능력
② 전원의 극성 및 전선의 길이
③ 대전물체의 대전위치 및 대전분포
④ 제전기의 설치위치 및 설치각도

▼

전원의 극성 및 전선의 길이는 제전기의 제전효과에 큰 영향을 주지 않는다.

출제개념 제전효과의 영향요인

29 코로나 방전이 발생할 경우 공기 중에 생성되는 것은?

① O_2 　　　　② N_2
③ O_3 　　　　④ N_3

▼

코로나 방전현상이 일어나면 오존(O_3)이 생성된다.

출제개념 코로나 방전현상의 부산물

정답　**28** ②　**29** ③

기출문제 활용법 문항별 기출 표기 개수가 많을수록 시험에 자주 출제된 문제! 표기가 5개인 문제는 출제 횟수가 5회 이상인 기출문제로 무조건 암기 필수!

3회독 공부전략 1회독은 문제 → 선지 → 답 → 해설 순서로 정독! 2회독부터는 직접 문제 풀기, 3회독 때는 ×, △ 표시된 문제만 다시 풀기! 회독할 때마다 문제 옆 회독표에 ○, ×, △로 표시하여 3회독까지 ×로 표시된 문제는 부록에 포함된 "틈틈 오답노트"에 따로 정리해 공부하세요! [○: 정확히 알고 푼 문제 △: 부분적으로 알고 푼 문제 ×: 개념 학습이 필요한 문제]

23년 3회 　　　　　　　　✔ 회독 ☐☐☐

01 전기설비의 방폭화를 추진하는 근본적인 목적으로 가장 알맞은 것은?

① 인화성 물질 제거
② 점화원 제거
③ 연쇄반응 제거
④ 산소(공기) 제거

> 전기설비의 방폭화로 전기스파크가 점화원이 되지 않도록 제거하는 것이 목적이다.
> 출제개념 전기설비 방폭화의 목적

25년 1회　23년 1회　　　　　✔ 회독 ☐☐☐

02 방폭구조의 종류와 그 기호가 잘못 짝지어진 것은?

① 안전증 방폭구조: e
② 본질안전 방폭구조: ia
③ 몰드 방폭구조: m
④ 충전 방폭구조: n

> 충전 방폭구조의 기호는 q이며, n은 비점화 방폭구조의 기호이다.
> 출제개념 방폭구조 종류 및 기호

22년 2회　　　　　　　　✔ 회독 ☐☐☐

03 다음 중 방폭구조의 종류가 아닌 것은?

① 본질안전 방폭구조
② 고압 방폭구조
③ 압력 방폭구조
④ 내압 방폭구조

> 고압 방폭구조는 존재하지 않는다.
> 출제개념 방폭구조의 종류

23년 3회　21년 3회　　　　　✔ 회독 ☐☐☐

04 다음 중 방폭구조의 종류가 아닌 것은?

① 유압 방폭구조(k)
② 내압 방폭구조(d)
③ 본질안전 방폭구조(ia, ib)
④ 압력 방폭구조(p)

> 유압 방폭구조는 존재하지 않는다.
> 출제개념 방폭구조의 종류

정답　01 ②　02 ④　03 ②　04 ①

05 다음 중 방폭 전기기기의 구조별 표시방법으로 틀린 것은?

① 내압 방폭구조: p
② 본질안전 방폭구조: ia, ib
③ 유입 방폭구조: o
④ 안전증 방폭구조: e

> ▼
> 내압 방폭구조의 기호는 p가 아닌 d이다.
>
> 출제개념 방폭구조의 기호

07 방폭전기설비의 용기 내부에서 폭발성 가스 또는 증기가 폭발하였을 때 용기가 그 압력에 견디고 접합면이나 개구부를 통해서 외부의 폭발성 가스나 증기에 인화되지 않도록 한 방폭구조는?

① 내압 방폭구조
② 압력 방폭구조
③ 유입 방폭구조
④ 본질안전 방폭구조

> ▼
> 내압 방폭구조(d)는 폭발 시 발생하는 방폭함 내부의 폭발압력을 견디고 안전간극을 사용한 구조이다.
>
> 출제개념 방폭구조의 종류

06 방폭전기설비의 용기 내부에 보호가스를 압입하여 내부압력을 외부 대기 이상의 압력으로 유지함으로써 용기 내부에 폭발성 가스 분위기가 형성되는 것을 방지하는 방폭구조는?

① 내압 방폭구조
② 압력 방폭구조
③ 유입 방폭구조
④ 안전증 방폭구조

> ▼
> 압력 방폭구조(p)는 불활성 가스를 사용하여 가연성 가스가 방폭함 내부로 들어오지 않도록 차단하는 구조이다.
>
> 출제개념 방폭구조의 종류

08 불꽃이나 아크 등이 발생하지 않는 기기의 경우 기기의 표면온도를 낮게 유지하여 고온으로 인한 착화의 우려를 없애고 또 기계적·전기적으로 안정성을 높게 한 방폭구조를 무엇이라고 하는가?

① 유입 방폭구조
② 내압 방폭구조
③ 압력 방폭구조
④ 안전증 방폭구조

> ▼
> 안전증 방폭구조(e)는 안전도를 증가시켜 점화원의 발생확률을 낮춘 구조이다.
>
> 출제개념 방폭구조의 종류

정답   **05** ①   **06** ②   **07** ①   **08** ④

09 정상상태에서 폭발 가능성이 없으나 이상상태에서 짧은 시간 동안 폭발성 가스 또는 증기가 존재하는 지역에서만 사용 가능한 방폭용기를 나타내는 기호는?

① ib   ② e

③ p   ④ n

> 비점화 방폭구조(n)는 정상적인 상태에서 가스를 점화시키지 않도록 설계된 구조이다.
>
> 출제개념 방폭구조의 종류와 기호

10 내압 방폭구조의 필요충분조건에 대한 사항으로 틀린 것은?

① 폭발화염이 외부로 유출되지 않을 것

② 습기침투에 대한 보호를 충분히 할 것

③ 내부에서 폭발한 경우 그 압력에 견딜 것

④ 외함의 표면온도가 외부의 폭발성 가스를 점화되지 않을 것

> 내압 방폭구조는 안전간극을 사용하여 내부 폭발이 외부까지 점화되는 것을 막을 수 있지만, 습기침투에 대한 보호는 보장되지 않는다.
>
> 출제개념 내압 방폭구조의 특징

11 내압 방폭용기(d)에 대한 설명으로 틀린 것은?

① 원통형 나사 접합부의 체결 나사산 수는 5산 이상이어야 한다.

② 가스/증기 그룹이 ⅡB일 때 내압 접합면과 장애물의 최소 이격거리는 20mm이다.

③ 용기 내부의 폭발이 용기 주위의 폭발성 가스 분위기로 화염이 전파되지 않도록 방지하는 부분은 내압방폭 접합부이다.

④ 가스/증기 그룹이 ⅡC일 때 내압 접합면과 장애물과의 최소 이격거리는 40mm이다.

> 내압 접합면과 장애물의 최소 이격거리는 가스·증기 그룹에 따라 나뉘며, ⅡA일 때 10mm, ⅡB일 때 30mm, ⅡC일 때 40mm이다.
>
> 출제개념 내압 방폭구조의 특징

12 화염일주한계에 대한 설명으로 옳은 것은?

① 폭발성 가스와 공기의 혼합기에 온도를 높인 경우 화염이 발생할 때까지의 시간 한계치

② 폭발성 분위기에 있는 용기의 접합면 틈새를 통해 화염이 내부에서 외부로 전파되는 것을 저지할 수 있는 틈새의 최대간격치

③ 폭발성 분위기 속에서 전기불꽃에 의하여 폭발을 일으킬 수 있는 화염을 발생시키기에 충분한 교류파형의 1주기치

④ 방폭설비에서 이상이 발생하여 불꽃이 생성된 경우에 그것이 점화원으로 작용하지 않도록 화염의 에너지를 억제하여 폭발한계로 되도록 화염 크기를 조정하는 한계치

> 화염일주한계는 최대안전틈새(최대안전간극)로, 화염이 전파되지 않도록 저지할 수 있는 틈새의 최대치를 의미한다.
>
> 출제개념 화염일주한계의 정의

정답 **09** ④   **10** ②   **11** ②   **12** ②

13 방폭구조와 관계있는 위험 특성이 아닌 것은?

① 발화온도
② 증기 밀도
③ 화염일주한계
④ 최소점화전류

> 증기 밀도는 방폭구조와 직접적인 관계가 없다. 발화온도는 최고표면온도(T) 한계 설정 시 사용되며, 화염일주한계는 내압 방폭구조의 기준이 되고, 최소점화전류는 본질안전 방폭구조에서 사용된다.
>
> 출제개념 방폭구조 관련 위험 특성

14 다음 ( ) 안의 알맞은 내용을 나타낸 것은?

> 폭발성 가스의 폭발등급 측정에 사용되는 표준용기는 내용적이 (㉮)cm³, 반구상의 플렌지 접합면의 안길이 (㉯)mm의 구상용기의 틈새를 통과시켜 화염일주한계를 측정하는 장치이다.

① ㉮ 600,　㉯ 0.4
② ㉮ 1,800,　㉯ 0.6
③ ㉮ 4,500,　㉯ 8
④ ㉮ 8,000,　㉯ 25

> 화염일주한계를 측정하는 표준장치는 내용적이 8,000cm³(=8L)이고, 플렌지 접합면의 안길이가 25mm인 구상용기를 사용한다.
>
> 출제개념 안전간극 측정장치 기준

15 방폭기기 그룹에 관한 설명으로 틀린 것은?

① 그룹 I , 그룹 II , 그룹 III가 있다.
② 그룹 I의 기기는 폭발성 갱내 가스에 취약한 광산에서의 사용을 목적으로 한다.
③ 그룹 II의 세부 분류로 II A, II B, II C가 있다.
④ II A로 표시된 기기는 그룹 II B기기를 필요로 하는 지역에 사용할 수 있다.

> II A → II B → II C 순으로 더 위험한 가스 그룹이며, 낮은 등급의 기기를 높은 등급 구역에 사용할 수 없으므로 II A로 표시된 기기는 그룹 II B기기를 필요로 하는 지역에 사용할 수 없다.
>
> 출제개념 방폭기기 그룹별 등급

16 방폭인증서에서 방폭부품을 나타내는 데 사용되는 인증번호의 접미사는?

① G
② X
③ D
④ U

> U는 방폭부품을 나타내는 데 사용되는 인증번호의 접미사를 의미하며, X는 특정 사용조건을 나타내는 데 사용되는 인증번호의 접미사이다.
>
> 출제개념 방폭부품 인증번호의 접미사

정답 **13** ② **14** ④ **15** ④ **16** ④

17 다음 중 방폭설비의 보호등급(IP)에 대한 설명으로 옳은 것은?

① 제1 특성 숫자가 1인 경우 지름 50mm 이상의 외부 분진에 대한 보호
② 제1 특성 숫자가 2인 경우 지름 10mm 이상의 외부 분진에 대한 보호
③ 제2 특성 숫자가 1인 경우 지름 50mm 이상의 외부 분진에 대한 보호
④ 제2 특성 숫자가 2인 경우 지름 10mm 이상의 외부 분진에 대한 보호

제1 숫자는 분진방호로 1인 경우 50mm 이상, 2인 경우 12.5mm 이상 물체로부터 보호를 나타낸다. 제2 숫자는 액체방호로 1인 경우 수직으로 떨어지는 물방울로부터, 2는 15° 각도로 떨어지는 물방울로부터 보호를 나타낸다. 다음은 IP 등급의 구성과 그 의미를 나타낸 표이다.

첫 번째 숫자 (분진방호)	0	보호 없음
	1	50mm 이상 물체로부터 보호
	2	12.5mm 이상 물체로부터 보호
	3	2.5mm 이상 물체로부터 보호
	4	1mm 이상 물체로부터 보호
	5	먼지로부터 부분 보호
	6	먼지로부터 완전 보호
두 번째 숫자 (액체방호)	0	보호 없음
	1	수직으로 떨어지는 물방울로부터 보호
	2	15° 각도로 떨어지는 물방울로부터 보호
	3	60° 각도로 떨어지는 물방울로부터 보호
	4	모든 방향에서 튀는 물로부터 보호
	5	모든 방향에서 분사되는 물로부터 보호
	6	강력한 분사되는 물로부터 보호
	7	잠시 침수될 수 있는 정도
	8	계속 침수될 수 있는 정도

출제개념 보호등급(IP)의 의미

18 변압기의 최소 IP 등급은? (단, 유입 방폭구조의 변압기이다.)

① IP55   ② IP56
③ IP65   ④ IP66

유입 방폭구조 변압기의 보호등급은 KS C IEC 60529에 따라 최소 IP66에 적합해야 한다.

출제개념 방폭설비 보호등급 기준

19 가스그룹이 ⅡB인 지역에 내압 방폭구조 d의 방폭기기가 설치되어 있다. 기기의 플랜지 개구부에서 장애물까지의 최소 거리(mm)는?

① 10   ② 20
③ 30   ④ 40

가스그룹 ⅡB인 지역에서 내압 접합면과 장애물과의 최소 이격거리는 30mm이다.

출제개념 방폭구조와 이격거리 기준

정답 17 ① 18 ④ 19 ③

20 KS C IEC 60079-0에 따른 방폭에 대한 설명으로 틀린 것은?

① 기호 'X'는 방폭기기의 특정사용조건을 나타내는 데 사용되는 인증번호의 접미사이다.

② 인화하한(LFL)과 인화상한(UFL) 사이의 범위가 클수록 폭발성 가스 분위기 형성 가능성이 크다.

③ 기기그룹에 따라 폭발성 가스를 분류할 때 ⅡA의 대표 가스로 에틸렌이 있다.

④ 연면거리는 두 도전부 사이의 고체 절연물 표면을 따른 최단거리를 말한다.

> 에틸렌은 석탄가스와 함께 ⅡB 그룹에 속하는 한편, ⅡA 그룹에는 메탄, 프로판, 부탄 등이, ⅡC 그룹에는 아세틸렌, 수소가스가 속한다.
>
> 출제개념 방폭기기의 기준

21 방폭 전기기기의 성능을 나타내는 기호표시 EX P ⅡA T5를 나타내었을 때 관계가 없는 표시 내용은?

① 온도등급　　　② 폭발성능

③ 방폭구조　　　④ 폭발등급

> EX P는 방폭구조, ⅡA는 폭발등급, T5는 온도등급을 나타낸 것이다. 폭발성능은 직접 표기하지 않았다.
>
> 출제개념 방폭기기의 기호표시

22 방폭 전기기기에 'Ex ia ⅡC T4 Ga'라고 표시되어 있다. 해당 기기에 대한 설명으로 틀린 것은?

① 정상 작동, 예상된 오작동에 또는 드문 오작동 중에 점화원이 될 수 없는 '매우 높은' 보호등급의 기기이다.

② 온도등급이 T4이므로 최고표면온도가 150℃를 초과해서는 안 된다.

③ 본질안전 방폭구조로 0종 장소에서 사용이 가능하다.

④ 수소 및 아세틸렌 등의 가스가 존재하는 곳에 사용이 가능하다.

> T4는 최고표면온도 100℃ 초과 135℃ 미만이어야 한다. 한편, Ga는 기기보호등급(EPL)을 나타내며, 가스(G) 분위기에서 사용할 수 있는 장비 중 매우 높은 보호등급(a)을 가진 기기를 의미한다.
>
> 출제개념 방폭기기의 기호표시

23 다음 중 기기보호등급(EPL)에 해당하지 않는 것은?

① EPL Ga　　　② EPL Ma

③ EPL Dc　　　④ EPL Mc

> EPL은 폭발성 가스 분위기에 설치된 기기(Ga, Gb, Gc), 폭발성 분진 분위기에 설치된 기기(Da, Db, Dc), 폭발성 갱 또는 탄광에 설치된 기기(Ma, Mb)로 분류되며, Mc는 존재하지 않는다.
>
> 출제개념 기기보호등급(EPL)

정답 **20** ③ **21** ② **22** ② **23** ④

24 기기보호등급(EPL)과 그 지역을 바르게 짝지은 것은?

① ZONE 2 − Da
② ZONE 20 − Ge
③ ZONE 21 − Ga
④ ZONE 22 − Dc

구역에 따른 기기보호등급은 다음과 같다.

Zone	첫 번째 글자	두 번째 글자
0	G(Gas, 가스)	a
1		b
2		c
20	D(Dust, 분진)	a
21		b
22		c

출제개념 기기보호등급(EPL)

25 방폭기기 설치 시 표준환경조건이 아닌 것은?

① 온도범위는 −20℃에서 40℃ 범위 내에서 사용하도록 설계된 것으로 간주된다.
② 방폭기기는 80~110kPa의 압력범위에서 작동하여야 한다.
③ 공기 중 21%의 산소농도에서 정상작동하여야 한다.
④ 방폭기기의 최고표면온도는 주변 환경의 가스, 증기 발화온도 이상으로 해야 한다.

방폭기기의 최고표면온도는 주변 환경의 가스, 증기 발화온도 미만으로 해야 한다.

출제개념 방폭기기 설치의 표준환경

26 폭발위험장소의 분류 중 인화성 액체의 증기 또는 가스에 의한 폭발위험이 지속적으로 또는 장기간 장소는 몇 종 장소로 분류되는가?

① 0종 장소　　② 1종 장소
③ 2종 장소　　④ 3종 장소

인화성 액체의 증기 또는 가스가 지속적으로 존재하는 장소는 0종 장소로 분류된다.

출제개념 폭발위험장소의 분류

27 다음 중 0종 장소에 사용될 수 있는 방폭구조의 기호는?

① Ex ia　　② Ex ib
③ Ex d　　④ Ex e

0종 장소에는 본질안전 방폭구조 중에서도 가장 안전 등급이 높은 ia형만 사용할 수 있다.

출제개념 방폭구조의 기호

정답　24 ④　25 ④　26 ①　27 ①

25년 1회 24년 1회 ✔ 회독 ☐☐☐

28 1종 위험장소로 분류되지 않는 것은?

① 탱크류의 벤트 개구부 부근

② 인화성 액체 탱크 내의 액면 상부의 공간부

③ 점검수리 작업에서 가연성 가스 또는 증기를 방출하는 경우의 밸브 부근

④ 탱크로리, 드럼관이 인화성 액체를 충전하고 있는 경우의 개구부 부근

▼

인화성 액체 탱크 내의 액면 상부의 공간부는 0종 장소에 해당한다.

출제개념 위험장소 분류

25년 1회 22년 2회 ✔ 회독 ☐☐☐

29 공기 중에 분진운의 형태로 폭발성 분진 분위기가 지속적으로 또는 장기간 또는 빈번히 존재하는 장소는?

① 0종 장소   ② 1종 장소

③ 20종 장소   ④ 21종 장소

▼

분진 폭발위험장소 중 20종은 폭발성 분위기가 항상 또는 장기간 존재하며, 가장 위험도가 높은 장소이다.

출제개념 분진 폭발위험장소 분류

정답 28 ② 29 ③

기출문제 활용법 문항별 기출 표기 개수가 많을수록 시험에 자주 출제된 문제! 표기가 5개인 문제는 출제 횟수가 5회 이상인 기출문제로 무조건 암기 필수!

3회독 공부전략 1회독은 문제 → 선지 → 답 → 해설 순서로 정독! 2회독부터는 직접 문제 풀기, 3회독 때는 ×, △ 표시된 문제만 다시 풀기! 회독할 때마다 문제 옆 회독표에 ○, ×, △로 표시하여 3회독까지 ×로 표시된 문제는 부록에 포함된 "틈틈 오답노트"에 따로 정리해 공부하세요! [○: 정확히 알고 푼 문제 △: 부분적으로 알고 푼 문제 ×: 개념 학습이 필요한 문제]

23년 2회 21년 2회 　　　　　　　✔ 회독 ☐☐☐

01 배전선로에 정전작업 중 단락접지기구를 사용하는 목적으로 가장 적합한 것은?

① 통신선 유도 장해방지
② 배전용 기계·기구의 보호
③ 배전선 통전 시 전위경도 저감
④ 혼촉 또는 오동작에 의한 감전방지

> 단락접지기구는 혼촉 또는 오동작에 의한 감전방지를 목적으로 설치한다.
> 출제개념 정전작업 중 접지의 목적

23년 3회 　　　　　　　✔ 회독 ☐☐☐

02 3상 3선식 전선로의 보수를 위하여 정전작업을 할 때 취하여야 할 기본적인 조치는?

① 1선을 접지한다.
② 2선을 단락접지한다.
③ 3선을 단락접지한다.
④ 접지를 하지 않는다.

> 3상 3선식 전선로는 3선을 모두 단락접지한다.
> 출제개념 정전작업 시 접지조치

24년 2회 　　　　　　　✔ 회독 ☐☐☐

03 정전작업 시 전원개폐기를 개방하고 검전기로 전선로를 검전하였더니 네온램프에 불이 점등되었다. 그 원인으로 옳은 것은?

① 유도전압이 발생되었다.
② 검전기가 고장이다.
③ 단락접지를 하였다.
④ 작업지휘자가 없었다.

> 네온램프에 불이 점등된 이유는 유도전압이 발생하거나 잔류전하가 존재하였기 때문이다.
> 출제개념 검전 시 전류의 원인

정답 01 ④ 02 ③ 03 ①

04 정전작업 시 조치사항으로 틀린 것은?

① 작업 전 전기설비의 잔류전하를 확실히 방전한다.

② 개로된 전로의 충전 여부를 검전기구에 의하여 확인한다.

③ 개폐기에 잠금장치를 하고 통전금지에 관한 표지판은 제거한다.

④ 예비동력원의 역송전 방지를 위해 단락접지기구를 사용하여 단락접지를 한다.

▼
정전작업 시 개폐기에 잠금장치를 하고 통전금지에 관한 표지판을 설치해야 한다.

출제개념 정전작업 시 조치사항

05 감전될 우려가 있는 장소에서 작업을 하기 위해서는 전로를 차단하여야 한다. 전로 차단을 위한 시행 절차 중 틀린 것은?

① 전기기기에 공급되는 모든 전원을 관련 도면·배선도 등으로 확인한다.

② 각 단로기를 개방한 후 전원 차단을 실시한다.

③ 차단장치나 단로기에 잠금장치 및 꼬리표를 부착한다.

④ 잔류전하 방전 후 검전기를 이용하여 충전 여부를 확인한다.

▼
전원을 차단한 후 단로기를 개방해야 한다.

출제개념 전로 차단 절차

06 정전전로에서의 정전작업을 마친 후 전원을 공급하는 경우에 사업주가 작업에 종사하는 근로자 및 전기기기와 접촉할 우려가 있는 근로자에게 감전의 위험이 없도록 준수해야 할 사항이 아닌 것은?

① 단락접지기구 및 작업기구를 제거하고 전기기기 등이 안전하게 통전될 수 있는지 확인한다.

② 모든 작업자가 작업이 완료된 전기기기에서 떨어져 있는지 확인한다.

③ 잠금장치와 꼬리표를 근로자가 직접 설치한다.

④ 모든 이상 유무를 확인한 후 전기기기 등의 전원을 투입한다.

▼
잠금장치와 꼬리표를 근로자가 직접 설치해야 하는 것은 작업시작 전 전로차단 절차이다.

출제개념 정전작업 후 준수사항

07 근로자가 노출된 충전부 또는 그 부근에서 작업함으로써 감전될 우려가 있는 경우에는 작업에 들어가기 전에 해당 전로를 차단하여야 하나 전로를 차단하지 않아도 되는 예외기준이 있다. 그 예외기준이 아닌 것은?

① 생명유지장치, 비상경보설비, 폭발위험장소의 환기설비, 비상조명설비 등의 장치·설비의 가동이 중지되어 사고의 위험이 증가되는 경우
② 관리감독자를 배치하여 짧은 시간 내에 작업을 완료할 수 있는 경우
③ 감전, 아크 등으로 인한 화상, 화재·폭발의 위험이 없는 것으로 확인된 경우
④ 기기의 설계상 또는 작동상 제한으로 전로 차단이 불가능한 경우

> ▼
> 관리감독자를 배치하여 짧은 시간 내에 작업을 완료할 수 있는 경우에는 전로를 차단하지 않아도 되는 예외 상황이 아니다.
>
> 출제개념 정전전로 작업 시 예외기준

08 다음 중 활선근접작업 시의 안전조치로 적절하지 않은 것은?

① 근로자가 절연용 방호구의 설치·해체작업을 하는 경우에는 절연용 보호구를 착용하거나 활선작업용 기구 및 장치를 사용하도록 하여야 한다.
② 저압인 경우에는 해당 전기작업자가 절연용 보호구를 착용하되, 충전전로에 접촉할 우려가 없는 경우에는 절연용 방호구를 설치하지 아니할 수 있다.
③ 유자격자가 아닌 근로자가 근로자의 몸 또는 긴 도전성 물체가 방호되지 않은 충전전로에서 대지전압이 50kV 이하인 경우에는 400cm 이내로 접근할 수 없도록 하여야 한다.
④ 고압 및 특별고압의 전로에서 전기작업을 하는 근로자에게 활선작업용 기구 및 장치를 사용하여야 한다.

> ▼
> 유자격자가 아닌 근로자가 충전전로 인근의 높은 곳에서 작업할 때에 근로자의 몸 또는 긴 도전성 물체가 방호되지 않은 충전전로에서 대지전압이 50kV 이하인 경우에는 300cm 이내로, 대지전압이 50kV를 넘는 경우에는 10kV당 10cm씩 더한 거리 이내로 각각 접근할 수 없도록 하여야 한다.
>
> 출제개념 활선근접작업 시 안전조치

정답 **07** ② **08** ③

09 전기기기·설비 및 전선로 등의 충전 유무 등을 확인하기 위한 장비는?

① 위상검출기

② 디스콘 스위치

③ COS

④ 저압 및 고압용 검전기

▼

저압 및 고압용 검전기는 전기 유무를 확인하는 기기이다.

출제개념 **검전기**

---

10 특고압용 기계·기구 주위에 관계자 외 출입을 금하도록 울타리를 설치할 때, 울타리의 높이와 울타리로부터 충전 부분까지의 거리의 합이 최소 몇 m 이상이 되어야 하는가? (단, 사용전압이 35kV 이하인 특고압용 기계·기구이다.)

① 5m

② 6m

③ 7m

④ 9m

▼

사용전압이 35kV 이하일 경우 울타리의 높이와 울타리로부터 충전 부분까지의 거리 합이 최소 5m 이상이 되어야 한다.

출제개념 **특고압용 기계·기구 울타리 기준**

---

11 다음 중 절연방호구가 아닌 것은?

① 절연덮개

② 절연모

③ 절연방호관

④ 절연시트

▼

절연모는 절연방호구가 아니며, 절연방호구에는 절연방호관, 절연시트, 절연커버, 애자후드가 있다.

출제개념 **절연방호구 종류**

---

12 전기기기의 Y종 절연물 최고허용온도는?

① 80℃

② 85℃

③ 90℃

④ 105℃

▼

전자기기의 Y종 절연물 최고허용온도는 90℃이다.

출제개념 **절연등급의 최고허용온도**

---

13 절연물의 절연계급을 최고허용온도가 낮은 온도에서 높은 온도 순으로 배치한 것은?

① Y종 → A종 → E종 → B종

② A종 → B종 → E종 → Y종

③ Y종 → E종 → B종 → A종

④ B종 → Y종 → A종 → E종

▼

절연물의 절연계급에 따른 최고허용온도의 순서는 다음과 같다.

Y종(90℃) → A종(105℃) → E종(120℃) → B종(130℃)

출제개념 **절연등급의 최고허용온도**

정답 **09** ④ **10** ① **11** ② **12** ③ **13** ①

14 다음 설명이 나타내는 현상은?

> 전압이 인가된 이극 도체 간의 고체 절연물 표면에 이물질이 부착되면 미소 방전이 일어난다. 이 미소 방전이 반복되면서 절연물 표면에 도전성 통로가 형성되는 현상이다.

① 흑연화현상　　　② 트래킹현상
③ 반단선현상　　　④ 절연이동현상

> 트래킹현상은 절연체 표면에 습기나 먼지, 이물질이 부착되어 전류가 누설되면서 절연체가 탄화되고 도전로가 형성되는 현상이다.
>
> 출제개념 **트래킹현상**

---

15 목재와 같은 부도체가 탄화로 인해 도전경로가 형성되어 결국 발화하게 되는데 이와 같은 현상은?

① 트래킹현상　　　② 가네하라현상
③ 흑화현상　　　　④ 열화현상

> 가네하라현상은 누전회로에 발생하는 스파크 등에 의하여 목재 등에 탄화로 인해 전로가 생성되어 발화하는 현상이다.
>
> 출제개념 **가네하라현상**

---

16 절연물의 절연불량 주요 원인으로 거리가 먼 것은?

① 진동, 충격 등에 의한 기계적 요인
② 산화 등에 의한 화학적 요인
③ 온도상승에 의한 열적 요인
④ 정격전압에 의한 전기적 요인

> 절연불량의 주요 원인은 진동, 충격, 산화작용, 온도상승, 과부하, 과전류 등이 있으며, 정격전압에 의한 전기적 요인과는 거리가 멀다.
>
> 출제개념 **절연불량의 원인**

---

17 KS C IEC 60079−0의 정의에 따라 '두 도전부 사이의 고체 절연물 표면을 따른 최단거리'를 나타내는 명칭은?

① 전기적 간격　　　② 절연공간거리
③ 연면거리　　　　④ 충전물 통과거리

> 연면거리는 두 도전부 사이의 고체 절연물 표면을 따른 최단거리를 나타낸다.
>
> 출제개념 **연면거리의 정의**

정답 **14** ② **15** ② **16** ④ **17** ③

18 내전압용 절연장갑의 등급에 따른 최대사용전압이 틀린 것은?

① 등급 00: 교류 500V

② 등급 1: 교류 7,500V

③ 등급 2: 직류 17,000V

④ 등급 3: 직류 39,750V

> 내전압용 절연장갑 등급 2의 직류 최대사용전압은 25,500V이다.
>
> 출제개념 내전압용 절연장갑의 최대사용전압

19 자동전격방지장치에 대한 설명으로 틀린 것은?

① 무부하 시 전력손실을 줄인다.

② 무부하 전압을 안전전압 이하로 저하시킨다.

③ 용접할 때에만 용접기의 주회로를 개로 (OFF)시킨다.

④ 교류아크용접기의 안전장치로서 용접기의 1차 또는 2차측에 부착한다.

> 자동전격방지장치는 용접 시 주회로를 폐로(ON)시키고, 미작업 시 주회로를 개로(OFF)하여 용접기 출력측의 무부하 전압을 25V 이하로 저하시켜 감전의 위험을 방지하는 장치이다.
>
> 출제개념 자동전격방지장치

20 교류아크용접기의 자동전격방지장치는 전격의 위험을 방위하여 아크 발생이 중단된 후 약 1초 이내에 출력측 무부하 전압을 자동적으로 몇 V 이하로 저하시켜야 하는가?

① 85 ② 70

③ 50 ④ 25

> 자동전격방지장치는 아크 발생이 중단된 후, 용접기 출력측의 무부하 전압을 25V 이하로 저하하여 감전을 방지해야 한다.
>
> 출제개념 자동전격방지장치 무부하 전압

21 교류아크용접기의 전격방지장치에서 지동시간과 용접기 2차측 무부하 전압을 바르게 표현한 것은?

① 0.06초 이내, 25V 이하

② 1초 이내, 25V 이하

③ 2±0.3초 이내, 50V 이하

④ 1.5±0.06초 이내, 50V 이하

> 자동전격방지장치는 전격의 위험을 방위하여 아크 발생이 중단된 후 약 1초 이내에 출력측 무부하 전압을 자동적으로 25V 이하로 저하시켜야 한다.
>
> 출제개념 전격방지장치의 기준

정답 18 ③ 19 ③ 20 ④ 21 ②

✔ 회독 ☐☐☐

22 교류아크용접기의 허용사용률(%)은? (단, 정격 사용률은 10%, 2차 정격전류는 500A, 교류아 크용접기의 사용전류는 250A이다.)

① 30　　　　　② 40

③ 50　　　　　④ 60

$$허용사용률(\%) = 정격사용률 \times \left(\frac{정격전류}{사용전류}\right)^2$$

$$= 10\% \times \left(\frac{500}{250}\right)^2 = 40\%$$

출제개념 허용사용률 계산

✔ 회독 ☐☐☐

24 아크방전의 전압전류 특성으로 가장 옳은 것은?

아크는 안정적인 상태가 되면 전압은 전류가 증가함에 따라 감소하는 부성 저항 특성을 보인다.

출제개념 아크방전의 전압전류 그래프

✔ 회독 ☐☐☐

23 정격사용률이 30%, 정격 2차전류가 300A인 교 류아크용접기를 200A로 사용하는 경우의 허용 사용률(%)은?

① 13.3　　　　② 67.5

③ 110.3　　　　④ 157.5

$$허용사용률(\%) = 정격사용률 \times \left(\frac{정격전류}{사용전류}\right)^2$$

$$= 30\% \times \left(\frac{300}{200}\right)^2 = 67.5\%$$

출제개념 허용사용률 계산

✔ 회독 ☐☐☐

25 교류아크용접기의 사용에서 무부하 전압이 80V, 아크 전압이 25V, 아크 전류가 300A일 경우 효 율은 약 몇 %인가? (단, 내부손실은 4kW이다.)

① 65.2　　　　② 70.5

③ 75.3　　　　④ 80.6

$$효율 = \frac{출력}{입력} = \frac{출력}{출력 + 내부손실}$$

$$= \frac{25V \times 300A}{25V \times 300A + 4kW} = \frac{7,500W}{7,500W + 4,000W}$$

$$= \frac{7,500}{11,500} \fallingdotseq 65.2\%$$

출제개념 교류아크용접기의 효율 계산

정답 **22** ② **23** ② **24** ③ **25** ①

26 대지에서 용접작업을 하고 있는 작업자가 용접봉에 접촉한 경우 통전전류는? (단, 용접기의 출력측 무부하 전압: 90V, 접촉저항(손, 용접봉 등 포함): 10kΩ, 인체의 내부저항: 1kΩ, 발과 대지의 접촉저항: 20kΩ이다.)

① 약 0.19mA   ② 약 0.29mA

③ 약 1.96mA   ④ 약 2.90mA

통전전류 $\dfrac{V}{R} = \dfrac{90V}{10k\Omega + 1k\Omega + 20k\Omega}$

$= \dfrac{90V}{31,000\Omega} = 0.0029A \fallingdotseq 2.90mA$

출제개념 통전전류 계산

BONUS!
틀리라고 낸 문제

25년 1회 22년 1회   ✔ 회독 ☐☐☐

01 충전전로에 근접하여 작업 시 무자격자는 충전전로로부터 이격거리는 얼마를 확보하여야 하는가? (단, 충전전로는 50kV 이하이다.)

① 100cm   ② 200cm
③ 300cm   ④ 400cm

> **간단 해설**
> 충전전로에 근접하여 작업 시 무자격자는 충전전로로부터 최소 300cm 이상 이격해야 한다.
> **정답** ③

25년 1회   ✔ 회독 ☐☐☐

02 전기기계·기구 조작 시 작업공간은 몇 cm 이상 확보하여야 하는가?

① 40cm   ② 50cm
③ 60cm   ④ 70cm

> **간단 해설**
> 전기기계·기구를 조작할 때 작업공간은 최소 폭 70cm 이상 확보하고, 조작 부분에 150lux 이상의 밝기가 유지되도록 조명시설을 설치하여야 한다.
> **정답** ④

24년 3회   ✔ 회독 ☐☐☐

03 인입개폐기를 개방하지 않고 전등용 변압기 1차측 COS만 개방 후 전등용 변압기 접속용 볼트 작업 중 동력용 COS에 접촉 사망한 사고에 대한 원인으로 가장 거리가 먼 것은?

① 동력용 변압기 COS 미개방
② 전등용 변압기 2차측 COS 미개방
③ 안전장구 미사용
④ 인입구 개폐기 미개방한 상태에서 작업

> **간단 해설**
> 전등용 변압기 1차측 COS가 개방된 경우, 2차측에는 전원이 공급되지 않으므로 전등용 변압기 2차측 COS가 미개방이더라도 감전사고의 원인과 거리가 멀다.
> **정답** ②

04 다음 빈칸에 들어갈 내용으로 알맞은 것은?

> 교류 특고압 가공전선로에서 발생하는 극저주파 전자계는 지표상 1m에서 전계가 (ⓐ), 자계가 (ⓑ)가 되도록 시설하는 등 상시 정전유도 및 전자유도 작용에 의하여 사람에게 위험을 줄 우려가 없도록 시설하여야 한다.

① ⓐ 0.35kV/m 이하, ⓑ 0.833μT 이하
② ⓐ 3.5kV/m 이하, ⓑ 8.33μT 이하
③ ⓐ 3.5kV/m 이하, ⓑ 83.3μT 이하
④ ⓐ 35kV/m 이하, ⓑ 833μT 이하

간단 해설
교류 특고압 가공전선로에서 발생하는 극저주파 전자계는 지표상 1m에서 전계가 3.5kV/m 이하, 자계가 83.3μT 이하가 되도록 시설해야 한다.

정답 ③

05 대전물체의 표면전위를 검출전극에 의한 용량분할을 통해 측정할 수 있다. 대전물체의 표면전위 V_s는? (단, 대전물체와 검출전극 간의 정전용량은 C_1, 검출전극과 대지 간의 정전용량은 C_2, 검출전극의 전위는 V_e이다.)

① $V_S = \left(\dfrac{C_1 + C_2}{C_1} + 1 \right) \times V_e$

② $V_S = \dfrac{C_1 + C_2}{C_1} V_e$

③ $V_S = \dfrac{C_2}{C_1 + C_2} V_e$

④ $V_S = \left(\dfrac{C_1}{C_1 + C_2} + 1 \right) \times V_e$

간단 해설
대전물체의 표면전위 $V_s = \dfrac{C_1 + C_2}{C_1} V_e$이다.

정답 ②

06 침대형판 전극 간에 직류 고전압을 인가한 경우 간격 내에서 정corona가 진전해 가는 순서로 알맞은 것은?

① 글로우코로나(Glow Corona) – 브러시코로나(Brush Corona) – 스트리머코로나(Streamer Corona)
② 스트리머코로나(Streamer Corona) – 글로우코로나(Glow Corona) – 브러시코로나(Brush Corona)
③ 글로우코로나(Glow Corona) – 스트리머코로나(Streamer Corona) – 브러시코로나(Brush Corona)
④ 브러시코로나(Brush Corona) – 스트리머코로나(Streamer Corona) – 글로우코로나(Glow Corona)

간단 해설
정코로나는 글로우코로나 → 브러시코로나 → 스트리머코로나 순으로 진행된다.

정답 ①

07 $Q = 2 \times 10^{-7}$C로 대전하고 있는 반경 25cm 도체구의 전위[kV]는 약 얼마인가?

① 7.2   ② 12.5
③ 14.4   ④ 25

간단 해설
도체구의 전위(kV)
$= 9 \times 10^9 \times \dfrac{Q}{r} = 9 \times 10^9 \times \dfrac{2 \times 10^{-7}C}{0.25m} = 7,200V$
$= 7.2kV$

정답 ①

》》정종대쌤이 짚어주는 5과목 체크 포인트

#과락주의 과목

#화재분류, 폭발범위, 소화방법 암기 필수

#위험물의 종류 구분 필수

》》최근 5개년 개념별 출제 비중

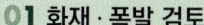

	0%	10%	20%	30%	40%	50%	60%
01 화재·폭발 검토					45%		
02 화학물질 안전관리 실행						50%	
03 화공 안전운전·점검	5%						

5 과목

화학설비 안전관리

✓ 과목별 기출 수록!
✓ 5개년 기출 중복소거!
✓ 문항별 기출연도 표기!

핵심이론

- 01 화재 · 폭발 검토
- 02 화학물질 안전관리 실행
- 03 화공 안전운전 · 점검

최신 5개년 기출 (2025~2021년)

- 01 화재 · 폭발 검토
- 02 화학물질 안전관리 실행
- 03 화공 안전운전 · 점검
- Bonus! 틀리라고 낸 문제

CHAPTER 01 화재·폭발 검토

핵심 키워드 연소, 화재, 폭발범위, 분진폭발, 불활성화, 소화약제

☑ **외워줘! 제발~** 은 필수적으로 암기해야 하는 내용을 표시한 부분으로, 시간이 부족한 학습자는 이 내용 위주로 효율적으로 공부하고, 부록 '필수 암기노트'에 내용을 한 번 더 정리해 두었으니 시험 당일 들고 가서 활용하자!

☑ **형광펜**은 시험에 자주 나온 개념으로 2~3배로 꼼꼼히 암기하자! 특히, 시험 직전에는 **외워줘! 제발~** 과 **형광펜**만 모아 빠르게 학습하자!

☑ 빈출 기출문제는 시험에 자주 출제되는 문제로, 관련 개념까지 확실하게 익혀두자!

1 연소

1. 연소의 정의

연소란 가연물과 산소가 반응하여 열과 빛을 발생시키는 급격한 산화반응이다.

2. 연소의 3요소 **외워줘! 제발~**

(1) **점화원**: 연소를 일으킬 수 있는 스파크, 정전기 스파크, 발열반응 등

(2) **가연물**: 연소가 가능한 물질

(3) **산소공급원**: 연소에 필요한 산소를 제공하는 산화성 물질, 오존, 자기반응성 물질 등

(4) **연쇄반응**: 불꽃연소에 관여하는 불꽃유지반응(연소의 4요소)

 정종대쌤의 암기 팁

3요소: 가.산.점

(가연물, 산소공급원, 점화원)

3. 연소의 종류 **외워줘! 제발~**

상태	형태	내용
기체연소	확산연소	연료기체와 공기 중 산소가 확산에 의해 혼합되어 연소가 진행되는 것으로 초기 혼합 없이 화염 주변에서 연료기체와 산소가 서서히 섞이며 연소됨
	예혼합연소	연료기체와 공기 중 산소가 연소 전 미리 혼합된 상태에서 연소가 진행되는 것

	증발연소	액체 표면에서 휘발성 성분이 기화하여 기체 상태로 연소가 진행되는 것
액체연소	분해연소	액체가 열분해로 가연성 가스를 생성해 연소가 진행되는 것
	액적연소 (=분무연소)	액체가 작은 액적(방울) 상태로 분산되어 연소가 진행되는 것으로 벙커C유가 이에 해당함
고체연소	표면연소	고체 표면에서만 연소가 진행되는 것으로 숯, 코크스, 목탄, 금속분이 이에 해당함
	분해연소	고체가 열분해로 가연성 가스를 생성해 연소가 진행되는 것으로 목재, 종이, 고무 등이 이에 해당함
	증발연소	고체 표면에서 휘발성 성분이 기화하여 기체 상태로 연소가 진행되는 것으로 나프탈렌, 파라핀 등이 이에 해당함
	자기연소	외부의 산소 공급 없이 자체가 가진 산소로 연소가 진행되는 것으로 폭발성 물질이 이에 해당함

 정종대쌤의 암기 팁

고체연소: 표.분.증.자

(표면연소, 분해연소, 증발연소, 자기연소)

 빈출 기출문제

고체의 연소형태 중 증발연소에 속하는 것은?

① 나프탈렌　　　　② 목재　　　　③ TNT　　　　④ 목탄

해설 고체의 증발연소는 고체 표면에서 휘발성 성분이 기화하여 기체 상태로 연소가 진행되는 것으로, 나프탈렌과 파라핀이 대표적이다.

정답 ①

4. 용어 정의

(1) **발화점**: 불꽃 없이 스스로 불이 붙는 최저온도
(2) **인화점**: 화염에 의해 불이 붙을 수 있는 최저온도
(3) **최소발화에너지**: 어떤 물질이 불이 붙는 데 필요한 최소한의 에너지
(4) **보일오버(Boil Over)**: 유류탱크의 유면에서 화재가 발생하면, 열이 기름 아래에 있는 물까지 전달되어 물이 끓으면서 기름에 불이 붙은 상태로 탱크 밖으로 넘치는 현상

5. 자연발화

(1) **자연발화의 열원**

① 흡착열
② 분해열
③ 산화열
④ 미생물

(2) **자연발화의 발생조건** 외워줘! 제발~

① 주위온도가 높을 것
② 표면적이 클 것
③ 적당한 습도가 있을 것
④ 열전도율이 적을 것
⑤ 발열량이 클 것

빈출 기출문제

다음 중 자연발화의 방지법으로 적절하지 않은 것은?

① 통풍을 잘 시킬 것
② 습도가 높은 곳에 저장할 것
③ 저장실의 온도 상승을 피할 것
④ 공기가 접촉되지 않도록 불활성 물질 중에 저장할 것

해설 자연발화를 방지하기 위해서 습도가 높은 곳에 저장하지 않아야 한다. 자연발화는 일반적인 연소와는 달리 습도가 높거나 물을 만나면 격렬히 반응하여 발화되는 금수성 물질도 포함되기 때문이다.

정답 ②

2 화재 · 폭발

1. 화재 외워줘! 제발~

화재의 구분	명칭	표시색
A급 화재	일반(보통)화재	백색
B급 화재	유류화재	황색
C급 화재	전기화재	청색
D급 화재	금속화재	무색

2. 주요 가스의 폭발범위

가연성 가스	하한계(%)	상한계(%)
아세틸렌	2.5	81
산화에틸렌	3	80
수소	4	75
이황화탄소	1.2	44
프로판	2.1	9.5
메탄	5	15
부탄	1.8	8.4

- **아세틸렌: 이오팔일** (2.5~81)
- **수소: 사칠오** (4~75)
- **이황화탄소: 일이사**(1.2~44)

3. 가연성 가스의 위험도 공식 외워줘! 제발~

폭발상한계와 하한계의 차이를 하한계로 나누어 구한 값

$$위험도(H) = \frac{폭발상한계(U) - 폭발하한계(L)}{폭발하한계(L)}$$

4. 르샤틀리에 공식 외워줘! 제발~

혼합된 가연성 가스의 폭발하한계나 상한계를 구할 때 사용하는 식

$$L = \frac{V_1 + V_2 + \cdots + V_n}{\dfrac{V_1}{L_1} + \dfrac{V_2}{L_2} + \cdots + \dfrac{V_n}{L_n}}$$

(* L : 혼합가스의 폭발한계치, V_n : 성분 체적(%), L_n : 각 성분 단독의 폭발한계치)

5. 완전연소 조성농도(=화학양론 농도) 외워줘! 제발~

$$C_{ST} = \frac{100}{1 + 4.773\left(C + \dfrac{H - Cl - 2O}{4}\right)}$$

(* C : 탄소원자수 H : 수소원자수, Cl : 염소원자수, O : 산소원자수)

6. 대표적인 폭발현상 외워줘! 제발~

(1) BLEVE(비등액체팽창 증기폭발)

밀폐 탱크가 주변 화재로 인해 가열되어 탱크 내의 위험물이 고압의 증기상태로 있다가 탱크 취약부의 균열로 인해 폭발적으로 빠져나가는 현상이다.

(2) UVCE(증기운폭발)

대기 중을 떠다니는 가연성 가스·증기 등이 점화원에 의해 대기 중에서 폭발을 일으키는 현상이다.

7. 폭굉유도거리가 짧아지는 조건 외워줘! 제발~

폭굉은 연소속도가 음속(340m/s)보다 클 때 발생한다.

(1) 관 속에 장애물이 있을 경우

(2) 관 지름이 작을 경우

(3) 점화에너지가 클 경우

(4) 정상연소속도가 클 경우

8. 분진폭발 과정 `외워줘! 제발~`

(1) 퇴적 분진이 비산함

(2) 비산된 분진이 공기 중에 분산됨

(3) 점화원에 의해 1차 폭발함

(4) 1차 폭발에서 발생한 불완전연소 가스가 2차, 3차 폭발함

빈출 기출문제

분진폭발의 특징으로 옳은 것은?

① 연소속도가 가스폭발보다 크다.

② 완전연소로 가스중독의 위험이 작다.

③ 화염의 파급속도보다 압력의 파급속도가 크다.

④ 가스폭발보다 연소시간은 짧고 발생에너지는 작다.

해설 ① 연소속도가 가스폭발보다 느리다.
② 불완전연소로 가스중독의 위험이 크다.
④ 가스폭발보다 연소시간은 길고 발생에너지는 크다.

정답 ③

9. 불활성화(＝퍼지, 치환) `외워줘! 제발~`

(1) **압력퍼지**: 용기 내에 질소(불활성 가스)를 주입, 가압하여 치환하는 방법

(2) **진공퍼지**: 용기 내의 유해가스를 빨아들여 용기 내부에 진공(－)압을 발생시켜 치환하는 방법

(3) **사이펀퍼지**: 용기에 물 또는 비인화성, 비반응성의 적합한 액체를 채운 후 액체를 배출하는 동시에 불활성 가스를 주입하여 내부 기체를 치환하는 방법

(4) **스위프퍼지**: 용기의 한 개구부로 불활성 가스를 주입하고 다른 개구부를 통해 대기 또는 스크러버 등으로 혼합가스를 용기에서 방출하여 압력 변화를 최소화하여 치환하는 방법

정종대쌤의 암기 팁

사.스.진.압

(사이펀퍼지, 스위프퍼지, 진공퍼지, 압력퍼지)

③ 소화효과

1. 소화방법

(1) **냉각소화**: 물의 증발 잠열을 이용하여 소화하는 방법

(2) **질식소화**: 산소 농도를 저하시켜 소화하는 방법

(3) **억제소화**: 연쇄반응을 차단하여 소화하는 방법

(4) **제거소화**: 가연물을 제거하여 소화하는 방법

✅ **빈출 기출문제**

가연성 기체의 분출 화재 시 주공급밸브를 닫아서 연료공급을 차단하여 소화하는 방법은?

① 제거소화　　　　② 냉각소화　　　　③ 희석소화　　　　④ 억제소화

해설 주공급밸브를 닫는 행위는 연소에 필요한 연료를 차단하는 것으로, 가연물을 제거하여 소화하는 방법이다.

정답 ①

④ 소화약제

1. 분말 소화약제

(1) **제1종 분말**: 탄산수소나트륨

(2) **제2종 분말**: 탄산수소칼륨

(3) **제3종 분말**: 제1인산암모늄

(4) **제4종 분말**: 탄산수소칼륨＋요소

✅ **빈출 기출문제**

다음 중 분말 소화약제로 가장 적절한 것은?

① 사염화탄소　　　　② 브롬화메탄　　　　③ 수산화암모늄　　　　④ 제1인산암모늄

해설 제1인산암모늄은 분말 소화약제 중 제3종 분말에 해당한다.

정답 ④

2. 할로겐 화합물 소화약제 외워줘! 제발~

(1) 주요 구성원소는 C, F, Cl, Br임

(2) 연쇄반응 차단효과가 있음

(3) 오존층파괴로 환경문제가 대두됨

할론 소화약제 중 Halon 2402의 화학식으로 옳은 것은?

① $C_2F_4Br_2$　　　　② $C_2H_4Br_2$　　　　③ $C_2Br_4H_2$　　　　④ $C_2Br_4F_2$

해설 할론 소화약제의 숫자는 순서대로 C, F, Cl, Br의 개수를 나타낸다. Halon 2402는 C 2개, F 4개, Cl 0개, Br 2개로 구성된다.

정답 ①

3. 물 소화약제

(1) 증발 잠열의 냉각효과가 주된 소화작용임

(2) 봉상주수, 적상주수, 무상주수형태 등 3가지의 주수형태가 있음

(3) 무상주수는 A, B, C급 화재 적응성이 있음

4. CO_2 소화약제

(1) 산소농도를 15% 이하로 저하시켜 소화함

(2) 방출 시 소음이 크며 드라이아이스를 생성함

(3) 전기화재 적응성이 뛰어남

다음 중 CO_2 소화약제의 장점으로 볼 수 없는 것은?

① 기체 팽창률 및 기화 잠열이 작다.
② 액화하여 용기에 보관할 수 있다.
③ 전기에 대해 부도체이다.
④ 자체 증기압이 높기 때문에 자체 압력으로 방사가 가능하다.

해설 이산화탄소 소화약제는 기체 팽창률과 기화 잠열이 커서 냉각효과가 뛰어나다.

정답 ①

5. 포 소화설비

(1) 물과 포 원액을 혼합하여 생성된 거품으로 가연물 표면을 덮어 소화하는 방식

(2) 수성막포는 비수용성 위험물에, 알콜포는 수용성 위험물에 사용

(3) 질식소화가 주된 소화효과이며 냉각소화효과도 기대할 수 있는 소화방식

(4) 포 혼합방식의 종류 외워줘! 제발~

① 펌프 프로포셔너방식 : 펌프의 토출관과 흡입관 사이의 배관 도중에 설치한 흡입기에 펌프로부터 토출된 물의 일부를 보내고, 농도 조정밸브에서 조정된 포 소화약제의 필요량을 포 소화약제 저장탱크에서 펌프 흡입측으로 보내어 혼합한다.

② 프레셔 프로포셔너방식: 펌프와 발포기의 중간에 설치된 벤투리관의 벤투리작용과 펌프 가압수의 포 소화약제 저장탱크에 대한 압력에 따라 포 소화약제를 흡입·혼합한다.

③ 라인 프로포셔너방식: 펌프와 발포기의 중간에 설치된 벤투리관의 벤투리작용에 따라 포 소화약제를 흡입·혼합한다.

④ 프레셔사이드 프로포셔너방식: 펌프의 토출관에 압입기를 설치하여 포 소화약제 압입용 펌프로 포 소화약제를 압입시켜 혼합한다.

⑤ 압축공기 포 소화설비: 압축공기 또는 압축질소를 일정 비율로 포 수용액에 강제 주입하여 혼합한다.

 빈출 기출문제

다음 중 포 소화약제 혼합장치로서 정하여진 농도로 물과 혼합하여 거품 수용액을 만드는 장치가 아닌 것은?

① 관로혼합장치　　　　　　　　　② 차압혼합장치

③ 낙하혼합장치　　　　　　　　　④ 펌프혼합장치

해설　낙하혼합장치라는 명칭은 존재하지 않는다. 포 소화약제 혼합장치의 종류는 다음과 같다.
- 관로혼합장치(= 라인 프로포셔너방식)
- 차압혼합장치(= 프레셔 프로포셔너방식)
- 압입혼합장치(= 프레셔사이드 프로포셔너방식)
- 펌프혼합장치(= 펌프 프로포셔너방식)

정답　③

화학물질 안전관리 실행

핵심 키워드 위험물의 종류, 안전장치, 특수화학설비, 부속설비

☑ **외워줘! 제발~**은 필수적으로 암기해야 하는 내용을 표시한 부분으로, 시간이 부족한 학습자는 이 내용 위주로 효율적으로 공부하고, 부록 '필수 암기노트'에 내용을 한 번 더 정리해 두었으니 시험 당일 들고 가서 활용하자!

☑ **형광펜**은 시험에 자주 나온 개념으로 2~3배로 꼼꼼히 암기하자! 특히, 시험 직전에는 **외워줘! 제발~**과 **형광펜**만 모아 빠르게 학습하자!

☑ 빈출 기출문제는 시험에 자주 출제되는 문제로, 관련 개념까지 확실하게 익혀두자!

1 위험물의 종류 외워줘! 제발~

1. 폭발성 물질 및 유기과산화물

(1) **정의**: 가열, 마찰, 충격 또는 다른 화학물질과의 접촉 등으로 인하여 산소나 산화제의 공급이 없더라도 폭발 등 격렬한 반응을 일으킬 수 있는 고체나 액체

(2) **종류**

① 질산에스테르류　　　　　　② 니트로화합물

③ 니트로소화합물　　　　　　④ 아조화합물

⑤ 디아조화합물　　　　　　　⑥ 하이드라진 및 그 유도체

⑦ 유기과산화물

 빈출 기출문제

니트로셀룰로오스의 취급 및 저장방법에 관한 설명으로 틀린 것은?

① 저장 중 충격과 마찰 등을 방지하여야 한다.

② 물과 격렬히 반응하여 폭발하므로 습기를 제거하고, 건조상태를 유지한다.

③ 자연발화 방지를 위하여 안전용제를 사용한다.

④ 화재 시 질식소화는 적응성이 없으므로 냉각소화를 한다.

해설 니트로셀룰로오스는 건조상태에서 자연발화 위험이 있는 폭발성 물질이다. 따라서 장기 보관 시 물이나 알코올을 사용하여 습면상태로 보관해야 한다.

정답 ②

2. 물 반응성 물질(=금수성 물질) 및 인화성 고체

(1) **정의**: 스스로 발화하거나 물과 접촉하여 발화하는 등 발화가 용이하고 가연성 가스가 발생할 수 있는 물질

(2) **종류**

① 리튬
② 칼륨·나트륨
③ 황
④ 황린
⑤ 황화인·적린
⑥ 셀룰로이드류
⑦ 알킬알루미늄·알킬리튬
⑧ 마그네슘 분말
⑨ 금속 분말(마그네슘 분말 제외)
⑩ 알칼리금속(리튬·칼륨 및 나트륨 제외)
⑪ 유기 금속화합물(알킬알루미늄 및 알킬리튬 제외)
⑫ 금속의 수소화물
⑬ 금속의 인화물
⑭ 칼슘탄화물, 알루미늄의 탄화물

정종대쌤의 암기 팁

금속성 물질명이 들어가 있으면 물 반응성 물질이다.

빈출 기출문제

트리에틸알루미늄에 화재가 발생하였을 때 다음 중 가장 적합한 소화약제는?

① 팽창질석　　　　② 할로겐 화합물　　　　③ 이산화탄소　　　　④ 물

해설 트리에틸알루미늄은 알킬알루미늄의 한 종류이며 금수성 물질에 해당한다. 금수성 물질은 오직 마른 모래, 팽창질석, 팽창진주암으로 소화할 수 있다.

정답 ①

3. 산화성 액체 및 고체

(1) **정의**: 산화력이 강하여 열을 가하거나 충격을 줄 경우 또는 다른 화학물질과 접촉할 경우에 격렬히 분해되는 등의 반응을 일으키는 고체 및 액체

(2) **종류**

① 차아염소산 및 그 염류
② 아염소산 및 그 염류
③ 염소산 및 그 염류
④ 과염소산 및 그 염류
⑤ 브롬산 및 그 염류
⑥ 요오드산 및 그 염류
⑦ 과산화수소 및 무기 과산화물
⑧ 질산 및 그 염류
⑨ 과망간산 및 그 염류
⑩ 중크롬산 및 그 염류

4. 인화성 액체

(1) **정의**: 대기압 하에서 인화점이 60℃ 이하인 액체

(2) **종류**

① 에틸에테르, 가솔린, 아세트알데히드, 산화프로필렌, 그 밖에 인화점 23℃ 미만에 끓는점 35℃ 이하인 물질

② 노르말헥산, 아세톤, 메틸에틸케톤, 그 밖에 인화점 23℃ 미만에 끓는점 35℃ 초과인 물질

③ 크실렌, 아세트산아밀, 등유, 경유, 그 밖에 인화점 23℃ 이상 60℃ 이하인 물질

5. 인화성 가스

(1) **정의**: 인화한계 농도의 최저한도가 13% 이하 또는 최저한도와 최고한도의 차가 12% 이상인 것으로서 표준압력(101.3kPa), 20℃에서 가스상태인 물질

(2) **종류**

① 수소   ② 아세틸렌

③ 에틸렌   ④ 메탄

⑤ 에탄   ⑥ 프로판

⑦ 부탄

⑧ 기타 20℃, 표준압력에서 기체상태인 인화성 가스

6. 부식성 물질

(1) **정의**: 금속 등을 쉽게 부식시키고 인체에 접촉하면 심한 상해(화상)를 입히는 물질

(2) **부식성 산류**

① 농도가 20% 이상인 염산, 황산, 질산

② 농도가 60% 이상인 인산, 아세트산, 불산

(3) **부식성 염기류**

농도가 40% 이상인 수산화나트륨, 수산화칼륨

빈출 기출문제

산업안전보건법령상 '부식성 산류'에 해당하지 않는 것은?

① 농도 20%인 염산   ② 농도 40%인 인산

③ 농도 50%인 질산   ④ 농도 60%인 아세트산

해설 부식성 산류에는 농도 20% 이상인 염산, 황산, 질산과 농도 60% 이상인 인산, 아세트산, 불산이 있다.

정답 ②

7. 급성 독성 물질

실험방법	경구	경피	흡입		
실험동물	쥐	쥐 또는 토끼	쥐		
물질의 양	300mg/kg 이하	1,000mg/kg 이하	2,500ppm 이하	증기 10mg/l 이하	분진, 미스트 1mg/l 이하

(1) 쥐에 대한 **경구투입실험**에 의하여 실험동물의 50%를 사망시킬 수 있는 물질의 양. 즉, **LD50(경구, 쥐)**이 **300mg/kg 이하인 화학물질**

(2) 쥐 또는 토끼에 대한 **경피흡수실험**에 의하여 실험동물의 50%를 사망시킬 수 있는 물질의 양. 즉, **LD50**이 **1,000mg/kg 이하인 화학물질**

(3) 쥐에 대한 **4시간의 흡입실험**에 의하여 실험동물의 50%를 사망시킬 수 있는 물질의 농도. 즉, **LC50**이 **2,500ppm 이하 또는 증기 10mg/l 이하 또는 분진 1mg/l 이하인 화학물질**

② 화학설비의 안전기준

1. 안전장치의 종류 `외워줘! 제발~`

(1) **안전밸브**: 설정압력 이상일 경우 압력을 방출하는 장치
(2) **파열판**: 압력의 상승이 급격할 경우, 안전밸브의 사용이 곤란한 경우에 사용하는 장치
(3) **통기밸브**: 탱크 내의 압력이 높으면 방출하고, 탱크 내의 압력이 낮으면 흡입하는 밸브
(4) **화염방지기**: 화염의 전파를 방지하기 위해 사용하는 장치
(5) **자동경보장치**: 이상가스의 발생 시 가스를 검지하여 경보를 발하는 장치

빈출 기출문제

유류저장탱크에서 화염의 차단을 목적으로 외부에 증기를 방출하기도 하고 탱크 내에 외기를 흡입하기도 하는 부분에 설치하는 안전장치는?

① Vent Stack ② Safety Valve
③ Gate Valve ④ Flame Arrester

해설 화염방지기(Flame Arrester)는 화염의 전파를 방지하기 위해 사용한다. 그 외의 안전장치에 대한 설명은 다음과 같다.
- 밴트스택(Vent Stack): 가스 배출용 배관
- 안전밸브(Safety Valve): 압력 해소를 위한 밸브
- 게이트밸브(Gate Valve): 유체의 흐름을 개폐하는 밸브

정답 ④

2. 안전밸브 등의 작동요건

안전밸브 등은 안전밸브 등을 통하여 보호하려는 화학설비 및 그 부속설비의 최고사용압력 이하에서 작동되도록 하여야 한다. 다만, 안전밸브 등이 2개 이상 설치된 경우에 1개는 최고사용압력의 1.05배(외부화재 대비는 1.1배) 이하에서 작동되도록 설치할 수 있다.

3. 파열판의 설치조건 외워줘! 제발~ 실기까지 출제!

(1) 반응폭주 등 급격한 압력상승의 우려가 있는 경우
(2) 독성물질의 누출로 인하여 주위의 작업환경을 오염시킬 우려가 있는 경우
(3) 운전 중 안전밸브에 이상 물질이 누적되어 안전밸브가 작동되지 아니할 우려가 있는 경우

> **빈출 기출문제**
>
> 이상반응 또는 폭발로 인하여 발생되는 압력의 방출장치가 아닌 것은?
>
> ① 파열판   ② 폭압방산구
> ③ 화염방지기   ④ 가용합금 안전밸브
>
> 해설   화염방지기는 압력의 방출이 목적이 아닌 화염의 전파를 방지하기 위해 사용한다. 한편, 가용합금 안전밸브는 고압가스 용기에 사용되며 화재 등으로 용기의 온도가 상승하였을 때 금속의 일부분을 녹여 가스의 배출구를 만들어 압력을 방출하여 폭발을 방지하기 위해 사용한다.
>
> 정답   ③

4. 특수화학설비

(1) 특수화학설비의 종류
  ① 발열반응이 일어나는 반응장치
  ② 증류·정류·증발·추출 등 분리하는 장치
  ③ 가열시켜 주는 물질의 온도가 가열되는 위험물질의 분해온도 또는 발화점보다 높은 상태에서 운전되는 설비
  ④ 반응 폭주 등 이상 화학반응에 의하여 위험물질이 발생할 우려가 있는 설비
  ⑤ 온도가 350℃ 이상이거나 게이지압력이 980kPa 이상인 상태에서 운전되는 설비
  ⑥ 가열로 또는 가열기
(2) 특수화학설비의 안전장치 외워줘! 제발~
  ① 계측장치 등의 설치(온도계·유량계·압력계 등)
  ② 자동경보장치의 설치
  ③ 긴급차단장치의 설치
  ④ 예비동력원 설치

산업안전보건법령에 따라 사업주가 특수화학설비를 설치하는 때에 그 내부의 이상상태를 조기에 파악하기 위하여 설치하여야 하는 장치는?

① 자동경보장치   ② 긴급차단장치
③ 자동문개폐장치   ④ 스크러버개방장치

해설 특수화학설비를 설치하는 때에 그 내부의 이상상태를 조기에 파악하기 위하여 계측장치와 자동경보장치를 설치해야 한다.

정답 ①

5. 위험물 건조설비를 설치하는 건축물의 구조 [외워줘! 제발~]

(1) 건조실을 설치하는 건축물의 구조는 독립된 단층건물로 구성

(2) 위험물을 가열·건조하는 경우 **내용적이 1m³ 이상**인 건조설비

(3) 위험물이 아닌 물질을 가열·건조하는 경우로, 다음의 어느 하나의 용량에 해당하는 건조설비

　① 고체 또는 액체연료의 최대사용량이 10kg/h 이상

　② 기체연료의 최대사용량이 1m³/h 이상

　③ 전기사용 정격용량이 10kW 이상

 정종대쌤의 암기 팁

위험물 건조설비 기준: 1, 10, 1, 10

 빈출 기출문제

산업안전보건법령상 건조설비를 사용하여 작업을 하는 경우 폭발 또는 화재를 예방하기 위하여 준수하여야 하는 사항으로 적절하지 않은 것은?

① 위험물 건조설비를 사용하는 때에는 미리 내부를 청소하거나 환기할 것
② 위험물 건조설비를 사용하는 때에는 건조로 인하여 발생하는 가스·증기 또는 분진에 의하여 폭발·화재의 위험이 있는 물질을 안전한 장소로 배출시킬 것
③ 위험물 건조설비를 사용하여 가열건조하는 건조물은 쉽게 이탈되도록 할 것
④ 고온으로 가열건조한 인화성 액체는 발화의 위험이 없는 온도로 냉각한 후에 격납시킬 것

해설 위험물 건조설비를 사용하여 가열건조하는 **건조물은 쉽게 이탈되지 않도록** 해야 한다.

정답 ③

6. 국소배기장치의 설치기준

(1) 후드 설치기준

① 유해물질이 발생하는 곳마다 설치할 것

② 해당 분진 등의 발산원을 제어할 수 있는 구조일 것

③ 후드 형식은 포위식 또는 부스식 후드를 설치할 것

④ 외부식 또는 리시버식 후드는 해당 분진 등의 발산원에 가장 가까운 위치에 설치할 것

(2) 덕트 설치기준

① 가능하면 길이는 짧게, 굴곡부는 적게 할 것

② 접속부의 안쪽은 돌출된 부분이 없도록 할 것

③ 청소구를 설치하는 등 청소하기 쉬운 구조로 할 것

④ 덕트 내부에 오염물질이 쌓이지 아니하도록 이송속도를 유지할 것

⑤ 연결 부위 등은 외부 공기가 들어오지 않도록 할 것

7. 가스 용기

(1) 가스 용기의 설치·저장금지 장소

① 통풍 또는 환기가 불충분한 장소

② 화기를 사용하는 장소 및 그 부근

③ 위험물·화약류 또는 가연성 물질을 취급하는 장소 및 그 부근

(2) 가연성가스 및 독성가스 용기의 도색

가스의 종류	도색	가스의 종류	도색
액화석유가스	밝은 회색	액화암모니아	백색
수소	주황색	액화염소	갈색
아세틸렌	황색	그 밖의 가스	회색

 정종대쌤의 암기 팁

석회색, 암백색, 소주, 염갈색, 아황색

(액화석유가스−밝은 회색, 액화암모니아−백색, 수소−주황색, 액화염소−갈색, 아세틸렌−황색)

 빈출 기출문제

금속의 용접·용단 또는 가열에 사용되는 가스 등의 용기를 취급할 때의 준수사항으로 틀린 것은?

① 전도의 위험이 없도록 한다. ② 밸브를 서서히 개폐한다.
③ 용해아세틸렌의 용기는 세워서 보관한다. ④ 용기의 온도를 65℃ 이하로 유지한다.

해설 용기의 온도를 40℃ 이하로 유지해야 한다.

정답 ④

8. 밀폐공간 작업 `외워줘! 제발~`

(1) 용어 정의

① 밀폐공간: 산소결핍, 유해가스로 인한 질식·화재·폭발 등의 위험이 있는 장소

② 적정공기: 산소농도의 범위가 18% 이상 23.5% 미만, 이산화탄소의 농도가 1.5% 미만, 일산화탄소의 농도가 30ppm 미만, 황화수소의 농도가 10ppm 미만인 수준의 공기

종류	산소	이산화탄소	일산화탄소	황화수소
농도 범위	18% 이상 23.5% 미만	1.5% 미만	30ppm 미만	10ppm 미만

③ 산소결핍: 공기 중의 산소농도가 18% 미만인 상태

(2) 밀폐공간 작업 시의 안전조치 `외워줘! 제발~`

① 환기를 철저히 할 것

② 인원 점검을 확실히 할 것

③ 관계 근로자 외의 자는 출입을 금지할 것

④ 연락을 위한 통신설비를 갖출 것

⑤ 송기마스크, 사다리 및 섬유로프 등을 비치할 것

(3) 밀폐공간 작업 시 관리감독자의 직무

① 산소가 결핍된 공기나 유해가스에 노출되지 않도록 작업시작 전에 작업방법을 결정하고 이에 따라 당해 근로자의 작업을 지휘하는 일

② 작업을 행하는 장소의 공기가 적정한지를 작업시작 전에 확인하는 일

③ 측정장비, 환기장치 또는 송기마스크 등을 작업시작 전에 점검하는 일

④ 근로자에게 송기마스크 등의 착용을 지도하고 착용상황을 점검하는 일

9. 화학설비 및 그 부속설비 `외워줘! 제발~`

(1) 화학설비

① 반응기·혼합조 등 화학물질 반응 또는 혼합장치

② 증류탑·흡수탑·추출탑·감압탑 등 화학물질 분리장치

③ 저장탱크·계량탱크·호퍼·사일로 등 화학물질 저장설비 또는 계량설비

④ 응축기·냉각기·가열기·증발기 등 열교환기류

⑤ 고로 등 점화기를 직접 사용하는 열교환기류

⑥ 캘린더(Calender)·혼합기·발포기·인쇄기·압출기 등 화학제품 가공설비

⑦ 분쇄기·분체분리기·용융기 등 분체화학물질 취급장치

⑧ 결정조·유동탑·탈습기·건조기 등 분체화학물질 분리장치

⑨ 펌프류·압축기·이젝터(Ejector) 등의 화학물질 이송 또는 압축설비

(2) 화학설비의 부속설비

① 배관·밸브·관·부속류 등 화학물질 이송 관련 설비

② 온도·압력·유량 등을 지시·기록 등을 하는 자동제어 관련 설비

③ 안전밸브·안전판·긴급차단 또는 방출밸브 등 비상조치 관련 설비

④ 가스누출감지 및 경보 관련 설비

⑤ 세정기, 응축기, 벤트스택, 플레어스택 등 폐가스처리설비

⑥ 사이클론, 백필터(Bag Filter), 전기집진기 등 분진처리설비

⑦ 위 항목까지의 설비를 운전하기 위하여 부속된 전기 관련 설비

⑧ 정전기 제거장치, 긴급 샤워설비 등 안전 관련 설비

빈출 기출문제

산업안전보건법령상 화학설비와 화학설비의 부속설비를 구분할 때 화학설비에 해당하는 것은?

① 응축기·냉각기·가열기·증발기 등 열교환기류
② 사이클론·백필터·전기집진기 등 분진처리설비
③ 온도·압력·유량 등을 지시·기록 등을 하는 자동제어 관련 설비
④ 안전밸브·안전판·긴급차단 또는 방출밸브 등 비상조치 관련 설비

해설 응축기·냉각기·가열기·증발기 등 열교환기류가 화학설비에 해당한다.

정답 ①

화공 안전운전 · 점검

핵심 키워드 공정안전보고서, 물질안전보건자료, 허용농도

☑ **외워줘! 제발~** 은 필수적으로 암기해야 하는 내용을 표시한 부분으로, 시간이 부족한 학습자는 이 내용 위주로 효율적으로 공부하고, 부록 '필수 암기노트'에 내용을 한 번 더 정리해 두었으니 시험 당일 들고 가서 활용하자!

☑ **형광펜**은 시험에 자주 나온 개념으로 2~3배로 꼼꼼히 암기하자! 특히, 시험 직전에는 **외워줘! 제발~** 과 **형광펜**만 모아 빠르게 학습하자!

☑ 빈출 기출문제는 시험에 자주 출제되는 문제로, 관련 개념까지 확실하게 익혀두자!

1 공정안전보고서

1. 공정안전보고서 제출대상 사업 외워줘! 제발~

(1) **원유** 정제처리업

(2) 기타 **석유**정제물 재처리업

(3) 석유화학계 기초화학물 제조업 또는 **합성수지** 및 기타 플라스틱물질 제조업

(4) 질소, 인산 및 칼리질 **비료** 제조업

(5) **복합비료** 제조업

(6) **농약** 제조업

(7) **화약 및 불꽃제품** 제조업

 정종대쌤의 암기 팁

> **원석이 비료를 뿌리며 농사짓다 화약을 터트림**
>
> (원유, 석유, 비료, 농약, 화약)

 빈출 기출문제

공정안전관리(Process Safety Management, PSM)의 적용대상 사업장이 아닌 것은?

① 복합비료 제조업   ② 농약 원제 제조업

③ 차량 등의 운송설비업   ④ 합성수지 및 기타 플라스틱물질 제조업

해설 공정안전보고서 제출대상 업종은 원유, 석유, 합성수지, 비료, 농약, 화약 등을 다루는 업종으로, 차량 등의 운송설비업은 해당되지 않는다.

정답 ③

2. 공정안전보고서의 내용 [외워줘! 제발~]

(1) **공정안전자료**
(2) **공정위험성평가서 및 잠재위험에 대한 사고예방·피해 최소화 대책**
(3) **안전운전계획**
(4) **비상조치계획**

3. 공정안전보고서의 제출시기

유해·위험설비의 설치·이전 또는 주요구조 부분의 변경공사의 **착공일 30일 전**까지 공정안전보고서를 2부 작성하여 공단에 제출하여야 한다.

2 물질안전보건자료(MSDS)

1. 물질안전보건자료의 작성항목 [외워줘! 제발~]

(1) 화학제품과 회사에 관한 정보
(2) 유해성·위험성
(3) 구성성분의 명칭 및 함유량
(4) 응급조치 요령
(5) 폭발·화재 시 대처방법
(6) 누출사고 시 대처방법
(7) 취급 및 저장방법
(8) 노출방지 및 개인 보호구
(9) 물리·화학적 특성
(10) 안정성 및 반응성
(11) 독성에 관한 정보
(12) 환경에 미치는 영향
(13) 폐기 시 주의사항
(14) 운송에 필요한 정보
(15) 법적 규제 현황
(16) 그 밖의 참고사항

3 유해물질의 허용농도표시

1. TLV-TWA(시간가중평균 허용농도)

1일 8시간 작업 시 노출되어도 인체에 해가 없는 것이 확인된 유해물질의 허용농도

2. STEL(단시간 노출한계)

1회 15분, 1일 4회에 거쳐 인체에 노출되어도 인체에 해가 없는 유해물질의 허용농도

3. Ceiling(최고 노출농도)

작업동안 잠시라도 노출되어서는 안 되는 농도

바람은 지나가고, 별은 남는다.
지금 이 흔들림도 결국은
당신을 단단하게 할 것이다.

정종대쌤이 말하는
100% 합격 기출 공부법

▶ 과목별 기출로 학습! ◀

- 이론 학습 후, 바로 기출문제를 학습함으로써 기억에 더 오래 남을 수 있도록 과목 및 출제개념별로 기출문제를 구성했습니다.
- 과목별 기출문제를 풀고, 문항별 개념까지 한 번 더 체크해 보세요.

▶ 중복소거된 5개년 기출 학습! ◀

- 산업안전기사 필기시험의 경우, 문제은행 방식으로 출제되어 매 시험마다 이전에 출제되었던 문제들이 일부 중복되어 재출제됩니다.
- 공부시간을 단축할 수 있도록 중복 출제된 기출문제들은 소거하여 수록하였습니다.

▶ 문항별 기출연도 확인! ◀

- 문항별 기출연도를 표기하여 빈출 정도를 한눈에 확인할 수 있게 하였습니다.
- 문항별 기출연도 표기 개수가 많을수록 시험에 자주 출제된 문제이며, 표기가 5개인 문제는 출제 횟수가 5회 이상인 기출문제로 집중 학습이 필요한 문제입니다.

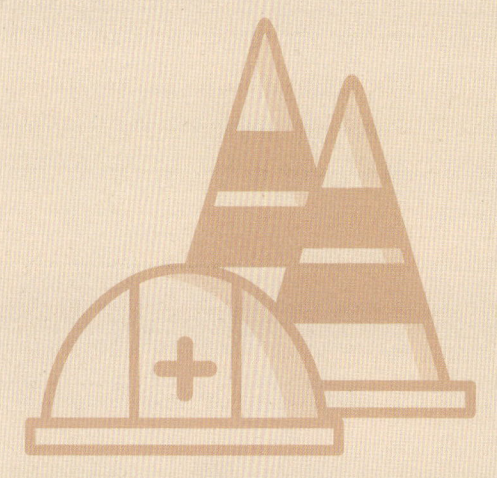

5 과목 | 화학설비 안전관리

최신 5개년 기출
2025~2021년

※ 본 기출문제는 최신 5개년(2025~2021년) 기출문제들로 구성되어 있습니다.

※ 2022년 3회~2025년 문제는 CBT 기출복원문제로, 수험생들의 복원을 토대로 문제를 구성하였습니다.

※ 기출복원문제는 실제 기출문제와 동일하지 않을 수 있습니다.

※ 법령 개정 이전의 내용을 포함하고 있는 문항은 개정사항을 반영하여 수록하였습니다.

23년 3회   ✔ 회독 ☐☐☐

01 가연성 가스의 연소 형태에 해당하는 것은?

① 분해연소   ② 표면연소
③ 증발연소   ④ 확산연소

> 기체연소는 확산연소, 예혼합연소로 구분되며, 확산연소는 연료와 공기 중에서 산소가 혼합되어 연소가 진행되는 대표적인 형태이다. 분해연소, 증발연소는 액체연소에, 표면연소는 고체연소에 해당한다.
>
> 출제개념 기체연소

23년 3회   ✔ 회독 ☐☐☐

03 다음 중 연소속도에 영향을 주는 요인으로 가장 거리가 먼 것은?

① 가연물의 색상
② 촉매
③ 산소와의 혼합비
④ 반응계의 온도

> 연소속도는 촉매, 산소와의 혼합비, 반응계의 온도 등과 밀접하게 관련되어 있으며, 색상은 영향을 미치지 않는다.
>
> 출제개념 연소속도 영향요인

25년 2회 21년 3회   ✔ 회독 ☐☐☐

02 다음 중 고체연소의 종류에 해당하지 않는 것은?

① 표면연소   ② 증발연소
③ 분해연소   ④ 예혼합연소

> 고체연소는 표면연소, 증발연소, 분해연소, 자기연소 등이 있다. 예혼합연소는 기체연소에 해당하므로 고체연소에는 포함되지 않는다.
>
> 출제개념 고체연소

정답   01 ④   02 ④   03 ①

04 에틸알코올 1몰이 완전연소 시 생성되는 CO_2와 H_2O의 몰수로 옳은 것은?

① CO_2: 1, H_2O: 4
② CO_2: 3, H_2O: 2
③ CO_2: 2, H_2O: 3
④ CO_2: 4, H_2O: 1

▼

에틸알코올(C_2H_5OH)의 완전연소반응식은 $C_2H_5OH + 3O_2 \rightarrow 2CO_2 + 3H_2O$이다. 이 반응에 따라 이산화탄소 2몰, 물 3몰이 생성된다.

출제개념 연소반응식 계산

---

05 인화점에 관한 설명으로 옳은 것은?

① 액체의 표면에서 발생한 증기농도가 공기 중에서 연소하한 농도가 될 수 있는 가장 높은 액체온도
② 액체의 표면에서 발생한 증기농도가 공기 중에서 연소상한 농도가 될 수 있는 가장 낮은 액체온도
③ 액체의 표면에서 발생한 증기농도가 공기 중에서 연소하한 농도가 될 수 있는 가장 낮은 액체온도
④ 액체의 표면에서 발생한 증기농도가 공기 중에서 연소상한 농도가 될 수 있는 가장 높은 액체온도

▼

인화점이란 액체를 가열했을 때 표면에서 발생한 증기가 공기 중에 퍼져 그 농도가 연소하한(최소 폭발 농도)에 도달했을 때, 불꽃과 같은 점화원이 닿으면 순간적으로 불이 붙을 수 있는 가장 낮은 액체의 온도를 말한다.

출제개념 인화점

---

06 인화점에 대한 설명으로 틀린 것은?

① 가연성 액체의 발화와 관계가 있다.
② 반드시 점화원의 존재와 관련된다.
③ 연소가 지속적으로 확산될 수 있는 최저온도이다.
④ 연료의 조성, 점도, 비중에 따라 달라진다.

▼

연소가 지속적으로 확산되는 최저온도는 인화점이 아니라 연소점이다.

출제개념 인화점

---

07 액체 표면에서 발생한 증기농도가 공기 중에서 연소하한 농도가 될 수 있는 가장 낮은 액체온도를 무엇이라 하는가?

① 인화점   ② 비등점
③ 연소점   ④ 발화온도

▼

인화점은 가연성 액체가 외부 점화원에 의해 점화될 수 있을 만큼 증기농도가 형성되는 가장 낮은 온도를 말한다.

출제개념 인화점

정답 **04** ③ **05** ③ **06** ③ **07** ①

08 프로판가스 1m³를 완전연소시키는 데 필요한 이론공기량은 몇 m³인가? (단, 공기 중의 산소 농도는 20vol%이다.)

① 20 ② 30
③ 25 ④ 35

프로판(C_3H_8)의 완전연소식은 $C_3H_8 + 5O_2 \rightarrow 3CO_2 + 4H_2O$이다. 프로판 1m³를 완전연소시키는 데 필요한 이론산소량은 $1 \times 5 = 5m^3$가 필요하며, 산소는 공기의 20%이므로 공기량=$\frac{5}{0.2}$=25m³이다.

출제개념 이론공기량 계산

09 탄화수소 증기의 연소하한값 추정식은 연료의 양론농도의 0.55배이다. 프로판 1몰의 연소반응식이 다음과 같을 때 연소하한값은 몇 V%인가?

$$C_3H_8 + 5O_2 \rightarrow 3CO_2 + 4H_2O$$

① 2.22 ② 4.03
③ 4.44 ④ 8.06

완전연소농도를 구할 경우 식은 다음과 같다.

완전연소농도 = $\dfrac{100}{1 + 4.77\left(C + \dfrac{H}{4}\right)}$

$= \dfrac{100}{1 + 4.77\left(3 + \dfrac{8}{4}\right)} = 4.02$

프로판의 연소하한값=0.55×양론농도(C_{st})=0.55×4.02=약 2.21vol%

출제개념 연소하한값

10 다음 중 가연성 물질과 산화성 고체가 혼합되어 있을 때 연소에 미치는 현상으로 옳은 것은?

① 착화온도(발화점)가 높아진다.
② 최소점화에너지가 감소하며, 폭발의 위험성이 증가한다.
③ 가스나 가연성 증기의 경우 공기혼합보다 연소범위가 축소된다.
④ 산화작용이 약해져 화염온도가 감소하고 연소속도가 늦어진다.

가연성 물질과 산화성 고체가 혼합되면 발화점이 낮아지고, 연소범위가 확대되며, 공기 중에서보다 산화작용이 강해져 화염온도와 연소속도가 증가한다.

출제개념 산화성 혼합물의 연소

11 연소이론에 대한 설명으로 틀린 것은?

① 연소의 3요소에는 가연물, 산소공급원, 점화원이 포함된다.
② 연쇄반응은 연소의 3요소에 포함되지 않는다.
③ 연소범위가 넓을수록 위험이 증가한다.
④ 연소하한계가 높을수록 위험이 증가한다.

연소하한계가 낮을수록 위험이 증가한다.

출제개념 연소

정답 08 ③ 09 ① 10 ② 11 ④

12 자연발화성을 가진 물질이 자연발화를 일으키는 원인으로 거리가 먼 것은?

① 분해열 ② 증발열
③ 산화열 ④ 중합열

> 자연발화를 일으키는 주요한 열원에는 분해열, 산화열, 중합열, 흡착열 등이 있으며, 증발열과 기화열은 열을 흡수하는 흡열반응이므로 자연발화를 일으키지 않는다.
>
> **출제개념** 자연발화의 열원

13 자연발화에 대한 설명으로 틀린 것은?

① 분해열에 의해 자연발화가 발생할 수 있다.
② 입자의 표면적이 넓을수록 자연발화가 발생하기 쉽다.
③ 자연발화가 발생하지 않기 위해 습도를 가능한 높게 유지시킨다.
④ 열의 축적은 자연발화를 일으킬 수 있는 인자이다.

> 자연발화를 방지하기 위해서는 습도를 낮게 유지해야 한다. 습도가 높을수록 자연발화의 위험이 커진다.
>
> **출제개념** 자연발화

14 자연발화의 방지법으로 적절하지 않은 것은?

① 통풍을 잘 시킬 것
② 습도가 높은 곳에 저장할 것
③ 저장실의 온도 상승을 피할 것
④ 공기가 접촉되지 않도록 불활성 물질 중에 저장할 것

> 자연발화를 방지하기 위해선 습도가 높은 곳이 아닌 낮은 곳에 저장해야 한다.
>
> **출제개념** 자연발화의 방지법

15 다음 중 자연발화가 쉽게 일어나는 조건으로 틀린 것은?

① 주위온도가 높을수록
② 열 축적이 클수록
③ 적당량의 수분이 존재할 때
④ 표면적이 작을수록

> 자연발화는 표면적이 넓을수록 발생하기 쉽다.
>
> **출제개념** 자연발화의 발생조건

정답 12 ② 13 ③ 14 ② 15 ④

16 자연발화의 방지법으로 적절하지 않은 것은?

① 습도가 낮은 곳에 저장할 것
② 통풍이 잘되는 곳에 저장할 것
③ 저장실의 온도 상승을 피할 것
④ 표면적을 최대한 넓게 할 것

> 표면적을 넓게 하는 것은 자연발화의 원인이 된다.
>
> 출제개념 자연발화의 방지법

17 물질의 자연발화를 촉진시키는 요인으로 가장 거리가 먼 것은?

① 표면적이 넓고, 발열량이 클 것
② 열전도율이 클 것
③ 주위온도가 높을 것
④ 적당한 수분을 보유할 것

> 열전도율이 클 경우 내부에 축적된 열이 빠르게 외부로 방출되므로 자연발화 가능성이 낮아진다. 따라서 열전도율이 크다는 것은 자연발화를 방지하는 조건이다.
>
> 출제개념 자연발화 촉진 또는 방지 요인

18 인화성 가스가 발생할 우려가 있는 지하작업장에서 작업을 할 경우, 폭발이나 화재를 방지하기 위한 조치사항 중 가스의 농도율을 측정하는 기준으로 적절하지 않은 것은?

① 매일 작업을 시작하기 전에 측정한다.
② 가스의 누출이 의심되는 경우 측정한다.
③ 장시간 작업할 때에는 8시간마다 측정한다.
④ 가스가 발생하거나 정체할 위험이 있는 장소에 대하여 측정한다.

> 산업안전보건기준에 따르면 장시간 작업 시 가스의 농도율은 4시간마다 측정해야 한다.
>
> 출제개념 가스의 농도율 측정기준

19 전기설비에 의한 화재에 사용할 수 없는 소화기의 종류는?

① 포 소화기
② 이산화탄소 소화기
③ 할로겐 화합물 소화기
④ 무상수 소화기

> 포 소화기는 물을 포함한 소화약제를 사용하기 때문에 전기화재에 사용 시 감전 위험이 있으므로, 전기화재에는 비전도성 소화기가 적합하다.
>
> 출제개념 전기화재 소화기의 종류

정답 16 ④ 17 ② 18 ③ 19 ①

20 목재, 섬유 등의 화재의 종류에 해당하는 것은?

① A급   ② B급
③ C급   ④ D급

▼
A급 화재는 일반화재로, 목재, 종이, 섬유, 플라스틱 등 고체 가연물의 화재이다. 그 외에 B급은 유류화재, C급은 전기화재, D급은 금속화재를 의미한다.

출제개념 **화재의 종류**

21 다음 중 전기화재의 종류에 해당하는 것은?

① A급   ② B급
③ C급   ④ D급

▼
C급 화재는 전기설비에서 발생한 화재로, 전도성이 없는 소화제를 사용해야 한다.

출제개념 **전기화재의 종류**

22 건축물 공사에 사용되고 있으나, 불에 타는 성질이 있어서 화재 시 유독한 시안화수소 가스가 발생되는 물질은?

① 염화비닐   ② 염화에틸렌
③ 메타크릴산메틸   ④ 우레탄

▼
우레탄($H_2NCOOC_2H_5$)은 연소 시 시안화수소(HCN)라는 유독성 가스를 발생시키는 물질로, 건축물 공사에 많이 사용된다.

출제개념 **시안화수소 발생물질**

23 〈보기〉의 물질을 폭발범위가 넓은 것부터 좁은 순서로 옳게 배열한 것은?

┌──────────〈 보기 〉──────────┐
│ H_2 C_3H_8 CH_4 CO │
└─────────────────────────────┘

① $CO > H_2 > C_3H_8 > CH_4$
② $H_2 > CO > CH_4 > C_3H_8$
③ $C_3H_8 > CO > CH_4 > H_2$
④ $CH_4 > H_2 > CO > C_3H_8$

▼
폭발범위가 넓은 순서는 아세틸렌(2.5~81%) > 수소(4~75%)로, 아세틸렌은 〈보기〉에 없으므로 수소가 가장 앞에 있어야 한다.

출제개념 **폭발범위**

24 다음 중 폭발한계(vol%)의 범위가 가장 넓은 것은?

① 메탄   ② 부탄
③ 톨루엔   ④ 아세틸렌

▼
아세틸렌의 폭발범위는 2.5~81%로 가장 넓다.

출제개념 **폭발범위**

정답 **20** ① **21** ③ **22** ④ **23** ② **24** ④

25 디에틸에테르의 연소범위에 가장 가까운 값은?

① 2~10.4%　　② 1.9~48%

③ 2.5~15%　　④ 1.5~7.8%

▼

디에틸에테르의 연소범위는 1.9~48%이다.

출제개념 디에틸에테르의 연소범위

26 공기 중에서 A 물질의 폭발하한계가 4vol%, 상한계가 75vol%라면 이 물질의 위험도는?

① 16.75　　② 17.75

③ 18.75　　④ 19.75

▼

위험도 $= \dfrac{U-L}{L} = \dfrac{75-4}{4} = 17.75$

출제개념 가연성 가스의 위험도 계산

27 가연성 가스 A의 연소범위를 2.2~9.5vol%라 할 때 가스 A의 위험도는 얼마인가?

① 2.52　　② 3.32

③ 4.91　　④ 5.64

▼

위험도 $= \dfrac{U-L}{L} = \dfrac{9.5-2.2}{2.2} = 3.3180$이므로 소수점 세 번째 자리에서 반올림하여 3.32가 답이다.

출제개념 가연성 가스의 위험도 계산

28 다음 표의 가스(A~D)를 위험도가 큰 것부터 작은 순으로 나열한 것은?

	폭발하한값	폭발상한값
A	4.0vol%	75.0vol%
B	3.0vol%	80.0vol%
C	1.25vol%	44.0vol%
D	2.5vol%	81.0vol%

① D－B－C－A　　② D－B－A－C

③ C－D－A－B　　④ C－D－B－A

▼

위험도$= \dfrac{U-L}{L}$식을 통해 구해보면,

$A = \dfrac{(75-4)}{4} = 17.75$

$B = \dfrac{(80-3)}{3} = 25.6$

$C = \dfrac{(44-1.25)}{1.25} = 34.2$

$D = \dfrac{(81-2.5)}{2.5} = 31.4$이므로 C－D－B－A 순으로 위험도가 크다.

출제개념 가연성 가스의 위험도 계산

29 디에틸에테르와 에틸알코올이 3:1로 혼합된 증기의 몰비가 각각 0.75, 0.25이고, 디에틸에테르와 에틸알코올의 폭발하한값이 각각 1.9vol%, 4.3vol%일 때 혼합가스의 폭발하한값은 약 몇 vol%인가?

① 2.2　　② 3.5

③ 22.0　　④ 34.7

▼

혼합가스의 폭발하한계 $= \dfrac{V_1+V_2+\cdots+V_n}{\dfrac{V_1}{L_1} + \dfrac{V_2}{L_2} + \cdots + \dfrac{V_n}{L_n}}$

$= \dfrac{3+1}{\dfrac{3}{1.9} + \dfrac{1}{4.3}} \fallingdotseq 2.2$

출제개념 혼합가스의 폭발하한값 계산, 르샤틀리에 공식

정답　**25** ②　**26** ②　**27** ②　**28** ④　**29** ①

30 다음 표와 같은 혼합가스의 폭발범위(vol%)로 옳은 것은?

종류	용적비율 (vol%)	폭발하한계 (vol%)	폭발상한계 (vol%)
CH_4	70	5	15
C_2H_6	15	3	12.5
C_3H_8	5	2.1	9.5
C_4H_{10}	10	1.9	8.5

① 3.75~13.21   ② 4.33~13.21
③ 4.33~15.22   ④ 3.75~15.22

혼합가스의 폭발하한계 $= \dfrac{V_1+V_2+V_3+V_4}{\dfrac{V_1}{L_1}+\dfrac{V_2}{L_2}+\dfrac{V_3}{L_3}+\dfrac{V_4}{L_4}}$

혼합가스의 폭발상한계 $= \dfrac{V_1+V_2+V_3+V_4}{\dfrac{V_1}{U_1}+\dfrac{V_2}{U_2}+\dfrac{V_3}{U_3}+\dfrac{V_4}{U_4}}$

위 두 식을 활용하여 폭발범위를 계산한다면 다음과 같다.

폭발하한계 $= \dfrac{100}{\left(\dfrac{70}{5}\right)+\left(\dfrac{15}{3}\right)+\left(\dfrac{5}{2.1}\right)+\left(\dfrac{10}{1.9}\right)}$

$\fallingdotseq 3.75$

폭발상한계 $= \dfrac{100}{\left(\dfrac{70}{15}\right)+\left(\dfrac{15}{12.5}\right)+\left(\dfrac{5}{9.5}\right)+\left(\dfrac{10}{8.5}\right)}$

$\fallingdotseq 13.21$

출제개념 혼합가스의 폭발범위 계산, 르샤틀리에 공식

31 메탄 1vol%, 헥산 2vol%, 에틸렌 2vol%, 공기 95vol%로 된 혼합가스의 폭발하한계값 vol%는 약 얼마인가? (단, 메탄, 헥산, 에틸렌의 폭발하한계 값은 각각 5.0, 1.1, 2.7vol%이다.)

① 1.8   ② 3.5
③ 12.8   ④ 21.7

혼합가스의 폭발하한계 $= \dfrac{V_1+V_2+V_3}{\dfrac{V_1}{L_1}+\dfrac{V_2}{L_2}+\dfrac{V_3}{L_3}}$

$= \dfrac{1+2+2}{\dfrac{1}{5}+\dfrac{2}{1.1}+\dfrac{2}{2.7}} \fallingdotseq 1.81$

출제개념 혼합가스의 폭발하한계 계산, 르샤틀리에 공식

화학설비 안전관리

5과목 ☐이론 ■기출

32 메탄, 에탄, 프로판의 폭발하한계가 각각 5vol%, 2vol%, 2.1vol%일 때 다음 중 폭발하한계가 가장 낮은 것은? (단, Le Chatelier의 법칙을 이용한다.)

① 메탄 20%, 에탄 30%, 프로판 50%

② 메탄 30%, 에탄 30%, 프로판 40%

③ 메탄 40%, 에탄 30%, 프로판 30%

④ 메탄 50%, 에탄 30%, 프로판 20%

폭발하한계가 가장 낮은 가스의 비중이 커야 폭발하한계는 낮아진다.

① $\dfrac{100}{\left(\dfrac{20}{5}\right)+\left(\dfrac{30}{2}\right)+\left(\dfrac{50}{2.1}\right)}=2.335$

② $\dfrac{100}{\left(\dfrac{30}{5}\right)+\left(\dfrac{30}{2}\right)+\left(\dfrac{40}{2.1}\right)}=2.497$

③ $\dfrac{100}{\left(\dfrac{40}{5}\right)+\left(\dfrac{30}{2}\right)+\left(\dfrac{30}{2.1}\right)}=2.681$

④ $\dfrac{100}{\left(\dfrac{50}{5}\right)+\left(\dfrac{30}{2}\right)+\left(\dfrac{20}{2.1}\right)}=2.896$

따라서 ①이 폭발하한계가 가장 낮다.

출제개념 혼합가스의 폭발하한계, 르샤틀리에 공식

---

33 다음 표를 참조하여 메탄 70vol%, 프로판 21vol%, 부탄 9vol%인 혼합가스의 폭발범위를 구하면 약 몇 vol%인가?

종류	폭발하한계 (vol%)	폭발상한계 (vol%)
C_4H_{10}	1.8	8.4
C_3H_8	2.1	9.5
C_2H_6	3.0	12.4
CH_4	5.0	15.0

① 3.45~9.11 ② 3.45~12.58

③ 3.85~9.11 ④ 3.85~12.58

폭발하한계 $=\dfrac{100}{\left(\dfrac{70}{5}\right)+\left(\dfrac{21}{2.1}\right)+\left(\dfrac{9}{1.8}\right)}=3.448$

폭발상한계 $=\dfrac{100}{\left(\dfrac{70}{15}\right)+\left(\dfrac{21}{9.5}\right)+\left(\dfrac{9}{8.4}\right)}=12.58$

출제개념 혼합가스의 폭발범위 계산

---

34 폭발한계와 완전연소 조정관계인 Jones식을 이용하여 부탄(C_4H_{10})의 폭발하한계를 구하면 약 몇 vol%인가?

① 1.4 ② 1.7

③ 2.0 ④ 2.3

완전연소 조성농도 $=\dfrac{100}{1+4.77\left(C+\dfrac{H}{4}\right)}$

$=\dfrac{100}{1+4.77\left(4+\dfrac{10}{4}\right)}=3.12$

폭발하한계 = 0.55×완전연소 조성농도
= 0.55×3.12 ≒ 1.71

출제개념 완전연소 조성농도, 폭발하한계 계산, Jones식

정답 **32** ① **33** ② **34** ②

35 에틸렌(C_2H_4)이 완전연소하는 경우 다음의 Jones 식을 이용하여 계산할 경우 연소하한계는 약 몇 vol%인가?

> Jones식: $LFL = 0.55 \times C_{ST}$

① 0.55

② 3.6

③ 6.3

④ 8.5

완전연소 조성농도 $= \dfrac{100}{1+4.77\left(C+\dfrac{H}{4}\right)}$

$= \dfrac{100}{1+4.77\left(2+\dfrac{4}{4}\right)} \fallingdotseq 6.53$

폭발하한계 $= 0.55 \times$ 완전연소 조성농도
$= 0.55 \times 6.53 \fallingdotseq 3.59$

출제개념 에틸렌의 연소하한계 계산, Jones식

36 폭발을 기상폭발과 응상폭발로 분류할 때 기상 폭발에 해당되지 않는 것은?

① 분진폭발

② 혼합가스폭발

③ 분무폭발

④ 수증기폭발

기상폭발에는 분진폭발, 가스폭발, 분무폭발이 포함되고, 수증기폭발은 응상폭발로 분류된다.

출제개념 기상폭발, 응상폭발

37 가연성 가스의 폭발범위에 관한 설명으로 틀린 것은?

① 압력 증가에 따라 폭발상한계와 하한계가 모두 현저히 증가한다.

② 불활성 가스를 주입하면 폭발범위는 좁아진다.

③ 온도의 상승과 함께 폭발범위는 넓어진다.

④ 산소 중에서의 폭발범위는 공기 중보다 넓어진다.

압력이 증가하면 폭발상한계는 증가하지만, 하한계는 큰 변화가 없다.

출제개념 가연성 가스의 폭발범위

38 다음 중 폭발범위에 관한 설명으로 틀린 것은?

① 상한값과 하한값이 존재한다.

② 온도에는 비례하지만 압력과는 무관하다.

③ 가연성 가스의 종류에 따라 각각 다른 값을 갖는다.

④ 공기와 혼합된 가연성 가스의 체적 농도로 나타낸다.

폭발범위는 온도와 압력에 비례한다.

출제개념 폭발범위 영향 요인

정답 35 ② 36 ④ 37 ① 38 ②

39 폭발하한계에 관한 설명으로 옳지 않은 것은?

① 폭발하한계에서 화염의 온도는 최저치로 된다.

② 폭발하한계에 있어서 산소는 연소하는 데 과잉으로 존재한다.

③ 화염이 하향전파인 경우 일반적으로 온도가 상승함에 따라 폭발하한계는 높아진다.

④ 폭발하한계는 혼합가스의 단위체적당 발열량이 일정한 한계치에 도달하는 데 필요한 가연성 가스의 농도이다.

> 화염이 하향전파하는 경우에는 온도가 상승할수록 폭발하한계는 낮아진다.
>
> 출제개념 폭발하한계

---

40 폭발압력과 인화성 가스의 농도와의 관계에 대해 설명한 것으로 옳은 것은?

① 인화성 가스의 농도가 너무 희박하거나 진하여도 폭발압력은 높아진다.

② 폭발압력은 양론농도보다 약간 높은 농도에서 최대폭발압력이 된다.

③ 최대폭발압력의 크기는 공기와의 혼합기체보다 산소의 농도가 큰 혼합기체에서 더 낮아진다.

④ 인화성 가스의 농도와 폭발압력은 반비례 관계이다.

> ① 인화성 가스의 농도가 너무 희박하거나 진하면 폭발압력은 낮아진다.
> ③ 최대폭발압력의 크기는 산소의 농도가 큰 혼합기체에서 더 높아진다.
> ④ 인화성 가스의 농도와 폭발압력은 비례 관계이다.
>
> 출제개념 폭발압력과 인화성 가스의 농도 관계

---

41 가스나 증기가 용기 내에서 폭발할 때 최대폭발압력(P_m)에 영향을 주는 요인에 관한 설명으로 틀린 것은?

① P_m은 화학양론비에 최대가 된다.

② P_m은 용기의 부피에 큰 영향을 받지 않는다.

③ P_m은 다른 조건이 일정할 때 초기 온도가 높을수록 증가한다.

④ P_m은 다른 조건이 일정할 때 초기 압력이 상승할수록 증가한다.

> 최대폭발압력(P_m)은 가스의 초기 온도가 높아질수록 감소한다.
>
> 출제개념 최대폭발압력의 영향 요인

---

42 다음 중 누설 발화형 폭발재해의 예방 대책으로 가장 거리가 먼 것은?

① 발화원 관리

② 밸브의 오동작 방지

③ 가연성 가스의 연소

④ 누설물질의 검지 경보

> 누설 발화형 폭발재해는 발화원 관리, 누설물질의 검지 경보, 밸브 오작동 방지 등으로 예방해야 하며, 가스연소는 예방이 아닌 위험 요인이다.
>
> 출제개념 폭발재해 예방 대책

정답 **39** ③ **40** ② **41** ③ **42** ③

43 비점이 낮은 가연성 액체 저장탱크 주위에 화재가 발생했을 때 저장탱크 내부의 비등현상으로 인한 압력 상승으로 탱크가 파열되어 그 내용물이 증발, 팽창하면서 발생되는 폭발현상은?

① Back Draft   ② BLEVE
③ Flash Over   ④ UVCE

▼

BLEVE는 비등액체팽창 증기폭발로, 액체 저장탱크 주위에 화재 시 내부 비등현상으로 인하여 압력이 상승하고, 탱크가 파열되어 그 내용물이 증발, 팽창하며 발생하는 폭발을 의미한다.

출제개념 BLEVE

44 Burgess-Wheeler의 법칙에 따르면 서로 유사한 탄화수소계의 가스에서 폭발하한계의 농도(vol%)와 연소열(kcal/mol)의 곱의 값은 약 얼마 정도인가?

① 1,100   ② 2,800
③ 3,200   ④ 3,800

▼

Burgess-Wheeler의 법칙에 따르면 폭발하한계의 농도와 연소열의 곱은 1,100으로 일정하다고 제시하였다.

출제개념 Burgess-Wheeler의 법칙

45 공기 중에서 A 가스의 폭발하한계는 2.2vol%이다. 이 폭발하한계 값을 기준으로 하여 표준상태에서 A 가스와 공기의 혼합기체 1m³에 함유되어있는 A 가스의 질량을 구하면 약 몇 g인가? (단, A 가스의 분자량은 26이다.)

① 19.02   ② 25.54
③ 29.02   ④ 35.54

▼

모든 기체 1mol의 부피는 22.4L이며, 가스의 분자량이 26g이므로 $\frac{26}{22.4}$L이다. 1m³ 기준으로 변환하면 22.4

L : 26=1,000L : x, x=1,160.7g이다. 이 값의 2.2%를 계산하면 1,160.7×0.022=25.53이다.

출제개념 폭발하한계, 가스의 질량 계산

46 공기 중에서 이황화탄소(CS_2)의 폭발한계는 하한값이 1.25vol%, 상한값이 44vol%이다. 이를 20℃ 대기압 하에서 mg/L의 단위로 환산하면 하한값과 상한값은 각각 약 얼마인가? (단, 이황화탄소의 분자량은 76.1이다.)

① 하한값: 61,　　상한값: 640
② 하한값: 39.6,　상한값: 1,393
③ 하한값: 146,　상한값: 860
④ 하한값: 55.4,　상한값: 1,642

모든 기체 1mol의 부피는 22.4L이다. 온도가 주어졌으므로 1mol의 부피는 $22.4L \times \left\{ \dfrac{(273+20)}{273} \right\} = 24.04L$ 로 계산하여야 한다. 이황화탄소의 분자량이 76.1이므로 $\dfrac{76.1g}{24.04L}$ 이다. $1m^3$ 기준으로 변환하면 24.04L : 76.1g = 1,000L : x, x = 3,165.55g이다.

하한값의 mg/L = $\left(\dfrac{3,165.55g}{1,000L} \right) \times 0.0125$
　　　　　　 = 0.03956g/L = 39.56mg/L

상한값의 mg/L = $\left(\dfrac{3,165.55g}{1,000L} \right) \times 0.44 = 1.3928g/L$
　　　　　　 = 1,392.8mg/L

출제개념 폭발한계의 질량 환산 계산

---

47 분진폭발의 요인을 물리적 인자와 화학적 인자로 분류할 때 화학적 인자에 해당하는 것은?

① 연소열　　　　② 입도분포
③ 열전도율　　　④ 입자의 형성

연소열은 화학적 인자이며, 나머지 입도분포, 열전도율, 입자의 형성은 물리적 인자에 해당한다.

출제개념 분진폭발의 요인, 물리적 인자, 화학적 인자

---

48 다음 중 분진이 발화 폭발하기 위한 조건으로 거리가 먼 것은?

① 불연성질　　　② 미분상태
③ 점화원의 존재　④ 산소 공급

분진폭발이 일어나기 위해서는 가연성 물질이 미분상태로 존재하고, 점화원과 산소가 함께 있어야 한다. 불연성 물질은 연소 자체가 불가능하므로 발화 조건에서 제외된다.

출제개념 분진폭발의 발생 조건

---

49 분진폭발의 특징으로 옳은 것은?

① 연소속도가 가스폭발보다 크다.
② 완전연소로 가스중독의 위험이 작다.
③ 화염의 파급속도보다 압력의 파급속도가 빠르다.
④ 가스폭발보다 연소시간은 짧고 발생에너지는 작다.

분진폭발은 가스폭발에 비해 연소속도가 작고, 연소시간은 길고 발생에너지도 크다. 또한, 불완전연소로 인해 가스중독의 위험이 크다.

출제개념 분진폭발

정답　46 ②　47 ①　48 ①　49 ③

50 분진폭발에 관한 설명으로 틀린 것은?

① 가스폭발에 비교하여 연소시간이 짧고, 발생에너지가 작다.

② 최초의 부분적인 폭발이 분진의 비산으로 2차, 3차 폭발로 파급되어 피해가 커진다.

③ 가스에 비하여 불완전연소를 일으키기 쉬우므로 연소 후 가스에 의한 중독위험이 있다.

④ 폭발 시 입자가 비산하므로 이것에 부딪치는 가연물은 국부적으로 탄화를 일으킬 수 있다.

▼

분진폭발은 가스폭발보다 연소시간이 길고 발생에너지도 크다.

출제개념 분진폭발

---

51 분진폭발의 특징에 관한 설명으로 옳은 것은?

① 가스폭발보다 발생에너지가 작다.

② 폭발압력과 연소속도는 가스폭발보다 크다.

③ 입자의 크기, 부유성 등이 분진폭발에 영향을 준다.

④ 불완전연소로 인한 가스중독의 위험성은 작다.

▼

분진폭발은 가스폭발보다 발생에너지는 크지만, 폭발압력과 연소속도는 작다. 또한, 불완전연소로 인한 가스중독의 위험성이 크다는 특징이 있다.

출제개념 분진폭발

---

52 다음 중 분진폭발의 특징으로 옳은 것은?

① 가스폭발보다 연소시간이 짧고, 발생에너지가 작다.

② 압력의 파급속도보다 화염의 파급속도가 빠르다.

③ 가스폭발에 비하여 불완전연소의 발생이 없다.

④ 주위의 분진에 의해 2차, 3차의 폭발로 파급될 수 있다.

▼

분진폭발은 가스폭발보다 연소시간이 길고, 발생에너지도 크다. 압력의 파급속도보다 화염의 파급속도가 느리며, 가스폭발에 비하여 불완전연소의 발생이 많다.

출제개념 분진폭발

---

53 다음 중 퍼지(Purge)의 종류에 해당하지 않는 것은?

① 압력퍼지　　　② 진공퍼지

③ 스위프퍼지　　④ 가열퍼지

▼

퍼지의 종류에는 압력퍼지, 진공퍼지, 스위프퍼지, 사이펀퍼지가 있으며, 가열퍼지는 포함되지 않는다.

출제개념 불활성화(퍼지)

정답 **50** ① **51** ③ **52** ④ **53** ④

54 가연성 물질을 취급하는 장치를 퍼지하고자 할 때 잘못된 것은?

① 대상물질의 물성을 파악한다.

② 사용하는 불활성 가스의 물성을 파악한다.

③ 퍼지용 가스를 가능한 한 빠른 속도로 단시간에 다량 송입한다.

④ 장치 내부를 세정한 후 퍼지용 가스를 송입한다.

> 퍼지용 가스는 탱크의 상태를 살펴보면서 천천히 주입하도록 한다.
>
> 출제개념 불활성화(퍼지)

55 폭발방호대책 중 이상 또는 과잉압력에 대한 안전장치로 볼 수 없는 것은?

① 안전밸브(Safety Valve)

② 릴리프밸브(Relief Valve)

③ 파열판(Bursting Disk)

④ 플레임 어레스터(Flame Arrester)

> 화염방지기(Flame Arrester)는 인화성 물질 저장 탱크의 증기를 방출하거나 흡입하는 부분에 설치하는 화염의 전파를 차단하기 위한 장치이다.
>
> 출제개념 폭발방호대책 안전장치

56 다음 중 폭발방호대책과 가장 거리가 먼 것은?

① 불활성화   ② 억제

③ 방산   ④ 봉쇄

> 불활성화는 폭발예방대책이며, 억제, 방산, 봉쇄는 폭발방호대책이다.
>
> 출제개념 폭발방호대책

57 제2종 분말 소화약제의 주성분에 해당하는 것은?

① 탄산수소나트륨   ② 탄산수소칼륨

③ 인산암모늄   ④ 수산화암모늄

> 제2종 분말 소화약제는 탄산수소칼륨($KHCO_3$)을 주성분으로 한다. 분말 소화약제의 종별 주성분은 다음과 같다.
> - 제1종 소화약제: 탄산수소나트륨($NaHCO_3$)
> - 제2종 소화약제: 탄산수소칼륨($KHCO_3$)
> - 제3종 소화약제: 제1인산암모늄($NH_4H_2PO_4$)
> - 제4종 소화약제: 탄산수소칼륨+요소($KHCO_3 + (NH_2)_2CO$)
>
> 출제개념 분말 소화약제의 주성분

정답 **54** ③ **55** ④ **56** ① **57** ②

58 탄산수소나트륨을 주요 성분으로 하는 것은 제 몇 종 분말소화기인가?

① 제1종　　　　② 제2종
③ 제3종　　　　④ 제4종

> 제1종 소화약제의 주성분은 탄산수소나트륨($NaHCO_3$)이다.
>
> 출제개념 분말 소화약제의 주성분

59 할론 소화약제 중 Halon 2402의 화학식으로 옳은 것은?

① $C_2F_4Br_2$　　　② $C_2Br_4H_2$
③ $C_2H_4Br_2$　　　④ $C_2Br_4F_2$

> Halon 2402에서 숫자는 순서대로 C, F, Cl, Br의 수를 가리킨다. 따라서 C: 2개, F: 4개, Cl: 0개, Br: 2개이므로 $C_2F_4Br_2$의 화학식으로 나타낼 수 있다.
>
> 출제개념 할로겐 화합물 소화약제의 화학식

60 CF_3Br 소화약제의 하론 번호를 옳게 나타낸 것은?

① 하론 1031　　　② 하론 1311
③ 하론 1301　　　④ 하론 1310

> CF_3Br은 C: 1개, F: 3개, Cl: 0개, Br: 1개 구조이므로 하론 1301이다.
>
> 출제개념 할로겐 화합물 명명법

61 소화설비와 주된 소화적용방법의 연결이 옳은 것은?

① 포 소화설비 – 질식효과
② 스프링클러설비 – 억제효과
③ 이산화탄소 소화설비 – 제거소화
④ 할로겐 화합물 소화설비 – 냉각소화

> 포 소화설비는 연소면을 덮어 산소공급을 차단하므로 질식소화 원리에 해당한다. 그 외에 스프링클러설비는 냉각효과, 이산화탄소 소화설비는 질식소화, 할로겐 화합물 소화설비는 억제소화 원리에 해당한다.
>
> 출제개념 소화설비와 소화원리

62 소화방법에 대한 주된 소화원리로 틀린 것은?

① 물을 살포한다: 냉각소화
② 모래를 뿌린다: 질식소화
③ 초를 불어서 끈다: 억제소화
④ 담요를 덮는다: 질식소화

> 초를 불어서 끄는 것은 공기를 제거하는 제거소화에 해당한다.
>
> 출제개념 소화원리

정답 **58** ① **59** ① **60** ③ **61** ① **62** ③

63 다음 중 질식소화에 해당하는 것은?

① 가연성 기체의 분출화재 시 주밸브를 닫는다.

② 가연성 기체의 연쇄반응을 차단하여 소화한다.

③ 연료 탱크를 냉각하여 가연성 가스의 발생 속도를 작게 한다.

④ 연소하고 있는 가연물이 존재하는 장소를 기계적으로 폐쇄하여 공기의 공급을 차단한다.

▼

연소하는 가연물이 존재하는 장소를 폐쇄하여 공기를 차단하여 연소를 중단시키는 것은 질식소화의 전형적인 예이다. 그 외에 ①, ③은 제거소화, ②는 억제소화에 해당한다.

출제개념 소화방법, 질식소화

64 3류 위험물 중 금수성 물질에 대하여 적응성이 있는 소화기는?

① 포 소화기

② 이산화탄소 소화기

③ 할로겐 화합물 소화기

④ 탄산수소염류 분말 소화기

▼

금수성 물질 화재 시 소화약제는 모래, 팽창질석, 팽창진주암, 탄산수소염류 분말, 금속화재용 분말 등이 적합하다.

출제개념 금수성 물질 화재 시 소화기

65 다음 중 포 소화설비가 적응성이 없는 것은?

① 일반화재   ② 유류화재

③ 식용유화재   ④ 전기화재

▼

포소화설비는 물이 혼합되어 형성된 거품막(포막)으로 덮어 산소공급을 차단하여 불을 끄는 방식으로 소화하므로 전기화재와 금속화재에는 적응성이 없다.

출제개념 포 소화설비

정답 63 ④ 64 ④ 65 ④

25년 2회 21년 3회 　　　　　✔ 회독 ☐☐☐

01 산업안전보건법령상 위험물질의 종류에서 폭발성 물질 및 유기과산화물에 해당하는 것은?

① 디아조화합물　　② 황린
③ 알킬알루미늄　　④ 마그네슘 분말

▼
디아조화합물은 폭발성 물질에 해당하며, 황린, 알킬알루미늄, 마그네슘 분말은 물 반응성 물질 및 인화성 고체이다.

출제개념 위험물질, 폭발성 물질 및 유기과산화물

23년 2회 22년 1회 　　　　　✔ 회독 ☐☐☐

02 산업안전보건법령상 위험물질의 종류에서 폭발성 물질 및 유기과산화물에 해당하는 것은?

① 리튬　　　　　② 아조화합물
③ 아세틸렌　　　④ 셀룰로이드류

▼
아조화합물은 폭발성 물질이며, 리튬과 셀룰로이드류는 물 반응성 물질 및 인화성 고체, 아세틸렌은 인화성 가스이다.

출제개념 위험물질, 폭발성 물질 및 유기과산화물

25년 1회 22년 3회 　　　　　✔ 회독 ☐☐☐

03 유기과산화물로 분류되는 것은?

① 과망간산칼륨
② 과산화벤조일
③ 메틸에틸케톤
④ 과산화마그네슘

▼
과산화벤조일과 과산화메틸에틸케톤(과산화MEK)은 유기과산화물이다.

출제개념 유기과산화물

화학설비 안전관리

5과목 ☐ 이론 | 기출

정답　01 ①　02 ②　03 ②

04 질화면(Nitrocellulose)은 저장·취급 중에는 에틸알코올 등으로 습면상태를 유지해야 한다. 그 이유를 옳게 설명한 것은?

① 질화면은 건조상태에서는 자연적으로 분해하면서 발화할 위험이 있기 때문이다.
② 질화면은 알코올과 반응하여 안정한 물질을 만들기 때문이다.
③ 질화면은 건조상태에서 공기 중의 산소와 환원반응을 하기 때문이다.
④ 질화면은 건조상태에서 유독한 중합물을 형성하기 때문이다.

▼
질화면은 건조상태에서 자연발화의 위험이 있어 습면상태를 유지해야 한다.

출제개념 질화면, 위험물의 특징

---

05 「산업안전보건기준에 관한 규칙」에서 정한 위험물질의 종류에서 물 반응성 물질 및 인화성 고체에 해당하는 것은?

① 질산에스테르류
② 니트로화합물
③ 칼륨·나트륨
④ 니트로소화합물

▼
칼륨·나트륨은 물과 반응하여 인화 또는 폭발 위험이 있어 물 반응성 물질 및 인화성 고체로 분류된다. 그 외에 질산에스테르류, 니트로화합물, 니트로소화합물은 폭발성 물질에 해당한다.

출제개념 위험물질의 종류, 물 반응성 물질 및 인화성 고체

---

06 산업안전보건법령상 위험물질의 종류를 구분할 때 다음 물질들이 해당하는 것은?

> 리튬, 칼륨·나트륨, 황, 황린, 황화인·적린

① 폭발성 물질 및 유기과산화물
② 산화성 액체 및 산화성 고체
③ 물 반응성 물질 및 인화성 고체
④ 급성 독성 물질

▼
제시된 물질은 물 반응성 물질 및 인화성 고체로 분류된다. 물 반응성 물질에는 리튬, 칼륨·나트륨이 해당하고, 인화성 고체에는 황, 황린, 황화인·적린이 해당한다.

출제개념 위험물질의 종류, 물 반응성 물질 및 인화성 고체

---

07 Li과 Na에 관한 설명으로 틀린 것은?

① 두 금속 모두 실온에서 자연발화의 위험성이 있으므로 알코올 속에 저장해야 한다.
② 두 금속은 물과 반응하여 수소기체를 발생한다.
③ Li은 비중 값이 물보다 작다.
④ Na는 은백색의 무른 금속이다.

▼
두 금속은 모두 실온에서 자연발화의 위험성이 있으므로 알코올이 아닌 석유 속에 저장해야 한다.

출제개념 금수성 물질의 성질과 저장방법, Li, Na

정답 **04** ① **05** ③ **06** ③ **07** ①

08 탄화칼슘이 물과 반응하였을 때 생성물을 옳게 나타낸 것은?

① 수산화칼슘 + 아세틸렌
② 수산화칼슘 + 수소
③ 염화칼슘 + 아세틸렌
④ 염화칼슘 + 수소

> $CaC_2 + 2H_2O \rightarrow Ca(OH)_2 + C_2H_2$
> 탄화칼슘과 물이 반응하면 수산화칼슘과 아세틸렌이 생성된다.
>
> **출제개념** 탄화칼슘과 물 반응 생성물

09 마그네슘의 저장 및 취급에 관한 설명으로 틀린 것은?

① 화기를 엄금하고, 가열·충격·마찰을 피한다.
② 분말이 비산하지 않도록 밀봉하여 저장한다.
③ 제6류 위험물과 같은 산화제와 혼합되지 않도록 격리한다.
④ 초기 소화 또는 소규모 화재 시 물·CO_2 소화설비를 이용하여 소화한다.

> 마그네슘분의 화재는 금수성으로, 초기 소화 또는 소규모 화재 시 물이나 CO_2가 아닌 모래, 팽창질석, 팽창진주암, 탄산수소염류 분말 등을 사용하여야 한다.
>
> **출제개념** 마그네슘의 저장 및 취급

10 물과의 반응으로 유독한 포스핀가스를 발생하는 것은?

① HCl   ② NaCl
③ Ca_3P_2 ④ $Al(OH)_3$

> Ca_3P_2는 물과 반응하여 PH_3(포스핀가스)를 발생시키는 대표적인 물질이다. 포스핀의 분자식은 PH_3이기에 P원소가 포함되는 물질이 답이 될 수 있다.
>
> **출제개념** 금수성 물질의 반응 생성물, 포스핀가스

11 물과 반응하여 아세틸렌을 발생시키는 물질은?

① Zn   ② Al
③ Mg   ④ CaC_2

> 탄화칼슘(CaC_2)은 물과 반응하여 아세틸렌(C_2H_2)을 발생시키는 대표적인 물질이다.
> $CaC_2 + 2H_2O \rightarrow Ca(OH)_2 + C_2H_2$
>
> **출제개념** 금수성 물질의 반응 생성물, 아세틸렌

정답 **08** ① **09** ④ **10** ③ **11** ④

12 물과 반응하여 수소가스가 발생할 위험이 가장 낮은 물질은?

① Mg　　　　② Cu
③ Zn　　　　④ Na

> 금수성 물질 중 칼륨(K), 나트륨(Na), 마그네슘(Mg), 철분(Fe), 아연(Zn), 알루미늄(Al) 등은 물과 반응하여 수소가 발생하지만, Cu(구리)는 물과 반응하지 않고 수소를 발생시키지 않는다.
>
> 출제개념 금수성 물질의 반응 생성물, 수소가스

13 알루미늄분이 고온의 물과 반응하였을 때 생성되는 가스는?

① 이산화탄소　　② 수소
③ 메탄　　　　④ 에탄

> 금수성 물질인 알루미늄 분말은 고온의 물과 반응하여 수소(H_2)가스를 발생시킨다.
>
> 출제개념 금수성 물질의 반응 생성물

14 다음 중 인화성 가스가 아닌 것은?

① 부탄　　　　② 메탄
③ 수소　　　　④ 산소

> 산소는 인화성 가스가 아니라 연소를 돕는 조연성 물질이다.
>
> 출제개념 인화성 가스

15 산업안전보건법령상 다음 인화성 가스의 정의에서 (　) 안에 알맞은 값은?

> '인화성 가스'란 인화한계 농도의 최저한도가 (㉠)% 이하 또는 최고한도와 최저한도의 차가 (㉡)% 이상인 것으로서 표준압력(101.3kPa), 20℃에서 가스상태인 물질을 말한다.

① ㉠ 13, ㉡ 12
② ㉠ 13, ㉡ 15
③ ㉠ 12, ㉡ 13
④ ㉠ 12, ㉡ 15

> 인화성 가스는 인화한계 농도의 하한이 13% 이하 또는 상하한 차가 12% 이상인 가스를 말한다.
>
> 출제개념 인화성 가스

16 다음 중 공기 중 최소발화에너지 값이 가장 작은 물질은?

① 에틸렌　　　　② 아세트알데히드
③ 메탄　　　　④ 에탄

> 최소발화에너지가 낮을수록 점화되기 쉬운 고위험 물질이라는 뜻이며, 수소, 아세틸렌, 에틸렌 순으로 최소발화에너지 값이 작은 편이다.
>
> 출제개념 최소발화에너지

정답　12 ②　13 ②　14 ④　15 ①　16 ①

17 최소발화에너지가 가장 작은 가연성 가스는?

① 수소　　　　② 메탄
③ 에탄　　　　④ 프로판

▼

최소발화에너지는 수소가 가장 작다.

출제개념 최소발화에너지

---

18 공기와 혼합 시 최소착화에너지 값이 가장 작은 것은?

① CH_4　　　　② C_2H_6
③ C_3H_8　　　　④ H_2

▼

H_2(수소)는 공기 중 혼합 시 착화되기 가장 쉬운 가스로 최소착화에너지가 가장 작다.

출제개념 최소착화(발화)에너지

---

19 아세틸렌을 용해가스로 만들 때 사용되는 용제로 가장 적합한 것은?

① 메탄　　　　② 프로판
③ 부탄　　　　④ 아세톤

▼

아세틸렌은 폭발 위험이 있으므로 아세톤 등 다공성 물질이 들어 있는 용기에 충전한다.

출제개념 아세틸렌

---

20 압축하면 폭발할 위험성이 높아 아세톤 등에 용해시켜 다공성 물질과 함께 저장하는 물질은?

① 염소　　　　② 아세틸렌
③ 에탄　　　　④ 수소

▼

아세틸렌은 압축하면 불안정해져 분해폭발 위험이 있으므로, 아세톤 등 다공성 물질이 들어 있는 용기에 충전한다.

출제개념 폭발위험성 높은 물질의 저장방법, 아세틸렌

---

21 다음 물질 중 물에 가장 잘 용해되는 것은?

① 아세톤　　　　② 벤젠
③ 톨루엔　　　　④ 휘발유

▼

아세톤은 물에 잘 용해되며, 벤젠, 톨루엔, 휘발유는 비극성 용매로 물에 잘 녹지 않는다.

출제개념 물에 잘 용해되는 물질

---

22 다음 중 인화성 물질이 아닌 것은?

① 디에틸에테르　　　② 아세톤
③ 에틸알코올　　　④ 과염소산칼륨

▼

과염소산칼륨은 산화성 고체로 분류되며, 인화성 물질이 아니다.

출제개념 인화성 물질

정답 **17** ① **18** ④ **19** ④ **20** ② **21** ① **22** ④

화학설비 안전관리

5과목

이론 | 기출

23 다음 중 인화점이 가장 낮은 것은?

① 벤젠 　　　　　② 메탄올
③ 이황화탄소 　　 ④ 경유

> 이황화탄소 → 벤젠 → 메탄올 → 경유 순으로 인화점
> 이 낮다.
>
> 출제개념 인화점

25 아세톤에 대한 설명으로 틀린 것은?

① 증기는 유독하므로 흡입하지 않도록 주의
해야 한다.
② 무색이고 휘발성이 강한 액체이다.
③ 비중이 0.79이므로 물보다 가볍다.
④ 인화점이 20℃이므로 여름철에 인화 위험
이 더 높다.

> 아세톤의 인화점은 약 −18℃이다.
>
> 출제개념 아세톤의 성질

24 메탄올에 관한 설명으로 틀린 것은?

① 무색투명한 액체이다.
② 비중은 1보다 크고, 증기는 공기보다 가볍다.
③ 금속나트륨과 반응하여 수소를 발생한다.
④ 물에 잘 녹는다.

> 메탄올의 비중은 약 0.79로 물보다 작고, 증기는 공기
> 보다 무겁다.
>
> 출제개념 메탄올의 성질

26 산업안전보건법령상 화학물질의 분류 중 인화
성 액체의 정의로 옳은 것은?

① 표준압력에서 인화점이 30℃ 이하인 액체
② 표준압력에서 인화점이 40℃ 이하인 액체
③ 표준압력에서 인화점이 50℃ 이하인 액체
④ 표준압력에서 인화점이 60℃ 이하인 액체

> 인화성 액체란 표준압력(101.3kPa)에서 인화점이 60℃
> 이하이거나 고온·고압의 공정운전조건으로 인하여 화
> 재·폭발위험이 있는 상태에서 취급되는 가연성 물질
> 을 말한다.
>
> 출제개념 인화성 액체의 정의

정답 23 ③ 24 ② 25 ④ 26 ④

27 공기 중 아세톤의 농도가 200ppm(TLV 500ppm), 메틸에틸케톤(MEK)의 농도가 100ppm(TLV 200 ppm)일 때 혼합물질의 허용농도(ppm)는?

① 150 ② 200
③ 270 ④ 333

혼합물질의 허용농도를 구하는 공식을 사용하여 계산하면 결과는 다음과 같다.

$$허용농도 = \frac{농도_1 + 농도_2}{\frac{농도_1}{TLV_1} + \frac{농도_2}{TLV_2}}$$

$$= \frac{200+100}{\frac{200}{500} + \frac{100}{200}} = 333.33$$

출제개념 **혼합물질의 허용농도 계산**

28 위험물질의 종류 중 부식성 염기류에 관한 내용이다. ( ) 안에 알맞은 수치는?

농도가 ( )% 이상인 수산화나트륨, 수산화칼륨, 그 밖에 이와 같은 정도 이상의 부식성을 가지는 염기류

① 20 ② 40
③ 60 ④ 80

농도 40% 이상인 수산화나트륨, 수산화칼륨 등은 부식성 염기류에 해당한다.

출제개념 **부식성 염기류의 기준**

29 가연성 가스이며 독성 가스에 해당하는 것은?

① 수소 ② 프로판
③ 산소 ④ 일산화탄소

일산화탄소(CO)는 가연성과 독성을 모두 갖는 물질로 허용농도는 50ppm이다. 그 외에 $COCl_2$(포스겐)의 허용농도는 0.1ppm, NH_3(암모니아)의 허용농도는 25ppm이다.

출제개념 **가연성 가스**

30 독성이 가장 강한 가스는?

① NH_3 ② $C_6H_5CH_3$
③ $COCl_2$ ④ H_2S

$COCl_2$(포스겐)는 허용농도 0.1ppm으로 가장 독성이 강하다.

출제개념 **독성 가스**

31 가스를 분류할 때 독성 가스에 해당하지 않는 것은?

① 황화수소 ② 시안화수소
③ 이산화탄소 ④ 산화에틸렌

이산화탄소는 불연성 가스로, 독성 가스에 해당하지 않는다.

출제개념 **독성 가스**

정답 27 ④ 28 ② 29 ④ 30 ③ 31 ③

32 다음 가스 중 가장 독성이 큰 것은?

① CO
② $COCl_2$
③ NH_3
④ H_2

▼

$COCl_2$(포스겐)의 허용농도는 0.1ppm으로 가장 독성
이 강하다.

출제개념 독성 가스

33 급성 독성 물질의 정의에 해당되지 않는 것은?

① 가스 LC50(쥐, 4시간 흡입)이 2,500ppm
이하인 화학물질
② LD50(경구, 쥐)이 킬로그램당 300mg/(체
중) 이하인 화학물질
③ LD50(경피, 쥐)이 킬로그램당 1,000mg/
(체중) 이하인 화학물질
④ LD50(경피, 토끼)이 킬로그램당 2,000mg/
(체중) 이하인 화학물질

▼

급성 독성 물질 기준에서 토끼의 경피 LD50의 기준은
1,000mg/kg 이하이다.

출제개념 급성 독성 물질의 정의

34 크롬에 대한 설명으로 옳은 것은?

① 은백색 광택이 있는 금속이다.
② 중독 시 미나마타병이 발병한다.
③ 비중이 물보다 작은 값을 나타낸다.
④ 3가 크롬이 인체에 가장 유해하다.

▼

크롬은 은백색 광택이 있고, 6가 크롬이 인체에 가장 유
해하다. 비중이 물보다 큰 값을 나타내고 중독 시 비중
격천공, 폐암이 발병한다.

출제개념 크롬의 성질

35 크롬에 관한 설명으로 옳은 것은?

① 미나마타병의 원인으로 알려져 있다.
② 이타이이타이병의 원인으로 알려져 있다.
③ 3가와 6가의 화합물이 사용되고 있다.
④ 6가보다 3가 화합물이 특히 인체에 유해하다.

▼

미나마타병은 수은에 의해 발생하고, 이타이이타이병
은 카드뮴이 원인으로 알려져 있다. 크롬은 3가와 6가
가 있으며, 중독현상은 6가에 의해 발생하고 더 유해
하다.

출제개념 크롬의 성질

정답 32 ② 33 ④ 34 ① 35 ③

36 가스누출감지경보기 설치에 관한 기술상의 지침으로 틀린 것은?

① 암모니아를 제외한 가연성 가스 누출감지경보기는 방폭성능을 갖는 것이어야 한다.

② 독성 가스 누출감지경보기는 해당 독성 가스 허용농도의 25% 이하에서 경보가 울리도록 설정하여야 한다.

③ 하나의 감지대상 가스가 가연성이면서 독성인 경우에는 독성 가스를 기준하여 가스 누출감지경보기를 선정하여야 한다.

④ 건축물 안에 설치되는 경우, 감지대상 가스의 비중이 공기보다 무거운 경우에는 건축물 내의 하부에 설치하여야 한다.

▼

독성 가스 누출감지경보기는 해당 독성 가스 허용농도의 이하에서 경보가 울리도록 설정하여야 한다.

출제개념 가스누출감지경보기 설치 시 유의사항

37 인화성 가스가 발생할 우려가 있는 지하작업장에서 작업하는 경우 조치사항으로 적절하지 않은 것은?

① 매일 작업을 시작하기 전 해당 가스의 농도를 측정한다.

② 가스의 누출이 의심되는 경우 해당 가스의 농도를 측정한다.

③ 장시간 작업을 계속하는 경우 6시간마다 해당 가스의 농도를 측정한다.

④ 가스의 농도가 인화하한계 값의 25% 이상으로 밝혀진 경우에는 즉시 근로자를 안전한 장소에 대피시킨다.

▼

장시간 작업을 계속하는 경우 6시간이 아닌 4시간마다 해당 가스의 농도를 측정해야 한다.

출제개념 지하작업장 안전조치

38 일산화탄소에 대한 설명으로 틀린 것은?

① 무색·무취의 기체이다.

② 염소와는 촉매 존재하에 반응하여 포스겐이 된다.

③ 인체 내의 헤모글로빈과 결합하여 산소운반기능을 저하시킨다.

④ 불연성 가스로서, 허용농도가 10ppm이다.

▼

CO는 가연성 가스로서, 허용농도는 25ppm이다.

출제개념 일산화탄소의 성질

정답 36 ② 37 ③ 38 ④

39 노출기준(TWA, ppm) 값이 가장 작은 물질은?

① 염소　　　　　② 암모니아

③ 에탄올　　　　④ 메탄올

▼

노출기준(TWA)은 근로자가 하루 8시간 동안 반복적으로 노출되더라도 건강에 해를 끼치지 않는 최대 허용 농도를 말한다. 염소는 독성이 강하여 극히 소량인 1ppm만으로도 인체에 영향을 주므로 가장 낮은 노출기준 값을 가진다. 반면, 암모니아는 25ppm, 에탄올 1,000ppm, 메탄올 200ppm으로 상대적으로 높은 기준치가 적용된다.

출제개념 노출기준 값

---

41 위험물 중 산화성 액체 및 산화성 고체가 아닌 것은?

① 질산 및 그 염류

② 염소산 및 그 염류

③ 과염소산 및 그 염류

④ 유기금속화합물

▼

유기금속화합물은 물 반응성 물질에 해당한다.

출제개념 산화성 물질

---

40 화학물질 및 물리적 인자의 노출기준에서 정한 유해인자에 대한 노출기준의 표시단위가 잘못 연결된 것은?

① 에어로졸: ppm

② 증기: ppm

③ 가스: ppm

④ 고온: 습구흑구온도지수(WBGT)

▼

분진 및 미스트 등 에어로졸의 노출기준 표시단위는 ppm이 아닌 mg/m^3을 사용한다.

출제개념 노출기준의 표시단위

---

42 위험물안전관리법령상 제1류 위험물에 해당하는 것은?

① 과염소산나트륨

② 과염소산

③ 과산화수소

④ 과산화벤조일

▼

과염소산나트륨은 제1류, 과염소산과 과산화수소는 제6류, 과산화벤조일은 제5류 위험물에 해당한다.

출제개념 제1류 위험물, 위험물 분류

정답 39 ① 40 ① 41 ④ 42 ①

43 산화성 액체 및 산화성 고체에 해당하지 않는 것은?

① 염소산   ② 과망간산
③ 과산화수소   ④ 피크린산

> 피크린산은 폭발성 물질인 트리니트로페놀로 제5류 위험물 중 니트로화합물에 해당한다.
>
> 출제개념 산화성 물질

44 불연성이지만 다른 물질의 연소를 돕는 산화성 액체 물질에 해당하는 것은?

① 히드라진   ② 과염소산
③ 벤젠   ④ 암모니아

> 과염소산은 산화성 액체이며, 불연성이지만 산소를 공급하기에 위험물로 취급한다.
>
> 출제개념 산화성 물질

45 자연발화 성질을 갖는 물질이 아닌 것은?

① 질화면   ② 목탄분말
③ 아마인유   ④ 과염소산

> 과염소산은 산화성 액체로서 불연성이다.
>
> 출제개념 자연발화 물질

46 두 물질을 혼합하면 위험성이 커지는 경우가 아닌 것은?

① 이황화탄소＋물
② 나트륨＋물
③ 과산화나트륨＋염산
④ 염소산칼륨＋적린

> 이황화탄소는 오히려 물속에 저장해야 안전성이 높아진다.
>
> 출제개념 위험 혼합물질

47 위험물질에 대한 설명 중 틀린 것은?

① 과산화나트륨에 물이 접촉하는 것은 위험하다.
② 황린은 물속에 저장한다.
③ 염소산나트륨은 물과 반응하여 폭발성의 수소기체를 발생한다.
④ 아세트알데히드는 0℃ 이하의 온도에서도 인화할 수 있다.

> 염소산나트륨은 산화성 고체로, 물과 반응하지 않는다.
>
> 출제개념 위험물질의 특성

정답   **43** ④   **44** ②   **45** ④   **46** ①   **47** ③

48 위험물의 저장방법으로 적절하지 않은 것은?

① 탄화칼슘은 물속에 저장한다.
② 벤젠은 산화성 물질과 격리시킨다.
③ 금속나트륨은 석유 속에 저장한다.
④ 질산은 갈색병에 넣어 냉암소에 보관한다.

> 탄화칼슘이 물과 반응하면 아세틸렌가스가 생성되므로 물속에 저장하는 것은 위험하다.
>
> 출제개념 위험물의 저장방법

50 산업안전보건법령상 위험물질의 종류와 해당 물질이 올바르게 연결된 것은?

① 부식성 산류 — 아세트산(농도 80%)
② 부식성 염기류 — 아세톤(농도 80%)
③ 인화성 가스 — 이황화탄소
④ 인화성 가스 — 수산화칼륨

> 농도 60% 이상인 아세트산은 부식성 산류에, 아세톤과 이황화탄소는 인화성 액체에, 농도 40% 이상인 수산화칼륨은 부식성 염기류에 해당한다.
>
> 출제개념 위험물질의 종류

49 다음 중 물과 반응하였을 때 흡열반응을 나타내는 것은?

① 질산암모늄
② 탄화칼슘
③ 나트륨
④ 과산화칼륨

> 물과 반응하였을 때의 각 물질의 반응 결과는 다음과 같다.
> • 질산암모늄＋물＝흡열반응
> • 탄화칼슘＋물＝발열＋아세틸렌가스 발생
> • 나트륨＋물＝발열＋수소가스 발생
> • 과산화칼륨＋물＝발열＋산소 발생
>
> 출제개념 물과 반응 시 흡열반응이 일어나는 물질

51 포스겐가스 누설검지의 시험지로 사용되는 것은?

① 연당지
② 염화파리듐지
③ 하리슨시험지
④ 초산벤젠지

> 포스겐은 누설검지로 하리슨시험지를 사용하고 유자색으로 반응이 나타난다. 아래는 가스별로 사용하는 누설검지 시험지와 반응색을 나타낸 표이다.
>
> | 가스명칭 | 시험지 | 반응색 |
> | --- | --- | --- |
> | 포스겐 | 하리슨시험지 | 유자색 |
> | 시안화수소 | 초산벤젠지 | 청색 |
> | 일산화탄소 | 염화파라듐지 | 흑색 |
> | 아세틸렌 | 염화제1구리착염지 | 적갈색 |
>
> 출제개념 유해가스 누설검지에 사용되는 시험지

정답 **48** ① **49** ① **50** ① **51** ③

52 산업안전보건법령상 대상 설비에 설치된 안전밸브에 대해서는 경우에 따라 구분된 검사주기마다 안전밸브가 적정하게 작동하는지 검사하여야 한다. 화학공정 유체와 안전밸브의 디스크 또는 시트가 직접 접촉될 수 있도록 설치된 경우의 검사주기로 옳은 것은?

① 매년 1회 이상
② 2년마다 1회 이상
③ 3년마다 1회 이상
④ 4년마다 1회 이상

> 화학공정 유체와 안전밸브의 디스크 또는 시트가 직접 접촉 시 2년마다 1회 이상 검사해야 한다. 또한, 안전밸브 전단에 파열판이 설치된 경우에는 3년마다 1회 이상 검사해야 한다.
>
> 출제개념 **안전밸브 검사주기**

53 사업주는 산업안전보건법령에서 정한 설비에 대해서는 과압에 따른 폭발을 방지하기 위하여 안전밸브 등을 설치하여야 한다. 다음 중 이에 해당하는 설비가 아닌 것은?

① 원심펌프
② 정변위 압축기
③ 정변위 펌프(토출측에 차단밸브가 설치된 것만 해당한다)
④ 배관(2개 이상의 밸브에 의하여 차단되어 대기온도에서 액체의 열팽창에 의하여 파열될 우려가 있는 것으로 한정한다)

> 원심펌프는 과압 발생 우려가 상대적으로 낮아 안전밸브 등을 설치해야 하는 설비에 해당하지 않는다. 과압에 따른 폭발을 방지하기 위하여 안전밸브 등을 설치해야 할 설비의 종류는 다음과 같다.
> • 압력용기(안지름이 150mm 이하인 압력용기는 제외)
> • 정변위 압축기
> • 정변위 펌프(토출측에 차단밸브가 설치된 것만 해당함)
> • 배관(2개 이상의 밸브에 의하여 차단되어 대기온도에서 액체의 열팽창에 의하여 파열될 우려가 있는 것으로 한정함)
> • 그 밖의 제조·사용설비 및 그 부속설비로서 해당 설비의 최고사용압력 또는 설계압력을 초과할 우려가 있는 것
>
> 출제개념 **안전밸브 등 설치대상 설비**

54 「산업안전보건기준에 관한 규칙」상 안전밸브 등의 전단·후단에는 차단밸브를 설치하여서는 아니 되지만 다음 중 자물쇠형 또는 이에 준하는 형식의 차단밸브를 설치할 수 있는 경우로 틀린 것은?

① 인접한 화학설비 및 그 부속설비에 안전밸브 등이 각각 설치되어 있고, 해당 화학설비 및 그 부속설비의 연결 배관에 차단밸브가 없는 경우

② 안전밸브 등의 배출용량이 4분의 1 이상에 해당하는 용량의 자동압력조절밸브와 안전밸브 등이 직렬로 연결된 경우

③ 화학설비 및 그 부속설비에 안전밸브 등이 복수방식으로 설치되어 있는 경우

④ 열팽창에 의하여 상승된 압력을 낮추기 위한 목적으로 안전밸브가 설치된 경우

> 안전밸브 등의 배출용량의 2분의 1 이상에 해당하는 용량의 자동압력조절밸브와 안전밸브 등이 병렬로 연결된 경우에 안전밸브 등의 전단·후단에 자물쇠형이나 이에 준하는 형식의 차단밸브를 설치할 수 있다.
>
> 출제개념 안전밸브의 차단밸브 설치기준

55 안전밸브 전단·후단에 자물쇠형 또는 이에 준하는 형식의 차단밸브 설치를 할 수 있는 경우에 해당하지 않는 것은?

① 자동압력조절밸브와 안전밸브 등이 직렬로 연결된 경우

② 화학설비 및 그 부속설비에 안전밸브 등이 복수방식으로 설치되어 있는 경우

③ 열팽창에 의하여 상승된 압력을 낮추기 위한 목적으로 안전밸브가 설치된 경우

④ 인접한 화학설비 및 그 부속설비에 안전밸브 등이 각각 설치되어 있고, 해당 화학설비 및 그 부속설비의 연결배관에 차단밸브가 없는 경우

> 자동압력조절밸브와 안전밸브 등이 병렬로 연결된 경우에 안전밸브 전단·후단에 자물쇠형 또는 이에 준하는 형식의 차단밸브 설치가 허용된다.
>
> 출제개념 안전밸브의 차단밸브 설치기준

56 후압이 존재하고 증기압 변화량을 제어할 목적의 경우 어떤 안전방출장치를 사용해야 하는가?

① 스프링식 안전방출장치

② 파열판식 안전방출장치

③ 릴리프식 안전방출장치

④ 벨로스(Bellows)식 안전방출장치

> 벨로스식 안전방출장치는 후압 영향을 최소화하며 증기압 변화를 제어할 목적으로 적합하다. 이는 주름이 있는 금속부품(Bellows)이 스프링 압력에 의해 고정되어 있고, 설정압력을 넘는 경우 작동되어 압력을 정상화하기 때문이다.
>
> 출제개념 안전방출장치

정답 **54** ② **55** ① **56** ④

57 화염방지기의 설치에 관한 사항으로 알맞은 것은?

> 사업주는 인화성 액체 및 인화성 가스를 저장·취급하는 화학설비에서 증기나 가스를 대기로 방출하는 경우에는 외부로부터의 화염을 방지하기 위하여 화염방지기를 그 설비 (   )에 설치하여야 한다.

① 상단   ② 하단
③ 중앙   ④ 무게중심

> 인화성 물질 저장용기의 상부에 통기설비가 설치되며, 통기설비 내부에 화염방지기가 설치되어야 한다. 따라서 화염방지기는 인화성 물질을 저장한 화학설비의 상단에 설치되어야 한다.
>
> 출제개념 화염방지기의 설치 위치

58 사업주는 인화성 액체 및 인화성 가스를 저장·취급하는 화학설비에서 증기나 가스를 대기로 방출하는 경우에는 외부로부터의 화염을 방지하기 위하여 화염방지기를 설치하여야 한다. 다음 중 화염방지기의 설치 위치로 옳은 것은?

① 설비의 상단   ② 설비의 하단
③ 설비의 측면   ④ 설비의 조작부

> 통기설비는 인화성 물질 저장용기의 상단에 설치되며, 통기설비 내부에 화염방지기가 설치되어야 한다.
>
> 출제개념 화염방지기의 설치 위치

59 유류저장탱크에서 화염의 탱크 차단을 목적으로 외부에 증기를 방출하기도 하고 탱크 내 외기를 흡입하기도 하는 부분에 설치하는 안전장치는?

① Vent Stack   ② Gate Valve
③ Safety Valve   ④ Flame Arrester

> 화염방지기(Flame Arrester)는 인화성 물질 등을 저장하는 탱크 외부에 증기를 방출하거나 외기를 흡입하는 부분에 설치하는 안전장치이다.
>
> 출제개념 화염방지기의 기능

60 다음 중 증기배관 내에 생성된 증기의 누설을 막고 응축수를 자동적으로 배출하기 위한 안전장치는?

① Steam Trap   ② Vent Stack
③ Blow Down   ④ Flame Arrester

> 스팀트랩(Steam Trap)은 증기배관 내에 생성된 증기의 누설을 막고 응축수를 자동으로 배출하기 위한 안전장치이다.
>
> 출제개념 증기배관의 안전장치

정답 **57** ① **58** ① **59** ④ **60** ①

61 사업주가 인화성 액체 위험물을 액체상태로 저장하는 저장탱크를 설치하는 경우에는 위험물질이 누출되어 확산되는 것을 방지하기 위하여 무엇을 설치하여야 하는가?

① Flame Arrester

② Vent Stack

③ 긴급방출장치

④ 방유제

위험물을 액체상태로 저장하는 저장탱크를 설치하는 경우에는 위험물질이 누출되어 확산되는 것을 방지하기 위하여 방유제를 설치하여야 한다.

출제개념 저장탱크의 위험물질 누출방지장치

62 물질의 누출방지용으로써 접합면을 상호 밀착시키기 위하여 사용하는 것은?

① 개스킷　　　② 체크밸브

③ 플러그　　　④ 콕크

개스킷은 배관 등의 접합부 누출을 방지하기 위해 사용된다. 그 외에 체크밸브는 물질의 역류방지용으로 사용된다.

출제개념 누출방지용 장비

63 다음 중 왕복펌프에 해당하지 않는 것은?

① 피스톤 펌프　　　② 플런저 펌프

③ 기어 펌프　　　　④ 격막 펌프

기어 펌프는 회전식 펌프이며, 나머지는 모두 왕복펌프에 해당한다.

출제개념 왕복펌프

64 물이 관 속을 흐를 때 유동하는 물속의 어느 부분의 정압이 그때 물의 증기압보다 낮을 경우 물이 증발하여 부분적으로 증기가 발생되어 배관의 부식을 초래하는 경우가 있다. 이러한 현상을 무엇이라 하는가?

① 서징(Surging)

② 공동현상(Cavitation)

③ 비말동반

④ 수격작용(Water Hammering)

공동현상은 배관을 통해 유체가 흐르다가 증발하여 부분적으로 증기가 생기는 현상이다.

출제개념 공동현상 정의

정답 **61** ④ **62** ① **63** ③ **64** ②

65 펌프의 공동현상(Cavitation)을 방지하기 위한 방법으로 가장 적절한 것은?

① 펌프의 설치 위치를 높게 한다.
② 펌프의 회전속도를 빠르게 한다.
③ 펌프의 유효 흡입양정을 짧게 한다.
④ 흡입측에서 펌프의 토출량을 줄인다.

▼
흡입측에서 토출량을 줄이면 공동현상을 방지할 수 있다.

출제개념 공동현상 방지대책

67 압축기 운전 시 토출압력이 갑자기 증가하는 이유로 가장 적절한 것은?

① 윤활유의 과다
② 피스톤링의 가스누설
③ 토출관 내에 저항발생
④ 저장조 내 가스압의 감소

▼
토출관 내에 저항발생 시 토출압력이 상승한다.

출제개념 압축기 운전 시 토출압력 증가원인

66 펌프의 사용 시 공동현상(Cavitation)을 방지하고자 할 때의 조치사항으로 틀린 것은?

① 펌프의 회전수를 높인다.
② 흡입비 속도를 작게 한다.
③ 펌프의 흡입관의 두 손실을 줄인다.
④ 펌프의 설치높이를 낮추어 흡입양정을 짧게 한다.

▼
회전수를 높이면 공동현상 위험이 커지므로 펌프의 회전수를 낮춰야 공동현상을 방지할 수 있다.

출제개념 공동현상 방지대책

68 압축기와 송풍의 관로에 심한 공기의 맥동과 진동이 발생하면서 운전이 불안정해지는 서징(Surging)현상의 방지법으로 옳지 않은 것은?

① 풍량을 감소시킨다.
② 배관의 경사를 완만하게 한다.
③ 교축밸브를 기계에서 멀리 설치한다.
④ 토출가스를 흡입측에 바이패스시키거나 방출밸브에 의해 대기로 방출시킨다.

▼
교축밸브를 기계 가까이에 설치해야 서징현상을 방지할 수 있다.

출제개념 서징현상 방지대책

정답 65 ④ 66 ① 67 ③ 68 ③

69 다음 중 관의 지름을 변경하고자 할 때 필요한 관 부속품은?

① Elbow   ② Reducer

③ Plug   ④ Valve

▼

리듀서(Reducer)는 배관 지름 변경용 부속품이다.

출제개념 배관 부속품 기능

---

70 산업안전보건법령상 특수화학설비를 설치할 때 내부의 이상상태를 조기에 파악하기 위하여 필요한 계측장치를 설치하여야 한다. 이러한 계측장치로 거리가 먼 것은?

① 압력계   ② 유량계

③ 온도계   ④ 비중계

▼

비중계는 특수화학설비 설치 시 내부의 이상상태를 파악하기 위한 기본 계측장치인 온도계, 압력계, 유량계에 포함되지 않는다.

출제개념 특수화학설비 계측장치

---

71 위험물을 산업안전보건법령에서 정한 기준량 이상으로 제조하거나 취급하는 설비로서 특수화학설비에 해당되는 것은?

① 가열시켜 주는 물질의 온도가 가열되는 위험물질의 분해온도보다 높은 상태에서 운전되는 설비

② 상온에서 게이지 압력으로 200kPa의 압력으로 운전되는 설비

③ 대기압 하에서 300℃로 운전되는 설비

④ 흡열반응이 행하여지는 반응설비

▼

가열시키는 물질의 온도가 가열되는 위험물질의 분해온도보다 높은 상태에서 운전되는 설비는 특수화학설비에 해당된다. 그 외에 상온에서 게이지 압력으로 980kPa 이상의 압력으로 운전되거나, 대기압 하에서 350℃ 이상으로 운전되는 설비 또는 발열반응이 행하여지는 반응설비일 경우 특수화학설비에 해당된다.

출제개념 특수화학설비의 기준

---

72 「산업안전보건법」에서 정한 위험물질을 기준량 이상 제조하거나 취급하는 화학설비로서 내부의 이상상태를 조기에 파악하기 위하여 필요한 온도계·유량계·압력계 등의 계측장치를 설치하여야 하는 대상이 아닌 것은?

① 가열로 또는 가열기

② 증류·정류·증발·추출 등 분리를 하는 장치

③ 반응폭주 등 이상 화학반응에 의하여 위험물질이 발생할 우려가 있는 설비

④ 흡열반응이 일어나는 반응장치

▼

흡열반응이 아닌 발열반응이 일어나는 반응장치가 기본 계측장치를 설치해야 하는 특수화학설비에 해당한다.

출제개념 기본 계측장치 설치대상 특수화학설비

정답 **69** ② **70** ④ **71** ① **72** ④

73 다음 중 반응기의 구조방식에 의한 분류에 해당하는 것은?

① 탑형 반응기
② 연속식 반응기
③ 반회분식 반응기
④ 회분식 균일상반응기

> 구조방식 분류에는 교반형, 관형, 탑형 반응기 등이 포함된다. 그 외에 회분식, 연속식, 반회분식 반응기는 조작방식 분류에 해당한다.
>
> 출제개념 **반응기 구조방식 분류**

74 반응기를 조작방식에 따라 분류할 때 해당되지 않는 것은?

① 회분식 반응기   ② 반회분식 반응기
③ 연속식 반응기   ④ 관형식 반응기

> 관형식 반응기는 구조방식 분류이다. 그 외에 회분식, 반회분식, 연속식 반응기는 조작방식 분류에 해당한다.
>
> 출제개념 **반응기 조작방식 분류**

75 반응기를 설계할 때 고려하여야 할 요인으로 가장 거리가 먼 것은?

① 부식성   ② 상의 형태
③ 온도 범위   ④ 중간생성물의 유무

> 중간생성물 유무는 반응기 설계 시 고려할 요인과 거리가 멀다. 반응기 설계 시 고려해야 할 사항으로는 상의 형태, 온도 범위, 운전 압력, 부식성 등이 있다.
>
> 출제개념 **반응기 설계 시 고려사항**

76 5% NaOH 수용액과 10% NaOH 수용액을 반응기에 혼합하여 6% 100kg의 NaOH 수용액을 만들려면 각각 몇 kg의 NaOH 수용액이 필요한가?

① 5% NaOH 수용액: 33.3, 10% NaOH 수용액: 66.7
② 5% NaOH 수용액: 50, 10% NaOH 수용액: 50
③ 5% NaOH 수용액: 66.7, 10% NaOH 수용액: 33.3
④ 5% NaOH 수용액: 80, 10% NaOH 수용액: 20

> 5% NaOH 수용액 양을 x, 10% NaOH 수용액 양을 y로 두고 계산하면 다음과 같다.
> $x + y = 100$
> $0.05x + 0.1y = 0.06 \times 100$
> $x = 80kg, \ y = 20kg$
>
> 출제개념 **수용액 비율 계산**

77 위험물 또는 위험물이 발생하는 물질을 가열 건조하는 경우, 내용적이 몇 세제곱미터 이상인 건조설비인 경우 건조실을 설치하는 건축물의 구조를 독립된 단층건물로 하여야 하는가?

① 1   ② 100
③ 10   ④ 1,000

> 위험물을 가열·건조하는 경우 내용적이 $1m^3$ 이상인 건조설비는 화재나 폭발의 우려가 크기 때문에 건조실은 독립된 단층건물로 설치해야 한다.
>
> 출제개념 **건조설비의 설치기준**

정답 **73** ① **74** ④ **75** ④ **76** ④ **77** ①

78 산업안전보건법령에 따라 위험물 건조설비 중 건조실을 설치하는 건축물의 구조를 독립된 단층건물로 하여야 하는 건조설비가 아닌 것은?

① 위험물 또는 위험물이 발생하는 물질을 가열·건조하는 경우 내용적이 $2m^3$인 건조설비

② 위험물이 아닌 물질을 가열·건조하는 경우 액체연료의 최대사용량이 5kg/h인 건조설비

③ 위험물이 아닌 물질을 가열·건조하는 경우 기체연료의 최대사용량이 $2m^3/h$인 건조설비

④ 위험물이 아닌 물질을 가열·건조하는 경우 전기사용 정격용량이 20kW인 건조설비

> 액체연료 최대사용량이 10kg/h 이상인 건조설비일 때에 독립된 단층건물 건조실을 설치할 대상이다.
>
> 출제개념 건조설비의 설치기준

79 건조설비의 구조를 구조부분, 가열장치, 부속설비로 구분할 때 다음 중 부속설비에 속하는 것은?

① 보온판　　　　② 열원장치
③ 소화장치　　　　④ 철골부

> 소화장치는 건조설비의 부속설비에 해당하며, 보온판과 철골부는 구조부분, 열원장치는 가열장치에 속한다.
>
> 출제개념 건조설비 구성요소

80 금속의 증기가 공기 중에서 응고되어 화학변화를 일으켜 고체의 미립자로 되어 공기 중에 부유하는 것을 의미하는 용어는?

① 흄(Fume)　　　　② 분진(Dust)
③ 미스트(Mist)　　　　④ 스모크(Smoke)

> 흄(Fume)은 금속이 융해되어 기화된 후 응축되어 발생하는 고체 미립자를 의미한다. 그 외의 용어 설명은 다음과 같다.
> • 분진(Dust): 공기나 다른 가스에 의해 단시간 동안 부유할 수 있는 고체 입자
> • 미스트(Mist): 분산된 액체 입자
> • 스모크(Smoke): 불완전연소에 의하여 발생하는 에어로졸
>
> 출제개념 국소배기 관련 용어

81 국소배기장치의 후드 설치기준이 아닌 것은?

① 유해물질이 발생하는 곳마다 설치할 것
② 후드의 개구부 면적은 가능한 한 크게 할 것
③ 외부식 또는 리시버식 후드는 해당 분전 등의 발산원에 가장 가까운 위치에 설치할 것
④ 후드 형식은 가능하면 포위식 또는 부스식 후드를 설치할 것

> 후드의 개구부 면적은 적정한 크기로 해야 한다.
>
> 출제개념 국소배기장치 후드 설치기준

정답　78 ②　79 ③　80 ①　81 ②

82 다음 중 열교환기의 보수에 있어 일상점검항목과 정기적 개방점검항목으로 구분할 때 일상점검항목으로 거리가 먼 것은?

① 도장의 노후상황
② 부착물에 의한 오염의 상황
③ 보온재 · 보냉재의 파손 여부
④ 기초볼트의 체결 정도

> ▼
> 일상점검항목은 작업 중이나 운전 중에 할 수 있는 점검이고, 개방점검항목은 운전을 중지하고 실시하는 대정비 · 대수리를 뜻한다. 따라서 부착물에 의한 오염상황은 운전 중 점검이 어려우므로 개방점검항목에 해당한다.
>
> 출제개념 열교환기 점검항목 분류

83 열교환기의 열교환 능률을 향상시키기 위한 방법으로 거리가 먼 것은?

① 유체의 유속을 적절하게 조절한다.
② 유체의 흐르는 방향을 병류로 한다.
③ 열교환기 입구와 출구의 온도차를 크게 한다.
④ 열전도율이 좋은 재료를 사용한다.

> ▼
> 유체의 흐르는 방향을 병류보다 향류(역류)방식으로 하는 것이 열효율이 더 우수하다. 여기서 향류란 두 유체의 흐르는 방향을 반대로 하는 방법을 뜻한다.
>
> 출제개념 열교환기 성능 향상방법

84 열교환탱크 외부를 두께 0.2m의 단열재(열전도율 k=0.037kcal/m · h · ℃)로 보온하였더니 단열재 내면은 40℃, 외면은 20℃이었다. 면적 1m²당 1시간에 손실되는 열량(kcal)은?

① 0.0037   ② 1.37
③ 0.037   ④ 3.7

> 1m²당 1시간에 손실되는 열량 kcal =
> $$0.037 \times \frac{(40-20)}{0.2} = 3.7kcal$$
>
> 출제개념 열전도율을 이용한 손실 열량 계산

85 밀폐공간 내 작업 시의 조치사항으로 가장 거리가 먼 것은?

① 산소결핍이 우려되거나 유해가스 등의 농도가 높아서 폭발할 우려가 있는 경우는 진행 중인 작업에 방해되지 않도록 주의하면서 환기를 강화하여야 한다.
② 해당 작업장을 적정한 공기상태로 유지되도록 환기하여야 한다.
③ 해당 장소에 근로자를 입장시킬 때와 퇴장시킬 때에 각각 인원을 점검하여야 한다.
④ 해당 작업장과 외부의 감시인 사이에 상시 연락을 취할 수 있는 설비를 설치하여야 한다.

> ▼
> 산소결핍이나 유해가스가 높아서 폭발이 우려되는 경우 진행 중인 작업을 중지하고 환기를 강화해야 한다.
>
> 출제개념 밀폐공간 작업 시 안전조치

정답 82 ② 83 ② 84 ④ 85 ①

86 액화 프로판 310kg을 내용적 50L 용기에 충전할 때 필요한 소요용기의 수는 약 몇 개인가? (단, 액화 프로판의 가스 정수는 2.35이다.)

① 15   ② 19

③ 17   ④ 21

▼

액화가스의 부피＝액화가스 무게(kg)×가스 정수
$$=310×2.35=728.5$$

필요한 용기의 수＝$\frac{728.5}{50}=14.57$

따라서 필요한 소요용기의 수는 15개이다.

출제개념 액화가스의 소요용기 수 계산

---

87 금속의 용접·용단 또는 가열에 사용되는 가스 등의 용기를 취급할 때의 준수사항으로 옳지 않은 것은?

① 밸브의 개폐는 서서히 할 것

② 용기의 온도를 40℃ 이하로 유지할 것

③ 운반할 때에는 환기를 위하여 캡을 씌우지 않을 것

④ 용기의 부식·마모 또는 변형상태를 점검한 후 사용할 것

▼

운반할 때에는 충격으로부터 보호하기 위해 캡을 씌워야 한다.

출제개념 고압가스 용기 취급 시 준수사항

---

88 고압가스 용기 파열사고의 주요 원인 중 하나는 용기의 내압력 부족이다. 다음 중 내압력 부족의 원인으로 거리가 먼 것은?

① 용기 내벽의 부식

② 강재의 피로

③ 과잉 충전

④ 용접 불량

▼

과잉 충전은 작업자 실수로 인한 것으로 내압력 부족의 원인과 거리가 멀다.

출제개념 고압가스 용기 파열 원인, 내압력 부족

---

89 탱크 내부에서 작업 시 작업용구에 관한 설명으로 옳지 않은 것은?

① 유기라이닝을 한 탱크 내부에서는 줄사다리를 사용한다.

② 가연성 가스가 있는 경우 불꽃을 내기 어려운 금속을 사용한다.

③ 탱크 내부에 인화성 물질의 증기로 인한 폭발위험이 우려되는 경우 방폭구조의 전기기계·기구를 사용한다.

④ 용접 절단 시에는 바람의 영향을 억제하기 위하여 환기장치의 설치를 제한한다.

▼

용접 절단 시에는 바람의 영향을 억제하기 위하여 환기장치 설치의 제한이 아닌 설치 위치를 고려해야 한다.

출제개념 밀폐공간 작업 시 안전수칙

정답 86 ①   87 ③   88 ③   89 ④

화공 안전운전 · 점검

기출문제 활용법 문항별 기출 표기 개수가 많을수록 시험에 자주 출제된 문제! 표기가 5개인 문제는 출제 횟수가 5회 이상인 기출문제로 무조건 암기 필수!

3회독 공부전략 (1회독)은 문제 → 선지 → 답 → 해설 순서로 정독! (2회독)부터는 직접 문제 풀기, (3회독) 때는 ×, △ 표시된 문제만 다시 풀기! 회독할 때마다 문제 옆 회독표에 ○, ×, △로 표시하여 3회독까지 ×로 표시된 문제는 부록에 포함된 "틈틈 오답노트"에 따로 정리해 공부하세요! [○: 정확히 알고 푼 문제 △: 부분적으로 알고 푼 문제 ×: 개념 학습이 필요한 문제]

24년 3회 24년 2회 　　　　　　　　✔ 회독 ☐☐☐

01 유해하거나 위험한 설비의 설치·이전 또는 주요 구조부분의 변경공사 시 공정안전보고서의 제출시기는 착공일 며칠 전까지 관련 기관에 제출하여야 하는가?

① 15일　　　　　② 30일

③ 60일　　　　　④ 90일

> 유해·위험설비의 설치·이전 또는 주요 구조부분의 변경공사 시 착공일 30일 전까지 공정안전보고서를 2부 작성하여 제출해야 한다.
>
> **출제개념** 공정안전보고서의 제출시기

25년 2회 24년 3회 21년 2회 　　　　　✔ 회독 ☐☐☐

02 산업안전보건법령에 따라 공정안전보고서에 포함해야 할 세부내용 중 공정안전자료에 해당하지 않는 것은?

① 안전운전지침서

② 각종 건물·설비의 배치도

③ 유해하거나 위험한 설비의 목록 및 사양

④ 위험설비의 안전설계·제작 및 설치 관련 지침서

> 안전운전지침서는 안전운전계획에 해당하며 공정안전자료가 아니다.
>
> **출제개념** 공정안전보고서, 공정안전자료

화학설비 안전관리

5과목 ☐ 이론 | 기출

---

03 공정안전보고서 중 공정안전자료에 포함하여야 할 세부내용에 해당하는 것은?

① 비상조치계획에 따른 교육계획
② 안전운전지침서
③ 각종 건물·설비의 배치도
④ 도급업체 안전관리계획

▼
각종 건물·설비의 배치도는 공정안전자료에 포함되며, 비상조치계획에 따른 교육계획은 비상조치계획에, 안전운전지침서와 도급업체 안전관리계획은 안전운전계획에 해당한다.

출제개념 공정안전보고서, 공정안전자료

04 물질안전보건자료의 작성·제출 제외 대상이 아닌 것은?

① 「원자력안전법」에 의한 방사성 물질
② 「농약관리법」에 의한 농약 및 원제
③ 「비료관리법」에 의한 비료
④ 「관세법」에 의해 수입되는 공업용 유기용제

▼
다른 법에 의해 이미 안전관리가 되고 있는 경우에는 물질안전보건자료 작성·제출 대상에서 제외된다. 그러나 모든 수출입 물품이 「관세법」의 적용을 받기는 하지만, 이것이 곧 안전관리가 이루어진다는 의미는 아니므로 제외 대상에 해당하지 않는다.

출제개념 물질안전보건자료

05 산업안전보건법령상 단위공정시설 및 설비로부터 다른 단위공정시설 및 설비 사이의 안전거리는 설비의 바깥면부터 얼마 이상이 되어야 하는가?

① 5m   ② 10m
③ 15m   ④ 20m

▼
단위공정시설 및 설비로부터 다른 단위공정시설 및 설비 사이 안전거리의 기준은 설비의 외면으로부터 10m 이상이다. 이를 포함한 안전거리에 대한 기준은 다음과 같다.

구분	안전거리
1. 단위공정시설 및 설비로부터 다른 단위공정시설 및 설비의 사이	설비의 외면으로부터 10m 이상
2. 플레어스택으로부터 단위공정시설 및 설비, 위험물질 저장탱크 또는 위험물질 하역설비의 사이	플레어스택으로부터 반경 20m 이상
3. 위험물질 저장탱크로부터 단위공정시설 및 설비, 보일러 또는 가열로의 사이	저장탱크의 외면으로부터 20m 이상
4. 사무실·연구실·실험실·정비실 또는 식당으로부터 단위공정시설 및 설비, 위험물질 저장탱크, 위험물질 하역설비, 보일러 또는 가열로의 사이	사무실 등의 외면으로부터 20m 이상

출제개념 시설 및 설비 간 안전거리 기준

정답 03 ③ 04 ④ 05 ②

06 다음 설명이 의미하는 것은?

> 온도, 압력 등 제어상태가 규정의 조건을 벗어나는
> 것에 의해 반응속도가 지수함수적으로 증대되고,
> 반응용기 내의 온도, 압력이 급격히 이상 상승되어
> 규정 조건을 벗어나고, 반응이 과격화되는 현상

① 비등   ② 과열·과압
③ 폭발   ④ 반응폭주

▼

반응폭주는 제어 불능상태에서 온도와 압력이 급격히
상승하고, 반응속도도 급격히 빨라지는 현상이다.

출제개념 반응폭주의 정의

틀리라고 낸 문제

틀리라고 낸 문제란? 산업안전기사 필기시험에는 매 회차마다 정석으로 풀었을 때, 5분 이상 걸리는 일명 '틀리라고 낸 문제'가 출제된다. 이런 문제들은 숫자도 바꾸지 않고 그대로 나오는 경우가 많기 때문에 정석 풀이법을 익히기보다는 답을 암기하고 넘어가자.

25년 3회 23년 1회 22년 3회 ✔회독 ☐☐☐

01 20℃, 1기압의 공기를 5기압으로 단열압축하면 공기의 온도는 약 몇 ℃가 되겠는가? (단, 공기의 비열비는 1.4이다.)

① 32   ② 305   ③ 191   ④ 464

> **간단 해설**
> 단열과정의 식에 따라 절대온도(K)로 계산하면 다음과 같다.
> $$T2 = T1 \times \left(\frac{P2}{P1}\right)^{\frac{k-1}{k}} = (273+20) \times \left(\frac{5}{1}\right)^{\frac{1.4-1}{1.4}} = 464$$
> 이를 섭씨로 변환하면 464 − 273 = 191℃가 된다.
> **정답** ③

25년 2회 24년 3회 21년 3회 ✔회독 ☐☐☐

02 처음 온도가 20℃인 공기를 절대압력 1기압에서 3기압으로 단열압축하면 최종온도는 약 몇 도인가? (단, 공기의 비열비 1.4이다.)

① 68℃   ② 75℃
③ 128℃   ④ 164℃

> **간단 해설**
> 단열과정의 식에 따라 절대온도(K)로 계산하면 다음과 같다.
> $$T2 = T1 \times \left(\frac{P2}{P1}\right)^{\frac{k-1}{k}} = (273+20) \times \left(\frac{3}{1}\right)^{\frac{1.4-1}{1.4}} = 401$$
> 섭씨온도로 변환하면 401 − 273 = 128℃가 된다.
> **정답** ③

21년 1회 ✔회독 ☐☐☐

03 수분을 함유하는 에탄올에서 순수한 에탄올을 얻기 위해 벤젠과 같은 물질을 첨가하여 수분을 제거하는 증류방법은?

① 공비증류   ② 추출증류
③ 가압증류   ④ 감압증류

> **간단 해설**
> 공비증류는 제3성분인 벤젠을 첨가해 공비 혼합물의 끓는점을 낮추어 증류하는 방법이다.
> **정답** ①

21년 1회 ✔회독 ☐☐☐

04 다음 중 최소발화에너지(E[J])를 구하는 식으로 옳은 것은? (단, I는 전류[A], R은 저항[Ω], V는 전압[V], C는 콘덴서용량[F], T는 시간[초])

① $E = IRT$ ② $E = 0.24I^2\sqrt{R}$
③ $E = \frac{1}{2}CV^2$ ④ $E = \frac{1}{2}\sqrt{C^2V}$

> **간단 해설**
> 최소발화(점화)에너지는 정전에너지로,
> $E = \frac{1}{2}CV^2$을 사용하여 계산한다.
> **정답** ③

---

05 산업안전보건법령상 다음 내용에 해당하는 폭발위험장소는?

> 20종 장소 밖으로서 분진운 형태의 가연성 분진이 폭발농도를 형성할 정도의 충분한 양이 정상작동 중에 존재할 수 있는 장소를 말한다.

① 21종 장소 ② 22종 장소
③ 0종 장소 ④ 1종 장소

간단 해설
20종 장소의 밖은 21종 장소에 해당한다.

정답 ①

06 차압식 유량계가 아닌 것은?

① 피토관(Pitot Tube)
② 오리피스미터
③ 로터미터
④ 벤투리미터

간단 해설
로터미터는 면적식 유량계로 차압을 이용하지 않는다. 그 외에 피토관, 오리피스미터, 벤투리미터 등이 차압식 유량계에 해당한다.

정답 ③

07 송풍기의 회전차 속도가 1,300rpm일 때 송풍량이 분당 300m³였다. 송풍량을 분당 400m³로 증가시키고자 한다면 송풍기의 회전차 속도는 약 몇 rpm으로 하여야 하는가?

① 1,533 ② 1,967
③ 1,733 ④ 2,167

간단 해설
상사법칙에 의해 계산하면 다음과 같다.

$$Q2 = Q1 \times \left(\frac{N2}{N1}\right), \; N2 = N1 \times \frac{Q2}{Q1}$$

$$= 1,300 \times \frac{400}{300} = 1,733.33 \text{rpm}$$

정답 ③

08 송풍기의 상사법칙에 관한 설명으로 옳지 않은 것은?

① 송풍량은 회전수와 비례한다.
② 정압은 회전수 제곱에 비례한다.
③ 축동력은 회전수의 세제곱에 비례한다.
④ 정압은 임펠러 직경의 네제곱에 비례한다.

간단 해설
정압은 임펠러 직경의 제곱에 비례한다.

정답 ④

09 뜨거운 금속에 물이 닿으면 튀는 현상과 같이 핵비등(Nucleate Boiling)상태에서 막비등(Film Boiling)으로 이행하는 온도를 무엇이라 하는가?

① Burnout Point
② Leidenfrost Point
③ Entrainment Point
④ Subcooling Boiling Point

간단 해설
Leidenfrost Point는 핵비등에서 막비등으로 이행하는 온도이다.

정답 ②

10 비중이 1.5이고, 직경이 74μm인 분체가 종말속도 0.2m/s로 직경 6m인 사일로(Silo)에서 질량유량 400kg/h로 흐를 때 평균농도는 약 얼마인가?

① 10.6mg/L
② 14.6mg/L
③ 19.6mg/L
④ 25.6mg/L

간단 해설
질량유량 $=(400\times10^6)\div3,600=$ 약 111,111mg/s
체적유량 $=(\pi\times6^2\div4)\times0.2=5.65m^3/s=5,650L/s$
평균농도 $=111,111\div5,650\approx19.6mg/L$

정답 ③

11 물질안전보건자료를 작성할 때 혼합물인 제품들이 해당 제품들을 대표하여 하나의 물질안전보건자료를 작성할 수 있는 충족요건 중 각 구성성분의 함유량 변화는 얼마 이하이어야 하는가?

① 5%
② 15%
③ 10%
④ 30%

간단 해설
각 구성성분의 함유량 변화가 10% 이하일 경우 해당 제품들을 대표하여 하나의 자료로 작성할 수 있다.

정답 ③

12 자동화재탐지설비 중 열감지기의 종류가 아닌 것은?

① 차동식 감지기
② 정온식 감지기
③ 보상식 감지기
④ 광전식 감지기

간단 해설
광전식 감지기는 연기감지기에 해당하기에 열감지기가 아니다. 연기감지기에는 이온화식, 광전식 감지기가 있고, 열감지기에는 차동식, 정온식, 보상식 감지기가 있다.

정답 ④

13 제조업 유해위험방지계획서 제출시기로 맞는 것은?

① 착공 전일 　　　② 착공 15일 전
③ 착공 30일 전 　　④ 착공 7일 전

간단 해설

제조업 유해위험방지계획서는 착공 15일 전에 제출하여야 한다. 서류별 제출시기는 다음과 같다.
• 공정안전보고서: 착공 30일 전
• 제조업 유해위험방지계획서: 착공 15일 전
• 건설업 유해위험방지계획서: 착공 전일

정답 ②

≫ 정종대쌤이 짚어주는 6과목 체크 포인트

#고득점 과목
#숫자 중심으로 암기 필요
#용어 정리 필요

≫ 최근 5개년 개념별 출제 비중

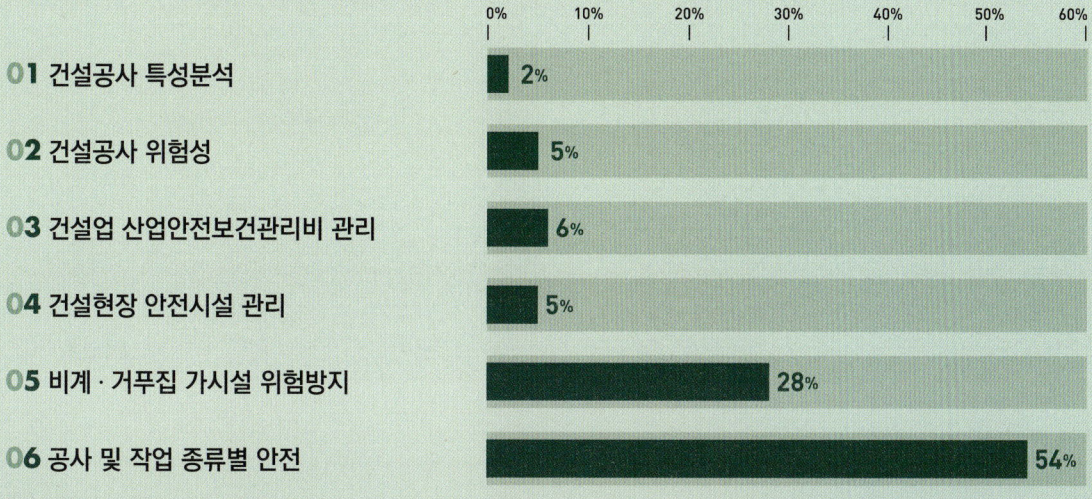

	0%	10%	20%	30%	40%	50%	60%
01 건설공사 특성분석	2%						
02 건설공사 위험성	5%						
03 건설업 산업안전보건관리비 관리	6%						
04 건설현장 안전시설 관리	5%						
05 비계·거푸집 가시설 위험방지			28%				
06 공사 및 작업 종류별 안전						54%	

6 과목

건설공사 안전관리

핵심이론

- 01 건설공사 특성분석
- 02 건설공사 위험성
- 03 건설업 산업안전보건관리비 관리
- 04 건설현장 안전시설 관리
- 05 비계·거푸집 가시설 위험방지
- 06 공사 및 작업 종류별 안전

최신 5개년 기출 (2025~2021년)

- 01 건설공사 특성분석
- 02 건설공사 위험성
- 03 건설업 산업안전보건관리비 관리
- 04 건설현장 안전시설 관리
- 05 비계·거푸집 가시설 위험방지
- 06 공사 및 작업 종류별 안전
- Bonus! 틀리라고 낸 문제

건설공사 특성분석

핵심 키워드 안전보건대장, 안전보건조정자, 산업안전보건관리비 계상

☑ **외워줘! 제발~**은 필수적으로 암기해야 하는 내용을 표시한 부분으로, 시간이 부족한 학습자는 이 내용 위주로 효율적으로 공부하고, 부록 '필수 암기노트'에 내용을 한 번 더 정리해 두었으니 시험 당일 들고 가서 활용하자!

☑ **형광펜**은 시험에 자주 나온 개념으로 2~3배로 꼼꼼히 암기하자! 특히, 시험 직전에는 **외워줘! 제발~**과 **형광펜**만 모아 빠르게 학습하자!

☑ **빈출 기출문제**는 시험에 자주 출제되는 문제로, 관련 개념까지 확실하게 익혀두자!

1 건설공사의 특수성 분석

1. 안전보건대장의 작성 및 확인

(1) **건설공사 계획단계**: 유해·위험요인과 이의 감소방안을 포함한 기본안전보건대장을 작성한다.

(2) **건설공사 설계단계**: 유해·위험요인의 감소방안을 포함한 설계안전보건대장을 작성·확인한다.

(3) **건설공사 시공단계**: 안전작업을 위한 공사안전보건대장을 작성하게 하고 이행 여부를 확인한다.

 정종대쌤의 암기 팁

기.설.공

(안전보건대장의 종류: **기본**안전보건대장, **설계**안전보건대장, **공사**안전보건대장)

NEW 2026 신출 예상문제

다음 중 안전보건대장의 종류에 해당하지 않는 것은?

① 기본안전보건대장 ② 설계안전보건대장 ③ 공사안전보건대장 ④ 기초안전보건대장

해설 안전보건대장은 기본안전보건대장, 설계안전보건대장, 공사안전보건대장 세 가지로 구분되며 공사금액이 50억 원 이상인 사업장에서 작성해야 한다.

정답 ④

2. 안전보건조정자의 선임

건설공사발주자는 2개 이상의 건설공사가 같은 장소에서 수행되는 경우 작업의 혼재로 인하여 발생할 수 있는 산업재해를 예방하기 위하여 현장에 안전보건조정자를 선임하여야 한다.

3. 공사기간 단축 및 공법변경 금지

4. 건설공사기간의 연장이 필요한 경우

(1) 태풍·홍수와 같은 악천후 등 불가항력의 사유가 있는 경우

(2) 발주자의 사유로 착공이 지연되거나 시공이 중단된 경우

② 안전관리 고려사항의 확인

1. 설계변경의 요청

다음 상황의 경우, 건설공사도급인은 발주자에게 설계변경을 요청할 수 있다.

(1) 산업재해가 발생할 위험이 있을 경우

(2) 공사중지 또는 유해·위험방지계획서의 변경 명령을 받은 건설공사도급인

2. 산업안전보건관리비 계상 외워줘! 제발~

(1) **산업안전보건관리비 계상 의무:** 건설공사발주자는 산업재해 예방을 위해 산업안전보건관리비를 도급금액 또는 사업비에 반드시 계상해야 한다.

(2) **고용노동부장관의 권한:** 산업안전보건관리비의 효율적 사용을 위해 다음 기준을 정할 수 있다.

① 사업의 규모별·종류별 계상기준

② 건설공사의 진척 정도에 따른 사용비율 등 기준

③ 산업안전보건관리비의 사용에 필요한 사항

건설공사 안전관리　6과목　이론 | □기출

산업안전보건관리비의 효율적인 집행을 위하여 고용노동부장관이 정할 수 있는 기준에 해당되지 않는 것은?

① 안전·보건에 관한 협의체 구성 및 운영
② 공사의 진척 정도에 따른 사용기준
③ 사업의 규모별 사용방법 및 구체적인 내용
④ 사업의 종류별 사용방법 및 구체적인 내용

해설 산업안전보건관리비의 효율적인 집행을 위하여 고용노동부장관이 정할 수 있는 기준에는 규모별·종류별 사용방법 및 구체적인 내용, 공사의 진척 정도에 따른 사용기준, 산업안전보건관리비의 사용에 필요한 사항이 있다.

정답 ①

3. 노사협의체

(1) 공사금액 120억 원(토목공사업은 150억 원) 이상의 건설공사도급인은 근로자위원과 사용자위원이 같은 수로 구성되는 노사협의체를 대통령령으로 정하는 바에 따라 구성·운영할 수 있다.

(2) 노사협의체를 구성·운영하는 경우에는 산업안전보건위원회 및 안전 및 보건에 관한 협의체를 각각 구성·운영하는 것으로 본다.

4. 작업계획서

작업명	작업계획서 내용
(1) 타워크레인을 설치·조립·해체하는 작업 외워줘! 제발~	가. 타워크레인의 종류 및 형식 나. 설치·조립 및 해체순서 다. 작업도구·장비·가설설비 및 방호설비 라. 작업인원의 구성 및 작업근로자의 역할 범위 마. 지지 방법
(2) 차량계 하역운반기계 등을 사용하는 작업 외워줘! 제발~	가. 해당 작업에 따른 추락·낙하·전도·협착 및 붕괴 등의 위험 예방대책 나. 차량계 하역운반기계 등의 운행경로 및 작업방법
(3) 차량계 건설기계를 사용하는 작업 외워줘! 제발~	가. 사용하는 차량계 건설기계의 종류 및 성능 나. 차량계 건설기계의 운행경로 다. 차량계 건설기계에 의한 작업방법
(4) 화학설비와 그 부속설비 사용작업	가. 밸브·콕 등의 조작(해당 화학설비에 원재료를 공급하거나 해당 화학설비에서 제품 등을 꺼내는 경우만 해당함) 나. 냉각장치·가열장치·교반장치 및 압축장치의 조작 다. 계측장치 및 제어장치의 감시 및 조정 라. 안전밸브, 긴급차단장치, 그 밖의 방호장치 및 자동경보장치의 조정 마. 덮개판·플랜지(Flange)·밸브·콕 등의 접합부에서 위험물 등의 누출 여부에 대한 점검 바. 시료의 채취 사. 화학설비에서는 그 운전이 일시적 또는 부분적으로 중단된 경우의 작업방법 또는 운전 재개 시의 작업방법

	아. 이상 상태가 발생한 경우의 응급조치 자. 위험물 누출 시의 조치 차. 그 밖의 폭발·화재를 방지하기 위하여 필요한 조치
(5) 전기작업	가. 전기작업의 목적 및 내용 나. 전기작업 근로자의 자격 및 적정 인원 다. 작업 범위, 작업책임자 임명, 전격·아크 섬광·아크 폭발 등 전기 위험요인 파악, 접근 한계거리, 활선접근 경보장치 휴대 등 작업시작 전에 필요한 사항 라. 전로차단에 관한 작업계획 및 전원 재투입 절차 등 작업 상황에 필요한 안전 작업 요령 마. 절연용 보호구 및 방호구, 활선작업용 기구·장치 등의 준비·점검·착용·사용 등에 관한 사항 바. 점검·시운전을 위한 일시 운전, 작업 중단 등에 관한 사항 사. 교대 근무 시 근무 인계에 관한 사항 아. 전기작업장소에 대한 관계 근로자가 아닌 사람의 출입금지에 관한 사항 자. 전기안전작업계획서를 해당 근로자에게 교육할 수 있는 방법과 작성된 전기안전작업계획서의 평가·관리계획 차. 전기 도면, 기기 세부 사항 등 작업과 관련되는 자료
(6) 굴착작업 외워줘! 제발~	가. 굴착방법 및 순서, 토사 등 반출방법 나. 필요한 인원 및 장비 사용계획 다. 매설물 등에 대한 이설·보호대책 라. 사업장 내 연락방법 및 신호방법 마. 흙막이 지보공 설치방법 및 계측계획 바. 작업지휘자의 배치계획 사. 그 밖의 안전·보건에 관련된 사항
(7) 터널굴착작업 외워줘! 제발~	가. 굴착의 방법 나. 터널지보공 및 복공의 시공방법과 용수의 처리방법 다. 환기 또는 조명시설을 설치할 때에는 그 방법
(8) 교량작업	가. 작업방법 및 순서 나. 부재의 낙하·전도 또는 붕괴를 방지하기 위한 방법 다. 작업에 종사하는 근로자의 추락 위험을 방지하기 위한 안전조치방법 라. 공사에 사용되는 가설 철구조물 등의 설치·사용·해체 시 안전성 검토방법 마. 사용하는 기계 등의 종류 및 성능, 작업방법 바. 작업지휘자 배치계획 사. 그 밖의 안전·보건에 관련된 사항
(9) 채석작업 외워줘! 제발~	가. 노천굴착과 갱내굴착의 구별 및 채석방법 나. 굴착면의 높이와 기울기 다. 굴착면 소단의 위치와 넓이 라. 갱내에서의 낙반 및 붕괴방지방법 마. 발파방법 바. 암석의 분할방법 사. 암석의 가공장소 아. 사용하는 굴착기계·분할기계·적재기계 또는 운반기계의 종류 및 성능 자. 토석 또는 암석의 적재 및 운반방법과 운반경로 차. 표토 또는 용수의 처리방법

(10) 건물 등의 해체작업 외워줘! 제발~	가. 해체의 방법 및 해체 순서도면 나. 가설설비·방호설비·환기설비 및 살수·방화설비 등의 방법 다. 사업장 내 연락방법 라. 해체물의 처분계획 마. 해체작업용 기계·기구 등의 작업계획서 바. 해체작업용 화약류 등의 사용계획서 사. 그 밖의 안전·보건에 관련된 사항
(11) 중량물의 취급작업 외워줘! 제발~	가. 추락위험을 예방할 수 있는 안전대책 나. 낙하위험을 예방할 수 있는 안전대책 다. 전도위험을 예방할 수 있는 안전대책 라. 협착위험을 예방할 수 있는 안전대책 마. 붕괴위험을 예방할 수 있는 안전대책
(12) 궤도와 그 밖의 관련 설비의 보수·점검작업 **(13) 입환작업**	가. 적절한 작업 인원 나. 작업량 다. 작업순서 라. 작업방법 및 위험요인에 대한 안전조치방법 등

CHAPTER 02 건설공사 위험성

☑ **외워줘! 제발~** 은 필수적으로 암기해야 하는 내용을 표시한 부분으로, 시간이 부족한 학습자는 이 내용 위주로 효율적으로 공부하고, 부록 '필수 암기노트'에 내용을 한 번 더 정리해 두었으니 시험 당일 들고 가서 활용하자!

☑ **형광펜**은 시험에 자주 나온 개념으로 2~3배로 꼼꼼히 암기하자! 특히, 시험 직전에는 **외워줘! 제발~** 과 **형광펜**만 모아 빠르게 학습하자!

☑ 빈출 기출문제는 시험에 자주 출제되는 문제로, 관련 개념까지 확실하게 익혀두자!

1 건설공사 유해·위험요인의 파악

1. 제조업 유해·위험방지계획서의 작성·제출 등 외워줘! 제발~

(1) 제출대상 설비
① 금속이나 그 밖의 광물의 용해로
② 화학설비
③ 건조설비
④ 가스집합 용접장치
⑤ 근로자의 건강에 상당한 장해를 일으킬 우려가 있는 물질로서 고용노동부령으로 정하는 물질의 밀폐·환기·배기를 위한 설비

(2) 작성 및 제출
유해·위험방지계획서에 제출 서류를 첨부하여 해당 작업 시작 15일 전까지 공단에 2부를 제출하여야 한다.

(3) 제출 서류
① 건축물 각 층의 평면도
② 기계·설비의 개요를 나타내는 서류
③ 기계·설비의 배치도면
④ 원재료 및 제품의 취급, 제조 등의 작업방법의 개요
⑤ 그 밖에 고용노동부장관이 정하는 도면 및 서류

제조업 유해·위험방지계획서의 제출 시 첨부하는 서류에 포함되지 않는 것은?

① 설비 점검 및 유지계획
② 기계·설비의 배치도면
③ 건축물 각 층의 평면도
④ 원재료 및 제품의 취급, 제조 등의 작업방법의 개요

해설 제조업 유해·위험방지계획서 제출 시 작업방법의 개요, 평면도, 배치도면이 포함되어야 한다.

정답 ①

2. 건설업 유해·위험방지계획서의 작성·제출 등

(1) 제출대상 공사 `외워줘! 제발~` `실기까지 출제!`

① 지상높이가 31m 이상인 건축물 또는 인공구조물, 연면적 3만 m² 이상인 건축물 또는 연면적 5천 m² 이상의 문화 및 집회시설, 판매시설, 운수시설, 종교시설, 의료시설 중 종합병원, 숙박시설 중 관광숙박시설, 지하도 상가, 냉동·냉장창고시설의 건설·개조 또는 해체공사
② 연면적 5천 m² 이상의 냉동·냉장창고시설의 설비공사 및 단열공사
③ 최대 지간길이가 50m 이상인 다리의 건설 등 공사
④ 터널의 건설 등 공사
⑤ 다목적댐, 발전용댐 및 저수용량 2천만 톤 이상의 용수 전용댐, 지방상수도 전용댐의 건설 등 공사
⑥ 깊이 10m 이상인 굴착공사

정종대쌤의 암기 팁

31m, 5천 m², 50m, 2천만 톤, 10m

(유해·위험방지계획서 제출대상 건설공사: 높이 31m, 냉동 5천 m², 다리 50m, 댐 2천만 톤, 깊이 10m)

산업안전보건법령상 유해·위험방지계획서 제출대상 공사에 해당하는 것은?

① 깊이가 5m 이상인 굴착공사
② 최대 지간길이 30m 이상인 교량건설공사
③ 지상높이 21m 이상인 건축물공사
④ 터널건설공사

해설 깊이가 10m인 굴착공사, 최대 지간길이가 50m 이상인 교량건설공사, 지상높이가 31m 이상인 건축물공사에 유해·위험방지계획서를 제출해야 한다.

정답 ④

(2) 건설업 유해·위험방지계획서 작성검토자 자격

① 건설안전 분야 산업안전지도사

② 건설안전기술사 또는 토목·건축 분야 기술사

③ 건설안전산업기사 이상으로서 건설안전 관련 실무경력이 7년(기사는 5년) 이상인 사람

(3) 작성 및 제출 〔외워줘! 제발~〕

건설업 유해·위험방지계획서를 제출하려는 사업주는 제출 서류를 첨부하여 해당 공사의 착공 전날까지 공단에 2부를 제출하여야 한다.

(4) 제출 서류 〔외워줘! 제발~〕

① 공사 개요 및 안전보건관리계획

ⓐ 공사 개요서

ⓑ 공사현장의 주변 현황 및 주변과의 관계를 나타내는 도면

ⓒ 건설물, 사용 기계설비 등의 배치를 나타내는 도면

ⓓ 전체 공정표

ⓔ 산업안전보건관리비 사용계획

ⓕ 안전관리 조직표

ⓖ 재해발생 위험 시 연락 및 대피방법

② 작업 공사 종류별 유해·위험방지계획

 빈출 기출문제

안전보건관리계획의 작성내용과 거리가 먼 것은?

① 건설공사의 안전관리 조직

② 산업안전보건관리비 집행방법

③ 공사장 및 주변 현황

④ 재해발생 위험 시 연락 및 대피방법

〔해설〕 산업안전보건관리비의 집행방법이 아닌 사용계획을 작성내용에 포함해야 한다.

〔정답〕 ②

---

(5) 심사 결과의 구분

① 적정: 근로자의 안전과 보건을 위하여 필요한 조치가 구체적으로 확보되었다고 인정되는 경우

② 조건부 적정: 근로자의 안전과 보건을 확보하기 위하여 일부 개선이 필요하다고 인정되는 경우

③ 부적정: 기계·설비 또는 건설물이 심사기준에 위반되어 착공 시 중대한 위험발생의 우려가 있거나 계획에 근본적 결함이 있다고 인정되는 경우

(6) 확인시기 및 확인사항 〔외워줘! 제발~〕

유해·위험방지계획서를 제출한 사업주는 해당 건설물·기계·기구 및 설비의 시운전단계에서, 건설공사 중 6개월 이내마다 공단의 확인을 받아야 한다.

① 유해·위험방지계획서의 내용과 실제 공사 내용이 부합하는지 여부

② 유해·위험방지계획서 변경내용의 적정성

③ 추가적인 유해·위험요인의 존재 여부

CHAPTER 03 건설업 산업안전보건관리비 관리

핵심 키워드 산업안전보건관리비 계상기준, 공사진척에 따른 산업안전보건관리비의 사용기준

☑ **외워줘! 제발~** 은 필수적으로 암기해야 하는 내용을 표시한 부분으로, 시간이 부족한 학습자는 이 내용 위주로 효율적으로 공부하고, 부록 '필수 암기노트'에 내용을 한 번 더 정리해 두었으니 시험 당일 들고 가서 활용하자!

☑ **형광펜**은 시험에 자주 나온 개념으로 2~3배로 꼼꼼히 암기하자! 특히, 시험 직전에는 **외워줘! 제발~** 과 **형광펜**만 모아 빠르게 학습하자!

☑ 빈출 기출문제는 시험에 자주 출제되는 문제로, 관련 개념까지 확실하게 익혀두자!

1 건설업 산업안전보건관리비 규정

1. 산업안전보건관리비의 계상기준 **외워줘! 제발~**

구분 공사종류	대상액 5억 원 미만인 경우 적용비율(%)	대상액 5억 원 이상 50억 원 미만인 경우		대상액 50억 원 이상인 경우 적용비율(%)	보건관리자 선임대상 건설공사의 적용비율(%)
		적용비율(%)	기초액		
건축공사	3.11%	2.28%	4,325,000원	2.37%	2.64%
토목공사	3.15%	2.53%	3,300,000원	2.60%	2.73%
중건설공사	3.64%	3.05%	2,975,000원	3.11%	3.39%
특수건설공사	2.07%	1.59%	2,450,000원	1.64%	1.78%

> **NEW 2026 신출 예상문제**
>
> 산업안전보건관리비 계상기준에 따른 건축공사 대상액 5억 원 이상 50억 원 미만인 경우의 안전관리비 비율 및 기초액으로 옳은 것은?
>
> ① 비율: 2.28%, 기초액: 4,325,000원   ② 비율: 1.99%, 기초액: 5,499,000원
> ③ 비율: 2.35%, 기초액: 5,400,000원   ④ 비율: 1.57%, 기초액: 4,411,000원
>
> **해설** 산업안전보건관리비 계상기준에 따른 건축공사 대상액 5억 원 이상 50억 원 미만인 경우의 안전관리비 비율은 2.28%, 기초액은 4,325,000원이다.
>
> **정답** ①

2. 공사진척에 따른 산업안전보건관리비의 사용기준 외워줘! 제발~

공정률	50% 이상 70% 미만	70% 이상 90% 미만	90% 이상
사용기준	50% 이상	70% 이상	90% 이상

정종대쌤의 암기 팁

5.7.9

(공사진척에 따른 사용기준: 50% 이상, 70% 이상, 90% 이상)

빈출 기출문제

공정률이 65%인 건설현장의 경우 공사진척에 따른 산업안전보건관리비의 최소 사용기준으로 옳은 것은?

① 40% 이상
② 50% 이상
③ 60% 이상
④ 70% 이상

해설 공정률이 65%인 건설현장의 경우 공사진척에 따른 산업안전보건관리비의 최소 사용기준은 50% 이상이다.

정답 ②

3. 건설업 산업안전보건관리비의 사용기준 외워줘! 제발~

(1) 안전관리자·보건관리자의 임금 등

① 안전관리 또는 보건관리 업무만을 전담하는 안전관리자 또는 보건관리자의 임금과 출장비 전액(지방고용노동관서에 선임 보고한 날부터 발생한 비용에 한정함)

② 안전관리 또는 보건관리 업무를 전담하지 않는 안전관리자 또는 보건관리자의 임금과 출장비의 각각 2분의 1에 해당하는 비용(지방고용노동관서에 선임 보고한 날부터 발생한 비용에 한정함)

③ 안전관리자를 선임한 건설공사 현장에서 산업재해 예방 업무만을 수행하는 작업지휘자, 유도자, 신호자 등의 임금 전액

④ 작업을 직접 지휘·감독하는 직·조·반장 등 관리감독자의 직위에 있는 자가 업무를 수행하는 경우에 지급하는 업무수당(임금의 10분의 1 이내)

(2) 안전시설비 등

① 산업재해 예방을 위한 안전난간, 추락방호망, 안전대 부착설비, 방호장치(기계·기구와 방호장치가 일체로 제작된 경우, 방호장치 부분의 가액에 한함) 등 안전시설의 구입·임대 및 설치 등을 위해 소요되는 비용

② 스마트 안전장비 구입·임대 비용
(다만, 계상된 산업안전보건관리비 총액의 10분의 2를 초과할 수 없음)

③ 용접작업 등 화재 위험작업 시 사용하는 소화기의 구입·임대비용

(3) 보호구 등

① 보호구의 구입·수리·관리 등에 소요되는 비용

② 근로자가 보호구를 직접 구매·사용하여 합리적인 범위 내에서 보전하는 비용

③ 안전관리자 등의 업무용 피복, 기기 등을 구입하기 위한 비용

④ 안전관리자 및 보건관리자가 안전보건 점검 등을 목적으로 건설공사 현장에서 사용하는 차량의 유류비·수리비·보험료

(4) 안전보건진단비 등

① 유해·위험방지계획서의 작성 등에 소요되는 비용

② 안전보건진단에 소요되는 비용

③ 작업환경 측정에 소요되는 비용

④ 그 밖에 산업재해 예방을 위해 법에서 지정한 전문기관 등에서 실시하는 진단, 검사, 지도 등에 소요되는 비용

(5) 안전보건교육비 등

① 의무교육이나 이에 준하여 실시하는 교육을 위해 건설공사 현장의 교육 장소 설치·운영 등에 소요되는 비용

② ① 이외 산업재해 예방이 주된 목적인 교육을 실시하기 위해 소요되는 비용

③ 안전보건교육 대상자 등에게 구조 및 응급처치에 관한 교육을 실시하기 위해 소요되는 비용

④ 안전보건관리책임자, 안전관리자, 보건관리자가 업무수행을 위해 필요한 정보를 취득하기 위한 목적으로 도서, 정기간행물을 구입하는 데 소요되는 비용

⑤ 건설공사 현장에서 안전기원제 등 산업재해 예방을 기원하는 행사를 개최하기 위해 소요되는 비용 (다만, 행사의 방법, 소요된 비용 등을 고려하여 사회통념에 적합한 행사에 한함)

⑥ 건설공사 현장의 유해·위험요인을 제보하거나 개선방안을 제안한 근로자를 격려하기 위해 지급하는 비용

(6) 근로자 건강장해예방비 등

① 법·영·규칙에서 규정하거나 그에 준하여 필요로 하는 각종 근로자의 건강장해 예방에 필요한 비용

② 중대재해 목격으로 발생한 정신질환을 치료하기 위해 소요되는 비용

③ 「감염병의 예방 및 관리에 관한 법률」에 따른 감염병의 확산 방지를 위한 마스크, 손소독제, 체온계 구입비용 및 감염병병원체 검사를 위해 소요되는 비용

④ 휴게시설을 갖춘 경우 온도, 조명 설치·관리기준을 준수하기 위해 소요되는 비용

⑤ 건설공사 현장에서 근로자 심폐소생을 위해 사용되는 자동심장충격기(AED) 구입에 소요되는 비용

⑥ 온열·한랭질환으로부터 근로자 건강장해를 예방하기 위한 임시 휴게시설 설치·해체·임대 비용 및 냉·난방기기의 임대 비용

(7) 재해예방기술지도비 등

건설재해예방전문지도기관의 지도에 대한 대가로 자기공사자가 지급하는 비용

(8) 본사 안전보건 전담조직 운영비 등

「중대재해 처벌 등에 관한 법률 시행령」에 해당하는 건설사업자가 아닌 자가 운영하는 사업에서 안전보건 업무를 총괄·관리하는 3명 이상으로 구성된 본사 전담조직에 소속된 근로자의 임금 및 업무수행 출장비 전액

(다만, 계상된 산업안전보건관리비 총액의 20분의 1을 초과할 수 없음)

(9) 위험성평가 및 유해·위험요인 개선비용

위험성평가 또는 유해·위험요인 개선을 위해 필요하다고 판단하여 산업안전보건위원회 또는 노사협의체에서 사용하기로 결정한 사항을 이행하기 위한 비용

(다만, 계상된 산업안전보건관리비 총액의 100분의 15를 초과할 수 없음)

 빈출 기출문제

건설업 산업안전보건관리비로 사용할 수 없는 것은?

① 안전관리자의 인건비
② 교통통제를 위한 교통정리 신호수의 인건비
③ 기성제품에 부착된 안전장치 고장 시 교체 비용
④ 근로자의 안전보건 증진을 위한 교육, 세미나 등에 소요되는 비용

해설 교통통제를 위한 교통정리 신호수의 인건비는 산업안전보건관리비의 사용기준에 포함되지 않는다.

정답 ②

CHAPTER
04

건설현장 안전시설 관리

핵심 키워드 추락, 인장강도, 안전난간, 낙하, 굴착기계

☑ **외워줘! 제발~** 은 필수적으로 암기해야 하는 내용을 표시한 부분으로, 시간이 부족한 학습자는 이 내용 위주로 효율적으로 공부하고, 부록 '필수 암기노트'에 내용을 한 번 더 정리해 두었으니 시험 당일 들고 가서 활용하자!

☑ **형광펜**은 시험에 자주 나온 개념으로 2~3배로 꼼꼼히 암기하자! 특히, 시험 직전에는 **외워줘! 제발~** 과 **형광펜**만 모아 빠르게 학습하자!

☑ 빈출 기출문제는 시험에 자주 출제되는 문제로, 관련 개념까지 확실하게 익혀두자!

1 안전시설 설치 및 관리

1. 추락 방지용 안전시설

(1) 추락에 의한 위험방지

근로자가 추락하거나 넘어질 위험이 있는 장소 또는 기계·설비·선박블록 등에서 작업을 할 때에 비계를 조립하는 등의 방법으로 작업발판을 설치하여야 한다.

(2) 작업발판 설치가 곤란한 경우 추락방호망 설치 **외워줘! 제발~**

① 추락방호망 설치기준

ⓐ 추락방호망의 설치위치는 가능하면 작업면으로부터 가까운 지점에 설치하여야 하며, 작업면으로부터 망의 설치지점까지의 수직거리는 10m를 초과하지 아니할 것

ⓑ 추락방호망은 수평으로 설치하고, 망의 처짐은 짧은 변 길이의 12% 이상이 되도록 할 것

ⓒ 건축물 등의 바깥쪽으로 설치하는 경우 추락방호망의 내민 길이는 벽면으로부터 3m 이상 되도록 할 것

(다만, 그물코가 20mm 이하인 추락방호망을 사용한 경우, 낙하물 방지망을 설치한 것으로 봄)

② 방망사의 인장강도 **외워줘! 제발~**

ⓐ 방망사의 신품에 대한 인장강도

그물코의 크기(단위: cm)	방망의 종류(단위: kg)	
	매듭 없는 방망	매듭방망
10	240	200
5	–	110

ⓑ 방망사의 폐기 시 인장강도

그물코의 크기(단위: cm)	방망의 종류(단위: kg)	
	매듭 없는 방망	매듭방망
10	150	135
5	–	60

빈출 기출문제

그물코의 크기가 5cm인 매듭방망일 경우, 방망사의 인장강도는 최소 얼마 이상이어야 하는가?

① 50kg   ② 100kg
③ 110kg   ④ 150kg

해설 그물코의 크기가 5cm인 매듭방망일 경우, 방망사의 인장강도는 최소 110kg 이상이어야 한다.

정답 ③

(3) 개구부 등의 방호조치

작업발판 및 통로의 끝이나 개구부로서 근로자가 추락할 위험이 있는 장소에는 <mark>안전난간, 울타리, 수직형 추락방망 또는 덮개 등의 방호조치</mark>를 충분한 강도를 가진 구조로 튼튼하게 설치하여야 하며, 덮개를 설치하는 경우에는 뒤집히거나 떨어지지 않도록 설치하여야 한다. 이 경우 어두운 장소에서도 알아볼 수 있도록 개구부임을 표시하여야 한다.

(4) 난간 등 설치가 곤란한 경우 추락방호망 설치

<mark>난간 등을 설치하는 것이 매우 곤란</mark>하거나 작업의 필요상 임시로 난간 등을 해체하여야 하는 경우 <mark>추락방호망을 설치</mark>하여야 한다.
(다만, 추락방호망을 설치하기 곤란한 경우에는 근로자에게 <mark>안전대를 착용</mark>하도록 하는 등 추락할 위험을 방지하기 위하여 필요한 조치를 하여야 한다.)

빈출 기출문제

작업발판 및 통로의 끝이나 개구부로서 근로자가 추락할 위험이 있는 장소에서 난간 등의 설치가 매우 곤란하거나 작업의 필요상 임시로 난간 등을 해체하여야 하는 경우에 설치하여야 하는 것은?

① 구명구   ② 수직형 추락방망
③ 추락방호망   ④ 석면포

해설 안전난간을 설치하기 어렵다면 추락방호망을 설치하고, 추락방호망이 설치하기 어려우면 안전대를 착용하는 순서로 조치해야 한다.

정답 ③

(5) 안전대의 부착설비 등

추락할 위험이 있는 높이 2m 이상의 장소에서 근로자에게 안전대를 착용시킨 경우, 안전대를 안전하게 걸어 사용할 수 있는 설비 등을 설치하여야 한다. 이러한 안전대 부착설비로 지지로프 등을 설치하

는 경우에는 처지거나 풀리는 것을 방지하기 위하여 필요한 조치를 하여야 한다.

(6) 지붕 위에서의 위험방지 외워줘! 제발~

근로자가 지붕 위에서 작업을 할 때에 추락하거나 넘어질 위험이 있는 경우에는 다음의 조치를 해야 한다.

① 지붕의 가장자리에 안전난간을 설치할 것

② 채광창(Skylight)에는 견고한 구조의 덮개를 설치할 것

③ 슬레이트 등 강도가 약한 재료로 덮은 지붕에는 폭 30cm 이상의 발판을 설치할 것

(7) 승강설비 설치

높이 또는 깊이가 2m를 초과하는 장소에서 작업하는 경우 해당 작업에 종사하는 근로자가 안전하게 승강하기 위한 건설용 리프트 등의 설비를 설치해야 한다.

(8) 안전난간의 설치기준 외워줘! 제발~

① 상부난간대, 중간난간대, 발끝막이판 및 난간기둥으로 구성할 것

(다만, 중간난간대, 발끝막이판 및 난간기둥은 이와 비슷한 구조와 성능을 가진 것으로 대체할 수 있음)

② 상부난간대는 바닥면·발판 또는 경사로의 표면으로부터 90cm 이상 지점에 설치하고, 상부난간대를 120cm 이하에 설치하는 경우에 중간난간대는 상부난간대와 바닥면 등의 중간에 설치해야 하며, 120cm 이상 지점에 설치하는 경우에 중간난간대를 2단 이상으로 균등하게 설치하고 난간의 상하 간격은 60cm 이하가 되도록 할 것

(다만, 난간기둥 간의 간격이 25cm 이하인 경우에는 중간난간대를 설치하지 않을 수 있음)

③ 발끝막이판은 바닥면 등으로부터 10cm 이상의 높이를 유지할 것

(다만, 물체가 떨어지거나 날아올 위험이 없거나 그 위험을 방지할 수 있는 망을 설치하는 등 필요한 예방 조치를 한 장소는 제외함)

④ 난간기둥은 상부난간대와 중간난간대를 견고하게 떠받칠 수 있도록 적정한 간격을 유지할 것

⑤ 상부난간대와 중간난간대는 난간 길이 전체에 걸쳐 바닥면 등과 평행을 유지할 것

⑥ 난간대는 지름 2.7cm 이상의 금속제 파이프나 그 이상의 강도가 있는 재료일 것

⑦ 안전난간은 구조적으로 가장 취약한 지점에서 가장 취약한 방향으로 작용하는 100kg 이상의 하중에 견딜 수 있는 튼튼한 구조일 것

 빈출 기출문제

근로자의 추락 등의 위험을 방지하기 위한 안전난간의 구조 및 설치요건에 관한 기준으로 옳지 않은 것은?

① 상부난간대는 바닥면·발판 또는 경사로의 표면으로부터 90cm 이상 지점에 설치할 것

② 발끝막이판은 바닥면 등으로부터 10cm 이상의 높이를 유지할 것

③ 난간대는 지름 1.5cm 이상의 금속제 파이프나 그 이상의 강도를 가진 재료일 것

④ 안전난간은 구조적으로 가장 취약한 지점에서 가장 취약한 방향으로 작용하는 100kg 이상의 하중에 견딜 수 있는 튼튼한 구조일 것

해설 난간대는 지름 2.7cm 이상의 금속제 파이프나 그 이상의 강도를 가진 재료여야 한다.

정답 ③

2. 붕괴 방지용 안전시설

(1) 구축물 등의 안전성 평가 외워줘! 제발~

구축물 등이 다음 어느 하나에 해당하는 경우에는 구축물 등에 대한 구조검토, 안전진단 등의 안전성 평가를 하여 근로자에게 미칠 위험성을 미리 제거해야 한다.

① 구축물 등의 인근에서 굴착·항타작업 등으로 침하·균열 등이 발생하여 <mark>붕괴의 위험</mark>이 예상될 경우

② 구축물 등에 지진, 동해, 부동침하 등으로 균열·비틀림 등이 발생했을 경우

③ 구축물 등이 그 자체의 무게·적설·풍압 또는 그 밖에 부가되는 하중 등으로 <mark>붕괴 등의 위험</mark>이 있을 경우

④ 화재 등으로 구축물 등의 내력이 심하게 저하됐을 경우

⑤ 오랜 기간 사용하지 않던 구축물 등을 재사용하게 되어 안전성을 검토해야 하는 경우

⑥ 구축물 등의 주요 구조부에 대한 설계 및 시공방법의 전부 또는 일부를 변경하는 경우

⑦ 그 밖의 잠재위험이 예상될 경우

빈출 기출문제

구축물에 안전진단 등 안전성 평가를 실시하여 근로자에게 미칠 위험성을 미리 제거하여야 하는 경우가 아닌 것은?

① 구축물 또는 이와 유사한 시설물의 인근에서 굴착·항타작업 등으로 침하·균열 등이 발생하여 붕괴의 위험이 예상될 경우

② 구조물, 건축물, 그 밖의 시설물이 그 자체의 무게·적설·풍압 또는 그 밖에 부가되는 하중 등으로 붕괴 등의 위험이 있을 경우

③ 화재 등으로 구축물 또는 이와 유사한 시설물의 내력이 심하게 저하되었을 경우

④ 구축물의 구조체가 과도한 안전측으로 설계가 되었을 경우

해설 과도하게 안전측으로 설계된 것은 위험성을 미리 제거해야 할 경우가 아니다.

정답 ④

3. 낙하, 비래 방지용 안전시설 외워줘! 제발~

(1) 낙하물에 의한 위험방지

작업으로 인하여 물체가 떨어지거나 날아올 위험이 있는 경우 <mark>낙하물 방지망, 수직보호망 또는 방호선반의 설치</mark>, 출입금지구역의 설정, 보호구의 착용 등 위험을 방지하기 위하여 필요한 조치를 하여야 한다.

(2) <mark>낙하물 방지망 또는 방호선반 설치 시</mark> 준수사항

① 높이 <mark>10m 이내</mark>마다 설치하고, <mark>내민 길이는 벽면으로부터 2m 이상</mark>으로 할 것

② 수평면과의 각도는 <mark>20° 이상 30° 이하</mark>를 유지할 것

(3) 투하 시 위험방지

<mark>높이가 3m 이상</mark>인 장소로부터 물체를 투하하는 경우 <mark>투하설비를 설치</mark>하거나 감시인을 배치하는 등 위험을 방지하기 위하여 필요한 조치를 하여야 한다.

다음은 낙하물 방지망 또는 방호선반을 설치하는 경우에 준수해야 할 사항이다. ( ) 안에 알맞은 숫자는?

> 높이 (A)m 이내마다 설치하고, 내민 길이는 벽면으로부터 (B)m 이상으로 할 것

① A: 10, B: 2
② A: 8, B: 2
③ A: 10, B: 3
④ A: 8, B: 3

해설 높이는 10m 이내마다 설치하고, 내민 길이는 벽면으로부터 2m 이상으로 해야 한다.

정답 ①

2 건설장비의 종류 및 안전수칙

1. 차량계 건설기계의 종류

(1) 도저형 건설기계(불도저, 스트레이트도저, 틸트도저, 앵글도저, 버킷도저 등)

(2) 모터그레이더(땅 고르는 기계)

(3) 로더(포크 등 부착물 종류에 따른 용도 변경 형식 포함)

(4) 스크레이퍼(흙을 절삭·운반하거나 펴 고르는 등의 작업을 하는 토공기계)

(5) 크레인형 굴착기계(크램쉘, 드래그라인 등)

(6) 굴착기(브레이커, 크러셔, 드릴 등 부착물 종류에 따른 용도 변경 형식 포함)

(7) 항타기 및 항발기

(8) 천공용 건설기계(어스드릴, 어스오거, 크롤러드릴, 점보드릴 등)

(9) 지반 압밀침하용 건설기계(샌드드레인머신, 페이퍼드레인머신, 팩드레인머신 등)

(10) 지반 다짐용 건설기계(타이어롤러, 매커덤롤러, 탠덤롤러 등)

(11) 준설용 건설기계(버킷준설선, 그래브준설선, 펌프준설선 등)

(12) 콘크리트 펌프카

(13) 덤프트럭

(14) 콘크리트 믹서 트럭

(15) 도로포장용 건설기계(아스팔트 살포기, 콘크리트 살포기, 아스팔트 피니셔, 콘크리트 피니셔 등)

(16) 골재채취 및 살포용 건설기계(쇄석기, 자갈채취기, 골재살포기 등)

(17) 위와 유사한 구조 또는 기능을 갖는 건설기계로서 건설작업에 사용하는 것

다음 중 차량계 건설기계에 속하지 않는 것은?

① 불도저　　　　　　　　　　② 스크레이퍼
③ 타워크레인　　　　　　　　④ 항타기

해설　크레인은 양중기로 구분된다.

정답　③

2. 굴착기계의 종류 외워줘! 제발~

(1) **백호우**: 흔히 말하는 굴삭기로, 지면보다 아랫부분을 굴착할 수 있으며, 수중굴착이 가능하다.

(2) **드래그라인**: 중간 정도의 굴삭력과 굴착깊이를 가지며, 수중굴착이 가능하다.

(3) **크램쉘**: 준설선에서 많이 사용되고 있으며 강가나 바닷가의 모래채취용으로 많이 쓰인다. 굴삭력은 가장 약하지만, 굴착깊이가 가장 깊고 수중굴착이 가능하다.

 빈출 기출문제

지면보다 낮은 장소를 굴착하는 데 적합한 장비는?

① 백호우　　　　　　　　　　② 파워쇼벨
③ 트럭크레인　　　　　　　　④ 진폴

해설　지면보다 낮은 장소를 굴착하는 데 적합한 장비는 백호우, 드래그라인, 크램쉘이다.

정답　①

3. 차량계 건설기계의 안전조치

(1) 불도저, 트랙터, 쇼벨 및 드래그쇼벨 사용 시 헤드가드 설치

(2) **차량계 건설기계 전도·전락 등의 방지** 외워줘! 제발~

　　① 작업 유도자 배치

　　② 지반의 부동침하방지

　　③ 갓길의 붕괴방지

　　④ 도로의 폭 유지

차량계 건설기계 작업 시 기계의 전도·전락 등에 의한 근로자의 위험을 방지하기 위한 유의사항과 거리가 먼 것은?

① 변속 기능의 유지　　　　　　　　② 갓길의 붕괴방지
③ 도로의 폭 유지　　　　　　　　　④ 지반의 부동침하방지

해설　차량계 건설기계 작업 시에는 지반의 부동침하방지, 갓길의 붕괴방지, 도로의 폭 유지, 작업 유도자 배치 등에 유의해야 한다.

정답　①

4. 항타기 및 항발기

(1) 항타기 및 항발기 조립 시 점검사항 `외워줘! 제발~` `실기까지 출제!`

① 본체 연결부의 풀림 또는 손상 유무
② 권상용 와이어로프·드럼 및 도르래의 부착상태 이상 유무
③ 권상장치의 브레이크 및 쐐기장치 기능 이상 유무
④ 권상기의 설치상태 이상 유무
⑤ 리더의 버팀방법 및 고정상태 이상 유무
⑥ 본체·부속장치 및 부속품의 강도 적합 여부
⑦ 본체·부속장치 및 부속품에 심한 손상·마모·변형 또는 부식 여부

(2) 항타기 및 항발기의 기타 중요사항 `외워줘! 제발~`

① 항타기 및 항발기의 권상용 와이어로프의 안전계수가 5 이상일 것
② 항타기 및 항발기의 권상장치의 드럼축과 권상장치로부터 첫 번째 도르래의 축 간의 거리를 권상장치 드럼폭의 15배 이상으로 할 것

CHAPTER 05 비계·거푸집 가시설 위험방지

핵심 키워드 강관비계, 조립간격, 강관틀비계, 달비계, 말비계, 가설통로, 사다리식 통로, 계단의 설치기준

☑ **외워줘! 제발~** 은 필수적으로 암기해야 하는 내용을 표시한 부분으로, 시간이 부족한 학습자는 이 내용 위주로 효율적으로 공부하고, 부록 '필수 암기노트'에 내용을 한 번 더 정리해 두었으니 시험 당일 들고 가서 활용하자!

☑ **형광펜**은 시험에 자주 나온 개념으로 2~3배로 꼼꼼히 암기하자! 특히, 시험 직전에는 **외워줘! 제발~**과 **형광펜**만 모아 빠르게 학습하자!

☑ 빈출 기출문제는 시험에 자주 출제되는 문제로, 관련 개념까지 확실하게 익혀두자!

1 비계

1. 조립·해체 및 점검 등

(1) 비계 등의 조립·해체 및 변경

① 달비계 또는 높이 5m 이상의 비계를 조립·해체하거나 변경하는 작업을 하는 경우 다음의 사항을 준수하여야 한다.
ⓐ 근로자가 관리감독자의 지휘에 따라 작업하도록 할 것
ⓑ 조립·해체 또는 변경의 시기·범위 및 절차를 그 작업에 종사하는 근로자에게 주지시킬 것
ⓒ 조립·해체 또는 변경 작업구역에는 해당 작업에 종사하는 근로자가 아닌 사람의 출입을 금지하고 그 내용을 보기 쉬운 장소에 게시할 것
ⓓ 비, 눈, 그 밖의 기상상태의 불안정으로 날씨가 몹시 나쁜 경우에는 작업을 중지시킬 것
ⓔ 비계재료의 연결·해체작업을 하는 경우에는 폭 20cm 이상의 발판을 설치하고 근로자로 하여금 안전대를 사용하도록 하는 등 추락을 방지하기 위한 조치를 할 것
ⓕ 재료·기구 또는 공구 등을 올리거나 내리는 경우에는 근로자가 달줄 또는 달포대 등을 사용하게 할 것
② 강관비계 또는 통나무비계를 조립하는 경우 쌍줄로 하여야 한다.
(다만, 별도의 작업발판을 설치할 수 있는 시설을 갖춘 경우에는 외줄로 할 수 있음)

✓ 빈출 기출문제

다음은 달비계 또는 높이 5m 이상의 비계를 조립·해체하거나 변경하는 작업을 하는 경우에 대한 내용이다. ( )에 알맞은 숫자는?

> 비계재료의 연결·해체작업을 하는 경우에는 폭 ( )cm 이상의 발판을 설치하고 근로자로 하여금 안전대를 사용하도록 하는 등 추락을 방지하기 위한 조치를 할 것

① 15 　　　　　② 20 　　　　　③ 25 　　　　　④ 30

(2) 비계의 점검 및 보수 외워줘! 제발~ 실기까지 출제!

비, 눈, 그 밖의 기상상태의 악화로 작업을 중지시킨 후 또는 비계를 조립·해체하거나 변경한 후에 그 비계에서 작업을 하는 경우에는 해당 작업을 시작하기 전에 다음의 사항을 점검하고, 이상을 발견하면 즉시 보수하여야 한다.

① 발판 재료의 손상 여부 및 부착 또는 걸림상태
② 해당 비계의 연결부 또는 접속부의 풀림상태
③ 연결 재료 및 연결 철물의 손상 또는 부식상태
④ 손잡이의 탈락 여부
⑤ 기둥의 침하, 변형, 변위 또는 흔들림상태
⑥ 로프의 부착상태 및 매단 장치의 흔들림상태

 정종대쌤의 암기 팁

손.발.로.비.연.기

(비계의 점검 및 보수 내용: 손잡이, 발판 재료, 로프, 비계, 연결 재료 및 연결 철물, 기둥)

2. 강관비계 및 강관틀비계

(1) 강관비계 조립 시 준수사항

① 비계기둥에는 미끄러지거나 침하하는 것을 방지하기 위하여 밑받침철물을 사용하거나 깔판·받침목 등을 사용하여 밑둥잡이를 설치하는 등의 조치를 할 것
② 강관의 접속부 또는 교차부는 적합한 부속철물을 사용하여 접속하거나 단단히 묶을 것
③ 교차가새로 보강할 것
④ 외줄비계·쌍줄비계 또는 돌출비계에 대해서는 다음에서 정하는 바에 따라 벽이음 및 버팀을 설치할 것
    ⓐ 강관비계의 조립 간격은 아래 표의 기준에 적합하도록 할 것 외워줘! 제발~

강관비계의 종류	조립간격(단위: m)	
	수직방향	수평방향
단관비계	5	5
틀비계(높이가 5m 미만인 것은 제외)	6	8

    ⓑ 강관·통나무 등의 재료를 사용하여 견고한 것으로 할 것
    ⓒ 인장재와 압축재로 구성된 경우에는 인장재와 압축재의 간격을 1m 이내로 할 것
⑤ 가공전로에 근접하여 비계를 설치하는 경우에는 가공전로를 이설하거나 가공전로에 절연용 방호구를 장착하는 등 가공전로와의 접촉을 방지하기 위한 조치를 할 것

단관비계를 조립하는 경우 벽이음 및 버팀을 설치할 때의 수평방향 조립간격의 기준으로 옳은 것은?

① 3m
② 5m
③ 6m
④ 8m

해설 단관비계를 조립하는 경우 벽이음 및 버팀을 설치할 때의 수평방향 조립간격의 기준은 5m이다.

정답 ②

비계에서 벽 고정을 하고 기둥과 기둥을 수평재나 가새로 연결하는 가장 큰 이유는?

① 작업자의 추락재해를 방지하기 위하여
② 좌굴을 방지하기 위해
③ 인장파괴를 방지하기 위해
④ 해체를 용이하게 하기 위해

해설 좌굴이란 길이가 긴 부재가 축하중에 의해 구부러지는 것을 말한다. 비계에서 벽 고정을 하고 기둥끼리 수평재나 가새로 연결하는 것은 좌굴을 방지하기 위함이다.

정답 ②

(2) 강관비계의 구조 외워줘! 제발~

강관을 사용하여 비계를 구성하는 경우 다음 사항을 준수해야 한다.
① 비계기둥의 간격은 띠장방향에서는 1.85m 이하, 장선방향에서는 1.5m 이하로 할 것
　(다만, 선박 및 보트 건조작업의 경우 안전성에 대한 구조검토를 실시하고 조립도를 작성하면 띠장
　방향 및 장선방향으로 각각 2.7m 이하로 할 수 있음)
② 띠장 간격은 2m 이하로 설치할 것
③ 비계기둥의 제일 윗부분으로부터 31m되는 지점 밑부분의 비계기둥은 2개의 강관으로 묶어 세울 것
④ 비계기둥 간의 적재하중은 400kg을 초과하지 않도록 할 것

다음 중 강관비계의 설치기준으로 옳은 것은?

① 비계기둥의 간격은 띠장방향에서는 1.5m 이상 1.8m 이하로 하고, 장선방향에서는 1.5m 이하로 한다.
② 띠장 간격은 1.8m 이하로 설치하되, 첫 번째 띠장은 지상으로부터 2m 이하의 위치에 설치한다.
③ 비계기둥 간의 적재하중은 400kg을 초과하지 않도록 한다.
④ 비계기둥의 제일 윗부분으로부터 21m 되는 지점 밑부분의 비계기둥은 2개의 강관으로 묶어 세운다.

해설 비계기둥의 간격은 띠장방향에서 1.85m 이하, 장선방향에서 1.5m 이하로 하고, 띠장 간격은 2m 이하로 하며, 비계기둥의 제일 윗부분으로부터 31m 되는 지점 밑부분의 비계기둥은 2개의 강관으로 묶어 세우는 것이 올바른 기준이다.

정답 ③

(3) 강관틀비계 조립 시 준수사항 외워줘! 제발~

① 비계기둥의 밑둥에는 밑받침철물을 사용하여야 하며 밑받침에 고저차가 있는 경우에는 조절형 밑받침철물을 사용하여 각각의 강관틀비계가 항상 수평 및 수직을 유지하도록 할 것

② 높이가 20m를 초과하거나 중량물의 적재를 수반하는 작업을 할 경우에는 주틀 간의 간격을 1.8m 이하로 할 것

③ 주틀 간에 교차가새를 설치하고 최상층 및 5층 이내마다 수평재를 설치할 것

④ 수직방향으로 6m, 수평방향으로 8m 이내마다 벽이음을 할 것

⑤ 길이가 띠장방향으로 4m 이하이고 높이가 10m를 초과하는 경우에는 10m 이내마다 띠장방향으로 버팀기둥을 설치할 것

빈출 기출문제

강관틀비계를 조립하여 사용하는 경우 준수해야 할 기준으로 옳지 않은 것은?

① 높이가 20m를 초과하거나 중량물의 적재를 수반하는 작업을 할 경우에는 주틀 간의 간격을 2.4m 이하로 할 것

② 수직방향으로 6m, 수평방향으로 8m 이내마다 벽이음을 할 것

③ 길이가 띠장방향으로 4m 이하이고 높이가 10m를 초과하는 경우에는 10m 이내마다 띠장방향으로 버팀기둥을 설치할 것

④ 주틀 간에 교차가새를 설치하고 최상층 및 5층 이내마다 수평재를 설치할 것

해설 높이가 20m를 초과하거나 중량물의 적재를 수반하는 작업을 할 경우에는 주틀 간의 간격을 1.8m 이하로 해야 한다.

정답 ①

3. 달비계, 달대비계 및 걸침비계

(1) 달비계 설치 시 준수사항

① 다음 와이어로프를 달비계에 사용해서는 아니 된다. 외워줘! 제발~

    ⓐ 이음매가 있는 것

    ⓑ 와이어로프의 한 꼬임에서 끊어진 소선의 수가 10% 이상인 것

    ⓒ 지름의 감소가 공칭지름의 7%를 초과하는 것

    ⓓ 꼬인 것

    ⓔ 심하게 변형되거나 부식된 것

    ⓕ 열과 전기충격에 의해 손상된 것

② 다음 달기체인을 달비계에 사용해서는 아니 된다. 외워줘! 제발~

    ⓐ 달기체인의 길이가 달기체인이 제조된 때의 길이의 5%를 초과한 것

    ⓑ 링의 단면지름이 달기체인이 제조된 때의 해당 링의 지름의 10%를 초과하여 감소한 것

    ⓒ 균열이 있거나 심하게 변형된 것

 빈출 기출문제

건설현장에 달비계를 설치하여 작업 시 달비계에 사용 가능한 와이어로프로 볼 수 있는 것은?

① 이음매가 있는 것
② 와이어로프의 한 꼬임에서 끊어진 소선의 수가 5%인 것
③ 지름의 감소가 공칭지름의 10%인 것
④ 열과 전기충격에 의해 손상된 것

해설 와이어로프의 한 꼬임에서 끊어진 소선의 수가 10% 이상인 것은 사용할 수 없다.

정답 ②

(2) 걸침비계 설치 시 준수사항

선박 및 보트 건조작업에서 걸침비계를 설치하는 경우에는 다음의 사항을 준수하여야 한다.

① 지지점이 되는 매달림부재의 고정부는 구조물로부터 이탈되지 않도록 견고히 고정할 것
② 매달림부재의 안전율은 4 이상일 것

NEW 2026 신출 예상문제

걸침비계에 사용되는 매달림부재의 안전율은 몇 이상이어야 하는가?

① 3   ② 4
③ 5   ④ 10

해설 걸침비계에 사용되는 매달림부재의 안전율은 4 이상이어야 한다.

정답 ②

4. 말비계 및 이동식 비계

(1) 말비계 조립 시 준수사항 외워줘! 제발~ 실기까지 출제!

① 지주부재의 하단에는 미끄럼 방지장치를 하고, 근로자가 양측 끝부분에 올라서서 작업하지 않도록 할 것
② 지주부재와 수평면의 기울기를 75° 이하로 하고, 지주부재와 지주부재 사이를 고정시키는 보조부재를 설치할 것
③ 말비계의 높이가 2m를 초과하는 경우에는 작업발판의 폭을 40cm 이상으로 할 것

빈출 기출문제

말비계를 조립하여 사용할 때의 준수사항으로 옳지 않은 것은?

① 지주부재의 하단에는 미끄럼 방지장치를 한다.

② 지주부재와 수평면과의 기울기는 75° 이하로 한다.

③ 말비계의 높이가 2m를 초과할 경우에는 작업발판의 폭을 30cm 이상으로 한다.

④ 지주부재와 지주부재 사이를 고정시키는 보조부재를 설치한다.

해설 말비계의 높이가 2m를 초과하는 경우에는 작업발판의 폭을 40cm 이상으로 해야 한다.

정답 ③

(2) 이동식 비계 조립 시 준수사항

① 이동식 비계의 바퀴에는 갑작스러운 이동 또는 전도를 방지하기 위하여 브레이크·쐐기 등으로 바퀴를 고정한 다음 비계의 일부를 견고한 시설물에 고정하거나 아웃트리거를 설치하는 등 필요한 조치를 할 것

② 승강용사다리는 견고하게 설치할 것

③ 비계의 최상부에서 작업을 하는 경우에는 안전난간을 설치할 것

④ 작업발판은 항상 수평을 유지하고 작업발판 위에서 안전난간을 딛고 작업을 하거나 받침대 또는 사다리를 사용하여 작업하지 않도록 할 것

⑤ 작업발판의 최대 적재하중은 250kg을 초과하지 않도록 할 것 외워줘! 제발~

빈출 기출문제

이동식 비계를 조립하여 작업을 하는 경우에 작업발판의 최대 적재하중은 몇 kg을 초과하지 않도록 해야 하는가?

① 150kg   ② 200kg

③ 250kg   ④ 300kg

해설 작업발판의 최대 적재하중은 250kg을 초과하지 않도록 해야 한다.

정답 ③

5. 시스템 비계

(1) 시스템 비계 구성 시 준수사항

① 수직재·수평재·가새재를 견고하게 연결하는 구조가 되도록 할 것

② 비계 밑단의 수직재와 받침철물은 밀착되도록 설치하고, 수직재와 받침철물의 연결부의 겹침길이는 받침철물 전체길이의 3분의 1 이상이 되도록 할 것 외워줘! 제발~

③ 수평재는 수직재와 직각으로 설치하여야 하며, 체결 후 흔들림이 없도록 견고하게 설치할 것

④ 수직재와 수직재의 연결철물은 이탈되지 않도록 견고한 구조로 할 것

⑤ 벽 연결재의 설치간격은 제조사가 정한 기준에 따라 설치할 것

② 작업통로 및 발판

1. 통로

(1) **통로의 조명**: 근로자가 안전하게 통행할 수 있도록 **통로에 75럭스** 이상의 조명시설을 하여야 한다.

(2) **통로의 설치**

① 통로의 주요 부분에 통로표시를 하고, 근로자가 안전하게 통행할 수 있도록 하여야 한다.

② 통로면으로부터 **높이 2m 이내에는 장애물이 없도록** 하여야 한다.

(다만, 부득이하게 통로면으로부터 높이 2m 이내에 장애물을 설치할 수밖에 없거나 높이 2m 이내의 장애물을 제거하는 것이 곤란하다고 고용노동부장관이 인정하는 경우에는 근로자에게 발생할 수 있는 부상 등의 위험을 방지하기 위한 안전조치를 하여야 함)

2. 가설통로의 구조 `외워줘! 제발~`

(1) 견고한 구조로 할 것

(2) 경사는 **30° 이하**로 할 것

(3) 경사가 **15°를 초과**하는 경우에는 **미끄러지지 아니하는 구조**로 할 것

(4) 추락할 위험이 있는 장소에는 **안전난간**을 설치할 것

(5) 수직갱에 가설된 통로의 **길이가 15m 이상인 경우에는 10m 이내마다** 계단참을 설치할 것

(6) 건설공사에 사용하는 **높이 8m 이상인 비계다리에는 7m 이내마다** 계단참을 설치할 것

빈출 기출문제

가설통로를 설치하는 경우 준수하여야 할 기준으로 옳지 않은 것은?

① 경사는 30° 이하로 할 것

② 경사가 15°를 초과하는 경우에는 미끄러지지 아니하는 구조로 할 것

③ 수직갱에 가설된 통로의 길이가 15m 이상인 때에는 15m 이내마다 계단참을 설치할 것

④ 건설공사에 사용하는 높이 8m 이상의 비계다리에는 7m 이내마다 계단참을 설치할 것

`해설` 수직갱에 가설된 통로의 **길이가 15m 이상인 경우에는 10m 이내마다** 계단참을 설치해야 한다.

`정답` ③

3. 사다리식 통로 등의 구조 `외워줘! 제발~`

(1) 견고한 구조로 할 것

(2) 심한 손상·부식 등이 없는 재료를 사용할 것

(3) 발판의 간격은 일정하게 할 것

(4) **발판과 벽과의 사이는 15cm 이상**의 간격을 유지할 것

(5) **폭은 30cm 이상**으로 할 것

(6) 사다리가 넘어지거나 미끄러지는 것을 방지하기 위한 조치를 할 것

(7) 사다리의 **상단**은 걸쳐놓은 지점으로부터 **60cm 이상** 올라가도록 할 것

(8) 사다리식 통로의 길이가 **10m 이상인 경우**에는 **5m 이내마다 계단참을 설치**할 것

(9) 사다리식 통로의 **기울기는 75° 이하**로 할 것. 다만, 고정식 사다리식 통로의 기울기는 **90° 이하**로 하고, 그 높이가 **7m 이상인 경우**에는 다음의 구분에 따른 조치를 할 것

① 등받이울이 있어도 근로자 이동에 지장이 없는 경우: 바닥으로부터 높이가 **2.5m 되는 지점부터 등받이울을 설치**할 것

② 등받이울이 있으면 근로자가 이동이 곤란한 경우: 한국산업표준에서 정하는 기준에 적합한 개인용 추락방지 시스템을 설치하고 근로자로 하여금 한국산업표준에서 정하는 기준에 적합한 **전신안전대를 사용**하도록 할 것

(10) 접이식 사다리 기둥은 사용 시 접혀지거나 펼쳐지지 않도록 철물 등을 사용하여 견고하게 조치할 것

빈출 기출문제

산업안전보건법령에 따라 사다리식 통로를 설치하는 경우 준수해야 할 기준으로 틀린 것은?

① 사다리식 통로의 기울기는 60° 이하로 할 것
② 발판과 벽과의 사이는 15cm 이상의 간격을 유지할 것
③ 사다리의 상단은 걸쳐놓은 지점으로부터 60cm 이상 올라가도록 할 것
④ 사다리식 통로의 길이가 10m 이상인 경우에는 5m 이내마다 계단참을 설치할 것

해설 사다리식 통로의 **기울기는 75° 이하**로 해야 한다. 참고로, 고정식 사다리식 통로의 기울기는 90° 이하로 구분되어 출제되기도 하므로 유의해야 한다.

정답 ①

4. 계단 외워줘! 제발~

(1) 계단의 강도

계단 및 계단참을 설치하는 경우 $500kg/m^2$ **이상의 하중에 견딜 수 있는 강도**를 가진 구조로 설치하여야 하며, **안전율은 4 이상**으로 하여야 한다.

(2) 계단의 설치기준

① 계단을 설치하는 경우 그 **폭을 1m 이상**으로 하여야 한다.
② 계단에 손잡이 외의 다른 물건 등을 설치하거나 쌓아 두어서는 아니 된다.
③ 높이가 **3m를 초과하는 계단**에 높이 3m 이내마다 진행방향으로 길이 1.2m 이상의 계단참을 설치해야 한다.
④ 계단을 설치하는 경우 바닥면으로부터 **높이 2m 이내의 공간에 장애물이 없도록** 하여야 한다.
⑤ **높이 1m 이상인 계단**의 개방된 측면에 안전난간을 설치하여야 한다.

건설현장의 가설계단 및 계단참을 설치하는 경우 얼마 이상의 하중에 견딜 수 있는 강도를 가진 구조로 설치하여야 하는가?

① 200kg/m²

② 300kg/m²

③ 400kg/m²

④ 500kg/m²

해설 계단 및 계단참을 설치하는 경우 500kg/m² 이상의 하중에 견딜 수 있는 강도를 가진 구조로 설치해야 한다.

정답 ④

5. 작업발판의 구조 외워줘! 제발~

비계의 높이가 2m 이상인 작업장소에 다음의 기준에 맞는 작업발판을 설치하여야 한다.

(1) 발판재료는 작업할 때의 하중을 견딜 수 있도록 견고한 것으로 할 것

(2) 작업발판의 폭은 40cm 이상으로 하고, 발판재료 간의 틈은 3cm 이하로 할 것

(3) 선박 및 보트 건조작업의 경우 선박블록 또는 엔진실 등의 좁은 작업공간에 작업발판을 설치하기 위하여 필요하면 작업발판의 폭을 30cm 이상으로 할 수 있고, 걸침비계의 경우 강관기둥 때문에 발판재료 간의 틈을 3cm 이하로 유지하기 곤란하면 5cm 이하로 할 것. 이 경우 그 틈 사이로 물체 등이 떨어질 우려가 있는 곳에는 출입금지 등의 조치를 할 것

(4) 추락의 위험이 있는 장소에는 안전난간을 설치할 것

(다만, 작업의 성질상 안전난간을 설치하는 것이 곤란한 경우, 작업의 필요상 임시로 안전난간을 해체할 때에 추락방호망을 설치하거나 근로자로 하여금 안전대를 사용하도록 하는 등 추락위험 방지조치를 한 경우에는 그러하지 아니함)

(5) 작업발판의 지지물은 하중에 의하여 파괴될 우려가 없는 것을 사용할 것

(6) 작업발판의 재료는 뒤집히거나 떨어지지 않도록 둘 이상의 지지물에 연결하거나 고정시킬 것

(7) 작업발판을 작업에 따라 이동시킬 경우에는 위험방지에 필요한 조치를 할 것

비계의 높이가 2m 이상인 작업장소에 설치하여야 하는 작업발판의 기준으로 옳지 않은 것은?

① 작업발판의 폭은 40cm 이상으로 하고, 발판재료 간의 틈은 3cm 이하로 할 것

② 추락의 위험이 있는 장소에는 안전난간을 설치할 것

③ 작업발판의 지지물은 하중에 의하여 파괴될 우려가 없는 것을 사용할 것

④ 작업발판의 재료는 뒤집히거나 떨어지지 않도록 1개 이상의 지지물에 연결하거나 고정시킬 것

해설 작업발판의 재료는 뒤집히거나 떨어지지 않도록 둘 이상의 지지물에 연결하거나 고정해야 한다.

정답 ④

❸ 거푸집 및 동바리

1. 정의

(1) **거푸집**: 부어넣는 콘크리트가 소정의 형상, 치수를 유지하며 콘크리트가 적합한 강도에 도달하기까지 지지하는 가설구조물의 총칭을 말한다.

(2) **동바리**: 타설된 콘크리트가 소정의 강도를 얻을 때까지 거푸집을 적정 위치에 유지시키고, 상부하중을 지지하는 부재를 말한다.

2. 조립도

(1) 거푸집 및 동바리를 조립하는 경우에는 그 구조를 검토한 후 조립도를 작성하고, 그 조립도에 따라 조립하도록 할 것

(2) 조립도에는 거푸집 및 동바리를 구성하는 부재의 재질·단면규격·설치간격 및 이음방법 등을 명시할 것

3. 거푸집 조립 시의 안전조치

(1) 거푸집을 조립하는 경우에는 거푸집이 콘크리트 하중이나 그 밖의 외력에 견딜 수 있거나, 넘어지지 않도록 견고한 구조의 긴결재*, 버팀대 또는 지지대를 설치하는 등 필요한 조치를 할 것

　　(* 긴결재: 콘크리트를 타설할 때 거푸집이 변형되지 않게 연결하여 고정하는 재료)

(2) 거푸집이 곡면인 경우에는 버팀대의 부착 등 그 거푸집의 부상(浮上)을 방지하기 위한 조치를 할 것

4. 동바리 조립 시의 안전조치

동바리를 조립하는 경우에는 하중의 지지상태를 유지할 수 있도록 다음 사항을 준수해야 한다.

(1) 받침목이나 깔판 사용, 콘크리트 타설, 말뚝박기 등 동바리의 침하를 방지하기 위한 조치를 할 것

(2) 동바리의 상하 고정 및 미끄러짐 방지조치를 할 것

(3) 상부·하부의 동바리가 동일 수직선상에 위치하도록 하여 깔판·받침목에 고정시킬 것

(4) 개구부 상부에 동바리를 설치하는 경우에는 상부하중을 견딜 수 있는 견고한 받침대를 설치할 것

(5) U헤드 등의 단판이 없는 동바리의 상단에 멍에 등을 올릴 경우에는 해당 상단에 U헤드 등의 단판을 설치하고, 멍에 등이 전도되거나 이탈되지 않도록 고정시킬 것

(6) 동바리의 이음은 같은 품질의 재료를 사용할 것

(7) 강재의 접속부 및 교차부는 볼트·클램프 등 전용철물을 사용하여 단단히 연결할 것

(8) 거푸집의 형상에 따른 부득이한 경우를 제외하고는 깔판이나 받침목은 2단 이상 끼우지 않도록 할 것

(9) 깔판이나 받침목을 이어서 사용하는 경우에는 그 깔판·받침목을 단단히 연결할 것

5. 동바리 유형에 따른 동바리 조립 시의 안전조치

(1) 동바리로 사용하는 파이프 서포트의 경우

　　① 파이프 서포트를 3개 이상 이어서 사용하지 않도록 할 것

　　② 파이프 서포트를 이어서 사용하는 경우에는 4개 이상의 볼트 또는 전용철물을 사용하여 이을 것

③ 높이가 3.5m를 초과하는 경우에는 높이 2m 이내마다 수평연결재를 2개 방향으로 만들고 수평연결재의 변위를 방지할 것

(2) 동바리로 사용하는 강관틀의 경우

① 강관틀과 강관틀 사이에 교차가새를 설치할 것

② 최상단 및 5단 이내마다 동바리의 측면과 틀면의 방향 및 교차가새의 방향에서 5개 이내마다 수평연결재를 설치하고 수평연결재의 변위를 방지할 것

③ 최상단 및 5단 이내마다 동바리의 틀면의 방향에서 양단 및 5개틀 이내마다 교차가새의 방향으로 띠장틀을 설치할 것

(3) 동바리로 사용하는 조립강주의 경우

조립강주의 높이가 4m를 초과하는 경우에는 높이 4m 이내마다 수평연결재를 2개 방향으로 설치하고 수평연결재의 변위를 방지할 것

(4) 시스템 동바리의 경우

시스템 동바리는 규격화·부품화된 수직재, 수평재 및 가새재 등의 부재를 현장에서 조립하여 거푸집을 지지하는 지주 형식의 동바리이다.

① 수평재는 수직재와 직각으로 설치해야 하며, 흔들리지 않도록 견고하게 설치할 것

② 연결철물을 사용하여 수직재를 견고하게 연결하고, 연결부위가 탈락 또는 꺾어지지 않도록 할 것

③ 수직 및 수평하중에 대해 동바리의 구조적 안정성이 확보되도록 조립도에 따라 수직재 및 수평재에는 가새재를 견고하게 설치할 것

④ 동바리 최상단과 최하단의 수직재와 받침철물은 서로 밀착되도록 설치하고 수직재와 받침철물의 연결부의 겹침길이는 받침철물 전체길이의 3분의 1 이상 되도록 할 것

빈출 기출문제

동바리를 조립하는 경우에 준수해야 할 기준으로 옳지 않은 것은?

① 동바리의 상하 고정 및 미끄러짐 방지조치를 하고, 하중의 지지상태를 유지할 것

② 강재와 강재와의 접속부 및 교차부는 볼트·클램프 등 전용철물을 사용하여 단단히 연결할 것

③ 동바리로 사용하는 파이프 서포트의 높이가 3.5를 초과하는 경우에는 높이 2m 이내마다 수평연결재를 2개 방향으로 만들고 수평연결재의 변위를 방지할 것

④ 파이프 서포트를 이어서 사용하는 경우에는 3개 이상의 볼트 또는 전용철물을 사용하여 이을 것

[해설] 파이프 서포트를 이어서 사용하는 경우에는 4개 이상의 볼트 또는 전용철물을 사용해야 한다.

[정답] ④

동바리로 조립강주를 사용할 경우 조립강주의 높이가 몇 m 초과 시, 수평연결재를 설치해야 하는가?

① 2m   ② 3.5m   ③ 4m   ④ 5m

해설 동바리로 사용하는 조립강주의 경우에 조립강주의 높이가 4m를 초과한다면 높이 4m 이내마다 수평연결재를 2개 방향으로 설치하고 수평연결재의 변위를 방지해야 한다.

정답 ③

6. 작업발판 일체형 거푸집의 종류 `외워줘! 제발~` `실기까지 출제!`

(1) **갱 폼(Gang Form)**: 아파트공사에 많이 사용하는 거푸집

(2) **슬립 폼(Slip Form)**: 교각과 같은 수직구조물 시공 시 주로 사용하는 거푸집

(3) **클라이밍 폼(Climbing Form)**: 갱 폼과 같은 대형 구조물에 사용되며 자가상승 기능이 있는 거푸집

(4) **터널 라이닝 폼(Tunnel Lining Form)**: 터널공사에 사용하는 거푸집

CHAPTER 06 공사 및 작업 종류별 안전

핵심 키워드 크레인, 와이어로프, 철골 공사, 측압, 기울기, 히빙, 보일링

☑ **외워줘! 제발~** 은 필수적으로 암기해야 하는 내용을 표시한 부분으로, 시간이 부족한 학습자는 이 내용 위주로 효율적으로 공부하고, 부록 '필수 암기노트'에 내용을 한 번 더 정리해 두었으니 시험 당일 들고 가서 활용하자!

☑ **형광펜**은 시험에 자주 나온 개념으로 2~3배로 꼼꼼히 암기하자! 특히, 시험 직전에는 **외워줘! 제발~** 과 **형광펜**만 모아 빠르게 학습하자!

☑ 빈출 기출문제는 시험에 자주 출제되는 문제로, 관련 개념까지 확실하게 익혀두자!

1 양중작업

1. 양중기의 종류

(1) 크레인

(2) **리프트** **외워줘! 제발~**
① 건설용 리프트
② 자동차정비용 리프트
③ 이삿짐운반용 리프트(최대하중이 0.1톤 이상인 것에 한함)
④ 산업용 리프트

(3) 곤돌라

(4) **승강기** **외워줘! 제발~**
① 승객용 엘리베이터
② 승객화물용 엘리베이터
③ 화물용 엘리베이터
④ 소형화물용 엘리베이터
⑤ 에스컬레이터

(5) 이동식 크레인

 빈출 기출문제

다음 기계 중 양중기에 포함되지 않는 것은?

① 리프트　　　　② 곤돌라　　　　③ 크레인　　　　④ 트롤리 컨베이어

해설 트롤리 컨베이어는 양중기에 포함되지 않는다.

정답 ④

2. 크레인의 방호장치

(1) **과부하방지장치·권과방지장치·비상정지장치 및 제동장치** 등 방호장치를 부착하고 유효하게 작동될 수 있도록 미리 조정하여 두어야 함
(2) 안전밸브를 설치할 것
(3) 해지장치를 사용할 것

3. 크레인의 안전조치

(1) 크레인에 의하여 근로자를 운반하거나 근로자를 달아 올린 상태에서 작업에 종사시켜서는 아니 됨
(다만, 부득이한 경우 달기구에 전용탑승설비를 설치하여 그 탑승설비에 근로자를 탑승시키는 때에는 그러하지 아니함)
(2) 탑승설비를 하강시키는 때에는 동력하강방법으로 할 것
(3) **순간풍속 초당 30m 초과** 시 옥외 주행크레인 **이탈방지장치**를 작동시키는 등 이탈방지 조치를 할 것
(4) 타워크레인의 풍속에 따른 조치 `외워줘! 제발~`
　① 순간풍속 초당 10m 초과: 타워크레인의 설치·수리·점검 또는 해체작업 중지
　② 순간풍속 초당 15m 초과: 운전작업 중지
　③ 순간풍속 초당 30m 초과: 폭풍 등으로 인한 이상 유무 점검

4. 리프트 등의 안전조치 `외워줘! 제발~`

(1) 권과방지장치를 설치할 것
(2) 리프트의 풍속에 따른 조치
　① 순간풍속 초당 30m 초과: 폭풍 등으로 인한 이상 유무 점검
　② 순간풍속 초당 35m 초과: 붕괴를 방지하기 위한 조치

5. 승강기의 안전조치 `외워줘! 제발~`

(1) 과부하방지장치·조속기·출입문 인터록, 그 밖의 방호장치가 유효하게 작동될 수 있도록 미리 조정할 것
(2) 승강기의 풍속에 따른 조치
　① 순간풍속 초당 30m 초과: 승강기의 각 부위의 이상 유무 점검
　② 순간풍속 초당 35m 초과: 승강기가 무너지는 것을 방지하기 위한 조치

 정종대쌤의 암기 팁

10.15.30.35

(양중기의 풍속에 따른 조치:
10: 설치·수리·점검·해체작업 중지
15: 운전작업 중지
30: 이상 유무 점검, 이탈방지 조치
35: 도괴·붕괴 방지조치)

6. 와이어로프 등 외워줘! 제발~

(1) 와이어로프 등의 안전계수

구분	안전계수
근로자가 탑승하는 운반구를 지지하는 달기와이어로프 또는 달기체인의 경우	10 이상
화물의 하중을 직접 지지하는 달기와이어로프 또는 달기체인의 경우	5 이상
훅, 샤클, 클램프, 리프팅 빔의 경우	3 이상
그 밖의 경우	4 이상

 빈출 기출문제

권상용 와이어로프의 절단하중이 200톤일 때 와이어로프에 걸리는 최대하중은? (단, 안전계수는 5임)

① 1,000톤   ② 400톤
③ 100톤   ④ 40톤

해설   최대하중은 절단하중을 안전계수로 나누어 계산한다. 따라서 최대하중은 200÷5＝40[톤]이다.

정답   ④

(2) 와이어로프 사용제한 조건 외워줘! 제발~ 실기까지 출제!

① 이음매가 있는 것
② 와이어로프의 한 꼬임에서 끊어진 소선의 수가 10% 이상인 것
③ 지름의 감소가 공칭지름의 7%를 초과하는 것
④ 꼬인 것
⑤ 심하게 변형되거나 부식된 것
⑥ 열과 전기충격에 의해 손상된 것

 빈출 기출문제

다음 와이어로프 중 양중기에 사용 가능한 범위 안에 있다고 볼 수 있는 것은?

① 와이어로프의 한 꼬임(스트랜드)에서 끊어진 소선의 수가 8%인 것
② 지름의 감소가 공칭지름의 8%인 것
③ 심하게 부식된 것
④ 이음매가 있는 것

해설   와이어로프의 한 꼬임(스트랜드)에서 끊어진 소선의 수가 8%인 것은 양중기에 사용 가능한 범위 안에 있다고 볼 수 있다.

정답   ①

(3) 달기체인의 사용제한 외워줘! 제발~ 실기까지 출제!

① 달기체인의 길이가 달기체인이 제조된 때의 길이의 5%를 초과한 것

② 링의 단면지름이 달기체인이 제조된 때의 해당 링의 지름의 10%를 초과하여 감소한 것

③ 균열이 있거나 심하게 변형된 것

(4) 와이어로프의 꼬임

① 보통꼬임: 로프의 꼬임 방향과 스트랜드의 꼬임 방향이 반대인 꼬임이다.

② 랭꼬임: 로프의 꼬임 방향과 스트랜드의 꼬임 방향이 같은 꼬임이다.

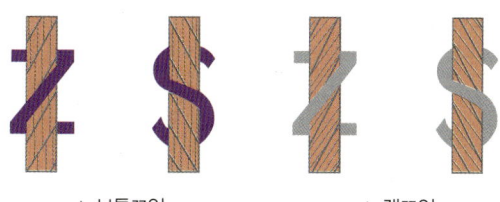

▲ 보통꼬임   ▲ 랭꼬임

7. 건립기계의 종류

(1) 건립기계 선정 시 검토사항 외워줘! 제발~

① 입지조건   ② 소음영향

③ 인양하중   ④ 건물의 형태

⑤ 작업반경

 빈출 기출문제

철골 건립기계 선정 시 사전 검토사항과 가장 거리가 먼 것은?

① 건립기계의 소음영향   ② 건립기계로 인한 일조권 침해

③ 건물형태   ④ 작업반경

해설 건립기계는 공사가 끝나면 철거되므로 일조권 침해의 대상으로 보기 어렵다.

정답 ②

---

(2) 건립기계의 종류

① 타워크레인: 360° 회전, 초고층건물

② 가이데릭: 360° 회전, 고층건물

③ 스티프레그데릭(삼각데릭): 270° 회전, 저층건물

8. 철골 공사 외워줘! 제발~

철골구조물 중 강풍에 의한 풍압 등 외압에 대한 내력이 설계에 고려되었는지 확인하여야 하는 경우는 다음과 같다.

(1) 이음부가 **현장 용접인 건물**

(2) **높이 20m 이상인 건물**

(3) 기둥이 타이플레이트(Tie Plate)형인 구조물

(4) 구조물의 **폭과 높이의 비가 1 : 4 이상인 구조물**

(5) 연면적당 **철골량이 50kg/m² 이하인 구조물**

 빈출 기출문제

건립 중 강풍에 의한 풍압 등 외압에 대한 내력이 설계에 고려되었는지 확인하여야 하는 철골구조물의 기준으로 옳지 않은 것은?

① 높이 20m 이상의 구조물
② 구조물의 폭과 높이의 비가 1 : 4 이상인 구조물
③ 이음부가 공장 제작인 구조물
④ 연면적당 철골량이 50kg/m² 이하인 구조물

해설 이음부가 공장 제작이 아닌 현장 용접인 건물이 확인 대상이다.

정답 ③

2 콘크리트 공사

1. 콘크리트 타설작업 시 준수사항 `외워줘! 제발~` `실기까지 출제!`

(1) 당일의 **작업을 시작하기 전에** 해당 작업에 관한 거푸집 및 동바리의 변형·변위 및 지반의 침하 유무 등을 **점검하고 이상이 있으면 보수할 것**

(2) **작업 중에는 감시자를 배치하는** 등의 방법으로 거푸집 및 동바리의 변형·변위 및 침하 유무 등을 확인해야 하며, 이상이 있으면 **작업을 중지하고 근로자를 대피시킬 것**

(3) 콘크리트 **타설작업 시** 거푸집 붕괴의 위험이 발생할 우려가 있으면 **충분한 보강조치를** 할 것

(4) 설계도서상의 **콘크리트 양생기간을 준수하여** 거푸집 및 동바리를 해체할 것

(5) 콘크리트를 타설하는 경우에는 **편심이 발생하지 않도록 골고루 분산하여 타설할 것**

 빈출 기출문제

콘크리트 타설작업의 안전대책으로 옳지 않은 것은?

① 작업시작 전 거푸집 및 동바리의 변형·변위 및 지반 침하 유무를 점검한다.
② 작업 중 감시자를 배치하여 거푸집 및 동바리의 변형·변위 유무를 확인한다.
③ 슬래브콘크리트 타설은 한쪽부터 순차적으로 타설하여 붕괴 재해를 방지해야 한다.
④ 설계도서상 콘크리트 양생기간을 준수하여 거푸집 및 동바리를 해체한다.

해설 순차적 타설이 아니라 **편심이 발생하지 않도록 골고루 분산하여 타설해야** 한다.

정답 ③

2. 콘크리트의 측압에 영향을 주는 요소

측압은 콘크리트 타설 시 거푸집에 가해지는 압력을 말한다. 묽은 콘크리트는 측압이 커지고, 된 콘크리트는 측압이 작아진다.

(1) **온도↑ 측압↓**: 수분이 빨리 증발하므로 된 콘크리트가 되어 측압이 작아진다.

(2) **슬럼프값↑ 측압↑**: 슬럼프값이 크다는 것은 묽은 콘크리트라는 의미이다.

(3) **물시멘트비↑ 측압↑**: 물시멘트비가 크다는 것은 묽은 콘크리트라는 의미이다.

(4) **타설속도↑ 측압↑**: 타설속도가 빠르면 측압이 커진다.

(5) **철근량↑ 측압↓**: 철근량이 많으면 콘크리트의 하중을 지지하는 부재가 많으므로 측압이 작아진다.

빈출 기출문제

콘크리트 타설 시 거푸집 측압에 관한 설명으로 옳지 않은 것은?

① 타설속도가 빠를수록 측압이 커진다.　　② 거푸집의 투수성이 낮을수록 측압은 커진다.

③ 타설높이가 높을수록 측압이 커진다.　　④ 콘크리트의 온도가 높을수록 측압이 커진다.

해설 온도가 높으면 수분이 빨리 증발하므로 된 콘크리트가 되어 측압이 작아진다.

정답 ④

---

3. 콘크리트 옹벽의 안정조건

(1) **전도에 대한 안정**: 안전율 2 이상

(2) **활동에 대한 안정**: 안전율 1.5 이상

(3) **침하에 대한 안정**: 안전율 3 이상

3 토공사 및 지반안전관리

1. 굴착면의 기울기 등

(1) **지반에 따른 기울기** 외워줘! 제발~

지반의 종류	기울기
모래	1:1.8
연암 및 풍화암	1:1
경암	1:0.5
그 밖의 흙	1:1.2

모래지반을 흙막이 지보공 없이 굴착하려 할 때 굴착면의 기울기 기준으로 옳은 것은?

① 1:1~1:1.5

② 1:0.5~1:1

③ 1:1.8

④ 1:2

해설 모래지반을 흙막이 지보공 없이 굴착하려 할 때의 굴착면 기울기 기준은 1:1.80이다.

정답 ③

(2) 토석붕괴의 요인 외워줘! 제발~

① 내적 요인: 흙 내부의 변화요인

ⓐ 토석의 강도 저하

ⓑ 토질의 변화

② 외적 요인: 외부작용에 의한 붕괴요인

ⓐ 작업하중의 증가

ⓑ 사면의 기울기 증가

ⓒ 사면의 높이 증가

ⓓ 지표수의 침투

(3) 토석붕괴 위험방지

굴착작업을 할 때에 토사 등의 붕괴 또는 낙하에 의한 위험을 방지하기 위하여 관리감독자가 작업시작 전에 작업 장소 및 그 주변의 부석·균열의 유무, 함수·용수 및 동결의 유무 또는 상태의 변화를 점검하도록 하여야 한다.

(4) 지반의 붕괴 등에 의한 위험방지

① 굴착작업에 있어서 토사 등의 붕괴 또는 낙하에 의하여 근로자에게 위험을 미칠 우려가 있는 경우에는 미리 흙막이 지보공의 설치, 방호망의 설치 및 근로자의 출입 금지 등 그 위험을 방지하기 위하여 필요한 조치를 하여야 한다.

② 비가 올 경우를 대비하여 측구를 설치하거나 굴착경사면에 비닐을 덮는 등 빗물 등의 침투에 의한 붕괴 재해를 예방하기 위하여 필요한 조치를 하여야 한다.

2. 흙막이 지보공

(1) 흙막이 지보공의 재료

흙막이 지보공의 재료로 변형·부식되거나 심하게 손상된 것을 사용해서는 아니 된다.

(2) 조립도

① 흙막이 지보공을 조립하는 경우 미리 그 구조를 검토한 후 조립도를 작성하여 그 조립도에 따라 조립하도록 해야 한다.

② 조립도는 흙막이판·말뚝·버팀대 및 띠장 등 부재의 배치·치수·재질 및 설치방법과 순서가 명시되어야 한다.

(3) **히빙현상** `외워줘! 제발~` `실기까지 출제!`

연약 점토지반 굴착 시 흙막이벽 배면의 중량에 의해 굴착면이 부풀어 오르는 현상을 말한다.

(4) **히빙 방지대책** `외워줘! 제발~`

① 흙막이 지보공을 깊게 박을 것

② 흙막이벽 배면의 토사 중량을 감소시킬 것

③ 아일랜드 컷 공법 등을 사용할 것

(5) **보일링현상** `외워줘! 제발~` `실기까지 출제!`

사질지반 굴착 시 흙막이벽 내외의 지하수위 차에 의해 굴착면에서 물과 모래입자가 분출되는 현상을 말한다.

(6) **보일링 방지대책** `외워줘! 제발~`

① 웰포인트공법을 병행할 것

② 배수공 등을 설치하여 지하수위를 낮출 것

③ 흙막이벽을 불투수층까지 깊게 박을 것

(7) **흙막이 지보공 설치 시 정기 점검사항** `외워줘! 제발~`

① 부재의 손상·변형·부식·변위 및 탈락의 유무와 상태

② 버팀대의 긴압 정도

③ 부재의 접속부·부착부 및 교차부의 상태

④ 침하의 정도

 빈출 기출문제

흙막이 지보공을 설치하였을 때 정기적으로 점검하여 이상 발견 시 즉시 보수하여야 할 사항이 아닌 것은?

① 굴착 깊이의 정도
② 버팀대의 긴압 정도
③ 부재의 접속부·부착부 및 교차부의 상태
④ 부재의 손상·변형·부식·변위 및 탈락의 유무와 상태

`해설` 굴착 깊이의 정도가 아니라 침하의 정도를 확인해야 한다.

`정답` ①

---

3. 지반 개량 공법

(1) **점토 지반 개량 공법:** 점토는 배수가 잘 되지 않는다는 특성에 따라 배수가 목적인 공법

① 샌드드레인 공법: 모래기둥을 통해 배수 촉진

② 페이퍼드레인 공법: 펄프를 주재료로 만든 카드보드를 땅속에 형성하여 배수 촉진

③ 치환 공법: 지반을 사질토로 치환

④ 프리로딩 공법: 성토하중으로 지반을 압밀 침하

(2) 사질 지반 개량 공법: <mark>배수는 잘 되지만 밀도가 낮다는 특성에 따라 밀도 증가가 목적인 공법</mark>

① 폭파다짐 공법: 폭발의 압력과 진동을 이용하여 밀도 증가

② 전기충격 공법: 전기충격을 이용한 밀도 증가

③ 플로테이션 공법: 진동기를 사용하여 모래기둥을 형성하여 밀도 증가

④ 말뚝 공법: 모래지반에 말뚝을 형성하여 밀도 증가

빈출 기출문제

점토질 지반의 침하 및 압밀 재해를 막기 위하여 실시하는 지반 개량 탈수공법으로 적당하지 않은 것은?

① 샌드드레인 공법   ② 치환 공법
③ 폭파다짐 공법   ④ 페이퍼드레인 공법

해설 폭파다짐 등 진동을 이용하는 공법은 사질 지반에 사용되는 공법이다.

정답 ③

4. 발파작업 시 준수사항

(1) 얼어붙은 다이나마이트는 화기에 접근시키거나 그 밖의 고열물에 직접 접촉시키는 등 위험한 방법으로 융해되지 않도록 할 것

(2) 화약이나 폭약을 장전하는 경우에는 그 부근에서 화기를 사용하거나 흡연하지 않도록 할 것

(3) <mark>장전구</mark>는 <mark>마찰·충격·정전기</mark> 등에 의한 <mark>폭발</mark>의 위험이 없는 안전한 것을 사용할 것

(4) <mark>발파공</mark>의 충진재료는 <mark>점토·모래</mark> 등 <mark>발화성</mark> 또는 <mark>인화성</mark>의 위험이 없는 재료를 사용할 것

(5) 점화 후 장전된 화약류가 폭발하지 아니한 경우 또는 장전된 화약류의 폭발 여부를 확인하기 곤란한 경우에는 다음 사항을 따를 것 외워줘! 제발~

① <mark>전기뇌관</mark>에 의한 경우에는 발파모선을 점화기에서 떼어 그 끝을 단락시켜 놓는 등 재점화되지 않도록 조치하고 그때부터 <mark>5분 이상 경과</mark>한 후가 아니면 화약류의 장전장소에 접근시키지 않도록 할 것

② <mark>전기뇌관 외의 것</mark>에 의한 경우에는 점화한 때부터 <mark>15분 이상 경과</mark>한 후가 아니면 화약류의 장전장소에 접근시키지 않도록 할 것

(6) <mark>전기뇌관에 의한 발파</mark>의 경우 점화하기 전에 화약류를 장전한 장소로부터 <mark>30m 이상</mark> 떨어진 안전한 장소에서 전선에 대하여 <mark>저항측정 및 도통시험</mark>을 할 것

4 특수작업 및 장소별 안전관리

1. 터널작업

(1) 조사 등

① 터널공사 등의 건설작업을 할 때에 인화성 가스가 발생할 위험이 있는 경우에는 폭발이나 화재를 예방하기 위하여 인화성 가스의 농도를 측정할 담당자를 지명하고, 시작하기 전에 가스가 발생할 위험

이 있는 장소에 대하여 그 인화성 가스의 농도를 측정하여야 한다.

② 인화성 가스가 존재하여 폭발이나 화재가 발생할 위험이 있는 경우에는 인화성 가스 농도의 이상 상승을 조기에 파악하기 위하여 자동경보장치를 설치하여야 한다.

③ 지하철도공사를 시행하는 사업주는 터널굴착(개착식 포함) 등으로 인하여 도시가스관이 노출된 경우에 접속부 등 필요한 장소에 자동경보장치를 설치하고, 「도시가스사업법」에 따른 해당 도시가스 사업자와 합동으로 정기적 순회점검을 하여야 한다.

④ 자동경보장치에 대하여 당일 작업시작 전 점검사항

ⓐ 계기의 이상 유무

ⓑ 검지부의 이상 유무

ⓒ 경보장치의 작동상태

(2) 낙반 등에 의한 위험방지

터널 등의 건설작업을 하는 경우에 낙반 등에 의하여 근로자가 위험해질 우려가 있는 경우에 터널 지보공 및 록볼트의 설치, 부석의 제거 등 위험을 방지하기 위하여 필요한 조치를 하여야 한다.

(3) 터널 출입구 부근 등의 지반 붕괴에 의한 위험방지

터널 등의 건설작업을 할 때에 터널 등의 출입구 부근의 지반의 붕괴나 토사 등의 낙하에 의하여 근로자가 위험해질 우려가 있는 경우에는 흙막이 지보공이나 방호망을 설치하는 등 위험을 방지하기 위하여 필요한 조치를 해야 한다.

(4) 시계의 유지조치

터널건설작업을 할 때에 터널 내부의 시계가 배기가스나 분진 등에 의하여 현저하게 제한되는 경우에는 환기를 하거나 물을 뿌리는 등 시계를 유지하기 위하여 필요한 조치를 하여야 한다.

(5) 터널 지보공 수시 점검사항 외워줘! 제발~

① 부재의 손상·변형·부식·변위 탈락의 유무 및 상태

② 부재의 긴압 정도

③ 부재의 접속부 및 교차부의 상태

④ 기둥침하의 유무 및 상태

✓ **빈출 기출문제**

터널 지보공을 설치한 경우에 수시로 점검하고, 이상을 발견한 경우에는 즉시 보강하거나 보수해야 할 사항이 아닌 것은?

① 부재의 긴압 정도
② 기둥침하의 유무 및 상태
③ 부재의 접속부 및 교차부 상태
④ 부재를 구성하는 재질의 종류 확인

해설 재질의 종류는 설치 전에 결정하고 확인할 사항이므로 사후 점검사항이 아니다.

정답 ④

2. 잠함 내 작업 등

(1) 잠함 또는 우물통의 급격한 침하로 인한 위험방지 `외워줘! 제발~` `실기까지 출제!`

① 침하관계도에 따라 굴착방법 및 재하량 등을 정할 것

② 바닥으로부터 천장 또는 보까지의 높이는 1.8m 이상으로 할 것

(2) 잠함 등 내부 작업 준수사항

① 잠함, 우물통, 수직갱, 그 밖에 이와 유사한 건설물 또는 설비의 내부에서 굴착작업을 하는 경우에 다음의 사항을 준수하여야 한다.

ⓐ 산소 결핍 우려가 있는 경우에는 산소의 농도를 측정하는 사람을 지명하여 측정하도록 할 것

ⓑ 근로자가 안전하게 오르내리기 위한 설비를 설치할 것

ⓒ 굴착 깊이가 20m를 초과하는 경우에는 해당 작업장소와 외부와의 연락을 위한 통신설비 등을 설치할 것

② 산소 결핍이 인정되거나 굴착 깊이가 20m를 초과하는 경우에는 송기를 위한 설비를 설치하여 필요한 양의 공기를 공급해야 한다.

(3) 작업금지

다음의 어느 하나에 해당하는 경우에 잠함 등의 내부에서 굴착작업을 하도록 해서는 아니 된다.

① 승강설비, 통신설비, 송기설비에 고장이 있는 경우

② 잠함 등의 내부에 많은 양의 물 등이 스며들 우려가 있는 경우

3. 공사용 가설도로 설치 시 준수사항 `실기까지 출제!`

(1) 도로는 장비와 차량이 안전하게 운행할 수 있도록 견고하게 설치할 것

(2) 도로와 작업장이 접하여 있을 경우에는 울타리 등을 설치할 것

(3) 도로는 배수를 위하여 경사지게 설치하거나 배수시설을 설치할 것

(4) 차량의 속도제한 표지를 부착할 것

4. 철골작업 시 위험방지

(1) 철골조립 시 위험방지

철골을 조립하는 경우에 철골의 접합부가 충분히 지지되도록 볼트를 체결하거나 이와 같은 수준 이상의 견고한 구조가 되기 전에는 들어 올린 철골을 걸이로프 등으로부터 분리해서는 아니 된다.

(2) 승강로 설치

근로자가 수직방향으로 이동하는 철골부재에는 답단 간격이 30cm 이내인 고정된 승강로를 설치하여야 하며, 수평방향 철골과 수직방향 철골이 연결되는 부분에는 연결작업을 위하여 작업발판 등을 설치하여야 한다.

(3) 작업의 제한 `외워줘! 제발~` `실기까지 출제!`

다음의 어느 하나에 해당하는 경우에 철골작업을 중지하여야 한다.

① 풍속이 초당 10m 이상인 경우

② 강우량이 시간당 1mm 이상인 경우

③ 강설량이 시간당 1cm 이상인 경우

 정종대쌤의 암기 팁

10.1.1

(철골작업 중지 기준: 풍속 초당 10m 이상, 강우량 시간당 1mm 이상, 강설량 시간당 1cm 이상)

✓ 빈출 기출문제

철골작업을 중지하여야 하는 기준으로 옳지 않은 것은?

① 1시간당 강설량이 1cm 이상인 경우

② 풍속이 초당 10m 이상인 경우

③ 진도 3 이상의 지진이 발생한 경우

④ 1시간당 강우량이 1mm 이상인 경우

해설 철골작업 중지 요건 중에 지진은 명시되어 있지 않다.

정답 ③

---

5. 화물취급 작업 등

(1) 꼬임이 끊어진 섬유로프 등의 사용금지

다음의 어느 하나에 해당하는 섬유로프 등을 화물운반용 또는 고정용으로 사용해서는 아니 된다.

① 꼬임이 끊어진 것

② 심하게 손상되거나 부식된 것

(2) 하역작업장의 조치기준 외워줘! 제발~

부두·안벽 등 하역작업을 하는 장소에 다음 조치를 하여야 한다.

① 작업장 및 통로의 위험한 부분에는 안전하게 작업할 수 있는 조명을 유지할 것

② 부두 또는 안벽의 선을 따라 통로를 설치하는 경우에는 폭을 90cm 이상으로 할 것

③ 육상에서의 통로 및 작업장소로서 다리 또는 선거 갑문을 넘는 보도 등의 위험한 부분에는 안전난간 또는 울타리 등을 설치할 것

 빈출 기출문제

부두 등의 하역작업장에서 부두 또는 안벽의 선에 따라 통로를 설치하는 경우, 최소 폭 기준은?

① 90cm 이상   ② 75cm 이상

③ 60cm 이상   ④ 45cm 이상

해설 부두 등의 하역작업장에서 부두 또는 안벽의 선에 따라 통로를 설치하는 경우, 최소 폭 기준은 90cm 이상이다.

정답 ①

(3) 하적단의 간격

바닥으로부터의 높이가 2m 이상 되는 하적단과 인접 하적단 사이의 간격을 하적단의 밑부분을 기준하여 10cm 이상으로 하여야 한다.

(4) 화물의 적재 시 준수사항

① 침하 우려가 없는 튼튼한 기반 위에 적재할 것
② 건물의 칸막이나 벽 등이 화물의 압력에 견딜 만큼의 강도를 지니지 아니한 경우에는 칸막이나 벽에 기대어 적재하지 않도록 할 것
③ 불안정할 정도로 높이 쌓아 올리지 말 것
④ 하중이 한쪽으로 치우치지 않도록 쌓을 것(=편심이 생기지 않도록 할 것)

6. 항만하역작업

(1) 통행설비의 설치 등 외워줘! 제발~

갑판의 윗면에서 선창 밑바닥까지의 깊이가 1.5m를 초과하는 선창의 내부에서 화물취급작업을 하는 경우에 그 작업에 종사하는 근로자가 안전하게 통행할 수 있는 설비를 설치하여야 한다.

선창의 내부에서 화물취급작업을 하는 근로자가 안전하게 통행할 수 있는 설비를 설치하여야 하는 기준은 갑판의 윗면에서 선창 밑바닥까지의 깊이가 최소 얼마를 초과할 때인가?

① 1.3m
② 1.5m
③ 1.8m
④ 2.0m

해설 갑판의 윗면에서 선창 밑바닥까지의 깊이가 최소 1.5m를 초과할 때, 선창의 내부에서 화물취급작업을 하는 근로자가 안전하게 통행할 수 있다.

정답 ②

(2) 선박승강설비 설치 `외워줘! 제발~`

① 사업주는 300톤급 이상의 선박에서 하역작업을 하는 경우에 근로자들이 안전하게 오르내릴 수 있는 현문 사다리를 설치하여야 하며, 이 사다리 밑에 안전망을 설치하여야 한다.

② 현문 사다리는 견고한 재료로 제작된 것으로 너비는 55cm 이상이어야 하고, 양측에 82cm 이상의 높이로 울타리를 설치하여야 하며, 바닥은 미끄러지지 않도록 적합한 재질로 처리되어야 한다.

③ 현문 사다리는 근로자의 통행에만 사용하여야 하며, 화물용 발판 또는 화물용 보판으로 사용하도록 해서는 아니 된다.

하고 싶은 게 많으면,
실패해도 절망할 시간이 없어요.
절망할 수 있지만, 거기 너무 오래 머무르지 말아요.

정종대쌤이 말하는
**100% 합격
기출 공부법**

▶ 과목별 기출로 학습! ◀

- 이론 학습 후, 바로 기출문제를 학습함으로써 기억에 더 오래 남을 수 있도록 과목 및 출제개념별로 기출문제를 구성했습니다.
- 과목별 기출문제를 풀고, 문항별 개념까지 한 번 더 체크해 보세요.

▶ 중복소거된 5개년 기출 학습! ◀

- 산업안전기사 필기시험의 경우, 문제은행 방식으로 출제되어 매 시험마다 이전에 출제되었던 문제들이 일부 중복되어 재출제됩니다.
- 공부시간을 단축할 수 있도록 중복 출제된 기출문제들은 소거하여 수록하였습니다.

▶ 문항별 기출연도 확인! ◀

- 문항별 기출연도를 표기하여 빈출 정도를 한눈에 확인할 수 있게 하였습니다.
- 문항별 기출연도 표기 개수가 많을수록 시험에 자주 출제된 문제이며, 표기가 5개인 문제는 출제 횟수가 5회 이상인 기출문제로 집중 학습이 필요한 문제입니다.

6 과목 | 건설공사 안전관리

최신 5개년 기출

2025~2021년

건설공사 특성분석

기출문제 활용법 문항별 기출 표기 개수가 많을수록 시험에 자주 출제된 문제! 표기가 5개인 문제는 출제 횟수가 5회 이상인 기출문제로 무조건 암기 필수!

3회독 공부전략 **1회독**은 문제 → 선지 → 답 → 해설 순서로 정독! **2회독**부터는 직접 문제 풀기, **3회독** 때는 ×, △ 표시된 문제만 다시 풀기! 회독할 때마다 문제 옆 회독표에 O, ×, △로 표시하여 3회독까지 ×로 표시된 문제는 부록에 포함된 "틈틈 오답노트"에 따로 정리해 공부하세요! [O: 정확히 알고 푼 문제 △: 부분적으로 알고 푼 문제 ×: 개념 학습이 필요한 문제]

24년 1회 　　　　　　　　✔ 회독 ☐☐☐

01 건설공사 시공단계에 있어서 안전관리의 문제점에 해당되는 것은?

① 발주자의 조사, 설계 발주능력 미흡
② 용역자의 조사, 설계능력 부실
③ 사용자의 시설 운영관리 능력 부족
④ 발주자의 감독 소홀

> 감독 소홀은 시공단계의 대표적인 안전관리 문제이다. 이외 ①, ②는 설계단계, ③은 운영(사용)단계의 문제에 해당한다.
>
> **출제개념** 건설공사 시공단계, 안전관리 문제점

23년 1회 21년 3회 21년 1회 　　　✔ 회독 ☐☐☐

02 차량계 건설기계를 사용하여 작업을 하는 경우 작업계획서 내용에 포함되지 않는 것은?

① 사용하는 차량계 건설기계의 종류 및 성능
② 차량계 건설기계의 운행경로
③ 차량계 건설기계에 의한 작업방법
④ 차량계 건설기계의 유지보수방법

> 차량계 건설기계 작업계획서 내용에는 종류 및 성능, 운행경로, 작업방법 등이 포함된다.
>
> **출제개념** 차량계 건설기계, 작업계획서

25년 2회 24년 2회 24년 1회 　　　✔ 회독 ☐☐☐

03 터널굴착작업을 하는 때 미리 작성하여야 하는 작업계획서에 포함되어야 할 사항이 아닌 것은?

① 굴착의 방법
② 암석의 분할방법
③ 환기 또는 조명시설을 설치할 때에는 그 방법
④ 터널 지보공 및 복공의 시공방법과 용수의 처리방법

> 터널굴착작업 시 작성해야 할 작업계획서의 내용은 다음과 같다.
> • 굴착의 방법
> • 환기 또는 조명시설을 설치할 때에는 그 방법
> • 터널 지보공 및 복공의 시공방법과 용수의 처리방법
>
> **출제개념** 터널굴착작업, 작업계획서

정답 01 ④ 02 ④ 03 ②

건설공사 위험성

기출문제 활용법 문항별 기출 표기 개수가 많을수록 시험에 자주 출제된 문제! 표기가 5개인 문제는 출제 횟수가 5회 이상인 기출문제로 무조건 암기 필수!

3회독 공부전략 **1회독**은 문제 → 선지 → 답 → 해설 순서로 정독! **2회독**부터는 직접 문제 풀기, **3회독** 때는 ×, △ 표시된 문제만 다시 풀기! 회독할 때마다 문제 옆 회독표에 ○, ×, △로 표시하여 3회독까지 × 로 표시된 문제는 부록에 포함된 "틈틈 오답노트"에 따로 정리해 공부하세요! [○: 정확히 알고 푼 문제 △: 부분적으로 알고 푼 문제 ×: 개념 학습이 필요한 문제]

25년 2회 24년 2회 22년 2회 　　　　　✔ 회독 ☐☐☐

01 건설공사의 유해·위험방지계획서 제출기준일로 옳은 것은?

① 당해 공사 착공 1개월 전까지
② 당해 공사 착공 15일 전까지
③ 당해 공사 착공 전날까지
④ 당해 공사 착공 15일 후까지

> 제출기준일은 업종에 따라 상이하며 건설공사의 유해·위험방지계획서 제출기준일은 착공 전날까지이다. 이외 제조업의 유해·위험방지계획서 제출기준일은 착공 15일 전까지이다.
>
> **출제개념** 건설공사 유해·위험방지계획서

25년 3회 24년 2회 　　　　　✔ 회독 ☐☐☐

02 유해·위험방지계획서를 제출하려고 할 때 그 첨부서류와 가장 거리가 먼 것은?

① 공사 개요서
② 산업안전보건관리비 작성요령
③ 전체 공정표
④ 재해발생 위험 시 연락 및 대피방법

> 산업안전보건관리비의 작성요령이 아닌 사용계획이 첨부서류에 해당한다. 이와 함께 유해·위험방지계획서 제출 시 첨부서류는 다음과 같다.
> • 공사 개요서
> • 전체 공정표
> • 재해발생 위험 시 연락 및 대피방법
> • 산업안전보건관리비 사용계획서
> • 안전관리조직표
> • 공사현장의 주변 현황 및 주변과의 관계를 나타내는 도면(매설물 현황 포함)
>
> **출제개념** 유해·위험방지계획서 첨부서류

03 유해·위험방지계획서 첨부서류에 해당되지 않는 것은?

① 안전관리를 위한 교육자료
② 안전관리조직표
③ 전체 공정표
④ 재해발생 위험 시 연락 및 대피방법

▼

유해·위험방지계획서 제출 시 첨부서류는 다음과 같다.
• 공사 개요서
• 전체 공정표
• 안전관리조직표
• 산업안전보건관리비 사용계획서
• 공사현장의 주변 현황 및 주변과의 관계를 나타내는 도면(매설물 현황 포함)
• 재해발생 위험 시 연락 및 대피방법

출제개념 유해·위험방지계획서 첨부서류

04 유해·위험방지계획서 제출 시 첨부서류로 옳지 않은 것은?

① 공사현장의 주변 현황 및 주변과의 관계를 나타내는 도면
② 공사 개요서
③ 전체 공정표
④ 작업인부의 배치를 나타내는 도면 및 서류

▼

유해·위험방지계획서 제출 시 첨부서류는 다음과 같다.
• 공사 개요서
• 전체 공정표
• 안전관리조직표
• 산업안전보건관리비 사용계획서
• 공사현장의 주변 현황 및 주변과의 관계를 나타내는 도면(매설물 현황 포함)
• 재해발생 위험 시 연락 및 대피방법

출제개념 유해·위험방지계획서 첨부서류

05 건설공사 중 다리건설공사의 경우 유해·위험방지계획서를 제출하여야 하는 기준으로 옳은 것은?

① 최대 지간길이가 40m 이상인 다리의 건설 등 공사
② 최대 지간길이가 50m 이상인 다리의 건설 등 공사
③ 최대 지간길이가 60m 이상인 다리의 건설 등 공사
④ 최대 지간길이가 70m 이상인 다리의 건설 등 공사

▼

최대 지간길이가 50m 이상인 다리의 건설 등 공사가 유해·위험방지계획서 제출 대상에 해당한다.

출제개념 다리건설공사, 유해·위험방지계획서 제출대상

06 유해·위험방지계획서를 제출하고 심사를 받아야 하는 대상 건설공사의 기준으로 옳지 않은 것은?

① 최대 지간길이가 50m 이상인 다리의 건설 등 공사
② 지상높이 25m 이상인 건축물 또는 인공구조물의 건설 등 공사
③ 깊이 10m 이상인 굴착공사
④ 다목적댐, 발전용댐, 저수용량 2천만톤 이상의 용수 전용댐 및 지방상수도 전용댐의 건설 등 공사

▼

지상높이가 31m 이상인 건축물 또는 인공구조물의 건설 등 공사가 제출대상에 해당한다. 이외 유해·위험방지계획서 제출대상 기준은 다음과 같다.
• 교량 50m
• 굴착깊이 10m
• 댐 2천만톤

출제개념 유해·위험방지계획서 제출대상

정답　**03** ①　**04** ④　**05** ②　**06** ②

07 건설업 중 유해·위험방지계획서 제출대상 사업장으로 옳지 않은 것은?

① 지상높이가 31m 이상인 건축물 또는 인공구조물, 연면적 3만m² 이상인 건축물 또는 연면적 5천m² 이상의 문화 및 집회시설의 건설공사

② 연면적 3천m² 이상의 냉동·냉장 창고시설의 설비공사 및 단열공사

③ 깊이 10m 이상인 굴착공사

④ 최대 지간길이가 50m 이상인 다리의 건설공사

▼

연면적 5천m² 이상의 냉동·냉장 창고시설의 설비공사 및 단열공사가 제출대상 사업장에 해당된다. 이외 유해·위험방지계획서 제출대상 기준은 다음과 같다.
- 지상높이 31m, 연면적 3만m², 문화 및 집회시설 5,000m²
- 굴착깊이 10m
- 교량 50m

출제개념 유해·위험방지계획서 제출대상

08 유해·위험방지계획서를 제출해야 할 대상 공사의 조건으로 옳지 않은 것은?

① 최대 지간길이가 50m 이상인 다리의 건설 등 공사

② 다목적댐·발전용댐 저수용량 2천만톤 이상의 용수전용댐 및 지방상수도 전용댐의 건설 등 공사

③ 깊이가 5m 이상인 굴착공사

④ 터널의 건설 등 공사

▼

깊이가 10m 이상인 굴착공사가 제출대상 공사에 해당된다. 이외 유해·위험방지계획서 제출대상 기준은 다음과 같다.
- 교량 50m
- 댐 2천만톤
- 터널공사

출제개념 유해·위험방지계획서 제출대상

09 산업안전보건법령에 따른 유해·위험방지계획서 제출대상 공사로 볼 수 없는 것은?

① 지상높이가 31m 이상인 건축물의 건설공사

② 터널건설공사

③ 깊이 10m 이상인 굴착공사

④ 다리의 전체길이가 40m 이상인 건설공사

▼

다리의 전체길이가 50m 이상인 건설공사가 제출대상 공사에 해당된다. 이외 유해·위험방지계획서 제출대상 기준은 다음과 같다.
- 지상높이 31m
- 터널공사
- 굴착깊이 10m

출제개념 유해·위험방지계획서 제출대상

정답 07 ② 08 ③ 09 ④

10 사업주가 유해 · 위험방지계획서 제출 후 건설공사 중 6개월 이내마다 안전보건공단의 확인을 받아야 할 내용이 아닌 것은?

① 유해 · 위험방지계획서의 내용과 실제 공사 내용이 부합하는지 여부

② 유해 · 위험방지계획서 변경내용의 적정성

③ 자율안전관리업체 유해 · 위험방지계획서 제출 심사 면제 여부

④ 추가적인 유해 · 위험요인의 존재 여부

유해 · 위험방지계획서를 제출한 사업주는 해당 건설물 · 기계 · 기구 및 설비의 시운전단계에서, 건설공사 중 6개월 이내마다 다음 내용에 대해 공단의 확인을 받아야 한다.

- 유해 · 위험방지계획서의 내용과 실제 공사 내용이 부합하는지 여부
- 유해 · 위험방지계획서 변경내용의 적정성
- 추가적인 유해 · 위험요인의 존재 여부

출제개념 유해 · 위험방지계획서

건설업 산업안전보건관리비 관리

기출문제 활용법 문항별 기출 표기 개수가 많을수록 시험에 자주 출제된 문제! 표기가 5개인 문제는 출제 횟수가 5회 이상인 기출문제로 무조건 암기 필수!

3회독 공부전략 1회독은 문제 → 선지 → 답 → 해설 순서로 정독! 2회독부터는 직접 문제 풀기, 3회독 때는 ×, △ 표시된 문제만 다시 풀기! 회독할 때마다 문제 옆 회독표에 ○, ×, △로 표시하여 3회독까지 ×로 표시된 문제는 부록에 포함된 "틈틈 오답노트"에 따로 정리해 공부하세요! [○: 정확히 알고 푼 문제 △: 부분적으로 알고 푼 문제 ×: 개념 학습이 필요한 문제]

21년 3회   ✔ 회독 ☐☐☐

01 산업안전보건관리비 항목 중 안전시설비로 사용 가능한 것은?

① 원활한 공사수행을 위한 가설시설 중 비계 설치비용
② 소음 관련 민원예방을 위한 건설현장 소음방지용 방음시설 설치비용
③ 근로자의 재해예방을 위한 목적으로만 사용하는 CCTV에 사용되는 비용
④ 기계·기구 등과 일체형 안전장치의 구입비용

> 가설시설, 민원예방, 기계·기구 일체형 안전장치 구입은 안전보건관리비 사용이 불가하다. 다만, 근로자 재해예방에 직접 쓰이는 안전장치만의 구입비용과 기존 제품에 부착된 안전장치의 수리비용은 사용 가능하다.
> **출제개념** 산업안전보건관리비, 안전시설비

24년 1회   ✔ 회독 ☐☐☐

02 건설업 산업안전보건관리비의 사용항목에 해당되지 않는 것은?

① 근로자 건강장해예방비
② 안전시설비
③ 건설재해예방 기술지도비
④ 외부비계, 작업발판 등의 가설구조물 설치 소요비

> 가설구조물은 공사비로 사용해야 한다.
> **출제개념** 산업안전보건관리비 사용항목

23년 3회   ✔ 회독 ☐☐☐

03 건설업 산업안전보건관리비 중 계상비용에 해당되지 않는 것은?

① 외부비계, 작업발판 등의 가설구조물 설치 소요비
② 근로자 건강관리비
③ 건설재해예방 기술지도비
④ 개인보호구 및 안전장구 구입비

> 가설구조물은 공사비로 사용해야 한다.
> **출제개념** 산업안전보건관리비, 계상비용

정답   01 ③   02 ④   03 ①

04 건설업의 산업안전보건관리비 사용항목에 해당되지 않는 것은?

① 안전시설비

② 근로자 건강관리비

③ 운반기계 수리비

④ 안전진단비

기계 수리비는 산업안전보건관리비 사용항목에 해당하지 않는다.

출제개념 산업안전보건관리비 사용항목

06 건설업 산업안전보건관리비 계상 및 사용기준에 따른 안전관리비의 개인보호구 및 안전장구 구입비 항목에서 안전관리비로 사용이 가능한 경우는?

① 안전·보건관리자가 선임되지 않은 현장에서 안전·보건업무를 담당하는 현장관계자용 무전기, 카메라, 컴퓨터, 프린터 등 업무용 기기

② 혹한·혹서에 장기간 노출로 인해 건강장해를 일으킬 우려가 있는 경우 특정 근로자에게 지급되는 기능성 보호장구

③ 근로자에게 일률적으로 지급하는 보냉·보온장구

④ 감리원이나 외부에서 방문하는 인사에게 지급하는 보호구

건설업 산업안전보건관리비 계상 및 사용기준에 따른 안전관리비의 개인보호구 및 안전장구는 특정 근로자에 지급되는 경우에 안전관리비로 사용이 가능하며, 일률적으로 지급되는 경우에는 사용할 수 없다.

출제개념 산업안전보건관리비, 안전관리비

05 건설업 산업안전보건관리비 중 안전시설비로 사용할 수 없는 것은?

① 안전통로

② 비계에 추가 설치하는 추락방지용 안전난간

③ 사다리 전도방지장치

④ 통로의 낙하물 방호선반

안전통로는 실제 작업통로를 뜻하며 공사비로 처리되는 항목이다.

출제개념 산업안전보건관리비, 안전시설비

07 건설업 산업안전보건관리비 계상 및 사용기준은 「산업재해보상보험법」의 적용을 받는 공사 중 총공사금액이 얼마 이상인 공사에 적용하는가? (단, 「전기공사업법」, 「정보통신공사업법」에 의한 공사는 제외)

① 4천만 원　　② 3천만 원

③ 2천만 원　　④ 1천만 원

건설업 산업안전보건관리비 계상 및 사용기준은 총공사금액 2천만 원 이상이다.

출제개념 산업안전보건관리비, 산업재해보상보험법

정답 **04** ③ **05** ① **06** ② **07** ③

08 중건설공사이고 대상액이 5억 원 미만인 건설공사의 산업안전보건관리비 비율로 옳은 것은?

① 3.11% ② 3.15%
③ 3.64% ④ 2.07%

▼

중건설공사 중 대상액이 5억 원 미만인 건설공사의 산업안전보건관리비 비율은 3.64%이다.

출제개념 산업안전보건관리비, 계상기준표

---

09 건설업 산업안전보건관리비의 사용내역에 대하여 도급인은 공사 시작 후 몇 개월마다 1회 이상 발주자 또는 감리자의 확인을 받아야 하는가?

① 3개월 ② 4개월
③ 5개월 ④ 6개월

▼

건설업 산업안전보건관리비의 사용내역에 대해 도급인은 공사 시작 후 6개월마다 1회 이상 발주자 또는 감리자의 확인을 받아야 한다.

출제개념 산업안전보건관리비 사용내역, 도급인

---

10 공사진척에 따른 공정률이 다음과 같을 때 안전관리비 사용기준으로 옳은 것은? (단, 공정률은 기성공정률을 기준으로 함)

공정률: 70% 이상 90% 미만

① 50% 이상 ② 60% 이상
③ 70% 이상 ④ 80% 이상

▼

공정률이 70% 이상 90% 미만일 때, 사용기준은 70% 이상이다. 공사진척에 따른 안전관리비 사용기준은 다음과 같다.

공정률	50% 이상 70% 미만	70% 이상 90% 미만	90% 이상
사용기준	50% 이상	70% 이상	90% 이상

출제개념 공정률, 안전관리비 사용기준

---

11 공정률이 65%인 건설현장의 경우 공사진척에 따른 산업안전보건관리비의 최소 사용기준으로 옳은 것은?

① 40% 이상 ② 50% 이상
③ 60% 이상 ④ 70% 이상

▼

공정률이 65%인 경우는 50% 이상 70% 미만에 해당하므로 최소 사용기준은 50% 이상이다. 공사진척에 따른 안전관리비 사용기준은 다음과 같다.

공정률	50% 이상 70% 미만	70% 이상 90% 미만	90% 이상
사용기준	50% 이상	70% 이상	90% 이상

출제개념 공정률, 산업안전보건관리비 사용기준

정답 08 ③ 09 ④ 10 ③ 11 ②

건설공사 안전관리 6과목 ☐ 이론 ┃ 기출

12 건설업의 공사금액이 850억 원일 경우 산업안전보건법령에 따른 안전관리자의 수로 옳은 것은? (단, 전체 공사기간을 100으로 할 때 공사 전·후 15에 해당하지 않는다.)

① 1명 이상
② 3명 이상
③ 2명 이상
④ 4명 이상

▼

공사금액이 850억 원인 경우는 공사금액 800억 원 이상 1,500억 원 미만에 해당하므로 안전관리자의 수는 2명 이상이다.

공사금액	안전관리자 수
공사금액 800억 원 이상 1,500억 원 미만	2명 이상. 다만, 전체 공사기간을 100으로 할 때 전체 공사기간 중 전·후 15에 해당하는 기간 동안은 1명 이상으로 한다.

출제개념 공사금액, 안전관리자 수

13 다음은 산업안전보건법령에 따른 산업안전보건 관리비의 사용에 관한 규정이다. ( ) 안에 들어갈 내용을 순서대로 옳게 작성한 것은?

건설공사도급인은 산업안전보건관리비를 사용하는 해당 건설공사의 금액이 4천만 원 이상인 때에는 고용노동부장관이 정하는 바에 따라 ( ) 사용명세서를 작성하고, 건설공사 종료 후 ( ) 동안 보존해야 한다.

① 매월, 6개월
② 매월, 1년
③ 2개월마다, 6개월
④ 2개월마다, 1년

▼

건설공사도급인은 산업안전보건관리비를 사용하는 해당 건설공사의 금액이 4천만 원 이상인 때에는 고용노동부장관이 정하는 바에 따라 매월 사용명세서를 작성하고, 건설공사 종료 후 1년 동안 보존해야 한다.

출제개념 산업안전보건관리비 사용규정, 사용명세서

정답 **12** ③ **13** ②

23년 1회 　　　　　　　✔ 회독 ☐☐☐

01 건물 외부에 낙하물 방지망을 설치할 경우 수평면과의 가장 적절한 각도는?

① 5~100°　　　② 15~25°
③ 10~15°　　　④ 20~30°

> 낙하물 방지망 설치기준은 다음과 같다.
> • 수평면과의 각도는 20° 이상 30° 이하를 유지하여야 한다.
> • 높이 10m 이내마다 설치하고, 내민 길이는 벽면으로부터 2m 이상으로 하여야 한다.
>
> **출제개념** 낙하물 방지망

21년 2회 　　　　　　　✔ 회독 ☐☐☐

02 건설현장에서 작업으로 인하여 물체가 떨어지거나 날아올 위험이 있는 경우에 대한 안전조치에 해당하지 않는 것은?

① 수직보호망 설치　　② 방호선반 설치
③ 울타리 설치　　　　④ 낙하물 방지망 설치

> 울타리 설치는 떨어짐(추락) 방지대책이다. 물체가 떨어지거나 날아올 위험이 있는 경우에는 수직보호망, 방호선반, 낙하물 방지망을 설치하거나 근로자 출입금지, 안전모 등 보호구 착용이 요구된다.
>
> **출제개념** 작업장 안전기준

24년 2회 　　　　　　　✔ 회독 ☐☐☐

03 건설현장에서 근로자의 추락재해를 예방하기 위한 안전난간을 설치하는 경우 그 구성요소와 거리가 먼 것은?

① 상부난간대　　　② 중간난간대
③ 사다리　　　　　④ 발끝막이판

> 안전난간은 상부난간대, 중간난간대, 난간기둥, 발끝막이판으로 구성된다.
>
> **출제개념** 추락방지, 안전난간

건설공사 안전관리

6과목 ☐ 이론 ▮ 기출

정답　**01** ④　**02** ③　**03** ③

04 근로자의 추락 등의 위험을 방지하기 위한 안전 난간의 설치기준으로 옳지 않은 것은?

① 상부난간대와 중간난간대는 난간길이 전체에 걸쳐 바닥면 등과 평행을 유지할 것
② 발끝막이판은 바닥면 등으로부터 20cm 이상의 높이를 유지할 것
③ 난간대는 지름 2.7cm 이상의 금속제 파이프나 그 이상의 강도가 있는 재료일 것
④ 안전난간은 구조적으로 가장 취약한 지점에서 가장 취약한 방향으로 작용하는 100kg 이상의 하중에 견딜 수 있는 튼튼한 구조일 것

▼
발끝막이판은 바닥면 등으로부터 10cm 이상의 높이를 유지해야 한다.
출제개념 추락방지, 안전난간

05 근로자의 추락 등의 위험을 방지하기 위하여 안전난간을 설치하는 경우 안전난간은 구조적으로 가장 취약한 지점에서 가장 취약한 방향으로 작용하는 얼마 이상의 하중에 견딜 수 있는 튼튼한 구조이어야 하는가?

① 50kg ② 150kg
③ 100kg ④ 200kg

▼
안전난간은 구조적으로 가장 취약한 지점에서 가장 취약한 방향으로 작용하는 100kg 이상의 하중에 견딜 수 있는 튼튼한 구조이어야 한다.
출제개념 추락방지, 안전난간

06 추락재해 방지를 위한 방망의 그물코 규격기준으로 옳은 것은?

① 사각 또는 마름모로서 크기가 5cm 이하
② 사각 또는 마름모로서 크기가 10cm 이하
③ 사각 또는 마름모로서 크기가 15cm 이하
④ 사각 또는 마름모로서 크기가 20cm 이하

▼
추락재해 방지를 위한 방망 그물코 규격기준은 사각 또는 마름모로서 크기가 10cm 이하이다.
출제개념 추락방지, 방망 그물코

07 추락방지용 방망의 그물코의 크기가 10cm인 신품 매듭방망사의 인장강도는 몇 kg 이상이어야 하는가?

① 80 ② 150
③ 110 ④ 200

▼
그물코의 크기가 10cm인 매듭방망의 인장강도는 200kg이다. 방망사의 신품에 대한 인장강도는 다음과 같다.

그물코의 크기 (단위: cm)	방망의 종류(단위: kg)	
	매듭 없는 방망	매듭방망
10	240	200
5	–	110

출제개념 추락방지, 방망 그물코

정답 **04** ② **05** ③ **06** ② **07** ④

08 추락방지용 방망 중 그물코의 크기가 5cm인 매듭방망 신품의 인장강도는 최소 몇 kg 이상이어야 하는가?

① 60
② 110
③ 150
④ 200

그물코의 크기가 5cm인 매듭방망의 인장강도는 110kg 이다. 방망사의 신품에 대한 인장강도는 다음과 같다.

그물코의 크기 (단위: cm)	방망의 종류(단위: kg)	
	매듭 없는 방망	매듭방망
10	240	200
5	–	110

출제개념 방망 그물코

---

09 추락재해에 대한 예방차원에서 고소작업의 감소를 위한 근본적인 대책으로 옳은 것은?

① 방망 설치
② 지붕트러스의 일체화 또는 지상에서 조립
③ 안전대 사용
④ 비계 등에 의한 작업대 설치

고소작업의 감소를 위한 근본적인 대책은 추락재해를 근원적으로 제거 및 축소하는 것이므로, 고소작업량을 줄여 추락재해 자체가 감소하는 지붕트러스의 일체화 또는 지상에서의 조립이 이에 해당한다.

출제개념 추락방지, 고소작업

---

10 추락 재해방지 설비 중 근로자의 추락재해를 방지할 수 있는 설비로 작업발판 설치가 곤란한 경우에 필요한 설비는?

① 경사로
② 추락방호망
③ 고정사다리
④ 달비계

작업발판 설치가 불가하여 안전난간을 설치할 수 없다면 추락방호망을 설치하여야 한다.

출제개념 추락방지, 작업발판

---

11 고소작업대를 설치 및 이동하는 경우에 준수하여야 할 사항으로 옳지 않은 것은?

① 와이어로프 또는 체인의 안전율은 3 이상일 것
② 붐의 최대 지면경사각을 초과 운전하여 전도되지 않도록 할 것
③ 고소작업대를 이동하는 경우 작업대를 가장 낮게 내릴 것
④ 작업대에 끼임·충돌 등 재해를 예방하기 위한 가드 또는 과상승방지장치를 설치할 것

작업대를 와이어로프 또는 체인으로 올리거나 내릴 경우에는 와이어로프 또는 체인이 끊어져 작업대가 떨어지지 않는 구조여야 하며, 와이어로프 또는 체인의 안전율은 5 이상이어야 한다.

출제개념 고소작업대 설치 및 이동 준수사항

정답 **08** ② **09** ② **10** ② **11** ①

CHAPTER **05**

비계 · 거푸집 가시설 위험방지

22년 1회   ✔ 회독 ☐☐☐

01 가설구조물의 문제점으로 옳지 않은 것은?

① 도괴재해의 가능성이 크다.

② 추락재해 가능성이 크다.

③ 부재의 결합이 간단하나 연결부가 견고하다.

④ 구조물이라는 통상의 개념이 확고하지 않으며 조립의 정밀도가 낮다.

> 가설구조물은 공사 후 해체해야 하므로 비용과 시간을 절약하기 위해 단순한 연결 방식을 사용하고, 조립과 해체를 반복하여 연결 부품이 느슨해지거나 변형되기 쉽다.
>
> **출제개념** 가설구조물 문제점

22년 2회   ✔ 회독 ☐☐☐

02 가설구조물의 특징으로 옳지 않은 것은?

① 연결재가 적은 구조로 되기 쉽다.

② 부재 결합이 간략하여 불안전 결합이다.

③ 구조물이라는 개념이 확고하여 조립의 정밀도가 높다.

④ 사용부재는 과소단면이거나 결함재가 되기 쉽다.

> 가설구조물은 현장 여건에 따라 설계 및 체계가 바뀌고 반복 조립으로 인해 정밀도가 낮다.
>
> **출제개념** 가설구조물 특징

정답   **01** ③   **02** ③

03 가설통로의 설치기준으로 옳지 않은 것은?

① 추락할 위험이 있는 장소에는 안전난간을 설치할 것

② 경사가 10°를 초과하는 경우에는 미끄러지지 아니하는 구조로 할 것

③ 경사는 30° 이하로 할 것

④ 건설공사에 사용하는 높이 8m 이상인 비계다리에는 7m 이내마다 계단참을 설치할 것

> 경사가 15°를 초과하는 경우에는 미끄러지지 않는 구조로 해야 한다.
>
> 출제개념 가설통로 설치기준

04 가설통로의 설치기준으로 옳지 않은 것은?

① 경사가 15°를 초과하는 때에는 미끄러지지 않는 구조로 한다.

② 건설공사에 사용하는 높이 8m 이상인 비계다리에는 7m 이내마다 계단참을 설치한다.

③ 수직갱에 가설된 통로의 길이가 15m 이상일 경우에는 15m 이내마다 계단참을 설치한다.

④ 추락의 위험이 있는 장소에는 안전난간을 설치한다.

> 수직갱에 가설된 통로의 길이가 15m 이상일 경우에는 10m 이내마다 계단참을 설치해야 한다.
>
> 출제개념 가설통로 설치기준

05 가설통로를 설치하는 경우 준수해야 할 기준으로 옳지 않은 것은?

① 경사는 30° 이하로 할 것

② 경사가 25°를 초과하는 경우에는 미끄러지지 아니하는 구조로 할 것

③ 건설공사에 사용하는 높이 8m 이상인 비계다리에는 7m 이내마다 계단참을 설치할 것

④ 수직갱에 가설된 통로의 길이가 15m 이상인 때에는 10m 이내마다 계단참을 설치할 것

> 경사가 15°를 초과하는 경우에는 미끄러지지 않는 구조로 해야 한다.
>
> 출제개념 가설통로 설치기준

06 가설통로를 설치하는 경우의 준수사항이다. 빈칸에 알맞은 수치를 고르면?

건설공사에 사용하는 높이 8m 이상인 비계다리에는 (　　)m 이내마다 계단참을 설치할 것

① 7　　　　　　　　　② 5

③ 6　　　　　　　　　④ 4

> 건설공사에 사용하는 높이 8m 이상인 비계다리에는 7m 이내마다 계단참을 설치해야 한다.
>
> 출제개념 가설통로 설치기준

07 사다리식 통로 등을 설치하는 경우 통로 구조로
서 옳지 않은 것은?

① 발판의 간격은 일정하게 한다.
② 발판과 벽과의 사이는 15cm 이상의 간격
을 유지한다.
③ 사다리의 상단은 걸쳐놓은 지점으로부터
60cm 이상 올라가도록 한다.
④ 폭은 40cm 이상으로 한다.

> 폭은 30cm 이상으로 해야 한다.
> 출제개념 사다리식 통로 설치기준

08 사다리식 통로의 길이가 10m 이상일 때 얼마 이
내마다 계단참을 설치하여야 하는가?

① 3m 이내마다   ② 5m 이내마다
③ 4m 이내마다   ④ 6m 이내마다

> 사다리식 통로의 길이가 10m 이상인 경우에는 5m 이
> 내마다 계단참을 설치해야 한다.
> 출제개념 사다리식 통로 설치기준, 계단참

09 건설현장에 설치하는 사다리식 통로의 설치기
준으로 옳지 않은 것은?

① 발판과 벽과의 사이는 15cm 이상의 간격
을 유지할 것
② 발판의 간격은 일정하게 할 것
③ 사다리의 상단은 걸쳐놓은 지점으로부터
60cm 이상 올라가도록 할 것
④ 사다리식 통로의 길이가 10m 이상인 경우
에는 3m 이내마다 계단참을 설치할 것

> 사다리식 통로의 길이가 10m 이상인 경우에는 5m 이
> 내마다 계단참을 설치해야 한다.
> 출제개념 사다리식 통로 설치기준

10 사다리식 통로 등을 설치하는 경우 고정식 사다
리식 통로의 기울기는 최대 몇 도 이하로 하여야
하는가?

① 60°   ② 75°
③ 80°   ④ 90°

> 사다리식 통로의 기울기는 75° 이하로 한다. 다만, 고정
> 식 사다리식 통로의 기울기는 90° 이하로 하고, 그 높이
> 가 7m 이상인 경우 바닥으로부터 2.5m 되는 지점부터
> 등받이울을 설치하거나 개인용 추락 방지 시스템을 설
> 치하여야 한다.
> 출제개념 고정식 사다리식 통로

정답 07 ④ 08 ② 09 ④ 10 ④

11 작업장 내에 근로자가 사용할 통로설치에 대한 준수사항 중 다음 (   ) 안에 알맞은 내용은?

> 통로면으로부터 높이 (   )m 이내에는 장애물이 없도록 하여야 한다.

① 1 　　　　　　② 2
③ 1.5 　　　　　④ 3

> 통로면으로부터 높이 2m 이내에는 장애물이 없도록 하여야 한다.
>
> [출제개념] 통로설치 준수사항

12 사업주는 높이가 3m를 초과하는 계단에 높이 3m 이내마다 너비 몇 m 이상의 계단참을 설치하여야 하는가?

① 1m 　　　　　② 1.2m
③ 1.5m 　　　　④ 2m

> 사업주는 높이가 3m를 초과하는 계단에는 높이 3m 이내마다 너비 1.2m 이상의 계단참을 설치하여야 한다.
>
> [출제개념] 계단참 설치기준

13 건설현장의 가설계단 및 계단참을 설치하는 경우 얼마 이상의 하중에 견딜 수 있는 강도를 가진 구조로 설치하여야 하는가?

① 200kg/m² 　　　② 300kg/m²
③ 400kg/m² 　　　④ 500kg/m²

> 계단 및 계단참을 설치하는 경우 500kg/m² 이상의 하중에 견딜 수 있는 강도를 가진 구조로 설치해야 한다.
>
> [출제개념] 가설계단 및 계단참 설치기준, 견딜 수 있는 하중

14 가설공사 표준안전 작업지침에 따른 통로발판을 설치하여 사용함에 있어 준수사항으로 옳지 않은 것은?

① 추락의 위험이 있는 곳에는 안전난간이나 철책을 설치하여야 한다.
② 작업발판의 최대폭은 1.6m 이내이어야 한다.
③ 비계발판의 구조에 따라 최대 적재하중을 정하고 이를 초과하지 않도록 하여야 한다.
④ 발판을 겹쳐 이음하는 경우 장선 위에서 이음을 하고 겹침길이는 10cm 이상으로 하여야 한다.

> 발판을 겹쳐 이음하는 경우 장선 위에서 이음을 하고 겹침길이는 20cm 이상으로 하여야 한다.
>
> [출제개념] 가설공사 표준안전 작업지침, 통로발판 설치 시 준수사항

15 달비계에 사용하는 와이어로프의 사용금지 기준으로 옳지 않은 것은?

① 이음매가 있는 것
② 열과 전기 충격에 의해 손상된 것
③ 지름의 감소가 공칭지름의 7%를 초과하는 것
④ 와이어로프의 한 꼬임에서 끊어진 소선의 수가 7% 이상인 것

> 와이어로프의 한 꼬임에서 끊어진 소선의 수가 10% 이상인 것은 사용이 불가하다.
>
> [출제개념] 달비계의 와이어로프 사용금지 기준

[정답] **11** ② **12** ② **13** ④ **14** ④ **15** ④

16 곤돌라형 달비계에 사용이 불가한 와이어로프의 기준으로 옳지 않은 것은?

① 이음매가 있는 것
② 와이어로프의 한 꼬임에서 끊어진 소선의 수가 10% 이상인 것
③ 지름의 감소가 공칭지름의 5%를 초과하는 것
④ 심하게 변형되거나 부식된 것

> 지름의 감소가 공칭지름의 7%를 초과하는 것은 사용이 불가하다.
>
> 출제개념 곤돌라형 달비계의 와이어로프 사용금지 기준

17 달비계 설치 시 와이어로프를 사용할 때 사용 가능한 와이어로프의 조건은?

① 지름의 감소가 공칭지름의 8%인 것
② 심하게 변형되거나 부식된 것
③ 와이어로프의 한 꼬임에서 끊어진 소선의 수가 10%인 것
④ 이음매가 없는 것

> 이음매가 없는 것은 사용 가능하다.
>
> 출제개념 달비계 와이어로프 조건

18 달비계 작업발판의 폭은 최소 몇 cm인가?

① 30cm   ② 40cm
③ 50cm   ④ 60cm

> 달비계 작업발판의 폭은 40cm 이상이어야 한다. 이외 작업발판의 최소 폭은 다음과 같다.
> - 5m 이상 비계 조립·변경·해체 시 작업발판: 20cm 이상
> - 슬레이트 지붕 작업 시 작업발판: 30cm 이상
>
> 출제개념 달비계 작업발판 최소 폭

19 이동식 비계를 조립하여 작업을 하는 경우의 준수기준으로 옳지 않은 것은?

① 비계의 최상부에서 작업을 할 때에는 안전난간을 설치하여야 한다.
② 작업발판의 최대 적재하중은 400kg을 초과하지 않도록 한다.
③ 승강용 사다리는 견고하게 설치하여야 한다.
④ 작업발판은 항상 수평을 유지하고 작업발판 위에서 안전난간을 딛고 작업을 하거나 받침대 또는 사다리를 사용하여 작업하지 않도록 한다.

> 이동식 비계 작업발판의 최대 적재하중은 250kg을 초과하지 않도록 한다.
>
> 출제개념 이동식 비계 조립작업 시 준수기준

정답   **16** ③   **17** ④   **18** ②   **19** ②

20 이동식 비계 조립 및 사용 시 준수사항으로 옳지 않은 것은?

① 비계의 최상부에서 작업을 하는 경우에는 안전난간을 설치할 것
② 승강용 사다리는 견고하게 설치할 것
③ 작업발판은 항상 수평을 유지하고 작업발판 위에서 작업을 위한 거리가 부족할 경우 사다리를 사용할 것
④ 작업발판의 최대 적재하중은 250kg을 초과하지 않도록 할 것

> 이동식 비계 조립 및 사용 시 작업발판은 항상 수평을 유지하고 작업발판 위에서 작업대나 사다리를 사용하여 작업하지 않도록 해야 한다.
>
> 출제개념 이동식 비계 조립 및 사용 시 준수사항

21 비계의 높이가 2m 이상인 작업장소에 작업발판을 설치할 경우 준수하여야 할 기준으로 옳지 않은 것은?

① 작업발판의 폭은 30cm 이상으로 한다.
② 발판재료 간의 틈은 3cm 이하로 한다.
③ 추락의 위험성이 있는 장소에는 안전난간을 설치한다.
④ 발판재료는 뒤집히거나 떨어지지 않도록 2개 이상의 지지물에 연결하거나 고정시킨다.

> 비계의 높이가 2m 이상인 작업장소에 작업발판을 설치할 경우 작업발판의 폭은 40cm 이상으로 한다. 이외 작업에 따른 작업발판 최소 폭은 다음과 같다.
> • 5m 이상 비계 조립·변경·해체 시 작업발판: 20cm 이상
> • 슬레이트 지붕 작업 시 작업발판: 30cm 이상
> • 달비계 작업발판, 일반 작업발판: 40cm 이상
>
> 출제개념 비계의 작업발판 준수기준

22 강관비계를 사용하여 비계를 구성하는 경우 준수해야 할 기준으로 옳지 않은 것은?

① 비계기둥의 간격은 띠장방향에서는 1.85m 이하, 장선방향에서는 1.5m 이하로 할 것
② 띠장 간격은 2.0m 이하로 할 것
③ 비계기둥의 제일 윗부분으로부터 31m 되는 지점 밑부분의 비계기둥은 2개의 강관으로 묶어 세울 것
④ 비계기둥 간의 적재하중은 600kg을 초과하지 않도록 할 것

> 강관비계를 사용하여 비계를 구성하는 경우에 비계기둥 간의 적재하중은 400kg을 초과하지 않도록 해야 한다.
>
> 출제개념 강관비계의 준수기준

23 강관틀비계를 조립하여 사용하는 경우 준수해야 할 기준으로 옳지 않은 것은?

① 수직방향으로 6m, 수평방향으로 8m 이내마다 벽이음을 할 것
② 높이가 20m를 초과하거나 중량물의 적재를 수반하는 작업을 할 경우에는 주틀 간의 간격을 2.4m 이하로 할 것
③ 길이가 띠장방향으로 4m 이하이고 높이가 10m를 초과하는 경우에는 10m 이내마다 띠장방향으로 버팀기둥을 설치할 것
④ 주틀 간에 교차가새를 설치하고 최상층 및 5층 이내마다 수평재를 설치할 것

> 높이가 20m를 초과하거나 중량물의 적재를 수반하는 작업을 할 경우에는 주틀 간의 간격을 1.8m 이하로 해야 한다.
>
> 출제개념 강관틀비계 조립 시 준수기준

정답 **20** ③ **21** ① **22** ④ **23** ②

24 강관틀비계를 조립하여 사용하는 경우 준수하여야 할 사항으로 옳지 않은 것은?

① 비계기둥의 밑둥에는 밑받침 철물을 사용할 것
② 높이가 20m를 초과하거나 중량물의 적재를 수반하는 작업을 할 경우에는 주틀 간의 간격을 1.8m 이하로 할 것
③ 주틀 간에 교차가새를 설치하고 최하층 및 3층 이내마다 수평재를 설치할 것
④ 길이가 띠장방향으로 4m 이하이고 높이가 10m를 초과하는 경우에는 10m 이내마다 띠장방향으로 버팀기둥을 설치할 것

> 강관틀비계를 조립하여 사용하는 경우에 주틀 간에 교차가새를 설치하고 최상층 및 5층 이내마다 수평재를 설치해야 한다.
>
> 출제개념 강관틀비계 조립 시 준수사항

25 강관틀비계(높이 5m 이상)의 넘어짐을 방지하기 위한 벽이음 설치간격 기준으로 옳은 것은?

① 수직방향 5m, 수평방향 5m
② 수직방향 6m, 수평방향 7m
③ 수직방향 6m, 수평방향 8m
④ 수직방향 7m, 수평방향 8m

> 「산업안전보건기준에 관한 규칙」에 따르면, 강관비계의 종류별 조립간격은 다음과 같다.
>
> | 강관비계의 종류 | 조립간격(단위: m) | |
> |---|---|---|
> | | 수직방향 | 수평방향 |
> | 단관비계 | 5 | 5 |
> | 틀비계(높이가 5m 미만인 것은 제외) | 6 | 8 |
>
> 따라서 높이 5m 이상의 강관틀비계는 수직방향 6m, 수평방향 8m 이내마다 벽이음을 설치해야 한다.
>
> 출제개념 강관비계 벽이음 조립간격

26 단관비계의 벽이음의 기준으로 옳은 것은?

① 수직방향 5m 이하, 수평방향 5m 이하
② 수직방향 6m 이하, 수평방향 6m 이하
③ 수직방향 7m 이하, 수평방향 7m 이하
④ 수직방향 8m 이하, 수평방향 8m 이하

> 「산업안전보건기준에 관한 규칙」에 따르면, 강관비계의 종류별 조립간격은 다음과 같다.
>
> | 강관비계의 종류 | 조립간격(단위: m) | |
> |---|---|---|
> | | 수직방향 | 수평방향 |
> | 단관비계 | 5 | 5 |
> | 틀비계(높이가 5m 미만인 것은 제외) | 6 | 8 |
>
> 따라서 단관비계는 수직방향 5m, 수평방향 5m 이내마다 벽이음을 설치해야 한다.
>
> 출제개념 단관비계 벽이음 조립간격

27 말비계를 조립하여 사용하는 경우 지주부재와 수평면의 기울기는 얼마 이하로 하여야 하는가?

① 65°　　　　　　② 70°
③ 75°　　　　　　④ 80°

> 말비계 조립 시 지주부재와 수평면의 기울기는 75° 이하로 해야 한다.
>
> 출제개념 말비계 조립 시 지주부재와 수평면의 기울기

정답 24 ③ 25 ③ 26 ① 27 ③

28 말비계를 조립하여 사용하는 경우에 관한 준수사항이다. (   ) 안에 들어갈 내용으로 옳은 것은?

> • 지주부재와 수평면의 기울기를 (㉠)° 이하로 하고 지주부재와 지주부재 사이를 고정시키는 보조부재를 설치할 것
> • 말비계의 높이가 2m를 초과하는 경우에는 작업 발판의 폭을 (㉡)cm 이상으로 할 것

① ㉠ 75, ㉡ 30   ② ㉠ 85, ㉡ 30
③ ㉠ 75, ㉡ 40   ④ ㉠ 85, ㉡ 40

> 말비계를 조립하여 사용하는 경우 지주부재와 수평면의 기울기는 75° 이하로 해야하며, 말비계의 높이가 2m를 초과하는 경우에는 작업발판의 폭을 40cm 이상으로 해야 한다.
>
> 출제개념 **말비계 조립 시 준수사항**

29 다음은 산업안전보건법령에 따른 시스템 비계의 구조에 관한 사항이다. (   ) 안에 들어갈 내용으로 옳은 것은?

> 비계 밑단의 수직재와 받침철물은 밀착되도록 설치하고, 수직재와 받침철물의 연결부의 겹침 길이는 받침철물 전체길이의 (   ) 이상이 되도록 할 것

① 2분의 1   ② 3분의 1
③ 4분의 1   ④ 5분의 1

> 수직재와 받침철물의 연결부의 겹침길이는 받침철물 전체길이의 3분의 1 이상이 되도록 해야 한다.
>
> 출제개념 **시스템 비계 구조**

30 작업발판 일체형 거푸집에 해당되지 않는 것은?

① 갱 폼(Gang Form)
② 슬립 폼(Slip Form)
③ 유로 폼(Euro Form)
④ 클라이밍 폼(Climbing Form)

> 작업발판 일체형 거푸집의 종류는 다음과 같다.
> • 갱 폼(Gang Form)
> • 슬립 폼(Slip Form)
> • 클라이밍 폼(Climbing Form)
> • 터널 라이닝 폼(Tunnel Lining Form)
> • 그 밖에 작업발판과 작업발판이 일체로 제작된 거푸집 등
>
> 출제개념 **작업발판 일체형 거푸집의 종류**

31 거푸집 및 동바리를 조립 또는 해체하는 작업 시 준수사항으로 옳지 않은 것은?

① 재료, 기구 또는 공구 등을 올리거나 내리는 경우에는 근로자로 하여금 달줄·달포대 등의 사용을 금하도록 할 것
② 낙하·충격에 의한 돌발적 재해를 방지하기 위하여 버팀목을 설치하고 거푸집 및 동바리를 인양장비에 매단 후에 작업을 하도록 하는 등 필요한 조치를 할 것
③ 비, 눈, 그 밖의 기상상태의 불안정으로 날씨가 몹시 나쁜 경우에는 그 작업을 중지할 것
④ 해당 작업을 하는 구역에는 관계 근로자가 아닌 사람의 출입을 금지할 것

> 재료, 기구 또는 공구 등을 올리거나 내리는 경우에는 근로자로 하여금 달줄·달포대 등을 사용하도록 해야 한다.
>
> 출제개념 **거푸집 및 동바리 조립 또는 해체 시 준수사항**

정답 28 ③   29 ②   30 ③   31 ①

건설공사 안전관리
6과목 □ 이론 | 기출

32 거푸집 및 동바리를 조립하는 경우에 준수하여야 하는 기준으로 옳지 않은 것은?

① 동바리로 사용하는 파이프 서포트를 이어서 사용하는 경우에는 3개 이상의 볼트 또는 전용철물을 사용하여 이을 것

② 동바리로 사용하는 파이프 서포트는 높이가 3.5m를 초과할 경우 높이 2m 이내마다 수평연결재를 2개 방향으로 만들 것

③ 받침목이나 깔판의 사용, 콘크리트 타설, 말뚝박기 등 동바리의 침하를 방지하기 위한 조치를 할 것

④ 동바리로 사용하는 파이프 서포트를 3개 이상 이어서 사용하지 않도록 할 것

> ▼
> 동바리로 사용하는 파이프 서포트를 이어서 사용하는 경우에는 4개 이상의 볼트 또는 전용철물을 사용하여 이어야 한다.
>
> 출제개념 거푸집 및 동바리 조립 시 준수사항

33 거푸집 및 동바리 조립 시 준수해야 할 기준이 아닌 것은?

① 동바리의 상하 고정 및 미끄러짐 방지조치를 하고, 하중의 지지상태를 유지한다.

② 강재와 강재의 접속부 및 교차부는 볼트·클램프 등 전용철물을 사용하여 단단히 연결한다.

③ 동바리로 사용하는 파이프 서포트는 높이가 3.5m를 초과할 경우 높이 2m마다 수평연결재를 2개 방향으로 만들고 수평연결재의 변위를 방지할 것

④ 동바리로 사용하는 파이프 서포트는 4개 이상 이어서 사용하지 않도록 할 것

> ▼
> 동바리로 사용하는 파이프 서포트는 3개 이상 이어서 사용하지 않도록 해야 한다.
>
> 출제개념 거푸집 및 동바리 조립 시 준수사항

34 거푸집의 조립순서로 옳은 것은?

① 기둥 – 보받이내력벽 – 큰보 – 작은보 – 슬래브

② 기둥 – 보받이내력벽 – 작은보 – 큰보 – 슬래브

③ 기둥 – 큰보 – 작은보 – 보받이내력벽 – 슬래브

④ 기둥 – 작은보 – 큰보 – 보받이내력벽 – 슬래브

> ▼
> 거푸집은 보통의 경우 기둥>내력벽>보>바닥의 순서로 조립이 행해진다. 일반적으로 거푸집은 밑에서 위로 순차적으로 제작하여 시공한다.
>
> 출제개념 거푸집 조립순서

정답 **32** ① **33** ④ **34** ①

35 건설현장에 거푸집 및 동바리 설치 시 준수사항으로 옳지 않은 것은?

① 파이프 서포트 높이가 4.5m를 초과하는 경우에는 높이 2m 이내마다 2개 방향으로 수평연결재를 설치한다.

② 동바리의 침하 방지를 위해 받침목이나 깔판의 사용, 콘크리트 타설, 말뚝박기 등을 실시한다.

③ 강재와 강재의 접속부는 볼트 또는 클램프 등 전용철물을 사용한다.

④ 강관틀 동바리는 강관틀과 강관틀 사이에 교차가새를 설치한다.

> 파이프 서포트 높이가 3.5m를 초과하는 경우에는 높이 2m 이내마다 2개 방향으로 수평연결재를 설치한다.
>
> 출제개념 거푸집 및 동바리 설치 시 준수사항

36 동바리의 침하를 방지하기 위한 직접적인 조치로 옳지 않은 것은?

① 수평연결재 사용

② 받침목이나 깔판의 사용

③ 콘크리트의 타설

④ 말뚝박기

> 수평연결재는 좌굴(휨)방지를 위해 설치한다.
>
> 출제개념 동바리 침하 방지조치

37 다음 ( ) 안에 알맞은 내용은?

> 동바리로 사용하는 파이프 서포트의 높이가 ( )m를 초과하는 경우에는 높이 2m 이내마다 수평연결재를 2개 방향으로 만들고 수평연결재의 변위를 방지할 것

① 3

② 4

③ 3.5

④ 4.5

> 파이프 서포트의 높이가 3.5m를 초과하는 경우에는 높이 2m 이내마다 수평연결재를 2개 방향으로 만들고 수평연결재의 변위를 방지해야 한다.
>
> 출제개념 거푸집 및 동바리 설치 시 준수사항, 파이프 서포트

38 동바리로 사용하는 파이프 서포트는 최대 몇 개 이상 이어서 사용하지 않아야 하는가?

① 2개

② 3개

③ 4개

④ 5개

> 동바리로 사용하는 파이프 서포트는 3개 이상 이어서 사용하지 않는다.
>
> 출제개념 동바리 역할 파이프 서포트의 최대 개수

정답 35 ① 36 ① 37 ③ 38 ②

39 거푸집 해체작업 시 유의사항으로 옳지 않은 것은?

① 일반적으로 수평부재의 거푸집은 연직부재의 거푸집보다 빨리 떼어낸다.

② 해체된 거푸집이나 각목 등에 박혀있는 못 또는 날카로운 돌출물은 즉시 제거하여야 한다.

③ 상하 동시 작업은 원칙적으로 금지하여 부득이한 경우에는 긴밀히 연락을 취하며 작업을 하여야 한다.

④ 거푸집 해체작업장 주위에는 관계자를 제외하고는 출입을 금지시켜야 한다.

▼

하중을 적게 받는 연직부재의 거푸집을 수평부재의 거푸집보다 먼저 떼어낸다.

출제개념 거푸집 해체 시 유의사항

---

40 시스템 동바리를 조립하는 경우 수직재와 받침철물 연결부 겹침길이는?

① 받침철물 전체길이의 2분의 1 이상

② 받침철물 전체길이의 3분의 1 이상

③ 받침철물 전체길이의 4분의 1 이상

④ 받침철물 전체길이의 5분의 1 이상

▼

받침철물 전체길이의 3분의 1 이상이 되도록 하여야 한다.

출제개념 시스템 동바리 조립 시 수직재와 받침철물, 연결부 겹침길이

정답 **39** ① **40** ②

공사 및 작업 종류별 안전

기출문제 활용법 문항별 기출 표기 개수가 많을수록 시험에 자주 출제된 문제! 표기가 5개인 문제는 출제 횟수가 5회 이상인 기출문제로 무조건 암기 필수!

3회독 공부전략 1회독은 문제 → 선지 → 답 → 해설 순서로 정독! 2회독부터는 직접 문제 풀기, 3회독 때는 ×, △ 표시된 문제만 다시 풀기! 회독할 때마다 문제 옆 회독표에 O, ×, △로 표시하여 3회독까지 ×로 표시된 문제는 부록에 포함된 "틈틈 오답노트"에 따로 정리해 공부하세요! [O: 정확히 알고 푼 문제 △: 부분적으로 알고 푼 문제 ×: 개념 학습이 필요한 문제]

23년 3회 ✔ 회독 ☐☐☐

01 다음 중 굴착기계와 가장 관계있는 것은?

① Clam Shell
② Road Roller
③ Shovel Loader
④ Belt Conveyer

> Clam Shell은 수중굴착이 가능한 기계로 굴착기계와 가장 관계있는 토공기계다.
> ② Road Roller는 지반을 다지는 용도의 기계이다.
> ③ Shovel Loader는 흙을 퍼서 운반하는 데 사용하는 적재 운반기계이다.
> ④ Belt Conveyer는 컨베이어 벨트를 사용하여 흙을 운반하는 기계이다.
>
> 출제개념 굴착기계

23년 3회 22년 3회 ✔ 회독 ☐☐☐

02 차량계 건설기계에 해당되지 않는 것은?

① 불도저
② 어스드릴
③ 타워크레인
④ 콘크리트펌프카

> 타워크레인은 크레인의 한 종류로 리프트, 승강기, 곤돌라 등과 함께 양중기계로 구분된다.
>
> 출제개념 차량계 건설기계

25년 3회 25년 1회 24년 2회 21년 2회 ✔ 회독 ☐☐☐

03 장비가 위치한 지면보다 낮은 장소를 굴착하는 데 적합한 장비는?

① 트럭크레인
② 파워쇼벨
③ 백호우
④ 진폴

> 지면보다 낮은 장소를 굴착하는 데는 백호우, 드래그라인, 크램쉘 3가지가 적합하다. 이때 가장 강한 굴삭력은 백호우가 가지고 있으며, 가장 깊은 굴착은 크램쉘이 대표적이다.
>
> 출제개념 굴착기계

정답 **01** ① **02** ③ **03** ③

건설공사 안전관리 6과목 ☐이론 ☐기출

04 굴착기계의 운행 시 안전대책으로 옳지 않은 것은?

① 버킷에 사람의 탑승을 허용해서는 안 된다.
② 운전반경 내에 사람이 있을 때 회전은 10rpm 정도의 느린 속도로 하여야 한다.
③ 장비의 주차 시 경사지나 굴착작업장으로부터 충분히 이격시켜 주차한다.
④ 전선이나 구조물 등에 인접하여 붐을 선회해야 할 작업에는 사전에 회전반경, 높이제한 등 방호조치를 강구한다.

> 운전반경 내에 사람이 있을 때에는 회전을 해서는 안되며 작업을 중지하여야 한다.
>
> 출제개념 **굴착기계의 안전수칙**

05 토공기계 중 클램쉘의 용도에 대해 가장 잘 설명한 것은?

① 단단한 지반에 작업하기 쉽고 작업속도가 빠르며 특히 암반굴착에 적합하다.
② 강가 또는 바닷가의 자갈, 실트 혹은 모래를 굴착하고 준설선에 많이 사용한다.
③ 상당히 넓고 얕은 범위의 점토질 지반 굴착에 적합하다.
④ 기계 위치보다 높은 곳의 굴착, 비탈면 굴착에 적합하다.

> 클램쉘은 굴착력은 약하지만 수직 방향으로 깊게 파낼 수 있어, 강바닥 준설이나 깊은 구덩이 굴착, 수직 굴착 작업에 적합하다.
>
> 출제개념 **토공기계, 클램쉘**

06 굴착과 싣기를 동시에 할 수 있는 토공기계가 아닌 것은?

① 트랙터 셔블(Tractor Shovel)
② 백호(Back Hoe)
③ 파워 셔블(Power Shovel)
④ 모터 그레이더(Motor Grader)

> 모터 그레이더는 토공의 대패라 불리며, 지반의 정지작업(땅 고르기)에 사용된다.
>
> 출제개념 **토공기계**

07 셔블로더의 작업방법으로 옳은 것은?

① 점검 시 버킷은 가장 상부의 위치에 올려놓는다.
② 시동 시에는 브레이크를 해제하도록 한다.
③ 경사면을 오를 때에는 전진으로, 내려올 때는 후진으로 주행한다.
④ 운전석 이탈 시에는 버킷을 올려놓은 상태로 이탈한다.

> 경사면을 오를 때는 전진으로, 내려올 때는 후진으로 주행한다. 이외 셔블로더의 올바른 작업방법은 다음과 같다.
> • 점검 시 버킷은 지면에 완전히 내려 놓는다.
> • 시동 시에는 브레이크가 확실히 당겨져 있는지 확인한다.
> • 운전석 이탈 시에는 버킷을 지면에 내려놓고 이탈한다.
>
> 출제개념 **셔블로더 작업방법**

정답 **04** ② **05** ② **06** ④ **07** ③

08 롤러의 표면에 돌기를 만들어 부착한 것으로 돌기가 전압층에 매입함에 의해 풍화암을 파쇄하여 흙 속의 간극수압을 소산하게 하고, 다짐의 유효 깊이가 큰 롤러는 무엇인가?

① 머캐덤롤러　　　② 탠덤롤러
③ 탬핑롤러　　　　④ 타이어롤러

> 표면에 양발(돌기)이 부착된 롤러로 공극수압 소산, 깊은 층 다짐에 적합한 롤러는 탬핑롤러이다. 이외 각 롤러에 대한 설명은 다음과 같다.
> • 머캐덤롤러: 전륜 1개 후륜 2개 구성, 표면 다짐용
> • 탠덤롤러: 전륜 1개 후륜 1개 구성, 포장 마무리용
> • 타이어롤러: 공기주입식 고무 타이어 여러 개로 구성, 탄성 다짐용
>
> 출제개념 롤러

09 항타기 또는 항발기의 권상장치 드럼축과 권상장치로부터 첫 번째 도르래의 축 간의 거리는 권상장치 드럼폭의 몇 배 이상으로 하여야 하는가?

① 5배　　　　　　② 8배
③ 10배　　　　　④ 15배

> 권상장치의 드럼축과 권상장치로부터 첫 번째 도르래의 축 간의 거리를 권상장치 드럼폭의 15배 이상으로 하여야 한다.
>
> 출제개념 항타기 및 항발기, 권상장치에 도르래 부착

10 항타기 및 항발기에 관한 설명으로 옳지 않은 것은?

① 무너짐 방지를 위해 시설 또는 가설물 등에 설치하는 때에는 그 내력을 확인하고 내력이 부족하면 그 내력을 보강해야 한다.
② 와이어로프의 한 꼬임에서 끊어진 소선의 수가 10% 이상인 것은 권상용 와이어로프로 사용을 금한다.
③ 지름 감소가 공칭지름의 7%를 초과하는 것은 권상용 와이어로프로 사용을 금한다.
④ 권상용 와이어로프의 안전계수가 4 이상이 아니면 이를 사용하여서는 아니 된다.

> 권상용 와이어로프의 안전계수가 5 이상이 아니면 이를 사용하여서는 아니 된다.
>
> 출제개념 항타기 및 항발기

11 항타기 또는 항발기에 권상용 와이어로프를 사용하는 경우에 준수하여야 할 사항이다. (　　) 안에 알맞은 내용으로 옳은 것은?

> 권상용 와이어로프는 추 또는 해머가 최저의 위치에 있을 때 또는 널말뚝을 빼내기 시작할 때를 기준으로 권상장치의 드럼에 적어도 (　　) 감기고 남을 수 있는 충분한 길이일 것

① 1회　　　　　　② 2회
③ 4회　　　　　　④ 6회

> 권상용 와이어로프는 추 또는 해머가 최저의 위치에 있을 때 또는 널말뚝을 빼내기 시작할 때를 기준으로 권상장치의 드럼에 적어도 2회 감기고 남을 수 있는 충분한 길이여야 한다.
>
> 출제개념 권상용 와이어로프

정답　08 ③　09 ④　10 ④　11 ②

건설공사 안전관리　6과목　□이론 ▪ 기출

12 항타기 또는 항발기의 사용 시 준수사항으로 옳지 않은 것은?

① 증기나 공기를 차단하는 장치를 작업관리자가 쉽게 조작할 수 있는 위치에 설치한다.

② 해머의 운동에 의하여 증기호스 또는 공기호스와 해머의 접속부가 파손되거나 벗겨지는 것을 방지하기 위하여 그 접속부가 아닌 부위를 선정하여 증기호스 또는 공기호스를 해머에 고정시킨다.

③ 항타기나 항발기의 권상장치의 드럼에 권상용 와이어로프가 꼬인 경우에는 와이어로프에 하중을 걸어서는 안 된다.

④ 항타기나 항발기의 권상장치에 하중을 건 상태로 정지하여 두는 경우에는 쐐기장치 또는 역회전방지용 브레이크를 사용하여 제동하는 등 확실하게 정지시켜 두어야 한다.

▼

증기나 공기를 차단하는 장치를 해머의 운전자가 쉽게 조작할 수 있는 위치에 설치해야 한다.

출제개념 항타기 또는 항발기 사용 시 준수사항

13 지반의 종류에 따른 굴착면의 기울기기준으로 옳지 않은 것은?

① 경암 1 : 1.0

② 연암 및 풍화암 1 : 1.0

③ 모래 1 : 1.8

④ 그 밖의 흙 1 : 1.2

▼

지반의 종류에 따른 굴착면의 기울기기준은 다음과 같다.

지반의 종류	기울기
모래	1 : 1.8
연암 및 풍화암	1 : 1.0
경암	1 : 0.5
그 밖의 흙	1 : 1.2

출제개념 지반의 종류에 따른 굴착면의 기울기

14 굴착면의 기울기기준으로 옳지 않은 것은?

① 연암 1 : 1.0   ② 풍화암 1 : 1.0

③ 경암 1 : 0.5   ④ 모래 1 : 1.2

▼

지반의 종류에 따른 굴착면의 기울기기준은 다음과 같다.

지반의 종류	기울기
모래	1 : 1.8
연암 및 풍화암	1 : 1.0
경암	1 : 0.5
그 밖의 흙	1 : 1.2

출제개념 지반의 종류에 따른 굴착면의 기울기

정답   12 ①   13 ①   14 ④

15 토질시험 중 연약한 점토 지반의 점착력을 판별하기 위하여 실시하는 현장 시험은?

① 베인테스트(Vane Test)
② 표준관입시험(SPT)
③ 하중재하시험
④ 삼축압축시험

> 베인테스트(Vane Test)는 점토 지반의 전단 강도를 평가하는 시험으로, 십자형 날개를 가진 저항체를 회전시켜 그 저항력으로 점착력을 추정하는 시험이다. 이외 토질시험에 대한 설명은 다음과 같다.
> • 표준관입시험(SPT): 모래, 자갈 등 사질토의 밀도를 평가하는 시험
> • 하중재하시험: 재하판에 하중을 가하여 지반의 지지력을 구하는 시험
> • 삼축압축시험: 시료에 구속압과 축하중을 가해 점토 지반의 전단 강도를 구하는 실내 시험
>
> 출제개념 **토질시험**

16 흙의 투수계수에 영향을 주는 인자에 관한 설명으로 옳지 않은 것은?

① 포화도: 포화도가 클수록 투수계수도 크다.
② 공극비: 공극비가 클수록 투수계수는 작다.
③ 유체의 점성계수: 점성계수가 클수록 투수계수는 작다.
④ 유체의 밀도: 유체의 밀도가 클수록 투수계수는 크다.

> 공극비가 크다는 것은 흙 입자 간의 틈이 크다는 것을 의미하고, 투수계수란 물이 흐르는 속도이므로 공극비가 클수록 투수계수는 커진다.
>
> 출제개념 **흙의 투수계수에 영향을 미치는 인자**

17 물로 포화된 점토의 다지기를 하면 압축하중으로 지반이 침하하는데 이로 인하여 간극수압이 높아져 물이 배출되면서 흙의 간극이 감소하는 현상을 무엇이라고 하는가?

① 액상화   ② 압밀
③ 예민비   ④ 동상현상

> 압밀은 포화된 점성토에 하중이 가해졌을 때 발생한 과잉 간극수압이 배수에 의해 소산되면서 물이 빠져나가 흙 입자의 간격이 좁아지고, 그 결과 압밀침하가 발생하는 현상을 말한다. 이외 지반의 이상현상에 대한 설명은 다음과 같다.
> • 액상화: 포화된 사질토가 지진 등 반복하중에 의해 과잉 간극수압이 발생하여 전단 강도를 상실하고 액체처럼 유동하는 현상
> • 예민비: 교란 전 점토의 전단 강도를 교란 후 전단 강도로 나눈 값으로, 값이 클수록 교란에 민감한 흙
> • 동상현상: 지반 내 수분이 0℃ 이하에서 얼어 얼음렌즈를 형성하여 체적이 팽창하고, 그 결과 지표면이 융기하는 현상
>
> 출제개념 **지반의 이상현상**

18 지하수위 상승으로 포화된 사질토 지반의 액상화현상을 방지하기 위한 가장 직접적이고 효과적인 대책은?

① Well Point 공법 적용
② 동다짐 공법 적용
③ 입도가 불량한 재료를 입도가 양호한 재료로 치환
④ 밀도를 증가시켜 한계간극비 이하로 상대밀도를 유지하는 방법 강구

> 액상화는 모래 지반이 포화되었을 때 발생하는 현상으로 지하수위를 낮추어 간극수압의 상승을 억제하는 것이 필요하다. Well Point 공법은 지중에 작은 관을 설치하고 펌프로 배수하여 지하수위를 저하시키는 방법으로 이러한 액상화 방지에 효과적인 대책이다.
>
> 출제개념 **지반의 이상현상 대책**

정답 **15** ① **16** ② **17** ② **18** ①

건설공사 안전관리 | 6과목 | □이론 | ■기출

19 온도가 하강함에 따라 토층수가 얼어 부피가 약 9% 정도 증대하게 됨으로써 지표면이 부풀어 오르는 현상은?

① 동상현상   ② 연화현상
③ 리칭현상   ④ 액상화현상

> 동상현상은 지반이 얼어 부피가 증가하면서 지표면이 부풀어 오르는 현상을 말한다. 이외 지반의 이상현상에 대한 설명은 다음과 같다.
> • 연화현상: 얼었던 지반이 녹으면서 지반의 강도가 떨어지는 현상
> • 리칭현상: 토양 속 수용성 물질이 물에 녹아 지하로 빠져나가는 현상
> • 액상화현상: 모래지반이 포화되었을 때 전단강도를 잃어 액체처럼 유동하는 현상
>
> 출제개념 동상현상, 지반의 이상현상

20 지하수위를 저하시키는 공법은?

① 웰포인트 공법
② 동결 공법
③ 뉴매틱케이슨 공법
④ 치환 공법

> 웰포인트 공법은 지중에 작은 관을 설치하고 펌프로 배수하여 지하수위를 저하시키는 방법으로, 사질토 지반의 액상화를 방지하기 위한 공법이다.
>
> 출제개념 지하수위 저하공법, 웰포인트 공법

21 구조물에 의한 사면보호 공법에 해당되지 않는 것은?

① 블럭공
② 식생공
③ 돌쌓기공
④ 현장타설 콘크리트 격자공

> 사면보호 공법은 구조물에 의한 공법과 식생에 의한 공법으로 구분되며, 식생공은 식물을 이용하여 지반을 보호하는 식생 공법에 해당한다.
>
> 출제개념 사면 보호공법

22 흙막이 지보공을 설치하였을 때 정기적으로 점검하여야 할 사항이 아닌 것은?

① 굴착깊이의 정도
② 버팀대의 긴압 정도
③ 부재의 접속부·부착부 및 교차부의 상태
④ 부재의 손상·변형·부식 변위 및 탈락의 유무와 상태

> 흙막이 지보공의 정기 점검사항은 다음과 같다.
> • 버팀대의 긴압 정도
> • 부재의 접속부·부착부 및 교차부의 상태
> • 부재의 손상·변형·부식·변위 및 탈락의 유무와 상태
> • 침하의 정도
>
> 출제개념 흙막이 지보공 정기 점검사항

정답 **19** ①   **20** ①   **21** ②   **22** ①

23 굴착공사에 있어서 비탈면 붕괴를 방지하기 위하여 실시하는 대책으로 옳지 않은 것은?

① 지표수의 침투를 막기 위해 표면배수공을 한다.

② 비탈면 하단을 성토한다.

③ 비탈면 상부에 토사를 적재한다.

④ 지하수위를 낮추기 위해 수평배수공을 설치한다.

> ▼
> 비탈면 상부에 토사를 적재할 경우 사면에 과도한 하중을 가하여 붕괴를 촉진한다.
>
> 출제개념 굴착공사, 비탈면 붕괴 방지대책

24 토사붕괴 원인으로 옳지 않은 것은?

① 경사 및 기울기 증가

② 성토 높이의 증가

③ 건설기계 등 하중작용

④ 토사 중량의 감소

> ▼
> 토사 중량이 감소하면 붕괴위험이 감소한다.
>
> 출제개념 토사붕괴 원인

25 제한속도를 정하지 않아도 되는 차량계 건설기계의 속도기준은?

① 최대 제한속도가 10km/h 이하

② 최대 제한속도가 20km/h 이하

③ 최대 제한속도가 30km/h 이하

④ 최대 제한속도가 40km/h 이하

> ▼
> 최대 제한속도가 10km/h 이하인 건설기계는 별도의 제한속도를 정하지 않아도 된다.
>
> 출제개념 차량계 건설기계 속도기준

26 히빙(Heaving)현상 방지대책으로 틀린 것은?

① 소단굴착을 실시하여 소단부 흙의 중량이 바닥을 누르게 한다.

② 흙막이 벽체 배면의 지반을 개량하여 흙의 전단강도를 높인다.

③ 부풀어 솟아오르는 바닥면의 토사를 제거한다.

④ 흙막이 벽체의 근입 깊이를 깊게 한다.

> ▼
> 히빙현상을 방지하기 위해서 바닥에 솟아오른 흙을 단순히 제거하는 것은 전혀 효과가 없으며, 오히려 저면 안정성을 더 약화시켜 붕괴 위험을 키우므로 부적절한 대책이다. 방지대책으로는 소단굴착을 실시하여 하중을 가하거나, 굴착부 외측 지반을 개량하여 전단강도를 높이고, 흙막이 벽체의 근입 깊이를 깊게 하여 안정성을 확보하는 방법 등이 있다. 이외에 히빙현상 방지대책 내용은 다음과 같다.
> - 흙막이 지보공을 깊게 박을 것
> - 흙막이벽 배면의 토사 중량을 감소시킬 것
> - 아일랜드 컷 공법 등을 사용할 것
>
> 출제개념 히빙현상 방지대책

건설공사 안전관리

06과목 ☐ 이론 ▮ 기출

27 히빙현상에 대한 안전대책이 아닌 것은?

① 흙막이벽의 관입 깊이를 깊게 한다.

② 굴착면에 토사 등으로 하중을 가한다.

③ 흙막이 배면의 표토를 제거하여 토압을 경감시킨다.

④ 주변 수위를 높인다.

▼
토공사에서는 지하수위가 높을수록 굴착저면의 간극수압이 증가하여 히빙현상이 발생하기 쉽다. 이에 주변의 수위를 낮추어 흙 내부의 간극수압을 감소시켜야 한다.

`출제개념` 히빙현상 방지대책

28 지반의 굴착작업에 있어서 비가 올 경우를 대비한 직접적인 대책으로 옳은 것은?

① 측구 설치

② 낙하물 방지망 설치

③ 추락 방호망 설치

④ 매설물 등의 유무 또는 상태 확인

▼
빗물이나 지하수 등의 유입을 방지하기 위한 측구(배수로) 설치는 비에 대비한 직접적인 대책에 해당한다.

`출제개념` 굴착작업 붕괴 예방대책

29 흙막이 가시설 공사 중 발생할 수 있는 보일링(Boiling) 현상에 관한 설명으로 옳지 않은 것은?

① 이 현상이 발생하면 흙막이 벽의 지지력이 상실된다.

② 지하수위가 높은 지반을 굴착할 때 주로 발생된다.

③ 흙막이벽의 근입장 깊이가 부족할 경우 발생한다.

④ 연약한 점토 지반에서 굴착면의 융기로 발생한다.

▼
연약한 점토 지반에서 굴착면의 융기로 발생하는 것은 히빙현상이다.

`출제개념` 흙막이 가시설, 보일링현상

30 토사붕괴에 따른 재해를 방지하기 위한 흙막이 지보공 부재로 옳지 않은 것은?

① 흙막이판   ② 말뚝

③ 턴버클   ④ 띠장

▼
흙막이 지보공의 기본 구성요소는 흙막이판, 띠장, 말뚝, 버팀대이다. 턴버클은 와이어로프 등의 길이 조절 또는 당겨서 조이는 데 사용하는 기구이다.

`출제개념` 토사붕괴 재해방지, 흙막이 지보공 부재

`정답` **27** ④ **28** ① **29** ④ **30** ③

31 흙의 안식각을 가장 잘 설명한 것은?

① 비탈면 각　　② 시공 경사각
③ 계획 경사각　④ 자연 경사각

> ▼
> 흙의 안식각은 흙을 쌓을 때 자연적으로 형성되는 자연 경사각과 같은 의미이다.
> 출제개념 **흙의 안식각**

32 법면 붕괴에 의한 재해 예방조치로서 옳은 것은?

① 지표수와 지하수의 침투를 방지한다.
② 법면의 경사를 증가한다.
③ 절토 및 성토높이를 증가한다.
④ 토질의 상태와 관계없이 구배조건을 일정하게 한다.

> ▼
> 토석붕괴의 요인은 다음과 같다.
> 1. 내적요인(흙 내부의 변화요인)
>   • 토석의 강도 저하
>   • 토질의 변화
> 2. 외적요인(외부작용에 의한 붕괴요인)
>   • 작업하중의 증가
>   • 사면의 기울기 증가
>   • 사면의 높이 증가
>   • 지표수의 침투
> 출제개념 **법면 붕괴 예방조치**

33 공사용 가설도로에 대한 설명으로 옳지 않은 것은?

① 도로는 장비 및 차량이 안전하게 운행할 수 있도록 견고하게 설치한다.
② 부득이한 경우를 제외하는 경우 최고 허용 경사도는 20°이다.
③ 도로와 작업장이 접해 있을 경우에는 울타리 등을 설치한다.
④ 도로는 배수를 위해 경사지게 설치하거나 배수시설을 해야 한다.

> ▼
> 최고 허용경사도에 대한 기준은 법령에 규정되어 있지 않다. 공사용 가설도로를 설치하는 경우 준수해야 할 사항은 다음과 같다.
> • 도로는 장비와 차량이 안전하게 운행할 수 있도록 견고하게 설치할 것
> • 도로와 작업장이 접하여 있을 경우에는 울타리 등을 설치할 것
> • 도로는 배수를 위하여 경사지게 설치하거나 배수시설을 설치할 것
> • 차량의 속도제한 표지를 부착할 것
> 출제개념 **공사용 가설도로**

34 흙막이 가시설 공사 시 사용되는 각 계측기 설치 목적으로 옳지 않은 것은?

① 지표침하계 – 지표면 침하량 측정
② 수위계 – 지반 내 지하수위의 변화 측정
③ 하중계 – 상부 적재하중 변화 측정
④ 지중경사계 – 지중의 수평 변위량 측정

> ▼
> 토공사에서 하중계는 로드셀을 말하며, 로드셀은 적재하중이 아니라 축하중을 측정하는 계측기이다.
> 출제개념 **흙막이 가시설 공사, 계측기 설치 목적**

정답　**31** ④　**32** ①　**33** ②　**34** ③

35 흙막이 가시설의 버팀대의 변형을 측정하는 계측기는?

① Strain Gauge

② Load Cell

③ Piezometer

④ Water Level Meter

> 흙막이 가시설의 버팀대의 변형을 측정하는 계측기는 Strain Gauge(변형률계)이다.
>
> 출제개념 버팀대 변형 계측기

36 다음 중 지하수위 측정에 사용되는 계측기는?

① Load Cell

② Inclinometer

③ Extensometer

④ Piezometer

> 지하수위 측정은 수위계(Water Level Meter)가 가장 적절하나, 해당 보기에는 포함되어 있지 않으므로 간극수압계(Piezometer)를 정답으로 선택하는 것이 타당하다.
> • Load Cell(하중계): 축하중 측정기
> • Inclinometer(지중 수평변위계): 경사 측정기
> • Extensometer(층별 침하계): 변위 측정기
> • Piezometer(간극 수압계): 지하수위 측정기
>
> 출제개념 지하수위 측정 계측기

37 버팀보, 앵커 등의 축하중 변화를 측정하여 부재의 지지효과 및 그 변화 추이를 파악하는 데 사용되는 계측기기는?

① Water Level Meter

② Piezometer

③ Load Cell

④ Strain Gauge

> 하중계(Load Cell)는 축하중을 측정하는 계측기기이다.
> • Water Level Meter(수위계): 지하수위 측정기
> • Piezometer(간극수압계): 간극수압(지하수위) 측정기
> • Strain Gauge(변형계): 변형 측정기
>
> 출제개념 계측기의 종류

38 흙막이 공법을 흙막이 지지방식에 의한 분류와 구조방식에 의한 분류로 할 때 다음 중 지지방식에 의한 분류에 해당하는 것은?

① 수평 버팀대식 흙막이 공법

② H−Pile 공법

③ 지하연속벽 공법

④ Top Down Method 공법

> 지지방식의 분류에는 자립 흙막이 공법, 버팀대식 흙막이 공법, 어스앵커식 흙막이 공법이 있다.
>
> 출제개념 흙막이 공법, 흙막이 지지방식에 의한 분류

정답 35 ① 36 ④ 37 ③ 38 ①

39 점토질 지반의 지반개량 탈수공법으로 적합하지 않은 것은?

① 샌드드레인 공법
② 생석회 공법
③ 진동 공법
④ 페이퍼드레인 공법

▼

진동이나 다짐을 이용하는 공법은 사질토 지반 개량공법이다.

출제개념 점토 지반 개량공법, 탈수 공법

---

40 사면안정 처리공법으로 옳지 않은 것은?

① 전기 화학적 공법
② 석회 안정처리 공법
③ 이온 교환방법
④ 옹벽 공법

▼

옹벽 공법은 외부 구조물을 설치하여 흙을 지지하는 구조적 보강법으로, 토질 자체의 개량보강을 통한 내부적 안정화 방법인 사면안정 처리공법에는 해당하지 않는다.

출제개념 사면지반 개량공법, 사면안정 공법

---

41 차량계 건설기계 전도방지 조치로 옳지 않은 것은?

① 유도자 배치　② 도로 폭의 유지
③ 갓길의 붕괴 방지　④ 안전관리자 배치

▼

차량계 건설기계 전도방지 조치는 다음과 같다.
• 유도자 배치
• 도로 폭의 유지
• 갓길의 붕괴 방지
• 지반의 부동침하 방지

출제개념 차량계 건설기계 전도방지 조치

---

42 콘크리트 타설작업을 하는 경우에 준수해야 할 사항으로 옳지 않은 것은?

① 당일의 작업을 시작하기 전에 해당 작업에 관한 거푸집 및 동바리의 변형·변위 및 지반의 침하 유무 등을 점검하고 이상이 있으면 보수한다.
② 작업 중에는 감시자를 배치하는 등의 방법으로 거푸집 및 동바리의 변형·변위 및 침하 유무 등을 확인하여야 하며, 이상이 있으면 작업을 빠른 시간 내 우선 완료하고 근로자를 대피시킨다.
③ 콘크리트 타설작업 시 거푸집 붕괴의 위험이 발생할 우려가 있으면 충분한 보강조치를 한다.
④ 콘크리트를 타설하는 경우에는 편심이 발생하지 않도록 골고루 분산하여 타설한다.

▼

작업 중에는 감시자를 배치하는 등의 방법으로 거푸집 및 동바리의 변형·변위 및 침하 유무 등을 확인하여야 하며, 이상이 있으면 작업을 즉시 중지하고 근로자를 대피시킨다.

출제개념 콘크리트 타설작업 준수사항

정답　**39** ③　**40** ④　**41** ④　**42** ②

43 콘크리트 타설 시 안전수칙으로 옳지 않은 것은?

① 타설순서는 계획에 의하여 실시하여야 한다.
② 전동기는 최대한 많이 사용하여야 한다.
③ 콘크리트를 치는 도중에는 거푸집, 지보공 등의 이상 유무를 확인하여야 한다.
④ 손수레로 콘크리트를 운반할 때에는 손수레를 타설하는 위치까지 천천히 운반하여 거푸집에 충격을 주지 아니하도록 타설하여야 한다.

> 전동기는 적절히 사용해야 하며, 지나친 진동은 거푸집의 파괴를 유발한다.
>
> 출제개념 콘크리트 타설작업 안전수칙

44 콘크리트의 압축강도에 영향을 주는 요소로 가장 거리가 먼 것은?

① 콘크리트 양생 온도
② 콘크리트 재령
③ 물−시멘트비
④ 거푸집 강도

> 거푸집 강도는 구조물 시공 안전성에는 중요하나 콘크리트의 압축강도와는 직접적인 영향이 없다. 콘크리트의 강도에서 가장 중요한 것은 물−시멘트비이다.
>
> 출제개념 콘크리트 압축강도 영향인자

45 철골작업 시 안전상 작업을 중지하여야 하는 경우에 해당되는 기준으로 옳은 것은?

① 강우량이 시간당 5mm 이상인 경우
② 강우량이 시간당 10mm 이상인 경우
③ 풍속이 초당 10m 이상인 경우
④ 강설량이 시간당 20mm 이상인 경우

> 철골작업 시 다음 항목에 해당하는 경우에 작업을 중지해야 한다.
> • 풍속이 초당 10m 이상인 경우
> • 강우량이 시간당 1mm 이상인 경우
> • 강설량이 시간당 1cm 이상인 경우
>
> 출제개념 철골작업, 작업중지

46 건립 중 강풍에 의한 풍압 등 외압에 대한 내력이 설계에 고려되었는지 확인해야 하는 철골구조물의 기준으로 옳지 않은 것은?

① 높이 20m 이상의 구조물
② 구조물의 폭과 높이의 비가 1 : 4 이상인 구조물
③ 이음부가 공장 제작인 구조물
④ 연면적당 철골량이 $50kg/m^2$ 이하인 구조물

> 철골구조물 중 강풍에 의한 풍압 등 외압에 대한 내력이 설계에 고려되었는지 확인하여야 하는 경우는 다음과 같다.
> • 높이 20m 이상인 건물
> • 구조물의 폭과 높이의 비가 1 : 4 이상인 구조물
> • 이음부가 현장용접인 건물
> • 연면적당 철골량이 $50kg/m^2$ 이하인 구조물
> • 기둥이 타이플레이트(Tie Plate)형인 구조물
>
> 출제개념 철골구조물 설계검토의 기준

정답   **43** ②   **44** ④   **45** ③   **46** ③

47 건립 중 강풍에 의한 풍압 등 외압에 대한 내력이 설계에 고려되었는지 확인하여야 하는 철골구조물에 해당하지 않는 것은?

① 이음부가 현장용접인 건물
② 높이 15m인 건물
③ 기둥이 타이플레이트(Tie Plate)형인 구조물
④ 구조물의 폭과 높이의 비가 1 : 5인 구조물

▼

철골구조물 중 외압에 대한 내력이 설계에 고려되었는지 확인하여야 하는 경우는 높이가 20m 이상인 건물이다.

출제개념 철골구조물 설계검토의 기준

48 철골 건립기계 선정 시 사전 검토사항과 가장 거리가 먼 것은?

① 작업반경
② 건물형태
③ 건립기계로 인한 일조권 침해
④ 건립기계의 소음의 영향

▼

건립기계는 공사가 끝나면 해체되므로 일조권 침해가 적용되기 어렵다. 건립기계 선정 시 검토사항은 다음과 같다.
• 입지조건
• 소음의 영향
• 인양 하중
• 건물의 형태
• 작업반경

출제개념 철골 건립기계 사전 검토사항

49 철골작업 시 철골부재에서 근로자가 수직방향으로 이동하는 경우에 설치하여야 하는 고정된 승강로의 최대 답단 간격은 얼마 이내인가?

① 20cm   ② 25cm
③ 30cm   ④ 40cm

▼

철골작업 시 철골부재에서 근로자가 수직방향으로 이동하는 경우에는 답단 간격이 30cm 이내인 고정된 승강로를 설치하여야 하며, 수평방향 철골과 수직방향 철골이 연결되는 부분에는 연결작업을 위하여 작업발판 등을 설치하여야 한다.

출제개념 철골작업 시 승강로의 설치

50 철골보 인양 시 준수해야 할 사항으로 옳지 않은 것은?

① 인양 와이어로프의 매달기 각도는 양변 60도를 기준으로 한다.
② 크램프로 부재를 체결할 때는 크램프의 정격용량 이상 매달지 않아야 한다.
③ 크램프는 부재를 수평으로 하는 한 곳의 위치에만 사용하여야 한다.
④ 인양와이어로프는 후크의 중심에 걸어야 한다.

▼

크램프는 부재를 수평으로 하는 두 곳 이상의 위치에 사용하여야 한다.

출제개념 철골보 인양 준수사항

정답 47 ② 48 ③ 49 ③ 50 ③

51 철골 건립준비를 할 때 준수하여야 할 사항으로 옳지 않은 것은?

① 지상 작업장에서 건립준비 및 기계기구를 배치할 경우에는 낙하물의 위험이 없는 평탄한 장소를 선정하여 정비하여야 한다.

② 건립작업에 다소 지장이 있다하더라도 수목을 제거하거나 이설하여서는 안 된다.

③ 사용 전에 기계·기구에 대한 정비 및 보수를 철저히 실시하여야 한다.

④ 기계에 부착된 앵카 등 고정장치와 기초구조 등을 확인하여야 한다.

▼
작업에 지장이 되는 수목은 제거하거나 이설하여야 한다.

출제개념 철골 건립준비 준수사항

---

52 철골용접부의 검사방법으로 미세 결함의 정확한 위치, 크기를 식별하는 데 가장 적합한 것은?

① 초음파탐상검사

② 방사선투과검사

③ 침투탐상검사

④ 자기탐상검사

▼
용접부의 비파괴검사에는 방사선과 초음파가 많이 사용되는데, 미세 결함처럼 정밀한 검사에는 초음파가 더 효과적이다.

출제개념 철골 용접부의 검사방법, 비파괴검사

---

53 터널 지보공을 조립하는 경우 조립도에 따라 조립하도록 하여야 하는데 이 조립도에 명시하여야 할 사항과 가장 거리가 먼 것은?

① 이음방법   ② 단면규격
③ 재료의 재질   ④ 재료의 구입처

▼
조립도는 설치간격 및 이음방법, 단면규격, 재료의 재질 등이 명시되어야 한다.

출제개념 터널 지보공 조립도

---

54 터널공사 시 인화 가스가 농도 이상으로 상승하는 것을 조기에 파악하기 위하여 자동경보장치를 설치하여야 하는데 작업시작 전에 점검해야 할 사항이 아닌 것은?

① 계기의 이상 유무

② 발열 여부

③ 검지부의 이상 유무

④ 경보장치의 작동상태

▼
자동경보장치의 작업시작 전 점검사항에 대한 내용은 다음과 같다.
• 계기의 이상 유무
• 검지부의 이상 유무
• 경보장치의 작동상태

출제개념 터널공사 작업 전 점검사항, 인화성 가스의 농도측정

정답 **51** ② **52** ① **53** ④ **54** ②

55 터널공사에서 발파작업 시 안전대책으로 옳지 않은 것은?

① 발파 전 도화선 연결상태, 저항치 조사 등의 목적으로 도통시험 실시 및 발파기의 작동상태에 대한 사전점검 실시

② 모든 동력선은 발원점으로부터 최소한 15m 이상 후방으로 옮길 것

③ 지질, 암의 절리 등에 따라 화약량에 대한 검토 및 시방기준과 대비하여 안전조치 실시

④ 발파용 점화회선은 타동력선 및 조명회선과 한곳으로 통합하여 관리

> ▼
> 발파용 점화회선은 타동력선 및 조명회선으로부터 분리되어야 한다.
>
> **출제개념** 터널공사 발파작업 시 안전대책

56 터널공사의 전기발파작업에 관한 설명으로 옳지 않은 것은?

① 전선은 점화하기 전에 화약류를 충진한 장소로부터 30m 이상 떨어진 안전한 장소에서 도통시험 및 저항시험을 하여야 한다.

② 점화는 충분한 허용량을 갖는 발파기를 사용하고 규정된 스위치를 반드시 사용하여야 한다.

③ 발파 후 발파기와 발파모선의 연결을 유지한 채 그 단부를 절연시킨 후 재점화가 되지 않도록 한다.

④ 점화는 선임된 발파책임자가 행하고 발파기의 핸들을 점화할 때 이외는 시건장치를 하거나 모선을 분리하여야 하며 발파책임자의 엄중한 관리하에 두어야 한다.

> ▼
> 발파 후 발파기와 발파모선을 즉시 분리하여 그 단부를 절연시킨 후 재점화가 되지 않도록 조치해야 한다.
>
> **출제개념** 터널공사 전기발파작업

57 터널 지보공을 조립하거나 변경하는 경우에 조치하여야 하는 사항으로 옳지 않은 것은?

① 목재의 터널 지보공은 그 터널 지보공의 각 부재에 작용하는 긴압 정도를 체크하여 그 정도가 최대한 차이 나도록 할 것

② 강아치 지보공의 조립은 연결볼트 및 띠장 등을 사용하여 주재 상호 간을 튼튼하게 연결할 것

③ 기둥에는 침하를 방지하기 위하여 받침목을 사용하는 등의 조치를 할 것

④ 주재를 구성하는 1세트의 부재는 동일 평면 내에 배치할 것

> 목재의 터널 지보공은 그 터널 지보공의 각 부재에 작용하는 긴압 정도를 체크하여 그 정도가 최대한 균등하게 되도록 해야 한다.
>
> 출제개념 터널 지보공 조립 및 변경 시 조치사항

58 철근콘크리트 구조물의 해체를 위한 장비가 아닌 것은?

① 램머   ② 압쇄기
③ 철제해머   ④ 핸드브레이커

> 램머는 지반 다짐용 기계로 분류된다.
>
> 출제개념 철근콘크리트 구조물 해체 장비

59 압쇄기를 사용하여 건물 해체 시 그 순서로 옳은 것은?

A: 보	B: 기둥
C: 슬래브	D: 벽체

① A － B － C － D
② C － A － D － B
③ A － C － B － D
④ D － C － B － A

> 건물해체는 상부에서 하부로 진행하는 게 일반적이다. 압쇄기에 의한 파쇄작업순서는 슬래브, 보, 벽체, 기둥 순서로 해체한다.
>
> 출제개념 압쇄기 건물 해체 순서

60 하역작업 등에 의한 위험을 방지하기 위하여 준수하여야 할 사항으로 옳지 않은 것은?

① 꼬임이 끊어진 섬유로프를 화물운반용으로 사용해서는 안 된다.

② 심하게 부식된 섬유로프를 고정용으로 사용해서는 안 된다.

③ 차량 등에서 화물을 내리는 작업 시 해당 작업에 종사하는 근로자에게 쌓여 있는 화물 중간에서 화물을 빼내도록 할 경우에는 사전 교육을 철저히 한다.

④ 부두 또는 안벽의 선을 따라 통로를 설치하는 경우에는 폭을 90cm 이상으로 한다.

> 인력에 의한 화물 운반 시 쌓여있는 화물을 운반할 때에는 중간 또는 하부에서 뽑아내어서는 안 된다.
>
> 출제개념 하역작업 위험방지 준수사항

정답 **57** ① **58** ① **59** ② **60** ③

61 항만하역작업에서의 선박승강설비 설치기준으로 옳지 않은 것은?

① 400톤급 이상의 선박에서 하역작업을 하는 경우에 근로자들이 안전하게 오르내릴 수 있는 현문 사다리를 설치하여야 하며, 이 사다리 밑에 안전망을 설치하여야 한다.

② 현문 사다리는 견고한 재료로 제작된 것으로 너비는 55cm 이상이어야 한다.

③ 현문 사다리의 양측에는 82cm 이상의 높이로 울타리를 설치하여야 한다.

④ 현문 사다리는 근로자의 통행에만 사용하여야 하며, 화물용 발판 또는 화물용 보판으로 사용하도록 해서는 아니 된다.

300톤급 이상의 선박에서 하역작업을 하는 경우에 근로자들이 안전하게 오르내릴 수 있는 현문 사다리를 설치하여야 하며, 이 사다리 밑에 안전망을 설치하여야 한다.

출제개념 항만하역작업 시 선박승강설비의 설치기준

62 부두 등의 하역작업장에서 부두 또는 안벽의 선을 따라 통로를 설치하는 경우, 최소 폭 기준은?

① 90cm 이상 ② 60cm 이상
③ 75cm 이상 ④ 45cm 이상

부두의 통로 폭은 90cm 이상이어야 한다.

출제개념 하역작업장, 통로 최소 폭

63 차량계 하역운반기계의 안전조치사항 중 옳지 않은 것은?

① 최대 제한속도가 시속 10km를 초과하는 차량계 건설기계를 사용하여 작업을 하는 경우 미리 작업장소의 지형 및 지반상태 등에 적합한 제한속도를 정하고 운전자로 하여금 준수하도록 할 것

② 차량계 건설기계의 운전자가 운전위치를 이탈하는 경우 해당 운전자로 하여금 포크 및 버킷 등의 하역장치를 가장 높은 위치에 둘 것

③ 차량계 하역운반기계 등에 화물을 적재하는 경우 하중이 한쪽으로 치우치지 않도록 적재할 것

④ 차량계 건설기계를 사용하여 작업을 하는 경우 승차석이 아닌 위치에 근로자를 탑승시키지 말 것

차량계 건설기계의 운전자가 운전위치를 이탈하는 경우 해당 운전자로 하여금 포크 및 버킷 등의 하역장치를 가장 낮은 위치 혹은 지면에 두도록 해야 한다.

출제개념 차량계 하역운반기계 안전조치사항

정답 **61** ① **62** ① **63** ②

✔ 회독 ☐☐☐

64 작업장 출입구 설치 시 준수해야 할 사항으로 옳지 않은 것은?

① 출입구의 위치, 수 및 크기가 작업장의 용도와 특성에 맞도록 한다.

② 출입구에 문을 설치하는 경우에는 근로자가 쉽게 열고 닫을 수 있도록 한다.

③ 주된 목적이 하역운반기계용인 출입구에는 보행자용 출입구를 따로 설치하지 않는다.

④ 계단이 출입구와 바로 연결된 경우에는 작업자의 안전한 통행을 위하여 그 사이에 1.2m 이상 거리를 두거나 안내표지 또는 비상벨 등을 설치한다.

> ▼
> 주된 목적이 하역운반기계용인 출입구에는 인접하여 보행자용 출입구를 따로 설치하여야 한다.
>
> **출제개념** 작업장 출입구 설치 시 준수사항

✔ 회독 ☐☐☐

65 인력으로 화물을 인양할 때의 몸의 자세와 관련하여 준수하여야 할 사항으로 옳지 않은 것은?

① 한쪽 발은 들어올리는 물체를 향하여 안전하게 고정시키고 다른 발은 그 뒤에 안전하게 고정시킬 것

② 등은 항상 직립한 상태와 90° 각도를 유지하여 가능한 한 지면과 수평이 되도록 할 것

③ 팔은 몸에 밀착시키고 끌어당기는 자세를 취하며 가능한 한 수평거리를 짧게 할 것

④ 손가락으로만 인양물을 잡아서는 아니 되며 손바닥으로 인양물 전체를 잡을 것

> ▼
> 등은 항상 직립한 상태를 유지하여 가능한 한 지면과 직각이 되도록 해야 한다.
>
> **출제개념** 인력 운반 하역

✔ 회독 ☐☐☐

66 차량계 하역운반기계를 사용하는 작업을 할 때 그 기계가 넘어지거나 굴러떨어짐으로써 근로자에게 위험을 미칠 우려가 있는 경우에 우선적으로 조치하여야 할 사항과 가장 거리가 먼 것은?

① 해당 기계에 대한 유도자 배치

② 지반의 부동침하 방지조치

③ 갓길붕괴 방지조치

④ 경보장치 설치

> ▼
> 차량계 하역운반기계 작업 시 유도자 배치, 부동침하 방지, 갓길붕괴 방지, 작업지휘자 배치 등을 통해서 전도를 방지해야 한다.
>
> **출제개념** 차량계 하역운반기계 전도방지 조치

✔ 회독 ☐☐☐

67 차량계 하역운반기계를 사용하는 작업에 있어 고려되어야 할 사항과 가장 거리가 먼 것은?

① 작업지휘자의 배치

② 유도자의 배치

③ 갓길붕괴 방지조치

④ 안전관리자의 선임

> ▼
> 차량계 하역운반기계 작업에 고려되어야 할 사항은 유도자 배치, 부동침하 방지, 갓길붕괴 방지, 작업지휘자 배치 등이 있다.
>
> **출제개념** 차량계 하역운반기계 작업 시 고려사항

정답 64 ③ 65 ② 66 ④ 67 ④

68 화물을 적재하는 경우의 준수사항으로 옳지 않은 것은?

① 침하 우려가 없는 튼튼한 기반 위에 적재할 것
② 건물의 칸막이나 벽 등이 화물의 압력에 견딜 만큼의 강도를 지니지 아니한 경우에는 칸막이나 벽에 기대어 적재하지 않도록 할 것
③ 불안정할 정도로 높이 쌓아 올리지 말 것
④ 하중을 한쪽으로 치우치더라도 화물을 최대한 효율적으로 적재할 것

> 하중이 한쪽으로 치우치지 않도록 적재해야 한다.
>
> **출제개념** 화물 적재 시 준수사항

69 운반작업 시 주의사항으로 옳지 않은 것은?

① 운반 시의 시선은 진행 방향을 향하고 뒷걸음 운반을 하여서는 안 된다.
② 무거운 물건을 운반할 때 무게 중심이 높은 화물은 인력으로 운반하지 않는다.
③ 어깨높이보다 높은 위치에서 화물을 들고 운반하여서는 안 된다.
④ 단독으로 긴 물건을 어깨에 메고 운반할 때에는 뒤쪽을 위로 올린 상태로 운반한다.

> 단독으로 긴 물건을 어깨에 메고 운반할 때에는 앞쪽을 위로 올린 상태로 운반한다.
>
> **출제개념** 운반작업 주의사항

70 다음은 산업안전보건법령에 따른 화물자동차의 승강설비에 관한 사항이다. ( ) 안에 알맞은 내용으로 옳은 것은?

> 사업주는 바닥으로부터 짐 윗면까지의 높이가 ( ) 이상인 화물자동차에 짐을 싣는 작업 또는 내리는 작업을 하는 경우에는 근로자의 추가 위험을 방지하기 위하여 해당 작업에 종사하는 근로자가 바닥과 적재함의 짐 윗면 간을 안전하게 오르내리기 위한 설비를 설치하여야 한다.

① 2m ② 4m
③ 6m ④ 8m

> 고소작업 높이 기준인 2m를 적용해야 한다.
>
> **출제개념** 승강설비

71 중량물을 운반할 때의 바른 자세로 옳은 것은?

① 허리를 구부리고 양손으로 들어 올린다.
② 중량은 보통 체중의 60%가 적당하다.
③ 물건은 최대한 몸에서 멀리 떼어서 들어 올린다.
④ 길이가 긴 물건은 앞쪽을 높게 하여 운반한다.

> 중량물을 운반할 때 바른 자세는 다음과 같다.
> • 허리를 곧게 펴고 양손으로 들어 올린다.
> • 중량은 보통 체중의 40%가 적당하다.
> • 물건은 최대한 몸에 가깝게 하여 들어 올린다.
> • 길이가 긴 물건은 앞쪽을 높게 하여 운반한다.
>
> **출제개념** 인력 운반

정답 68 ④ 69 ④ 70 ① 71 ④

72 취급·운반의 원칙으로 옳지 않은 것은?

① 운반작업을 집중하여 시킬 것
② 생산을 최고로 하는 운반을 생각할 것
③ 곡선 운반을 할 것
④ 연속 운반을 할 것

▼

취급·운반의 원칙은 이동거리 단축과 작업자의 피로 감소를 위해 가장 짧은 거리, 직선 운반을 기본으로 한다. 직선 운반을 해야 이동거리가 줄어들고, 작업자의 피로를 감소시킬 수 있다.

출제개념 취급·운반의 원칙

73 철근을 인력으로 운반하는 작업을 할 때 주의하여야 할 사항으로 옳지 않은 것은?

① 2인 이상이 1조로 운반하고, 어깨메기로 운반하지 않아야 한다.
② 운반할 때에는 양 끝을 묶어 운반하여야 한다.
③ 1인당 무게는 25kg 정도가 적당하고, 무리한 운반을 삼가야 한다.
④ 내려놓을 때에는 천천히 내려놓고 던지지 않아야 한다.

▼

2인 이상이 1조로 운반하고, 어깨메기로 하여 운반하는 등 안전을 도모해야 한다.

출제개념 철근 인력 운반

74 인력에 의한 철근 운반에 대한 설명으로 옳지 않은 것은?

① 내려놓을 때는 천천히 내려놓고 던지지 않아야 한다.
② 운반할 때에는 양 끝을 묶어 운반하여야 한다.
③ 1인당 무게는 40kg 정도가 적절하며, 무리한 운반을 삼가야 한다.
④ 2인 이상이 1조가 되어 어깨메기로 하여 운반하는 등 안전을 도모하여야 한다.

▼

1인당 무게는 25kg 정도가 적절하며, 무리한 운반을 삼가야 한다.

출제개념 철근 인력 운반

75 다음 중 산업안전보건법령상 양중기에 해당되지 않는 것은?

① 어스드릴　　　② 크레인
③ 리프트　　　　④ 곤돌라

▼

양중기에는 크레인, 이동식 크레인, 리프트, 곤돌라, 승강기가 있으며 어스드릴은 굴착기계에 해당한다.

출제개념 양중기

정답 72 ③ 73 ① 74 ③ 75 ①

76 재해사고를 방지하기 위하여 크레인에 설치된 방호장치로 옳지 않은 것은?

① 공기정화장치　② 비상정지장치
③ 제동장치　　　④ 권과방지장치

> 재해사고 방지를 위하여 크레인에 설치된 방호장치는 과부하방지장치, 비상정지장치, 제동장치, 권과방지장치가 있다.
>
> 출제개념 크레인 방호장치

77 건설작업용 타워크레인의 안전장치로 옳지 않은 것은?

① 권과방지장치
② 과부하방지장치
③ 비상정지장치
④ 호이스트 스위치

> 건설작업용 타워크레인의 안전장치로는 과부하방지장치, 비상정지장치, 제동장치, 권과방지장치, 훅해지장치가 있다.
>
> 출제개념 타워크레인 안전장치

78 훅걸이용 와이어로프 등이 훅으로부터 벗겨지는 것을 방지하기 위한 장치는?

① 해지장치　　　② 권과방지장치
③ 과부하방지장치　④ 턴버클

> 훅해지장치는 와이어로프 등이 훅으로부터 벗겨지는 것을 방지하기 위한 장치이다.
>
> 출제개념 훅해지장치

79 크레인 또는 데릭에서 붐각도 및 작업반경별로 작용시킬 수 있는 최대하중에서 후크(Hook), 와이어로프 등 달기구의 중량을 공제한 하중은?

① 작업하중　　　② 정격하중
③ 이동하중　　　④ 적재하중

> 정격하중은 크레인 등이 부하할 수 있는 최대하중에서 달기구의 중량을 공제한 하중을 말한다.
>
> 출제개념 하중

80 권상용 와이어로프의 절단하중이 200톤일 때 와이어로프에 걸리는 최대하중은? (단, 안전계수는 5이다.)

① 1,000톤　　　② 400톤
③ 100톤　　　　④ 40톤

> $$최대하중 = \frac{절단하중}{안전계수} = \frac{200}{5} = 40톤$$
>
> 출제개념 권상용 와이어로프, 하중

건설공사 안전관리

6과목 ☐이론 Ⅰ기출

81 안전계수가 4이고 2,000MPa의 인장강도를 갖는 강선의 최대 허용응력은?

① 500MPa
② 1,000MPa
③ 1,500MPa
④ 2,000MPa

$$최대하중 = \frac{인장강도}{안전계수} = \frac{2,000}{4} = 500$$

출제개념 최대하중

82 옥외에 설치되어 있는 주행크레인에 대하여 이탈방지장치를 작동시키는 등 그 이탈을 방지하기 위한 조치를 하여야 하는 순간풍속에 대한 기준으로 옳은 것은?

① 순간풍속이 초당 10m를 초과하는 바람이 불어올 우려가 있는 경우
② 순간풍속이 초당 20m를 초과하는 바람이 불어올 우려가 있는 경우
③ 순간풍속이 초당 30m를 초과하는 바람이 불어올 우려가 있는 경우
④ 순간풍속이 초당 40m를 초과하는 바람이 불어올 우려가 있는 경우

옥외에 설치된 주행크레인은 순간풍속이 초당 30m를 초과하는 바람이 불 염려가 있는 경우 이탈방지장치가 작동되도록 하여야 한다.

출제개념 크레인 이탈방지

83 건설용 리프트의 붕괴 등을 방지하기 위해 받침의 수를 증가시키는 등 안전조치를 하여야 하는 순간풍속 기준은?

① 초당 15m 초과
② 초당 25m 초과
③ 초당 35m 초과
④ 초당 45m 초과

건설용 리프트는 순간풍속이 초당 35m를 초과할 우려가 있는 경우에는 붕괴·전도 등을 방지하기 위하여 받침의 수를 증가시키거나 그 밖의 안전조치를 하여야 한다.

출제개념 리프트 붕괴방지

84 산업안전보건법령에 따라 타워크레인을 와이어로프로 지지하는 경우, 와이어로프의 설치각도는 수평면에서 몇 도 이내로 해야 하는가?

① 30°
② 60°
③ 45°
④ 75°

타워크레인을 와이어로프로 지지하는 경우 와이어로프 설치각도는 수평면에서 60° 이내로 하되 지지점은 4개소 이상으로 하고, 같은 각도로 설치하여야 한다.

출제개념 타워크레인의 와이어로프 지지

정답 81 ① 82 ③ 83 ③ 84 ②

85 타워크레인을 와이어로프로 지지하는 경우에 준수해야 할 사항으로 옳지 않은 것은?

① 와이어로프를 고정하기 위한 전용 지지프레임을 시용할 것

② 와이어로프 설치각도는 수평면에서 60° 이상으로 하되, 지지점은 4개소 미만으로 할 것

③ 와이어로프와 그 고정부위는 충분한 강도와 장력을 갖도록 설치할 것

④ 와이어로프가 가공전선에 근접하지 않도록 할 것

▼
와이어로프 설치각도는 수평면에서 60° 이내로 하되 지지점은 4개소 이상으로 하고, 같은 각도로 설치하여야 한다. 이외 타워크레인을 와이어로프로 지지하는 경우 준수사항은 다음과 같다.
- 와이어로프를 고정하기 위한 전용 지지프레임을 사용할 것
- 와이어로프와 그 고정부위는 충분한 강도와 장력을 갖도록 설치하고, 와이어로프를 클립 샤클 등의 고정기구를 사용하여 견고하게 고정시켜 풀리지 않도록 하며, 사용 중에는 충분한 강도와 장력을 유지하도록 할 것
- 와이어로프가 가공전선에 근접하지 않도록 할 것

출제개념 타워크레인의 와이어로프 지지

86 크레인 등 건설장비의 가공전선로 접근 시 안전대책으로 옳지 않은 것은?

① 안전 이격거리를 유지하고 작업한다.

② 장비를 가공전선로 밑에 보관한다.

③ 장비의 조립, 준비 시부터 가공전선로에 대한 감전 방지 수단을 강구한다.

④ 장비 사용 현장의 장애물, 위험물 등을 점검 후 작업계획을 수립한다.

▼
장비는 가공전선 아래에 보관하거나 가까이에 설치해서는 안 되며, 항상 이격거리를 유지해야 한다.

출제개념 가공전선 안전대책

87 작업장 통로의 설치기준에서 통로면으로부터 높이 몇 m 이내에는 장애물이 없어야 하는가?

① 1.2m   ② 1.5m

③ 2.0m   ④ 2.5m

▼
통로면으로부터 높이 2m 이내에는 장애물이 없어야 한다.

출제개념 작업장 통로 설치기준

88 물체가 떨어지거나 날아올 위험 또는 근로자가 추락할 위험이 있는 작업 시, 착용하여야 할 보호구는?

① 보안경   ② 안전모

③ 안전대   ④ 방한복

▼
물체가 떨어지거나 날아올 위험 또는 근로자가 추락할 위험이 있는 작업에서는 안전모를 착용하여야 한다.

출제개념 추락 작업 시 보호구

정답 **85** ② **86** ② **87** ③ **88** ②

틀리라고 낸 문제

틀리라고 낸 문제란? 산업안전기사 필기시험에는 정석으로 풀었을 때, 5분 이상 걸리는 일명 '틀리라고 낸 문제'가 매 회차마다 출제된다. 이런 문제들은 숫자도 바꾸지 않고 그대로 나오는 경우가 많기 때문에 정석 풀이법을 익히기보다는 답을 암기하고 넘어가자.

25년 2회 22년 3회 21년 3회   ✔ 회독 ☐☐☐

01 로드(Rod)·유압잭(Jack) 등을 이용하여 거푸집을 연속적으로 이동시키면서 콘크리트를 타설할 때 사용되는 것으로 Silo 공사 등에 적합한 거푸집은?

① 메탈 폼
② 슬라이딩 폼
③ 워플 폼
④ 페코 빔

> **간단 해설**
> 슬라이딩 폼이란 로드(Rod), 유압잭(Jack) 등을 이용하여 거푸집을 연속적으로 조금씩 들어올리거나 이동시키면서 콘크리트를 타설하는 공법이다. 이는 사일로(Silo)와 같이 높고 연속성이 필요한 콘크리트 구조물 시공에 주로 사용된다.
>
> **정답** ②

21년 2회   ✔ 회독 ☐☐☐

02 건설공사도급인은 건설공사 중에 가설구조물의 붕괴 등 산업재해가 발생할 위험이 있다고 판단되면 건축·토목 분야의 전문가의 의견을 들어 건설공사 발주자에게 해당 건설공사의 설계변경을 요청할 수 있는데, 이러한 가설구조물의 기준으로 옳지 않은 것은?

① 높이 20m 이상인 비계
② 작업발판 일체형 거푸집 또는 높이 5m 이상인 거푸집 및 동바리
③ 터널의 지보공 또는 높이 2m 이상인 흙막이 지보공
④ 동력을 이용하여 움직이는 가설구조물

> **간단 해설**
> 설계변경 요청 가설구조물의 종류는 다음과 같다.
> • 높이 31m 이상인 비계
> • 작업발판 일체형 거푸집 또는 높이 5m 이상인 거푸집 및 동바리
> • 터널의 지보공 또는 높이 2m 이상인 흙막이 지보공
> • 동력을 이용하여 움직이는 가설구조물
>
> **정답** ①

03 거푸집 및 동바리 구조에서 높이가 l=3.5m인 파이프 서포트의 좌굴하중은? (단, 상부받이판과 하부받이판은 힌지로 가정하고, 단면2차모멘트 I=8.31cm⁴, 탄성계수 E=2.1×10⁵MPa)

① 14,060N

② 15,060N

③ 16,060N

④ 17,060N

간단 해설

$$좌굴하중 = \frac{\pi^2 EI}{(kl)^2}$$

$$= \frac{(3.14)^2 \times (2.1 \times 10^5) \times 10^6 \times (8.31 \div 100^4)}{(1 \times 3.5)^2}$$

$$\fallingdotseq 14,059.96N$$

정답 ①

---

04 폭우 시 옹벽배면의 배수시설이 취약하면 옹벽 저면을 통하여 침투수의 수위가 올라간다. 이 침투수가 옹벽의 안정에 미치는 영향으로 옳지 않은 것은?

① 옹벽 배면토의 단위수량 감소로 인한 수직 저항력 증가

② 옹벽 바닥면에서의 양압력 증가

③ 수평저항력(수동토압)의 감소

④ 포화 또는 부분 포화에 따른 뒷채움용 흙무게의 증가

간단 해설

침투수의 수위가 상승하면 배면토는 포화되어 단위중량이 증가한다. 또한 간극수압의 상승으로 유효응력이 감소하여 전단저항력이 줄어들게 되고 이는 옹벽의 안정성을 저하시킨다.

정답 ①

---

05 콘크리트 타설을 위한 거푸집 및 동바리의 구조 검토 시 가장 선행되어야 할 작업은?

① 각 부재에 생기는 응력에 대하여 안전한 단면을 산정한다.

② 가설물에 작용하는 하중 및 외력의 종류, 크기를 산정한다.

③ 하중·외력에 의하여 각 부재에 생기는 응력을 구한다.

④ 사용할 거푸집 및 동바리의 설치간격을 결정한다.

간단 해설

거푸집 및 동바리 구조검토는 '하중의 크기 결정 → 응력계산 → 단면산정 → 설치간격 결정'의 순서로 진행된다.

정답 ②

---

06 토질시험(Soil Test)방법 중 전단시험에 해당하지 않는 것은?

① 1면 전단시험

② 베인테스트

③ 일축 압축시험

④ 투수시험

간단 해설

투수시험은 흙 속의 물의 흐르는 속도를 측정하기 위한 시험이다. 전단시험에는 1면 전단시험, 베인테스트, 일축 압축시험, 삼축 압축시험이 있다.

정답 ④

07 함수량이 매우 높은 액체상태의 흙이 건조되어 가면서 거치는 4가지 상태(액성상태, 소성상태, 반고체상태, 고체상태)의 변화하는 한계지점의 함수비를 뜻하는 용어로 알맞은 것은?

① 애터버그한계   ② 압밀

③ 예민비   ④ 동상현상

> **간단 해설**
> 애터버그한계는 함수비에 따라 흙의 액성, 소성, 반고체, 고체 상태를 구분하는 함수비의 한계를 말한다.
>
> **정답** ①

08 「굴착공사 표준안전 작업지침」에 따른 트렌치 굴착 시 준수사항이다. ( ) 안에 들어갈 내용으로 옳은 것은?

> 굴착폭은 작업 및 대피가 용이하도록 충분한 넓이를 확보하여야 하며, 굴착깊이가 2m 이상일 경우에는 ( ) 이상의 폭으로 한다.

① 1m   ② 1.5m

③ 2m   ④ 2.5m

> **간단 해설**
> 굴착폭은 작업 및 대피가 용이하도록 충분한 넓이를 확보하여야 하며, 굴착깊이가 2m 이상일 경우에는 1m 이상의 폭으로 한다.
>
> **정답** ①

09 흙 속의 전단응력을 증대시키는 원인에 해당하지 않는 것은?

① 자연 또는 인공에 의한 지하공동의 형성

② 함수비의 감소에 따른 흙의 단위체적 중량의 감소

③ 지진, 폭파에 의한 진동 발생

④ 균열 내에 작용하는 수압 증가

> **간단 해설**
> 함수비의 감소에 따른 흙의 단위체적 중량의 감소는 흙의 자중을 줄여 전단응력을 감소시킨다.
>
> **정답** ②

10 유한사면에서 원형활동면에 의해 발생하는 일반적인 사면 파괴의 종류에 해당하지 않는 것은?

① 사면 내 파괴

② 사면 선단 파괴

③ 사면 인장 파괴

④ 사면 저부 파괴

> **간단 해설**
> 유한사면의 파괴유형은 사면 내 파괴, 사면 선단 파괴, 사면 저부 파괴로 3가지가 있다.
>
> **정답** ③

11 와이어로프의 꼬임에 관한 설명으로 틀린 것은?

① 보통꼬임에는 S꼬임이나 Z꼬임이 있다.

② 보통꼬임은 스트랜드의 꼬임방향과 로프의 꼬임방향이 반대로 된 것을 말한다.

③ 랭꼬임은 로프의 끝이 자유로이 회전하는 경우나 킹크가 생기기 쉬운 곳에 적당하다.

④ 랭꼬임은 보통꼬임에 비하여 마모에 대한 저항성이 우수하다.

> **간단 해설**
> 로프의 끝이 자유로이 회전하는 경우나 킹크가 생기기 쉬운 곳에는 보통꼬임이 적합하다.
>
> 정답 ③

12 와이어로프의 클립 고정 방법으로 옳은 것은?

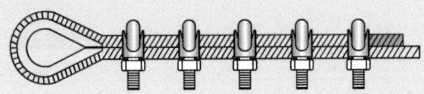

> **간단 해설**
> 와이어로프를 클립으로 고정할 때 안장은 반드시 하중을 받는 쪽(긴 쪽)에, U자 볼트는 짧은 단부 쪽에 설치해야 한다.
>
> 정답 ①

13 발파작업 시 암질변화 구간 및 이상암질의 출현 시 반드시 암질판별을 실시하여야 하는데, 이와 관련된 암질판별기준과 가장 거리가 먼 것은?

① R.Q.D(%)

② 탄성파속도(m/sec)

③ 전단강도(kg/cm^2)

④ R.M.R

> **간단 해설**
> 발파작업 시 암질판별방법은 R.Q.D(%), 탄성파속도(m/sec), R.M.R 등이 있다.
>
> 정답 ③

14 발파구간 인접구조물에 대한 피해 및 손상을 예방하기 위한 건물기초에서의 허용진동치(cm/sec)기준으로 옳지 않은 것은? (단, 기존 구조물에 금이 가 있거나 노후구조물 대상일 경우 등은 고려하지 않는다.)

① 문화재 : 0.2cm/sec

② 주택, 아파트 : 0.5cm/sec

③ 상가 : 1.0cm/sec

④ 철골콘크리트 빌딩 : 0.8~1.0cm/sec

> **간단 해설**
> 발파진동 허용기준치는 다음과 같다.
> • 문화재 : 0.2cm/sec
> • 주택, 아파트 : 0.5cm/sec
> • 상가 : 1.0cm/sec
> • 철골콘크리트 빌딩 : 1.0~4.0cm/sec
>
> 정답 ④

건설공사 안전관리｜6과목｜☐ 이론 ■ 기출

#나를위한위로 #나만의목적지

결국엔,
끝까지 나를 믿어준 내가
나를 살릴 것이다.

합격시키는 힘, 합격력을 끌어올리다

2026 기분좋은 #정종대
산업안전기사 | 필기

초 판 인 쇄	2025년 09월 03일
초 판 발 행	2025년 09월 12일
발 행 인	박영일
출 판 책 임	이해욱
저 자	정종대
개 발 편 집	박종옥 · 송나령 · 변도윤 · 유소정
표 지 디 자 인	장미례
본 문 디 자 인	김휘주
발 행 처	㈜시대고시기획시대교육
출 판 등 록	제 10-1521호
주 소	서울시 마포구 큰우물로 75 [도화동 성지빌딩]
전 화	1600-3600
홈 페 이 지	www.sdedu.co.kr

ISBN 979-11-383-9871-8(13500)
정가 39,000원

시대에듀 #

2026년 산업안전기사 필기

기출변형 모의고사
정답과 해설

기출변형 모의고사 1회

	01	02	03	04	05	06	07	08	09	10
1과목 산업재해 예방 및 안전보건교육	①	④	③	②	②	②	④	③	②	③
	11	12	13	14	15	16	17	18	19	20
	③	①	②	②	④	②	②	④	②	③
2과목 인간공학 및 위험성 평가·관리	21	22	23	24	25	26	27	28	29	30
	②	②	③	④	①	①	③	②	④	③
	31	32	33	34	35	36	37	38	39	40
	④	①	①	④	②	②	①	④	③	④
3과목 기계·기구 및 설비 안전관리	41	42	43	44	45	46	47	48	49	50
	②	③	①	③	③	②	②	①	②	④
	51	52	53	54	55	56	57	58	59	60
	③	②	④	③	③	②	②	①	①	④
4과목 전기설비 안전관리	61	62	63	64	65	66	67	68	69	70
	②	③	①	③	③	①	①	④	④	③
	71	72	73	74	75	76	77	78	79	80
	①	②	③	④	③	①	①	④	③	②
5과목 화학설비 안전관리	81	82	83	84	85	86	87	88	89	90
	③	④	③	①	①	④	④	③	④	④
	91	92	93	94	95	96	97	98	99	100
	①	②	②	④	④	①	③	②	③	②
6과목 건설공사 안전관리	101	102	103	104	105	106	107	108	109	110
	②	④	①	①	②	③	④	①	②	③
	111	112	113	114	115	116	117	118	119	120
	②	④	①	②	④	①	①	④	③	①

01

위험요인의 대책 수립 시 우선순위는 다음과 같다.
- 1순위: 제거, 대체
- 2순위: 공학적 대책
- 3순위: 관리적 대책
- 4순위: 안전보호구 사용

02

정답 ④

불안전한 행동은 작업자가 규정이나 안전규칙을 지키지 않아 발생하는 위험한 행동으로 작업자의 행동과 직접 관련된 내용이다. 결함이 있는 방호장치를 설치하여 작업하도록 하는 것은 작업자의 행동이 아닌 설비·환경적 요인인 불안전한 상태에 해당한다.

03

정답 ③

하인리히는 재해발생비율을 1 : 29 : 300으로 제시하였으므로 사망이 3건일 때 경상해도 3배가 되어야 하므로 29×3=87건이다.

04

정답 ②

손실우연의 원칙은 재해 손실의 크기가 사고 당시의 조건에 의해 우연적으로 발생하므로 예측할 수 없다는 원칙이다.

05

정답 ②

하인리히의 사고방지 5단계는 '조직 → 사실의 발견 → 분석, 평가 → 시정책의 선정 → 시정책의 적용'이다. 이 중 4단계는 '시정책의 선정'으로 적절한 대책을 선정하고 개선안을 수립하는 단계이다.

06

정답 ②

하인리히의 재해손실비 이론에 따르면,
총손실비용=직접비+간접비(직접비:간접비=1:4)
직접비가 1,000만 원이면, 간접비는 그 4배인 4,000만 원이므로 총재해비용은 1,000만 원+4,000만 원=5,000만 원이다.

07

정답 ④

재해 발생 시 긴급처리 순서는 '피재기계의 정지 → 피재자의 응급처치 → 관계자에게 통보 → 2차재해 방지 → 현장보존'이다.

08

정답 ③

산업안전보건법 및 재해통계 기준에 따르면 근로손실일수 계산 시 기준시간은 100,000시간이다.
- 평균 근로연수(20세~60세): 40년
- 연간 근로시간(하루 8시간×연 300일): 2,400시간
- 잔업시간: 약 4,000시간
기준시간=40년×2,400시간+약 4,000시간=100,000시간

09

정답 ②

특성요인도는 원인과 결과의 관계를 어골상으로 분석하는 방법이다.

10

정답 ③

특별점검은 설비고장 발생 시나 안전강조 기간, 태풍 등 천재지변이 발생했을 때 실시하는 안전점검이다.

11

정답 ③

업무에 기인하여 질병자가 10명 이상 발생한 경우에 법상 중대재해에 해당한다. 법상 중대재해에 해당되는 항목은 다음과 같다.
- 사망자가 1명 이상 발생한 재해
- 3개월 이상의 요양이 필요한 부상자가 동시에 2명 이상 발생한 재해
- 부상자 또는 직업성 질병자가 동시에 10명 이상 발생한 재해

12

정답 ①

전 구성원의 적극적 참여는 무재해 운동의 통상적인 3요소에 포함되지 않는다. 무재해운동의 3요소는 다음과 같다.
- 최고경영자의 안전경영 자세: 경영자의 확고한 안전 리더십
- 라인화의 철저: 관리감독자 라인의 철저한 안전 감독
- 자주활동의 활성화: 근로자의 자율적 안전활동

13

정답 ②

위험성 평가 문서의 보존 기간은 3년이다.

14

정답 ②

임시평가는 위험성 평가에 해당하지 않는다. 위험성 평가의 종류에는 최초평가, 정기평가, 수시평가, 상시평가가 있다.

15

정답 ④

위험예지훈련 4라운드에서 지적확인을 하는 단계는 2, 4라운드이다. 위험예지훈련 4라운드의 진행 방법은 다음과 같다.
- 1라운드: 현상파악(위험 찾기)
- 2라운드: 본질추구(위험의 포인트 지적확인)
- 3라운드: 대책수립(대책 검토)
- 4라운드: 목표설정(목표설정 및 지적확인 행동)

16

정답 ②

TOOL BOX MEETING(TBM)은 작업 전 안전점검회의를 의미하며, 일반적으로 현장 사무실에서 실시한다. 회의 시간은 5~15분 정도가 적당하며, 팀별(5~7인)로 진행하는 것이 효율적이다.

17

정답 ②

노사협의체의 개최주기는 2개월마다 1회 실시하는 것이 원칙이다. 그 외에도 산업안전보건위원회는 분기마다 1회, 안전보건협의체는 1개월마다 1회 실시한다.

18

정답 ④

빨간색의 색도기준은 7.5R 4/14이다.

19

정답 ②

검사하고자 하는 내용을 적절하게 담고 있는가를 나타내는 기준은 타당성에 해당한다. 이를 포함하여 심리검사에 사용되는 기준은 다음과 같다.
- 타당성(=적절성): 검사(측정)하고자 하는 내용을 담고 있는가?
- 객관성(=무오염성): 외부로부터의 개입이 있는가?
- 신뢰성(=반복성, 재현성): 반복, 재현할 수 있는가?
- 사용성: 사용하기 쉽고 결과를 짧은 시간 안에 알 수 있는가?

20

정답 ③

근로계약 기간이 1주일~1개월 이하인 일용근로자의 채용 시 교육시간은 4시간 이상이다.

21

정답 ②

전신 육체적 작업에 대한 개략적 휴식시간의 산출공식은 다음과 같다.

$$휴식시간(min) = \frac{60(E-4)}{E-1.5}$$

22

정답 ②

태양광선이 내리쬐지 않는 실내에서 사용하는 습구흑구온도지수(WBGT) 계산식은 다음과 같다.
WBGT(℃)=0.7×자연습구온도+0.3×흑구온도

23

정답 ③

FTA에서 최상사상 T는 시스템 고장을 의미하며, 그림에 따르면 시스템이 고장인 조건은 다음과 같다.
$T=(X_3 \cap X_5) \cup (X_1 \cap X_4) \cup (X_1 \cap X_2 \cap X_3)$
부품을 X_1부터 순서대로 복구하면, X_1과 X_2 복구 시에는 여전히 $(X_3 \cap X_5)$가 성립하여 고장상태로 남으나, X_3을 복구하는 순간 $(X_3 \cap X_5)$ 조건도 사라져 어떤 고장 조건도 성립하지 않게 되므로 X_3 수리 완료 시점부터 정상상태가 된다.

24

정답 ④

1일 노출회수가 100회일 때 140dB(A)을 초과하는 충격소음에 노출되어서는 안 된다.

25

정답 ①

위험(Risk)은 사고 발생 가능성과 그 결과의 크기를 함께 고려하는 개념이다. 정량적 정의에서는 위험을 수치로 표현하여 객관적으로 비교·평가할 수 있으며, 그 정의는 다음과 같다.
위험(Risk)＝사고발생빈도×손실

26

정답 ①

시스템 고장을 일으키는 기본사상들의 집합을 컷셋(Cut Sets)이라고 한다.

27

정답 ③

$$병렬계의 수명 = MTTE \times \left(1 + \frac{1}{2} + \frac{1}{3} + \cdots + \frac{1}{n}\right)$$
$$= MTTE \times \left(1 + \frac{1}{2} + \frac{1}{3} + \frac{1}{4}\right)$$
$$= 1.2 \times 10^4 \times \left(1 + \frac{1}{2} + \frac{1}{3} + \frac{1}{4}\right)$$
$$= 2.5 \times 10^4$$

28

정답 ②

Weber의 법칙은 변화감지역이 표준자극의 크기에 비례한다는 것을 의미한다. 즉, 기준자극이 커질수록 차이를 느끼기 위해 필요한 최소변화량도 커진다. 이때 Weber비는 사람의 분별력을 나타내는 척도로 다음과 같이 나타낸다.

$$Weber비 = \frac{변화감지역}{표준자극}$$

즉, Weber비가 작다는 것은 작은 자극 차이에도 변화를 느낄 수 있다는 뜻으로 분별력이 좋다는 것이고, 반대로 Weber비가 크면 큰 변화가 있어야 변화를 느낄 수 있으므로 분별력이 떨어진다고 해석한다.

29

정답 ④

잘못 설계된 계기판은 근골격계질환의 발생원인에 해당하지 않는다.

30

정답 ③

FTA(Fault Tree Analysis)란 결함수분석법으로, 시스템에서 발생할 수 있는 사고나 고장을 최상위 사건으로 두고 그 원인을 논리기호를 사용해 단계적으로 전개하는 TOP-DOWN 방식의 기법이다. 이를 통해 사고를 연역적으로 분석하고, 기본 사건의 확률을 이용해 최상위 사건의 발생 가능성을 계산함으로써 정략적 분석과 예측이 가능하다.

31

정답 ④

레이아웃은 설비·작업장 배치와 통로·공간 확보 등을 검토하는 것이며, 안전장치 설치는 설비 자체의 안전대책에 해당하므로 레이아웃 검토사항과는 관련이 없다.

32

정답 ①

무재해운동을 추진하고 있다고 해서 HAZOP이 반드시 성공하는 것은 아니다. HAZOP의 성공 여부는 분석팀 구성원의 능력과 분석력에 의해 좌우된다.

33

정답 ①

디버깅이란 초기고장 기간에 설비의 결함을 발견하여 고장원인을 도출하는 과정이다.

34

정답 ④

수신장소가 너무 밝으면 시각적 표시장치가 잘 보이지 않고, 어두운 곳에서는 표시장치의 빛이 암조응을 방해할 수 있으므로 이때는 청각적 표시장치를 사용하는 것이 더 유리하다.

35

정답 ②

작업설계 시의 딜레마(Dilemma)는 작업만족도를 높이면 능률이 떨어지고 능률을 높이면 작업만족도가 떨어지는 것을 말한다.

36

정답 ②

작위 실수(Commision Error)는 필요한 작업을 불확실하게 수행하여 발생한 과오이므로 다른 것으로 착각하여 실행한 실수가 이에 해당한다.

37

정답 ①

인간과 기계체계의 종류는 자동 체계, 기계화 체계(반자동 체계), 수동 체계로 구성된다.

38

정답 ④

부정맥은 정신적 부하측정 척도로 생리학적 부하측정 척도에 해당하지 않는다 .

39

정답 ③

병렬로 연결된 부분을 먼저 계산하면
$1-(1-0.7)(1-0.7)=0.91$이므로
$R=0.9\times0.9\times0.91=0.7371$

40

정답 ④

결함수 기호 중 삼각형 기호는 전이기호이며, 아래의 그림과 같이 표시한다.

41

정답 ②

절삭 중에는 칩이 비산하고 공구가 고속 회전하여 손이나 측정구가 말려 들어갈 위험이 크기 때문에 치수 측정은 반드시 기계가 완전히 정지한 후에 해야 한다.

42

정답 ③

글레이징 현상(Glazing, 입자 마모)은 숫돌 표면에 입자가 자생작용을 일으키지 않아 입자의 날 끝이 닳아서 매끈해진 상태를 뜻한다.

43

정답 ①

역화 현상은 증기 품질이 저하되는 보일러 발생증기 이상현상이 아닌, 화염이 역류하는 연소 이상현상으로 주로 산소−아세틸렌 용접이나 보일러 연소실에서 발생한다.

44

정답 ③

크레인 방호장치는 과부하방지장치, 권과방지장치, 비상정지장치, 브레이크장치로 구성된다.

45

정답 ③

프레스 작업시작 전 1행정 1정지기구, 급정지장치 및 비상정지장치의 기능을 점검해야 한다. 이외 프레스 작업 시작 전 점검사항은 다음과 같다.
• 전단기의 칼날 및 테이블의 상태
• 방호장치의 기능
• 클러치 및 브레이크의 기능
• 슬라이드 또는 칼날에 의한 위험방지 기구의 기능
• 프레스의 금형 및 고정볼트 상태
• 크랭크축, 플라이휠, 슬라이드, 연결봉 및 연결 나사의 풀림 유무

46

정답 ②

보일러는 진동과 압력 변동이 크기 때문에 진동에 강하고 작동 압력을 일정하게 유지할 수 있는 스프링식 안전밸브가 적합하다. 이는 압력 설정이 용이해 보일러의 과압을 효과적으로 방지할 수 있다.

47

정답 ②

산업용 로봇의 교시 작업 중 이상 발견 시에는 로봇의 운전을 즉시 정지시켜야 한다.

48

정답 ①

칩 브레이커는 선반 작업에서 길이가 긴 칩을 짧게 끊어 주어 칩이 작업물이나 공구에 감기는 것을 방지하는 안전장치이다. 이를 통해 작업자의 말림·메임·화상 사고와 기계의 가공 불량을 예방할 수 있다.

49

정답 ②

비상정지장치는 컨베이어의 안전장치 또는 양중기의 안전장치로 사용이 된다.

50

정답 ④

비파괴검사는 대상물을 손상시키지 않고 결함을 찾는 방법으로 음향방출시험, 초음파탐상시험, 누수시험 등이 해당한다. 반면, 인장시험은 시편을 파단시켜 강도와 연신율을 구하는 시험으로 파괴시험에 해당한다.

51

정답 ③

체크밸브는 역류를 방지하는 밸브이다.

52

정답 ②

비드(Bead)는 용접 후 형성되는 정상적인 용접부의 모양을 뜻한다.

53

정답 ④

기계 구조물이 같은 하중을 여러 번 반복해서 받으면 낮은 응력에서도 파괴될 수 있다. 따라서 설계 시에는 재료가 무한히 반복되는 하중을 받아도 파괴되지 않고 견딜 수 있는 최대 응력인 피로한도를 기초강도로 사용해야 한다.

54

정답 ③

X<80mm이므로
Y=6+0.15X=6+0.15×80=18mm

55

정답 ③

승강기의 방호장치에는 조속기, 출입문 인터록장치, 파이널 리미트 스위치, 비상정지장치, 완충장치 등이 해당한다.

56

정답 ②

비파괴검사의 기준에 따르면 회전축의 중량이 1톤을 초과하고 원주속도가 120m/s 이상인 고속회전체가 회전시험을 할 때, 미리 회전축의 재질 및 형상 등에 상응하는 종류의 비파괴검사를 실시하여 결함 유무를 확인하여야 한다.

57

정답 ②

단위가 m/min이므로

원주속도 $= \dfrac{\pi DN}{1,000} = \dfrac{\pi \times 200 \times 300}{1,000} = 188.4$m/min

58

정답 ①

재료의 항복점, 인장강도, 신장, 교축 등을 조사할 목적으로 행하는 것을 인장시험이라 한다. 그 외에도 시험편을 시험기에 장치하고 서서히 인장하여 시험편이 파괴될 때까지의 하중과 신장의 관계를 선도로 나타내는 특징이 있다.

59

정답 ①

연삭숫돌 덮개 안전기준은 직경 5cm 이상의 연삭숫돌이 회전 중일 경우 이 근로자에게 위험을 미칠 우려가 있을 때에는 해당 부위에 덮개를 설치하여야 한다.

60

정답 ④

와이어로프의 1꼬임에서 끊어진 소선의 수가 10% 미만인 것은 사용할 수 있다. 와이어로프의 사용금지기준에는 이음매가 있는 것, 꼬인 것, 공칭지름의 7% 초과 감소한 것, 끊어진 소선이 한 꼬임에서 10% 이상인 것이 해당된다.

61

정답 ②

정전작업 시 개폐기에 시건장치(잠금장치)를 설치하고 통전금지 표지판을 부착한다.

62

정답 ③

폭발성 위험 분위기 해소를 이용한 방폭구조가 유입 방폭구조인 것은 맞으나, 폭발성 위험 분위기 해소는 방폭의 기본개념에 해당하지 않는다. 방폭의 기본개념은 다음 세 가지 원리에 기반한다.
• 점화원의 방폭적 격리
• 전기설비의 안전도 증강
• 점화능력의 본질적 억제

63

정답 ①

폭발위험장소는 가연성 가스나 증기가 존재하는 정도에 따라 0종, 1종, 2종으로 분류된다. 이 중 인화성 액체의 증기 또는 가연성 가스에 의한 폭발위험이 지속적 또는 장기간 존재하는 장소는 0종 장소에 해당한다.

64

정답 ③

$$허용접촉전압(E) = I_k \times \left(R_k + \frac{R_f}{2} \right)$$
$$= I_k \times \left(R_b + \frac{3R_s}{2} \right)$$
$$= \frac{0.116}{\sqrt{1}} \times \left(1{,}000 + \frac{3 \times 100}{2} \right) = 133.4V$$

65

정답 ③

$$보호여유도[\%] = \frac{충격절연강도 - 제한전압}{제한전압} \times 100$$
$$= \frac{1{,}050 - 752}{752} \times 100 = 39.6\%$$

66

정답 ①

내압 방폭구조(d)는 전폐형 구조로, 폭발성 가스에 점화할 우려가 있는 부분을 전폐한 용기에 넣음으로써 폭발이 발생해도 용기가 압력을 견뎌 외부로 전파되지 않도록 하는 구조이다. 또한, 폭발 시 발생한 고열가스는 협격을 통과하면서 냉각되어 외부 폭발성 가스에 점화되지 않게 한다.

67

정답 ①

$$허용사용률 = 정격사용률 \times \left(\frac{2차정격전류}{정격사용전류} \right)^2$$
$$= 10 \times \left(\frac{400}{200} \right)^2 = 40[\%]$$

68

정답 ④

제전능력이 작아서 충분한 제전시간이 필요하며, 특히 이동하는 물체의 제전에는 부적합한 것은 방사선식 제전기이다. 자기방전식 제전기의 특징은 다음과 같다.
• 스테인리스, 카본, 도전성 섬유 등에 의해 작은 코로나 방전을 일으켜 제전하는 것이다.
• 대전체 자체를 이용하여 방전시키는 방식이며, 2kV 내외의 대전이 남는다는 단점이 있다.

69

정답 ④

접촉시간은 정전기 발생에 영향을 주지 않는다. 정전기 발생은 일반적으로 물체의 특성, 표면상태, 접촉·분리방식, 마찰 정도, 습도 등의 요인에 영향을 받는다. 특히, 대전서열에서 두 물질이 가까운 위치에 있으면 정전기의 발생량이 적고 먼 위치에 있으면 정전기의 발생량이 커진다.

70

정답 ③

통전 경로별 위험도는 '오른손-가슴(1.3) > 양손-양발(1.0) > 왼손-등(0.7) > 왼손-오른손(0.4)' 순으로 크다. 통전 경로별 위험도를 나타낸 표는 다음과 같다.

통전 경로	위험도
왼손-가슴	1.5
오른손-가슴	1.3
왼손-한발 또는 양발	1.0
양손-양발	1.0
오른손-한발 또는 양발	0.8
왼손-등	0.7
한손 또는 양손-앉아 있는 자리	0.7
왼손-오른손	0.4
오른손-등	0.3

71

정답 ①

0종 장소는 1종 장소, 2종 장소와 함께 가스폭발 위험장소로 분류된다. 분진폭발 위험장소에는 20종 장소, 21종 장소, 22종 장소가 속한다.

72

정답 ②

내압 방폭구조의 기호는 d이다.

73

정답 ③

자기방전식 제전기는 스테인리스, 카본, 도전성 섬유 등에 의해 작은 코로나 방전을 일으켜 제전하는 것으로 대전체 자체를 이용하여 방전시키는 방식이다.

74

정답 ④

$$I = \frac{V}{R} = \frac{100}{500+500} \times 1,000 = 100mA$$

75

정답 ③

$T = 1s$, $I = \frac{165}{\sqrt{T}}[mA]$ 이므로

$I = 165[mA] = 0.165A$
인체의 저항(R) = 500Ω이므로
전기에너지(W) = I^2RT
$\quad\quad\quad\quad = (0.165)^2 \times 500 \times 1 ≒ 13.6J$

76

정답 ①

공기차단기의 문자 기호는 ABB이다. 이외 차단기의 종류와 기호는 다음과 같다.
- 유입차단기(OCB)
- 기중차단기(ACB)
- 가스차단기(GCB)
- 자기차단기(MBB)

77

정답 ①

이탈전류(마비한계전류)의 범위는 10~15mA이다.

78

정답 ④

위험장소별 방폭구조 중 1종 장소에 해당하는 방폭구조는 내압(d), 압력(p), 유입(o), 안전증(e), 몰드(m), 충전(q), 본질안전방폭구조(ib)이며, 비점화 방폭구조(n)는 2종 장소에 속한다.

79

정답 ③

발화단계의 기준 전류밀도는 60~120A/mm²에 해당한다. 절연전선의 과대전류 표는 다음과 같다.

단계 전선	인화 단계	착화 단계	발화단계		순간 용단
			발화 후 용단	용단과 동시 발화	
전류밀도 (A/mm²)	40~43	43~60	60~70	75~120	120 이상

80

정답 ②

고압용 전기기계 · 기구와 목재 벽 · 천장 사이의 이격거리는 1m 이상이어야 한다.

81

정답 ③

자동소화장치는 특수화학설비 설치 시 필수장치가 아니다. 특수화학설비 설치 시의 필요한 계측장치는 다음과 같다.
- 긴급차단장치
- 예비동력원
- 온도계, 유량계, 압력계 등의 계측장치

82

정답 ④

마그네슘은 고온에서 유황 및 할로겐과 접촉하면 발열반응을 일으켜 밝은 빛을 내며 연소하므로 혼합되지 않도록 격리 저장하여야 한다. 이외 마그네슘의 저장 및 취급 방법은 다음과 같다.
- 화기를 엄금하고, 가열, 충격, 마찰을 피한다.
- 분말은 비산하지 않도록 완전 밀봉하여 저장한다.
- 물과 반응하면 수소 발생 이산화탄소와는 폭발적인 반응을 하므로 소화는 마른 모래나 분말 소화약제를 사용한다.

83

정답 ③

공정안전보고서 중 공정안전자료에는 안전한 운전과 사고 예방을 위한 각종 건물·설비의 배치도가 포함되어야 한다. 이와 함께 공정안전자료에 포함하여야 할 주요 내용은 다음과 같다.

- 취급·저장하고 있는 유해·위험 물질의 종류와 수량
- 유해·위험 물질에 대한 물질안전보건자료
- 유해·위험설비의 목록 및 사양
- 유해·위험설비의 운전방법을 알 수 있는 공정도면
- 각종 건물·설비의 배치도
- 방폭 지역구분도 및 전기단선도
- 위험설비의 안전설계·제작 및 설치 관련 지침서

84

정답 ①

위험물을 가열·건조하는 경우 가열·건조기의 내용적이 $1m^3$ 이상이어야 한다. 이를 포함한 건조설비 건축물 기준은 다음과 같다.

(1) 위험물을 가열·건조하는 경우 내용적이 $1m^3$ 이상인 건조설비
(2) 위험물이 아닌 물질을 가열·건조하는 경우 다음에 해당하는 건조설비
- 고체 또는 액체연료의 최대사용량이 시간당 10kg 이상
- 기체연료의 최대사용량이 시간당 $1m^3$ 이상
- 전기사용 정격용량이 10kW 이상

85

정답 ①

연료 합계 $= 100 - 96 = 4\%$
연료 성분끼리만 본 조성:

- 헥산 $= \dfrac{1}{4} = 25\%$

- 메탄 $= \dfrac{2.5}{4} = 62.5\%$

- 에틸렌 $= \dfrac{0.5}{4} = 12.5\%$

혼합가스의 연소하한값 $= \dfrac{100}{L} = \dfrac{V_1}{L_1} + \dfrac{V_2}{L_2} + \dfrac{V_3}{L_3}$

$$= \dfrac{100}{\left(\dfrac{25}{1.1} + \dfrac{62.5}{5} + \dfrac{12.5}{2.7}\right)} = 2.508\text{vol}\%$$

86

정답 ④

에탄은 대표적인 가연성 가스이다. 이외 위험물의 종류와 해당 물질의 연결은 다음과 같다.

- 마그네슘 분말: 물 반응성 및 인화성 고체
- 중크롬산: 산화성 액체·고체
- 니트로소화합물: 폭발성 물질

87

정답 ④

$$C_{st} = \dfrac{1}{1 + 4.773\left(n + \dfrac{m - f - 2\lambda}{4}\right)} \times 100(\%)$$

$$= \dfrac{1}{1 + 4.773 \times \left(1 + \dfrac{4}{4}\right)} \times 100(\%) = 9.48(\%)$$

- n: 탄소 수
- m: 수소 수
- f: 할로겐 원소 수
- λ: 산소 수

88

정답 ③

가연성 가스는 폭발한계농도의 하한이 13% 이하 또는 상·하한의 차가 12% 이상인 가스를 의미한다.

89

정답 ④

다음은 주어진 폭발하한값과 폭발상한값으로 위험도를 계산하면 다음과 같다.

- 수소 $= \dfrac{75.0 - 4.0}{4.0} = 17.75$

- 산화에틸렌 $= \dfrac{80.0 - 3.0}{3.0} = 25.67$

- 아황화탄소 $= \dfrac{44.0 - 1.25}{1.25} = 34.2$

- 아세틸렌 $= \dfrac{81.0 - 2.5}{2.5} = 31.4$

따라서 아황화탄소(34.2) > 아세틸렌(31.4) > 산화에틸렌(25.67) > 수소(17.75) 순으로 나열할 수 있다.

90

인산은 비가연성이고 폭발성 증기가 없으므로 미리 내부의 가스나 증기를 불활성 가스로 바꾸는 등의 조치가 필요하지 않다.

91

금속 분말은 물과 반응해 수소 발생과 강발열을 일으켜 재점화·폭발 위험이 크고, 수류가 분말을 비산시켜 화재가 확대될 수 있으므로 일반적인 소화방법인 주수(물)소화는 금지한다. 다음은 화재의 분류별 소화방법을 나타낸 표이다.

종류	분류	소화기 표시색	주된 소화방법	적응 소화기
A급	일반 화재	백색	냉각소화	산·알칼리, 포, 주수(물)
B급	유류 화재	황색	질식소화	CO₂, 증발성 액체, 분말, 포말
C급	전기 화재	청색	질식소화	CO₂, 증발성 액체
D급	금속 화재	—	피복에 의한 질식	마른 모래

92

포 소화설비는 화재 시 거품층을 형성하여 공기와 접촉을 차단함으로써 질식소화 효과를 나타낸다. 그 외에 다른 선지의 올바른 연결은 다음과 같다.
① 스프링클러서버 – 냉각소화
③ 이산화탄소 소화설비 – 질식소화
④ 할로겐 화합물 소화설비 – 억제소화

93

$T_2 = T_1 \times \left(\dfrac{P_2}{P_1}\right)^{\frac{\gamma-1}{\gamma}}$ 식에서 주어진 온도를 절대온도(K)로 변환한다. 이때 T_1 = 압축 전 온도(K), T_2 = 압축 후 온도(K),

$\dfrac{P_2}{P_1}$ = 압축비 = 5, γ = 비열비 = 1.4

$T_1 = 273 + 20 = 293K$

$T_2 = T_1 \times \left(\dfrac{P_2}{P_1}\right)^{\frac{\gamma-1}{\gamma}} = 293 \times 5^{\frac{1.4-1}{1.4}} \fallingdotseq 464K$

절대온도(K)를 섭씨로 변환하면
$464 - 273 = 191℃$

94

관의 지름을 변경하는 데 사용되는 관의 부속품은 리듀서(축소관)이다. 그 외에 관 부속품의 용도 및 종류를 나타낸 표는 다음과 같다.

용도	종류
두 개의 관을 연결할 때	플랜지(Flange), 유니온(Union), 커플링(Coupling), 니플(Nipple), 소켓(Socket)
관로의 방향을 바꿀 때	엘보우(Elbow), Y지관(Y-branch), 티(Tee), 십자(Cross)
관로의 크기를 바꿀 때	축소관(Reducer), 부싱(Busing)
가지관을 설치할 때	티(T), Y자관(Y-branch), 십자(Cross)
유로를 차단할 때	플러그(Plug), 캡(Cap), 밸브(Valve)
유량을 조절할 때	밸브(Valve)

95

분진폭발은 주위의 분진에 의해 추가 폭발로 파급될 수 있는 특징을 갖고 있다. 이외의 분진폭발의 특성은 다음과 같다.
• 연소속도나 폭발압력은 가스폭발보다는 작지만 가해지는 힘은 매우 크다.
• 불완전연소가 더 많이 발생하여 CO의 중독피해가 우려된다.

96

독성물질을 실험동물에게 경구 또는 경피로 투여했을 때 실험동물의 50%를 사망에 이르게 할 물질의 양을 나타내는 기호는 LD50이다. 이를 포함한 독성물질의 정의는 다음과 같다.
• 쥐에 대한 경구투입실험에 의하여 실험동물의 50%를 사망시킬 수 있는 물질의 양, 즉 LD50(경구, 쥐)이 200mg/kg(체중) 이하인 화학물질
• 쥐 또는 토끼에 대한 경피흡수실험에 의하여 실험동물의 50%를 사망시킬 수 있는 물질의 양, 즉 LD50(경피, 토끼 또는 쥐)이 400mg/kg(체중) 이하인 화학물질
• 쥐에 대한 4시간 동안의 흡입실험에 의하여 실험동물의 50%를 사망시킬 수 있는 물질의 농도, 즉 LC50(쥐, 4시간 흡입)이 2,000ppm 이하인 화학물질

97

부탄의 연소 반응식 = $C_4H_{10} = 6.5O_2 \rightarrow 4CO_2 + 5H_2O$
MOC(최소산소농도) = 연료의 연소하한치 × 산소 몰수
$= 1.6 \times 6.5 = 10.4vol\%$

98

정답 ②

한쪽에서 원료를 유입하고 다른 쪽에선 반응 생성물질을 유출시키는 형식의 반응기는 연속식 반응기이다. 조작방법에 따라 반응기를 분류하면 다음과 같다.

- 회분식 균일상 반응기: 여러 액체와 가스를 넣어 반응시켜 가스를 만들고, 반응이 끝나면 이를 회수하여 한 주기를 완료하는 방식의 반응기이다.
- 반회분식 반응기: 기본적으로 회분식과 같지만, 운전 중 일부 성분을 주입하거나 빼낼 수 있다.
- 연속식 반응기: 한쪽에 계속 원료를 주입하고 다른 쪽에서는 계속 반응성 생성물을 배출하는 형식이며 농도, 압력, 온도 등은 시간에 따라 거의 일정하며 변화가 없다.

99

정답 ③

습도는 물질·환경에 따라 적정 수준으로 유지해야 하며 습도를 높게 유지하는 것은 자연발화 예방에 적절하지 않다. 자연발화를 일으키는 조건에 관한 내용은 다음과 같다.

- 발열량이 클 것
- 열전도율이 적을 것
- 주위의 온도가 높을 것
- 표면적이 넓을 것
- 수분이 적당량 존재할 것

100

정답 ②

유류화재는 B급 화재에 해당한다. 이를 포함한 화재의 종류 및 화재급수는 다음과 같다.

- A급 화재: 일반 가연물화재
- B급 화재: 유류화재
- C급 화재: 전기화재
- D급 화재: 금속화재

101

정답 ②

가설통로의 경사가 15°를 초과하는 때에는 미끄러지지 아니하는 구조로 해야 한다.

102

정답 ④

붐의 경사 각도는 작업 중 운전자가 확인·조정해야 하는 사항이지 작업시작 전 점검해야 할 사항이 아니다. 크레인의 작업시작 전 점검사항은 다음과 같다.

- 권과방지장치·브레이크·클러치 및 운전장치의 기능
- 주행로의 상측 및 트롤리가 횡행하는 레일의 상태
- 와이어로프가 통하고 있는 곳의 상태

103

정답 ①

차량계 하역운반기계에 단위화물의 무게가 100kg 이상인 화물을 싣는 작업 또는 내리는 작업을 하는 때에는 당해 작업의 지휘자를 지정해야 한다.

104

정답 ①

권과방지장치, 브레이크, 클러치 및 운전장치 기능의 이상 유무는 크레인의 작업시작 전 점검사항이다. 지게차의 작업시작 전 점검사항은 다음과 같다.

- 제동장치 및 조종장치 기능의 이상 유무
- 하역장치 및 유압장치 기능의 이상 유무
- 바퀴의 이상 유무
- 전조등·후미등·방향지시기 및 경보장치 기능의 이상 유무

105

정답 ②

정격하중이란 안전율을 고려하여 규정한 최대 허용하중으로, 크레인 또는 데릭의 붐각·작업반경별로 설정된 최대 허용하중에서 후크, 와이어로프, 버킷 등 달기구의 무게를 공제한 값을 말한다.

106

정답 ③

롤러 표면에 돌기를 만들어 부착한 장비는 탬핑 롤러이다. 이를 포함한 전압식 다짐기계의 종류 및 특징에 관한 내용은 다음과 같다.

구분	특징
머캐덤 롤러 (Macadam Roller)	• 3륜으로 구성 • 쇄석기층 및 자갈층 다짐에 효과적
탠덤 롤러 (Tandem Roller)	• 도로용 롤러이며, 2륜으로 구성 • 아스팔트 포장의 끝손질인 점토성 다짐에 사용
타이어 롤러 (Tire Roller)	• Ballast 아래에 다수의 고무타이어를 달아서 다짐 • 사질토, 소성이 낮은 흙에 적합하며 주행속도를 개선함
탬핑 롤러 (Tamping Roller)	• 롤러 표면에 돌기를 만들어 부착, 땅 깊숙이 다짐 가능 • 토립자를 이동 혼합하여 함수비 조절 용이 (간극수압 제거) • 고함수비의 점성토 지반에 효과적, 유효다짐 깊이가 깊음

107

정답 ④

가설계단 및 계단참은 매 m²당 500kg 이상의 하중에 견딜 수 있는 강도의 구조로 설치해야 한다. 이를 포함한 계단의 강도에 대한 조건은 다음과 같다.
• 계단 및 계단참을 설치하는 때에는 매 m²당 500kg 이상의 하중에 견딜 수 있는 강도를 가진 구조로 설치하여야 하며, 안전율은 4 이상으로 하여야 한다.
• 계단 및 승강구 바닥을 구멍이 있는 재료로 만들 때는 렌치 기타 공구 등이 낙하할 위험이 없는 구조로 하여야 한다.

108

정답 ①

굴착 깊이의 정도는 보수 대상 점검항목에 포함되지 않는다. 흙막이 지보공의 정기 점검항목은 다음과 같다.
• 부재의 손상 · 변형 · 부식 · 변위 및 탈락의 유무와 상태
• 버팀대의 긴압의 정도
• 부재의 접속부 · 부착부 및 교차부의 상태
• 침하의 정도

109

정답 ②

타워크레인을 설치 · 조립 · 해체할 때 작업계획서에 포함해야 할 사항 중 중량물의 운반 경로는 해당하지 않는다. 타워크레인의 설치 · 조립 · 해체 시 작업계획서 포함사항은 다음과 같다.
• 타워크레인의 종류 및 형식
• 설치 · 조립 및 해체 순서
• 작업도구 · 장비 · 가설설비 및 방호설비
• 작업인원의 구성 및 작업근로자의 역할 범위

110

정답 ③

이동식 비계의 최대높이는 밑변 최소폭의 4배 이하이어야 한다.

111

정답 ②

로드, 유압잭을 이용해 거푸집을 연속적으로 이동시키면서 콘크리트 타설할 때 사용되는 것으로 사일로 공사 등에 적합한 거푸집은 슬라이딩폼이다. 슬라이딩 거푸집의 특징은 다음과 같다.
• 수직 연속 시공이 가능한 거푸집이다.
• 거푸집 높이는 약 1m로, 별도의 비계나 발판이 필요 없다.
• 하부가 약간 벌어진 구조로, 유압잭 또는 윈치로 상향 이동시킨다.
• 돌출부가 없는 단순한 형상의 구조물에 적합하다.
• 콘크리트를 연속 타설하므로 구조적 일체성이 우수하다.
• 전통 공법에 비해 공기를 약 1/3 정도 단축할 수 있다.
• 콘크리트 타설은 주야간 연속으로, 1일 3~5m까지 시공 가능하다.

112

정답 ④

승강기 와이어로프는 근로자가 탑승하는 운반구를 지지하여야 하므로 안전계수를 최소 10 이상으로 하여야 한다. 이를 포함한 양중기 와이어로프 안전계수에 대한 조건은 다음과 같다.
• 근로자가 탑승하는 운반구를 지지하는 경우에는 10 이상
• 화물의 하중을 지지하는 경우에는 5 이상

113

정답 ①

풍화암의 붕괴 재해를 예방하기 위한 굴착면의 적정한 경사 기준은 1 : 1이다. 지반의 종류에 따른 굴착면의 적정한 기울기에 관한 내용은 다음과 같다.

지반의 종류	기울기
모래	1 : 1.8
연암 및 풍화암	1 : 1
경암	1 : 0.5
그 밖의 흙	1 : 1.2

114

정답 ②

동바리로 사용하는 파이프 서포트는 3본 이상을 이어서 사용해서는 안 되고 높이가 3.5m를 초과할 때에는 높이 2m 이내마다 수평연결재를 2개 방향으로 만들고 수평연결재의 변위를 방지한다.

115

정답 ④

추락방지용 방망의 그물코의 크기가 10cm인 매듭방망사의 인장강도는 200kg 이상이어야 한다. 방망사의 신품에 대한 인장강도에 관한 내용은 다음과 같다.

그물코의 크기	방망의 종류	
	매듭 없는 방망	매듭방망
10cm	240kg	200kg

116

정답 ①

추락재해를 방지하기 위한 방망의 지지점이 연속적인 구조물이고, 지지점의 간격이 1.0m일 때 구조물이 견뎌야 할 최소 하중은 200kg/m x 간격 1m = 200kg이므로, 최소 200kg 이상의 강도를 가져야 한다.

117

정답 ①

굴착부 바닥이 솟아오른 현상은 히빙현상에 해당한다. 이에 대한 대책 중 하나는 흙막이 벽의 근입깊이를 깊게 하는 것이다. 이외 히빙현상 방지 대책의 내용은 다음과 같다.
• 흙막이 지보공을 깊게 박을 것
• 흙막이벽 배면의 토사 중량을 감소시킬 것
• 아일랜드 컷 공법 등을 사용할 것

118

정답 ④

유해 · 위험방지계획서를 제출해야 할 대상 공사는 깊이가 10m 이상인 굴착공사이다.

119

정답 ③

철골작업 시 강설량이 시간당 1cm 이상인 경우에는 작업을 중지해야 한다. 철골작업 시 작업을 중지해야 하는 기준은 다음과 같다.
• 풍속이 초당 10m 이상인 경우
• 강우량이 시간당 1mm 이상인 경우
• 강설량이 시간당 1cm 이상인 경우

120

정답 ①

하역작업장에서 부두 또는 안벽의 선에 따라 통로를 설치할 때는 폭을 90cm 이상으로 해야 한다. 이를 포함한 부두 하역작업장의 안전기준은 다음과 같다.
• 작업장 및 통로의 위험한 부분에는 안전하게 작업할 수 있는 조명을 유지할 것
• 부두 또는 안벽의 선을 따라 통로를 설치하는 때에는 폭을 90cm 이상으로 할 것
• 육상에서의 통로 및 작업장소로서 다리 또는 선거의 갑문을 넘는 보도 등의 위험한 부분에는 안전난간 또는 울 등을 설치할 것

기출변형 모의고사 2회

	01	02	03	04	05	06	07	08	09	10
1과목 산업재해 예방 및 안전보건교육	①	②	①	②	③	④	④	③	④	④
	11	12	13	14	15	16	17	18	19	20
	②	②	①	③	④	①	②	④	④	③
2과목 인간공학 및 위험성 평가·관리	21	22	23	24	25	26	27	28	29	30
	②	②	②	①	②	①	④	④	④	②
	31	32	33	34	35	36	37	38	39	40
	②	②	②	②	②	④	④	①	③	②
3과목 기계·기구 및 설비 안전관리	41	42	43	44	45	46	47	48	49	50
	②	②	③	②	④	④	①	②	③	③
	51	52	53	54	55	56	57	58	59	60
	①	②	④	③	③	③	②	①	④	④
4과목 전기설비 안전관리	61	62	63	64	65	66	67	68	69	70
	③	③	③	②	①	③	②	②	④	①
	71	72	73	74	75	76	77	78	79	80
	②	③	②	②	②	③	④	②	③	③
5과목 화학설비 안전관리	81	82	83	84	85	86	87	88	89	90
	③	③	②	④	①	④	③	③	④	②
	91	92	93	94	95	96	97	98	99	100
	③	④	①	③	④	④	④	②	④	①
6과목 건설공사 안전관리	101	102	103	104	105	106	107	108	109	110
	③	③	③	④	④	③	③	②	④	②
	111	112	113	114	115	116	117	118	119	120
	④	③	③	②	①	③	④	④	①	①

01

정답 ①

Y-G 성격검사 중 조화적이고 적응력이 좋은 형은 A형(평균형)이다. Y-G 성격검사에서 각 유형의 특징은 다음과 같다.
- A형(평균형): 조화적, 적응적
- B형(우편형): 정서 불안정, 활동적, 외향적(불안전, 적극형, 부적응)
- C형(좌편형): 안정 소극형(온순, 소극적, 안정, 내향적, 비활동)
- D형(우하형): 안정, 적응 적극형(정서 안정, 활동적, 사회 적응, 대인 관계 양호)
- E형(좌하형): 불안정, 부적응 수동형(D형과 반대)

02

정답 ②

피로검사방법은 생리학적, 생화학적, 심리적 방법으로 나뉜다. 이 중 생화학적 방법에는 혈액성분 분석이나 혈색소 농도 측정 등이 포함된다. 피로검사방법의 세부 내용은 다음과 같다.
- 생리학적 방법: 호흡순환기능, 대뇌피질활동, 근력, 근활동
- 생화학적 방법: 혈액성분 분석, 혈색소 농도
- 심리적 방법: 연속반응시간, 전신자각증상

03

정답 ①

모의법은 실제와 유사한 상황을 재현하여 작업을 수행하고, 그 과정을 관찰하면서 지적과 개선을 유도하는 교육방법이다. 이와 구분하여 알아두어야 할 교육방법은 실연법으로 학습자가 습득한 내용을 실제로 행하면서 강사의 감독하에 직접 연습시켜 학습시키는 방법이다.

04

정답 ②

TWI는 산업 현장의 초급관리자를 대상으로 실시되는 교육훈련 프로그램이다. 교육대상별 교육훈련 프로그램에 관한 내용은 다음과 같다.
- TWI(Training Within Industry): 초급관리자를 위한 교육
- ATT(American Telephone Telegram): 계층에 상관없이 전원이 대상이 되는 교육
- MTP(Management Training Program): 중간관리자를 위한 교육
- ATP(Administration Training Program): 최고경영자를 위한 교육

05

정답 ③

포럼은 새로운 자료를 제시한 후, 다수의 참석자와 전문가가 질의응답을 통해 토의를 진행하는 방식의 토의법이다.

06

정답 ④

학습지도의 원리에 일관성의 원리는 포함되지 않는다. 학습지도의 원리에는 자발성, 개별화, 사회화, 통합화, 목적, 직접경험의 원리 등이 있다.

07

정답 ④

학습목적을 구성하는 3요소는 주제, 정도, 목표이며, 학습성과는 학습목표를 세분화한 것이다.

08

정답 ③

허즈버그의 동기요인은 직무 그 자체에서 만족을 주는 요인으로 일 자체, 도전감, 책임감 등과 같은 내부적 요인을 말하며, 경제적 보상은 불만족을 예방하는 요인으로 위생요인에 해당한다. 허즈버그의 동기·위생이론에 관한 세부 내용은 다음과 같다.
- 동기요인: 책임감, 성취감, 도전감, 일 자체 등
- 위생요인: 지위, 안전, 감독, 금전, 환경 등

09

정답 ④

안전욕구는 매슬로우 5단계 욕구 중 하나로 알더퍼의 ERG이론에 해당되지 않는다. 알더퍼의 ERG이론은 존재욕구(E), 관계욕구(R), 성장욕구(G)의 세 가지로 구성된다.

10

정답 ④

소질성 누발자는 다혈질, 급한 성격, 저지능, 비도덕 등과 같이 사고를 유발할 수 있는 기질적·성격적 요인을 많이 지닌 사람으로 재해 발생 가능성이 높다.

11

정답 ②

Phase I단계는 의식수준이 저하된 상태로 졸음이나 감각차단 현상이 나타나는 단계이다.

12

정답 ②

주의의 3특성은 선택성, 변동성, 방향성이며, 집중성은 포함되지 않는다.

13

정답 ①

녹십자 표지의 바탕색은 백색이며, 문양은 녹색으로 표시된다.

14

정답 ③

안전인증심사에는 예비심사, 서면심사, 기술능력 및 생산체계심사, 제품심사 등이 있으며, 기능검사는 해당하지 않는다.

15

정답 ④

차광보안경의 종류에는 자외선용, 적외선용, 복합용, 용접용 등이 있으며, 가시광선용은 해당하지 않는다. 차광보안경의 종류는 다음과 같다.

종류	사용구분
자외선용	자외선이 발생하는 장소
적외선용	적외선이 발생하는 장소
복합용	자외선 및 적외선이 발생하는 장소
용접용	산소용접작업 등과 같이 자외선, 적외선 및 강렬한 가시광선이 발생하는 장소

16

정답 ①

전동식 호흡보호구에는 전동식 방진마스크, 전동식 방독마스크, 전동식 후드 및 전동식 보안면이 있으며, 전동식 송기마스크는 해당하지 않는다.

17

정답 ②

할로겐용 정화통의 표시색은 회색이다. 주요 정화통의 표시색은 다음과 같다.

종류	표시색
유기화합물용 정화통	갈색
할로겐용 정화통	회색
황화수소용 정화통	
시안화수소용 정화통	
아황산용 정화통	노랑색
암모니아용 정화통	녹색

18

정답 ④

할로겐용 방독마스크의 시험가스는 염소가스(Cl_2)이다. 방독마스크의 종류에 따른 시험가스는 다음과 같다.

종류	시험가스
유기화합물용	시클로헥산(C_6H_{12})
	디메틸에테르(CH_3OCH_3)
	이소부탄(C_4H_{10})
할로겐용	염소가스(Cl_2)
황화수소용	황화수소가스(H_2S)
시안화수소용	시안화수소가스(HCN)
아황산용	아황산가스(SO_2)
암모니아용	암모니아가스(NH_3)

19

정답 ④

턱끈풀림시험의 성능 기준은 150N 이상 250N 이하의 힘에서 턱끈이 풀려야 한다.

20

정답 ③

$$강도율 = \frac{총\ 요양근로손실일수}{연근로시간\ 수} \times 1,000$$

$$= \frac{100 + 2 \times 1,000 + 20 \times \frac{250}{365}}{50명 \times 7시간 \times 250일} \times 1,000 = 24.15$$

21
정답 ②

페일세이프(Fail-Safe)는 기계 고장 시 재해로 이어지지 않도록 기능을 유지하거나 정지시키는 장치이다. 페일세이프의 기능 3단계는 다음과 같다.
- FAIL-PASSIVE: 부품 고장 시 정지
- FAIL-ACTIVE: 부품 고장 시 잠시 운전
- FAIL-OPERATIONAL: 부품 고장 시 계속 운전

22
정답 ②

공간양립성은 조작장치와 표시장치의 위치가 서로 연관되게 설계되는 특성을 말한다.

23
정답 ②

음량수준을 측정할 수 있는 세 가지 척도에는 Phon, Sone, 인식소음 수준이 있으며 지수에 의한 수준은 해당하지 않는다.

24
정답 ①

Phon은 1,000Hz 순음의 음압수준(dB)을 나타낸다. 이와 관련하여 1Sone은 1,000Hz, 40dB의 음압수준을 가진 순음의 크기(40phon)를 의미한다.

25
정답 ②

핏츠(Fitts)의 법칙은 인간의 손이나 발을 이동시켜 조작장치를 조작하는 데 걸리는 시간을 표적까지의 거리와 표적 크기의 함수로 나타내는 모형이다.

26
정답 ①

인간과오율 예측법(THERP)은 인간의 과오를 정량적으로 평가하는 대표적인 기법이다. 이는 작업을 절차적으로 분석한 후 인간과오율을 추정하여 시스템 신뢰성 분석에 적용하며, 일반적으로 시스템 분석, 사건수 분석, 과업 분석, 과오율 추정, 결과 적용 및 평가 등의 5단계의 절차로 진행된다.

27
정답 ④

중작업 시 작업대는 팔꿈치보다 10~20cm 낮게 설계해야 한다. 다음은 작업별 팔꿈치를 기준으로 한 작업대의 높이에 관한 내용이다.
- 정밀작업: 팔꿈치 높이보다 5~10cm 높게 설계한다.
- 일반작업: 팔꿈치 높이보다 5~10cm 낮게 설계한다.
- 중(重)작업: 팔꿈치 높이보다 10~20cm 낮게 설계한다.

28
정답 ④

$$bit = \log_2 N = \frac{\log N}{\log 2} = \frac{\log 64}{\log 2} = 6bit$$

29
정답 ④

불필요한 작업의 수행으로 인해 발생한 과오는 과잉작업 과오(Extraneous Error)이다.

30
정답 ②

$$통제표시비 = \frac{조절장치의\ 이동거리}{표시장치의\ 이동거리}$$

$$= \frac{2\pi r \times \frac{\theta}{360}}{표시장치의\ 이동거리} = \frac{2\pi \times 10cm \times \frac{30}{360}}{4.84cm}$$

$$= 1.08$$

31
정답 ②

울타리는 침입을 방지하기 위한 설비이므로, 신체가 가장 큰 사람도 넘어올 수 없도록 인체 측정 최대치를 기준으로 설계해야 한다.

32
정답 ②

옥내 최적 반사율이 낮은 순서는 바닥(20~40%) < 가구(25~45%) < 벽(40~60%) < 천장(80~90%) 순이다.

33

정답 ②

예비위험분석(PHA)은 시스템 안전 프로그램의 최초단계인 구상단계에 실시되는 위험도 분석기법으로, 위험요소를 조기에 식별하고 정성적으로 평가하여 우선순위를 정하는 것을 목표로 하는 기법이다.

34

정답 ②

EMG는 근육의 활동도를 측정하는 생리신호 측정법이다. 이외에 전기적 활동도를 측정하는 생리신호 측정법은 다음과 같다.
• 심전도(ECG): 심장의 근육활동의 전위차
• 뇌전도(EEG): 신경활동의 전위차
• 피부전기반사(GSR): 작업부하와 정신적 부담, 피로를 전기저항으로 측정

35

정답 ②

사무작업이나 감시작업등의 중(中) 작업은 에너지 대사율이 2~4RMR이다.

36

정답 ④

문제의 그림은 AND게이트이며, 이는 논리곱 연산을 의미한다. 반면 논리합은 OR게이트의 경우에 해당한다.

37

정답 ④

학습을 통해 의미를 익혀야 하는 부호는 임의적 부호이다. 이를 포함한 부호의 유형 3가지는 다음과 같다.
• 묘사적 부호: 해골, 뼈 등으로 위험을 나타낸 부호
• 추상적 부호: 약간의 유사성으로 나타낸 부호
• 임의적 부호: 이미 고안된 것으로 배워야 아는 부호

38

정답 ①

원자력 산업 등의 고도 안전달성을 목표로 만들어진 기법은 관찰자 실수위험분석(MORT)이다.

39

정답 ③

FTA 분석의 첫 단계는 TOP사상(정상사상)의 선정이다. FTA에 의한 재해사례 연구순서는 '톱(TOP)사상의 선정 → 재해 원인 규명 → FT도의 작성 → 개선계획의 작성' 순이다.

40

정답 ②

사정효과는 눈으로 보지 않고 손을 수평면상에서 움직이는 경우 짧은 거리는 지나치고 긴 거리는 못 미치는 경향을 나타내는 용어로, 작은 오차에 과잉반응하고 큰 오차에 과소반응하는 경향이다.

41

정답 ②

$$파단하중 = 인장강도 \times 단면적 = 44 \times \frac{3.14}{4} \times 20^2 = 13,816$$

$$안전하중 = \frac{파단하중}{안전계수} = \frac{13,816}{5} ≒ 2,763kgf$$

42

정답 ②

선반 등으로부터 돌출하여 회전하고 있는 가공물이 근로자에게 위험을 미칠 우려가 있는 때에는 울 또는 덮개 등을 설치하여야 한다.

43

정답 ③

정격초과 시 자동으로 상승이 정지하는 장치는 과부하방지장치이다.

44

정답 ②

프레스기계의 본질 안전화 방식(No-Hand In Die)에는 금형에 안전 울을 설치하는 방식, 안전금형과 전용프레스를 사용하는 방식 등이 있으며, 안전블록은 작업 시 금형 사이에 끼워 넣어 급하강을 방지하는 보조장치로 이에 해당하지 않는다.

45

정답 ④

안전블록은 프레스 금형 조정작업 시 근로자의 신체 일부가 위험 한계 내에 들어갈 때에 슬라이드가 갑자기 작동하며 발생하는 근로자의 위험을 방지하기 위하여 사용하며, 안전블록을 사용하는 경우는 금형의 부착, 조정, 해체 시이다.

46

정답 ④

$$안전계수 = \frac{극한(항복)강도}{사용(허용)응력} = \frac{900}{500} = 1.80$$

47

정답 ①

기계 고장률 곡선에서 고장률이 가장 낮은 시기는 우발고장 구간이다. 기계 고장률은 일반적으로 세 가지 형태로 분류되며, 초기고장은 감소형(DFR), 우발고장은 일정형(CFR), 마모고장은 증가형(DFR)으로 나타난다.

48

정답 ②

표면속도(m/min)	급정지거리
30 미만	$\pi \times D \times 1/3$
30 이상	$\pi \times D \times 1/2.5$

$$롤러의\ 원주속도 = \frac{\pi DN}{1,000}$$

$$= \frac{3.14 \times 600mm \times 20rpm}{1,000}$$

$$= 37.68m/min$$

$$급정지거리 = \frac{\pi D}{2.5}$$

$$= \frac{3.14 \times 600mm}{2.5}$$

$$= 753.6mm$$

49

정답 ③

정상작업 전에는 최소한 1분 이상 시운전을 하고, 연삭숫돌의 교체 시에는 3분 이상 시운전을 하여야 한다.

50

정답 ③

탁상용 연삭기의 안전덮개 노출각도는 60° 이내가 적절하다.

51

정답 ①

위험원이 튀는 것을 방지하는 등 작업자로부터 위험을 차단하는 방호장치는 포집형 방호장치이다. 목재 가공기의 반발예방장치와 연삭기의 덮개 등이 이에 해당한다.

52

정답 ②

기능적 안전화는 기계 이상 시 자동정지되거나 안전한 작동을 유지하도록 하는 방식이다. 기능적 안전화의 특징은 다음과 같다.
- 정전이나 전압강하, 압력변동, 밸브의 막힘 등으로 인한 작동 불량에 대해서도 기능적으로 안전해야 한다.
- 기계설비를 급정지시켜 안전하게 하거나, 계기를 병렬로 두 개 이상 설치하여 한 개가 고장이 나면 다른 한 개가 작동되도록 한다.
- 작동 불량을 방지하는 구조(Fail Safe)로 하거나, 컴퓨터를 이용하여 고장을 자가진단하는 것이 바람직하다.

53

정답 ④

왕복운동을 하는 운동부와 고정부 사이에서 형성되는 위험점은 협착점(Squeeze Point)이다. 대표적인 예로 프레스기, 전단기, 성형기, 조형기, 굽힘기계(Bending Machine) 등이 있다.

54

정답 ③

하역작업 시의 전후안정도는 4%이다. 이를 포함한 지게차의 작업상태별 안정도는 다음과 같다.

하역작업 시	전후안정도	4%
	좌우안정도	6%
주행 시	전후안정도	18%
	좌우안정도	(15+1.1)V%

55

회전축, 기어, 풀리, 플라이휠 등에 설치하는 고정구는 돌출되지 않도록 묻힘형 고정구로 한다. 이를 포함한 일반기계의 안전기준은 다음과 같다.

1. 기계의 원동기 · 회전축 · 기어 · 풀리 · 플라이휠 · 벨트 및 체인 등 근로자에게 위험을 미칠 우려가 있는 부위에는 덮개 · 울 · 슬리브 및 건널다리 등을 설치하여야 한다.
2. 회전축 · 기어 · 풀리 및 플라이휠 등에 부속하는 키 · 핀 등의 기계요소는 묻힘형으로 하거나 해당 부위에 덮개를 설치하여야 한다.
3. 벨트의 이음 부분에는 돌출된 고정구를 사용하여서는 아니 된다.
4. 1.의 건널다리에는 안전난간 및 미끄러지지 아니하는 구조의 발판을 설치하여야 한다.

56

정답 ③

연삭기에서 평형플랜지의 지름은 숫돌 바깥지름의 1/3 이상이어야 하므로,

$D = 180 \times \dfrac{1}{3} = 60mm$ 이상

57

정답 ②

일정 기간마다 정기적으로 보수하는 방식은 시간기준보전(TBN)이다.

58

정답 ①

설치거리(S) = 기준값×도달시간
= 1.6m/s×0.6초 = 0.96
단위가 cm이므로
0.96×100 = 96cm

59

정답 ④

주 안내판과 톱날 사이의 공간에서 나무가 퍼질 수 있게 하여 죄임으로 인해 반발을 방지하는 것은 보조안내판이다.

60

정답 ④

$$안전율(안전계수) = \frac{극한강도}{허용응력} = \frac{파괴하중}{안전하중}$$

$$= \frac{파괴하중(극한하중)}{최대사용하중(정격하중)}$$

61

정답 ③

도전성 위험물의 배관 유속은 유동대전 방지를 위해 7m/sec 이하로 제한된다. 이를 포함한 배관 내 액체의 유속제한은 다음과 같다.

- 저항률이 $10^{10} \Omega$ cm 미만의 도전성 위험물: 7m/sec 이하
- 유동대전이 심하고 폭발위험성이 높은 물질(에테르, 이황화탄소 등): 1m/sec 이하
- 물이나 기체를 포함한 비수용성 위험물: 1m/sec 이하

62

정답 ③

$$정전에너지(E) = \frac{1}{2}CV^2 = \frac{1}{2}QV = \frac{1}{2}Q\frac{Q}{C} = \frac{Q^2}{2C}$$

63

정답 ③

저압은 직류 1,500V 이하, 교류 1,000V 이하를 의미한다. 저압, 고압, 특별고압 구분의 세부 내용은 다음과 같다.

구분	직류[V]	교류[V]
저압	1,500 이하	1,000 이하
고압	1,500 초과 7,000 이하	1,000 초과 7,000 이하
특별고압	7,000 넘는 것	7,000 넘는 것

64

정답 ②

1종 장소는 정상 작동상태에서 인화성 액체의 증기 또는 가연성 가스에 의한 폭발위험 분위기가 존재할 수 있는 장소로, 맨홀, 벤트, 피트 주위 등이 해당된다.

65

$mJ = 10^{-3}J$, $pF = 10^{-12}F$

$$E = \frac{1}{2}CV^2$$

$$V^2 = \frac{2E}{C}$$

$$V = \sqrt{\frac{2E}{C}} = \sqrt{\frac{2 \times (0.2 \times 10^{-3})}{10 \times 10^{-12}}} = 6,325V$$

66

정답 ③

충전부는 접근이 어려운 구획된 장소에 설치해야 한다.

67

정답 ②

피부에 땀이 나면 건조시보다 저항이 1/12 감소하고, 물에 젖으면 1/25, 습기가 많으면 1/10 정도로 저항이 감소한다.
전기저항이 2,500Ω · cm²이고, 피부에 땀이 나 있을 경우이므로

$$2,500 \times \frac{1}{12} = 208.33Ω \cdot cm^2$$

68

정답 ②

내압 방폭구조에서 안전간극(Safe Gap)을 적게 하는 이유는 화염의 전파를 차단하기 위해서이다.

69

정답 ④

피뢰기는 특성요소와 직렬갭으로 구성된다.

70

정답 ①

아크 발생 중단 후 교류아크용접기의 출력측 무부하 전압은 25~30V 이하로 낮춰야 한다. 이외에 방호장치의 성능은 다음과 같다.
• 아크발생을 정지시킬 때 주접점이 개로될 때까지의 시간은 1.0초 이내일 것
• 2차 무부하 전압은 25V 이내일 것

71

정답 ②

고압기기의 가연성 물체와의 이격거리는 고압용 1.0m 이상, 특별고압용 2.0m 이상이어야 한다.

72

정답 ③

아크는 안정적인 상태가 되면 전류가 증가함에 따라 전압은 감소하는 부성 저항 특성을 보인다.

73

정답 ②

전압인가식 제전기는 약 7,000V 정도의 고전압으로 코로나 방전을 일으켜 발생한 다량의 이온을 대전체에 공급함으로써 정전기를 빠르게 중화시킨다. 이 방식은 제전능력이 가장 뛰어나며, 넓은 면적과 거리에 대해서도 효과적이어서 다양한 산업현장에서 널리 사용된다.

74

정답 ②

전기기계 · 기구 조작부의 점검 또는 보수 시 작업공간은 전기기계 · 기구로부터 폭 70cm 이상을 확보해야 한다.

75

정답 ②

인체가 젖은 상태에서는 허용접촉전압을 25V 이하로 제한해야 한다.

76

정답 ③

가수전류는 인체가 스스로 충전부에서 이탈할 수 있는 최대 전류로, 이탈전류 또는 고통전류라고도 한다.

77

정답 ④

대표적인 정전기 방전에는 코로나, 연면, 스트리머, 불꽃, 스파크 방전이 있다.

78

정답 ②

도료·접착제 설비 또는 가연성 분진을 취급하는 설비에서 접지의 목적은 정전기로 인한 화재나 폭발을 방지하는 것이다.

79

정답 ③

전격의 위험은 통전전류가 크고, 시간이 길며, 인체 주요 부위를 통과할 때 가장 크다. 이와 관련하여 전격의 위험도를 결정하는 요인은 다음과 같다.
• 통전전류의 크기
• 통전시간
• 통전경로
• 전원의 종류

80

정답 ③

피뢰기는 뇌전류를 효과적으로 방전할 수 있는 능력을 갖추어야 한다. 이를 포함한 피뢰기의 성능은 다음과 같다.
• 반복동작이 가능할 것
• 구조가 견고하며 특성이 변화하지 않을 것
• 점검·보수가 간단할 것
• 충격방전 개시전압과 제한전압이 낮을 것
• 뇌전류의 방전능력이 크고, 속류의 차단이 확실하게 될 것

81

정답 ③

일상점검은 운전 중 수행 가능한 항목으로, 기초 볼트의 이상 유무가 이에 해당한다. 일상점검항목의 세부 내용은 다음과 같다.
• 보온재 및 보냉재의 파손상황
• 도장의 열화상태
• 플랜지(Flange)부, 맨홀(Manhole)부, 용접부에서 외부누출 여부
• 기초 볼트의 헐거움 여부
• 증기배관에 열팽창에 의한 무리한 힘이 가해지고 있는지와 부식 등에 의해 두께가 얇아지고 있는지의 여부

82

정답 ③

아세틸렌은 압축 시 폭발 위험이 높은 가연성 가스로, 이를 방지하기 위해 아세톤 등에 용해시켜 다공성 물질과 함께 저장하는 대표적인 용해가스이다.

83

정답 ②

할로겐 소화약제 중 연소 억제효과가 가장 큰 원소는 불소(F)이며, 할로겐 소화약제의 억제효과 순서는 '불소(F) > 염소(Cl) > 브롬(Br) > 요오드(I)'이다.

84

정답 ④

유류 저장탱크에서 화염을 차단할 목적으로 외부로 증기를 방출하거나, 탱크 내로 외기를 흡입하는 부분에 설치하는 안전장치는 Flame Arrester이다.

85

정답 ①

칼륨은 알코올이 아닌 석유 속에 저장해야 한다.

86

정답 ④

안전밸브는 기기나 배관의 압력이 일정 압력 이상이 되면 자동으로 열려 압력을 해소하는 장치로, 불꽃 전파를 차단하는 소염거리 원리와는 무관하다.

87

정답 ③

Cu(구리)는 이온화 경향이 매우 작아 물과 반응하지 않으므로 수소를 발생시키지 않는다.

88

정답 ③

단위공정 및 설비 간에는 설비 외면으로부터 10m 이상의 안전거리를 확보해야 한다. 설비 간 안전거리에 관한 세부 내용은 다음과 같다.

구분	안전거리
1. 단위공정시설 및 설비로부터 다른 단위공정시설 및 설비의 사이	설비의 외면으로부터 10m 이상
2. 플레어스택으로부터 단위공정시설 및 설비, 위험물질 저장탱크 또는 위험물질 하역설비의 사이	플레어스택으로부터 반경 20m 이상. 다만, 단위공정시설 등이 불연재로 시공된 지붕 아래 설치된 경우에는 그러하지 아니하다.
3. 위험물질 저장탱크로부터 단위공정시설 및 설비, 보일러 또는 가열로의 사이	저장탱크의 외면으로부터 20m 이상. 다만, 저장탱크에 방호벽, 원격조정 소화설비 또는 살수설비를 설치한 경우에는 그러하지 아니하다.
4. 사무실·연구실·실험실·정비실 또는 식당으로부터 단위공정시설 및 설비, 위험물질 저장탱크, 위험물질 하역설비, 보일러 또는 가열로의 사이	사무실 등의 외면으로부터 20m 이상. 다만, 난방용 보일러인 경우 또는 사무실 등의 벽을 방호구조로 설치한 경우에는 그러하지 아니하다.

89

정답 ④

나프탈렌은 황, 파라핀과 같이 대표적인 증발연소에 해당한다.

90

정답 ②

공동현상은 관 내에서 물의 정압이 그 온도의 증기압보다 낮아질 때 물이 증발하여 기포가 발생하는 현상이다. 이렇게 생긴 기포가 고압부로 이동하면서 급격히 붕괴하면 충격과 소음이 발생하며, 배관이나 펌프 임펠러에 침식과 손상을 일으킨다.

91

정답 ③

퍼지가스를 한쪽에서 주입하고 다른 쪽에서 배출하는 방식을 스위프퍼지(Sweep-Through Purging)라고 한다. 스위프퍼지의 특징은 다음과 같다.

• 스위프퍼지 공정은 용기의 한 개구부로 퍼지가스를 가하고 다른 개구부로부터 대기(또는 스크러버)로 혼합가스를 용기에서 축출시키는 공정을 말한다.
• 퍼지공정은 보통 용기나 장치가 압력을 가하거나 진공으로 할 수 없을 때 사용된다.
• 퍼지가스는 상압에서 가해지고 대기압에서 끄집어낸다.
• 퍼지결과는 용기 내부가 완전혼합 상태에 있으며, 일정한 온도와 일정한 압력이라고 가정함으로써 얻어질 수 있다.

92

정답 ④

금속화재는 D급 화재로 분류되며, 마른 모래 등으로 소화해야 한다. 화재별 특징은 다음과 같다.

일반화재	A급	백색	냉각소화	• 백색 연기 발생 • 연소 후 재를 남김
유류화재	B급	황색	질식효과	• 검은 연기 발생 • 연소 후 재를 남기지 않음
전기화재	C급	청색	질식효과	전기시설물이 점화원의 기능을 하며 발화 후 일반유류화재로 전환됨
금속화재	D급	무색	마른모래피복(건조사)	금속이 열을 발생

93

정답 ①

반응폭주로 인한 급격한 압력상승을 방지하기 위해서는 파열판이 적합하다. 파열판은 얇은 금속판이 설정압력에서 순간적으로 파괴되어 내부 압력을 신속히 방출하는 장치로, 물질의 고형화나 부식성 때문에 안전밸브의 작동이 곤란한 경우, 또는 방출량이 많거나 순간적인 대량 방출이 필요한 경우에 주로 사용된다.

94

정답 ③

고온·고압 설비는 350℃ 또는 980kPa 이상의 상태에서 운전하는 설비에 계측장치를 설치하여야 한다. 계측장치를 설치하여야 하는 대상은 다음과 같다.
- 발열반응이 일어나는 반응장치
- 증류·정류·증발·추출 등 분리를 하는 장치
- 가열시켜주는 물질의 온도가 가열되는 위험물질의 분해온도 또는 발화점보다 높은 상태에서 운전되는 설비
- 반응폭주 등 이상 화학반응에 의하여 위험물질이 발생할 우려가 있는 설비
- 온도가 350℃ 이상이거나 게이지압력이 980kPa 이상인 상태에서 운전되는 설비
- 가열로 또는 가열기

95

정답 ④

위험물 저장탱크 화재 시 물 또는 포를 화염이 왕성한 표면에 방사할 때 위험물과 함께 탱크 밖으로 흘러 넘치는 현상을 슬롭 오버(Slop Over)라고 한다.

96

정답 ④

평균안전율은 공정안전보고서의 필수 항목이 아니다. 공정안전보고서 필수 항목은 다음과 같다.
- 공정안전자료
- 공정위험성평가서
- 안전운전계획
- 비상조치계획

97

정답 ④

가스용기의 온도는 40℃ 이하로 유지하여야 한다.

98

정답 ②

$$완전연소농도 = \frac{100}{1+4.77\left(C+\dfrac{H}{4}\right)} = \frac{100}{1+4.77\left(3+\dfrac{8}{4}\right)} = 4.024$$

99

정답 ④

과산화벤조일은 유기과산화물(폭발성 물질)에 해당한다.

100

정답 ①

수소가스가 충전되어 있으면 용기는 주황색으로 도색해야 한다. 이 외에 가연성 가스의 특징에 관한 내용은 다음과 같다.

가스명	화학식	도색	용기충전상태
수소	H_2	주황색	압축
메탄	CH_4	회색	압축
아세틸렌	C_2H_2	황색	용해
프로판	C_3H_8	회색	액화
부탄	C_4H_{10}	회색	액화
암모니아	NH_3	백색	액화

101

정답 ③

강관틀비계의 도괴 방지를 위한 벽이음 간격은 수직방향 6m, 수평방향 8m 이내로 한다.

102

정답 ③

방호장치는 기계 자체에 부착·설치해야 하는 안전설비이지 작업계획에 포함해야 할 사항은 아니다.

103

정답 ③

램머는 해체 장비가 아닌 다짐 장비로 분류된다.

104

정답 ④

스크레이퍼는 굴착·운반·흙깔기를 연속 수행할 수 있는 자주식 또는 피견인식 기계이다. 토공의 만능기계라 불리며 대규모 택지조성, 도로·비행장 활주로 정지작업에 적합하다.

105
정답 ④

연약 점토 지반에서 굴착면의 융기로 발생하는 것은 히빙현상에 해당하는 설명이다.

106
정답 ③

덮개는 바닥과 고정되고, 밀착되도록 설치해야 한다.

107
정답 ③

건설공사의 유해·위험방지계획서는 공사 착공 전일까지 제출해야 한다.

108
정답 ②

콘크리트의 온도가 높을수록 수분 증발로 인해 측압은 줄어든다. 콘크리트의 측압에 영향을 주는 요소는 다음과 같다.
• 온도가 높으면 측압이 적다.
• 슬럼프값이 크면 측압이 크다.
• 물시멘트비가 크면 측압이 크다.
• 타설속도가 빠르면 측압이 크다.
• 철근량이 많으면 측압이 작다.

109
정답 ④

시공계획에는 계기의 점검항목은 포함되지 않는다.

110
정답 ②

흙의 소성상태와 액성상태의 경계를 액성한계라 말한다.

111
정답 ④

지게차는 「산업안전보건법」상 안전검사 대상 기계에 포함되지 않는다.

112
정답 ③

주행크레인은 순간풍속이 30m/s를 초과할 경우 이탈방지 조치를 해야 한다. 이 외에 순간풍속이 초당 35m를 초과할 경우에는 도괴방지 또는 붕괴방지 조치를 해야 한다.

113
정답 ③

비계의 좌굴(단면적에 비해 길이가 긴 부재가 휘는 현상)을 방지하기 위해 벽이음을 해야 한다.

114
정답 ②

풍하중은 횡(수평)하중으로 거푸집의 연직하중 항목에는 포함되지 않는다.

115
정답 ①

강관비계와 강관틀비계의 기둥 간 적재하중은 400kg 이하로 제한된다.

116
정답 ③

$$최소높이 = 로프길이 + 로프의 늘어난 길이 + \frac{작업자의 키}{2}$$

$$= 2m + 2m \times 0.3 + \frac{1.8m}{2} = 3.5m$$

117
정답 ④

강도 안정은 옹벽의 외부 안정조건에 포함되지 않는다. 콘크리트 옹벽의 안정조건은 다음과 같다.
• 전도에 대한 안정: 안전율 2 이상
• 활동에 대한 안정: 안전율 1.5 이상
• 침하에 대한 안정: 안전율 3 이상

118 정답 ④

타워크레인은 양중기계, 건립기계에 속한다.

119 정답 ①

NATM 공법은 암반 굴착 후 지보공을 설치하고 숏크리트를 타설하는 방식이다.

120 정답 ①

잠함 내부 굴착 시 천장과 바닥 간 높이는 1.8m 이상 확보해야 한다. 이 외에도 잠함 또는 우물통의 급격한 침하로 인한 위험을 방지하기 위해서는 침하관계도에 따라 굴착방법 및 재하량 등을 정해야 한다.

기출변형 모의고사 3회

1과목 산업재해 예방 및 안전보건교육	01	02	03	04	05	06	07	08	09	10
	④	①	①	③	②	②	③	③	①	③
	11	12	13	14	15	16	17	18	19	20
	①	①	②	③	③	①	①	②	②	②

2과목 인간공학 및 위험성 평가·관리	21	22	23	24	25	26	27	28	29	30
	①	①	①	①	③	②	①	①	③	①
	31	32	33	34	35	36	37	38	39	40
	②	③	④	③	①	②	①	④	④	①

3과목 기계·기구 및 설비 안전관리	41	42	43	44	45	46	47	48	49	50
	②	②	①	④	③	③	④	②	①	①
	51	52	53	54	55	56	57	58	59	60
	④	②	②	④	①	①	①	④	③	④

4과목 전기설비 안전관리	61	62	63	64	65	66	67	68	69	70
	②	②	③	②	②	②	①	①	①	③
	71	72	73	74	75	76	77	78	79	80
	③	②	①	①	④	④	④	③	②	③

5과목 화학설비 안전관리	81	82	83	84	85	86	87	88	89	90
	②	②	④	③	①	②	①	②	②	④
	91	92	93	94	95	96	97	98	99	100
	②	①	④	②	②	③	②	③	①	③

6과목 건설공사 안전관리	101	102	103	104	105	106	107	108	109	110
	①	②	③	③	④	④	④	③	③	④
	111	112	113	114	115	116	117	118	119	120
	④	②	②	②	②	③	④	②	④	①

01 정답 ④

P, P'형은 운동성은 낮고 지속성이 풍부하다.

02 정답 ①

리더의 특질이 매우 매력있고 탁월한 능력이 있어 존경을 받는 리더십은 변혁적 리더십이다.

03 정답 ①

타일러의 교육과정 중 학습경험 선정원리는 기회, 만족감, 가능성, 동목표 다경험, 다성과의 원리 등이 있다. 계속성, 계열성, 통합성의 원리는 학습경험 조직원리에 속한다.

04 정답 ③

데이비스의 이론 중 인간의 성과는 능력×동기유발 식으로 나타낸다.

05 정답 ②

적응기제 중 방어적 기제에는 보상, 합리화, 투사, 동일화, 승화가 해당된다.

06 정답 ②

생체리듬의 주기가 33일인 생체리듬은 지성적 리듬이다. 그 외에 육체적 리듬은 23일, 감성적 리듬은 28일 주기이다.

07 정답 ③

AB종 안전모의 내관통성의 관통거리는 11.1mm 이하이어야 한다.

08 정답 ③

공사금액 120억 원 이상의 건설업의 경우 산업안전보건위원회를 구성·운영해야 한다.

09 정답 ①

재해 분류 항목의 빈도를 순서대로 도식화하여 분석하는 기법은 파레토도이다.

10 정답 ③

$$사망만인율 = \frac{사망자\ 수}{산재보험적용\ 근로자\ 수} \times 10,000$$
$$= \frac{1}{100} \times 10,000 = 100$$

11 정답 ①

안전보건관리책임자의 보수교육 시간은 6시간 이상이다.

12 정답 ①

손다이크의 시행착오설에는 준비성의 법칙, 연습의 법칙, 효과의 법칙이 포함된다.

13 정답 ②

위임된 권한은 부하직원들로부터 권한을 위임받은 것으로, 상부 권한(강압적·보상적 권한)과 구분된다. 이외에 전문성 권한은 리더 자신이 부여하는 권한이다.

14 정답 ③

의식수준의 저하는 단조롭고 반복적인 업무를 오랫동안 수행하여 주의력과 집중력이 떨어지고 졸음이나 멍한 상태가 발생하는 현상이다.

15
정답 ③

유도운동은 주변 물체의 상대적 운동으로 인해 발생하는 착각으로, 실제로는 움직이지 않는 배경이 움직이는 것처럼 인식되는 착시현상이다.

16
정답 ①

동일화는 타인에게서 자신과 유사한 점을 발견하고 심리적 유대를 형성하여 함께 어울리고자 하는 심리이다.

17
정답 ①

자율안전확인대상 보호구는 안전모, 보안면, 보안경으로 구성되어 있다.

18
정답 ②

겸용 방독마스크는 방독마스크의 성능에 방진마스크의 성능이 포함된 방독마스크이다.

19
정답 ②

3일 이상의 휴업이 필요한 부상을 입거나 질병에 걸리는 등 산업재해 발생 시 산업재해조사표를 작성하여 1개월 이내에 담당 지방노동청장 또는 지청장에게 제출해야 한다.

20
정답 ②

아담스의 재해발생 5단계 중 3단계는 전술적 에러에 해당한다.

21
정답 ①

ETA(사상수분석)는 초기 사건에서 출발하여 안전장치의 성공·실패 여부를 이분법적으로 전개하는 기법으로, 가능한 사고 결과를 나무 구조로 표현하며 시스템의 신뢰도를 귀납적·정량적으로 분석한다.

22
정답 ①

외전은 신체의 중심선으로부터 외부로 이동하는 신체의 움직임을 의미한다. 이외 신체 부위의 동작을 의미하는 용어의 정의는 다음과 같다.
- 내전은 신체의 외부에서 중심선으로 이동하는 신체의 움직임을 의미한다.
- 내선은 신체의 외부에서 중심선으로 회전하는 신체의 움직임을 의미한다.

23
정답 ①

신뢰도$(R) = e^{-\lambda t} = e^{-(10^{-3} \times 2,000)} = e^{-2} = 0.135$

24
정답 ①

FTA에서 AND게이트는 하위 사건들이 모두 발생해야 상위 사건이 발생하므로, 발생확률은 각 사건확률의 곱으로 한다.
$G_1 = 0.2 \times 0.1 = 0.02$

25
정답 ③

소음 대책에는 음원 대책, 경로 대책(배치), 수음자 대책 등이 포함된다.

구분	내용
음원 대책	• 방음 커버 설치 • 건물에 부속하는 외부 음원 대책 • 자동차 소음의 저감 대책 • 기타 건물에 있는 외부 음원에 대한 대책
경로 대책	• 음원에서의 거리 및 장애물에 의한 음의 감쇠의 성질을 이용하여 건물의 배치 계획 • 평면이나 단면 계획 • 지형의 이용 • 방음벽이나 건물 등 인공 장애물 설치
수음자 대책	• 음원이나 경로 대책으로 불충분할 경우 차음이나 흡음에 의한 방지 계획 • 방음용 보호구의 착용

26
정답 ②

장거리용 신호는 1,000Hz 이하의 진동수를 사용한다.

27

정답 ①

안전성 평가는 일반적으로 다음 6단계 절차를 거친다.
- 1단계: 관계자료의 정비·검토
- 2단계: 정성적 평가
- 3단계: 정량적 평가
- 4단계: 안전대책 수립
- 5단계: 재해 자료를 통한 재평가
- 6단계: FTA에 의한 재평가

28

정답 ①

C/D비가 크다는 것은 조절장치의 이동거리에 비해 표시장치의 이동거리가 작다는 것을 의미한다. 즉, 바늘의 움직임이 둔하다는 것이므로 미세조정은 쉽지만 동일한 거리를 이동하려면 제어기를 크게 움직여야 하므로 이동하는 시간이 많이 필요하다.

29

정답 ③

배타적 OR 게이트는 입력이 하나일 때만 출력되며, 2개 이상이면 출력되지 않는다.

30

정답 ①

부작위오류(생략적 과오)는 필요한 작업을 수행하지 않은 오류를 의미한다. 이외에 작위오류는 수행적 과오를, 순서오류는 순서적 과오를, 시간오류는 시간적 과오를 뜻한다.

31

정답 ②

조작거리는 통제표시비 설계 시 고려사항에 해당하지 않는다. 통제표시비의 설계 시 고려사항은 다음과 같다.
- 계기의 크기
- 공차
- 목측거리
- 조작시간
- 방향성

32

정답 ③

근전도(EMG)는 국소 근육활동의 생리적 척도로 사용된다.

33

정답 ④

화학설비의 안전성 평가단계는 '관계자료 작성준비 → 정성적 평가 → 정량적 평가 → 안전대책 → 재해사례에 의한 평가 → FTA에 의한 재평가'순이다.

34

정답 ③

THERP는 인간의 과오를 정량적으로 예측해 전체 시스템의 실패 확률을 계산하고, 인간공학적 대책을 마련하는 분석기법이다.

35

정답 ①

$$\text{웨버비} = \frac{\text{변화감지역}}{\text{표준자극}} = \frac{\Delta I}{I}$$

36

정답 ②

B는 1, 2가 AND게이트로 연결되어 있으므로
B = ① × ② = 0.15 × 0.2 = 0.03
C는 3, 4가 OR게이트이므로
C = 1 − (1 − ③)(1 − ④) = 1 − (1 − 0.25)(1 − 0.3) = 0.475
A는 B와 C의 AND이므로
A = B × C = 0.03 × 0.475 = 0.01425

37

정답 ①

MTBF(평균고장간격)는 설비의 고장시점에서 다음 고장까지의 평균시간을 뜻하며, $\dfrac{\text{가동시간}}{\text{고장 건수}}$ 으로 구할 수 있다.

38

정답 ④

리스크 처리기술에는 분배(Distribution)가 포함되지 않는다. 리스크 처리기술 4가지는 다음과 같다.
- 위험회피(Avoidance)
- 위험경감(Reduction)
- 위험보유(Retention)
- 위험전가(Transfer)

39
정답 ④

HAZOP 기법에서 'OTHER THAN'은 원래 설계 목적과 완전히 다른 대체 상황을 가정하여 위험을 예측하는 유인어이다.

40
정답 ①

$A \cdot (\overline{A} + B) = A\overline{A} + AB = 0 + AB = A \cdot B$

41
정답 ②

급정지장치는 앞면 롤러의 속도가 30m/min 이상일 경우, 급정지거리는 앞면 롤러 원주의 $\dfrac{1}{2.5}$ 이내로 제한된다.

42
정답 ②

양중기에서 화물을 지지하는 와이어로프는 안전율이 5 이상이어야 하며, 근로자가 탑승하는 경우에는 10 이상이 요구된다.

43
정답 ①

역화는 연소가 역방향으로 진행되는 현상으로 보일러 증기 관련 이상현상에 해당하지 않는다. 보일러 발생증기의 이상현상에 관한 설명은 다음과 같다.
- 프라이밍(비수공발): 보일러 급격한 부하, 급격한 압력강하, 고수위 등에 의해 물방울 혹은 물거품이 수면 위로 튀어 올라 관 밖으로 운반되는 현상
- 포밍(거품의 발생): 관수 중의 용존고형물, 유지분에 의해 수면 위에 거품이 발생하고 심하면 보일러 밖으로 흘러넘치는 현상
- 캐리오버(기수공발): 물속에 용해되어 있는 고형분이나 수분의 증기의 흐름에 따라서 발생증기 속으로 운반되어 나오게 되는 현상

44
정답 ④

위험의 5요소에는 함정(Trap), 충격(Impact), 접촉(Contact), 얽힘 또는 말림(Entanglement), 튀어나옴(Ejection) 등이 포함된다.

45
정답 ③

보일러에서 압력방출장치를 2개 설치하는 경우 1개는 최고사용압력 이하에서 작동되도록 하고, 또 다른 하나는 최고사용압력의 1.05배 이하에서 작동하도록 부착한다.

46
정답 ③

사업주는 보일러의 과열을 방지하기 위하여 최고사용압력과 사용압력 사이에서 보일러의 버너 연소를 차단할 수 있도록 압력제한 스위치를 부착하여 사용하여야 한다.

47
정답 ④

안전기는 가스발생기에서 5m 이내, 발생기실에서 3m 이내에 설치해야 하므로 화기사용설비로부터 3m 이상 격리 설치한다는 설명은 적절하지 않다.

48
정답 ②

와이어로프 안전율$(S) = \dfrac{N \times P}{Q}$

49
정답 ①

$T_m = \left(\dfrac{1}{\text{클러치 맞물림 개소}} + \dfrac{1}{2} \right) \times \dfrac{60,000}{\text{매분행정수(spm)}}$

$= \left(\dfrac{1}{8} + \dfrac{1}{2} \right) \times \dfrac{60,000}{250} = 150mm$

$D_m = 1.6 \times T_m = 1.6 \times 150 = 240mm$

50
정답 ①

원주속도 공식은 단위에 따라 다음과 같이 3가지로 사용된다.
- $V = \dfrac{\pi DN}{1,000} [\text{m/min}]$
- $V = \dfrac{\pi DN}{60} [\text{m/s}]$
- $V = \pi DN [\text{mm/min}]$

51

정답 ④

「산업안전보건법」상 안전인증대상 기계·기구(9종)에는 크레인, 리프트, 곤돌라, 프레스, 전단기, 사출성형기, 고소작업대, 압력용기, 롤러기가 있다.

52

정답 ②

본로프에 걸리는 하중＝정하중＋동하중
＝정하중＋(정하중×상승가속도/중력가속도)
$= 2,000\text{kg} + \left(2,000\text{kg} \times \dfrac{20}{9.8}\right) = 6,081.6\text{kgf}$

53

정답 ②

안정조건＝G×b≥W×a
400×b≥200×1이므로
b≥0.5

54

정답 ④

선반의 방호장치에는 칩 브레이커, 덮개(실드), 척 커버, 브레이크가 해당한다.

55

정답 ①

손쳐내기식 방호장치는 슬라이드 행정수가 120spm 미만의 것, 행정길이가 40mm 이상의 것에 사용된다.

56

정답 ①

압력용기 및 공기압축기의 공통 안전장치로는 압력방출장치가 있다.

57

정답 ①

보일러의 안전장치에는 압력방출장치, 압력제한 스위치, 고저수위 조절장치, 화염검출기가 있으며 이들은 폭발사고 예방을 위해 반드시 유지·관리해야 한다.

58

정답 ④

유해·위험 방지를 위하여 방호조치가 필요한 기계·기구에는 예초기, 원심기, 공기압축기, 금속절단기, 지게차, 포장기계 등이 해당한다.

59

정답 ③

Hand In Die방식은 작업자가 손으로 금형 안에 소재를 넣는 방식이어서 협착사고 위험이 크다. 따라서 손이 금형 내부에 접근하지 못하도록 차단하는 장치가 필요하며, 이에 해당하는 것이 가드식 방호장치이다.

60

정답 ④

아세틸렌 발생기로부터 5m 이내, 발생기실로부터 3m 이내에서는 흡연 및 화기 사용이 금지된다.

61

정답 ②

A종은 최고허용온도가 105℃로 규정되어 있으며, 주로 일반 회전기와 변압기의 제작에 적합하다.

62

정답 ②

등전위접지는 특정한 장소인 병원에서 감전 방지를 위해 사용되는 의료기기용이다.

63

정답 ③

20종 장소는 분진이 연속적으로 존재하거나 제어할 수 없을 정도의 두께로 쌓이는 고위험 지역이다.

64

정답 ②

전기기계·기구에 접속되어있는 누전차단기는 정격감도전류가 30mA 이하이고, 작동시간은 0.03초 이내이어야 한다. 다만, 정격전부하전류가 50A 이상인 전기기계·기구에 접속되는 누전차단기는 오작동을 방지하기 위하여 정격감도전류는 200mA 이하로, 작동시간은 0.1초 이내로 할 수 있다.

65

정답 ②

화염일주한계는 화염이 틈을 통해 외부로 전파되지 않도록 하는 최대안전틈새, 안전간극을 말한다.

66

정답 ②

시간 가동율은 효율성 지표로 안전성과 무관하다. 안정성을 위해서는 설치 시 전기적 용량 및 기계적 강도, 사용장소의 주위 환경, 방호수단의 적정성 등을 고려해야 한다.

67

정답 ①

정전기 재해를 방지하기 위해서 정전기 방지용 정전화를 착용해야 한다.

68

정답 ①

정전작업 후에는 감전위험이 남아있지 않도록 하는 조치가 가장 중요하다. 이를 포함하여 정전작업 종료 시 조치사항은 다음과 같다.
- 단락접지기구를 철거한다.
- 표지를 철거한다.
- 작업자에 대한 위험이 있는 것을 확인한다.
- 개폐기를 투입하여 송전을 재개한다.

69

정답 ①

유동대전은 파이프 속에 저항이 높은 액체가 흐를 때 정전기가 발생하는 현상을 말한다.

70

정답 ③

$$\text{보호여유도} = \frac{\text{충격절연강도} - \text{제한전압}}{\text{제한전압}} \times 100$$

$$= \frac{1,260 - 800}{800} \times 100 = 57.5\%$$

71

정답 ③

$$1kWh = 1,000Wh$$
$$= 1,000W \times 3,600초 = 3,600,000J$$
$$1cal = 약 \ 4.2J이므로$$
$$\frac{3,600,000}{4.2} = 857,142cal$$
$$= 약 \ 864kcal$$

72

정답 ②

누설전류는 최대공급전류의 $\frac{1}{2,000}$ 이하로 제한한다.

$$\text{누설전류} = \frac{\text{최대공급전류}}{2,000} = \frac{300A}{2,000} = 0.15A \times 1,000 = 150mA$$

73

정답 ①

내압 방폭구조(d)는 방폭함 내부의 폭발이 외부의 가연성 물질을 점화시키지 않도록 안전간극을 사용한 구조이다.

74

정답 ①

$1.2 \times 50\mu s$에서 1.2는 파두장, 50은 파미장을 의미한다.

75

정답 ④

$$W = I^2RT = (\frac{165 \times 10^{-3}}{\sqrt{T}}A)^2 \times 500\Omega \times 1s$$

$$= 13.6J \times 0.24 = 3.26cal$$

76
정답 ④

안전증 방폭구조는 온도를 낮춰 점화원을 방지하고 구조적으로 안전성을 높인다.

77
정답 ④

내전압성 기준은 7,000V 이하로 규정되어 있다.

78
정답 ③

2종 장소는 작업자의 조작상 실수나 이상운전으로 폭발성 가스가 누출되거나 가스가 체류하여 폭발을 일으킬 우려가 있는 장소이다.

79
정답 ②

감전방지용 누전차단기는 정격감도전류가 30mA 이하이고, 작동시간은 0.03초 이내이어야 한다.

80
정답 ③

전위차는 서로 다른 두 물체의 일함수 차이로 인해 발생한다.

81
정답 ②

상온에서 물(H_2O)과 반응하여 수소(H_2)를 발생시키는 대표적 물질은 K(칼륨)이다. 나트륨(Na), 칼륨(K) 등은 반응성이 높아 공기 중의 수분과도 쉽게 반응하므로 석유 속에 보관하여 공기와의 접촉을 차단해야 한다.

82
정답 ②

인화점이 낮은 물질이 반드시 착화점도 낮은 것은 아니다.

83
정답 ④

질소는 불활성 가스로 화재·산화 반응을 억제하는 용도로 사용된다.

84
정답 ③

파열판과 안전밸브를 직렬로 설치한 경우에는 위험방지장치의 기능을 방해할 수 있으므로 안전밸브 등의 전·후단에 자물쇠형 또는 이에 준하는 형식의 차단밸브를 설치할 수 없다.

85
정답 ①

특수화학설비에는 내부 이상상태를 조기에 파악하기 위한 자동경보장치를 설치해야 한다. 자동경보장치가 곤란한 경우 감시인을 두는 방법도 허용된다.

86
정답 ②

분말 소화기는 유류화재(B급)와 전기화재(C급) 모두에 적합하여 범용성이 높다. 물 소화기는 전기화재에 사용하면 감전 위험이 있다.

87
정답 ①

사이클론, 백필터, 전기집진기는 화학설비의 부속설비로 분진처리를 위한 장치이다. 이들은 화학물질을 직접 가공하는 주설비가 아닌 보조설비에 해당한다. 이를 포함한 화학설비의 부속설비 종류는 다음과 같다.
- 배관·밸브·관·부속류 등 화학물질 이송 관련 설비
- 온도·압력·유량 등을 지시·기록 등을 하는 자동제어 관련 설비
- 안전밸브·안전판·긴급차단 또는 방출밸브 등 비상조치 관련 설비
- 가스누출감지 및 경보 관련 설비
- 세정기·응축기·벤트스택·플레어스택 등 폐가스 처리설비
- 사이클론·백필터·전기집진기 등 분진처리 설비
- 위의 설비를 운전하기 위하여 부속된 전기 관련 설비
- 정전기 제거장치·긴급샤워설비 등 안전 관련 설비

88
정답 ②

열교환기의 부식의 형태 및 정도는 일상점검 항목에 포함되지 않는다. 열교환기의 일상점검 항목은 다음과 같다.
- 보온재 및 보냉재의 파손상태는 어떠한가?
- 도장의 열화상태는 어떠한가?
- 용접부 등으로부터 외부로의 누설은 없는가?
- 기초볼트는 풀려 있지 않은가?
- 기초(특히 콘크리트 기초)는 파손되지 않았는가?

89

정답 ②

급성 독성 물질의 기준 중 쥐에 대한 4시간 흡입실험에 의하여 실험 동물의 50%를 사망시킬 수 있는 물질의 농도, 즉, LC50이 2,500ppm 이하, 증기 10mg/l 이하, 분진 1mg/l 이하인 물질이다.

90

정답 ④

산화성 물질은 습한 곳에 밀폐하여 저장할 경우 폭발위험이 증가할 수 있으므로 환기가 잘 되는 곳에 저장해야 한다.

91

정답 ②

니트로글리세린은 폭발성이 있어 차광되고 서늘한 곳에 저장해야 한다.

92

정답 ①

셀룰로이드류는 인화성 물질이다. 반면 질산에스테르류, 아조화합물, 유기과산화물 등은 대표적인 폭발성 물질이다.

93

정답 ④

$C_3H_8 + 5O_2 \rightarrow 3CO_2 + 4H_2O$

MOC = 산소몰수 × 연소범위하한(%) = 5 × 2.2 = 11vol%

94

정답 ②

$\dfrac{1,000L}{22.4} \times 26g = 1,160$

$1,160 \times 0.022 = 25.535g$

95

정답 ②

에어-폼(기계폼) 소화기는 거품층이 연소면을 덮어 공기와의 접촉을 차단하여 산소 공급을 억제하는 질식소화방식이다.

96

정답 ③

분진폭발은 '퇴적된 분진의 비산 → 분산 → 발화원 → 전면폭발 → 2차 폭발' 순으로 발생된다.

97

정답 ②

가연성 가스의 위험도는 폭발범위를 하한계로 나눈 값으로 정의된다.

위험도(H) = $\dfrac{U-L}{L}$ = $\dfrac{75-4}{4}$ = 17.75vol%

98

정답 ③

건조물이 쉽게 이탈되도록 한다면 설비 내부에서 무게 중심이 이동해 폭발 위험이 커지므로 건조물은 쉽게 이탈되지 않도록 고정해야 한다. 이 외에 건조설비 안전기준은 다음과 같다.
• 고온으로 가열건조한 가연성 물질은 발화의 위험이 없는 온도로 냉각한 후에 격납시킬 것
• 건조설비에 근접한 장소에는 가연성 물질을 아니하도록 할 것

99

정답 ①

소수의 예외를 제외하고는 압력 증가에 따라 폭발상한계는 증가하고 하한계는 큰 변화가 없다.

100

정답 ③

강화액 소화약제는 물 소화약제의 단점을 보완하기 위하여 물에 탄산칼륨(K_2CO_3) 등을 녹인 수용액이다.

101

정답 ①

권과방지장치는 지게차의 안전장치에 해당하지 않는다.

102

정답 ②

공사용 가설도로의 최대 허용 경사도는 일반적으로 10%를 넘어서는 안 된다.

103

정답 ③

낙하물방지망은 10m 이내마다 설치하고 설치각도는 수평면과 20~30° 각도를 유지해야 한다.

104

정답 ③

강재와 강재와의 접속부 및 교차부는 연결철물 또는 전용철물로 튼튼히 결속해야 한다.

105

정답 ④

보호구 착용 상황 감시는 정기점검 사항이 아닌 작업지시 사항에 해당된다. 이 외에 흙막이 지보공의 정기점검 사항은 버팀대의 긴압의 정도도 포함된다.

106

정답 ④

작업인부의 배치도는 유해·위험방지계획서의 첨부서류에 포함되지 않는다. 유해·위험방지계획서 첨부서류에는 안전관리조직표, 산업안전보건관리비 사용계획, 재해 발생 위험 시 연락 및 대피방법 등을 첨부해야 한다.

107

정답 ④

모터 그레이더(Motor Grader)는 토공의 대패, 정지작업, 얇은 굴착이 가능한 기계이다.

108

정답 ③

추락방호망의 지지점 강도는 600kg이다.

109

정답 ③

조립 시 비계의 최대높이는 밑변 최소폭의 4배 이하여야 한다.

110

정답 ④

선창 내부 작업 시 갑판의 윗면에서 선창 밑바닥까지의 깊이가 1.5m를 초과하는 선창의 내부에서 화물취급작업을 하는 경우에 근로자가 안전하게 통행할 수 있는 통행설비를 설치해야 한다.

111

정답 ④

가설계단은 1m²당 500kg 이상의 하중을 견딜 수 있는 강도로 설치해야 하며, 안전율은 4 이상으로 하여야 한다.

112

정답 ②

굴착면의 요철을 줄이면 표면이 평탄해져 응력집중은 완화된다.

113

정답 ②

비계기둥의 제일 윗부분으로부터 31m가 되는 지점 밑부분의 비계기둥은 2개의 강관으로 묶어 세워야하므로, 최고 높이가 51m인 강관비계의 경우 지상으로부터 20m 구간까지를 2본으로 세워야 한다.

114

정답 ②

달비계 작업발판은 안전을 위해 폭 40cm 이상으로 설치해야 한다.

115

정답 ②

매듭방망의 그물코 크기가 5cm인 경우 인장강도는 최소 110kg 이상이어야 한다.

116

정답 ③

부풀어 솟아오르는 바닥면의 토사를 제거하면 상재하중이 줄어들어 지반이 더 약해지고, 전단파괴가 심해져 히빙현상이 악화된다.

117

정답 ④

바이브로플로테이션 공법은 진동기를 사용하여 모래기둥을 형성하고 밀도를 증가시키는 방법으로 사질 지반에 적합하다.

118

정답 ②

해체계획서에는 악천후 시 작업계획이 포함되지 않으며, 주어진 선지 외에 해체계획서에 포함되는 사항은 다음과 같다.
• 해체물의 처분계획
• 해체작업용 기계 · 기구 등의 작업계획서
• 해체작업용 화약류 등의 사용계획서
• 가설설비 · 방호설비 · 환기설비 및 살수 · 방화설비 등의 방법

119

정답 ④

버팀대의 긴압상태는 점검사항에 해당되지만, 조사사항에는 해당되지 않는다. 이 외에도 지반굴착작업 시에는 매설물 등의 유무 또는 상태를 조사해야 한다.

120

정답 ①

일반적으로 높이 20m 이상 구조물부터 적용된다. 주어진 선지 외에도 철골구조물 강풍에 대한 검토 확보사항에는 연면적당 철골량이 50kg/㎡ 이하의 건물, 기둥이 타이 플레이트인 경우도 포함된다.

기분좋은 #정종대
산업안전기사 필기

2026년 산업안전기사 필기

기출변형
모의고사

❖ 본 기출변형 모의고사는 2025년 기출문제를
일부 변형하여 구성하였습니다.

값 39,000원

13500

ISBN 979-11-383-9871-8

기출변형 모의고사 1회

자격종목	시험시간	문제수	점수
산업안전기사	3시간	120	

1과목: 산업재해 예방 및 안전보건교육

01 위험요인에 대한 대책 수립에는 원칙이 있다. 다음 중 가장 마지막에 적용되는 대책으로 옳은 것은?

① 안전보호구 사용
② 제거, 대체
③ 관리적 대책
④ 공학적 대책

02 다음 중 불안전한 행동으로 볼 수 없는 것은?

① 보호구의 미착용
② 방호장치의 기능 제거
③ 불안전한 속도 조작
④ 방호장치의 결함

03 하인리히의 재해발생비율에 의한 사망이 3건이라면 경상해는 몇 건이 발생하였겠는가?

① 67건
② 77건
③ 87건
④ 97건

04 사고가 일어나면 손실이 발생하기 마련이다. 하지만 손실의 크기는 쉽게 예상할 수 없다는 원칙은?

① 손실예상의 원칙
② 손실우연의 원칙
③ 손실필연의 원칙
④ 손실발생의 원칙

05 하인리히는 사고방지 5단계를 제시하였다. 4단계에 해당하는 것은?

① 시정책의 적용
② 시정책의 선정
③ 분석, 평가
④ 사실의 발견

기출변형 모의고사 ◆ 1회 **3**

06 하인리히의 재해손실비에 따라 직접비가 1,000만 원인 경우 총재해비용은?

① 4,000만 원　　② 5,000만 원

③ 6,000만 원　　④ 7,000만 원

07 재해가 발생하면 긴급처리를 실행하여야 한다. 긴급처리의 마지막 순서는?

① 2차재해 방지

② 관계자에게 통보

③ 피재자의 응급처치

④ 현장보존

08 한 사람의 근로자가 평생 근로할 때 재해로 인한 근로손실일수 계산 시 기준시간은 얼마로 계산하는가?

① 80,000시간　　② 90,000시간

③ 100,000시간　　④ 120,000시간

09 재해통계 분석방법 중 원인과 결과를 모두 나타낼 수 있는 분석방법은?

① 파레토도　　② 특성요인도

③ 클로즈 분석도　　④ 관리도

10 안전점검의 종류 중 안전강조 기간에 실시되는 점검을 무엇이라 하는가?

① 일상점검　　② 정기점검

③ 특별점검　　④ 임시점검

11 법상 중대재해에 해당하지 않는 것은?

① 사망자가 3명 발생한 경우

② 3개월 이상의 요양이 필요한 부상자가 3명 발생한 경우

③ 업무에 기인하여 질병자가 3명 발생한 경우

④ 6개월 이상의 요양이 필요한 부상자가 3명 발생한 경우

12 무재해운동의 3요소가 아닌 것은?

① 전 구성원의 적극적 참여

② 최고경영자의 안전경영 자세

③ 중간관리자의 엄격한 라인관리

④ 자주활동의 활성화

13 위험성 평가는 안전보건관리에서 중요한 요소이다. 위험성 평가 문서의 보존 기간은?

① 1년　② 3년　③ 5년　④ 7년

14 위험성 평가의 종류가 아닌 것은?

① 수시평가　　② 임시평가

③ 상시평가　　④ 최초평가

15 위험예지훈련 4라운드에서 지적확인을 하는 단계는?

① 1, 2라운드　　② 3, 4라운드

③ 1, 3라운드　　④ 2, 4라운드

16 TOOL BOX MEETING(TBM)의 실시 인원으로 적정 인원은?

① 3~5명　　② 5~7명

③ 10~15명　　④ 20~30명

17 노사협의체의 개최주기로 옳은 것은?

① 1개월마다　　② 2개월마다

③ 3개월마다　　④ 반기마다

18 안전보건표지에 사용되는 색상 중 빨간색의 색도기준으로 옳은 것은?

① 5R 4/13　　② 5.5R 4/14

③ 6.5R 4/13　　④ 7.5R 4/14

19 심리검사 적성검사에 있어서 사용되는 기준 중 검사하고자 하는 내용을 적절하게 담고 있는가를 나타내는 기준은?

① 신뢰성　　② 타당성

③ 객관성　　④ 사용성

20 일용근로자의 계약 기간이 1주일~1개월 이하일 경우 채용 시 교육시간은?

① 1시간 이상　　② 2시간 이상

③ 4시간 이상　　④ 8시간 이상

21 전신 육체적 작업에 대한 개략적 휴식시간의 산출공식으로 맞는 것은? (단, R은 휴식시간(분), E는 작업의 에너지소비율(kcal/분)이다.)

① $R = E \times \dfrac{60 - 4}{E - 2}$

② $R = 60 \times \dfrac{E - 4}{E - 1.5}$

③ $R = 60 \times (E - 4) \times (E - 2)$

④ $R = 60 \times (60 - 4) \times (E - 1.5)$

22 실내에서 사용하는 습구흑구온도(WBGT: Wet Bulb Globe Temperature)지수는? (단, NWB는 자연습구, GT는 흑구온도, DB는 건구온도이다.)

① $WBGT = 0.6NWB + 0.4GT$

② $WBGT = 0.7NWB + 0.3GT$

③ $WBGT = 0.6NWB + 0.3GT + 0.1DB$

④ $WBGT = 0.7NWB + 0.2GT + 0.1DB$

23 다음의 그림과 같이 FTA로 분석된 시스템에서 현재 모든 기본사상에 대한 부품이 고장난 상태이다. 부품 X_1부터 부품 X_5까지 순서대로 복구한다면 어느 부품을 수리 완료하는 순간부터 시스템은 정상가동이 되겠는가?

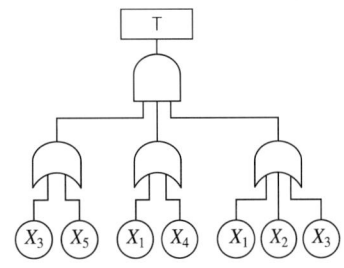

① X_1　② X_2　③ X_3　④ X_4

24 국내 규정상 1일 노출회수가 100회일 때 최대 음압수준이 몇 dB(A)을 초과하는 충격소음에 노출되어서는 아니 되는가?

① 110　② 120　③ 130　④ 140

25 다음 중 위험(Risk)의 개념을 정량적으로 나타내기 위하여 채택되고 있는 정의는 어느 것인가?

① 사고발생빈도×손실
② 사고발생빈도×안전장치
③ 손실÷사고발생빈도
④ 사고발생빈도×안전장치

26 특정조합의 기본사상들이 동시에 결함이 발생하였을 때 시스템의 고장 사상을 일으키는 기본 사상집합을 무엇이라 하는가?

① Cut Sets
② Path Sets
③ Minimal Cut Sets
④ Minimal Path Sets

27 각각 1.2×10^4의 수명을 가진 요소 4개가 병렬계를 이룰 때의 계의 수명은?

① 3×10^3시간　② 1.2×10^4시간
③ 2.5×10^4시간　④ 4.8×10^4시간

28 주어진 자극에 대해 인간이 갖는 변화감지역을 표현하는 데에는 Weber의 법칙을 이용한다. 이때 Weber비와 인간의 분별력과의 관계를 설명한 것은?

① Weber비가 클수록 분별력이 좋다.
② Weber비가 작을수록 분별력이 좋다.
③ Weber비와 분별력과는 관계가 없다.
④ Weber비는 모든 사람에 대해 일정하다.

29 근골격계질환의 발생원인과 가장 거리가 먼 것은?

① 반복적인 동작
② 부적절한 작업자세
③ 진동 및 온도
④ 잘못 설계된 계기판

30 F.T.A(Fault Tree Analysis)란 무엇인가?

① 재해발생을 귀납적·정성적으로 해석·예측할 수 있다.
② 재해발생을 연역적·정성적으로 해석·예측할 수 있다.
③ 재해발생을 연역적·정량적으로 해석·예측할 수 있다.
④ 재해발생을 귀납적·정량적으로 해석·예측할 수 있다.

31 공장설비의 안전화를 위하여 레이아웃에 대한 검토를 요하는 사항과 거리가 먼 것은?

① 작업의 흐름에 따라 기계설비를 배치시켜 필요 없는 운반작업을 극력 배제
② 안전한 통로를 설정하고 작업장소와 통로는 명확히 구분
③ 재료, 제품, 공구들을 놓아둘 곳을 충분히 확보할 것
④ 필요한 안전장치를 설치할 것

32 위험 및 운전성 검토(HAZOP)의 성패를 좌우하는 중요 요인과 거리가 먼 것은?

① 팀의 무재해운동 추진 실태
② 검토에 사용된 도면이나 자료들의 정확성
③ 팀의 기술능력과 통찰력
④ 발견된 위험의 심각성을 평가할 때 그 팀의 균형감각을 유지할 수 있는 능력

33 디버깅(Debugging)이란?

① 초기고장 기간의 고장원인 도출과정
② 우발고장 기간의 고장원인 도출과정
③ 마모고장 기간의 고장원인 도출과정
④ 고장원인 도출과는 상관없음

34 시각적 표시장치와 청각적 표시장치 중 청각적 표시장치를 사용하는 것이 더 좋은 경우는?

① 전언이 공간적인 위치를 다룬 경우
② 수신자의 청각계통이 과부하 상태일 때
③ 직무상 수신자가 한 곳에 머무르는 경우
④ 수신장소가 너무 밝거나 암조응이 요구될 때

35 '작업설계 시의 딜레마(Dilemma)'란?

① 안전투자와 기업이윤 간의 딜레마
② 작업능률과 작업만족도 간의 딜레마
③ 작업확대와 작업윤택화 간의 딜레마
④ 생산목표와 생산수단 간의 딜레마

36 인간 실수의 형태를 크게 작위(Commission) 실수와 부작위(Omission) 실수로 나눌 수 있다. 다음 중 작위(Commission) 실수를 바르게 설명한 것은?

① 생략한 형태의 실수
② 다른 것으로 착각하여 실행한 실수
③ 수행해야 할 작업을 수행하지 않는 실수
④ 불안전한 행동에 의한 실수

37 인간-기계체계(Man-Machine System)의 구분으로 가장 적합한 것은 무엇인가?

① 자동화 체계, 기계화 체계, 수동 체계
② 전기 체계, 유압 체계, 내연기관 체계
③ 반수동 체계, 반기계 체계, 반자동 체계
④ 자동화 체계, 반자동 체계, 기계화 체계

38 육체작업의 생리학적 부하측정 척도가 아닌 것은?

① 맥박수   ② 근전도
③ 산소소비량   ④ 부정맥

39 다음 시스템의 신뢰도는 얼마인가? (단, 소수점 넷째 자리까지 구하시오.)

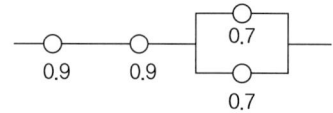

① 0.5441   ② 0.6422
③ 0.7371   ④ 0.8582

40 FTA를 작성하기 위해 사용하는 기본 기호 중 삼각형 기호는 다음 중 어느 것을 나타내는가?

① 결함사상   ② 기본사상
③ 조건기호   ④ 전이기호

41 밀링 작업에서 주의해야 할 사항으로 옳지 않은 것은?

① 보안경을 쓴다.
② 일감 절삭 중 치수를 측정한다.
③ 커터에 옷이 감기지 않게 한다.
④ 정지한 상태에서 일감을 고정한다.

42 연삭숫돌에 결합도가 높아 무디어진 입자가 탈락하지 않으므로 숫돌 표면이 매끈해져서 연삭 성능이 떨어지며 절삭이 어렵게 되는 현상을 무엇이라 하는가?

① 자생 현상 　　　② 부식 현상
③ 글레이징 현상 　　④ 드레싱 현상

43 보일러 발생증기의 이상현상이 아닌 것은?

① 역화 현상 　　　② 프라이밍 현상
③ 포밍 현상 　　　④ 캐리오버 현상

44 크레인의 방호장치에 해당되지 않는 것은?

① 권과방지장치 　　② 과부하방지장치
③ 자동보수장치 　　④ 비상정지장치

45 프레스 작업시작 전 점검사항은?

① 제어장치의 이상 유무
② 리미트 스위치, 릴레이 기타 전자 부품의 이상 유무
③ 1행정 1정지기구, 급정지장치 및 비상정지장치의 기능
④ 전자밸브, 압력조정밸브 기타 공압 제품의 이상 유무

46 일반적으로 보일러에 주로 사용되는 안전밸브 형식으로 가장 적당한 것은?

① 중추식 　　　　② 스프링식
③ 지렛대식 　　　④ 벨트식

47 산업용 로봇의 가동영역 내에서 교시 작업을 행할 때 취해야 할 조치사항이 아닌 것은?

① 작업 중의 매니퓰레이터 속도를 정한다.
② 작업자가 이상을 발견할 시는 안전담당자가 올 때까지만 로봇운전을 계속한다.
③ 작업을 하는 동안 기동스위치에 타작업자가 작동시킬 수 없도록 작업 중 표시를 한다.
④ 2인 이상의 근로자에게 작업을 시킬 때의 신호방법을 정한다.

48 선반의 바이트에 설치되는 안전장치는?

① 칩 브레이커　　② 커버
③ 심압대　　　　④ 보안경

49 보일러의 방호장치에 속하지 않는 것은?

① 압력방출장치
② 비상정지장치
③ 압력제한 스위치
④ 고·저수위 조절장치

50 비파괴검사 방법이 아닌 것은?

① 음향방출시험　　② 초음파탐상시험
③ 누수시험　　　　④ 인장시험

51 역류(逆流)를 방지하여 유체를 한쪽 방향으로만 흘러가게 하는 밸브는?

① 안전밸브　　　　② 파열판
③ 체크밸브　　　　④ 언로드밸브

52 용접의 결함으로 볼 수 없는 것은?

① 언더컷(Under Cut)
② 비드(Bead)
③ 용입불량
④ 기공(Blow Hole)

53 반복응력을 받게 되는 기계구조 부분의 설계에서 허용응력을 결정하기 위한 기초강도로 가장 적합한 것은?

① 항복점(Yield Point)
② 극한강도(Ultimate Strength)
③ 크리프한도(Creep Limit)
④ 피로한도(Fatigue Limit)

54 롤러 작업에서 송급대(Feed Table)와 위험 부위에서 가드(Guard)의 적절한 위치까지 거리 X＝80mm라고 할 때 적절한 가드 개구부와 간격(Y)으로 다음 중 가장 적합한 것은?

① 6mm　　　　② 10mm
③ 18mm　　　④ 29mm

55 승강기의 방호장치가 아닌 것은?

① 조속기
② 출입문 인터록
③ 이탈방지장치
④ 파이널 리미트 스위치

56 비파괴검사를 실시해야 하는 고속회전체는 어느 것인가?

① 회전축의 중량이 1톤을 초과하고, 원주속도가 100m/s 이상인 것
② 회전축의 중량이 1톤을 초과하고, 원주속도가 120m/s 이상인 것
③ 회전축의 중량이 0.5톤을 초과하고, 원주속도가 100m/s 이상인 것
④ 회전축의 중량이 0.5톤을 초과하고, 원주속도가 120m/s 이상인 것

57 회전수가 300rpm, 연삭숫돌의 지름이 200mm일 때 원주속도는 몇 m/min인가?

① 78.84m/min
② 188.4m/min
③ 294.2m/min
④ 394.2m/min

58 재료의 항복점, 인장강도, 신장 등을 알 수 있는 시험방법은?

① 인장시험
② 충격시험
③ 경도시험
④ 마모시험

59 회전 중인 연삭숫돌이 근로자에게 위험을 미칠 우려가 있을 시 해당 부위에 덮개를 설치하여야 하는 숫돌의 최소단위 지름은?

① 지름이 5cm 이상인 것
② 지름이 10cm 이상인 것
③ 지름이 15cm 이상인 것
④ 지름이 20cm 이상인 것

60 양중기에 사용될 수 있는 와이어로프는?

① 이음매가 있는 것
② 꼬인 것
③ 지름의 감소가 공칭지름의 7%를 초과하는 것
④ 와이어로프의 한 꼬임에서 끊어진 소선의 수가 10% 미만인 것

4과목: 전기설비 안전관리

61 다음 중 정전작업 시 조치사항으로 부적합한 것은?

① 개로된 전로의 충전 여부를 검전기구에 의하여 확인한다.
② 개폐기에 시건장치를 설치하고 통전금지에 관한 표지판은 제거한다.
③ 예비 동력원의 역송전에 의한 감전의 위험을 방지하기 위한 단락접지기구를 사용하여 단락접지를 한다.
④ 잔류전하를 확실히 방전한다.

62 다음에서 전기기기 방폭의 기본개념과 이를 이용한 방폭구조로 볼 수 없는 것은?

① 점화원의 격리 – 내압 방폭구조
② 전기기기 안전도의 증강 – 안전증 방폭구조
③ 폭발성 위험 분위기 해소 – 유입 방폭구조
④ 점화능력의 본질적 억제 – 본질안전 방폭구조

63 폭발위험장소의 분류 중 인화성 액체의 증가 또는 가연성 가스에 의한 폭발위험이 지속적으로 또는 장기간 존재하는 장소는 몇 종 장소로 분류되는가?

① 0종 장소
② 1종 장소
③ 2종 장소
④ 3종 장소

64 심실세동전류 $I_K=(0.116/\sqrt{T})$[A], 인체의 저항(R_b) 1000[Ω], 지표상층 저항률(R_s)을 100[Ω·m], 고정시간(T)을 1초로 하는 경우 허용접촉전압은 약 몇 V인가?

① 45V
② 90V
③ 133V
④ 190V

65 피뢰기의 제한전압이 752kV이고 변압기의 기준 충격절연강도가 1,050kV라면, 보호여유도는 약 몇 %인가?

① 18%
② 30%
③ 40%
④ 43%

66 전폐형의 구조로 되어 있으며, 외부의 폭발성 가스가 내부로 침입해서 폭발하였을 때 고열 가스나 화염이 협격을 통하여 서서히 방출됨으로써 냉각되는 방폭구조는?

① 내압 방폭구조
② 유입 방폭구조
③ 압력 방폭구조
④ 안전증 방폭구조

67 교류아크용접기의 허용사용률[%]은? (단, 정격사용률은 10%, 2차정격전류는 400A, 교류아크용접기의 사용전류는 200A이다.)

① 40%
② 50%
③ 60%
④ 70%

68 자기방전식 제전기의 특징으로 옳지 않은 것은?

① 아세테이트 필름의 권취공정, 셀로판제조 공정에 유용하다.

② 코로나 방전을 일으켜 공기를 이온화하는 것을 이용한 것이다.

③ 정상상태에서 방전현상은 수반하나 착화하는 경우는 없지만 본체가 금속이므로 접지를 하여야 한다.

④ 제전능력이 작아서 충분한 제전시간이 필요하며, 특히 이동하는 물체의 제전에는 부적합하다.

69 다음 중 정전기 발생에 영향을 주는 요인으로 볼 수 없는 것은?

① 물체의 특성
② 물체의 표면상태
③ 물체의 이력
④ 접촉시간

70 통전 경로별 위험도를 나타낸 경우 위험도가 큰 순서로 옳은 것은?

① 왼손 – 오른손 > 왼손 – 등 > 양손 – 양발 > 오른손 – 가슴

② 왼손 – 오른손 > 오른손 – 가슴 > 왼손 – 등 > 양손 – 양발

③ 오른손 – 가슴 > 양손 – 양발 > 왼손 – 등 > 왼손 – 오른손

④ 오른손 – 가슴 > 왼손 – 오른손 > 양손 – 양발 > 왼손 – 등

71 다음 중 분진폭발 위험장소의 분류에 속하지 않는 것은?

① 0종 장소
② 20종 장소
③ 21종 장소
④ 22종 장소

72 방폭구조 전기기계 · 기구의 기호와 기호의 의미가 서로 올바르지 않는 것은?

① q: 충전 방폭구조
② p: 내압 방폭구조
③ o: 유입 방폭구조
④ e: 안전증 방폭구조

73 자기방전식 제전기의 제전은 전기의 어떠한 현상을 이용한 것인가?

① 불꽃 방전
② 자기유도현상
③ 코로나 방전
④ 과도현상

74 인체가 100V 전로에 접촉되었을 경우 접촉저항이 500Ω이고, 인체저항이 500Ω일 때 인체에 통과하는 전류는 몇 mA인가?

① 250
② 200
③ 150
④ 100

75 인체의 저항을 500Ω으로 볼 때 심실세동을 일으키는 전류에서의 전기에너지는 약 몇 J인가? (단, 심실세동전류는 $\dfrac{165}{\sqrt{T}}$[mA]이며, 통전시간 T는 1초, 전원은 정현파 교류이다.)

① 3.3
② 13.0
③ 13.6
④ 272.2

76 다음 중 공기차단기의 문자 기호로 알맞은 것은?

① ABB
② PCB
③ OCB
④ ACB

77 인체운동의 자유를 잃지 않는 최대한도의 전류를 이탈전류(마비한계전류)라 하는데 이 전류의 범위로 가장 알맞은 것은?

① 10~15mA
② 15~20mA
③ 20~25mA
④ 25~30mA

78 가스폭발 위험장소 중 1종 장소의 방폭구조 전기기계·기구의 선정기준에 속하지 않는 것은?

① 내압 방폭구조
② 압력 방폭구조
③ 유입 방폭구조
④ 비점화 방폭구조

79 다음 중 과전류에 의한 전선의 인화부터 용단에 이르기까지 단계별 기준으로 옳지 않은 것은? (단, 전선전류 밀도는 A/mm²이다.)

① 인화단계: 40~43A/mm^2
② 착화단계: 43~60A/mm^2
③ 발화단계: 60~150A/mm^2
④ 용단단계: 120A/mm^2 이상

80 동작 시 아크를 발생하는 고압용 개폐기는 목재의 벽 또는 천장 기타의 가연성 물체로부터 몇 m 이상 떼어 놓아야 하는가?

① 0.6m 이상
② 1m 이상
③ 1.2m 이상
④ 2m 이상

5과목: 화학설비 안전관리

81 「산업안전보건법」상 특수화학설비 설치 시 반드시 필요한 장치가 아닌 것은?

① 원재료 공급의 긴급차단장치
② 즉시 사용할 수 있는 예비동력원
③ 화재 시 긴급대응을 위한 자동소화장치
④ 온도계·유량계·압력계 등의 계측장치

82 다음 중 마그네슘의 저장 및 취급에 관한 설명으로 틀린 것은?

① 산화제와 접촉을 피한다.
② 상온의 물에서는 안정하지만, 고온의 물이나 과열 수증기와 접촉하면 격렬히 반응한다.
③ 분진폭발성이 있으므로 누설되지 않도록 포장한다.
④ 고온에서 유황 및 할로겐과 접촉하면 흡열반응을 한다.

83 공정안전보고서 중 공정안전자료에 포함하여야 할 세부 내용에 해당하는 것은?

① 비상조치계획
② 공정위험평가서
③ 각종 건물·설비의 배치도
④ 도급업체 안전관리계획

84 위험물 또는 위험물이 발생하는 물질을 가열·건조하는 건조설비 중 건조실을 설치하는 건축물의 구조를 독립된 단층건물로 해야 하는 기준으로 틀린 것은?

① 위험물을 가열·건조하는 경우 가열·건조기의 내용적이 $10m^3$ 이상인 건조설비
② 위험물이 아닌 물질을 가열·건조하는 경우 고체 또는 액체 연료의 최대 사용량이 10kg/h 이상인 건조설비
③ 위험물이 아닌 물질을 가열·건조하는 경우 기체연료의 사용량이 $1m^3/h$ 이상인 건조설비
④ 위험물이 아닌 물질을 가열·건조하는 경우 전기사용 정격용량이 10kW 이상인 건조설비

85 가연성 가스 혼합물을 구성하는 각 성분의 조성과 연소범위가 다음 [표]와 같을 때 혼합가스의 연소하한값은 약 몇 vol%인가?

성분	조성 (vol%)	연소하한값 (vol%)	연소상한값 (vol%)
헥산	1.0	1.1	7.4
메탄	2.5	5.0	15.0
에틸렌	0.5	2.7	36.0
공기	96.0	–	–

① 2.51
② 7.51
③ 12.07
④ 15.01

86 다음 중 「산업안전보건법」상 위험물의 종류와 해당 물질의 연결이 옳은 것은?

① 폭발성 물질: 마그네슘 분말
② 발화성 물질: 중크롬산
③ 산화성 물질: 니트로소화합물
④ 가연성 가스: 에탄

87 메탄(CH_4)이 공기 중에서 연소될 때의 이론혼합비(화학양론조성)는 약 몇 vol%인가?

① 2.21
② 4.03
③ 5.76
④ 9.50

88 「산업안전보건법」상 가연성 가스의 정의에서 폭발한계농도 기준으로 옳은 것은?

① 폭발한계농도의 하한이 10% 이하인 가스
② 상·하한의 차가 10% 이상인 가스
③ 폭발한계농도의 하한이 13% 이하인 가스
④ 상·하한의 차가 20% 이하인 가스

89 다음 [표]의 가스를 위험도가 큰 것부터 작은 순으로 나열한 것은?

	폭발하한값	폭발상한값
수소	4.0vol%	75.0vol%
산화에틸렌	3.0vol%	80.0vol%
이황화탄소	1.25vol%	44.0vol%
아세틸렌	2.5vol%	81.0vol%

① 아세틸렌－산화에틸렌－이황화탄소－수소
② 아세틸렌－산화에틸렌－수소－이황화탄소
③ 이황화탄소－아세틸렌－수소－산화에틸렌
④ 이황화탄소－아세틸렌－산화에틸렌－수소

90 탱크로리, 드럼 등에 주입 작업 시 미리 그 내부의 가스나 증기를 불활성 가스로 바꾸는 등 안전한 상태를 확인한 후 작업하여야 하는 물질이 아닌 것은?

① 산화에틸렌
② 아세트알데히드
③ 산화프로필렌
④ 인산

91 다음 중 주수소화를 하여서는 아니 되는 물질은?

① 금속 분말
② 적린
③ 유황
④ 과망간산칼륨

92 다음 중 소화설비와 주된 소화적용방법의 연결이 옳은 것은?

① 스프링클러설버 － 억제소화
② 포 소화설비 － 질식소화
③ 이산화탄소 소화설비 － 제거소화
④ 할로겐 화합물 소화설비 － 냉각소화

93 20℃, 1기압의 공기를 5기압으로 단열압축하면 공기의 온도는 약 몇 ℃가 되겠는가? (단, 공기의 비열비는 1.4이다.)

① 32
② 191
③ 305
④ 464

94 다음 중 관의 지름을 변경하는 데 사용되는 관의 부속품으로 가장 적절한 것은?

① 엘보우(Elbow) ② 커플링(Coupling)
③ 유니온(Union) ④ 리듀서(Reducer)

95 다음 중 분진폭발의 특징으로 옳은 것은?

① 가스폭발보다 연소시간이 짧고, 발생 에너지가 작다.
② 압력의 파급속도보다 화염의 파급속도가 빠르다.
③ 가스폭발에 비하여 불완전 연소가 적게 발생한다.
④ 주위의 분진에 의해 2차, 3차의 폭발로 파급될 수 있다.

96 독성물질을 실험동물에게 경구 또는 경피로 투여하였을 때 실험동물의 50%를 사망시킬 수 있는 물질의 양을 나타내는 기호는?

① LD50 ② LC50
③ ED50 ④ TD50

97 부탄(C_4H_{10})의 연소에 필요한 최소산소농도(MOC)를 추정하여 계산하면 약 몇 vol%인가? (단, 부탄의 폭발하한계는 공기 중에서 1.6vol%이다.)

① 5.6 ② 7.8
③ 10.4 ④ 14.1

98 반응기를 조작방법에 따라 분류할 때 반응기의 한쪽에서는 원료를 계속적으로 유입하는 동시에 다른 쪽에서는 반응 생성물질을 유출시키는 형식의 반응기를 무엇이라 하는가?

① 관형 반응기 ② 연속식 반응기
③ 회분식 반응기 ④ 교반조형 반응기

99 다음 중 자연발화에 대한 설명으로 틀린 것은?

① 분해열에 의해 자연발화가 발생할 수 있다.
② 입자의 표면적이 넓을수록 자연발화가 발생하기 쉽다.
③ 자연발화가 발생하지 않기 위해 습도를 높게 유지시킨다.
④ 열의 축적은 자연발화를 일으킬 수 있는 인자이다.

100 다음 중 유류화재의 화재급수에 해당하는 것은?

① A급 ② B급
③ C급 ④ D급

6과목: 건설공사 안전관리

101 다음 중 가설통로의 설치기준으로 옳지 않은 것은?

① 경사는 30° 이하로 한다.
② 경사가 10°를 초과하는 경우에는 미끄러지지 않는 구조로 한다.
③ 추락위험이 있는 장소에는 안전난간을 설치한다.
④ 건설공사에서 사용되는 높이 8m 이상인 비계다리에는 7m 이내마다 계단참을 설치한다.

102 크레인을 사용하는 경우 작업시작 전에 점검하여야 하는 사항에 해당하지 않는 것은?

① 권과방지장치 · 브레이크 · 클러치 및 운전장치의 기능
② 주행로의 상측 및 트롤리가 횡행하는 레일의 상태
③ 와이어로프가 통하는 곳의 상태
④ 붐의 경사 각도

103 하역운반기계에 화물을 적재하거나 내리는 작업을 할 때 작업지휘자를 지정해야 하는 경우는 단위화물의 무게가 몇 kg 이상일 때인가?

① 100kg   ② 150kg
③ 200kg   ④ 250kg

104 다음 중 지게차의 작업시작 전 점검사항이 아닌 것은?

① 권과방지장치, 브레이크, 클러치 및 운전장치 기능의 이상 유무
② 하역장치 및 유압장치 기능의 이상 유무
③ 제동장치 및 조종장치 기능의 이상 유무
④ 전조등 · 후미등 · 방향지시기 및 경보장치 기능의 이상 유무

105 크레인 또는 데릭에서 붐각도 및 작업반경별로 작용시킬 수 있는 최대하중에서 후크(Hook), 와이어로프 등 달기구의 중량을 공제한 하중은?

① 작업하중   ② 정격하중
③ 이동하중   ④ 적재하중

106 롤러의 표면에 돌기를 만들어 부착한 것으로 풍화암을 파쇄하고 흙 속의 간극수압을 제거하는 작업에 적합한 장비는?

① Tandem Roller
② Macadam Roller
③ Tamping Roller
④ Tire Roller

107 가설계단 및 계단참을 설치하는 때에는 매 m² 당 몇 kg 이상의 하중에 견딜 수 있는 강도를 가진 구조로 설치하여야 하는가?

① 200kg   ② 300kg
③ 400kg   ④ 500kg

108 흙막이 지보공을 설치하였을 때 정기적으로 점검하여 이상 발견 시 즉시 보수하여야 할 사항이 아닌 것은?

① 굴착 깊이의 정도
② 버팀대의 긴압의 정도
③ 부재의 접속부·부착부 및 교차부의 상태
④ 부재의 손상·변형·부식·변위 및 탈락의 유무와 상태

109 타워크레인의 설치·조립·해체작업을 하는 때에 작성하는 작업계획서에 포함시켜야 할 사항이 아닌 것은?

① 타워크레인의 종류 및 형식
② 중량물의 운반 경로
③ 작업인원의 구성 및 작업근로자의 역할 범위
④ 작업도구·장비·가설설비 및 방호설비

110 이동식 비계의 사용 시 준수해야 할 사항 중 옳지 않은 것은?

① 안전담당자의 지휘하에 작업한다.
② 최대 적재하중을 표시하여야 한다.
③ 비계의 최대 높이는 밑변 최소폭의 5배 이하이어야 한다.
④ 불의의 이동을 방지하기 위한 제동장치를 갖추어야 한다.

111 로드(Rod), 유압잭(Jack) 등을 이용하여 거푸집을 연속적으로 이동시키면서 콘크리트를 타설할 때 사용되는 것으로 사일로(Silo) 공사 등에 적합한 거푸집은?

① 메탈폼 ② 슬라이딩폼
③ 워플폼 ④ 페코빔

112 「산업안전기준에 관한 규칙」에서 정하는 승강기 와이어로프의 안전계수는 최소 얼마인가?

① 4 ② 5 ③ 8 ④ 10

113 풍화암의 굴착면 붕괴에 따른 재해를 예방하기 위한 굴착면의 적정한 경사기준은?

① 1 : 1 ② 1 : 0.8
③ 1 : 0.5 ④ 1 : 0.3

114 다음 ( )에 알맞은 숫자는?

> 동바리로 사용하는 파이프 서포트는 (㉠) 본 이상을 이어서 사용해서는 안 되고 높이가 (㉡)m를 초과할 때에는 높이 (㉢)m 이내마다 수평연결재를 2개 방향으로 만들고 수평연결재의 변위를 방지한다.

① ㉠: 2, ㉡: 3, ㉢: 1
② ㉠: 3, ㉡: 3.5, ㉢: 2
③ ㉠: 3, ㉡: 3, ㉢: 3
④ ㉠: 2, ㉡: 3.5, ㉢: 1

115 추락방지용 방망의 그물코가 10cm인 신제품 매듭방망사의 인장강도는 몇 kg 이상이어야 하는가?

① 80   ② 110
③ 150   ④ 200

116 추락재해를 방지하기 위하여 사용하는 방망의 지지점이 연속적인 구조물이고 지지점의 간격이 1.0m일 때 외력에 견딜 수 있어야 하는 강도는 최소 얼마 이상이어야 하는가?

① 200kg   ② 400kg
③ 600kg   ④ 800kg

117 흙막이 벽을 설치하여 기초 굴착 작업 중 굴착부 바닥이 솟아올랐다. 이에 대한 대책으로 옳은 것은?

① 흙막이 벽의 근입깊이를 깊게 한다.
② 굴착작업의 속도를 빨리한다.
③ 수평버팀을 추가하여 흙막이벽의 지지력을 강화시킨다.
④ 흙막이 벽의 변위가 생기지 않도록 시공의 정도를 높인다.

118 유해·위험방지계획서를 제출해야 할 대상 공사에 대한 설명으로 잘못된 것은?

① 지상 높이가 31m 이상인 건축물 또는 공작물의 건설, 개조 또는 해체 공사
② 최대 지간길이가 50m 이상인 교량건설 등의 공사
③ 다목적댐·발전용댐 및 저수용량 2천만톤 이상의 용수전용댐 건설 등의 공사
④ 깊이가 5m 이상인 굴착공사

119 철골작업을 중지하여야 하는 기준으로 옳은 것은?

① 풍속이 초당 1m 이상인 경우
② 강우량이 시간당 1cm 이상인 경우
③ 강설량이 시간당 1cm 이상인 경우
④ 10분간 평균풍속이 초당 5m 이상인 경우

120 부두 등의 하역작업장에서 부두 또는 안벽의 선에 따라 통로를 설치할 때의 폭은?

① 90cm 이상   ② 75cm 이상
③ 60cm 이상   ④ 45cm 이상

기출변형 모의고사 2회

자격종목	시험시간	문제수	점수
산업안전기사	3시간	120	

1과목: 산업재해 예방 및 안전보건교육

01 Y-G 성격검사에서 조화적이며 적응력이 좋은 형의 종류는?

① A형
② B형
③ C형
④ D형

02 피로검사방법에 있어 생화학적 방법에 해당하는 것은?

① 호흡순환기능
② 혈색소 농도
③ 연속반응시간
④ 전신자각증상

03 교육방법 중 실제 상황과 유사한 상황을 재현하여 작업을 수행하는 과정을 지켜보면서 지적과 개선을 유도하는 방법을 무엇이라 하는가?

① 모의법
② 토의법
③ 실연법
④ 반복법

04 TWI(산업 내 훈련)의 교육대상이 누구인가?

① 근로자
② 초급관리자
③ 중간관리자
④ 최고경영자

05 새로운 자료를 제시하고 참석자들과 질의응답을 받는 형식의 토의법은?

① 패널디스커션
② 심포지움
③ 포럼
④ 버즈세션

06 학습지도의 원리가 아닌 것은?

① 개별화의 원리
② 사회화의 원리
③ 통합화의 원리
④ 일관성의 원리

기출변형 모의고사 • 2회 **21**

07 학습목적의 3요소가 아닌 것은?

① 주제　　　　　② 정도
③ 목표　　　　　④ 학습성과

08 허즈버그의 동기요인이 아닌 것은?

① 일 자체　　　　② 도전감
③ 경제적 보상　　④ 책임감

09 알더퍼의 ERG이론에 해당하지 않는 것은?

① 존재욕구　　　② 관계욕구
③ 성장욕구　　　④ 안전욕구

10 사고를 일으킬 수 있는 성향이 많아 재해를 빈발하는 누발자는?

① 미숙성 누발자　② 상황성 누발자
③ 습관성 누발자　④ 소질성 누발자

11 의식레벨의 단계에서 의식수준의 저하상태를 나타내는 단계는?

① Phase 0단계　　② Phase Ⅰ단계
③ Phase Ⅱ단계　　④ Phase Ⅲ단계

12 주의의 3특성이 아닌 것은?

① 선택성　　　　② 집중성
③ 변동성　　　　④ 방향성

13 안내표지 중 녹십자 표지의 바탕색은 무슨 색인가?

① 백색　　　　　② 녹색
③ 노란색　　　　④ 빨간색

14 안전인증심사의 종류가 아닌 것은?

① 예비심사　　　② 서면심사
③ 기능검사　　　④ 제품심사

15 차광보안경의 종류가 아닌 것은?

① 자외선용   ② 적외선용

③ 복합용   ④ 가시광선용

16 전동식 호흡보호구의 종류가 아닌 것은?

① 전동식 송기마스크

② 전동식 방진마스크

③ 전동식 후드

④ 전동식 방독마스크

17 할로겐용 정화통의 표시색으로 옳은 것은?

① 갈색   ② 회색

③ 노랑색   ④ 녹색

18 할로겐용 방독마스크의 시험가스는 무엇인가?

① 시크로헥산   ② 디메틸에테르

③ 이소부탄   ④ 염소가스

19 턱끈풀림시험에서 성능의 기준으로 옳은 것은?

① 100N 이상 200N 이하에서 턱끈이 풀려야 한다.

② 100N 이상 250N 이하에서 턱끈이 풀려야 한다.

③ 150N 이상 200N 이하에서 턱끈이 풀려야 한다.

④ 150N 이상 250N 이하에서 턱끈이 풀려야 한다.

20 근로자수가 50명인 사업장의 하루 근로시간은 7시간이고 연간 250일을 근로한다. 재해로 인해 근로손실일수는 100일, 장애등급 9급 2명, 의사진단일수 20일이다. 강도율을 구하시오.

① 0.2415   ② 2.415

③ 24.15   ④ 241.5

2과목: 인간공학 및 위험성 평가 · 관리

21 기계에 고장이 발생하였을 경우 어느 기간 동안 기계의 기능이 계속되어 재해로 발전되는 것을 막는 기구를 무엇이라 하는가?

① Fool – Proof
② Fail – Safe
③ Safe – Life
④ Man – Machine System

22 조작장치와 표시장치의 위치가 상호연관되게 한다는 것은 무슨 양립성인가?

① 개념양립성　　② 공간양립성
③ 운동양립성　　④ 문화양립성

23 음량수준을 측정할 수 있는 세 가지 척도에 해당되지 않는 것은?

① Phon에 의한 음량수준
② 지수에 의한 수준
③ 인식소음 수준
④ Sone에 의한 음량수준

24 소리의 크고 작은 느낌은 주로 강도의 함수이지만 진동수에 의해서도 일부 영향을 받는다. 음량을 나타내는 척도인 Phon의 기준 순음주파수는?

① 1,000Hz　　② 2,000Hz
③ 3,000Hz　　④ 4,000Hz

25 인간의 손이나 발을 이동시켜 조작장치를 조작하는 데 걸리는 시간을 표적까지의 거리와 표적 크기의 함수로 나타내는 모형은?

① 힉(Hick)의 법칙
② 핏츠(Fitts)의 법칙
③ 웨버(Weber)의 법칙
④ 신호탐지이론(SDT)

26 인간의 과오를 정량적으로 평가하기 위한 기법으로서 인간의 과오율 추정법 등 5개의 스탭으로 되어있는 기법은?

① THERP　　② FTA
③ FMEA　　④ ETA

27 입식작업을 할 때 중량물을 취급하는 중(重) 작업의 경우 적절한 작업대의 높이는?

① 팔꿈치 높이보다 10~20cm 높게 설계한다.
② 팔꿈치 높이에 맞추어 설계한다.
③ 팔꿈치 높이보다 5~10cm 낮게 설계한다.
④ 팔꿈치 높이보다 10~20cm 낮게 설계한다.

28 대안의 발생확률이 동일한 경우에 64가지 대안에 대하여 얻을 수 있는 정보량은 얼마인가?

① 64bit ② 16bit
③ 5bit   ④ 6bit

29 인간의 에러 중 불필요한 작업 또는 절차를 수행함으로써 기인한 에러는?

① Omission Error
② Commission Error
③ Sequential Error
④ Extraneous Error

30 회전운동을 하는 조종구와 같은 조종장치의 반경이 10cm가 30°만큼 움직였을 때, 선형표시장치의 눈금이 4.84cm 움직였다. 이때의 통제표시비는?

① 1.256 ② 1.08
③ 0.965 ④ 0.833

31 위험구역의 울타리 설계 시 인체 측정자료 중 적용해야 할 인체치수로 가장 적절한 것은?

① 구조적 인체 측정치
② 인체 측정 최대치
③ 인체 측정 평균치
④ 인체 측정 최소치

32 실내 공간의 조명을 설계할 때, 조명에 대한 반사율이 낮은 면에서 높은 순으로 올바르게 설계된 것은?

① 바닥-창문-가구-벽
② 바닥-가구-벽-천장
③ 창문-바닥-가구-벽
④ 벽-천장-가구-바닥

33 복잡한 시스템을 설계·가동하기 전의 구상단계에서 시스템의 근본적인 위험성을 평가하는 가장 기초적인 위험도 분석기법은 무엇인가?

① 결함수분석법(FTA)
② 예비위험분석(PHA)
③ 고장의 형과 영향분석(FMEA)
④ 운용 안전성 분석(OSA)

34 전기적 생리신호 측정 가운데 근육의 활동도를 측정하는 방법은?

① ECG ② EMG
③ EEG ④ GSR

35 작업강도는 에너지 대사율(RMR)로서 측정될 수 있다. 사무작업이나 감시작업 등의 중(中) 작업의 에너지 대사율은?

① 0~1RMR   ② 2~4RMR

③ 4~7RMR   ④ 7~8RMR

36 다음 그림의 설명 중 틀린 것은?

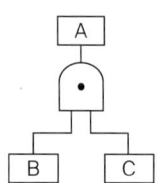

① P(A) = P(B) × P(C)

② B와 C가 동시에 발생하지 않으면 A는 발생하지 않는다.

③ ⌂는 AND를 나타낸다.

④ 논리합의 경우이다.

37 산업안전표지에서 경고표지는 삼각형, 안내 표지는 사각형, 지시표지는 원형 등으로 부호 가 고안되어 있다. 이처럼 부호가 이미 고안되어 이를 사용자가 배워야 하는 부호는 다음 중 무엇이라 하는가?

① 묘사적 부호   ② 추상적 부호

③ 사실적 부호   ④ 임의적 부호

38 원자력 산업의 고도 안전달성을 위해 개발된 분석기법으로 관리, 설계, 생산, 보전 등 광범 위한 안전을 도모하기 위하여 개발된 분석기 법은?

① MORT   ② DT

③ ETA   ④ FTA

39 FTA에 의한 재해사례 연구순서 중 제1단계는?

① 사상의 재해 원인의 규명

② FT도의 작성

③ 톱(TOP)사상의 선정

④ 개선계획의 작성

40 다음 중 사정효과(Range Effect)를 바르게 설명한 것은?

① 조작자가 움직일 수 있는 속도나 조종장치에 가할 수 있는 힘에는 상한이 있다.

② 조작자는 작은 오차에는 과잉반응, 큰 오차에는 과소반응한다.

③ 조작자는 비우발적인 입력신호는 미리 알 수 있다.

④ 조작자는 오차가 인식의 한계를 넘을 때까지는 반응하지 못한다.

3과목: 기계 · 기구 및 설비 안전관리

41 인장강도가 44kgf/mm²이고, 호칭지름이 20mm인 볼트의 안전하중은 약 몇 kgf인가? (단, 안전계수는 5로 한다.)

① 1,381
② 2,763
③ 11,052
④ 7,040

42 선반에서 돌출하여 회전하고 있는 가공물에 설치하여야 할 방호조치는?

① 칩 브레이커
② 울, 덮개
③ 방진장치
④ 클러치

43 하중이 정격을 초과하였을 때 자동적으로 상승이 정지되는 장치는?

① 비상정지장치
② 브레이크장치
③ 과부하방지장치
④ 와이어로프 훅장치

44 프레스기계의 위험을 방지하기 위한 본질 안전화가 아닌 것은?

① 금형에 안전 울 설치
② 안전블록 사용
③ 안전금형의 사용
④ 전용프레스 사용

45 「산업안전기준에 관한 규칙」에서 프레스 금형 조정작업 시 안전블록을 사용하는 경우에 해당되지 않는 것은?

① 금형의 부착
② 금형의 조정
③ 금형의 해체
④ 금형의 수리

46 취성재료의 극한강도가 900MPa이며, 허용응력이 500MPa일 경우 안전계수(Safety Factor)는 얼마인가?

① 0.56
② 1.12
③ 1.40
④ 1.80

47 기계설비보전에 있어서 기계고장률곡선(모형)의 고장형태 중 고장률이 가장 낮은 것은?

① 우발고장
② 감소고장
③ 초기고장
④ 마모고장

48 앞면 롤러 지름이 600mm이고, 회전수가 20rpm의 경우, 롤러기에 설치하는 급정지장치의 급정지거리는?

① 약 942mm 이내
② 약 753mm 이내
③ 약 802mm 이내
④ 약 993mm 이내

49 연삭기 작업 시 작업자가 안심하고 작업을 할 수 있는 상태는?

① 탁상용 연삭기에서 숫돌과 작업받침대의 간격이 5mm이다.

② 덮개는 인장강도가 18kg/mm² 이상이고, 연신율이 14% 이상인 압연강판이다.

③ 작업시작 전 1분 이상 시운전을 실시하여 당해 기계의 이상 여부를 확인하였다.

④ 숫돌 교체 후 2분 이상 시운전을 실시하여 당해 기계의 이상 여부를 확인하였다.

50 다음 중 연삭숫돌의 상부를 사용하는 것은 목적으로 하는 탁상용 연삭기의 안전덮개 노출 각도로 가장 적합한 것은?

① 90° 이내   ② 65° 이상

③ 60° 이내   ④ 125° 이내

51 목재 가공기의 반발예방장치와 같이 위험장소에 설치하여 위험원이 비산하거나 튀는 것을 방지하는 등 작업자로부터 위험원을 차단하는 방호장치는?

① 포집형 방호장치

② 감지형 방호장치

③ 위치제한형 방호장치

④ 접근 반응형 방호장치

52 기계설비가 이상이 있을 때 기계를 급정지시키거나 방호장치가 작동되도록 하는 것과 전기회로를 개선하여 오동작을 방지하거나 별도의 완전한 회로에 의해 정상기능을 찾을 수 있도록 하는 것은?

① 구조부분 안전화

② 기능적 안전화

③ 보전작업 안전화

④ 외관상 안전화

53 기계의 왕복운동을 하는 운동부와 고정부 사이에 형성되는 위험점은?

① 끼임점(Shear Point)

② 절단점(Cutting Point)

③ 물림점(Nip Point)

④ 협착점(Squeeze Point)

54 지게차의 작업상태별 안전도에 관한 내용으로 틀린 것은? (단, V는 최고속도(Km/h)이다.)

① 주행 시의 전후안정도는 18%이다.

② 하역작업 시의 좌우안정도는 6%이다.

③ 하역작업 시의 전후안정도는 20%이다.

④ 주행 시의 좌우안정도는 (15+1.1V)%이다.

55 회전축, 기어, 풀리, 플라이휠 등에는 어떤 고정구를 설치해야 하는가?

① 개방형 고정구
② 돌출형 고정구
③ 묻힘형 고정구
④ 요철형 고정구

56 연삭기에서 숫돌의 바깥지름이 180mm일 경우 평형플랜지 지름은 몇 mm 이상이어야 하는가?

① 30   ② 50
③ 60   ④ 90

57 설비보전에 있어서 장치공업의 대부분은 예방보전방법(PM)이 채택되고 있다. 즉, 철강업 등에서는 보통 10일 간격으로 10시간 정도의 정기 수리일을 마련하여 대대적인 수리·수선을 하게 되는데 이와 같이 일정 기간마다 보수를 하는 것을 무엇이라 하는가?

① 사후보전(Break Down Maintenance, BM)
② 시간기준보전(Time Based Maintenance, TBM)
③ 개량보전(Concentration Maintenance, CM)
④ 상태기준보전(Condition Based Maintenance, CBM)

58 프레스 작동 후 작업점까지 도달시간이 0.6초 걸렸다면 양수기동식 방호장치의 조작부의 설치거리는 최소 몇 cm 이상이어야 하는가? (단, 인간의 손의 기준 속도는 1.6m/s로 한다.)

① 96   ② 80
③ 70   ④ 60

59 목재 가공용 둥근톱의 방호장치 중 주 안내판과 톱날 사이의 공간에서 나무가 퍼질 수 있게 하여 죄임으로 인한 반발을 방지하는 것은?

① 분할날   ② 반발방지 롤
③ 반발방지 핑거   ④ 보조안내판

60 기계설계 시 사용되는 안전계수를 나타내는 식에 해당하는 것은?

① $\dfrac{항복응력}{극한강도}$ ② $\dfrac{허용응력}{극한강도}$

③ $\dfrac{극한강도}{항복응력}$ ④ $\dfrac{극한강도}{허용응력}$

4과목: 전기설비 안전관리

61 절연성이 높은 도전성 액체를 다룰 때 정전기 재해의 방지대책으로 옳지 않은 것은?

① 가스용기, 탱크롤리 등의 도체부는 접지한다.
② 도전화를 착용하여 접지한 것과 같은 효과를 갖도록 한다.
③ 유동대전이 심하지 않은 도전성 위험물의 배관 유속은 매초 7m 이상으로 한다.
④ 탱크의 주입구는 위험물이 수평방향으로 유입하도록 한다.

62 물체에 정전기가 대전하면 정전에너지를 갖게 되는데 다음 중 정전에너지를 나타내는 식으로 알맞은 것은?

① $\dfrac{Q}{2C}$ ② $\dfrac{Q}{2C^2}$

③ $\dfrac{Q^2}{2C}$ ④ $\dfrac{Q^2}{2C^2}$

63 전압은 저압, 고압 및 특별고압으로 구분되고 있다. 다음 중 저압에 대한 설명으로 가장 알맞은 것은?

① 직류 1,500V 미만, 교류 1,000V 미만
② 직류 750V 이하,   교류 600V 이하
③ 직류 1,500V 이하, 교류 1,000V 이하
④ 직류 750V 미만,   교류 600V 미만

64 폭발위험장소의 분류에서 가스폭발 위험장소 중 1종 장소에 해당되는 것은?

① 용기의 내부   ② 맨홀의 주위
③ 개스킷의 주위   ④ 집진장치의 내부

65 폭발한계에 도달한 메탄가스가 공기에 혼합되었을 경우 착화한계전압은 약 몇 V인가? (단, 메탄의 착화최소에너지는 0.2mJ, 극간 용량은 10pF으로 한다.)

① 6,325V   ② 5,225V
③ 4,135V   ④ 3,035V

66 다음 중 직접접촉에 의한 감전방지방법으로 적절하지 않은 것은?

① 충전부가 노출되지 않도록 폐쇄형 외함이 있는 구조로 할 것
② 충전부에 충분한 절연효과가 있는 방호망 또는 절연 덮개를 설치할 것
③ 충전부는 출입이 용이한 전개된 장소에 설치하고 위험 표시 등의 방법으로 방호를 강화할 것
④ 충전부는 내구성이 있는 절연물로 완전히 덮어 감쌀 것

67 건조 시 인체의 전기저항을 피부저항만으로 가정하여 2,500Ω·cm²라고 할 때 피부에 땀이 나 있을 경우의 전기저항은 약 몇 Ω·cm² 인가?

① 50~100Ω·cm²

② 125~208Ω·cm²

③ 550~600Ω·cm²

④ 800Ω·cm² 이상

68 내압 방폭구조에서 안전간극(Safe Gap)을 적게 하는 이유로 가장 알맞은 것은?

① 최소점화에너지를 높게 하기 위해

② 폭발화염이 외부로 전파되지 않도록 하기 위해

③ 폭발압력에 견디고 파손되지 않도록 하기 위해

④ 쥐가 침입해서 전선 등을 갉아먹지 않도록 하기 위해

69 다음 중 피뢰기의 구성요소로 알맞은 것은?

① 특성요소와 소호리액터

② 소호리액터와 콘덴서

③ 특성요소와 콘덴서

④ 특성요소와 직렬갭

70 교류아크용접기의 자동전격방지장치는 아크 발생이 중단된 후 출력측 무부하 전압을 몇 V 이하로 저하시켜야 하는가?

① 25~30V

② 35~50V

③ 55~75V

④ 80~100V

71 고압용 또는 특별고압용의 개폐기·차단기·피뢰기, 기타 이와 유사한 기기로서 동작 시에 아크가 생기는 경우 목재의 벽 또는 천장, 기타의 가연성 물체로부터 이격하여야 하는데, 다음 중 고압용과 특별고압용의 이격거리로 알맞은 것은?

① 고압용: 0.8m 이상, 특별고압용: 1.0m 이상

② 고압용: 1.0m 이상, 특별고압용: 2.0m 이상

③ 고압용: 2.0m 이상, 특별고압용: 3.0m 이상

④ 고압용: 3.5m 이상, 특별고압용: 4.0m 이상

72 다음 중 아크방전의 전압·전류 특성으로 가장 알맞은 것은?

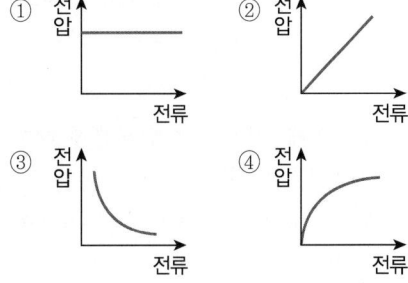

73 다음 중 제전능력이 가장 뛰어난 제전기는?

① 이온제어식 제전기
② 전압인가식 제전기
③ 방사선식 제전기
④ 자기방전식 제전기

74 전기기계·기구의 조작 시 등의 안전조치에 관한 사항으로 옳지 않은 것은?

① 감전 또는 오조작에 의한 위험을 방지하기 위하여 당해 전기기계·기구의 조작 부분은 150lux 이상의 조도가 유지되도록 하여야 한다.
② 전기기계·기구의 조작 부분에 대한 점검 또는 보수를 하는 때에는 전기기계·기구로부터 폭 50cm 이상의 작업공간을 확보하여야 한다.
③ 전기적 불꽃 또는 아크에 의한 화상의 우려가 큰 600V 이상 전압의 충전전로작업에는 방염처리된 작업복 또는 난연성능을 가진 작업복을 착용하여야 한다.
④ 전기기계·기구의 조작 부분에 대한 점검 또는 보수를 하기 위한 작업공간의 확보가 곤란한 때에는 절연용 보호구를 착용하여야 한다.

75 인체가 현저하게 젖어있는 상태 또는 금속성의 전기기계 장치나 구조물에 인체의 일부가 상시 접촉되어있는 상태에서의 허용접촉전압은 일반적으로 몇 V 이하로 하고 있는가?

① 2.5V 이하
② 25V 이하
③ 50V 이하
④ 75V 이하

76 다음 중 가수전류(Let-go Current)에 대한 설명으로 옳은 것은?

① 마이크 사용 중 전격으로 사망에 이른 전류
② 전격을 일으킨 전류가 교류인지 직류인지 구별할 수 없는 전류
③ 충전부로부터 인체가 자력으로 이탈할 수 있는 전류
④ 몸이 물에 젖어 전압이 낮은 데도 전격을 일으킨 전류

77 다음 중 정전기 방전(放電)의 종류에 속하지 않는 것은?

① 스트리머 방전
② 코로나 방전
③ 연면 방전
④ 적외선 방전

78 인화성 물질을 함유하는 도료 및 접착제 등을 도포하는 설비 또는 가연성 분진을 취급하는 설비에 접지를 하는 목적으로 가장 알맞은 것은?

① 낙뢰 방지

② 정전기에 의한 화재 또는 폭발 방지

③ 기기의 오작동에 의한 산업재해 방지

④ 절연강도 증가에 의한 감전 방지

79 다음 중 전격의 위험을 가장 잘 설명하고 있는 것은?

① 통전전류가 크고, 주파수가 높고, 장시간 흐를수록 위험하다.

② 통전전압이 높고, 주파수가 높고, 인체 저항이 작을수록 위험하다.

③ 통전전류가 크고, 장시간 흐르고, 인체의 주요한 부분을 흐를수록 위험하다.

④ 통전전압이 높고, 인체저항이 크고, 인체의 주요한 부분을 흐를수록 위험하다.

80 다음 중 피뢰기가 갖추어야 할 특성으로 알맞은 것은?

① 충격방전 개시전압이 높을 것

② 제한전압이 높을 것

③ 뇌전류의 방전능력이 클 것

④ 속류 차단을 하지 않을 것

5과목: 화학설비 안전관리

81 다음 중 증류탑의 보수에 있어서 일상점검항목에 해당하는 것은?

① 트레이(Tray)의 부식상태

② 라이닝의 코팅 상황

③ 기초 볼트의 이상 유무

④ 용접선 상태의 이상 유무

82 다음 중 압축하면 폭발할 위험성이 높아서 아세톤 등에 용해시켜 다공성 물질과 함께 저장하는 물질은?

① 염소   ② 에탄

③ 아세틸렌   ④ 수소

83 할로겐(Halogen) 소화기에 사용되는 약제의 원소 중 연소의 억제효과가 가장 큰 것은?

① 염소(Cl)   ② 불소(F)

③ 탄소(C)   ④ 브롬(Br)

84 유류 저장탱크에서 화염을 차단할 목적으로, 외부로 증기를 방출하거나 탱크 내로 외기를 흡입하는 부분에 설치하는 안전장치는?

① Safety Valve

② Gate Valve

③ Vent Stack

④ Flame Arrester

85 다음 중 위험물의 저장 및 취급방법이 잘못된 것은?

① 칼륨: 알코올 속에 저장한다.

② 피크르산: 운반 시 수분 함유율을 10~20%로 한다.

③ 황린: 반드시 저장용기 중에는 물을 넣어 보관한다.

④ 니트로셀룰로오스: 건조상태에 이르면 즉시 습한 상태로 유지시킨다.

86 다음 중 소염거리(Quenching Distance) 또는 소염직경(Quenching Diameter)을 이용한 것과 가장 거리가 먼 것은?

① 화염방지기   ② 역화방지기

③ 방폭전기기기   ④ 안전밸브

87 다음 중 물과 반응하여 수소가스를 발생시키지 않는 물질은?

① Mg   ② Zn

③ Cu   ④ Li

88 폭발성 물질을 저장·취급하는 화학설비 및 그 부속설비를 설치할 때 단위공정시설 및 설비로부터 다른 단위 공정시설 및 설비 사이의 안전거리는 설비 외면으로부터 몇 m 이상 두어야 하는가?

① 3   ② 5   ③ 10   ④ 20

89 고체의 연소형태 중 증발연소에 속하는 것은?

① 목탄   ② 목재

③ TNT   ④ 나프탈렌

90 물이 관 속을 흐를 때 유동하는 물속의 어느 부분의 정압이 그때의 물의 증기압보다 낮을 경우 물이 증발하여 부분적으로 증기가 발생되어 배관의 부식을 초래하는 경우가 있다. 이러한 현상을 무엇이라 하는가?

① 수격작용(Water Hammering)

② 공동현상(Cavitation)

③ 서어징(Surging)

④ 비말동반(Entrainment)

91 다음 중 용기의 한 개구부로 불활성 가스를 주입하고 다른 개구부로부터 대기 또는 스크러버로 혼합가스를 용기에서 축출하는 퍼지 방법은?

① 진공퍼지　　　② 압력퍼지
③ 스위프퍼지　　④ 사이폰퍼지

92 다음 중 금속화재는 어떤 종류의 화재에 해당되는가?

① A급　　　② B급
③ C급　　　④ D급

93 반응폭주 등 급격한 압력상승의 우려가 있는 경우에 설치하는 안전장치로 가장 적합한 것은?

① 파열판　　　　② 통기밸브
③ 체크밸브　　　④ Flame Arrester

94 「산업안전보건법」에서 정한 위험물질을 기준량 이상 제조, 취급, 사용 또는 저장하는 설비로서 내부의 이상상태를 조기에 파악하기 위하여 필요한 온도계·유량계·압력계 등의 계측장치를 설치하여야 하는 대상이 아닌 것은?

① 가열로 또는 가열기
② 증류·정류·증발·추출 등 분리를 행하는 장치
③ 온도가 300℃ 이상이거나 게이지 압력이 700kPa 이상인 상태에서 운전하는 설비
④ 반응폭주 등 이상 화학반응에 의하여 위험물질이 발생할 우려가 있는 설비

95 위험물 저장탱크의 화재 시 물 또는 포를 화염이 왕성한 표면에 방사할 때 위험물과 함께 탱크 밖으로 흘러넘치는 현상을 무엇이라 하는가?

① 보일오버(Boil Over)
② 화이어 볼(Fire Ball)
③ 링 화이어(Ring Fire)
④ 슬롭 오버(Slop Over)

96 다음 중 「산업안전보건법」상 공정안전보고서에 포함되어야 할 사항으로 가장 거리가 먼 것은?

① 공정안전자료
② 비상조치계획
③ 공정위험성평가서
④ 평균안전율

97 금속의 용접·용단 또는 가열에 사용되는 가스 등의 용기를 취급할 때의 준수사항으로 틀린 것은?

① 전도의 위험이 없도록 한다.
② 밸브를 서서히 개폐한다.
③ 용해아세틸렌의 용기는 세워서 보관한다.
④ 용기의 온도를 65℃ 이하로 유지한다.

98 프로판(C_3H_8) 가스가 공기 중 연소할 때의 화학양론농도는 약 얼마인가? (단, 공기 중의 산소농도는 21%이다.)

① 2.5% ② 4.0%

③ 5.6% ④ 9.5%

99 다음 중 「산업안전보건법」상 산화성 물질에 해당하지 않는 것은?

① 질산 ② 중크롬산

③ 과산화수소 ④ 과산화벤조일

100 공업용 가스의 용기가 주황색으로 도색되어 있을 때 용기 안에는 어떠한 가스가 들어있는가?

① 수소 ② 질소

③ 암모니아 ④ 아세틸렌

---

101 강관틀비계의 도괴 또는 전도를 방지하기 위하여 사용하는 벽이음에 대한 간격의 기준으로 옳은 것은?

① 수직방향 5m, 수평방향 5m 이내마다 할 것

② 수직방향 6m, 수평방향 7m 이내마다 할 것

③ 수직방향 6m, 수평방향 8m 이내마다 할 것

④ 수직방향 7m, 수평방향 8m 이내마다 할 것

102 차량계 건설기계를 사용하는 작업에 있어 작업계획에 포함되어야 하는 사항이 아닌 것은?

① 차량계 건설기계에 의한 작업방법

② 차량계 건설기계의 운행경로

③ 차량계 건설기계의 방호장치

④ 차량계 건설기계의 종류 및 능력

103 철근콘크리트 구조물의 해체를 위한 장비가 아닌 것은?

① 철제 해머

② 압쇄기

③ 램머(Rammer)

④ 핸드 브레이커(Hand Breaker)

104 굴착, 싣기, 운반, 흙깔기 등의 작업을 하나의 기계로서 연속적으로 행할 수 있으며 비행장과 같이 대규모 정지작업에 적합하고 피견인식과 자주식으로 구분할 수 있는 차량계 건설기계는?

① 항타기(Pile Driver)
② 로우더(Loader)
③ 불도저(Buldozer)
④ 스크레이퍼(Scraper)

105 흙막이공의 파괴 원인 중 보일링(Boiling)현상이 주된 원인이 되는 경우가 있다. 보일링현상에 관한 기술로 틀린 것은?

① 지하수위가 높은 지반을 굴착할 때 주로 발생한다.
② 연약 사질토 지반에서 주로 발생한다.
③ 시트파일(Sheet Pile) 등의 저면에 분사현상이 발생한다.
④ 연약 점토 지반에서 굴착면의 융기로 발생한다.

106 다음 중 소형 개구부의 안전조치 중 옳지 않은 것은?

① 덮개의 재료는 손상·변형·부식이 없는 것으로 한다.
② 덮개의 크기는 개구부보다 10cm 정도 여유 있게 설치한다.
③ 덮개는 유동성이 있어야 하며 바닥과는 밀착되도록 설치한다.
④ 덮개 표면에는 개구부임을 표시하여야 한다.

107 건설공사의 유해·위험방지계획서 제출기준일이 맞는 것은?

① 당해공사 착공 1개월까지
② 당해공사 착공 15일 전까지
③ 당해공사 착공 전일까지
④ 당해공사 착공 15일 후

108 콘크리트 타설 시 거푸집 측압에 대한 설명 중 틀린 것은?

① 타설속도가 빠를수록 측압이 커진다.
② 콘크리트의 온도가 높을수록 측압이 커진다.
③ 타설높이가 높을수록 측압이 커진다.
④ 거푸집의 투수성이 낮을수록 측압은 커진다.

109 터널 굴착작업 시 시공계획에 포함되어야 할 사항으로 거리가 먼 것은?

① 굴착의 방법
② 터널 지보공 및 복공의 시공방법과 용수의 처리방법
③ 환기 또는 조명시설을 하는 때에는 그 방법
④ 계기의 이상 유무 점검

110 흙의 연경도에서 소성상태와 액성상태 사이의 한계를 무엇이라 하는가?

① 에터버그(Atterberg)한계
② 액성한계
③ 소성한계
④ 수축한계

111 「산업안전보건법」상 안전검사 대상 기계·기구가 아닌 것은?

① 프레스 및 전단기
② 크레인(호이스트 포함)
③ 곤도라
④ 지게차

112 옥외에 설치되어 있는 주행크레인에 대하여 이탈방지장치를 작동시키는 등 그 이탈을 방지하기 위한 조치를 하여야 하는 순간풍속에 대한 기준으로 옳은 것은?

① 순간풍속이 매초당 10m를 초과할 때
② 순간풍속이 매초당 20m를 초과할 때
③ 순간풍속이 매초당 30m를 초과할 때
④ 순간풍속이 매초당 40m를 초과할 때

113 비계설치 시 벽연결을 하는 가장 중요한 이유는?

① 비계설치의 작업성을 높이기 위하여
② 비계 점검 및 보수의 편의를 위하여
③ 비계의 도괴방지와 좌굴을 방지하기 위하여
④ 비계 작업발판의 설치를 위하여

114 콘크리트 거푸집 설계 시 고려하여야 할 연직하중과 관련이 없는 것은?

① 콘크리트 하중   ② 풍하중
③ 충격하중   ④ 작업하중

115 강관비계 기둥 간의 적재하중에 대한 기준으로 적절한 것은?

① 400kg을 초과하지 아니하도록 할 것
② 500kg을 초과하지 아니하도록 할 것
③ 800kg을 초과하지 아니하도록 할 것
④ 1,000kg을 초과하지 아니하도록 할 것

116 로프길이 2m의 안전대를 착용한 근로자가 부상 당하지 않을 지면으로부터 안전대 고정점까지의 최소의 높이로 알맞은 것은? (단, 로프의 신율 30%, 근로자의 신장 180cm)

① 1.5m   ② 2.5m
③ 3.5m   ④ 4.5m

117 옹벽 구조물의 외부 안정조건이 아닌 것은?

① 활동에 대한 안정
② 전도에 대한 안정
③ 지반 지지력에 대한 안정
④ 강도에 대한 안정

118 다음 중 차량계 건설기계에 속하지 않는 것은?

① 불도저   ② 스크레이퍼

③ 항타기   ④ 타워크레인

119 암반을 천공하고 화약을 충전하여 발파한 후 스틸리브(Steel Rib) 및 와이어매쉬(Wire Mesh)를 설치하고 숏크리트(Shot Crete)를 타설하여 시공하는 터널공법은?

① NATM 공법

② TBM 공법

③ 개착식 공법(Open Cut)

④ 실드 공법

120 잠함 또는 우물통의 내부에서 굴착작업을 할 때 급격한 침하로 인한 위험방지를 위해 준수하여야 할 사항은?

① 바닥으로부터 천장 또는 보까지의 높이를 1.8m 이상으로 할 것

② 산소의 농도를 측정하는 자를 지명하여 측정하도록 할 것

③ 근로자가 안전하게 승강하기 위한 설비를 설치할 것

④ 굴착 깊이가 20m를 초과하는 때에는 송기를 위한 설비를 설치할 것

기출변형 모의고사 3회

정답과 해설 P.029

자격종목	시험시간	문제수	점수
산업안전기사	3시간	120	

1과목: 산업재해 예방 및 안전보건교육

01 Y-K 성격검사에 관한 사항으로 틀린 것은?

① C, C'형은 적응이 빠르다.
② M, M'형은 내구성, 지속성이 있다.
③ S, S'형은 담력, 자신감이 약하다.
④ P, P'형은 운동, 결단이 빠르다.

02 리더의 특질이 매우 매력 있고 탁월한 능력이 있어 존경받는 리더십은?

① 변혁적 리더십 ② 지시적 리더십
③ 참여적 리더십 ④ 설득적 리더십

03 타일러(Tyler)의 교육과정 중 학습경험 선정의 원리에 해당하는 것은?

① 다성과의 원리 ② 계속성의 원리
③ 계열성의 원리 ④ 통합성의 원리

04 데이비스의 동기부여이론 중 인간의 성과 식으로 옳은 것은?

① 지식×기능
② 상황×능력
③ 능력×동기유발
④ 인간의 성과×물질의 성과

05 적응기제 중 방어적 기제의 유형이 아닌 것은?

① 투사   ② 억압
③ 승화   ④ 합리화

06 생체리듬의 주기가 33일인 생체리듬은?

① 육체적 리듬 ② 지성적 리듬
③ 감성적 리듬 ④ 감각적 리듬

07 안전모의 내관통성 시험에서 AB종 안전모의 관통거리는 몇 mm 이하이어야 하는가?

① 9.1mm ② 10.1mm
③ 11.1mm ④ 12.1mm

08 건설업의 경우 산업안전보건위원회를 구성해야 하는 기준 공사금액은?

① 20억 원 이상 ② 50억 원 이상
③ 120억 원 이상 ④ 200억 원 이상

09 재해 분류 항목의 빈도가 큰 순서대로 도식화하여 분석하는 방법은?

① 파레토도 ② 관리도
③ 특성요인도 ④ 클로즈 분석도

10 산업재해보험 적용 근로자가 100명인 사업장에서 작업 중 재해 2건이 발생하였고, 1명이 사망하였을 때 이 사업장의 사망만인율은?

① 1 ② 10
③ 100 ④ 1,000

11 안전보건관리책임자의 보수교육 시간은?

① 6시간 이상 ② 8시간 이상
③ 24시간 이상 ④ 34시간 이상

12 손다이크의 시행착오설에 해당하지 않는 것은?

① 목적의 법칙 ② 연습의 법칙
③ 효과의 법칙 ④ 준비성의 법칙

13 리더십의 권한 중 하부에서 부여된 권한은?

① 보상적 권한 ② 위임된 권한
③ 전문성의 권한 ④ 강압적 권한

14 단조로운 업무를 장시간 수행 시 몽롱해지는 현상이 일어나는 원인은?

① 의식의 단절
② 의식의 우회
③ 의식수준의 저하
④ 의식의 지배

15 기차를 타고 있을 때 정지해 있는 배경이 움직이는 것으로 착각하는 현상을 무엇이라 하는가?

① α 운동 ② β 운동
③ 유도운동 ④ 자동운동

16 다른 사람에게서 자신과 비슷한 것을 찾아 함께 어울리고자 하는 심리를 설명하는 것은?

① 동일화 ② 일체화
③ 투사 ④ 공감

17 자율안전확인대상 보호구의 종류가 아닌 것은?

① 잠수기 ② 안전모
③ 보안경 ④ 보안면

18 방독마스크의 성능에 방진마스크의 성능이 포함된 방독마스크의 명칭으로 옳은 것은?

① 복합용 방독마스크
② 겸용 방독마스크
③ 혼합용 방독마스크
④ 결합용 방독마스크

19 산업재해조사표를 작성하여 1개월 이내에 관할 지방노동청장 또는 지청장에게 제출해야 할 기준으로 맞는 것은?

① 2일 이상의 휴업
② 3일 이상의 휴업
③ 4일 이상의 휴업
④ 5일 이상의 휴업

20 아담스의 재해발생 5단계 중 3단계에 맞는 것은?

① 사고 ② 전술적 에러
③ 작전적 에러 ④ 관리구조

2과목: 인간공학 및 위험성 평가 · 관리

21 설비의 설계단계에서부터 사용단계까지의 각 단계에서 위험을 분석하는 귀납적 · 정량적 분석방법은?

① ETA ② FMEA
③ THERP ④ CA

22 인간의 모든 신체 부위의 동작은 기본적인 몇 가지로 분류된다. 몸의 중심선으로부터 밖으로 이동하는 동작을 지칭하는 용어는?

① 외전 ② 외선
③ 내전 ④ 내선

23 어떤 부품의 고장확률 밀도함수는 평균고장률(λ)이 시간당 10^{-3}인 지수분포를 따르고 있다. 이 부품을 2,000시간 작동시켰을 때의 신뢰도는 얼마인가?

① 0.135 ② 0.237
③ 0.348 ④ 0.459

24 다음 FTA기법의 발생확률 G_1값은?

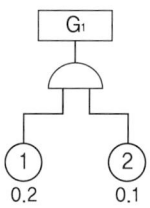

① 0.02
② 0.15
③ 0.28
④ 0.3

25 다음 중 소음에 대한 대책과 관계가 먼 것은?

① 소음원을 통제
② 소음의 격리
③ 소음의 분배
④ 적절한 배치

26 청각 표시장치에서 경계 및 경보 신호를 선택·설계할 때에 지침을 잘못 이해한 것은?

① 귀는 중음역에 가장 민감하므로 500~3,000Hz가 좋다.
② 장거리용 신호에는 500Hz 이하의 진동수를 사용한다.
③ 칸막이를 통과하는 신호는 500Hz 이하의 진동수를 사용한다.
④ 배경 소음과 다른 진동수를 갖는 신호를 사용한다.

27 안전성 평가는 6단계 과정을 거쳐 실시되는데, 이에 해당되지 않는 것은?

① 작업 조건의 측정
② 정성적 평가
③ 안전대책
④ 관계자료의 정비검토

28 C/D비(Control–Display Ratio)가 크다는 것의 의미로 옳은 것은?

① 미세한 조종은 쉽지만 이동시간은 상대적으로 길다.
② 미세한 조종이 쉽고 이동시간도 상대적으로 짧다.
③ 미세한 조종은 어렵지만 이동시간은 상대적으로 짧다.
④ 미세한 조종이 어렵고 이동시간도 상대적으로 길다.

29 결함수의 OR 게이트이지만 2개 또는 2 이상의 입력이 동시에 존재하는 경우에는 출력이 생기지 않는 게이트는?

① OR 게이트
② 조합 OR 게이트
③ 배타적 OR 게이트
④ 우선적 OR 게이트

30 인간의 실수 중 '어떤 일의 태만, 수행해야 할 작업 또는 단계를 생략한 형태의 실수'는 어느 형태의 오류로 분류되는가?

① 부작위오류(Omission Error)
② 작위오류(Commission Error)
③ 순서오류(Sequence Error)
④ 시간오류(Timing Error)

31 통제표시비의 설계 시 고려사항이 아닌 것은?

① 계기의 크기 　　② 조작거리
③ 조작시간 　　　④ 공차

32 인간의 생리적 부담 척도 중 국소적 근육활동의 척도로 이용되는 것은?

① 혈압 　　　　　② 맥박수
③ 근전도 　　　　④ 점멸융합 주파수

33 화학설비의 안전성 평가단계이다. 순서를 바르게 나타낸 것은?

> ㉠ 관계자료의 작성준비
> ㉡ 정량적 평가
> ㉢ 정성적 평가
> ㉣ 안전대책

① ㉠-㉡-㉢-㉣
② ㉠-㉢-㉣-㉡
③ ㉠-㉡-㉣-㉢
④ ㉠-㉢-㉡-㉣

34 사고원인 가운데 인간의 과오에 기인된 원인 분석, 확률을 계산함으로써 제품의 결함을 감소시키고, 인간공학적 대책을 수립하는 데 사용되는 분석기법은?

① CA 　　　　　② FMEA
③ THERP 　　　④ MORT

35 주어진 자극에 대해 인간이 갖는 변화감지역을 표현하는 데에는 웨버(Weber)의 법칙을 이용한다. 이때 웨버(Weber)비의 관계식으로 옳은 것은? (단, 변화감지역을 ΔI, 표준자극을 I라 한다.)

① 웨버(Weber)비 $= \dfrac{\Delta I}{I}$

② 웨버(Weber)비 $= \dfrac{I}{\Delta I}$

③ 웨버(Weber)비 $= \Delta I \times I$

④ 웨버(Weber)비 $= \dfrac{\Delta I - I}{\Delta I}$

36 다음의 FT도에서 각 요소의 발생확률이 요소①은 0.15, 요소②는 0.2, 요소③은 0.25, 요소④는 0.3일 때 A사상의 발생확률은 얼마인가? (단, 소수점 셋째 자리까지 구하시오.)

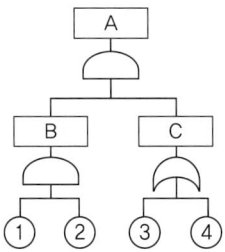

① 0.007 　　　　② 0.014
③ 0.071 　　　　④ 0.143

37 설비를 수리하면서 사용하는 체계에서 고장과 고장 사이 시간의 평균치를 무엇이라 하는가?

① MTBF   ② MTTR

③ MTTF   ④ MTBH

38 리스크 관리에서 리스크를 통제하는 4가지 방법에 해당하지 않는 것은?

① 회피(Avoidance)

② 감축(Reduction)

③ 보유(Retention)

④ 분배(Distribution)

39 시스템안전 해석방법 중 'HAZOP'에서 '완전 대체'를 의미하는 유인어는?

① NOT   ② REVERSE

③ PART OF   ④ OTHER THAN

40 다음 중 불 대수(Boolean Algebra) 식이 틀린 것은?

① $A \cdot (\overline{A} + B) = \overline{A} + B$

② $\overline{A+B} = \overline{A} \cdot \overline{B}$

③ $A + A = A$

④ $A \cdot (B \cdot C) = (A \cdot B) \cdot C$

3과목: 기계 · 기구 및 설비 안전관리

41 앞면 롤러의 표면원주 속도가 30m/min 이상일 때 「산업안전보건법」상 급정지장치의 설치 거리는 앞면 롤러 원주의 얼마 이내로 규정되어 있는가?

① $\frac{1}{2}$ ② $\frac{1}{2.5}$

③ $\frac{1}{3}$ ④ $\frac{1}{3.5}$

42 양중기에서 화물의 하중을 직접 지지하는 와이어로프의 안전율(계수)은 얼마 이상으로 하는가?

① 3   ② 5

③ 7   ④ 9

43 보일러에서의 이상현상이 아닌 것은?

① 역화(Back Fire)

② 프라이밍(Priming)

③ 포밍(Forming)

④ 캐리오버(Carry Over)

44 재해발생 원인을 나타내는 위험의 5요소가 아닌 것은?

① 충격 ② 말림
③ 트랩 ④ 탈출

45 다음 ( ) 안의 ㉠, ㉡에 알맞은 것은?

보일러에서 압력방출장치를 2개 설치하는 경우 1개는 (㉠) 이하에서 작동되도록 하고, 또 다른 하나는 (㉠)의 (㉡) 이하에서 작동하도록 부착한다.

① ㉠ 평균사용압력, ㉡ 1.05배
② ㉠ 평균사용압력, ㉡ 1.10배
③ ㉠ 최고사용압력, ㉡ 1.05배
④ ㉠ 최고사용압력, ㉡ 1.10배

46 다음 ( ) 안에 들어갈 용어로 알맞은 것은?

사업주는 보일러의 과열을 방지하기 위하여 최고사용압력과 상용압력 사이에서 보일러의 버너 연소를 차단할 수 있도록 ( )을(를) 부착하여 사용하여야 한다.

① 고저수위 조절장치
② 압력방출장치
③ 압력제한 스위치
④ 파열판

47 용접장치에서 안전기의 설치기준에 관한 설명으로 틀린 것은?

① 아세틸렌 용접장치의 안전기는 취급에 미설치인 경우 주관 및 취관에 가장 근접한 분기관마다 설치한다.
② 아세틸렌 용접장치의 안전기는 가스용기와 발생기가 분리되어 있는 경우 발생기와 가스용기 사이에 설치한다.
③ 가스집합 용접장치의 안전기는 주관 및 분기관에 안전기를 설치하며, 이 경우 하나의 취관에 2개 이상의 안전기를 설치한다.
④ 가스집합 용접장치의 안전기 설치는 화기사용설비로부터 3m 이상 격리 설치한다.

48 와이어로프의 안전율을 계산하는 공식은? (단, S=안전율, Q=최대사용하중, N=로프의 가닥수, P=와이어로프의 파단하중)

① $S = \dfrac{Q \times P}{N}$

② $S = \dfrac{N \times P}{Q}$

③ $S = N \times Q \times P$

④ $S = \dfrac{Q \times N}{P}$

49 양수기동식 방호장치의 안전거리는 얼마 이상이어야 하는가? (단, 확동클러치의 봉합개소의 수는 8개, 분당 행정수는 250spm을 가진다.)

① 240mm ② 360mm
③ 400mm ④ 420mm

50 지름이 D(mm)인 연삭기 숫돌의 회전수가 N(rpm)일 때 숫돌의 원주속도를 옳게 표현한 식은?

① $\dfrac{\pi DN}{1,000}$ (m/min)

② πDN (m/min)

③ $\dfrac{\pi DN}{60}$ (m/min)

④ $\dfrac{DN}{1,000}$ (m/min)

51 안전인증대상 기계·기구에 해당하지 않는 것은?

① 프레스   ② 전단기
③ 크레인   ④ 승강기

52 크레인 로프에 2ton의 중량을 걸어 20m/sec² 가속도로 감아올릴 때 로프에 걸리는 총하중은 몇 kgf인가?

① 682   ② 6,082
③ 7,082   ④ 7,802

53 화물중량이 200kgf, 지게차의 중량이 400kgf, 앞바퀴에서 화물의 무게중심까지의 최단거리가 1m이면 지게차가 안정되기 위한 앞바퀴에서 지게차의 무게중심까지의 최단거리는 최소 몇 m를 초과해야 하는가?

① 0.2m   ② 0.5m
③ 1m   ④ 3m

54 선반 작업 시 사용하는 방호장치에 해당하는 것은?

① 풀 아웃(Pull Out)
② 게이트 가드(Gate Guard)
③ 스윕 가드(Sweep Guard)
④ 실드(Shield)

55 프레스의 손쳐내기식 방호장치 설치기준으로 틀린 것은?

① 슬라이드 행정수가 120spm 이상의 것에 사용한다.
② 슬라이드의 행정길이가 40mm 이상의 것에 사용한다.
③ 슬라이드 조절량이 많은 것에는 손쳐내기 봉의 길이 및 진폭의 조절범위가 큰 것을 선정한다.
④ 방호판의 폭이 금형 폭의 2분의 1(최소폭 120mm) 이상이어야 한다.

56 압력용기 및 공기압축기에 설치해야 하는 안전장치는?

① 압력방출장치
② 압력제한 스위치
③ 고저수위 조절장치
④ 화염검출기

57 사업주가 보일러의 폭발사고 예방을 위하여 항상 기능이 정상적으로 작동될 수 있도록 유지·관리할 대상이 아닌 것은?

① 폭발검출기
② 압력방출장치
③ 압력제한 스위치
④ 고저수위 조절장치

58 방호조치를 하지 아니하고는 양도, 대여, 진열, 판매를 할 수 없는 기계가 아닌 것은?

① 예초기   ② 공기압축기
③ 원심기   ④ 롤러기

59 동력프레스기 중 Hand In Die방식의 프레스기에서 사용하는 방호대책에 해당하는 것은?

① 자동프레스의 도입
② 전용프레스의 도입
③ 가드식 방호장치
④ 안전울을 부착한 프레스

60 「산업안전기준에 관한 규칙」 중 아세틸렌 용접장치의 안전조치 기준으로서 알맞은 것은?

① 아세틸렌 발생기로부터 3m 이내, 발생기실로부터 5m 이내에는 흡연, 화기 사용금지
② 아세틸렌 발생기로부터 3m 이내, 발생기실로부터 4m 이내에는 흡연, 화기 사용금지
③ 아세틸렌 발생기로부터 4m 이내, 발생기실로부터 3m 이내에는 흡연, 화기 사용금지
④ 아세틸렌 발생기로부터 5m 이내, 발생기실로부터 3m 이내에는 흡연, 화기 사용금지

4과목: 전기설비 안전관리

61 절연물의 절연불량의 원인 중 열적 요인에 의한 절연불량 현상은 매우 중요하다. 최고 허용온도가 105℃이고, 보통의 회전기, 변압기의 제작에 적당한 절연계급은?

① Y종   ② A종
③ B종   ④ C종

62 접지 목적에 따른 종류에서 사용 목적이 다른 것은?

① 피뢰용접지: 낙뢰로부터 전기기기의 손상 방지
② 등전위접지: 정전기의 축적에 의한 폭발 방지
③ 계통접지: 고·저압 전로 혼촉 시 감전 및 화재 방지
④ 기기접지: 누전이 되고 있는 기기 접촉 시 감전 방지

63 분진운 형태의 가연성 분진이 폭발농도를 형성할 정도로 충분한 양이 정상작동 중에 연속적으로 또는 자주 존재하거나, 제어할 수 없을 정도의 양 및 두께의 분진층이 형성될 수 있는 장소로 정의되는 폭발위험장소는?

① 0종 장소   ② 1종 장소
③ 20종 장소   ④ 21종 장소

64 누전차단기 접속 시 유의사항으로 옳지 않은 것은?

① 정격부하전류가 50A 이상인 전기기계·기구에 접속되는 경우 정격감도전류는 200mA 이하, 작동시간은 0.1초 이내로 할 수 있다.

② 전기기계·기구에 접속되는 경우 정격감도전류가 50mA 이하이고, 작동시간은 0.03초 이내이어야 한다.

③ 지락보호용 누전차단기는 과전류를 차단하는 퓨즈 또는 차단기 등과 조합하여 접속한다.

④ 평상시 누설전류가 미소한 소용량의 부하의 전로인 경우 분기회로에 일괄하여 누전차단기를 접속할 수 있다.

65 화염일주한계에 대한 설명으로 다음 중 옳은 것은?

① 폭발성 가스와 공기의 혼합기에 온도를 높인 경우 화염이 발생할 때까지의 시간한계치

② 폭발성 분위기에 있는 용기의 접합면 틈새를 통해 화염이 내부에서 외부로 전파되는 것은 저지할 수 있는 틈새의 최대간격치

③ 폭발성 분위기 속에서 전기불꽃에 의하여 폭발을 일으킬 수 있는 화염을 발생시키기에 충분한 교류파형의 1주기치

④ 전기 방폭설비에서 이상이 발생하여 불꽃이 생성된 경우에 그것이 점화원으로 작용하지 않도록 화염의 에너지를 억제하여 폭발하한계가 되도록 화염 크기를 조정하는 한계치

66 위험방지를 위한 전기기계·기구의 설치 시 고려할 사항으로 거리가 먼 것은?

① 전기기계·기구의 충분한 전기적 용량 및 기계적 강도

② 전기기계·기구의 안전효율을 높이기 위한 시간 가동률

③ 습기·분진 등 사용장소의 주위 환경

④ 전기적·기계적 방호수단의 적정성

67 인체에 대전된 정전기로 인하여 화재 또는 폭발의 위험이 발생할 우려가 있을 때의 조치사항으로 옳지 않은 것은?

① 정전기 대전 유도용 안전화 착용

② 제전복 착용

③ 정전기 제전용구의 사용

④ 작업장 바닥 등의 도전성 조치

68 다음 중 정전작업이 끝난 후 필요한 조치 사항으로 가장 옳은 것은?

① 감전위험 요인 제거

② 개로 개폐기의 시건 혹은 표시

③ 단락접지

④ 감독자 선임

69 다음 설명과 가장 관계가 깊은 것은?

> - 파이프 속에 저항이 높은 액체가 흐를 때 발생된다.
> - 액체의 흐름이 정전기 발생에 영향을 준다.

① 유동대전 ② 박리대전
③ 충돌대전 ④ 분출대전

70 피뢰침의 제한전압이 800kV, 충격절연강도가 1,260kV라 할 때, 보호여유도는 몇 %인가?

① 33.33 ② 47.33
③ 57.5 ④ 63.5

71 전력량 1kWh를 열량으로 환산하면 몇 kcal인가?

① 754 ② 804
③ 864 ④ 954

72 300A의 전류가 흐르는 저압 가공전선로의 한 선에서 허용 가능한 누설전류는 몇 mA를 넘지 않아야 하는가?

① 100 ② 150
③ 1,000 ④ 1,500

73 전폐형의 구조로 되어 있으며, 외부의 폭발성 가스가 내부로 침입해서 폭발하였을 때 고열가스나 화염이 협격을 통하여 서서히 방출시킴으로써 냉각되는 방폭구조는?

① 내압 방폭구조 ② 유입 방폭구조
③ 압력 방폭구조 ④ 안전증 방폭구조

74 충격전압시험 시의 표준충격파형을 1.2×50μs로 나타내는 경우 1.2와 50이 뜻하는 것은?

① 파두장 – 파미장
② 최초섬락시간 – 최종섬락시간
③ 라이징타임 – 스테이블타임
④ 라이징타임 – 충격전압인가시간

75 심실세동전류를 $I = \dfrac{165}{\sqrt{T}}$ mA라면 감전되었을 경우 심실세동 시에 인체에 직접 받는 전기에너지는 약 몇 cal인가? (단, T는 통전시간으로 1초이며, 인체의 저항은 500Ω으로 한다.)

① 0.52 ② 1.35
③ 2.14 ④ 3.26

76 불꽃이나 아크 등이 발생하지 않는 기기의 경우 기기의 표면온도를 낮게 유지하여 고온으로 인한 착화의 우려를 없애고 기계적·전기적으로 안정성을 높게 한 방폭구조를 무엇이라고 하는가?

① 유압 방폭 ② 내압(內壓) 방폭
③ 내압(耐壓) 방폭 ④ 안전증 방폭

77 안전모의 '내전압성'이란 몇 V 이하의 전압에서 견딜 수 있는 것을 의미하는가?

① 4,000
② 5,000
③ 6,000
④ 7,000

78 가연성 가스 또는 인화성 액체의 용기류가 부식, 열화 등으로 파손되어 가스 또는 액체가 누출될 염려가 있는 경우의 방폭지역을 무엇이라 하는가?

① 0종 장소
② 1종 장소
③ 2종 장소
④ 비방폭지역

79 감전방지용 누전차단기의 정격감도전류 및 작동시간은 얼마인가?

① 30mA 이하, 0.1초 이내
② 30mA 이하, 0.03초 이내
③ 50mA 이하, 0.1초 이내
④ 50mA 이하, 0.03초 이내

80 다른 두 물체가 접촉할 때 접촉 전위차가 발생하는 원인으로 옳은 것은?

① 두 물체의 온도 차
② 두 물체의 습도 차
③ 두 물체의 일함수 차
④ 두 물체의 밀도 차

5과목: 화학설비 안전관리

81 다음 중 상온에서 물과 격렬히 반응하여 수소를 발생시키는 물질은?

① Ti
② K
③ Fe
④ Ag

82 다음 연소이론에 대한 설명으로 틀린 것은?

① 착화온도가 낮을수록 연소위험이 크다.
② 인화점이 낮은 물질은 반드시 착화점도 낮다.
③ 인화점이 낮을수록 일반적으로 연소위험도 크다.
④ 연소범위가 넓을수록 연소위험이 크다.

83 다음 가스 중 독성 가스에 속하지 않는 것은?

① 암모니아
② 황화수소
③ 포스겐
④ 질소

84 「산업안전기준에 관한 규칙」에서 안전밸브 등의 전·후단에 자물쇠형 또는 이에 준하는 형식의 차단밸브를 설치할 수 있는 경우가 아닌 것은?

① 화학설비 및 그 부속설비에 안전밸브 등이 복수방식으로 설치되어 있는 경우
② 인접한 화학설비 및 그 부속설비에 안전밸브 등이 각각 설치되고 있고 당해 화학설비 및 그 부속설비의 연결배관에 차단밸브가 없는 경우
③ 파열판과 안전밸브를 직렬로 설치한 경우
④ 열팽창에 의하여 상승된 압력을 낮추기 위한 목적으로 안전밸브가 설치된 경우

85 「산업안전보건법」에 따라 사업주가 특수화학설비를 설치하는 때에 그 내부의 이상상태를 조기에 파악하기 위하여 설치하여야 하는 장치는?

① 자동경보장치
② 안전감시장치
③ 자동문개폐장치
④ 스크러버개방장치

86 다음 중 유류화재와 전기화재에 모두 사용할 수 있는 소화기로 가장 적당한 것은?

① 산·알칼리 소화기
② 분말 소화기
③ 포말 소화기
④ 물 소화기

87 다음 중 「산업안전보건법」상 화학설비의 부속설비로만 이루어진 것은?

① 사이클론, 백필터, 전기집진기 등의 분진처리설비
② 응축기, 냉각기, 가열기, 증발기 등의 열교환기류
③ 고로 등 점화기를 직접 사용하는 열교환기류
④ 혼합기, 발포기, 압축기 등의 화학제품 가공설비

88 열교환기의 보수에 있어서 일상점검 항목으로 볼 수 없는 것은?

① 보온재 및 보냉재의 파손상황
② 부식의 형태 및 정도
③ 도장의 노후 상황
④ Flange 등의 외부 누출 여부

89 「산업안전보건법」에서 규정한 독성 물질은 쥐에 대한 4시간 동안의 흡입실험에 의하여 실험동물 50%를 사망시킬 수 있는 농도, 즉 LC50이 몇 ppm 이하인 물질을 말하는가?

① 2,000   ② 2,500
③ 3,000   ④ 3,500

90 다음 중 산화성 물질의 저장·취급에 있어서 고려하여야 할 사항과 가장 거리가 먼 것은?

① 가열·충격·마찰 등 분해를 일으키는 조건을 주지 말 것
② 분해를 촉진하는 약품류와 접촉을 피할 것
③ 내용물이 누출되지 않도록 할 것
④ 습한 곳에 밀폐하여 저장할 것

91 다음 각 물질에 대한 저장법으로 잘못된 것은?

① 나트륨 – 석유 속에 저장
② 니트로글리세린 – 유기용제 속에 저장
③ 적린 – 냉암소에 격리 저장
④ 질산은 용액 – 햇빛을 차단하여 저장

92 「산업안전기준에 관한 규칙」에서 정한 위험물질의 종류 중 폭발성 물질이 아닌 것은?

① 셀룰로이드류
② 질산에스테르류
③ 아조화합물
④ 유기과산화물

93 프로판(C_3H_8)의 연소하한계가 2.2vol%일 때, 연소를 위한 최소산소농도(MOC)는 몇 vol%인가?

① 5.0
② 7.0
③ 9.0
④ 11.0

94 공기 중에서 아세틸렌의 폭발하한계는 2.2vol%이다. 이 경우 표준상태에서 아세틸렌과 공기의 혼합기체 1m³에 함유되어 있는 아세틸렌의 양은 약 몇 g인가? (단, 아세틸렌의 분자량은 26이다.)

① 19.02
② 25.54
③ 29.02
④ 35.54

95 소화방식의 종류 중 주된 작용이 질식소화에 해당되는 것은?

① 스프링클러
② 에어 – 폼
③ 강화액
④ 호스방수

96 다음 중 분진폭발순서를 올바르게 배열한 것은?

① 퇴적분진 → 분산 → 발화원 → 비산 → 전면폭발 → 2차 폭발
② 비산 → 퇴적분진 → 분산 → 발화원 → 2차 폭발 → 전면폭발
③ 퇴적분진 → 비산 → 분산 → 발화원 → 전면폭발 → 2차 폭발
④ 비산 → 분산 → 퇴적분진 → 발화원 → 2차 폭발 → 전면폭발

97 공기 중에서 수소의 폭발하한계가 4.0vol%, 상한계가 75.0vol%라면 수소의 위험도는 얼마인가?

① 16.75
② 17.75
③ 18.75
④ 19.75

98 「산업안전기준에 관한 규칙」상 건조설비를 사용하여 작업을 하는 경우 폭발 또는 화재를 예방하기 위하여 준수하여야 하는 사항으로 적절하지 않은 것은?

① 위험물 건조설비를 사용하는 때에는 미리 내부를 청소하거나 환기할 것

② 위험물 건조설비를 사용하는 때에는 건조로 인하여 발생하는 가스·증기 또는 분진에 의하여 폭발·화재의 위험이 있는 물질을 안전한 장소로 배출시킬 것

③ 위험물 건조설비를 사용하여 가열건조하는 건조물은 쉽게 이탈되도록 할 것

④ 고온으로 가열건조한 가연성 물질은 발화의 위험이 없는 온도로 냉각한 후에 격납시킬 것

99 가연성 가스의 폭발범위에 관한 설명으로 틀린 것은?

① 소수의 예외를 제외하고는 압력 증가에 따라 폭발상한계와 하한계가 모두 현저히 증가한다.

② 온도의 상승과 함께 폭발하한계는 낮아진다.

③ 온도의 상승과 함께 폭발범위는 넓어진다.

④ 산소 중에서의 폭발범위는 공기 중에서 보다 넓어진다.

100 물 소화약제의 단점을 보완하기 위하여 물에 탄산칼륨(K_2CO_3) 등을 녹인 수용액으로서 부동성이 높은 알칼리성 소화약제는?

① 포 소화약제　　② 분말 소화약제

③ 강화액 소화약제　④ CO_2 소화약제

6과목: 건설공사 안전관리

101 지게차의 작업시작 전 점검사항이 아닌 것은?

① 권과방지장치, 브레이크, 클러치 및 운전장치 기능의 이상 유무

② 하역장치 및 유압장치 기능의 이상 유무

③ 제동장치 및 조정장치 기능의 이상 유무

④ 전조등, 후미등, 방향지시기 및 경보장치 기능의 이상 유무

102 공사용 가설도로에 대한 설명 중 옳지 않은 도로는?

① 도로는 장비 및 차량이 안전하게 운행할 수 있도록 견고하게 설치한다.

② 부득이한 경우를 제외하는 경우 최대 허용경사도는 20%이다.

③ 도로와 작업장이 접해 있을 경우에는 방책 등을 설치한다.

④ 도로는 배수를 위해 경사지게 설치하거나 배수시설을 해야 한다.

103 낙하재해 예방을 위한 안전조치 사항으로 부적절한 것은?

① 낙하물방지망, 방호선반 등을 설치한다.

② 출입금지구역의 설정, 보호구의 착용 등의 조치를 취한다.

③ 낙하물방지망은 10m 이내마다 설치하고 설치각도는 수평면과 45° 각도를 유지한다.

④ 낙하물방지망의 내민 길이는 벽면으로부터 2m 이상으로 설치한다.

104 거푸집 및 동바리 조립작업의 기준으로 틀린 것은?

① 조립도를 작성하고 조립도에 따라 조립한다.
② 동바리로 파이프 서포트(Pipe Support)를 사용하는 경우 높이가 3.5m를 초과할 때에는 높이 2m 이내마다 수평 연결재를 2개 방향으로 설치한다.
③ 강재와 강재와의 접속부 및 교차부는 철선 등으로 튼튼히 결속한다.
④ 상하단을 고정하고 동바리 하부에는 침하 방지 조치를 한다.

105 흙막이 지보공을 설치한 때에 정기적으로 점검하고 이상을 발견한 때에 즉시 보수하여야 하는 사항이 아닌 것은?

① 부재의 손상, 변형, 변위 및 탈락의 유무와 상태
② 부재의 접속부, 부착부 및 교차부 상태
③ 침하의 정도
④ 작업 중 안전대 및 안전모 등 보호구 착용 상황 감시

106 유해·위험방지계획서 제출 시 첨부서류가 아닌 것은?

① 공사현장의 주변 상황 및 주변과의 관계를 나타내는 도면
② 공사개요서
③ 전체공정표
④ 작업인부의 배치를 나타내는 도면 및 서류

107 굴착과 싣기를 동시에 할 수 있는 토공기계가 아닌 것은?

① 트랙터 셔블(Tractor Shovel)
② 백호(Back Hoe)
③ 파워 셔블(Power Shovel)
④ 모터 그레이더(Motor Grader)

108 추락의 위험이 있는 경우 추락방호망을 설치할 때 일반적으로 방망 지지점은 몇 kg의 외력에 견딜 수 있는 강도를 보유하여야 하는가?

① 400   ② 500
③ 600   ④ 700

109 이동식 비계의 안전에 대한 설명 중 부적당한 것은?

① 승강용 사다리는 견고하게 설치한다.
② 비계의 최상부에서 작업을 할 때에는 안전난간을 설치한다.
③ 조립 시 비계의 최대높이는 밑변 최소폭의 6배 이하여야 한다.
④ 최대 적재하중을 명확하게 표시한다.

110 선창의 내부에서 화물취급작업을 하는 때에는 갑판의 윗면에서 선창 밑바닥까지 깊이가 몇 m를 초과하는 경우에 당해 작업 근로자가 안전하게 통행할 수 있는 설비를 설치하여야 하는가?

① 1.0m   ② 1.2m

③ 1.3m   ④ 1.5m

111 가설계단 및 계단참을 설치하는 때에는 매 m² 당 몇 kg 이상의 하중에 견딜 수 있는 강도를 가진 구조로 설치하여야 하는가?

① 200kg   ② 300kg

③ 400kg   ④ 500kg

112 터널 굴착공사에서 뿜어 붙이기 콘크리트의 효과를 설명한 것으로 가장 거리가 먼 것은?

① 굴착면을 덮음으로써 지반의 침식을 방지한다.
② 굴착면의 요철을 줄이고 응력집중을 증대시킨다.
③ Rock Bolt의 힘을 지반에 분산시켜 전달한다.
④ 암반의 크랙(Crack)을 보강한다.

113 최고 51m 높이의 강관비계를 세우려고 한다. 지상에서 몇 미터(m)까지를 2본으로 세워야 하는가?

① 10m   ② 20m

③ 31m   ④ 51m

114 달비계란 와이어로프, 강재 등으로 상부 지점에서 작업용 널판을 매다는 형식의 비계를 말한다. 이러한 달비계에 설치하는 작업발판 폭은 얼마 이상을 기준으로 하는가?

① 30cm   ② 40cm

③ 50cm   ④ 60cm

115 추락방지용 방망 중 그물코의 크기가 5cm인 매듭방망 신품의 인장강도는 최소 몇 kg 이상이어야 하는가?

① 60   ② 110

③ 150   ④ 200

116 히빙현상 방지대책으로 틀린 것은?

① 흙막이 벽체의 근입 깊이를 깊게 한다.
② 흙막이 벽체 배면의 지반을 개량하여 흙의 전단강도를 높인다.
③ 부풀어 솟아오르는 바닥면의 토사를 제거한다.
④ 소단을 두면서 굴착한다.

117 연약한 점토 지반의 개량공법으로 적당하지 않은 것은?

① 샌드드레인 공법
② 프리로딩 공법
③ 페이퍼드레인 공법
④ 바이브로플로테이션 공법

118 구조물 해체작업 시 해체계획서에 포함되지 않는 것은?

① 사업장 내 연락방법

② 악천후 시 작업계획

③ 해체방법 및 해체순서 도면

④ 가설설비·방호설비·환기설비 등의 방법

119 지반굴착작업에 있어서 미리 작업장소 및 그 주변의 지반에 대하여 조사하여야 할 사항이 아닌 것은?

① 형상, 지질 및 지층의 상태

② 균열, 함수, 용수 및 동결의 유무 또는 상태

③ 지반의 지하수위 상태

④ 버팀대의 긴압의 상태

120 다음의 철골구조물 중 건립 중 강풍에 의한 풍압 등 외압에 대한 내력이 설계에 고려되었는지 확인하여야 할 구조물이 아닌 것은?

① 높이 10m 이상의 구조물

② 폭과 높이 비가 1 : 4 이상인 구조물

③ 이음부가 현장용접인 구조물

④ 단면구조에 현저한 차이가 있는 구조물

MEMO

MEMO

기분좋은 #정종대
산업안전기사 필기

외워줘! 제발~

시험에 무조건 나오는 개념만 담은
필수 암기노트

핵심이론에 외워줘! 제발~ 로 표시되어 있는
과목별 필수 암기 개념을 한 번 더 복습해 보자!

이동 시에도
볼 수 있도록
PDF 파일을
제공해요!

산업재해 예방 및 안전보건교육

01 하인리히의 재해발생 도미노이론

① 1단계: 유전적 요소와 사회적 환경
② 2단계: 개인적 결함
③ 3단계: 불안전한 행동, 불안전한 상태
④ 4단계: 사고
⑤ 5단계: 재해

02 하인리히의 재해발생비율(1:29:300)

① 1건의 중상 또는 사망 사고
② 29건의 경상해
③ 300건의 무상해 사고

03 하인리히의 산업재해예방 4원칙

① 예방가능의 원칙
② 손실우연의 원칙
③ 원인연계(계기)의 원칙
④ 대책선정의 원칙

04 하인리히의 사고예방대책 5단계

① 1단계: 조직
② 2단계: 사실의 발견
③ 3단계: 분석, 평가
④ 4단계: 시정책의 선정
⑤ 5단계: 시정책의 적용

05 하인리히의 재해비용

총재해비용＝직접비＋간접비(직접비 : 간접비＝1 : 4)

06 버드의 재해발생 신도미노이론

① 1단계: 통제의 부족
② 2단계: 기본 원인
③ 3단계: 직접 원인
④ 4단계: 사고
⑤ 5단계: 재해

07 버드의 재해발생비율(1:10:30:600)

① 1건의 중상 또는 사망 사고
② 10건의 경상
③ 30건의 무상해 사고
④ 600건의 아차사고(무상해 무사고)

08 시몬즈의 재해비용

재해코스트＝보험코스트＋비보험코스트

09 재해사례연구순서

① 전제조건: 재해 상황의 파악
② 1단계: 사실의 확인
③ 2단계: 문제점의 발견
④ 3단계: 근본적 문제점의 결정
⑤ 4단계: 대책수립

10 재해율

$$재해율 = \frac{재해자\ 수}{산재보험적용\ 근로자\ 수} \times 100$$

11 사망만인율

$$\text{사망만인율} = \frac{\text{사망자 수}}{\text{산재보험적용 근로자 수}} \times 10,000$$

12 휴업재해율

$$\text{휴업재해율} = \frac{\text{휴업재해자 수}}{\text{임금근로자 수}} \times 100$$

13 연천인율

$$\text{연천인율} = \frac{\text{재해자 수}}{\text{연평균 근로자 수}} \times 1,000$$

14 도수율(＝빈도율)

$$\text{도수율} = \frac{\text{재해건수}}{\text{연근로시간 수}} \times 1,000,000$$

15 강도율

$$\text{강도율} = \frac{\text{총 요양근로손실일수}}{\text{연근로시간 수}} \times 1,000$$

16 종합재해지수(FSI)

$$\text{종합재해지수} = \sqrt{\text{강도율} \times \text{도수율}}$$

17 안전활동률

$$\text{안전활동률} = \frac{\text{안전활동건수}}{\text{총 근로시간 수}} \times 1,000,000$$

18 환산강도율

$$\text{환산강도율} = \text{강도율} \times 100$$

19 환산도수율

$$\text{환산도수율} = \text{도수율} \div 10$$

20 재해통계분석

① 파레토도
② 특성요인도
③ 클로즈 분석도
④ 관리도

21 안전점검의 종류

① 일상점검
② 정기점검
③ 특별점검
④ 임시점검

22 산업재해기록 보존

• 사업장의 개요 및 근로자의 인적사항
• 재해발생의 일시 및 장소
• 재해발생의 원인 및 과정
• 재해 재발방지 계획

23 중대재해

① 사망자가 1명 이상 발생
② 3개월 이상의 요양이 필요한 부상자가 동시에 2명 이상 발생
③ 부상자 또는 직업성 질병자가 동시에 10명 이상 발생

24 중대재해 보고사항

• 발생개요 및 피해 상황
• 조치 및 전망
• 기타 중요한 사항

25 무재해운동 3원칙

① 무의 원칙
② 선취의 원칙
③ 참가의 원칙

26 무재해운동 3기둥

① 최고경영자의 안전경영 자세
② 라인에서의 철저한 안전보건 실천
③ 자율활동의 활성화

27 위험성 평가의 종류

① 최초평가
② 정기평가
③ 수시평가
④ 상시평가

28 인간에러 배후요인

① Man
② Machine
③ Media
④ Management

29 위험예지훈련의 4라운드

① 1R 현상파악
② 2R 본질추구
③ 3R 대책수립
④ 4R 목표설정

30 브레인스토밍의 4원칙

① 비판금지
② 자유분방
③ 대량발언
④ 수정발언

31 Tool Box Meeting(TBM)

① 도입 단계
② 점검 단계
③ 작업지시 단계
④ 위험예지 단계
⑤ 지적확인 단계

32 라인형(직계형) 안전조직

① 100명 이하의 소규모사업장
② 신속하게 지시 전달
③ 안전부서 없음

33 스태프형(참모형) 조직

① 100~500명 이하의 중규모사업장
② 안전지식과 정보수집이 용이함
③ 생산부서에 안전 책임 없음
④ 안전부서에 재해발생 책임 있음

34 라인 - 스태프형(혼합형) 조직

① 500명 이상의 대규모사업장
② 생산부서와 안전부서 모두에게 책임 부여됨

③ 안전담당자 현장 배치됨

35 산업안전보건위원회의 사용자위원

• 사업의 대표자
• 안전관리자
• 보건관리자
• 산업보건의
• 사업의 대표자가 지명하는 9인 이내의 부서장

36 산업안전보건위원회의 근로자위원

• 근로자 대표
• 명예산업안전감독관
• 근로자 대표가 지명하는 9인 이내의 근로자

37 산업안전보건위원회의 정기회의 개최주기

분기마다 실시

38 산업안전보건위원회의 회의록 작성항목

① 개최 일시 및 장소
② 출석위원
③ 심의내용 및 의결 결정사항
④ 그 밖의 토의사항

39 노사협의체

• 설치대상 기업: 공사금액 120억 원(토목공사업은 150억 원) 이상의 건설업
• 정기회의 개최주기: 2개월마다

40 안전모의 종류

종류(기호)	사용구분
AB	물체의 낙하·비래, 추락방지 또는 경감
AE	물체의 낙하·비래방지 또는 경감, 감전방지, 내전압성
ABE	물체의 낙하·비래, 추락방지 또는 경감, 감전방지, 내전압성

41 안전모의 시험성능기준

항목	시험성능기준
내관통성	• AE, ABE종 안전모: 관통거리 9.5mm 이하 • AB종 안전모: 관통거리 11.1mm 이하
충격 흡수성	• 최고전달충격력 4,450N 초과 제한 • 모체와 착장체의 기능 상실 제한
내전압성	• AE, ABE종 안전모: 교류 20kV에서 1분 간 절연파괴 견딤 • 누설 충전전류: 10mA 이하
내수성	AE, ABE종 안전모: 질량증가율 1% 미만
난연성	모체 5초 이상 연소 제한
턱끈풀림	150N 이상 250N 이하에서 턱끈풀림

42 안전화의 종류

종류	성능구분
가죽제 안전화	물체의 낙하, 충격, 찔림 위험방지
고무제 안전화	물체의 낙하, 충격, 찔림 위험방지, 내수성
정전기 안전화	물체의 낙하, 충격, 찔림 위험방지, 정전기 인체 대전방지
발등안전화	물체의 낙하, 충격, 찔림으로부터 발 및 발 등 보호
절연화	물체의 낙하, 충격, 찔림 위험방지, 저압 감 전방지
절연장화	고압 감전방지, 방수
화학물질용 안전화	물체의 낙하, 충격, 찔림 위험방지, 화학물 질 유해위험방지

43 내전압용 절연장갑

등급	최대사용전압		비고
	교류 (V, 실효값)	직류(V)	
00	500	750	갈색
0	1,000	1,500	빨간색
1	7,500	11,250	흰색
2	17,000	25,500	노랑색
3	26,500	39,750	녹색
4	36,000	54,000	등색(주황색)

44 방진마스크의 등급

구분	특급	1급	2급
사용 장소	• 독성 강한 물질 함유한 분진 등 발생장소 • 석면 취급장소	• 특급마스크 착 용장소를 제외 한 분진 등 발 생장소 • 열적 분진 등 발생장소 • 기계적 분진 등 발생장소	특급 및 1급 마스 크 착용장소를 제 외한 분진 등 발 생장소
유의 사항	배기밸브 없는 안면부 여과식 마스크는 특급 및 1급 장소 사용불가		

45 방진마스크 등급에 따른 분진포집효율

형태 및 등급		포집효율
분리식	특급	99.95 이상
	1급	94.0 이상
	2급	80.0 이상
안면부 여과식	특급	99.0 이상
	1급	94.0 이상
	2급	80.0 이상

46 안전인증 방독마스크의 표시사항

① 안전인증 표시
② 파과곡선도
③ 사용시간 기록카드
④ 정화통 외부측면의 표시색
⑤ 사용상의 주의사항

47 방독마스크 정화통 외부측면의 표시색

종류	표시색
유기화합물용 정화통	갈색
할로겐용 정화통	회색
황화수소용 정화통	
시안화수소용 정화통	
아황산용 정화통	노랑색
암모니아용 정화통	녹색
복합용 및 겸용의 정화통	• 복합용의 경우: 해당 가스 모 두 표시(2층 분리) • 겸용의 경우: 백색과 해당 가 스 모두 표시(2층 분리)

48 방독마스크의 종류별 시험가스 종류

종류	시험가스
유기화합물용	시클로헥산(C_6H_{12})
	디메틸에테르(CH_3OCH_3)
	이소부탄(C_4H_{10})
할로겐용	염소가스 또는 증기(Cl_2)
황화수소용	황화수소가스(H_2S)
시안화수소용	시안화수소가스(HCN)
아황산용	아황산가스(SO_2)
암모니아용	암모니아가스(NH_3)

49 방열복의 질량

종류	질량(단위: kg)
방열상의	3.0
방열하의	2.0
방열일체복	4.3
방열장갑	0.5
방열두건	2.0

50 안전대

종류	사용구분
벨트식과 안전그네식 모두 적용	1개 걸이용
	U자 걸이용
안전그네식만 적용가능	추락방지대
	안전블록

51 차광보안경

종류	사용구분
자외선용	자외선 발생 장소
적외선용	적외선 발생 장소
복합용	자외선 및 적외선 발생 장소
용접용	자외선, 적외선 및 강렬한 가시광선 발생 장소

52 음압수준

음압을 데시벨(dB) 단위로 나타낸 값으로, 적분평균소음계 또는 소음계의 'C' 특성을 기준으로 한다.

53 방음용 귀마개 또는 귀덮개

종류	등급	기호	성능
귀마개	1종	EP-1	저음부터 고음까지 차음
	2종	EP-2	주로 고음 차음, 저음(회화음영역) 차음 불가
귀덮개	-	EM	저음부터 고음까지 차음

54 안전인증제품 표시사항

① 형식 또는 모델명
② 규격 또는 등급 등
③ 제조자명
④ 제조번호 및 제조연월
⑤ 안전인증번호

55 안전인증대상 보호구

① 추락 및 감전 위험방지용 안전모
② 안전화
③ 안전장갑
④ 방진마스크
⑤ 방독마스크
⑥ 송기마스크
⑦ 전동식 호흡보호구
⑧ 보호복
⑨ 차광 및 비산물 위험방지용 보안경
⑩ 안전대
⑪ 방음용 귀마개 또는 귀덮개
⑫ 용접용 보안면

56 보호구 지급

① 물체 낙하·비래 또는 근로자 추락 위험 작업: 안전모
② 높이·깊이 2m 이상 추락 위험 작업: 안전대

③ 물체의 낙하·충격, 끼임, 감전 또는 정전
　기 대전 위험 작업: 안전화
④ 물체 비산 위험 작업: 보안경
⑤ 용접 시 불꽃이나 물체 비산 위험 작업: 보
　안면
⑥ 감전 위험 작업: 절연용 보호구
⑦ 화상 위험 작업: 방열복
⑧ 분진 심한 하역작업: 방진마스크
⑨ −18℃ 이하 급냉동어창 하역작업: 방한
　모·방한복·방한화·방한장갑
⑩ 물건 운반, 수거·배달 이륜자동차 운행
　작업: 승차용 안전모

57 안전인증심사의 종류

- 예비심사: 7일
- 서면심사: 15일
- 기술능력 및 생산체계심사: 30일
- 개별 제품심사: 15일
- 형식별 제품심사: 30일

58 안전보건표지의 색도기준과 용도

색채	색도기준	용도	사용례
빨강	7.5R 4/14	금지	정지신호, 소화설비 및 그 장소, 유해행위의 금지
		경고	화학물질 취급장소에서의 유해·위험 경고
노랑	5Y 8.5/12	경고	화학물질 취급장소에서의 유해·위험 경고 외의 위험 경고, 주의표지 또는 기계방호물
파랑	2.5PB 4/10	지시	특정 행위의 지시 및 사실의 고지
녹색	2.5G 4/10	안내	비상구 및 피난소, 사람 또는 차량의 통행표지
흰색	N 9.5	–	파랑과 녹색의 보조색
검은색	N 0.5	–	빨강과 노랑의 보조색

59 산업안전심리의 5요소

① 동기
② 기질
③ 감정
④ 습성
⑤ 습관

60 심리검사의 기준

① 타당성(적절성)
② 객관성(무오염성)
③ 신뢰성(반복성, 재현성)
④ 사용성

61 착시현상

① 뮐러(Müller)의 착시

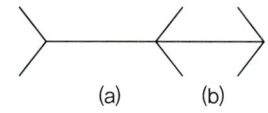

(a)　　　　(b)

② 헬름홀츠(Helmholtz)의 착시

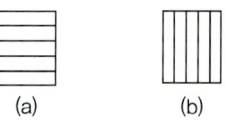

(a)　　　　(b)

③ 쾰러(Köhler)의 착시

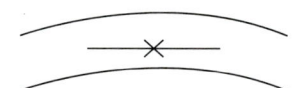

④ 헤링(Hering)의 착시

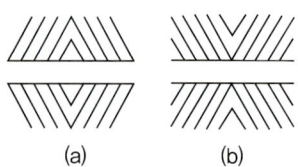

(a)　　　　(b)

⑤ 포겐도르프(Poggendorf)의 착시

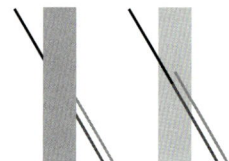

⑥ 죌너(Zöllner)의 착시

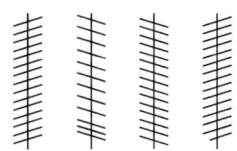

62 방어기제

조직의 비난이나 비판으로부터 자신을 보호하기 위한 심리

① 보상
② 합리화
③ 투사
④ 동일화
⑤ 승화

63 도피기제

현 상황에 적응이 어려워 현실을 피하고 싶은 심리

① 고립
② 퇴행
③ 억압
④ 백일몽

64 공격기제

① 직접적인 공격기제: 폭행, 싸움, 기물파괴 등
② 간접적인 공격기제: 욕설, 비난, 조소 등

65 레빈의 행동법칙

B = f(P · E)

① B(Behavior)
② P(Person)
③ E(Environment)
④ f(Function)

66 인간의 행동특성

① 간결성의 원리
② 주의의 일점집중현상
③ 인간의 대피방향

④ Risk Taking
⑤ 감각차단현상

67 재해누발자

① 미숙성 누발자(미숙설)
② 상황성 누발자(기회설)
③ 습관성 누발자(암시설)
④ 소질성 누발자(경향설)

68 주의의 3특성

① 변동성
② 선택성
③ 방향성

69 부주의의 원인

① 의식의 우회
② 의식의 과잉
③ 의식의 단절
④ 의식의 혼란
⑤ 의식수준의 저하

70 리더십의 권한

① 보상적 권한(상부)
② 위임된 권한(하부)
③ 전문성 권한(리더 자신이 부여)
④ 강압적 권한(상부)
⑤ 합법적 권한(상부)

71 동기부여이론

매슬로우 5단계	알더퍼 ERG	맥그리거	허즈버그
1. 생리적 욕구	생존욕구 (Existence)	X이론	위생요인
2. 안전의 욕구			
3. 사회적 욕구	관계욕구 (Relation)	Y이론	동기요인
4. 존경의 욕구	성장욕구 (Growth)		
5. 자아실현의 욕구			

72 데이비스의 동기부여이론 등식

① 지식×기능=능력
② 상황×태도=동기유발
③ 능력×동기유발=인간의 성과
④ 인간의 성과×물질의 성과=경영의 성과

73 학습목적의 3요소

① 주제
② 정도
③ 목표

74 교육 3단계

① 1단계 지식교육
② 2단계 기능교육
③ 3단계 태도교육

75 하버드학파의 5단계 교수법

① 1단계 준비
② 2단계 교시
③ 3단계 연합
④ 4단계 총괄
⑤ 5단계 응용

76 토의식 교육방법

① 패널디스커션(Panel Discussion): 청중 학습자 앞에서 토의
② 포럼(Forum): 새로운 자료를 제시
③ 심포지엄(Symposium): 전문적인 견해를 제시
④ 버즈세션(=6-6회의, Buzz Session): 분과(6인)형태의 토의를 6분간 진행

77 파블로프의 조건반사설 학습원리

① 시간의 원리
② 강도의 원리
③ 일관성의 원리
④ 계속성의 원리

78 손다이크의 시행착오설

① 준비성의 법칙
② 연습의 법칙
③ 효과의 법칙

79 근로자 안전보건교육시간

구분	대상자	교육시간
정기교육	사무직	매반기 6시간 이상
	판매업무	매반기 6시간 이상
	기타근로자	매반기 12시간 이상
채용 시 교육	일용근로자 (1주일 이하 계약)	1시간 이상
	일용근로자 (1주일 초과 1개월 이하 계약)	4시간 이상
	그 밖의 근로자	8시간 이상
작업내용 변경 시 교육	일용근로자 (1주일 이하 계약)	1시간 이상
	그 밖의 근로자	2시간 이상
특별교육	일용근로자 (1주일 이하 계약)	2시간 이상
	일용근로자 (타워크레인 신호수)	8시간 이상
	그 밖의 근로자	16시간 이상 (단기간 또는 간헐적 작업인 경우 2시간 이상)
건설업 기초안전보건 교육	건설일용근로자	4시간 이상

80 관리감독자 안전보건교육시간

구분	교육시간
정기교육	연간 16시간 이상
채용 시 교육	8시간 이상
작업내용 변경 시 교육	2시간 이상
특별교육	16시간 이상 (최초 작업 전 4시간 이상 실시하고, 12시간은 3개월 이내에 분할 실시 가능)
	단기간 또는 간헐적 작업인 경우 2시간 이상

81 안전보건관리책임자 등의 직무교육시간

교육대상	교육시간	
	신규교육	보수교육
안전보건관리책임자	6시간 이상	6시간 이상
안전관리자, 안전관리 전문기관의 종사자	34시간 이상	24시간 이상
보건관리자, 보건관리 전문기관의 종사자	34시간 이상	24시간 이상
건설재해예방 전문지도기관의 종사자	34시간 이상	24시간 이상
석면조사기관의 종사자	34시간 이상	24시간 이상
안전보건관리담당자	–	8시간 이상
안전검사기관, 자율안전 검사기관 종사자	34시간 이상	24시간 이상

82 O.J.T

① 강사는 직장상사이다.
② 개별 교육형태로 진행된다.
③ 사업장의 상황에 따라 교육이 변경되기 쉽다.
④ 실무에 직접 적용할 수 있다.

83 OFF.J.T

① 강사는 초빙강사이다.
② 집체 교육형태로 진행된다.
③ 교육에 전념할 수 있다.
④ 신기술, 신기계설비를 접할 수 있는 계기가 된다.

84 TWI 교육

① J.I.T 작업지도법
② J.M.T 작업개선법
③ J.R.T 부하통솔법(= 인간관계법)
④ J.S.T 작업안전법

인간공학 및 위험성 평가·관리

01 인간공학의 궁극적 목적
① 작업자의 안전성 향상
② 작업능률 향상
③ 직무만족도 향상
④ 노사 간의 신뢰성 회복
⑤ 쾌적한 작업환경 조성

02 인간과 기계체계의 종류
① 수동체계: 인간이 동력원 역할
② 반자동체계: 인간은 운전, 정비 등을 수행
③ 자동체계: 인간은 감시, 정비, 프로그램 입력 등의 역할

03 초기고장
시운전 등을 통해 고장을 수리하고 고장률을 낮추는 기간으로 감소형 고장
① 디버깅(Debugging) 기간: 고장률을 낮추는 기간
② 번인(Burn-in) 기간: 고장을 수리하는 기간

04 우발고장
설비의 고장을 예측하기 어렵고, 대책을 마련하기 곤란한 일정형 고장

05 마모고장
설비진단, 예방보전을 통해 고장 예방 가능

06 인간 - 기계 시스템 설계과정 6단계
① 시스템 목표 및 성능명세 결정
② 시스템의 정의
③ 기본설계: 작업설계, 직무분석, 기능할당 등 목표달성을 위한 설계
④ 인터페이스 설계: 화면설계, 버튼설계 등 계면 설계
⑤ 촉진물 설계
⑥ 시험 및 평가

07 인간의 오류모형
① 실수(Slip): 진의를 오해하지 않았지만, 본의 아니게 발생한 오류
② 착오(Mistake): 진의를 오해하여 일어난 오류
③ 건망증(Lapse)
④ 위반(Violation)

08 스웨인의 심리적 분류
① 수행적 과오(Commission Error): 불확실한 수행
② 생략적 과오(Omission Error): 수행하지 않음
③ 순서적 과오(Sequential Error): 잘못된 순서
④ 시간적 과오(Time Error): 시간 지연
⑤ 과잉작업 과오(Extraneous Error): 불필요한 작업 수행

09 FTA(결함수분석법)

① 재해 및 시스템 고장의 원인을 연역적인 방법으로 분석하는 안전성 평가방법
② 1962년 미국 벨 전화 연구소에 의해 고안됨
③ 논리기호를 사용하여 Top-Down 방식으로 정량적 · 연역적 분석하는 기법
④ 기본사상이 발생할 확률이 정확할수록 정상사상이 발생할 가능성이 정확하게 평가됨

10 FTA의 장점

① 사고원인 규명의 간편화
② 사고원인 분석의 일반화
③ 사고원인 분석의 정량화
④ 노력 및 시간의 절감

11 FTA 작성 절차

① 정상사상(Top Event) 설정
② 재해 원인 목록 작성
③ FT도 작성
④ 개선계획 수립

12 FTA 사상기호 및 논리게이트

① 결함사상

② 기본사상

③ 통상사상

④ 생략사상

⑤ 전이기호

⑥ AND 게이트

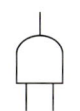

⑦ OR 게이트

⑧ 억제 게이트

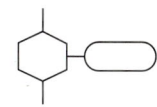

⑨ 부정 게이트

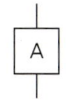

⑩ 우선적 AND 게이트

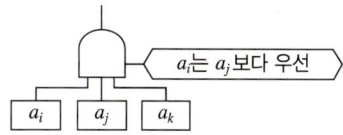

⑪ 조합 AND 게이트

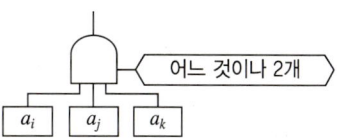

⑫ 배타적 OR 게이트

⑬ 위험 지속 시간

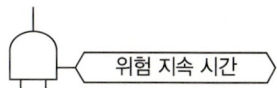

13 AND 게이트 계산

$R = R_1 \times R_2 \cdots$

14 OR 게이트 계산

$R = 1 - (1 - R_1)(1 - R_2) \cdots$

15 불 대수의 정리

① 기본 항등법칙: $A+0=A$, $A \cdot 1=A$
② 지배법칙: $A+1=1$, $A \cdot 0=0$
③ 멱등법칙(동일법칙): $A+A=A$, $A \cdot A=A$
④ 보완법칙: $A+\overline{A}=1$, $A \cdot \overline{A}=0$
⑤ 분배법칙: $A \cdot (B+C)=A \cdot B+A \cdot C$, $A+(B \cdot C)=(A+B) \cdot (A+C)$, $A+\overline{A}B=A+B$

16 컷셋(Cut Set)

정상사상(Top Event)을 일으키는 기본사상(Basic Event)들의 집합

17 최소 컷셋(Minimal Cut Set)

① 정상사상을 일으키기 위한 기본사상들의 최소 집합
② 컷셋 중 타 컷셋을 포함하고 있는 것을 배제하고 남은 컷셋들
③ 시스템의 위험성 의미

18 패스셋

정상사상을 일으키지 않는 기본사상들의 집합

19 최소 패스셋(Minimal Path Set)

① 시스템의 고장을 일으키지 않는 기본사상들의 최소 집합
② 포함된 기본사상이 일어나지 않을 때 정상사상이 일어나지 않는 기본사상들의 집합
③ 시스템의 신뢰도 의미

20 안전성 평가 6단계

① 1단계 관계자료의 정비검토
② 2단계 정성적 평가: 입지조건, 소방설비, 공장 내 배치, 건조물
③ 3단계 정량적 평가: 온도, 용량, 조작, 취급물질, 압력
④ 4단계 안전대책 수립
⑤ 5단계 재해 정보에 의한 평가
⑥ 6단계 FTA에 의한 재평가

21 HAZOP기법 가이드워드

가이드워드	의미
AS WELL AS	성질상의 증가
PART OF	성질상의 감소
OTHER THAN	완전한 대체의 사용
REVERSE	설계의도의 논리적인 역
LESS	양의 감소
MORE	양의 증가
NO, NOT	설계의도의 완전한 부정

22 예비위험분석(PHA)

시스템 안전 프로그램의 최초단계인 구상단계에서 실시되며, 정성적 분석을 이용한 위험분석기법

23 미국방성 위험성 평가의 위험도 분류

① Ⅰ단계 파국
② Ⅱ단계 중대
③ Ⅲ단계 한계
④ Ⅳ단계 무시

24 결함위험분석(FHA)

여럿이 분담 설계한 서브시스템 간 인터페이스의 안전성 평가방법

25 관찰자 실수위험분석(MORT)

원자력 산업 등에서 고도 안전달성을 목표로 만들어진 기법

26 사상수분석(ETA)

성공과 실패로 전개하여 시스템의 신뢰도를 귀납적·정량적으로 평가하는 기법

27 고장형태와 영향분석(FMEA)

고장형태에 따른 시스템의 영향을 분석하는 기법으로 정성적이며 귀납적인 방법

28 β값의 영향

① 치명결함: $\beta = 1$
② 중결함: $0.1 < \beta < 1$
③ 경결함: $0.0 < \beta < 0.1$
④ 비결함: $\beta = 0$

29 인간과오율 예측기법(THERP)

인간의 실수확률을 예측하는 기법

30 리스크 처리기술

① 위험회피
② 위험경감
③ 위험보유
④ 위험분담

31 예방보전

① 시간기준 예방보전
② 상태기준 예방보전
③ 분해점검보전

32 사후보전

설비의 고장이 발생한 후 정비, 수리 등을 실시하는 보전활동

33 개량보전

부품 고장 시 정비, 수리과정에서 부품의 수명연장과 품질향상을 수반하는 보전활동

34 보전예방

보전이 필요 없는 설비를 지향하는 보전활동

35 설비보전의 신뢰성 지표

① $MTBF = \dfrac{\text{가동시간}}{\text{고장건수}}$

② $MTTR = \dfrac{\text{전체 고장시간}}{\text{고장건수}}$

③ MTTF

36 기계의 신뢰도

① 고장률$(\lambda) = \dfrac{\text{고장건수}}{\text{총가동시간}}$

② 평균고장간격$(MTBF) = \dfrac{1}{\text{고장률}}$

③ 기계설비의 신뢰도: $R = e^{-\lambda t}$

37 직렬 · 병렬 시스템의 신뢰도

① 직렬 시스템: $R = R_1 \times R_2 \cdots$

② 병렬 시스템: $R = 1 - (1 - R_1)(1 - R_2) \cdots$

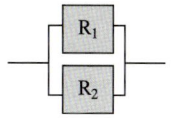

38 계의 수명

① 직렬 시스템 $= MTTF \times \dfrac{1}{n}$

② 병렬 시스템 $=$

$$MTTF \times \left[1 + \frac{1}{2} + \frac{1}{3} + \frac{1}{4} + \cdots\cdots + \frac{1}{n} \right]$$

39 근골격계질환의 원인

① 반복적인 작업
② 부적절한 작업 자세
③ 과도한 힘 사용
④ 날카로운 면과의 신체접촉
⑤ 진동 및 온도

40 에너지 대사율(RMR)

$RMR = \dfrac{\text{노동대사량}}{\text{기초대사량}}$

$= \dfrac{\text{작업 시 소비에너지} - \text{안정 시 소비에너지}}{\text{기초대사량}}$

① $0 \sim 1$ RMR: 경작업
② $2 \sim 4$ RMR: 중간작업
③ $4 \sim 7$ RMR: 무거운 작업
④ 7 RMR 이상: 기계화해야 하는 작업

41 휴식시간

$$휴식시간(min) = \frac{60(E-4)}{E-1.5}$$

① 60: 1시간인 60분
② E: 실작업 시 소모에너지
③ 4 또는 5: 작업에 대한 평균 소모에너지
④ 1.5: 휴식 시의 소모에너지

42 인간공학적 유해요인 평가방법

① OWAS 평가: 팔, 다리, 허리 자세 및 무게 등을 고려하여 작업의 위험 수준 평가
② RULA 평가: 어깨, 손목, 목 등 어깨부터 팔 부분인 상지에 초점을 맞추어서 작업부하 평가
③ REBA 평가

43 강렬한 소음작업

데시벨(dB)	1일 노출시간
90	8시간
95	4시간
100	2시간
105	1시간
110	30분
115	15분

44 충격소음작업

데시벨(dB)	1일 노출시간
120	10,000회
130	1,000회
140	100회

45 주파수에 따른 구분

① 초음파: 20,000Hz 초과
② 가청주파수: 20~20,000Hz 이하
③ 청력손실이 가장 큰 주파수: 4,000Hz
④ 장거리용 신호로 사용되는 주파수: 1,000Hz 이하
⑤ 칸막이가 설치된 장소의 장거리용 주파수: 500Hz 이하

46 소음 대책

① 음원 대책
② 경로 대책
③ 수음자 대책

47 인체계측 자료의 응용 3원칙

① 조절범위
② 최대치수와 최소치수
③ 평균치를 기준으로 한 설계

48 양립성

① 개념적 양립성
② 공간적 양립성
③ 운동적 양립성
④ 양식 양립성

49 암호체계

① 암호의 검출성
② 암호의 변별성
③ 암호의 표준화
④ 다차원 암호의 사용
⑤ 부호의 양립성

50 청각적 표시장치가 유리할 때

① 긴급한 내용을 전달하는 경우
② 시각계통이 과부하인 경우
③ 어두운 곳에 있는 경우

51 시각적 표시장치가 유리할 때

① 청각적 표시장치가 과부하인 경우
② 공간적인 사상을 다루는 경우
③ 전언이 긴 경우

52 통제표시비 설계 시 고려사항

① 계기의 크기
② 공차
③ 목측거리
④ 조작시간
⑤ 방향성

53 통제표시비 계산

$$\frac{C}{D} = \frac{조종장치의\ 이동거리}{표시장치의\ 이동거리}$$

54 동작경제의 3원칙

① 작업자 신체사용에 관한 원칙
② 작업장 배치에 관한 원칙
③ 기구, 공구 등의 설계에 관한 원칙

55 부품배치의 원칙

① 중요성의 원칙
② 사용빈도의 원칙
③ 기능별 배치의 원칙
④ 사용 순서의 원칙

56 작업개선의 4원칙(ECRS)

① 배제(Eliminate)
② 결합(Combine)
③ 재배치(Rearrange)
④ 간소화(Simplify)

57 실효온도의 결정요소

① 온도
② 습도
③ 기류

58 옥스퍼드지수

$$WD = 0.85W + 0.15D$$

59 습구흑구온도지수(WBGT)

① 태양광선이 내리쬐는 옥외
WBGT(℃) = 0.7 × 자연습구온도 + 0.2 × 흑구온도 + 0.1 × 건구온도
② 태양광선이 내리쬐지 않는 옥내 또는 옥외
WBGT(℃) = 0.7 × 자연습구온도 + 0.3 × 흑구온도

60 작업면의 조도기준

① 초정밀작업: 750lux 이상
② 정밀작업: 300lux 이상
③ 보통작업: 150lux 이상
④ 그 밖의 작업: 75lux 이상

61 조도 공식

$$조도 = \frac{광도}{거리^2}$$

62 옥내 최적 반사율

① 천정: 80~90%
② 벽: 40~60%
③ 가구: 25~45%
④ 바닥: 20~40%

63 반사율(%)

$$반사율 = \frac{광속발산도}{소요조명} \times 100$$

64 대비 공식

$$대비 = \frac{배경의\ 반사율 - 타겟의\ 반사율}{배경의\ 반사율}$$

기계 · 기구 및 설비 안전관리

06 자율안전확인대상 방호장치

① 아세틸렌 용접장치용 또는 가스집합 용접장치용 안전기
② 교류아크용접기용 자동전격방지기
③ 롤러기 급정지장치
④ 연삭기 덮개
⑤ 목재 가공용 둥근톱 반발예방장치와 날접촉 예방장치
⑥ 동력식 수동대패용 칼날접촉 방지장치
⑦ 추락·낙하 및 붕괴 등의 위험방지 및 보호에 필요한 가설기자재

07 자율안전확인대상 보호구

① 안전모
② 보안경
③ 보안면

08 선반의 안전조치

① 바이트에 칩 브레이커 사용
② 작업 시 장갑 사용 금지
③ 스핀은 가능한 한 짧게 배치
④ 돌출부가 있을 경우 덮개(Shield) 사용
⑤ 가공물의 길이 지름의 12배 이상일 때 방진구 사용

09 연삭기의 안전수칙

① 직경 5cm 이상 숫돌에 덮개 설치
② 작업시작 전 1분, 숫돌 교체 후 3분 이상 시운전
③ 작업시작 전 결함 유무 확인
④ 최고 사용회전속도 초과 금지
⑤ 측면사용 연삭숫돌 외의 연삭숫돌은 측면 사용 금지
⑥ 연삭분 비산 방지를 위해 투명비산방지판 사용
⑦ 작업대와 숫돌 간격을 3mm 이하로 유지
⑧ 덮개와 숫돌 간격을 3~10mm로 유지

10 숫돌의 덮개 노출각도

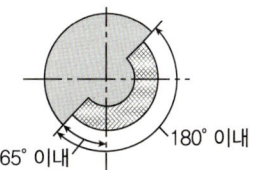

① 원통연삭기, 센터리스연삭기, 공구연삭기, 만능연삭기, 기타 이와 비슷한 연삭기

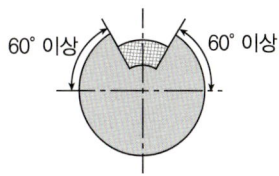

② 연삭숫돌의 상부를 사용하는 것을 목적으로 하는 탁상용 연삭기

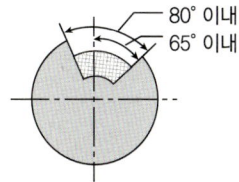

③ ② 및 ⑥ 이외의 탁상용 연삭기, 기타 이와 유사한 연삭기

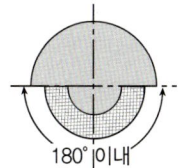

④ 휴대용 연삭기, 스윙연삭기, 슬라브 연삭기, 기타 이와 비슷한 연삭기

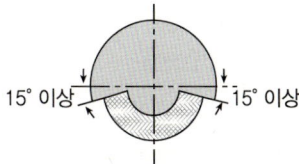

⑤ 평면연삭기, 절단연삭기, 기타 이와 비슷한 연삭기

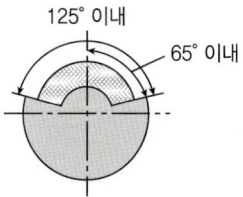

⑥ 일반 연삭 작업 등에 사용하는 것을 목적으로 하는 탁상용 연삭기

11 숫돌의 파괴원인

① 플랜지가 너무 작을 경우(최소 숫돌 지름의 1/3 이상)
② 균열 있는 숫돌을 사용한 경우
③ 최고사용속도를 초과한 경우
④ 측면을 사용한 경우

12 프레스의 방호장치

종류	분류
광전자식	A-1
	A-2
양수조작식	B-1(유·공압 밸브식)
	B-2(전기버튼식)
가드식	C
손쳐내기식	D
수인식	E

13 광전자식 방호장치

① 정상동작표시램프는 녹색, 위험표시램프는 붉은색 사용, 근로자 시야에 설치
② 슬라이드 하강 중 정전 또는 방호장치의 이상 시에 정지할 수 있는 구조
③ 릴레이, 리미트 스위치 등 전기부품 고장, 전원전압의 변동 및 정전에 의해 슬라이드가 불시 동작 방지, 사용전원전압의 ±20%의 변동에 정상 작동 가능

14 양수조작식 방호장치

① 정상동작표시등은 녹색, 위험표시등은 붉은색 사용, 근로자 시야에 설치
② 슬라이드 하강 중 정전 또는 방호장치의 이상 시에 정지할 수 있는 구조
③ 릴레이, 리미트 스위치 등 전기부품 고장, 전원전압의 변동 및 정전에 의해 슬라이드가 불시 동작 방지, 사용전원전압의 ±20%의 변동에 정상 작동 가능
④ 1행정 1정지 기구에 사용

⑤ 누름버튼을 양손으로 동시에 조작하지 않으면 작동 불가 구조, 양쪽버튼의 작동 시간 차 최대 0.5초 이내일 때 프레스 동작
⑥ 1행정마다 누름버튼에서 양손을 떼지 않으면 다음 작업 불가 구조
⑦ 램의 하행정중 버튼(레버)에서 손을 뗄 시 정지하는 구조
⑧ 누름버튼의 상호 간 내측거리 300mm 이상
⑨ 누름버튼(레버 포함)은 매립형 구조

15 게이트 가드식 방호장치

① 가드의 금형 착탈 용이 설치
② 가드 용접 부위는 완전 용착 및 깨끗한 상태의 면
③ 인체 접촉하여 손상 우려 부위는 부드러운 고무 등 부착
④ 가드 열렸을 시 슬라이드 동작 불가, 슬라이드 작동 중 게이트 가드 개방 불가능
⑤ 방호장치에 설치된 슬라이드 동작용 리미트 스위치는 신체 일부나 재료 등 접촉 방지 구조
⑥ 가드의 닫힘으로 슬라이드의 기동신호를 알리는 구조는 닫힘표시램프 설치
⑦ 수동 가드 닫힘 구조는 기계적 잠금장치 작동 후 외에 슬라이드 기동 불가능 구조

16 손쳐내기식 방호장치

① 슬라이드 하행정거리 3/4 위치에서 손 완전히 밀어냄
② 손쳐내기봉의 행정 길이: 금형 높이에 따라 조정 가능, 진동 폭: 금형 폭 이상
③ 방호판과 손쳐내기봉: 경량, 충분한 강도
④ 방호판 폭: 금형 폭 1/2 이상, 행정길이 300mm 이상의 프레스 기계 방호
　판 폭: 300mm
⑤ 손쳐내기봉 손 접촉 시 충격 완화 완충재 부착
⑥ 부착볼트 등 고정금속 부분은 예리한 돌출 금지

17 안전거리

① 광전자식 및 양수조작식 안전거리(D)
= 1.6T
② 양수기동식 안전거리(D) = 1.6T

$$= 1.6 \times \left(\frac{1}{2} + \frac{1}{n} \right) \times \frac{60,000}{spm}$$

18 롤러기의 급정지장치

① 손조작식: 밑면에서 1.8m 이내에 설치
② 복부조작식: 밑면에서 0.8m 이상 1.1m 이내에 설치
③ 무릎조작식: 밑면에서 0.6m 이내에 설치

19 롤러기 원주속도와 급정지거리

① 30m/min 미만: 급정지거리는 롤러 원주의 1/3 이내
② 30m/min 이상: 급정지거리는 롤러 원주의 1/2.5 이내

20 롤러기의 가드 설치 시 개구부의 간격

① 비전동체: Y = 6 + 0.15X
② 전동체: Y = 6 + 0.1X

21 아세틸렌 용접장치의 압력 제한

금속의 용접·용단 또는 가열 작업 시 게이지 압력 127kPa 초과 제한

22 발생기실 설치 시 준수사항

① 벽은 불연성 재료 사용, 철근 콘크리트 또는 그 밖에 동등 이상 강도의 구조
② 지붕과 천장에 얇은 철판이나 가벼운 불연성 재료 사용
③ 바닥면적의 1/16 이상 단면의 배기통을 옥상으로 돌출, 개구부를 창이나 출입구로부터 1.5m 이상 이격
④ 출입구 문은 불연성 재료, 두께 1.5mm 이상 철판 또는 동등 이상 강도의 구조
⑤ 벽과 발생기 간, 조정 또는 카바이드 공급 작업 방해하지 않도록 간격 확보

23 아세틸렌 용접장치 안전기 설치조건

① 아세틸렌 용접장치의 취관마다 안전기를 설치
② 가스용기와 발생기가 분리된 아세틸렌 용접장치에 발생기와 가스용기 사이에 안전기 설치

24 아세틸렌 용접장치 사용 시 준수사항

① 발생기의 종류, 형식, 제작업체명, 시간당 평균 가스발생량 및 1회 카바이드 공급량을 발생기실 내 보기 쉬운 장소에 게시
② 발생기실에 관계 근로자 외 출입 금지
③ 발생기에서 5m 또는 3m 이내에 흡연, 화기의 사용 또는 불꽃이 발생할 위험한 행위 금지
④ 도관에 산소용과 아세틸렌용의 혼동 방지 조치
⑤ 아세틸렌 용접장치의 설치장소에 소화설비 구비
⑥ 이동식 아세틸렌 용접장치 발생기는 고온의 장소, 통풍이나 환기가 불충분한 장소 또는 진동이 많은 장소 등에 설치 금지

25 가스집합 용접장치

① 화기 사용 설비로부터 5m 이상 떨어진 장소에 설치
② 배관 시 플랜지·밸브·콕 등의 접합부에 개스킷 사용
③ 배관 시 주관 및 분기관에 안전기 설치(하나의 취관에 2개 이상의 안전기 설치)
④ 용해아세틸렌의 가스집합 용접장치의 배관 및 부속기구는 구리 또는 구리 함유량이 70% 이상인 합금 사용 금지

26 보일러의 압력방출장치

① 안전한 가동을 위한 보일러 규격에 맞는 압력방출장치 1개 또는 2개 이상 설치, 최고사용압력 이하 작동(2개 이상 설치 시 1

개는 최고사용압력 이하에서, 다른 1개는 최고사용압력 1.05배 이하 작동되도록 부착)

② 매년 1회 이상 산업통상자원부장관의 지정을 받은 국가교정업무 전담기관에서 교정을 받은 압력계를 이용하여 설정압력에서 작동 검사 후, 납 봉인하여 사용(공정안전보고서 제출 대상으로 고용노동부장관이 실시하는 공정안전보고서 우수 사업장은 4년마다 1회 이상 작동 검사)

27 보일러의 압력제한 스위치

보일러 과열 방지를 위한 최고사용압력과 상용압력 사이에서 버너 연소 차단하도록 압력제한 스위치 부착 후, 사용

28 보일러의 폭발위험방지

보일러 폭발 사고 예방을 위해 압력방출장치, 압력제한 스위치, 고저수위 조절장치, 화염검출기 등의 기능이 정상 작동되도록 유지·관리

29 산업용 로봇 작업 시 위험방지 조치

① 로봇의 조작방법 및 순서
② 작업 중의 매니퓰레이터의 속도
③ 2명 이상의 근로자 작업 시 신호방법
④ 이상 발견 시 조치
⑤ 이상 발견 시 로봇 운전 정지 후 재가동 조치
⑥ 그 밖에 로봇의 예기치 못한 작동 또는 오조작에 의한 위험방지 조치

30 산업용 로봇 운전 중 위험방지

로봇 운전으로 인한 부상 위험방지를 위한 높이 1.8m 이상의 울타리 설치, 컨베이어 시스템의 설치 등으로 울타리를 설치 불가 구간은 안전매트 또는 광전자식 방호장치 등 감응형 방호장치 설치

31 목재 가공용 기계 방호장치

① 톱날접촉 예방장치
② 분할날 등 반발예방장치: 분할날, 반발방지롤러, 반발방지조

32 분할날의 설치기준

① 톱날 두께의 1.1배 이상, 치진폭 이하
② 톱날로부터 12mm 이내에 설치
③ 톱날 후면날의 2/3 이상을 덮도록 설치

33 고속회전체 비파괴검사 실시

고속회전체 회전시험 시 회전축 재질 및 형상에 맞는 비파괴검사로 결함 유무 사전에 확인(단, 회전축의 중량 1톤 초과, 원주속도 120m/s 이상에 한함)

34 지게차 헤드가드

① 강도: 지게차 최대하중의 2배 등분포정하중 견딤(4톤 초과 시 4톤 기준)
② 상부틀 개구의 폭·길이: 16cm 미만
③ 높이: 한국산업표준 기준 이상(입식 1.88m 이상, 좌식 0.903m 이상)

35 지게차의 안정도

하역 작업 시	전후안정도	4%
	좌우안정도	6%
주행 시	전후안정도	8%
	좌우안정도	(15+1.1V)%

36 지게차의 안정조건

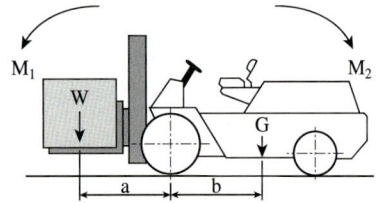

M_1: 화물의 모멘트, M_2: 지게차의 모멘트

① W: 화물 중심에서의 화물의 중량(kgf)
② G: 지게차 중심에서의 지게차 중량(kgf)

③ a: 앞바퀴에서 화물 중심까지의 최단거리
(cm)

④ b: 앞바퀴에서 지게차 중심까지의 최단거리(cm)

⑤ W×a ≤ G×b

37 차량계 하역운반기계 운전위치 이탈 시 준수사항

① 포크, 버킷, 디퍼 등 장치 가장 낮은 위치 또는 지면에 배치

② 운전석 이탈 시 시동키 운전대에서 분리

③ 원동기 정지, 브레이크 거는 등 갑작스러운 이동 방지 조치

38 양중기의 종류

① 크레인

② 이동식 크레인

③ 리프트(적재하중 0.1톤 이상 이삿짐운반용 리프트)

④ 곤돌라

⑤ 승강기

39 크레인의 방호장치

① 과부하방지장치

② 권과방지장치

③ 비상정지장치

④ 훅해지장치(훅 입구 간격이 제품사양서 기준 10% 이상 벌어진 경우 폐기)

40 와이어로프

① 안전율 = $\dfrac{\text{파단하중}}{\text{허용하중}}$

② 본로프에 걸리는 하중 = 정하중 + 동하중

$= 정하중 + \left(정하중 \times \dfrac{상승가속도}{중력가속도}\right)$

③ 슬링와이어로프의 걸리는 하중

$= \dfrac{정하중}{2} \div \cos\left(\dfrac{\theta}{2}\right)$

41 기계설비의 안전화

① 외관의 안전화

② 구조의 안전화

③ 기능의 안전화

④ 작업의 안전화

⑤ 작업점의 안전화

⑥ 보전의 안전화

42 방호장치 위험 장소에 따른 분류

① 격리형 방호장치: 완전차단형, 덮개형, 안전방책

② 위치제한형 방호장치: 양수조작식

③ 접근거부형 방호장치: 수인식, 손쳐내기식

④ 접근반응형 방호장치: 감응식

43 방호장치 위험원에 따른 분류

① 포집형 방호장치: 반발예방장치, 덮개

② 감지형 방호장치

44 풀 프루프(Fool Proof)

① 가드

② 록기구

③ 트립기구

④ 오버런기구

⑤ 밀어내기기구

⑥ 기동방지기구

45 페일세이프 기능 3단계

① Fail – Passive

② Fail – Active

③ Fail – Operational

46 방호조치 미이행 금지 기계·기구

구분	방호조치
예초기	날접촉 예방장치
원심기	회전체접촉 예방장치
공기압축기	압력방출장치
금속절단기	날접촉 예방장치
지게차	헤드가드, 백레스트(Backrest), 전조등, 후미등, 안전벨트
포장기계	구동부 방호연동장치

47 비파괴검사

① 방사선투과검사(RT)
② 초음파탐상검사(UT)
③ 자분탐상검사(MT)
④ 액체침투탐상검사(PT)
⑤ 와전류탐상검사(ECT)

전기설비 안전관리

01 감전위험의 직접적인 요인

① 통전전류의 크기
② 통전시간
③ 통전경로
④ 전원의 종류

02 감지전류 구분

① 최소감지전류: 1~2mA
② 고통한계전류: 7~8mA
③ 마비한계전류(=불수전류): 10~15mA
④ 심실세동전류: 50mA 이상

$$심실세동전류(I) = \frac{165}{\sqrt{T}}(mA)$$

03 통전경로에 따른 위험도

통전경로	위험도
왼손-가슴	1.5
오른손-가슴	1.3
왼손-발	1.0
양손-양발	1.0
오른손-발	0.8
왼손-등	0.7
손-앉아 있는 자리	0.7
왼손-오른손	0.4
오른손-등	0.3

04 위험한계에너지 공식

$$W = I^2RT$$

① W: 위험한계에너지(J)
② I: 통전전류(A)
③ R: 인체저항(Ω)
④ T: 통전시간(sec)

05 전압의 종류

구분	교류	직류
저압	1,000V 이하	1,500V 이하
고압	1,000V 초과 7,000V 이하	1,500V 초과 7,000V 이하
특별고압	7,000V 초과	

06 단로기(DS) 개폐

부하전류 차단 불가 고압 또는 특별고압 단로기 개폐 시 오조작 방지를 위해 전로 무부하 확인 후 조작하도록 주의 표지판 설치

07 직접접촉에 의한 감전방지법

① 절연덮개, 절연물질로 충전부를 감쌀 것
② 폐쇄형 외함을 설치할 것
③ 안전전압 이하의 기기 사용할 것

08 사용전압에 따른 절연저항

전로의 사용 전압 구분	DC시험전압	절연저항
SELV 및 PELV	250V	0.5MΩ 이상
FELV, 500V 이하 전로	500V	1.0MΩ 이상
500V 초과 전로	1,000V	

09 인체접촉상태에 따른 허용접촉전압

구분	접촉상태	허용접촉전압
제1종	수중에 있는 경우	2.5V 이하
제2종	젖은 경우, 금속 상시 접촉	25V 이하
제3종	통상의 상태	50V 이하
제4종	접촉 우려가 없는 경우	무제한

10 접지의 분류

목적에 따른 분류	계통접지, 보호접지, 피뢰시스템접지
구성방법에 따른 분류	단독접지, 공통접지, 통합접지
계통접지의 분류	TN·TT·IT 계통
TN계통의 분류	TN–C, TN–S, TN–C–S

11 접지 목적에 따른 분류

구분	목적
계통접지	고압전로와 저압전로 혼촉 시 감전이나 화재방지
기기접지	누전 기기에 접촉되었을 때 감전방지
피뢰기접지	낙뢰로부터 전기기기 손상방지
정전기방지접지	정전기 축적에 의한 폭발 재해방지
등전위접지	병원 의료기기에 적용

12 누전차단기 설치장소

① 대지전압 150V 초과 이동형·휴대형 전기기계·기구
② 물 등 도전성이 높은 액체가 있는 습윤장소 사용 저압용 전기기계·기구
③ 철판·철골 위 등 도전성 높은 장소 사용 이동형·휴대형 전기기계·기구
④ 임시배선 전로 설치 장소 사용 이동형·휴대형 전기기계·기구

13 누전차단기 설치 제외 및 접지 불필요한 경우

① 이중절연 또는 동등 이상 보호 구조의 전기기계·기구
② 절연대 위 등 감전위험 없는 장소 사용 전기기계·기구
③ 비접지방식 전로

14 인체감전방지용 고감도 고속형 누전차단기

① 정격감도전류 30mA 이하, 작동시간 0.03초 이내
② 정격전부하전류가 50A 이상일 때 정격감도전류 200mA 이하, 작동시간 0.1초 이내

15 피뢰기의 구비조건

① 충격방전 개시전압이 낮을 것
② 제한전압이 낮을 것
③ 반복동작이 가능할 것
④ 특성이 변하지 않을 것
⑤ 점검보수가 용이할 것
⑥ 뇌전류의 방전능력이 클 것
⑦ 속류를 확실하게 차단할 것

16 보호여유도(%)

$$\frac{충격절연강도 - 제한전압}{제한전압} \times 100$$

17 정전기 발생의 영향요인

① 물질의 이력
② 물질의 표면상태
③ 물질의 특성
④ 분리속도
⑤ 접촉면적 및 접촉압력

18 정전기의 종류

① 유동대전
② 마찰대전
③ 박리대전
④ 분출대전
⑤ 파괴대전
⑥ 교반대전
⑦ 충돌대전
⑧ 침강대전

19 정전에너지 공식

① 정전하 $Q = CV$
② 정전에너지$(E) =$

$$\frac{1}{2}CV^2 = \frac{1}{2}QV = \frac{1}{2}Q\frac{Q}{C} = \frac{Q^2}{2C}$$

20 방전의 종류

① 코로나 방전
② 스트리머 방전
③ 연면 방전
④ 불꽃 방전
⑤ 뇌상 방전

21 정전기 발생 방지대책

① 도체에 접지 실시
② 대전방지제 사용
③ 도전성 재료 사용
④ 비도전성 위험물 1m/s 이하로 유속제한
⑤ 도전성 위험물 7m/s 이하로 유속제한
⑥ 그 밖의 위험물 10m/s 이하로 유속제한
⑦ 가습 70% 이상 유지

⑧ 정전화, 정전복 착용
⑨ 제전기 사용

22 제전기

모두 코로나 방전을 이용하며, 방전 시 오존(O_3)이 발생한다.
① 전압인가식 제전기
② 자기방전식 제전기
③ 이온화식 제전기

23 방폭화의 기본원리

① 점화원의 방폭적 격리
② 전기설비의 안전도 증강
③ 점화능력의 본질적 억제

24 방폭구조의 종류

① 내압 방폭구조(d)
② 압력 방폭구조(p)
③ 유입 방폭구조(o)
④ 안전증 방폭구조(e)
⑤ 몰드 방폭구조(m)
⑥ 본질안전 방폭구조(ia, ib)
⑦ 비점화 방폭구조(n)
⑧ 충전 방폭구조(q)

25 가스폭발 위험장소

구분	대상	장소
0종 장소	인화성 증기·가스가 지속적으로 존재하는 장소	용기 및 장치 내부
1종 장소	인화성 증기·가스 등이 존재하기 쉬운 장소	맨홀 및 벤트 등의 주위
2종 장소	인화성 가스 등이 드물게 존재하는 장소	개스킷 주위

26 위험장소별 방폭구조

구분	방폭구조의 종류
0종 장소	본질안전 방폭구조(ia)
1종 장소	내압(d), 압력(p), 유입(o), 안전증(e), 몰드(m), 충전(q), 본질안전 방폭구조(ib)
2종 장소	비점화 방폭구조(n)

27 가연성 가스의 최대안전틈새

폭발 그룹	최대안전틈새
가스 및 증기그룹 II A	0.9mm 이상
가스 및 증기그룹 II B	0.5mm 초과 0.9mm 미만
가스 및 증기그룹 II C	0.5mm 이하

28 전기설비의 최고표면온도 등급

온도 등급	T1	T2	T3	T4	T5	T6
최고 표면 온도 범위	300℃ 초과 450℃ 이하	200℃ 초과 300℃ 이하	135℃ 초과 200℃ 이하	100℃ 초과 135℃ 이하	85℃ 초과 100℃ 이하	85℃ 이하

29 작업 전 전로차단 절차

① 전기기기 전원을 관련 도면, 배선도 등으로 확인
② 전원 차단 후 각 단로기 개방 및 확인
③ 차단장치나 단로기 등에 잠금장치 및 꼬리표 부착
④ 개로된 전로의 유도전압 또는 전기에너지 축적 전기기기 등은 접촉 전에 잔류전하 완전 방전
⑤ 검전기로 작업 대상 기기 충전 여부 확인할 것
⑥ 전기기기 등이 타 노출 충전부 접촉, 유도, 예비동력원 역송전 등으로 전압 발생 우려 시 단락접지기구 이용하여 접지

30 작업 중 또는 작업 후 전원 투입 시 준수사항

① 작업기구, 단락접지기구 등을 제거하고 전기기기 등이 안전하게 통전 되는지 확인
② 모든 작업자가 전기기기 등에서 떨어져 있는지 확인
③ 잠금장치와 꼬리표는 설치자가 직접 철거
④ 모든 이상 유무 확인 후 전원 투입

31 전로차단 불필요한 경우

① 생명유지장치, 비상경보설비, 폭발위험장소의 환기설비, 비상조명설비 등 가동 중지 시 사고 위험이 증가하는 경우
② 기기의 설계상 또는 작동상 제한으로 전로차단 불가능한 경우
③ 감전, 아크 등 화상 및 화재·폭발 위험 없음이 확인된 경우

32 접근한계거리

충전전로 전압	접근한계거리
0.3kV 이하	접촉금지
0.3kV 초과 0.75kV 이하	30cm 이상
0.75kV 초과 2kV 이하	45cm 이상
2kV 초과 15kV 이하	60cm 이상
15kV 초과 37kV 이하	90cm 이상
37kV 초과 88kV 이하	110cm 이상
88kV 초과 121kV 이하	130cm 이상
121kV 초과 145kV 이하	150cm 이상
145kV 초과 169kV 이하	170cm 이상
169kV 초과 242kV 이하	230cm 이상
242kV 초과 362kV 이하	380cm 이상
362kV 초과 550kV 이하	550cm 이상
550kV 초과 800kV 이하	790cm 이상

33 교류아크용접기 방호장치 설치 장소

① 선박의 이중선체 내부, 밸러스트 탱크(평형수 탱크), 보일러 내부 등 도전체에 둘러싸인 장소

② 추락할 위험이 있는 높이 2m 이상의 장소로 철골 등 도전성이 높은 물체에 접촉할 우려가 있는 장소

③ 물·땀 등으로 인하여 도전성이 높은 습윤 상태에서 작업하는 장소

34 과전류에 의한 전선전류밀도의 구분

구분	인화 단계	착화 단계	발화 단계	용단 단계
전선전류밀도 (A/mm²)	40~43	43~60	60~120	120 이상

화학설비 안전관리

01 연소의 3요소

① 점화원
② 가연물
③ 산소공급원
④ 연쇄반응(연소의 4요소)

02 연소의 종류

상태	형태
기체연소	확산연소
	예혼합연소
액체연소	증발연소
	분해연소
	액적연소(=분무연소)
고체연소	표면연소
	분해연소
	증발연소
	자기연소

03 자연발화의 발생조건

① 높은 주위온도
② 큰 표면적
③ 적당한 습도
④ 적은 열전도율
⑤ 큰 발열량

04 화재

화재의 구분	명칭	표시색
A급 화재	일반(보통)화재	백색
B급 화재	유류화재	황색
C급 화재	전기화재	청색
D급 화재	금속화재	무색

05 가연성 가스의 위험도 공식

$$위험도(H) = \frac{폭발상한계(U) - 폭발하한계(L)}{폭발하한계(L)}$$

06 르샤틀리에 공식

$$L = \frac{V_1 + V_2 + \cdots + V_n}{\dfrac{V_1}{L_1} + \dfrac{V_2}{L_2} + \cdots + \dfrac{V_n}{L_n}}$$

07 완전연소 조성농도

$$C_{ST} = \frac{100}{1 + 4.773 \left(C + \dfrac{H - Cl - 2O}{4} \right)}$$

08 대표적인 폭발현상

• BLEVE(비등액체팽창 증기폭발)
• UVCE(증기운폭발)

⑨ 과망간산 및 그 염류

⑩ 중크롬산 및 그 염류

19 인화성 액체

① 에틸에테르, 가솔린, 아세트알데히드, 산화프로필렌, 인화점 23℃ 미만에 끓는점 35℃ 이하인 물질

② 노르말헥산, 아세톤, 메틸에틸케톤, 인화점 23℃ 미만에 끓는점 35℃ 초과인 물질

③ 크실렌, 아세트산아밀, 등유, 경유, 인화점 23℃ 이상 60℃ 이하인 물질

20 인화성 가스

① 수소

② 아세틸렌

③ 에틸렌

④ 메탄

⑤ 에탄

⑥ 프로판

⑦ 부탄

⑧ 기타 20℃, 표준압력에서 기체상태인 인화성 가스

21 부식성 산류

① 농도가 20% 이상인 염산, 황산, 질산

② 농도가 60% 이상인 인산, 아세트산, 불산

22 부식성 염기류

농도가 40% 이상인 수산화나트륨, 수산화칼륨

23 급성 독성 물질

실험 방법	경구	경피	흡입		
실험 동물	쥐	쥐 또는 토끼	쥐		
물질의 양	300mg/kg 이하	1,000mg/kg 이하	2,500 ppm 이하	증기 10mg/l 이하	분진, 미스트 1mg/l 이하

24 안전장치의 종류

① 안전밸브

② 파열판

③ 통기밸브

④ 화염방지기

⑤ 자동경보장치

25 파열판의 설치조건

① 급격한 압력상승 우려가 있는 경우

② 독성 물질 누출로 작업환경 오염 우려가 있는 경우

③ 안전밸브 이상 물질 누적으로 작동 불량 우려가 있는 경우

26 특수화학설비의 안전장치

① 계측장치 등의 설치

② 자동경보장치의 설치

③ 긴급차단장치의 설치

④ 예비동력원 설치

27 위험물 건조설비 설치 건축물 기준

① 독립 단층 건축물로 구성

② 위험물 가열·건조용 내용적 $1m^3$ 이상 건조설비

③ 위험물이 아닌 고체·액체연료 최대사용량 10kg/h 이상 가열·건조

④ 위험물이 아닌 기체연료 최대사용량 $1m^3$/h 이상 가열·건조

⑤ 위험물이 아닌 전기사용 정격용량 10kW 이상 가열·건조

28 밀폐공간 작업

① 적정공기

종류	산소	이산화탄소	일산화탄소	황화수소
농도 범위	18% 이상 23.5% 미만	1.5% 미만	30ppm 미만	10ppm 미만

② 산소결핍: 공기 중의 산소농도가 18% 미만인 상태

29 밀폐공간 작업 시 안전조치

① 철저한 환기
② 확실한 인원 점검
③ 관계자 외 출입 금지
④ 통신설비 구비
⑤ 송기마스크·사다리·섬유로프 비치

30 밀폐공간 작업 시 관리감독자 직무

① 작업시작 전 산소결핍·유해가스 노출방지를 위한 작업방법 결정 및 작업 지휘
② 작업시작 전 공기 적정 여부 확인
③ 작업시작 전 측정장비·환기장치·송기마스크 등 점검
④ 근로자 송기마스크 착용 지도 및 착용상황 점검

31 화학설비

① 반응기·혼합조 등 반응·혼합장치
② 증류탑·흡수탑·추출탑·감압탑 등 분리장치
③ 저장탱크·계량탱크·호퍼·사일로 등 저장·계량설비
④ 응축기·냉각기·가열기·증발기 등 열교환기류
⑤ 고로 등 점화기 사용 열교환기류
⑥ 캘린더·혼합기·발포기·인쇄기·압출기 등 가공설비
⑦ 분쇄기·분체분리기·용융기 등 분체 취급장치
⑧ 결정조·유동탑·탈습기·건조기 등 분체 분리장치
⑨ 펌프류·압축기·이젝터(Ejector) 등 이송·압축설비

32 화학설비의 부속설비

① 배관·밸브·관·부속류 등 이송설비
② 온도·압력·유량 등을 지시·기록 등 자동제어설비
③ 안전밸브·안전판·긴급차단밸브·방출밸브 등 비상조치설비
④ 가스누출감지 및 경보설비
⑤ 세정기, 응축기, 벤트스택, 플레어스택 등 폐가스처리설비
⑥ 사이클론, 백필터, 전기집진기 등 분진처리설비
⑦ 위 항목 설비 운전을 위한 부속 전기설비
⑧ 정전기 제거장치, 긴급 샤워설비 등 안전설비

33 공정안전보고서 제출대상 사업

① 원유 정제처리업
② 기타 석유정제물 재처리업
③ 석유화학계 기초화학물 또는 합성수지·플라스틱 제조업
④ 질소, 인산 및 칼리질 비료 제조업
⑤ 복합비료 제조업
⑥ 농약 제조업
⑦ 화약 및 불꽃제품 제조업

34 공정안전보고서의 내용

① 공정안전자료
② 공정위험성평가서 및 잠재위험 사고예방·피해 최소화 대책
③ 안전운전계획
④ 비상조치계획

35 물질안전보건자료의 작성항목

① 화학제품과 회사에 관한 정보
② 유해성·위험성
③ 구성성분의 명칭 및 함유량
④ 응급조치 요령
⑤ 폭발·화재 시 대처방법

⑥ 누출사고 시 대처방법
⑦ 취급 및 저장방법
⑧ 노출방지 및 개인 보호구
⑨ 물리·화학적 특성
⑩ 안정성 및 반응성
⑪ 독성에 관한 정보
⑫ 환경에 미치는 영향
⑬ 폐기 시 주의사항
⑭ 운송에 필요한 정보
⑮ 법적 규제 현황
⑯ 그 밖의 참고사항

6과목

건설공사 안전관리

⑥ 해체작업용 화약류 사용계획서

⑦ 기타 안전·보건 관련 사항

09 중량물의 취급작업

① 추락위험 예방 안전대책

② 낙하위험 예방 안전대책

③ 전도위험 예방 안전대책

④ 협착위험 예방 안전대책

⑤ 붕괴위험 예방 안전대책

10 제조업 유해·위험방지계획서 제출대상 설비

① 금속·광물 용해로

② 화학설비

③ 건조설비

④ 가스집합 용접장치

⑤ 유해물질의 밀폐·환기·배기설비

11 제조업 유해·위험방지계획서 제출 서류 및 시기

① 건축물 층별 평면도

② 기계·설비 개요

③ 기계·설비 배치도면

④ 작업방법 개요

⑤ 기타 고용노동부장관 지정 도면·서류

⑥ 제출 시기: 작업시작 15일 전까지 2부 제출

12 건설업 유해·위험방지계획서 제출대상 공사

① 지상높이가 31m 이상 또는 연면적 3만m² 이상 건축물 공사, 연면적 5천m² 이상 문화·집회·판매·운수·종교시설, 종합병원, 관광숙박시설, 지하도상가, 냉동·냉장창고

② 연면적 5천m² 이상 냉동·냉장창고 설비·단열공사

③ 최대 지간길이 50m 이상 다리 건설 공사

④ 터널 건설 공사

⑤ 다목적·발전용댐, 저수용량 2천만톤 이상 용수 전용댐, 지방상수도 전용댐 건설공사

⑥ 깊이 10m 이상 굴착공사

13 건설업 유해·위험방지계획서 제출 서류 및 시기

① 공사 개요 및 안전보건관리계획

② 작업 공사 종류별 유해·위험방지계획

③ 제출시기: 착공 전날까지 2부 제출

14 건설업 유해·위험방지계획서 확인사항 및 시기

① 계획서 내용과 실제 공사 내용 부합 여부

② 변경내용의 적정성

③ 추가 유해·위험요인 존재 여부

④ 확인시기: 시운전단계 및 공사 중 6개월 이내마다 공단의 확인

15 안전보건관리비 계상기준

구분 공사종류	대상액 5억 원 미만인 경우 적용 비율(%)	대상액 5억 원 이상 50억 원 미만인 경우		대상액 50억 원 이상인 경우 적용 비율(%)	보건관리자 선임 대상 건설공사의 적용비율(%)
		적용 비율(%)	기초액		
건축공사	3.11%	2.28%	4,325,000원	2.37%	2.64%
토목공사	3.15%	2.53%	3,300,000원	2.60%	2.73%
중건설공사	3.64%	3.05%	2,975,000원	3.11%	3.39%
특수건설공사	2.07%	1.59%	2,450,000원	1.64%	1.78%

16 공사진척에 따른 안전보건관리비 사용기준

공정률	50% 이상 70% 미만	70% 이상 90% 미만	90% 이상
사용기준	50% 이상	70% 이상	90% 이상

17 건설업 산업안전보건관리비의 사용기준

① 안전관리자·보건관리자의 임금 등

② 안전시설비 등

③ 보호구 등

④ 안전보건진단비 등

⑤ 안전보건교육비 등

⑥ 근로자 건강장해예방비 등

⑦ 재해예술기술지도비 등

⑧ 본사 안전보건 전담조직 운영비 등

⑨ 위험성 평가 및 유해·위험요인 개선비용

18 작업발판 설치 불가 시 추락방호망 설치기준

① 설치위치: 작업면 가까이, 수직거리 10m 초과 금지

② 설치방법: 수평 설치, 망의 처짐은 짧은 변의 12% 이상

③ 바깥쪽 설치 시 내민 길이: 벽면에서 3m 이상, 그물코 20mm 이하 사용 시 낙하물 방지망설치로 간주

19 방망사 인장강도

① 방망사 신품 인장강도

그물코의 크기 (단위: cm)	방망의 종류(단위: kg)	
	매듭없는 방망	매듭방망
10	240	200
5	–	110

② 방망사 폐기 시 인장강도

그물코의 크기 (단위: cm)	방망의 종류(단위: kg)	
	매듭없는 방망	매듭방망
10	150	135
5	–	60

20 지붕 위 작업 시 위험방지 조치

① 가장자리에 안전난간 설치

② 채광창에 견고한 덮개 설치

③ 슬레이트 등 강도 약한 지붕에는 폭 30cm 이상 발판 설치

21 안전난간 설치기준

① 상부난간대, 중간난간대, 발끝막이판·난간기둥으로 구성

② 상부난간대 표면으로부터 90cm 이상에 설치, 120cm 이상 설치 시 중간난간대는 2단 이상 균등 설치, 난간 상하 간격은 60cm 이하

③ 발끝막이판 높이 10cm 이상 유지

④ 난간기둥은 난간대를 견고히 지지하도록 적정 간격 유지

⑤ 상부·중간난간대는 난간 전체 길이에 걸쳐 바닥과 평행 유지

⑥ 난간대는 지름 2.7cm 이상 금속파이프 또는 동등 이상 강도 재료

⑦ 구조적으로 가장 취약한 지점에서 100kg 이상 하중 견딜 수 있는 튼튼한 구조

22 구축물 등의 안전성 평가대상

① 굴착·항타 등으로 침하·균열 발생 붕괴위험 예상

② 지진, 동해, 부동침하 등으로 균열·비틀림 발생

③ 자체 무게·적설·풍압 또는 부가하중 등으로 붕괴위험

④ 화재 등으로 내력이 심하게 저하

⑤ 장기간 미사용 구축물 재사용

⑥ 주요 구조부 설계·시공방법 변경

⑦ 기타 잠재위험이 예상

23 낙하물 위험방지 조치

① 낙하물 방지망

② 수직보호망·방호선반 설치

③ 출입금지구역 설정

④ 보호구 착용

24 낙하물 방지망 또는 방호선반 설치

① 높이 10m 이내마다 설치

② 내민 길이는 벽면으로부터 2m 이상

③ 수평면과 각도 20° 이상 30° 이하

25 투하 시 위험방지 조치

높이 3m 이상 물체 투하 시 투하설비 설치 또는 감시인 배치

26 굴착기계 종류

① 백호우

② 드래그라인

③ 크램쉘

27 차량계 건설기계 전도·전락방지 조치

① 작업 유도자 배치
② 지반의 부동침하방지
③ 갓길 붕괴방지
④ 도로 폭 유지

28 항타기·항발기 조립 시 점검사항

① 본체 연결부 풀림·손상 유무
② 권상용 와이어로프·드럼 및 도르래 부착 상태 이상 유무
③ 권상장치 브레이크·쐐기장치 기능 이상 유무
④ 권상기 설치상태 이상 유무
⑤ 리더 버팀방법 및 고정상태 이상 유무
⑥ 본체·부속장치·부속품 강도 적합 여부
⑦ 본체·부속장치·부속품 심한 손상·마모·변형·부식 여부

29 항타기·항발기의 기타 중요사항

① 권상용 와이어로프 안전계수 5 이상
② 도르래 부착 시 권상장치 드럼축과 권상장치로부터 첫 번째 도르래축 간 거리는 드럼폭의 15배 이상

30 비계 작업시작 전 점검 및 보수

① 발판 재료 손상 여부 및 부착·걸림상태
② 연결부·접속부 풀림상태
③ 연결 재료 및 철물 손상·부식상태
④ 손잡이 탈락 여부
⑤ 기둥 침하·변형·변위·흔들림상태
⑥ 로프 부착 및 매단 장치 흔들림상태

31 강관비계의 조립간격 기준

강관비계의 종류	조립간격(단위: m)	
	수직방향	수평방향
단관비계	5	5
틀비계 (높이 5m 미만 제외)	6	8

32 강관비계의 구조기준

① 비계기둥 간격: 띠장방향 1.85m 이하, 장선방향 1.5m 이하
② 띠장 간격 2m 이하
③ 비계기둥 제일 윗부분부터 31m 지점의 밑부분 비계기둥 2개는 강관으로 묶어 세울 것
④ 비계기둥 간 적재하중은 400kg 초과 금지

33 강관틀비계 조립 시 준수사항

① 비계기둥 밑둥은 밑받침철물 사용, 고저차 있을 시 조절형 밑받침철물로 수평·수직 유지
② 높이 20m 초과 또는 중량물 적재 수반 작업 시 주틀 간격 1.8m 이하
③ 주틀 간 교차가새 설치, 최상층 및 5층 이내마다 수평재 설치
④ 수직방향 6m, 수평방향 8m 이내마다 벽이음
⑤ 띠장방향 길이 4m 이하, 높이 10m 초과 시 10m 이내마다 띠장방향 버팀기둥 설치

34 달비계 설치 시 사용금지 와이어로프

① 이음매가 있는 것
② 한 꼬임에서 끊어진 소선 수가 10% 이상인 것
③ 지름 감소가 공칭지름의 7% 초과인 것
④ 꼬인 것
⑤ 심한 변형 또는 부식된 것
⑥ 열·전기충격으로 손상된 것

35 달비계 설치 시 사용금지 달기체인

① 길이가 제조된 때의 5% 초과하여 증가한 것
② 링 단면지름이 제조된 때의 10% 초과하여 감소한 것
③ 균열 또는 심한 변형이 있는 것

36 말비계 조립 시 준수사항

① 지주부재 하단 미끄럼 방지장치 설치, 양 끝 작업 금지

② 지주부재 수평면 기울기 75° 이하, 지주부재 간 고정용 보조부재 설치

③ 말비계 높이 2m 초과 시 작업발판 폭 40cm 이상

37 이동식 비계 조립 시 준수사항

작업발판 최대 적재하중 250kg 초과 금지

38 시스템 비계 구성 시 준수사항

① 비계 밑단의 수직재와 받침철물 밀착 설치

② 수직재와 받침철물 연결부의 겹침길이는 받침철물 전체길이의 3분의 1 이상

39 가설통로 구조기준

① 견고한 구조

② 경사 30° 이하

③ 경사 15° 초과 시 미끄럼방지 구조

④ 추락위험 장소는 안전난간 설치

⑤ 수직갱 통로 길이 15m 이상 시 10m 이내마다 계단참 설치

⑥ 건설공사용 높이 8m 이상 비계다리는 7m 이내마다 계단참 설치

40 사다리식 통로 구조기준

① 견고한 구조

② 심한 손상·부식이 없는 재료 사용

③ 일정한 발판 간격

④ 발판과 벽 간격 15cm 이상

⑤ 폭 30cm 이상

⑥ 넘어짐·미끄러짐 방지조치

⑦ 상단은 걸친 지점보다 60cm 이상 돌출

⑧ 길이가 10m 이상일 경우 5m 이내마다 계단참 설치

⑨ 기울기 75° 이하(고정식은 90° 이하)

⑩ 높이 7m 이상인 경우 이동에 지장이 없으면 높이 2.5m 되는 지점부터 등받이울 설치

⑪ 높이 7m 이상인 경우 이동이 곤란하면 KS 전신안전대 사용 및 추락방지시스템 설치

⑫ 접이식 사다리 기둥은 접힘방지 철물 등으로 견고하게 조치

41 계단 설치기준

① 하중 500kg/m^2 이상 견디는 강도

② 안전율 4 이상

③ 폭 1m 이상

④ 계단에 손잡이 외 물건 설치 및 적치 금지

⑤ 높이 3m 초과 시 3m 이내마다 길이 1.2m 이상 계단참 설치

⑥ 바닥면부터 높이 2m 이내 공간에 장애물 설치 금지

⑦ 높이 1m 이상 시 개방 측면에 안전난간 설치

42 작업발판 구조기준

① 발판재료는 작업하중 견딜 수 있는 견고한 것

② 작업발판 폭 40cm 이상, 발판재료 간의 틈 3cm 이하

③ 선박·보트 건조작업 시 좁은 공간은 폭 30cm 이상, 걸침비계의 경우 발판재료 간 틈을 5cm 이하 가능(틈새 낙하물 위험시 출입금지 조치)

④ 추락위험 장소에 안전난간 설치(설치 곤란하거나 임시 안전난간 해체 시 추락방호망 설치 및 안전대 사용)

⑤ 지지물은 하중에 의한 파괴 우려가 없는 것 사용

⑥ 재료는 뒤집힘·낙하 방지를 위한 둘 이상의 지지물에 연결·고정

⑦ 작업발판 이동 시 위험방지 조치

43 작업발판 일체형 거푸집 종류

① 갱 폼(Gang Form)

② 슬립 폼(Slip Form)

③ 클라이밍 폼(Climbing Form)

④ 터널 라이닝 폼(Tunnel Lining Form)

44 리프트의 종류

① 건설용 리프트
② 자동차정비용 리프트
③ 이삿짐운반용 리프트(최대하중 0.1톤 이상)
④ 산업용 리프트

45 승강기의 종류

① 승객용 엘리베이터
② 승객화물용 엘리베이터
③ 화물용 엘리베이터
④ 소형화물용 엘리베이터
⑤ 에스컬레이터

46 타워크레인 풍속에 따른 조치

① 순간풍속 초당 10m 초과 시 타워크레인의 설치 · 수리 · 점검 · 해체작업 중지
② 순간풍속 초당 15m 초과 시 운전작업 중지
③ 순간풍속 초당 30m 초과 시 폭풍 등 이상 유무 점검

47 리프트 안전조치

① 권과방지장치 설치
② 순간풍속 초당 35m 초과 시 붕괴방지 조치
③ 순간풍속 초당 30m 초과 시 폭풍 등 이상 유무 점검

48 승강기 안전조치

① 과부하방지장치 · 조속기 · 출입문 인터록 등 방호장치의 정상 작동을 위한 사전 조정
② 순간풍속 초당 35m 초과 시 승강기 붕괴 방지 조치
③ 순간풍속 초당 30m 초과 시 각 부위 이상 유무 점검

49 와이어로프 등의 안전계수

구분	안전계수
근로자 탑승 운반구 지지 달기와이어로프 · 달기체인	10 이상
화물 하중 직접지지 달기와이어로프 · 달기체인	5 이상
훅, 샤클, 클램프, 리프팅 빔	3 이상
그 밖의 경우	4 이상

50 와이어로프 사용제한 조건

① 이음매가 있는 것
② 한 꼬임에서 끊어진 소선 수 10% 이상인 것
③ 지름 감소가 공칭지름 7% 초과하는 것
④ 꼬인 것
⑤ 심하게 변형되거나 부식된 것
⑥ 열 · 전기충격으로 손상된 것

51 달기체인 사용제한 조건

① 길이 증가율이 제조 시보다 5% 초과한 것
② 링의 단면지름이 제조 시 대비 10% 초과 하여 감소한 것
③ 균열이 있거나 심하게 변형된 것

52 건립기계 선정 시 검토사항

① 입지조건
② 소음영향
③ 인양하중
④ 건물형태
⑤ 작업반경

53 외압에 대한 내력 설계 확인 필요 철골구조물

① 이음부 현장용접 건물
② 높이 20m 이상 건물
③ 타이플레이트형 기둥 구조물
④ 폭과 높이 비가 1:4 이상 구조물
⑤ 단위면적당 철골량 50kg/m^2 이하 구조물

54 콘크리트 타설작업 시 준수사항

① 작업시작 전 거푸집 및 동바리 변형·변위·지반침하 점검 및 이상 시 보수

② 거푸집 및 동바리 변형·변위 및 침하 유무 확인하기 위해 작업 중 감시자 배치, 이상 발생 시 작업 중지 및 대피 지시

③ 콘크리트 타설작업 시 거푸집 붕괴 우려 시 충분한 보강 조치

④ 설계도서상의 콘크리트 양생기간 준수 후 거푸집 및 동바리 해체

⑤ 편심 발생하지 않도록 골고루 분산 타설

55 콘크리트 측압 영향요소

① 온도↑ 측압↓

② 슬럼프값↑ 측압↑

③ 물시멘트비↑ 측압↑

④ 타설속도↑ 측압↑

⑤ 철근량↑ 측압↓

56 지반에 따른 기울기

지반의 종류	기울기
모래	1 : 1.8
연암 및 풍화암	1 : 1
경암	1 : 0.5
그 밖의 흙	1 : 1.2

57 토석붕괴의 내적 요인

① 토석 강도 저하

② 토질 변화

58 토석붕괴의 외적 요인

① 작업하중 증가

② 사면 기울기 증가

③ 사면 높이 증가

④ 지표수 침투

59 히빙현상

연약 점토지반 굴착 시 흙막이벽 배면 중량에 의해 굴착면이 부풀어 오르는 현상

60 히빙 방지대책

① 흙막이 지보공 깊게 설치

② 흙막이벽 배면의 토사 중량 감소

③ 아일랜드컷 공법 사용

61 보일링 방지대책

① 웰포인트 공법 병행

② 배수공 설치하여 지하수위 저하

③ 흙막이벽 불투수층까지 깊게 설치

62 발파작업 점화 후 불발 또는 확인 곤란 시 조치

① 전기뇌관 사용 시 발파모선 점화기에서 분리, 끝 단락 등 재점화방지 조치 후, 5분 이상 경과 전까지 장전장소 접근 금지

② 전기뇌관 외의 것 사용 시 점화 후 15분 이상 경과 전까지 장전장소 접근 금지

63 터널지보공 수시 점검사항

① 부재의 손상·변형·부식·변위 탈락의 유무 및 상태

② 부재의 긴압 정도

③ 부재의 접속부 및 교차부의 상태

④ 기둥침하의 유무 및 상태

64 잠함·우물통의 급격한 침하로 위험방지 조치

① 침하관계도에 따른 굴착방법 및 재하량 결정

② 바닥에서 천장·보까지 높이 1.8m 이상

65 철골작업 중지기준

① 풍속 초당 10m 이상

② 강우량 시간당 1mm 이상

③ 강설량 시간당 1cm 이상

66 하역작업장 조치기준

① 작업장·통로 위험 부분 조명 유지
② 부두·안벽 통로 설치 시 폭 90cm 이상
③ 육상통로 및 다리 또는 위험한 보도 등에서 안전난간 또는 울타리 설치

67 통행설비 설치

갑판의 윗면에서 선창 밑바닥까지 깊이가 1.5m 초과하는 선창에서 화물취급작업 시 안전한 통행 설비 설치

68 선박승강설비 설치

① 300톤급 이상 선박에서 하역작업 시 현문 사다리와 그 밑에 안전망 설치
② 현문 사다리는 견고한 재료로 제작, 너비 55cm 이상, 양측 울타리 82cm 이상, 미끄럼방지 바닥
③ 현문 사다리는 근로자 통행 전용이므로 화물용으로 사용 금지

과목명	문제위치
중요도	복습 횟수
☆ ☆ ☆ ☆ ☆	□□□
문제	

정답 및 해설

나만의 기록

과목명	문제위치
중요도	복습 횟수
☆ ☆ ☆ ☆ ☆	□□□
문제	

정답 및 해설

나만의 기록

과목명	문제위치
중요도	복습 횟수
☆ ☆ ☆ ☆ ☆	□□□
문제	

정답 및 해설

나만의 기록

과목명	문제위치
중요도	복습 횟수
☆ ☆ ☆ ☆ ☆	□□□
문제	

정답 및 해설

나만의 기록

과목명	문제위치

중요도	복습 횟수
☆ ☆ ☆ ☆ ☆	□□□

문제

정답 및 해설

나만의 기록

과목명	문제위치

중요도	복습 횟수
☆ ☆ ☆ ☆ ☆	□□□

문제

정답 및 해설

나만의 기록

과목명	문제위치

중요도	복습 횟수
☆ ☆ ☆ ☆ ☆	□□□

문제

정답 및 해설

나만의 기록

과목명	문제위치

중요도	복습 횟수
☆ ☆ ☆ ☆ ☆	□□□

문제

정답 및 해설

나만의 기록

과목명	문제위치
중요도	복습 횟수
☆ ☆ ☆ ☆ ☆	☐ ☐ ☐
문제	

정답 및 해설

나만의 기록

과목명	문제위치
중요도	복습 횟수
☆ ☆ ☆ ☆ ☆	☐ ☐ ☐
문제	

정답 및 해설

나만의 기록

과목명	문제위치
중요도	복습 횟수
☆ ☆ ☆ ☆ ☆	☐ ☐ ☐
문제	

정답 및 해설

나만의 기록

과목명	문제위치
중요도	복습 횟수
☆ ☆ ☆ ☆ ☆	☐ ☐ ☐
문제	

정답 및 해설

나만의 기록

과목명	문제위치
중요도	복습 횟수
☆ ☆ ☆ ☆ ☆	☐ ☐ ☐
문제	

정답 및 해설

나만의 기록

과목명	문제위치
중요도	복습 횟수
☆ ☆ ☆ ☆ ☆	☐ ☐ ☐
문제	

정답 및 해설

나만의 기록

과목명	문제위치
중요도	복습 횟수
☆ ☆ ☆ ☆ ☆	☐ ☐ ☐
문제	

정답 및 해설

나만의 기록

과목명	문제위치
중요도	복습 횟수
☆ ☆ ☆ ☆ ☆	☐ ☐ ☐
문제	

정답 및 해설

나만의 기록

과목명	문제위치
중요도	복습 횟수
☆ ☆ ☆ ☆ ☆	□ □ □
문제	

정답 및 해설

나만의 기록

과목명	문제위치
중요도	복습 횟수
☆ ☆ ☆ ☆ ☆	□ □ □
문제	

정답 및 해설

나만의 기록

과목명	문제위치
중요도	복습 횟수
☆ ☆ ☆ ☆ ☆	□ □ □
문제	

정답 및 해설

나만의 기록

과목명	문제위치
중요도	복습 횟수
☆ ☆ ☆ ☆ ☆	□ □ □
문제	

정답 및 해설

나만의 기록

과목명	문제위치
중요도	복습 횟수
☆ ☆ ☆ ☆ ☆	□□□
문제	

정답 및 해설

나만의 기록

과목명	문제위치
중요도	복습 횟수
☆ ☆ ☆ ☆ ☆	□□□
문제	

정답 및 해설

나만의 기록

과목명	문제위치
중요도	복습 횟수
☆ ☆ ☆ ☆ ☆	□□□
문제	

정답 및 해설

나만의 기록

과목명	문제위치
중요도	복습 횟수
☆ ☆ ☆ ☆ ☆	□□□
문제	

정답 및 해설

나만의 기록

과목명	문제위치
중요도	복습 횟수
☆ ☆ ☆ ☆ ☆	□ □ □

문제

정답 및 해설

나만의 기록

과목명	문제위치
중요도	복습 횟수
☆ ☆ ☆ ☆ ☆	□ □ □

문제

정답 및 해설

나만의 기록

과목명	문제위치
중요도	복습 횟수
☆ ☆ ☆ ☆ ☆	□ □ □

문제

정답 및 해설

나만의 기록

과목명	문제위치
중요도	복습 횟수
☆ ☆ ☆ ☆ ☆	□ □ □

문제

정답 및 해설

나만의 기록

과목명	문제위치
중요도	복습 횟수
☆ ☆ ☆ ☆ ☆	□□□
문제	

정답 및 해설

나만의 기록

과목명	문제위치
중요도	복습 횟수
☆ ☆ ☆ ☆ ☆	□□□
문제	

정답 및 해설

나만의 기록

과목명	문제위치
중요도	복습 횟수
☆ ☆ ☆ ☆ ☆	□□□
문제	

정답 및 해설

나만의 기록

과목명	문제위치
중요도	복습 횟수
☆ ☆ ☆ ☆ ☆	□□□
문제	

정답 및 해설

나만의 기록

과목명	문제위치
중요도	복습 횟수
☆ ☆ ☆ ☆ ☆	□ □ □

문제

정답 및 해설

나만의 기록

과목명	문제위치
중요도	복습 횟수
☆ ☆ ☆ ☆ ☆	□ □ □

문제

정답 및 해설

나만의 기록

과목명	문제위치
중요도	복습 횟수
☆ ☆ ☆ ☆ ☆	□ □ □

문제

정답 및 해설

나만의 기록

과목명	문제위치
중요도	복습 횟수
☆ ☆ ☆ ☆ ☆	□ □ □

문제

정답 및 해설

나만의 기록

과목명	문제위치
중요도	복습 횟수
☆ ☆ ☆ ☆ ☆	□□□

문제

정답 및 해설

나만의 기록

과목명	문제위치
중요도	복습 횟수
☆ ☆ ☆ ☆ ☆	□□□

문제

정답 및 해설

나만의 기록

과목명	문제위치
중요도	복습 횟수
☆ ☆ ☆ ☆ ☆	□□□

문제

정답 및 해설

나만의 기록

과목명	문제위치
중요도	복습 횟수
☆ ☆ ☆ ☆ ☆	□□□

문제

정답 및 해설

나만의 기록

과목명	문제위치
중요도	복습 횟수
☆ ☆ ☆ ☆ ☆	□ □ □
문제	

정답 및 해설

나만의 기록

과목명	문제위치
중요도	복습 횟수
☆ ☆ ☆ ☆ ☆	□ □ □
문제	

정답 및 해설

나만의 기록

과목명	문제위치
중요도	복습 횟수
☆ ☆ ☆ ☆ ☆	□ □ □
문제	

정답 및 해설

나만의 기록

과목명	문제위치
중요도	복습 횟수
☆ ☆ ☆ ☆ ☆	□ □ □
문제	

정답 및 해설

나만의 기록

과목명	문제위치
중요도	복습 횟수
☆☆☆☆☆	□□□
문제	

정답 및 해설

나만의 기록

과목명	문제위치
중요도	복습 횟수
☆☆☆☆☆	□□□
문제	

정답 및 해설

나만의 기록

과목명	문제위치
중요도	복습 횟수
☆☆☆☆☆	□□□
문제	

정답 및 해설

나만의 기록

과목명	문제위치
중요도	복습 횟수
☆☆☆☆☆	□□□
문제	

정답 및 해설

나만의 기록

과목명	문제위치
중요도	복습 횟수
☆ ☆ ☆ ☆ ☆	□ □ □
문제	

정답 및 해설

나만의 기록

과목명	문제위치
중요도	복습 횟수
☆ ☆ ☆ ☆ ☆	□ □ □
문제	

정답 및 해설

나만의 기록

과목명	문제위치
중요도	복습 횟수
☆ ☆ ☆ ☆ ☆	□ □ □
문제	

정답 및 해설

나만의 기록

과목명	문제위치
중요도	복습 횟수
☆ ☆ ☆ ☆ ☆	□ □ □
문제	

정답 및 해설

나만의 기록

과목명	문제위치
중요도	복습 횟수
☆☆☆☆☆	□□□
문제	

정답 및 해설

나만의 기록

과목명	문제위치
중요도	복습 횟수
☆☆☆☆☆	□□□
문제	

정답 및 해설

나만의 기록

과목명	문제위치
중요도	복습 횟수
☆☆☆☆☆	□□□
문제	

정답 및 해설

나만의 기록

과목명	문제위치
중요도	복습 횟수
☆☆☆☆☆	□□□
문제	

정답 및 해설

나만의 기록

과목명	문제위치
중요도	복습 횟수
☆ ☆ ☆ ☆ ☆	□ □ □
문제	

정답 및 해설

나만의 기록

과목명	문제위치
중요도	복습 횟수
☆ ☆ ☆ ☆ ☆	□ □ □
문제	

정답 및 해설

나만의 기록

과목명	문제위치
중요도	복습 횟수
☆ ☆ ☆ ☆ ☆	□ □ □
문제	

정답 및 해설

나만의 기록

과목명	문제위치
중요도	복습 횟수
☆ ☆ ☆ ☆ ☆	□ □ □
문제	

정답 및 해설

나만의 기록

과목명	문제위치
중요도	복습 횟수
☆ ☆ ☆ ☆ ☆	□ □ □

문제

정답 및 해설

나만의 기록

과목명	문제위치
중요도	복습 횟수
☆ ☆ ☆ ☆ ☆	□ □ □

문제

정답 및 해설

나만의 기록

과목명	문제위치
중요도	복습 횟수
☆ ☆ ☆ ☆ ☆	□ □ □

문제

정답 및 해설

나만의 기록

과목명	문제위치
중요도	복습 횟수
☆ ☆ ☆ ☆ ☆	□ □ □

문제

정답 및 해설

나만의 기록

과목명	문제위치
중요도	복습 횟수
☆ ☆ ☆ ☆ ☆	□ □ □

문제

정답 및 해설

나만의 기록

과목명	문제위치
중요도	복습 횟수
☆ ☆ ☆ ☆ ☆	□ □ □

문제

정답 및 해설

나만의 기록

과목명	문제위치
중요도	복습 횟수
☆ ☆ ☆ ☆ ☆	□ □ □

문제

정답 및 해설

나만의 기록

과목명	문제위치
중요도	복습 횟수
☆ ☆ ☆ ☆ ☆	□ □ □

문제

정답 및 해설

나만의 기록

과목명	문제위치
중요도	복습 횟수
☆ ☆ ☆ ☆ ☆	□ □ □
문제	

정답 및 해설

나만의 기록

과목명	문제위치
중요도	복습 횟수
☆ ☆ ☆ ☆ ☆	□ □ □
문제	

정답 및 해설

나만의 기록

과목명	문제위치
중요도	복습 횟수
☆ ☆ ☆ ☆ ☆	□ □ □
문제	

정답 및 해설

나만의 기록

과목명	문제위치
중요도	복습 횟수
☆ ☆ ☆ ☆ ☆	□ □ □
문제	

정답 및 해설

나만의 기록

과목명	문제위치
중요도	복습 횟수
☆☆☆☆☆	□□□
문제	

정답 및 해설

나만의 기록

과목명	문제위치
중요도	복습 횟수
☆☆☆☆☆	□□□
문제	

정답 및 해설

나만의 기록

과목명	문제위치
중요도	복습 횟수
☆☆☆☆☆	□□□
문제	

정답 및 해설

나만의 기록

과목명	문제위치
중요도	복습 횟수
☆☆☆☆☆	□□□
문제	

정답 및 해설

나만의 기록

과목명	문제위치		과목명	문제위치
중요도	복습 횟수		중요도	복습 횟수
☆ ☆ ☆ ☆ ☆	□□□		☆ ☆ ☆ ☆ ☆	□□□

문제

정답 및 해설

나만의 기록

과목명	문제위치		과목명	문제위치
중요도	복습 횟수		중요도	복습 횟수
☆ ☆ ☆ ☆ ☆	□□□		☆ ☆ ☆ ☆ ☆	□□□

문제

정답 및 해설

나만의 기록

자투리 시간을 틈타는
틈틈 오답노트

자주 틀린 문제들을 반복 복습하여 확실히 학습하고 넘어가자!

틀린 문제 또 틀리지 말기
3회독으로 꼭꼭 암기할 것